정역학

제9판, SI VERSION

Meriam's ENGINEERING MECHANICS

STATICS

정역학 제9판, SI VERSION

J. L. Meriam, L. G. Kraige, J. N. Bolton 지음

권진회, 김문생, 김재도, 김형종, 이부윤, 장준호, 정광영 옮김

WILEY   Σ 시그마프레스

정역학, 제9판

발행일 | 2022년 8월 10일 1쇄 발행
　　　　 2023년 8월 10일 2쇄 발행

지은이 | J. L. Meriam, L. G. Kraige, J. N. Bolton
옮긴이 | 권진희, 김문생, 김재도, 김형종, 이부윤, 장준호, 정광영
발행인 | 강학경
발행처 | (주)시그마프레스
디자인 | 이상화, 우주연, 김은경
편　집 | 윤원진, 김은실, 이호선
마케팅 | 문정현, 송치헌, 김인수, 김미래, 김성옥

등록번호 | 제10-2642호
주소 | 서울시 영등포구 양평로 22길 21 선유도코오롱디지털타워 A401~402호
전자우편 | sigma@spress.co.kr
홈페이지 | http://www.sigmapress.co.kr
전화 | (02)323-4845, (02)2062-5184~8
팩스 | (02)323-4197

ISBN | 979-11-6226-393-8

Meriam's Engineering Mechanics: Statics, Global Edition: SI Version, 9th Edition

역자 서문

이 책은 J. L. Meriam, L. G. Kraige, J. N. Bolton이 저술한 Engineering Mechanics 시리즈 중 *STATICS, 9th edition*을 번역한 것이다.

정역학은 모든 공학의 기초 과목일 뿐만 아니라 전공과목을 공부하기 위한 필수 과목이다. 이 책의 목적은 역학의 기본을 깊이 이해하고 습득함으로써 공학적 문제를 해결할 수 있는 능력을 키우는 데 있다. 정역학 및 동역학에 대한 높은 수준의 해석 능력이 있어야 실제 현장에서 공학적인 문제를 이해하고 해결할 수 있을 것이다.

이 책을 통해 역학의 원리를 응용함에 있어서 물리적인 가정과 수학적 근사해를 현실에 맞게 구체화함으로써 실제 공학 문제를 모델링하여 해석하고 설계하는 방법을 배우게 된다. 여러분은 역학 문제의 정형화와 해를 구하는 데 있어서 기하학, 벡터와 스칼라, 미적분학을 이용해야 될 것이다. 이러한 수학적인 도구들을 역학에 도입함으로써 역학에 대한 새로운 의미를 찾게 된다. 학생들의 목적 달성은 전적으로 가정으로부터 완전히 응용 가능한 해석 방법을 발전시키는 데 달려 있다.

이번 제9판에서는 연습문제의 50%가 새로운 문제로 대체되었고, 예제도 새로운 것으로 많이 대체되었으며, 컴퓨터 응용문제도 있다.

예제에는 범하기 쉬운 실수를 피할 수 있도록 도움말을 수록하였으며, 각각의 주제에 대한 이해와 자신감을 가질 수 있도록 문제를 구성하였다.

연습문제는 기초문제, 심화문제와 복습문제로 나뉜다. 기초문제는 새로운 주제에 대하여 학생들이 쉽게 이해하고 접근할 수 있도록 단순하게 구성하였고, 심화문제는 기초문제를 이해해야 접근할 수 있도록 좀 더 어렵고 복잡하게 구성되어 있다.

각 장에 대한 복습문제를 따로 구성하여 그 장에 대한 내용을 정리할 수 있도록 하였고, 그중 컴퓨터 응용문제는 별표(*)를 하여 여러분이 알 수 있도록 하였다. 이 책의 모든 문제에서 구조 및 기계 시스템에 대한 설계와 해석에 관한 원리와 과정을 실질적으로 다루고 있다. 여러분의 이해를 돕기 위해서 힘과 모멘트는 빨간색, 속도와 가속도 화살표는 초록색, 움직이는 물체의 궤적은 오렌지색으로 표시하였다.

끝으로, 기본 역학을 배우는 학생들이 이 책을 통하여 역학에 대해 쉽게 이해하고 이 책이 실제 현장에서 공학적인 문제를 해결할 수 있는 밑거름이 되길 바란다.

2022년 7월

역자 대표 김재도

추천사

이 책 시리즈는 작고한 James L. Meriam 박사에 의해 1951년에 시작되었다. 그 당시 이 책은 학부생의 역학 교육에 대변혁을 가져왔고, 그 이후에 나타난 다른 공업역학 교재의 모델로서뿐만 아니라 수십 년 동안 교재의 결정판이 되어 왔다. 1978년에 발행된 초판과는 약간 다른 제목으로 출판되었지만 이 시리즈는 이론의 논리적 구성과 명료하고도 엄밀한 표현 그리고 유익한 예제 및 풍부한 실전문제, 최고 수준의 삽화로 언제나 특색을 이루고 있다. 미국판 외에 SI판으로도 출판되었으며 많은 외국어로 번역되었다. 이 책들은 모두 다 역학에 있어서 학부 교재용 국제표준을 따르고 있다.

공업역학 분야에서의 Meriam(1917~2000) 박사의 창조와 공헌은 이루 말할 수 없다. 그는 21세기 후반 최고의 공학교육자 중 한 사람이었다. Meriam 박사는 예일대학교에서 학사, 석사 및 박사학위를 받았으며, Pratt and Whitney Aircraft와 General Electric Company에서 산업체 경험도 쌓았다. 제2차 세계대전 중에는 미국 해양경비대에서 복무했다. 그는 캘리포니아-버클리대학교의 교수, 듀크대학교의 공대학장, 캘리포니아폴리테크닉주립대학교의 교수, 그리고 캘리포니아주립대학교(산타바바라 캠퍼스)에서 교환교수를 역임하고, 1990년에 정년퇴임하였다. Meriam 교수는 언제나 강의의 중요성을 매우 강조하였으며, 그가 가르쳤던 학생들로부터 강의를 인정받았다. 그는 1963년 버클리에서 탁월한 강의에 수여하는 Tau Beta Pi 우수교수상의 첫 수상자였고, 1978년 미국 공학교육위원회로부터 공업역학 교육의 탁월한 공헌에 대한 교육공로상을 수상하였으며, 1992년 ASEE의 그해 미국 최고의 상, Benjamin Garver Lamme 상의 학회 수상자가 되었다.

공업역학 시리즈의 공동저자인 L. Glenn Kraige 박사 역시 1980년대 초반 이후부터 역학교육에 탁월한 기여를 해왔다. Kraige 박사는 버지니아대학교 항공공학 관련 분야에서 학사, 석사 및 박사학위를 받았으며, 현재 버지니아폴리테크닉주립대학교에서 Engineering Science and Mechanics과의 명예교수로 근무하고 있다. 1970년대 중반 동안 Kraige 교수의 대학원 학위심사위원의 위원장을 맡았던 즐거운 기억이 있으며, 그는 나의 45명의 박사 졸업생 중 첫 번째 학생이었다는 사실에 대단한 자부심을 갖고 있다. Kraige 교수는 Meriam 교수에 의해 교재 팀에 합류하게 되었고 그로 인해 교재 저작자의 탁월성에 관한 Meriam의 유산이 미래세대에게 전달되었다. 지난 30년 동안, 이러한 저자들의 성공적인 팀 구성은 여러 세대에 걸쳐 공학자의 교육에 전 세계적인 충격을 주었다.

Kraige 교수는 우주선 운동학 분야에서 널리 알려진 연구와 논문뿐만 아니라 기초와 최고 수준의 역학 강의를 위해 심혈을 기울였다. 그의 탁월한 강의는 널리 인정받았고, 학과, 대학, 주, 지역뿐만 아니라 전국적인 수준에서 강의 상을 수상했다. Engineering Science and Mechanics과에서 우수교육상인 Fransis J. Maher 상, 우수 대학강의상인 Wine 상, 그리고 버지니아연방주의회 고등교육위원회로부터 우수교육자상을 받았다. 1996년 ASEE 부문위원회는 그에게 Archie Higdon 석좌교육자상을 수여하였고, 강의증진을 위한 카네기재단과 교육증진 및 후원위원회는 그에게 1997년 올해의 버지니아 교수상을 수여했다. 2004년부터 2006년까지 공학교육 창조위원회의 W. S. 'Pete' White Chair의 의장을 지냈으며, 2006년에는 교수기법에 대한 Scott L. Hendricks 교수, Don H. Morris 교수와 함께 XCaliber 상의 수상자가 되었다. Kraige 교수는 그의 강의에서 물리적인 관찰과 공학적 판단의 강화와 함께 해석적인 능력의 개발에 역점을 두었다. 1980년 초반부터 정역학, 동역학, 재료역학과 동역학 및 진동학의 고수준 영역에서의 강의/연습을 고양시키기 위해 설계된 퍼스널 컴퓨터 소프트웨어에 매진해왔다.

블루필드주립대학의 기계과 부교수이고 Digital Learning의 책임자로 재직하고 있는 Jeffrey N. Bolton 박사가 이번 판에도 참여하였다. 그는 버지니아 폴리테크닉주립대학교의 기계공학과에서 학사, 석사 및 박사를 취득하였다. 그의 관심 분야는 6자유도를 갖는 로터의 자동 균형에 대한 것이다. 그는 대학에서 강의 경험이 매우 풍부하며, 2010년에 학생들에 의해 선출된 Sporn Teaching Award의 수상자이기도 하다. 2014년에는 블루필드주립대학에서 주는 우수 교수상을 받았다. Bolton 박사는 이 책에서 응용력을 적용할 수 있는 부분을 추가하였다.

정역학, 제9판에서는 이전 판과 같이 최고 수준을 유지하면서 학생들에게 도움과 흥미를 위한 새로운 특징이 추가되었으며, 광범위하고 흥미롭고 유익한 많은 문제들을 수록하고 있다. Meriam, Kraige, Bolton 교수의 공업역학 시리즈를 통해 가르치는 교수나 공부하는 학생들은 매우 숙달된 세 교육자의 수십 년간의 투자에 대한 혜택을 누릴 것이다. 제9판은 이전 판들의 패턴을 따르지만, 이 책은 실제 공학 환경에 대한 이론의 응용을 강조하며 이런 노력으로 인해 이 책은 여전히 최고의 교재로 남아 있다.

John L. Junkins
Distinguished Professor of Aerospace Engineering
Holder of the Royce E. Wisebaker '39 Chair in Engineering Innovation
Texas A&M University
College Station, Texas

저자 서문

공업역학은 모든 역학 분야에서 기초와 뼈대가 되는 학문이다. 토목, 기계, 항공 및 농공학 분야뿐 아니라 공업역학은 정역학과 동역학의 주제에 기반을 두고 있다. 전기공학 및 로봇 기구나 제조과정을 다루는 분야에서도 공업역학의 중요성을 맨 처음 깨닫게 된다.

따라서 공업역학 관련 과목은 공업 교육과정에서 매우 중요하다. 공업역학 과목들은 응용수학, 물리학 및 그래픽을 포함하는 주요 과목에서 학생들의 이해를 증진시키는 데 도움이 된다. 게다가 이런 공업역학 과목들은 문제 푸는 능력을 강화시키는 데 탁월한 도움이 된다.

철학

공업역학 학습의 주된 목적은 창조적인 공학설계를 수행하는 데 힘과 운동의 효과를 예측하는 능력을 개발하는 데 있다. 이 능력은 물리학·수학적 지식보다 더 많은 역학적 지식이 요구된다. 또한 기계나 구조물의 거동을 지배하는 재료, 구속력 및 실제적인 한계들을 시각적으로 표현할 수 있는 능력도 요구된다. 문제를 수식화하기 위한 시각화 능력을 개발하는 데 공업역학 교과목은 학생들에게 많은 도움이 된다. 의미 있는 수학적 모델을 구성하는 것은 해를 얻는 것보다 중요하다. 공학 문제에서 원리와 제한 요소들을 알게 될 때 최고의 진전이 이루어진다.

문제를 풀기 위해 이론을 개발하기보다 이론을 구체적으로 설명하기 위한 수단으로서 문제를 이용하는 경향이 있다. 첫 번째 관점에 역점을 두면, 연습문제가 너무 이론적으로 되고 심지어 흥미 없고 지루해지게 되어 공학 문제와 멀어지게 된다. 이 방법은 중요한 경험을 얻으려는 학생들의 의욕을 뺏는 결과를 낳는다. 두 번째 관점은 이론을 배우려는 강한 동기를 부여하게 되고, 이론과 응용 사이에 좋은 균형을 이루도록 도움을 준다. 학습을 위한 강한 동기를 부여하는 데 흥미와 목표가 중요함은 아무리 강조해도 지나치지 않다.

더구나 역학 교육자로서, 실제 문제가 이론에 가깝다는 점보다는 이론이 실제 문제에 가깝다는 점을 강조해야 한다. 철학적인 관점에서 보면 두 차이점은 기본적이며, 역학에 대하여 과학과 공학이 구별되는 점이다.

과거 수십 년에 걸쳐 공학교육에 여러 불행한 일이 발생되었다. 첫째, 선수 과목인 수학의 기하학적·물리적 의미에 대한 강조가 점점 퇴색되어 왔다. 둘째, 역학 문제의 시각화를 고양시켰던 그래픽에 대한 교육이 현저히 줄어들었다. 셋째, 역학을 다루는 수학 수준을 높이는 데 있어서, 벡터 연산의 기하학적 시각화를 없애는 경향이 있었다. 역학은 본질적으로 기하학적·물리적 인식에 의존하는데, 우리는 이 능력을 발전시키기 위한 노력을 해야 한다.

다음은 컴퓨터 사용에 대한 특별한 내용이다. 학생들이 문제를 수식화하는 능력은 해를 구하는 조작적인 능력보다 대단히 중요하다. 이런 이유 때문에 컴퓨터 사용은 주의 깊게 짚어 봐야 한다. 자유물체도를 그리거나 지배방정식을 수식화하는 것은 연필과 종이로도 충분하다. 한편 지배방정식에 대한 해를 구하는 데 컴퓨터를 사용하여 구할 수 있는 사례들이 있다. 어떤 변수가 명백한 이유 없이 변하는 불필요한 문제보다는 오히려 설계 조건이나 임계 상태가 있는 문제에서 컴퓨터 사용은 유용하다. 이런 생각을 가지고 제9판에서는 컴퓨터 사용에 대한 문제를 다룰 것이다. 문제를 수식화하는 데 걸리는 시간을 줄이기 위해서 컴퓨터를 사용해야 하는 문제는 제한적으로 제시하였다.

이전 판과 마찬가지로 제9판에서는 다음과 같은 철학에 입각하여 저술하였다. 역학 과목에서 처음으로 접하는 과목으로 집필하였고, 일반적으로 2학년 학생을 대상으로 강의하도록 하였다. 공업역학 교재는 간결하고 세심히 집필하였다. 특별한 경우보다 기본 원리와 방법에 역점을 두었다. 기본 아이디어의 결합과 적은 아이디어로 풀 수 있는 다양한 문제를 다루는 데 노력하였다.

구성

제1장에서는 역학공부에 필요한 기본 개념을 소개하였다.

제2장에서는 힘, 모멘트, 우력과 합력의 특성들이 전개되어 학생들이 한 질점에 작용하는 공점력의 평형에 관한 비교적 쉬운 문제를 제3장의 비공점력계의 평형에 직접 나아갈 수 있도록 하였다.

제2장과 제3장에서는 모두 2차원 문제의 해석을 다루는데, 2차원 문제는 A편에서 다루고 3차원 문제는 B편에서 다룬다. 이 배열에 관해서 강사는 평형에서 제3장을 시작하기 전에 제2장 전체를 다루어도 좋고, 또는 2A, 3A, 2B, 3B의 순서로 2개의 장을 다루어도 좋다. 후자의 순서는 2차원에서의 힘과 평형을 다루고 바로 3차원의 힘과 평형을 다룬다.

단순트러스와 프레임과 기계에 대한 평형 원리의 응용은 2차원 시스템에 주어진 근본적인 주의점과 함께 제4장에서 다룬다. 3차원 예제들이 충분히 많이 주어졌는데, 보다 일반적인 해석의 벡터 도구를 학생들에게 연습시키기 위해 의도한 것이다.

분포력의 개념과 범주는 제5장에서 소개되고 2개의 세션으로 구별된다. A편은 도심과 질량중심을 다루며 상세한 예제가 준비되어 있어 물리적이고 기하학적 문제들의 미적분의 응용을 쉽게 마스터할 수 있도록 하였다. B편은 빔, 유연한 케이블과 유체력의 주제들을 포함하며 이 주제들은 생략해도 좋다.

제6장은 마찰로서 A편의 건마찰 현상과 B편의 기계응용 편으로 나뉜다. B편은 시간 제약이 따르면 생략해도 좋으나, 이 내용은 집중 마찰력과 분포 마찰력을 취급하는 데 학생들에게 가치 있는 경험을 제공한다.

제7장은 제1자유도계의 제한된 응용으로서 가상일에 대한 통합된 내용을 제공한다. 상호 결합된 시스템과 안전성 결정을 위한 가상일과 에너지 방법의 장점을 특별히 강조하고 있다. 가상일은 학생들에게 역학에서 수학적 해석의 힘을 확인시키는 기회를 제공한다.

면적에 관한 관성모멘트와 관성 상승모멘트는 부록 A에 제공된다. 이 주제들은 정역학과 고체역학의 주제를 연결시키는 데 도움을 준다. 부록 C는 학생들이 컴퓨터 응용문제를 풀이하는 데 필요한 여러 수치해석법들뿐만 아니라 기초 수학의 선택된 주제에 관한 요점 정리를 포함하고 있다. 부록 D에는 물리적 상수, 도심, 관성모멘트에 관한 유용한 표들이 포함되어 있다.

교수법 특징

이 책의 기본 구조는 맨 먼저 특별한 주제를 다루고 그다음 한두 개 이상의 예제, 그다음에는 연습문제가 나오도록 절을 구성하고 있다. 각 장의 끝에는 '이 장에 대한 복습'이 있는데, 그 장의 요점을 요약하고 이어서 복습문제가 준비된다.

문제

이 책에는 89개의 예제가 있다. 전형적인 정역학 문제에 대한 풀이가 상세히 제시된다. 게다가, 주석과 주의점(도움말)은 파란색으로 번호를 붙여 본문에 나타내었다.

또한 이 책에는 898개의 연습문제들이 있다. 문제는 기초문제와 심화문제로 구분된다. 첫 번째 절은 단순하고 복잡하지 않은 문제들로 구성되어 학생들에게 새로운 주제에 신뢰를 얻을 수 있도록 도와주기 위하여 설계되었다. 반면 두 번째 절의 문제는 대부분 난이도가 보통이다. 일반적으로 문제들은 난이도가 높은 순서로 배열되어 있다. 좀 더 난이도가 높은 문제들은 심화문제의 끝부분에 ▶ 기호로 나타냈다. *로 표시된 컴퓨터 응용문제는 각 장의 끝에 있는 복습문제의 마지막 특별 섹션에 나타나 있다. 모든 문제의 해답은 이 책의 맨 뒤에 제공된다.

U.S. 단위계와 SI 단위계를 비교하기 위하여 언급된 기본 단위 영역의 제한된 수의 사용을 제외하고는 이 책 전체를 통하여 SI 단위계가 사용된다.

모든 이전 판에서와 마찬가지로, 제9판에서 주목할 만한 특징은 공학설계에 적용할 수 있는 흥미롭고 중요한 문제들이 풍부하다는 것이다. 직접 그 자체로 확인이 되는지 아닌지는 모르지만, 사실상 모든 문제들은 설계에서의 원칙과 고유의 절차 그리고 공학 구조물과 기계적 시스템의 해석을 취급한다.

삽화

사실성과 명확성의 정도를 최대한 높이기 위하여 이 책 시리즈에서는 삽화를 컬러로 제작하였다. 컬러가 어떤 양의 동질성을 위하여 일관되게 사용하였다.

- 빨강 : 힘과 모멘트
- 초록 : 속도와 가속도 화살표
- 오렌지 선 : 움직이는 점들의 선택된 궤도

문제에서 중요한 부분이 아닌 부분들은 부드러운 색으로 표현되었다. 언제라도 가능하다면, 공통적으로 어떤 컬러를 갖는 메커니즘이나 물체들은 그 컬러로 묘사될 것이다. 교재인 이 공업역학 시리즈의 중요한 부분인 삽화의 모든 근본 요소들은 그대로 유지된다. 저자는 최고 수준의 삽화는 역학 분야에서 가장 중요한 작업이라고 확신한다.

새로운 특징

제9판에서는 모든 이전 판의 특징을 유지하면서 다음과 같이 개선되었다.

- 모든 이론 부분은 엄격함, 명확성, 가독성, 그리고 친밀성의 수준을 극대화하기 위해 재검사하였다.
- 이론 소개에서 중요한 개념 부분은 특별히 표시하고 강조하였다.
- '이 장에 대한 복습' 절을 강조하고 특징을 항목별로 요약하였다.
- 모든 예제는 바로 알아볼 수 있도록 페이지 가장자리를 컬러로 인쇄하였다.
- 정역학이 주 역할을 하는 실제 현상과의 부가적인 연결을 제공하기 위해 사진들을 추가하였다.

강의 매뉴얼

이 책의 모든 문제에 대한 해답집은 강의 자료로 제공된다.

감사의 글

원고의 귀중한 제안과 정확한 대조를 통한 끊임없는 기여에 대하여 이전의 벨전화연구소의 A. L. Hale 박사의 특별한 공로가 인정된다. Hale 박사는 1950년대로 거슬러 올라가 역학 교재의 전 시리즈의 모든 이전 버전에 대해 같은 공헌을 하였다. 그는 모든 신구 교재와 그림들을 포함해서 책들의 모든 면에서 재검토하였다. Hale 박사는 새로운 문제 각각에도 독립적인 풀이를 하였고 제자에게 교수매뉴얼에 나타난 해답에 대해 제안과 필요한 수정을 제공하였다. Hale 박사는 그의 일에 있어서 정확성을 기하는 것으로 정평이 나 있으며 그의 훌륭한 영어에 대한 언어 지식은 이 교과서의 모든 사용자에게 도움이 되는 큰 자산이기도 하다.

정기적으로 건설적인 제안을 준 VPI&SU의 Engineering Science and Mechanics과의 교수들인 Saad A. Ragab, Norman E. Dowling, Michael W. Hyer, J. Wallace Grant 그리고 Jacob Grohs 교수에게 감사를 드린다. Scott L. Hendricks 교수는 원고를 효과적이고 정확하게 검토해주는 데 정평이 나 있다. 교재의 추가사항에 대한 공헌을 한 블루필드주립대학의 Michael Goforth 교수에게 감사를 드린다. 본 교재의 향상을 위해 세심한 검토와 조언을 아끼지 않은 펜실베이니아 블룸필드주립대학교의 Nathaniel Greene 교수에게도 감사를 드린다.

John Wiley & Sons 직원들의 전문적인 능력도 예상대로 잘 발휘되었다. 여기에는 Linda Ratts 편집장, Adria Giattino 개발 부편집장, Adriana Alecci 편집부원, Ken Santor 출판 편집장, Wendy Lai 디자이너, Billy Ray 사진 편집장이 포함된다. Helen Walden의 장기간에 걸친 편집뿐만 아니라, Camelot

Editorial Services의 Christine Cervoni의 헌신적인 노력에 특별히 감사를 드린다. Lachina 삽화가들의 우수한 그림이 책의 수준을 높였다.

원고를 준비하는 오랜 기간 동안 인내하고 헌신한 우리 가족들을 언급하고 싶다. 특히 Dale Kraige는 제9판의 원고를 준비하는 데 오랜 기간 공헌하였고, 단계마다 검토를 해주었다.

본 교재가 지난 65년 동안 이어져 왔다는 점에 저자들은 대단히 기뻐하고 있다. 앞으로 가장 좋은 교재로 사용되길 바라며 이를 위해 저자들은 여러분의 충언과 제안을 환영한다.

L. Glenn Kraige

Blacksburg, Virginia

Princeton, West Virginia

차례

제1장 정역학의 개요

1.1	역학이란	1
1.2	기본 개념	2
1.3	스칼라와 벡터	2
1.4	뉴턴 법칙	5
1.5	단위계	6
1.6	중력 법칙	9
1.7	정확도, 극한과 근삿값	11
1.8	정역학 문제의 해결방법	12
1.9	이 장에 대한 복습	15

제2장 힘계

2.1	서론	19
2.2	힘	19
A편	2차원 힘계	
2.3	직각성분	22
2.4	모멘트	34
2.5	우력	45
2.6	합력	54
B편	3차원 힘계	
2.7	직각성분	63
2.8	모멘트와 우력	71
2.9	합력	84
2.10	이 장에 대한 복습	94

제3장　평형

3.1	서론	101
A편	2차원 평형	
3.2	계의 분리 및 자유물체도	102
3.3	평형조건	113
B편	3차원 평형	
3.4	평형조건	134
3.5	이 장에 대한 복습	150

제4장　구조물

4.1	서론	157
4.2	평면트러스	159
4.3	격점법	160
4.4	단면법	172
4.5	입체트러스	181
4.6	프레임과 기계	188
4.7	이 장에 대한 복습	205

제5장　분포력

5.1	서론	213
A편	질량중심과 도심	
5.2	질량중심	215
5.3	선, 면적 및 체적의 도심	217
5.4	복합물체와 형상 : 근사방법	232
5.5	파푸스 정리	242
B편	특별 주제	
5.6	보—외부효과	249
5.7	보—내부효과	255
5.8	유연한 케이블	266
5.9	유체정역학	280
5.10	이 장에 대한 복습	297

제6장 마찰

6.1 서론 303

A편 마찰 현상

6.2 마찰의 유형 304

6.3 건마찰 305

B편 기계류에서 마찰의 응용

6.4 쐐기 323

6.5 나사 324

6.6 저널 베어링 333

6.7 추력 베어링 : 원판마찰 334

6.8 유연한 벨트 341

6.9 구름저항 342

6.10 이 장에 대한 복습 350

제7장 가상일

7.1 서론 357

7.2 일 357

7.3 평형 361

7.4 위치에너지와 안정성 376

7.5 이 장에 대한 복습 392

부록 A 면적 관성모멘트 397

부록 B 질량 관성모멘트 431

부록 C 간추린 수학공식 432

부록 D 유용한 표 448

정답 458

찾아보기 473

정역학의 개요

이 장의 구성

1.1 역학이란
1.2 기본 개념
1.3 스칼라와 벡터
1.4 뉴턴 법칙
1.5 단위계

1.6 중력 법칙
1.7 정확도, 극한과 근삿값
1.8 정역학 문제의 해결방법
1.9 이 장에 대한 복습

큰 힘을 받는 구조물은 역학의 기본 원리에 바탕을 두고 설계해야 한다. 이 사진은 오스트레일리아의 시드니이며, 큰 힘을 받는 구조물을 볼 수 있다.

1.1 역학이란

역학은 물체에 작용하는 힘의 영향을 다루는 물리학의 한 분야로 공학적인 해석에서 가장 중요한 역할을 한다. 역학의 기본 원리는 비록 몇 가지 안 되지만, 공학에서는 폭넓게 응용되고 있다. 진동, 구조물과 기계의 안정성 및 강도, 로봇 공학, 로켓 및 우주선의 설계, 자동제어, 엔진의 작동, 유체흐름, 전기 기기 및 측정 장치, 그리고 분자, 원자적인 현상 등 여러 분야에 대한 연구와 개발은 역학의 기본 원리를 응용한 것이다. 이러한 역학의 전반적인 이해는 많은 분야에서 필수적이다.

역학은 물리학의 가장 오래된 분야로서 최초의 기록은 Archimedes(기원전 287~212)가 언급한 지렛대의 원리와 부력의 원리에 관한 것이다. Stevinus (1548~1620)는 힘들의 벡터 조합의 법칙을 정립하여 역학의 실질적인 발전을 보게 되었다. 동역학적인 문제에 대한 최초의 관찰은 낙하하는 물체에 대한 Galileo(1564~1642)의 실험이었다. 중력의 법칙과 운동의 법칙에 대한 수식화는 Newton(1642~1727)에 의해서 이루어졌으며, 그는 수학적인 해석에서 미분의 개념을 생각하였다. 이러한 역학 발전에 공헌을 한 사람들은 da Vinci, Varignon, Euler, D'Alembert, Lagrange, Laplace 등이다.

이 책에서는 역학의 기본 원리와 그 응용에 대해서 다룬다. 역학의 원리는 수학식으로 표현되며, 역학에서 수학은 매우 중요한 역할을 한다.

논리적인 구분에 의해서 역학의 주제는, 힘을 받는 물체의 평형을 다루는 **정역학**과 물체의 운동을 다루는 **동역학**으로 나뉜다. 공업역학은 두 부분으로 나뉘는데, 1권은 **정역학**이고, 2권은 **동역학**이다.

Isaac Newton 경

1

1.2 기본 개념

역학 공부에서 기본이 되는 몇 가지 중요한 개념과 정의가 있다. 그 개념과 정의들을 무엇보다 먼저 이해해야 한다.

공간(space).   공간이란 좌표계에서 직선과 각도로서 기술되는 어떤 위치에서 물체가 차지하는 기하학적인 영역이다. 3차원 문제에서는 3개의 독립적인 좌표가 필요하다. 2차원 문제에서는 2개의 좌표만이 필요하다.

시간(time).   어떤 사건의 연속에 대한 단위이며 동역학에서는 기본량에 해당된다. 정역학에서는 시간은 직접적으로 포함하지 않는다.

질량(mass).   질량은 물체의 관성력에 대한 단위이다. 또한 질량을 어떤 물체 속에 있는 물질의 양으로도 생각할 수 있다. 물체의 질량은 서로 다른 물체끼리의 끌어당기는 힘에 영향을 미친다.

힘(force).   다른 물체에 대한 한 물체의 작용이다. 힘은 작용하는 방향으로 물체를 이동시키려는 경향이 있다. 힘은 **크기**, **방향** 그리고 **작용점**에 의해서 그 특성을 갖고 있다. 힘은 벡터양이며, 그 특성에 대해서는 2장에서 자세히 설명하기로 한다.

질점(particle).   크기는 없고 질량만 있는 물체를 질점이라 한다. 그래서 점 질량으로 간주할 수 있으며 가끔 질점은 물체의 미세요소로 선택된다. 그뿐만 아니라 물체의 치수가 물체의 위치 및 물체에 작용하는 힘의 운동이 부적절할 때, 그 물체를 질점으로 취급하기도 한다.

강체(rigid body).   물체 내의 상대적인 변형이 무시할 정도로 작을 때 그 물체를 강체로 간주한다. 예를 들면, 하중을 받는 기중기의 팔을 지지하는 케이블의 인장력에 대한 계산은 팔의 구조물 부재에 발생하는 작은 내부 변형에 의해서 영향을 받지 않는다. 그래서 기중기 팔에 작용하는 힘의 계산 시 기중기 팔을 강체로 취급한다. 정역학은 평형상태에 놓인 강체에 작용하는 외력을 주로 계산하게 된다. 내부 변형량을 계산하려면 변형체 역학을 공부해야 한다.

1.3 스칼라와 벡터

역학에서 다루는 양에는 스칼라와 벡터가 있다. **스칼라**는 단지 크기만 다루고, 시간, 부피, 밀도, 속력, 에너지와 질량 등이 있다. 반면에 **벡터**는 크기와 방향이 있으며 다음 절에서 설명되는 것과 같이 덧셈에서 평형사변형 법칙을 따른다. 벡터에는 변위, 속도, 가속도, 힘, 모멘트와 운동량이 있다. 속력은 스칼라 양이며, 벡터인 속도의 크기를 표시한다.

물리량으로 표시되는 벡터는 다음과 같이 자유, 이동, 또는 고정의 세 가지 벡터로 분류된다.

자유벡터(free vector).   운동이 공간에 있는 어떤 유일한 직선에 속박되거나 관련되지 않는 벡터이다. 물체가 회전 없이 움직인다면, 물체의 임의 점에 대한 이동 또는 변위는 벡터로 간주된다. 이 벡터는 물체의 모든 점에 대하여 변위의 크기와 방향이 같게 설명될 수 있다. 따라서 이런 물체의 변위를 자유벡터로 표현할 수 있다.

이동벡터(sliding vector).   공간에서 벡터의 운동은 반드시 직선으로 유지된다. 외력이 강체에 작용할 적에 힘은 강체 전체에 끼치는 영향이 바뀌지 않고 그 운동 방향의 어떤 점에서도 작용할 수 있으며,[*] 이것을 이동벡터로 간주한다.

고정벡터(fixed vector).   유일한 작용점이 있으며 이 벡터는 공간에서 특정 위치를 차지한다. 변형 가능하거나 비강체인 물체에서 힘의 작용은 힘의 작용점에서 고정벡터로 정해져 있다. 이런 문제에서 물체 내부에서 힘과 변형은 힘의 작용점과 힘의 크기 및 작용선에 관련된다.

식과 그림에 대한 규정

벡터양 **V**는 그림 1.1에서와 같이 벡터의 방향을 가리키는 화살표를 갖는 선 성분으로 표현한다. 선 성분 방향으로 길이는 비율로서 벡터의 크기를 $|\mathbf{V}|$로 나타내고, 크기는 획이 가는 이탤릭체 V로 쓴다. 예를 들면 20 N의 힘을 1 cm의 선을 긋고 화살표를 표시하는 축척을 사용한다.

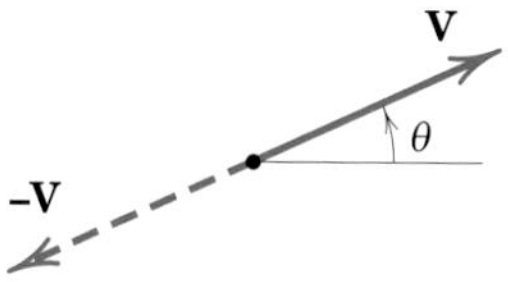

스칼라 방정식에서 벡터의 크기만을 쓰는 선도는 획이 가는 이탤릭체로 표현한다. 벡터의 방향이 수학적 표현의 일부일 때 벡터양은 볼드체로 표현한다. 벡터 방정식을 사용할 때 벡터와 스칼라의 수학적인 표현이 반드시 구분되어야 한다. 손으로 벡터를 표현할 때 $\underline{V}$와 같이 밑줄을 긋는다거나, $\vec{V}$와 같이 심벌 위에 화살표를 사용하며, 인쇄체에서는 보통 볼드체로 표시한다.

벡터의 법칙

벡터 **V**의 방향은 어떤 기준 방향에 대한 각도 θ에 의해 측정된다. 벡터 **V**의 음은 −**V**이며 그림 1.1에서와 같이 **V**는 반대 방향이다.

벡터는 반드시 평행사변형 법칙에 따라서 합성을 할 수 있다. 이 법칙에 따라서 그림 1.2a에 있는 2개의 자유벡터 $\mathbf{V}_1$과 $\mathbf{V}_2$는 두 벡터가 만드는 평행사변형의 대각선인 그림 1.2b와 같은 벡터 **V**로 표시할 수 있다. 이 법칙을 다음 식으로 표현되

그림 1.1

---

[*] 이것이 전달성 원리이며, 2.2절에서 다룬다.

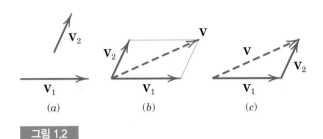

그림 1.2

는 벡터의 합이라 부른다.

$$\mathbf{V} = \mathbf{V}_1 + \mathbf{V}_2$$

여기서 더하기는 벡터의 합을 의미하며 스칼라의 합을 의미하는 것이 아니다. 두 벡터의 크기를 나타내는 스칼라양은 V_1+V_2로 표기하며, 이것은 평행사변형의 기하학적 성질로부터 $V \neq V_1+V_2$가 아님이 명확하다.

2개의 벡터 $\mathbf{V}_1$과 $\mathbf{V}_2$는 그림 1.2c와 같이 삼각형의 법칙으로부터도 $\mathbf{V}$를 구할 수 있다. 벡터의 더하는 순서가 그 합에 영향을 끼치지 못하므로 $\mathbf{V}_1+\mathbf{V}_2=\mathbf{V}_2+\mathbf{V}_1$의 교환법칙이 성립한다.

두 벡터의 차 $\mathbf{V}'=\mathbf{V}_1-\mathbf{V}_2$는 그림 1.3과 같이 $-\mathbf{V}_2$를 벡터 $\mathbf{V}_1$에 더함으로써 쉽게 얻을 수 있으며, 삼각형이나 평행사변형 법칙을 사용할 수 있다. 두 벡터의 차 $\mathbf{V}'$은 다음과 같은 식으로 표기한다.

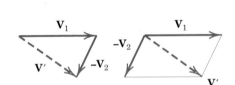

그림 1.3

$$\mathbf{V}' = \mathbf{V}_1 - \mathbf{V}_2$$

여기서 마이너스는 벡터의 빼기를 뜻한다.

합이 어떤 벡터 $\mathbf{V}$와 같은 2개 혹은 그 이상의 벡터는 그 벡터 $\mathbf{V}$의 성분이라 한다. 그러므로 그림 1.4a에서 벡터 $\mathbf{V}_1$과 $\mathbf{V}_2$는 벡터 $\mathbf{V}$의 1,2 방향에 대한 성분이다. 일반적으로 벡터는 직각 성분으로 분해하여 사용하는 것이 편리하다. 그림 1.4b에서 벡터 $\mathbf{V}_x$와 $\mathbf{V}_y$는 x와 y방향에 대한 벡터 $\mathbf{V}$의 성분이다. 마찬가지로 그림 1.4c에서 $\mathbf{V}_{x'}$과 $\mathbf{V}_{y'}$은 x'과 y'방향에 대한 벡터 $\mathbf{V}$의 성분이다. 직각 성분으로 표시할 때

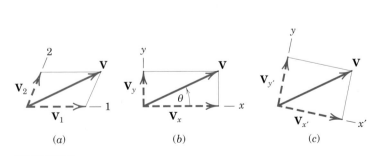

그림 1.4

x축에 대한 벡터의 방향은 다음과 같이 표기할 수 있다.

$$\theta = \tan^{-1}\frac{V_y}{V_x}$$

벡터 **V**는 그 크기 V와 단위벡터 **n**의 곱으로 표현한다. 여기서 단위벡터 **n**은 크기가 1이고 방향은 벡터 **V**의 방향과 일치한다. 즉,

$$\mathbf{V} = V\mathbf{n}$$

벡터의 크기와 방향은 간편하게 하나의 수학적인 식에 포함된다. 특히 3차원 문제에서 그림 1.5와 같이 x, y, z 방향으로 단위벡터 **i, j, k**의 항으로 벡터 **V**의 직각성분을 표시하는 것이 편리하다. 각 성분의 벡터합은 다음과 같다.

$$\mathbf{V} = V_x\mathbf{i} + V_y\mathbf{j} + V_z\mathbf{k}$$

다음과 같이 정의되는 벡터 **V**의 **방향여현** l, m, n을 사용해보자.

$$l = \cos\theta_x \qquad m = \cos\theta_y \qquad n = \cos\theta_z$$

따라서 벡터 **V**의 성분들의 크기는 다음과 같이 표기할 수 있다.

$$V_x = lV \qquad V_y = mV \qquad V_z = nV$$

피타고라스 정리로부터

$$V^2 = V_x{}^2 + V_y{}^2 + V_z{}^2$$

여기서 $l^2+m^2+n^2=1$이다.

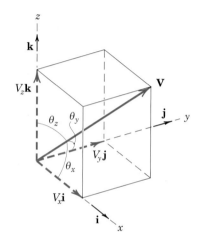

그림 1.5

1.4 뉴턴 법칙

Newton은 질점의 운동을 지배하는 기본 법칙들을 최초로 서술하였고, 그 법칙들의 타당성을 입증하였다.[*] 현대 용어를 사용하여 기술하면 기본 법칙은 다음과 같다.

---

[*] 최초의 뉴턴식들은 F. Cajori가 번역한 *Principia*(1687, University of California Press)의 1934년도 개정판에서 찾아볼 수 있다.

제1법칙.   한 질점에 작용하는 불평형 힘이 없다면, 그 질점은 정지해 있거나 일정한 속도로 직선상을 움직인다.

제2법칙.   한 질점의 가속도는 그 질점에 작용하는 힘의 합력에 비례하고 그 방향은 힘의 합력 벡터 방향이다.

제3법칙.   물체 상호 간에 작용하는 작용 힘과 반작용 힘은 크기가 같고 방향이 서로 반대이며 **동일선상**에 놓여 있다.

이들 법칙의 타당성은 정밀한 물리적 측정을 통하여 수없이 확인되었다. 뉴턴의 제2법칙은 동역학의 기본이 된다. 질량 m인 질점에 적용하면 다음과 같이 기술할 수 있다.

$$\mathbf{F} = m\mathbf{a} \tag{1.1}$$

여기서 $\mathbf{F}$는 질점에 작용하는 합력이고 $\mathbf{a}$는 가속도이다. $\mathbf{F}$의 방향은 $\mathbf{a}$의 방향과 반드시 일치해야 하며, 이 방정식이 **벡터 방정식**이다.

뉴턴의 제1법칙은 힘의 평형 원리를 의미하며, 이는 정역학의 기본이 된다. 실제로 힘이 0일 때, 질점이 정지상태 또는 일정한 속도로 움직일 때, 가속도가 없으므로 제1법칙은 제2법칙의 결과이다. 제1법칙은 운동에 대해서 새로운 것이 없으나 뉴턴의 고전적인 설명이기 때문에 여기에 포함시킨다.

제3법칙은 힘을 이해하는 데 도움이 된다. 힘의 크기가 같고 서로 반대 방향으로 작용하는 한 쌍의 힘으로서 발생한다는 것을 의미한다. 연필에 의해서 책상에 작용하는 하향 힘은 책상에 의해서 연필에 작용하는 상향 힘과 크기가 같다. 이 원리는 일정하거나 변화하는 모든 힘에 대해 적용되고, 작용점에 무관하며 힘이 작용하는 동안 매 순간 적용된다. 이 기본 법칙에 세심한 주의를 기울여야 오류를 범하지 않는다.

힘을 받고 있는 물체의 해석에서 작용과 반작용의 힘을 분리해서 고려하는 것이 필요하다. 무엇보다 먼저 관심이 되는 물체를 **분리시킨 후** 의문을 갖는 물체에 작용하는 두 가지 힘 중에서 물체에 작용하는 한 힘만을 고려하는 것이 필요하다.

1.5 단위계

역학은 기본적인 4개의 **물리량**(길이, 질량, 힘, 시간)을 다룬다. 이들 단위량들은 뉴턴의 제2법칙[식 (1.1)]과 일치해야 하기 때문에 독립적으로 선택할 수 없다. 서로 다른 여러 종류의 단위계가 존재하지만 이 책에서는 두 가지 단위계를 사용하였다. 두 단위계에서 4개의 기본량과 단위 및 기호를 요약하면 다음 표와 같다.

물리량	차원의 기호	SI 단위계		미국 통상단위계	
		단위	기호	단위	기호
질량	M	기본 단위 { kilogram	kg	기본 단위 { slug	–
길이	L	meter	m	foot	ft
시간	T	second	s	second	sec
힘	F	newton	N	pound	lb

SI 단위계

International System of Units의 약자로서 세계적으로 공인된 미터계이다. SI 단위계에서 질량은 kg, 길이는 m, 시간은 s(초)로 기본 단위를 사용하며, 힘을 나타내는 N(뉴턴)은 식 (1.1)과 같이 3개의 기본 단위로 표현할 수 있다. 힘(N)＝질량(kg)×가속도(m/s²), 즉

$$\mathbf{N} = \mathbf{kg \cdot m/s^2}$$

따라서 1 N은 1 kg의 질량에 1 m/s²의 가속도를 일으키는 데 필요한 힘이다.

질량 m인 물체가 지표면 근처에서의 자유낙하를 고려해보자. 이 물체는 중력가속도 g로 지구 중심을 향하여 떨어진다. 이때 중력은 무게 W이며 식 (1.1)로 표현된다.

$$W\,(\mathbf{N}) = m\,(\mathbf{kg}) \times g\,(\mathbf{m/s^2})$$

U.S. 단위계

U.S. 단위계 또는 영국 단위계는 foot-pound-second(FPS) 단위계라고도 한다. 언젠가는 SI 단위계로 바뀌게 되겠지만, 아직도 미국과 영국에서는 이 단위가 널리 사용되고 있다. 표와 같이 길이는 ft, 힘은 lb, 시간은 sec를 사용하고 질량은 slug를 사용하는데, 식 (1.1)로부터 유도된다.

$$\mathrm{slug} = \frac{\mathrm{lb\text{-}sec^2}}{\mathrm{ft}}$$

따라서 1 slug는 1 lb의 힘이 작용할 때, 1 ft/sec²의 가속도를 내는 질량을 말한다. W는 무게 또는 중력이고 g는 중력가속도라 할 때 중력 실험으로부터 식 (1.1)은 다음과 같다.

$$m \text{ (slugs)} = \frac{W \text{ (lb)}}{g \text{ (ft/sec}^2)}$$

seconds를 SI 단위계에서는 s로, FPS 단위계에서는 sec로 표시한다.

U.S. 단위계의 lb는 기체나 유체의 열특성을 지정할 때 질량 단위로도 사용된다. 두 단위 사이의 구별이 필요할 때 힘은 lbf, 질량은 lbm으로 쓴다. 다른 힘 단위로는 1000 lb에 해당하는 **킬로파운드**(kip)와 2200 lb에 해당하는 **톤**(ton)이 있다.

SI 단위계의 기본 단위인 질량 측정은 환경과 무관하게 이루어졌기 때문에 **절대단위계**라 한다. 반면에 U.S. 단위계는 특정 조건(해수면, 위도 45°)에서 측정한 단위계이기 때문에 **중력단위계**라 한다. 표준 파운드(lbf)는 1 lbm의 질량에 32.1740 ft/sec² 가속도를 일으키는 데 필요한 힘이다.

SI 단위계에서 kg은 **오직** 질량 단위로 사용하고 힘 단위로는 **사용하지 않는다**. MKS(meter, kilogram, second) 단위는 비영어권 국가에서 오랫동안 사용되었으며, kg은 힘 단위와 질량 단위로서 사용되어 왔다.

기본 단위

국제적인 공인에 의해서 질량, 길이 및 시간의 측정이 다음과 같이 이루어졌다.

질량. kg은 파리 근교에 위치한 국제도량형국에 보관된 백금-이리듐 원통의 질량으로 규정한다. 이 원통의 복제품은 미국의 국립표준기술연구원(NIST)에도 보관되어 있다.

길이. 처음에 m는 파리를 지나는 자오선을 따라 북극에서 적도선까지 거리의 천만분의 1로 정의되었다. 나중에 국제도량형국에 보관된 백금-이리듐 봉의 길이로 정의하였는데, 접근하기가 어려워 현재는 진공 상태에서 빛이 (1/299792458)초 동안 진행하는 거리로 정의한다.

시간. 원래 1초는 평균 태양일의 1/(86,400)배로 정의하였으나, 불규칙한 지구의 자전 때문에 다음과 같은 표준을 정했다. 현재 정의된 1초는 세슘-133원자의 방사선 9,192,631,770주기의 기간으로 정의하였다.

표준 질량

공학에서, 역학을 학습하는 데는 이런 정확한 표준값을 고려하는 일은 불필요하다. 중력가속도 g의 표준값은 위도 45°의 해수면에서 측정한 값이다.

<table>
<tr><td>SI 단위계</td><td>$g = 9.806\ 65 \text{ m/s}^2$</td></tr>
<tr><td>U.S. 단위계</td><td>$g = 32.1740 \text{ ft/sec}^2$</td></tr>
</table>

근삿값으로 9.81 m/s²과 32.2 ft/sec²를 사용한다.

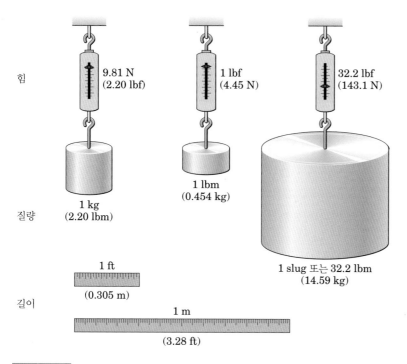

9.81 N
(2.20 lbf)

1 lbf
(4.45 N)

32.2 lbf
(143.1 N)

힘

1 lbm
(0.454 kg)

1 kg
(2.20 lbm)

질량

1 slug 또는 32.2 lbm
(14.59 kg)

1 ft
(0.305 m)

길이

1 m

(3.28 ft)

그림 1.6

단위 환산

교재에서 사용하는 SI 단위는 부록 D의 표 D.5에 U.S. 단위와 SI 단위 사이의 변환값과 함께 표시하였다. 표는 SI 단위와 U.S. 단위의 상대적인 값을 얻는 데 유용하지만, 공학자들은 U.S. 단위를 손으로 계산해서 변환하지 않고도 표를 통해 SI 단위를 즉시 확인할 수 있다. 정역학에서는 길이와 힘을 기본 단위로 보면 되는데, 힘은 1.6장에서 설명하는 질량과 중력의 곱이다. 단위 변환은 본 교재에서는 별문제가 되지 않는다.

그림 1.6은 두 단위계에서 힘, 질량, 길이에 대한 상대적인 크기를 비교하였다.

1.6 중력 법칙

동역학에서뿐 아니라 정역학에서도 중력이 작용하는 물체의 무게를 계산할 필요가 있다. 이런 계산은 뉴턴의 **중력 법칙**에 따라 계산하면 된다. 중력 법칙은 다음 식으로 표현된다.

$$F = G \frac{m_1 m_2}{r^2} \tag{1.2}$$

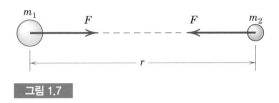

그림 1.7

여기서 F =두 질점 사이에 작용하는 인력

G =중력상수로서 만유인력상수

m_1, m_2 =두 질점의 질량

r =두 질점의 중심 간의 거리

두 질점 간에 작용하는 힘 F 는 작용과 반작용 법칙을 따르기 때문에, 그림 1.7과 같이 질점 간의 중심을 연결한 선을 따라 크기가 같고 방향이 반대이다. 실험에 의해서 얻어진 중력 상숫값은 $G=6.673\times10^{-11}$ m³/(kg · s²)이다.

지구의 중력(인력)

모든 두 물체 간에는 중력이 작용한다. 지구의 표면에서 측정할 수 있는 힘은 단지 지구의 인력에 의한 힘뿐이다. 지름 100 mm인 두 강철 구는 무게라 할 수 있는 37.1 N의 중력으로 지구에 의해 당겨진다. 반면에 두 강철 구 사이에서 서로 끌어당기는 힘은 서로 붙어 있다면 0.0000000951 N이다. 이 힘은 지구의 인력 37.1 N에 비해서 무시할 만큼 작기 때문에 지구의 중력에 의한 인력만 공학적인 문제에서 고려하면 된다.

지구 중력에 의해 발생되는 인력은 정지되어 있는 물체든 운동을 하는 물체든 그 물체의 무게로 알려져 있다. 인력이 힘이기 때문에, 물체의 무게는 SI 단위계에서는 N, U.S. 단위계에서는 lb로 표시한다. 그런데 무게 측정에서는 질량의 단위인 kg을 자주 사용하여 혼돈을 일으킨다. SI 단위계에서 질량은 kg으로 힘은 N을 사용하면 이런 혼란은 사라질 것이다.

지구 표면 근처에서 질량 m 인 물체에 대하여, 중력으로 인한 물체에 작용하는 인력은 식 (1.2)로 정의할 수 있으며, 간단한 실험으로도 계산된다. 무게 W 인 물체가 중력가속도 g 로 낙하한다면 식 (1.1)은 다음과 같이 쓸 수 있다.

$$W = mg \tag{1.3}$$

질량은 m (kg)이고 중력가속도는 g (m/s²)일 때 무게 W 는 N이 된다. U.S. 단위계에서 질량은 m (slug)이고 중력가속도는 g (ft/sec²)일 때 무게 W 는 lb가 된다. 여기서 g 는 9.81 m/s²(SI 단위)이고 U.S. 단위계에서는 32.2 ft/sec²이다.

지구가 달에 미치는 중력은 달 운동의 중요한 요인이다.

걷보기 무게(저울로 측정)와 참무게와는 오차가 있다. 이것은 지구 자전에 의한 것으로 매우 작아 무시할 수 있다. **제2권 동역학**에서 이런 것을 다루게 된다.

1.7 정확도, 극한과 근삿값

어떤 문제에 대한 유효숫자의 자릿수는 주어진 자료의 정확도에 의해 정의되는 유효숫자보다 커서는 안 된다. 예를 들어, 한 변이 24 mm인 정사각형 봉의 길이를 mm에 가까운 정확도로 측정한다면, 계산된 단면적은 576 mm²이지만 두 자리 유효숫자로 표시할 때는 580 mm²로 표기해야 한다.

큰 계산값에서 작은 차이의 양을 포함할 때는 주어진 정확도를 얻기 위해서 자료에서 더 큰 정확도가 필요하다. 따라서 숫자 4.2503과 4.2391의 차이는 유효숫자 세 자리인 0.0112로 표시해야 하며, 유효숫자 세 자리의 결과를 얻기 위해서 유효숫자 다섯 자리의 숫자가 사용되었다. 다소 긴 계산에서는 정확도를 보장하기 위해서 원래 자료에서 요구하는 유효숫자의 개수를 알기 어렵다. 유효숫자 세 자리는 대부분의 공학계산에서 정확하다.

이 책에서는 유효숫자 세 자리의 해답을 제시하고 있다. 계산 목적에 따라 주어진 모든 자료를 정확하게 취해야 한다.

미소량에 대한 차수

미소량의 **차수**는 가끔 오해를 불러일으킨다. 수학적 극한에 접근할 적에, 고차의 미소량은 저차의 미소량과 비교하여 항상 무시할 수 있다. 예를 들면, 높이 h, 밑변의 반지름 r인 직각원뿔의 부피요소 ΔV는 꼭짓점으로부터의 거리 x, 두께 Δx의 원판으로 나타낼 수 있다. 그러면 이 요소의 부피를 나타내는 식은 다음과 같다.

$$\Delta V = \frac{\pi r^2}{h^2} [x^2\, \Delta x + x(\Delta x)^2 + \frac{1}{3}(\Delta x)^3]$$

ΔV를 dV로 Δx를 dx로 하는 극한을 취할 때, $(\Delta x)^2$과 $(\Delta x)^3$은 떨어져 나가고 다음과 같이 된다.

$$dV = \frac{\pi r^2}{h^2} x^2\, dx$$

위 식을 적분하면 부피의 정확한 식을 얻게 된다.

작은 각도 다루기

작은 각도를 다룰 때는 단순한 것을 사용할 수 있다. 라디안 θ로 표현되는 그림

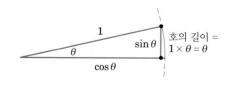

그림 1.8

1.8과 같은 작은 직각삼각형을 생각해보자. 빗변의 길이를 단위길이로 하면 그림의 기하학적 형상으로부터 호의 길이는 $1 \times \theta$이고, $\sin \theta$는 이것과 거의 같음을 알 수 있다. 또한 $\cos \theta$는 단위량 1에 거의 근접한다. $\sin \theta$와 $\tan \theta$는 거의 같은 값을 갖는다. 따라서 미소각에 대하여 다음과 같이 쓸 수 있다.

$$\sin \theta \cong \tan \theta \cong \theta \qquad \cos \theta \cong 1$$

이들 근삿값들은 세 함수에 대한 급수 전개에서 첫 항들만을 취하여 얻은 값이다. 이러한 근삿값들에 대한 예로서 1°일 때

$$1° = 0.017\ 453\ \text{rad} \qquad \tan 1° = 0.017\ 455$$
$$\sin 1° = 0.017\ 452 \qquad \cos 1° = 0.999\ 848$$

더 정확한 근삿값이 필요하다면 처음 두 항을 취하면 되는데 각은 라디안이다 (각도를 라디안으로 변환하는 방법은 각도에 $\pi/180$를 곱하면 된다).

$$\sin \theta \cong \theta - \theta^3/6 \qquad \tan \theta \cong \theta + \theta^3/3 \qquad \cos \theta \cong 1 - \theta^2/2$$

$\sin 1°$를 1°(0.0175 rad)로 바꿀 때 생기는 오차는 0.005%이다. 5°(0.0873 rad)에 대하여는 0.13%, 10°(0.1745 rad)에 대하여는 0.51%이다. 각이 0°에 접근하면 수학적인 극한에서 다음의 관계가 성립된다.

$$\sin d\theta = \tan d\theta = d\theta \qquad \cos d\theta = 1$$

여기서 $d\theta$는 라디안 단위이다.

1.8 정역학 문제의 해결방법

정역학은 평형상태에 있는 공학 구조물에 작용하는 힘의 정량적인 문제이다. 수학은 복잡한 여러 가지 양들 간의 관계를 확립하고, 이들 관계로부터 효과를 예측하는 것이 가능하게 해준다. 이런 내용의 정식화에는 두 가지 사고 과정이 동시에 요구된다. 물리적 현상 측면과 그에 상응하는 수학적 기술 측면을 함께 생각하는 것이 필수적이다. 모든 문제의 해석은 물리적 사고와 수학적 사고의 반복이 요구된다. 따라서 학생들에게 가장 중요한 목표 중 하나는 이런 사고의 전환을 자유자재로 할 수 있는 능력을 개발하는 것이다. 물리적 문제의 수학적 공식화는 실제의 물리적인 현상과 결코 일치하지 않는 이상화된 것임을 알아야 한다.

이상화된 가정

물리적인 문제를 수학식으로 표현할 때는, 실제 물리적 현상과 정확히 일치되지 않는 이상화된 모델로 표현한다는 사실을 알아야 한다. 주어진 공학 문제를 이상화된 수학적 **모델**로 구성할 때, 임의의 근사를 항상 수반한다. 이러한 근사들 중에는 수학적인 것도 있는 반면에 물리적인 것도 있다.

예를 들면 먼 거리, 큰 각도, 큰 힘에 비해 가까운 거리, 작은 각도, 작은 힘을 무시하는 것이 필요하다. 물체의 좁은 면적에 분포되어 작용하는 힘은 그 면적의 차원이 다른 여러 가지 치수들의 차원에 비하여 작다면, 집중하중으로 고려할 수 있다.

케이블의 인장력이 그 케이블의 전체 무게보다 몇 배 더 크다면 강철케이블의 단위길이당 무게는 무시할 수 있지만, 현수(suspended) 케이블의 자체 무게에 의한 기울어짐이나, 처짐을 결정하는 문제에서 케이블의 무게는 무시할 수 없다.

그러므로 가정의 정도는 요구되는 정밀도와 원하는 정보에 관계된다. 실제 문제의 정식화에서 여러 가지 가정을 할 때는 항상 주의해야 한다. 공학 문제의 정식화와 풀이에 있어서, 적절한 가정을 사용하고 이해할 수 있는 능력은 훌륭한 공학도의 가장 중요한 특성 중 하나이다. 이 책의 주요 목적 중 하나는 정역학의 원리를 포함하는 많은 실제적인 문제의 정식화와 해석을 통하여 이런 능력을 개발할 기회를 제공하는 것이다.

그래픽 사용

그래픽은 세 가지 면에서 유용하고 중요한 해석적 도구이다.

1. 스케치나 선도 같은 것은 종이 위에 물리적 시스템을 표현하는 것을 가능하게 해준다. 기하학적 표현은 물리적 설명에 있어서 필수적이며 많은 문제들을 3차원적 관점에서 가시화하는 데 크게 도움이 된다.
2. 그래픽은 직접적인 수학적 해석이 불편하거나 어려운 물리적 관계를 풀 수 있는 수단을 제공한다. 그래픽 해법은 결과를 얻기 위한 실제적인 방법을 제공할 뿐만 아니라, 물리적 현상과 수학적 표현 사이의 전환을 하는 데 큰 도움을 주게 되는데, 이는 두 개념이 동시에 나타나기 때문이다.
3. 그래픽 효용은 결과를 도표나 그림으로 나타내는 것으로 결과를 표현하는 데 큰 도움을 준다.

자유물체도

정역학은 의외로 매우 적은 수의 기본 개념에 기초를 두고 있으며, 주로 현상의 변화에 대한 이런 기본 관계들의 응용을 포함한다. 이런 응용에 있어서 해석방법은 모두 중요하다. 문제를 해결하는 데 있어서 적용하고자 하는 법칙들을 마음속으

문제의 정식화

모든 공학 문제들처럼, 정역학 문제를 해결하기 위한 효과적인 방법이 필요하다. 문제의 정식화와 그 해를 구하는 방법에 있어서 좋은 습관이 매우 중요하다. 문제 풀이는 가정으로부터 결론까지 논리적인 일련의 단계를 거쳐야 하고, 그 표현에는 다음 항목에 대한 명확한 설명이 포함되어야 한다.

1. 문제의 정식화
   (a) 주어진 자료를 기술하고
   (b) 원하는 결과를 기술하고
   (c) 가정을 기술하라.
2. 정답의 계산절차
   (a) 이해를 돕기 위해서 그림을 그리고
   (b) 해답을 얻기 위한 지배방정식을 세운 다음
   (c) 계산을 한다.
   (d) 계산된 해답이 정확도를 갖는지

   (e) 모든 계산값이 유효숫자를 사용했는지 확인하고
   (f) 해답이 크기, 방향 등에 있어서 일반 상식으로 납득이 되는지 확인한 다음
   (g) 결론을 내린다.

부수적으로, 풀이해 가면서 계산의 검토 과정을 포함시키는 것이 좋다. 수치적 크기의 타당성을 검토하고, 각 항들의 정확도와 차원적 동질성을 수시로 검토해야 한다. 모든 작업이 간결하고 명료하게 하는 것도 중요하다. 다른 사람들이 쉽게 이해할 수 없는 애매한 풀이는 가치가 없거나 무용하다. 해답을 좋은 형태로 기술하기 위한 노력은 그 자체로 문제의 정식화와 해석에 대한 능력 개발에 중요한 도움이 된다. 처음에는 어렵고 복잡해 보이는 많은 문제들이 논리적이고 잘 훈련된 방법으로 공략한다면 명쾌하고 간결하게 될 것이다.

로 신중하게 결정해야 하고, 원리를 엄밀하고 정확하게 적용시켜야 한다. 물체에 작용하는 힘의 요구조건에 대한 원리를 적용하는 데는 관심의 대상인 물체를 다른 물체들로부터 **분리**시켜 분리된 물체에 작용하는 모든 힘들을 완전하고 정확하게 나타낼 수 있도록 하는 것이 필요하다. 이러한 **분리**는 종이 위에서뿐만 아니라 마음속으로도 할 수 있어야 한다. 이러한 분리된 물체에 작용하는 모든 외력을 나타낸 선도를 **자유물체도**(free-body diagram)라 부른다.

　역학의 이해에 있어서 자유물체도는 중요한 열쇠로서 오랫동안 사용되어 왔다. 이는 물체의 **분리**가 원인과 결과를 명확히 구분시켜 주며, 우리가 원리를 엄밀히 적용할 수 있도록 초점을 맞추어 주는 도구이기 때문이다. 자유물체도를 그리는 방법은 3장에서 처음으로 다룬다.

수치값과 대수 기호

정역학의 법칙을 적용함에 있어서, 문제를 풀어나갈 때 수치를 직접 사용할 수도 있고, 대수 기호를 사용하여 해답을 공식으로 남겨둘 수도 있다. 각각의 양들을 수치로 치환하여 표현하는 것은 각각의 계산 단계에서 그 양들이 고유한 단위이기 때문이다. 이런 접근방법은 각 항의 크기에 실제 의미가 중요시될 때 이점이 있다.

　그러나 기호로 된 풀이는 수치풀이에 비해 여러 가지 장점이 있다. 첫째, 기호의

사용으로 얻은 간결함은 물리적 현상과 그에 관련된 수학적 표현 간의 연관에 우리의 관심을 집중시키도록 도움을 준다. 둘째, 기호로 표현된 풀이는 다른 수치나 다른 단위를 갖는 종류의 문제에 대한 해를 얻는 데 사용할 수 있다. 셋째, 기호로 표현된 풀이는 수치값만을 사용할 때 어려웠던 차원적인 검토를 매 단계마다 할 수 있게 해준다. 물리현상에 대한 어떤 식의 양변에 있는 모든 항의 차원은 같아야 한다. 이런 성질을 **차원의 동질성**이라 한다.

풀이의 두 가지 형태를 사용하는 기술은 필수적이다.

풀이방법

학생들은 정역학 문제에 대한 풀이를 세 가지 방법 중 하나로 얻을 수 있다는 것을 알게 될 것이다.

1. 수작업에 의해 답이 대수적 부호나 수치로 나타나는 직접적인 수학 해법을 사용할 수 있다. 대부분의 문제들이 이 범주에 속한다.
2. 어떤 문제들은 그래픽적 해법을 사용한다.
3. 컴퓨터에 의한 해법. 방정식이 많거나 변수의 변화가 포함된 경우에 이점이 있다. 정역학에서는 상당수의 문제가 컴퓨터를 사용하여 풀도록 되어 있다.

대다수의 문제들은 위에서 언급한 두 가지 방법이나 그 외의 방법으로 풀 수 있다. 공학자의 취향과 문제 유형에 따라 방법은 선택된다. 컴퓨터 응용문제는 복습문제의 뒷부분에 있으며, 컴퓨터에 의한 해법이 많은 이점을 가지고 있다는 것을 보여주기 위하여 선정된 것이다.

1.9 이 장에 대한 복습

이 장에서는 정역학에서 사용되는 개념, 정의 및 단위에 대하여 소개하였고, 정역학 문제를 푸는 방법에 대하여 다루었다. 이 장을 마치고 나면, 다음을 할 수 있어야 한다.

1. 단위벡터와 성분을 사용하여 벡터로 표현할 수 있어야 하고, 벡터의 덧셈과 뺄셈을 할 수 있어야 한다.
2. 운동에 대한 뉴턴의 법칙을 기술할 수 있어야 한다.
3. SI 단위계나 U.S. 단위계를 사용하여 적절한 정밀한 값을 계산할 수 있어야 한다.
4. 중력 법칙을 표현하고 물체의 무게를 계산할 수 있어야 한다.
5. 근삿값 법칙을 적용할 수 있어야 한다.
6. 정역학 문제를 푸는 데 있어서 풀이방법이 숙달되어야 한다.

예제 1.1

질량이 1400 kg인 차의 무게를 newton으로 표현하라. 이 차의 질량은 slug로, 무게는 lb로 표현하라.

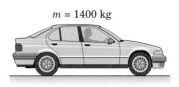

$m = 1400$ kg

|**풀이**| 식 (1.3)으로부터

$$W = mg = 1400(9.81) = 13\ 730 \text{ N} \quad ①$$ **답**

환산표를 사용하면, 1 slug=14.594 kg이다.

$$m = 1400 \text{ kg}\left[\frac{1 \text{ slug}}{14.594 \text{ kg}}\right] = 95.9 \text{ slugs} \quad ②$$ **답**

무게는

$$W = mg = (95.9)(32.2) = 3090 \text{ lb} \quad ③$$ **답**

다른 방법으로 풀어보면 kg을 lbm으로 먼저 환산한다. 환산표를 사용하여,

$$m = 1400 \text{ kg}\left[\frac{1 \text{ lbm}}{0.45359 \text{ kg}}\right] = 3090 \text{ lbm}$$

3090 lbm의 질량은 3090 lb의 무게와 같다. 표준조건에서 1 lb의 무게를 갖는 질량은 1 lbm임을 알 수 있다. 그러나 이 책에선 U.S. 단위를 거의 사용하지 않는다.

|**도움말**|

① 계산기로는 13,734 N이 나온다. 유효숫자 네 자리까지의 개념으로는 13,730 N이 된다.

② 1이란 숫자가 있는 $\left[\dfrac{1 \text{ slug}}{14.594 \text{ kg}}\right]$ 같은 것을 곱하는 데 분자와 분모가 대등하기 때문에 단위환산 연습에 좋다. 원래의 단위를 소거하면 원하는 단위를 얻게 된다. 여기서 kg 단위가 소거되고 원하는 slug 단위가 남는다.

③ 앞에서 계산된 95.9 slug를 사용한다. 계산기에는 95.929834…의 정확한 값이 남는데, 이것은 다음 계산에 사용할 때를 위해서 저장해둔다. 32.2와 곱하기 전에 계산기에 95.9로 찍어 두어서는 안 된다. 만일 그렇게 되면 정밀한 계산이 어려워진다.

예제 1.2

지구 표면에 서 있는 70 kg 되는 사람의 무게를 만유인력 법칙을 사용하여 계산하라. $W=mg$를 사용하여 무게를 계산하고 두 값을 비교하라. 필요하면 표 D.2를 참조하라.

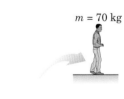

$m = 70$ kg

|**풀이**|

$$W = \frac{Gm_e m}{R^2} = \frac{(6.673 \cdot 10^{-11})(5.976 \cdot 10^{24})(70)}{[6371 \cdot 10^3]^2} = 688 \text{ N} \quad ①$$ **답**

$$W = mg = 70(9.81) = 687 \text{ N}$$ **답**

R $\qquad$ m_e

두 값의 차이는 만유인력 법칙에서 지구의 자전을 고려하지 않았기 때문에 발생한 것이다. 한편, 두 번째 식에서 사용한 $g=9.81$ m/s²은 지구의 자전을 고려한 값이다. 만일 $g = 9.80665$ m/s²이라는 정확한 값을 사용하면 그 차이는 증가한다($W=686$ N).

|**도움말**|

① 두 물체의 중심까지의 유효길이는 지구의 반지름이다.

예제 1.3

2개의 벡터 $\mathbf{V}_1$과 $\mathbf{V}_2$가 그림과 같다.

(a) 두 벡터의 합 $\mathbf{S}=\mathbf{V}_1+\mathbf{V}_2$를 구하라.

(b) x축과 $\mathbf{S}$가 이루는 사이각 α를 구하라.

(c) $\mathbf{S}$를 단위벡터 $\mathbf{i}$와 $\mathbf{j}$를 사용하여 쓰고, $\mathbf{S}$ 방향의 단위벡터 $\mathbf{n}$을 표현하라.

(d) 벡터의 차 $\mathbf{D}=\mathbf{V}_1-\mathbf{V}_2$를 표현하라.

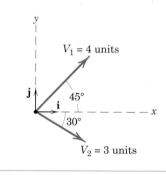

|**풀이**| (a) 그림 a와 같이 평형사변형 원리를 사용하고, 코사인 법칙을 사용하면,

$$S^2 = 3^2 + 4^2 - 2(3)(4)\cos 105°$$

$$S = 5.59 \text{ units}$$ **답**

(b) 아래 삼각형에서 사인 법칙을 사용하여, ①

$$\frac{\sin 105°}{5.59} = \frac{\sin(\alpha + 30°)}{4}$$

$$\sin(\alpha + 30°) = 0.692$$

$$(\alpha + 30°) = 43.8° \qquad \alpha = 13.76°$$ **답**

(c) S와 α를 알고 있으므로, 벡터 $\mathbf{S}$를 표현할 수 있다.

$$\mathbf{S} = S[\mathbf{i}\cos\alpha + \mathbf{j}\sin\alpha]$$

$$= 5.59[\mathbf{i}\cos 13.76° + \mathbf{j}\sin 13.76°] = 5.43\mathbf{i} + 1.328\mathbf{j} \text{ units}$$ **답**

따라서 $\mathbf{n} = \dfrac{\mathbf{S}}{S} = \dfrac{5.43\mathbf{i} + 1.328\mathbf{j}}{5.59} = 0.971\mathbf{i} + 0.238\mathbf{j}$ ② **답**

(d) 벡터의 차 $\mathbf{D}$는 다음과 같다.

$$\mathbf{D} = \mathbf{V}_1 - \mathbf{V}_2 = 4(\mathbf{i}\cos 45° + \mathbf{j}\sin 45°) - 3(\mathbf{i}\cos 30° - \mathbf{j}\sin 30°)$$

$$= 0.230\mathbf{i} + 4.33\mathbf{j} \text{ units}$$ **답**

그림 b에서 벡터 $\mathbf{D}$는 $\mathbf{D}=\mathbf{V}_1+(-\mathbf{V}_2)$와 같다.

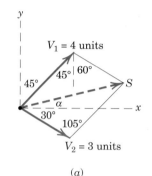

(a)

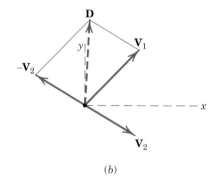

(b)

|도움말|

① 사인과 코사인 법칙이 많이 사용될 것이다. 부록 C의 C.6절을 참조하라.

② 단위벡터는 벡터를 그 크기로 나누면 된다. 단위벡터는 무차원임에 유의하라.

연습문제

1/1 벡터 $\mathbf{V}=40\mathbf{i}-30\mathbf{j}$가 x축과 y축이 이루는 사이각을 구하라. 벡터 $\mathbf{V}$를 단위벡터 $\mathbf{n}$으로 표시하라.

1/2 벡터 $\mathbf{V}=\mathbf{V}_1+\mathbf{V}_2$의 크기를 구하고, 벡터 $\mathbf{V}$가 x축과 이루는 각을 구하라. 도해적인 해와 수치적인 해로 구하라.

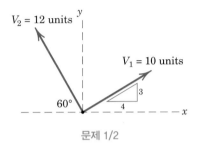

문제 1/2

1/3 문제 1/2에서 주어진 $\mathbf{V}_1$과 $\mathbf{V}_2$에 대해서 $\mathbf{V}'=\mathbf{V}_2-\mathbf{V}_1$의 크기를 구하고 $\mathbf{V}'$이 x축과 이루는 사이각 θ_x를 구하라. 도해적인 방법과 수치적인 방법을 같이 이용하라.

1/4 벡터 $\mathbf{F}=160\mathbf{i}+80\mathbf{j}-120\mathbf{k}$ N으로 표시된 힘이 있다. 힘 $\mathbf{F}$가 양의 x, y, z축과 이루는 사이각을 구하라.

1/5 3000 lb 차의 질량은 slug와 kg으로 얼마인가?

1/6 지구 표면에서 250 km 떨어진 우주 궤도를 도는 우주선에 있는 85 kg(지구 표면에서 잰 무게)인 우주인의 무게 W를 중력법칙에 입각하여 계산하라. 무게 W를 newton과 pound로 표현하라.

1/7 125 lb인 여자 우주인의 무게를 newton으로 환산하라. 그녀의 질량을 slug와 kg으로 계산하라. 그리고 당신의 무게를 newton으로 표현하라.

1/8 $A=8.67$과 $B=1.429$인 2개의 무차원 값이 있다. 이 장에서 설명한 유효숫자 개념에 입각해서 다음 4개의 값, $A+B$, $A-B$, AB, A/B를 구하라.

1/9 태양이 지구에 가해지는 힘 크기 F를 계산해보자. 먼저 pound 단위로 계산한 후 newton 단위로 변환하라. 필요하면 부록 D에 있는 표 D.2를 참조하라.

문제 1/9

1/10 그림에서 구리구가 강구에 가하는 중력 $\mathbf{F}$를 구하라. 두 구는 각각 동질이며 $r=50$ mm이다. 결과를 벡터로 표시하라.

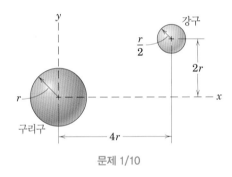

문제 1/10

1/11 $\theta=2°$일 때 $E=3\sin^2\theta\tan\theta\cos\theta$를 계산하라. 매우 작은 각에 대한 이론을 적용하여 다시 계산하라.

1/12 k는 무차원 상수이고 m은 질량, b와 c는 길이 그리고 t는 시간 단위일 때, $Q=kmbc/t^2$을 계산하라. Q를 SI 단위와 U.S. 단위로 표시하라.

힘계

이 장의 구성

2.1 서론

2.2 힘

A편 2차원 힘계

2.3 직각성분

2.4 모멘트

2.5 우력

2.6 합력

B편 3차원 힘계

2.7 직각성분

2.8 모멘트와 우력

2.9 합력

2.10 이 장에 대한 복습

Anze Bizjan/Shutterstock

이러한 오버헤드 기중기(crane) 같은 구조물들을 디자인하는 공학자들은 힘계의 성질들을 완전히 이해해야 한다.

2.1 서론

이 장과 이후의 장에서는 구조물과 기계에 작용하는 여러 힘들의 효과를 공부하게 된다. 여기서 얻은 경험은 역학 공부뿐만 아니라 응력해석, 구조물과 기계의 설계, 유체유동과 같은 과목의 공부에도 도움을 줄 것이다. 이 장은 정역학뿐만 아니라 역학의 모든 과목에서 기본적으로 이해해야 할 기초를 제공하므로 학생들은 2장의 내용을 철저히 습득해야 한다.

2.2 힘

힘계를 다루기 전에, 좀 더 상세하게 단일힘(single force)의 성질을 검토할 필요가 있다. 1장에서 힘은 어떤 물체의 다른 물체에 대한 작용이라고 정의한 바 있다. 동역학에서는 힘은 물체에 가속도를 유발시키는 작용이라고 정의할 것이다. 힘의 효과는 작용의 크기뿐만 아니라 방향에도 의존하기 때문에 힘은 **벡터양**이다. 따라서 힘들은 벡터합의 평행사변형 법칙에 의해 합할 수 있다.

　그림 2.1a에서 브래킷(bracket)에 작용하는 케이블(cable) 인장력은 그림 2.1b의 측면도에서 크기 P인 힘벡터 $\mathbf{P}$로 나타낼 수 있다. 브래킷에 작용하는 이 힘의 효과는 크기 P, 각도 θ, 작용점 A의 위치에 따라 달라진다. 이 3개 중에서 어느 하나를 변화시키더라도 브래킷을 벽에 고정하는 볼트에 작용하는 힘과 브래킷 내부

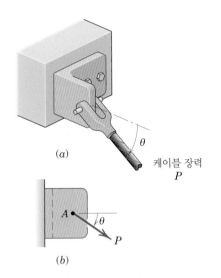

(a)

케이블 장력
P

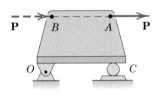

(b)

그림 2.1

그림 2.2

안전하고 효율적인 작업환경을 제공하기 위해서 이 기중 크레인에 작용하는 힘들을 세심하게 식별하고 분류하고 분석해야 한다.

임의의 점에서의 내력과 변형 등의 브래킷에 작용하는 효과는 다르게 될 것이다. 이와 같이 힘의 작용을 완전하게 묘사하려면 힘의 **크기, 방향, 작용점**을 포함해야 하므로, 힘은 고정벡터(fixed vector)로 취급한다.

힘의 내부효과 및 외부효과

물체에 작용하는 힘의 효과는 내부효과와 외부효과로 구분할 수 있다. 그림 2.1의 브래킷에 대한 힘 **P**의 외부효과는 **P**의 작용으로 인해서 벽과 볼트가 브래킷에 가하는 반력이며, 그림에는 나타나 있지 않다. 물체에 가해지는 외력은 **작용력** 또는 **반력**이다. 브래킷에 대한 힘 **P**의 내부효과는 브래킷의 재료 전체에 분포되는 내력과 변형이다. 내력과 내부변형 사이의 관계는 재료의 성질에 관계되며 재료역학, 탄성학, 소성학 등의 과목에서 공부하게 될 것이다.

힘의 전달성 원리

강체(rigid body)의 역학을 다룰 때에는 물체의 변형을 무시하고 단지 외력의 외부효과에만 관심을 가지면 된다. 이러한 경우에는 작용력의 효과를 힘의 작용점에 국한시킬 필요가 없다는 것을 경험상 알 수 있다. 예를 들면 그림 2.2에서 강체 판에 가하는 힘 **P**를 점 A, B, 또는 작용선상의 어떠한 다른 점에 가하더라도 브래킷에 대한 **P**의 외부효과는 변하지 않을 것이다. 외부효과는 점 O에서 베어링 지지부가 판에 가하는 힘과 점 C에서 롤러 지지부가 평판에 가하는 힘이다.

이 결과는 힘의 **전달성 원리**(principle of transmissibility)로 요약되는데, 힘이 작용하고 있는 강체에서 주어진 작용선상의 임의의 점에 힘이 가해지더라도 최종적인 외부효과는 변함이 없다는 것이다. 즉, 단지 힘의 최종적인 외부효과에만 관심이 있다면 힘은 **미끄럼벡터**(sliding vector)로 취급할 수 있고, 이 경우 힘은 **크기, 방향, 작용선**(작용점이 아니라)으로 묘사할 수 있다. 이 책에서 다루는 정역학은 반드시 강체의 역학을 취급하기 때문에, 강체에 대해 작용하는 거의 모든 힘을 미끄럼벡터로 다룰 것이다.

힘의 분류

힘은 **접촉력**(contact force) 또는 **체력**(body force)으로 분류된다. 접촉력은 두 물체의 직접적인 물리적 접촉을 통하여 발생하며, 예로 지지부의 표면에서 물체에 가해지는 힘을 들 수 있다. 반면에 체력은 중력, 전기력, 자기력 등과 같이 힘의 장(force field) 안에서 물체 내의 점에 발생하는 힘이며, 예로 우리 몸의 무게를 들 수 있다.

더 나아가 힘은 **집중력** 또는 **분포력**으로 분류할 수 있다. 실제 모든 접촉력은 유한한 크기의 면적에 작용하므로 실제적으로는 분포력이지만, 접촉 면적의 크기가 물체의 크기와 비교해서 매우 작은 경우에는 힘이 한 점에서 작용한다고 생각하여 집중력으로 취급할 수 있다. 힘은 물체들이 서로 접촉할 때에는 **면적**에 분포되거나, 무게와 같이 체력이 가해질 때에는 **체적**(volume)에 분포되거나, 현수케이블의 무게의 경우와 같이 선에 분포할 수 있다.

　물체의 **무게**는 물체의 체적에 분포된 분포력이지만 무게중심을 통해 작용하는 집중력으로 취급할 수 있다. 물체의 모양이 대칭성을 갖는 경우에는 무게중심을 쉽게 정할 수 있지만, 무게중심의 위치가 명백하지 않다면 5장에서 설명될 계산 방법을 사용하여 무게중심의 위치를 결정할 수 있다.

　힘의 크기는 다른 알려진 힘과 비교함으로써 측정하거나 용수철저울 같은 탄성 요소를 사용하여 측정할 수 있다. 1.5절에서 정의되었듯이 힘의 표준단위는 SI 단위계에서는 뉴턴(N)이며, U.S. 단위계에서는 파운드(lb)이다.

작용과 반작용

뉴턴의 제3법칙에 의하면 **작용력**은 항상 크기는 **똑같고** 방향이 반대인 **반작용력**을 동반한다. 이 한 쌍의 힘(force of the pair)에서 작용력과 반작용력을 필히 구분해야 한다. 그렇게 하려면 먼저 풀고자 하는 물체를 **분리**시킨 후에 그 물체에 가해지는 힘(물체가 가하는 힘이 아니라)을 확인해야 한다. 작용력과 반작용력을 잘 구분하지 못하면 잘못된 한 쌍의 힘을 사용하는 실수를 하기가 쉽다.

공점력

2개 이상의 힘이 작용선이 한 점에서 교차하면 그 힘들은 **공점력**(concurrent at a point)이라고 한다. 그림 2.3a에서 두 힘 $\mathbf{F}_1$과 $\mathbf{F}_2$는 A점에서 작용점을 공유하고 있다. 두 힘의 **합력**(resultant) $\mathbf{R}$을 구하려면 그림 2.3a와 같이 평행사변형 법칙(parallelogram law)을 사용하여 두 힘의 공통 평면에서 더하면 된다. 합력은 $\mathbf{F}_1$, $\mathbf{F}_2$와 같은 평면에 위치한다.

　만일 그림 2.3b와 같이 두 힘이 같은 평면상에 놓여 있지만 각기 다른 두 점에 작용할 경우에는, 힘의 전달성 원리에 의해 두 힘을 각각의 작용선을 따라 이동해서 만나는 점 A에서 두 힘벡터의 합력 $\mathbf{R}$을 구한다. 이 물체에 대한 외부효과를 변경시키지 않으면서 두 힘 $\mathbf{F}_1$과 $\mathbf{F}_2$를 합력 $\mathbf{R}$로 대체할 수 있다.

　또한 삼각형 법칙을 이용하여 $\mathbf{R}$을 구할 수도 있는데, 이 경우 그림 2.3c와 같이 두 힘 중 하나를 작용선을 따라 움직이는 것이 필요하다. 만일 그림 2.3d와 같은 방법으로 두 힘을 더하는 경우에는, $\mathbf{R}$의 크기와 방향은 정확하지만 작용선은 A점을 통과하지 않게 되므로 이러한 방법은 피해야 한다.

　두 힘의 합은 수학적으로 다음과 같은 벡터 방정식으로 표현할 수 있다.

$$\mathbf{R} = \mathbf{F}_1 + \mathbf{F}_2$$

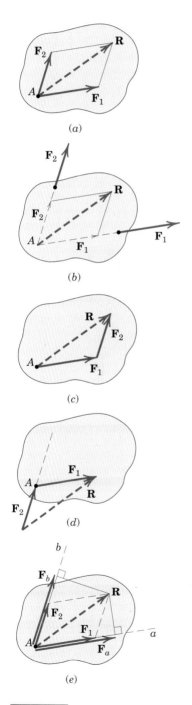

(a)

(b)

(c)

(d)

(e)

그림 2.3

벡터성분

두 힘을 합하여 합력을 구하는 것과는 반대로, 때때로 어떤 힘을 편리한 방향의 벡터성분들로 대체시키는 것도 필요하다. 각 성분들의 벡터합은 당연히 원래의 벡터와 같아야 한다. 그림 2.3a에서 힘 $\mathbf{R}$은 그림과 같이 평행사변형을 그림으로써 지정된 방향으로의 두 벡터성분 $\mathbf{F}_1$과 $\mathbf{F}_2$로 대체 또는 분해할 수 있다.

어떤 힘과 주어진 축을 따른 벡터성분들 사이의 관계를 그 힘과 주어진 축에 대한 직교정사영* 성분들 사이의 관계와 혼동하지 않아야 한다. 그림 2.3e에서 벡터성분 $\mathbf{F}_a$와 $\mathbf{F}_b$는 동일한 a, b 축에 대한 힘 $\mathbf{R}$의 정사영성분을 나타내며, 그림 2.3a의 벡터성분 $\mathbf{F}_1$과 $\mathbf{F}_2$와 평행하다. 그림 2.3e는 일반적으로 벡터의 성분이 동일한 축에 대한 벡터의 정사영성분과 반드시 동일하지는 않다는 것을 보여준다. 더욱이 정사영 $\mathbf{F}_a$와 $\mathbf{F}_b$의 벡터합은 평행사변형 법칙을 적용하면 벡터 $\mathbf{R}$이 아니다. 단지 축 a, b가 서로 직각일 때만 $\mathbf{R}$의 성분과 정사영은 같다.

벡터합의 특별한 경우

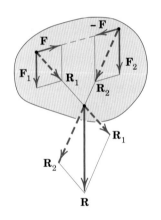

그림 2.4

그림 2.4와 같이 두 힘 $\mathbf{F}_1$과 $\mathbf{F}_2$가 평행인 경우에 두 벡터의 합을 생각해보자. 두 벡터에 먼저 크기가 같고 방향이 반대이며 동일선상에 있는 적당한 크기의 $\mathbf{F}$와 $-\mathbf{F}$를 각각 더한다. 이 두 힘 $\mathbf{F}$와 $-\mathbf{F}$가 동시에 가해지면 물체에 외부효과를 발생시키지 않는 것이 명백하다. $\mathbf{F}_1$과 $\mathbf{F}$를 더하여 합력 $\mathbf{R}_1$을 만들고, $\mathbf{F}_2$와 $-\mathbf{F}$를 더하여 합력 $\mathbf{R}_2$가 만들어진다. 그리고 $\mathbf{R}_1$과 $\mathbf{R}_2$를 합하면 크기, 방향, 작용선이 정확한 합력 $\mathbf{R}$이 만들어진다. 이러한 방법은 두 힘이 거의 평행하여 두 힘의 작용선의 교차점을 구하기 어려운 경우에도 도식적으로 합력을 얻을 때 유용하게 사용할 수 있다.

3차원 해석을 하기 전에 2차원 힘계를 해석하는 방법을 확실히 습득하는 것이 유용하다. 이 장의 나머지 부분은 2차원 힘계와 3차원 힘계 두 부분으로 나누어져 있다.

A편 2차원 힘계

2.3 직각성분

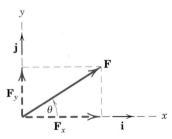

그림 2.5

힘벡터의 가장 일반적인 분해법은 직각성분(rectangular component)으로 분해하는 것이다. 그림 2.5의 벡터 $\mathbf{F}$는 평행사변형 법칙으로부터 다음과 같이 쓸 수 있다.

---

* 직교정사영(perpendicular projection)은 등각사영(orthogonal projection)이라고 부르기도 한다.

$$\mathbf{F} = \mathbf{F}_x + \mathbf{F}_y \tag{2.1}$$

여기서 $\mathbf{F}_x$와 $\mathbf{F}_y$는 각각 x, y방향의 $\mathbf{F}$의 벡터성분이다. 또한 각각의 두 벡터성분들은 x, y방향의 단위벡터의 스칼라배로 쓸 수 있다. 그림 2.5의 단위벡터 $\mathbf{i}$, $\mathbf{j}$의 항으로 나타내면 $\mathbf{F}_x = F_x\,\mathbf{i}$이고 $\mathbf{F}_y = F_y\,\mathbf{j}$이므로 다음과 같이 쓸 수 있다.

$$\mathbf{F} = F_x\mathbf{i} + F_y\mathbf{j} \tag{2.2}$$

여기서 스칼라 F_x와 F_y는 벡터 $\mathbf{F}$의 x 스칼라성분과 y 스칼라성분이다.

　스칼라성분은 일반적으로 $\mathbf{F}$가 가리키는 4분면에 따라 양(+) 또는 음(−)의 값을 갖는다. 그림 2.5의 힘벡터에 대해 x, y의 스칼라성분은 둘 다 양(+)이고 $\mathbf{F}$의 크기와 방향은 다음 식과 같은 관계를 갖는다.

$$\begin{aligned} F_x &= F \cos\theta & F &= \sqrt{F_x^{\,2} + F_y^{\,2}} \\[2mm] F_y &= F \sin\theta & \theta &= \tan^{-1}\frac{F_y}{F_x} \end{aligned} \tag{2.3}$$

벡터성분의 규약

벡터의 크기는 이탤릭체로 나타낸다. 즉, $|\mathbf{F}|$는 F를 가리키며, 항상 음수가 아니다. 그러나 스칼라성분은 이탤릭체로 나타내지만 양(+) 또는 음(−)의 부호를 갖는다. 연습문제 2.1과 2.3에서 양(+)과 음(−)의 스칼라성분에 관한 실례를 보라.

　그림에서 힘과 벡터성분이 함께 나타날 때는 그림 2.5에서처럼 성분벡터는 점선으로 하고 합력은 실선으로 표시하거나, 또는 이와 반대로 나타내는 것이 바람직하다. 이러한 약속을 사용하여 합력과 성분을 구분하여 사용하면 세 힘을 모두 실선으로 표시되는 경우에 비하여 혼란스럽지 않다.

　실제 문제들에서는 기준축이 없으므로, 기준축을 설정하는 것은 계산이 얼마나 편리한가의 문제이다. 따라서 종종 학생들이 자율적으로 임의로 기준축을 선택하게 되는데, 문제의 기하학적 형상을 고려하여 선택하는 것이 바람직하다. 예를 들어 물체의 주요치수가 수평과 수직방향으로 주어졌을 때, 이들 방향으로 기준축을 선택하는 것이 편리하다.

힘 성분의 결정

치수는 항상 수평과 수직방향으로 주어지는 것은 아니며, 각도는 x축으로부터 반시계방향으로 측정될 필요도 없으며, 좌표계의 원점이 힘의 작용선 상에 있을 필요도 없다. 따라서 좌표축이 어느 방향으로 정의되든 간에, 혹은 각도가 어떻게 정

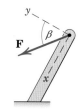

$$F_x = F \sin\beta$$
$$F_y = F \cos\beta$$

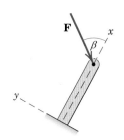

$$F_x = -F \cos\beta$$
$$F_y = -F \sin\beta$$

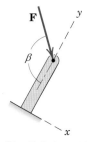

$$F_x = F \sin(\pi - \beta)$$
$$F_y = -F \cos(\pi - \beta)$$

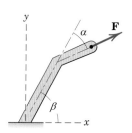

$$F_x = F \cos(\beta - \alpha)$$
$$F_y = F \sin(\beta - \alpha)$$

그림 2.6

전면에 보이는 두 구조요소는 양쪽의 끝에서 브래킷에 집중하중을 전달한다.

의되든 간에 힘의 올바른 성분을 결정하는 것이 중요하다. 그림 2.6은 2차원계에서 벡터분해에 대한 몇 가지 전형적인 예를 보여준다.

식 (2.3)을 암기한다고 해서 평행사변형 법칙을 이해하고 정확하게 기준축에 대한 벡터의 정사영을 구할 수 있는 것은 아니다. 잘 그린 그림은 기하학적 형상을 제대로 파악하여 실수를 줄이는 데 언제나 도움이 된다.

한 점에 동시에 작용하는 두 힘의 합력을 구할 때에는 직각성분을 이용하는 것이 편리하다. 애초에 점 O에 동시에 작용하는 두 힘 $\mathbf{F}_1$과 $\mathbf{F}_2$를 생각하자. 그림 2.7은 그림 2.3의 삼각형 법칙에 의하여 $\mathbf{F}_2$의 작용선을 점 O에서 $\mathbf{F}_1$의 화살표 끝점까지 평행이동한 것을 나타낸다. 힘벡터 $\mathbf{F}_1$과 $\mathbf{F}_2$를 더하면

$$\mathbf{R} = \mathbf{F}_1 + \mathbf{F}_2 = (F_{1_x}\mathbf{i} + F_{1_y}\mathbf{j}) + (F_{2_x}\mathbf{i} + F_{2_y}\mathbf{j})$$

또는

$$R_x\mathbf{i} + R_y\mathbf{j} = (F_{1_x} + F_{2_x})\mathbf{i} + (F_{1_y} + F_{2_y})\mathbf{j}$$

이므로 다음과 같은 결론을 얻게 된다.

$$R_x = F_{1_x} + F_{2_x} = \Sigma F_x$$
$$R_y = F_{1_y} + F_{2_y} = \Sigma F_y$$

(2.4)

여기서 ΣF_x 항은 'x 스칼라성분의 대수합'이다. 예를 들면 그림 2.7의 경우에서 스칼라성분 F_{2_y}는 음$(-)$이다.

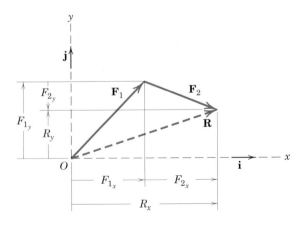

그림 2.7

예제 2.1

브래킷의 점 A에 작용하는 세 힘 $\mathbf{F}_1$, $\mathbf{F}_2$, $\mathbf{F}_3$가 각기 다른 방법으로 표시되어 있다. 세 힘의 x 스칼라성분과 y 스칼라성분을 구하라.

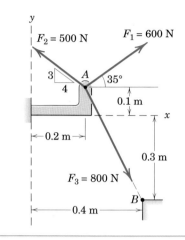

|풀이| 그림 a로부터 $\mathbf{F}_1$의 스칼라성분은

$$F_{1_x} = 600 \cos 35° = 491 \text{ N} \qquad \text{답}$$

$$F_{1_y} = 600 \sin 35° = 344 \text{ N} \qquad \text{답}$$

그림 b로부터 $\mathbf{F}_2$의 스칼라성분은

$$F_{2_x} = -500(\tfrac{4}{5}) = -400 \text{ N} \qquad \text{답}$$

$$F_{2_y} = 500(\tfrac{3}{5}) = 300 \text{ N} \qquad \text{답}$$

$\mathbf{F}_2$의 x축에 대한 각도를 계산하지 않았다는 것에 주의하라. 각도의 코사인과 사인은 변의 길이가 3-4-5인 삼각형을 이용하여 구할 수 있다. 또한 $\mathbf{F}_2$의 x 스칼라성분은 음(−)의 값을 가짐에 주의하라.

$\mathbf{F}_3$의 스칼라성분은 그림 c의 각도 α를 먼저 계산해서 구할 수 있다.

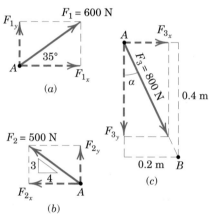

$$\alpha = \tan^{-1}\left[\frac{0.2}{0.4}\right] = 26.6°$$

$$F_{3_x} = F_3 \sin \alpha = 800 \sin 26.6° = 358 \text{ N} \quad ① \qquad \text{답}$$

$$F_{3_y} = -F_3 \cos \alpha = -800 \cos 26.6° = -716 \text{ N} \qquad \text{답}$$

또 다른 방법으로, $\mathbf{F}_3$의 스칼라성분은 이 벡터의 크기와 선분 AB 방향의 단위벡터 $\mathbf{n}_{AB}$를 곱하여 구할 수 있다. 즉,

$$\mathbf{F}_3 = F_3 \mathbf{n}_{AB} = F_3 \frac{\overrightarrow{AB}}{AB} = 800 \left[\frac{0.2\mathbf{i} - 0.4\mathbf{j}}{\sqrt{(0.2)^2 + (-0.4)^2}}\right] \quad ②$$

$$= 800 [0.447\mathbf{i} - 0.894\mathbf{j}]$$

$$= 358\mathbf{i} - 716\mathbf{j} \text{ N}$$

따라서 얻어지는 스칼라성분은 다음과 같다.

$$F_{3_x} = 358 \text{ N} \qquad \text{답}$$

$$F_{3_y} = -716 \text{ N} \qquad \text{답}$$

이것은 앞의 결과와 일치한다.

|도움말|

① 여러분들은 세 힘의 성분을 결정하기 위하여 주의 깊게 기하학적으로 검토해야 한다. 맹목적으로 $F_x = F \cos \theta$, $F_y = F \sin \theta$와 같은 공식에만 의존해서는 안 된다.

② 단위벡터는 기하학적 위치벡터인 $\overrightarrow{AB}$와 같은 어떠한 벡터를 벡터의 길이 또는 크기로 나누어 만들 수 있다. 여기서 우리는 A에서 B로 향하는 벡터를 →로 표기하고, A와 B 사이의 거리는 ─로 표기했다.

예제 2.2

고정된 구조물의 점 B에 작용하는 두 힘 **P**와 **T**를 단일 등가력 **R**로 나타내라.

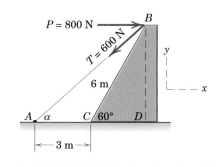

|**도식적인 해**| 힘 **T**와 **P**의 벡터합을 위한 평행사변형이 그림 a에 그려져 있다. ① 여기서 사용된 척도는 1 cm=800 N의 크기를 갖는다. 더 큰 크기의 용지에서는 1 cm=200 N의 척도가 더 적합하고 더 정확한 결과를 얻을 수 있을 것이다. 주어진 그림에서

$$\tan \alpha = \frac{\overline{BD}}{\overline{AD}} = \frac{6 \sin 60°}{3 + 6 \cos 60°} = 0.866 \qquad \alpha = 40.9°$$

합력 **R**에 대한 길이 R과 방향 θ를 측정하면 다음과 같은 근사적인 결과를 얻는다.

$$R = 525 \text{ N} \qquad \theta = 49° \qquad \blacksquare$$

|**기하학적인 해**| **T**와 **P**의 벡터합을 위한 삼각형이 그림 b에 나타나 있다. ② 각도 α는 위에서와 같이 계산된다. 코사인법칙으로부터 다음과 같이 된다.

$$R^2 = (600)^2 + (800)^2 - 2(600)(800) \cos 40.9° = 274\,300$$

$$R = 524 \text{ N} \qquad \blacksquare$$

사인법칙으로부터, **R** 방향을 나타내는 각도 θ를 다음과 같이 결정한다.

$$\frac{600}{\sin \theta} = \frac{524}{\sin 40.9°} \qquad \sin \theta = 0.750 \qquad \theta = 48.6° \qquad \blacksquare$$

|**대수적인 해**| 주어진 그림에 대해 x-y 좌표계를 사용함으로써 다음과 같이 쓸 수 있다.

$$R_x = \Sigma F_x = 800 - 600 \cos 40.9° = 346 \text{ N}$$

$$R_y = \Sigma F_y = -600 \sin 40.9° = -393 \text{ N}$$

그림 c에서 합력 **R**의 크기와 방향은 다음과 같이 된다.

$$R = \sqrt{R_x{}^2 + R_y{}^2} = \sqrt{(346)^2 + (-393)^2} = 524 \text{ N} \qquad \blacksquare$$

$$\theta = \tan^{-1} \frac{|R_y|}{|R_x|} = \tan^{-1} \frac{393}{346} = 48.6° \qquad \blacksquare$$

합력 **R**은 벡터 표기법을 사용하면 다음과 같이 쓸 수 있다.

$$\mathbf{R} = R_x \mathbf{i} + R_y \mathbf{j} = 346\mathbf{i} - 393\mathbf{j} \text{ N} \qquad \blacksquare$$

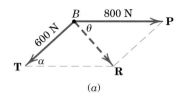

(a)

|**도움말**|

① B점을 기준으로 평행사변형 벡터합이 가능하도록 **P**벡터를 이동하는 데 유의하라.

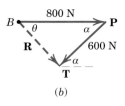

(b)

② 합력 **R**의 정확한 작용선을 보존하기 위하여 **T**를 이동하는 데 유의하라.

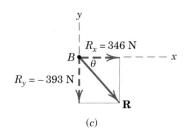

(c)

예제 2.3

500 N의 힘 **F**가 수직기둥에 그림과 같이 작용하고 있다.

(1) 힘 **F**를 단위벡터 **i**와 **j**의 항으로 나타내고 힘 **F**의 벡터성분과 스칼라성분을 확인하라.

(2) 힘벡터 **F**의 x'축과 y'축을 따르는 스칼라성분을 결정하라.

(3) 힘 **F**의 x축과 y'축을 따르는 스칼라성분을 결정하라.

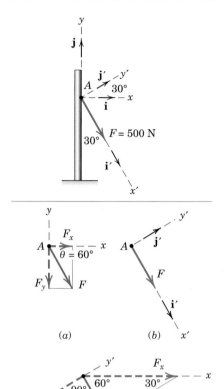

|풀이| **(1)번 해** : 그림 a로부터 **F**를 다음과 같이 쓸 수 있다.

$$\mathbf{F} = (F \cos \theta)\mathbf{i} - (F \sin \theta)\mathbf{j}$$
$$= (500 \cos 60°)\mathbf{i} - (500 \sin 60°)\mathbf{j}$$
$$= (250\mathbf{i} - 433\mathbf{j}) \text{ N} \qquad \text{답}$$

스칼라성분 $F_x = 250$ N이고 $F_y = -433$ N이다. 벡터성분은 $\mathbf{F}_x = 250\mathbf{i}$ N과 $\mathbf{F}_y = -433\mathbf{j}$ N으로 표현된다.

(2)번 해 : 그림 b로부터 **F**=500**i'** N으로 **F**를 나타낼 수 있으며, 요구되는 스칼라성분은

$$F_{x'} = 500 \text{ N} \qquad F_{y'} = 0 \qquad \text{답}$$

(3)번 해 : **F**의 x축과 y'축 방향의 성분은 서로 직각이 아니며, 그림 c와 같이 평행사변형을 그려서 구할 수 있다. 성분의 크기는 사인법칙으로부터 다음과 같이 계산할 수 있다.

$$\frac{|F_x|}{\sin 90°} = \frac{500}{\sin 30°} \qquad |F_x| = 1000 \text{ N} \quad ①$$

$$\frac{|F_{y'}|}{\sin 60°} = \frac{500}{\sin 30°} \qquad |F_{y'}| = 866 \text{ N}$$

따라서 요구되는 스칼라성분은 다음과 같다.

$$F_x = 1000 \text{ N} \qquad F_{y'} = -866 \text{ N} \qquad \text{답}$$

|도움말|

① F_x와 $F_{y'}$을 도식적으로 구하고, 그 결과를 계산된 값과 비교하라.

예제 2.4

힘 $\mathbf{F}_1$과 $\mathbf{F}_2$가 그림에 보이는 바와 같이 브래킷에 작용하고 있다. 두 힘의 합력 **R**의 b축에 대한 정사영 F_b를 결정하라.

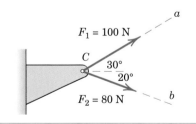

|풀이| $\mathbf{F}_1$과 $\mathbf{F}_2$의 평행사변형 가법이 그림에 나타나 있다. 코사인법칙을 사용하면

$$R^2 = (80)^2 + (100)^2 - 2(80)(100) \cos 130° \qquad R = 163.4 \text{ N}$$

이다. 합력 **R**의 b축에 대한 직교정사영 F_b를 그림에서와 같이 구하면 그 길이는

$$F_b = 80 + 100 \cos 50° = 144.3 \text{ N} \qquad \text{답}$$

일반적으로 어떤 벡터의 성분들은 동일한 축에 대한 그 벡터의 정사영과 같지 않다는 사실에 주의하라. 만약에 a축과 b축과 수직이었다면 그때는 **R**의 정사영과 성분은 같았을 것이다.

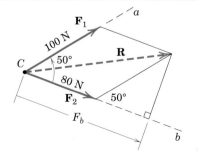

연습문제

기초문제

2/1 힘 **F**의 크기는 600 N이다. 힘 **F**를 단위벡터 **i**와 **j**의 항으로 나타내고, 힘 **F**의 x, y의 스칼라성분을 확인하라.

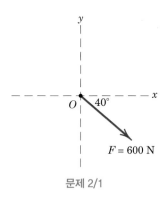

문제 2/1

2/2 힘 **F**의 크기는 400 N이다. 힘 **F**를 단위벡터 **i**와 **j**의 항으로 벡터로 나타내라. **F**의 스칼라성분과 벡터성분을 확인하라.

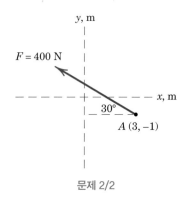

문제 2/2

2/3 6.5 kN의 힘 **F**가 그림과 같이 경사진 방향으로 작용한다. 힘 **F**를 단위벡터 **i**와 **j**의 항으로 나타내라.

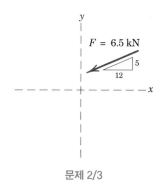

문제 2/3

2/4 그림과 같이 34 kN 힘의 작용선이 점 A와 B를 지난다. 힘 **F**의 x, y 스칼라성분을 결정하라.

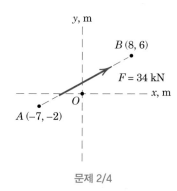

문제 2/4

2/5 제어봉 AP가 그림과 같이 힘 **F**를 가하고 있다. 이 힘의 x-y 성분과 n-t 성분을 모두 구하라.

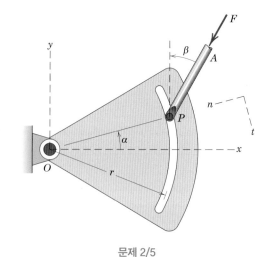

문제 2/5

2/6 그림과 같이 구조 브래킷에 두 힘이 작용한다. 두 힘의 합력이 수직방향이 되게 만드는 각도 θ를 구하라. 그리고 합력의 크기 R을 구하라.

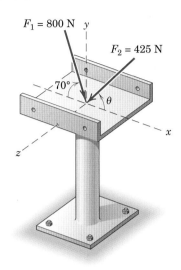

문제 2/6

2/7 두 사람이 그림에서 가리키는 방향으로 각자 힘을 가하여 소파를 옮기려고 한다. 만약 $F_1 = 500$ N, $F_2 = 350$ N이라면, 두 힘의 합력 **R**을 벡터로 표현하라. 그리고 합력의 크기를 구하고, 합력과 양의 x축 사이의 각도를 결정하라.

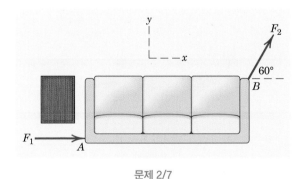

문제 2/7

2/8 어떤 사람이 박스렌치(box wrench) 손잡이에 가하는 힘 **F**의 y방향 성분이 320 N이다. 힘 **F**의 크기와 x방향 성분을 구하라.

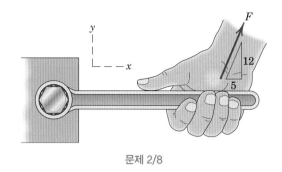

문제 2/8

2/9 단순지지보에 작용하는 65 kN의 힘 F의 x-y 및 n-t 성분을 구하라.

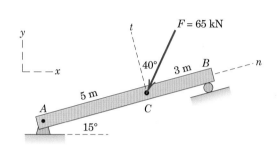

문제 2/9

심화문제

2/10 그림과 같이 하나는 인장을 받고 하나는 압축을 받는 두 구조부재가 조인트 O에 힘을 가하고 있다. 두 힘의 합력 **R**의 크기를 구하라. 그리고 **R**과 양의 x축 사이의 각도 θ를 결정하라.

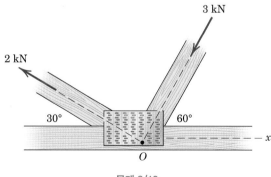

문제 2/10

2/11 케이블 AB와 AC가 송전탑의 꼭대기에 부착되어 있다. 케이블 AB의 인장력은 8 kN이다. 두 케이블의 인장력의 효과가 점 A에서 아래 방향으로 힘이 작용하도록 하기 위해 요구되는 케이블 AC의 인장력 T를 구하고 아래 방향으로 작용하는 합력 R을 구하라.

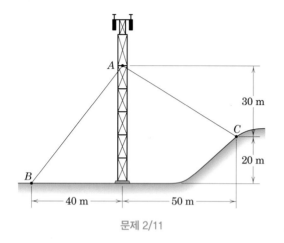

문제 2/11

2/12 만약 풀리의 양쪽 케이블에 400 N의 같은 인장력 T가 작용한다면, 풀리에 가해진 힘 $\mathbf{R}$을 벡터 표기법으로 표현하고 $\mathbf{R}$의 크기를 구하라.

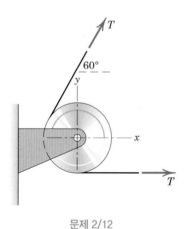

문제 2/12

2/13 그림과 같이 막대 AB의 C점에 크기가 800 N인 힘 $\mathbf{F}$가 가해지고 있다. 힘 $\mathbf{F}$의 x-y 성분과 n-t 성분을 결정하라.

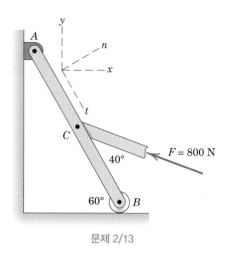

문제 2/13

2/14 그림과 같이 T형 보 단면의 x-y 평면에 두 힘이 작용하고 있다. 만약 두 힘의 합력 $\mathbf{R}$의 크기가 3.5 kN이고 작용선이 음의 x축과 이루는 각도가 15°라면, $\mathbf{F}_1$의 크기를 결정하고 $\mathbf{F}_2$의 기울기 θ를 구하라.

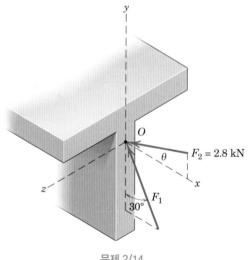

문제 2/14

2/15 막대 OA의 점 A에 작용하는 인장력 T의 x, y 성분을 결정하라. 단, B의 작은 풀리의 영향은 무시하고, r과 θ는 알고 있다고 가정한다.

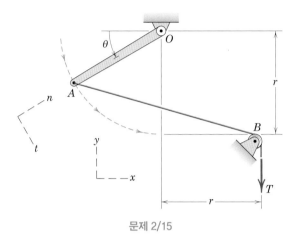

문제 2/15

2/16 문제 2/15의 기구를 참조하라. 점 A에 작용하는 인장력 T의 n, t 성분을 일반적인 식으로 표현하라. 그리고 $T=100$ N, $\theta=35°$에 대해 구하라.

2/17 단순한 비행기 날개 단면에 있어서 항력 D에 대한 양력 L의 비, 즉 $L/D=10$이다. 단면에 작용하는 양력이 200 N일 때, 합력 R 및 합력이 수평선과 이루는 각도 θ의 크기를 계산하라.

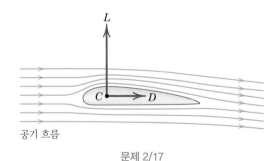

공기 흐름

문제 2/17

2/18 브래킷에 작용하는 두 힘의 합력 $\mathbf{R}$을 결정하라. 단, 합력 $\mathbf{R}$을 그림에 나타낸 x-y축의 단위벡터 항으로 나타내라.

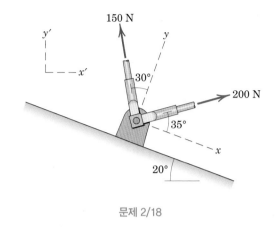

문제 2/18

2/19 실험용 복합재 판자에 대하여 특정 방향의 강도를 결정하기 위해 단순인장시험을 실시한다. 이 복합재는 그림과 같이 케블러(Kevlar) 섬유로 강화되며, 확대해보면 점 A에서 섬유 방향이 인장력 $\mathbf{F}$가 작용하는 방향과 그림과 같은 관계를 나타낸다. 힘 $\mathbf{F}$의 크기가 2.5 kN일 경우에 힘 $\mathbf{F}$의 a와 b 방향의 성분 F_a와 F_b를 구하라. 그리고 힘 $\mathbf{F}$의 a-b축에 대한 정사영 P_a와 P_b를 구하라.

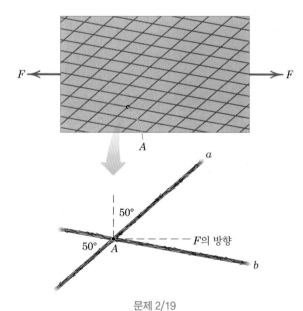

문제 2/19

2/20 힘 **R**의 a와 b축(서로 직각이 아님) 방향의 스칼라성분 R_a와 R_b를 구하라. 또한 a축에 대한 **R**의 정사영 P_a를 결정하라.

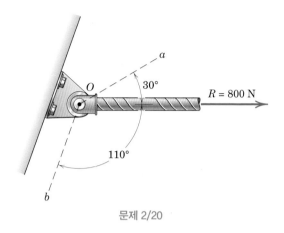

문제 2/20

2/21 4 kN 힘의 비스듬한 축 a와 b 방향의 성분 F_a와 F_b를 구하라. 또 힘 **F**의 a축과 b축에 대한 정사영 P_a와 P_b를 결정하라.

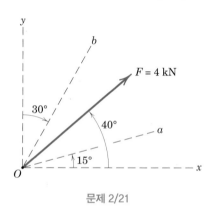

문제 2/21

2/22 만약 비스듬한 축 a와 b 방향의 힘 **F**의 정사영 P_a와 성분 F_b의 값이 모두 325 N이라면, 크기 F와 b축의 방향 θ를 구하라.

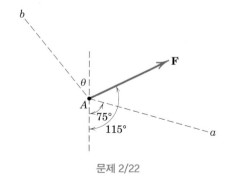

문제 2/22

2/23 목재에서 못을 제거하기 위해서 수평방향으로 힘을 가하는 것이 바람직하다. 장애물 A가 이를 방해하고 있으므로, 그림과 같이 줄을 연결하여 한 방향은 1.6 kN, 다른 방향은 **P**인 두 힘을 가한다. 못에 작용하는 두 힘의 합력 **T**가 수평방향으로 작용할 수 있도록 하기 위해 요구되는 **P**의 크기와 합력의 크기 T를 계산하라.

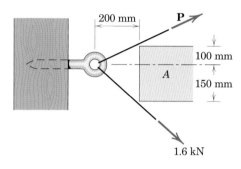

문제 2/23

2/24 400 N 힘이 가해지는 각도 θ가 얼마일 때 두 힘의 합력 **R**의 크기가 1000 N이 되는가? 이 조건에서 **R**과 수평선 사이의 각도 β는 얼마인가?

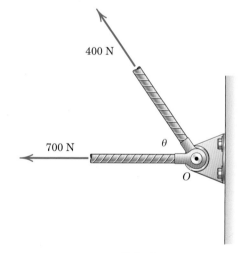

문제 2/24

2/25 기계 구동장치 내부의 피니언(pinion) A에서 출력 기어 C로 동력이 전달된다. 출력부의 동작 요건 및 공간적 제한을 감안하여 그림과 같이 중립기어(idler) B를 설치하였다. 힘 해석 결과, 각 쌍의 맞물리는 기어 이 사이의 총 접촉력의 크기가 $F_n=5500$ N이라고 확인되었다. 그리고 이 힘은 그림과 같이 중립기어 B에 작용한다. 중립기어에 작용하는 두 접촉력의 합력 **R**의 크기를 결정하라. 도식적 방법과 벡터 해법의 두 가지 방법을 다 사용하라.

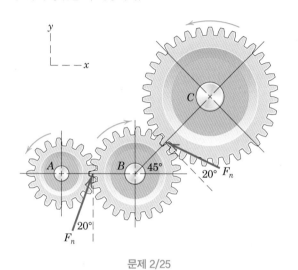

문제 2/25

2/26 그림과 같이 작은 원통형 부품을 원형 구멍에 삽입하기 위하여 로봇 팔이 구멍과 평행한 축 방향으로 90 N의 힘 P를 가해야 한다. 이 부품이 로봇에 가하는 힘의 다음과 같은 성분을 구하라.

(a) 로봇 팔 AB에 평행한 성분과 수직인 성분

(b) 로봇 팔 BC에 평행한 성분과 수직인 성분

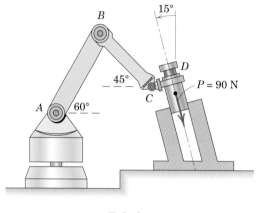

문제 2/26

2.4 모멘트

힘은 힘이 작용하는 방향으로 물체를 움직이려고 하고 또한 한 축에 대해 물체를 회전시키려고도 한다. 힘의 작용선과 교차하지 않거나 힘의 작용선과 평행하지 않은 어떠한 선도 이 회전축이 될 수 있다. 이런 회전을 시키는 효과를 힘의 **모멘트**(moment) **M**이라 부른다. 또한 모멘트를 흔히 **토크**(torque)라고도 한다.

모멘트 개념에 대한 흔히 보는 예로 그림 2.8a의 파이프 렌치를 생각하자. 렌치 핸들에 수직으로 작용하는 힘이 갖는 효과 중 하나는 렌치의 수직축에 대해 파이프를 회전시키려는 경향이다. 이러한 경향의 크기는 힘의 크기 F와 렌치 핸들의 유효길이 d에 따라 달라진다. 우리는 렌치 핸들에 수직하지 않은 방향으로 당기는 경우가 그림과 같이 수직으로 당기는 경우보다 덜 효과적이라는 것을 경험에 의해 안다.

점에 대한 모멘트

그림 2.8b는 2차원 물체의 평면상에 힘 **F**가 작용하는 경우를 나타낸다. 이 힘의 모멘트의 크기, 즉 물체의 평면에 수직인 O-O축에 대해 물체를 회전시키려는 경향은 힘의 크기와 축으로부터 힘의 작용선까지의 수직거리인 **모멘트 팔**(moment arm) d를 곱한 것과 같다. 그러므로 모멘트의 크기는 다음과 같이 정의된다.

$$M = Fd \tag{2.5}$$

모멘트는 물체의 평면에 수직한 벡터 **M**이다. **M**의 방향(sense)은 **F**가 물체를 회전시키려는 방향에 따라 결정된다. 그림 2.8c와 같이 **M**의 방향을 확인하는 데 오른손법칙이 사용되는데, 축 O-O에 대한 **F**의 모멘트는 회전하려는 방향으로 네 손가락을 거머쥐었을 때 엄지손가락이 가리키는 방향의 벡터로 나타낸다.

모멘트 **M**은 벡터합의 모든 법칙을 따르며, 작용선이 모멘트축과 일치하는 슬라이딩벡터로 취급할 수 있다. 모멘트의 기본 단위는 SI 단위계에서는 N · m이며 미국 관용단위에서는 lb-ft이다.

주어진 평면에서 작용하는 힘들을 다룰 때 우리는 관습적으로 한 **점**에 대한 모멘트를 말한다. 이것은 그 점을 통과하면서 주어진 평면에 수직인 축에 관한 모멘트를 의미한다. 그림 2.8d의 경우, 점 A에 대한 힘 **F**의 모멘트는 $M=Fd$의 크기를 가지며 반시계방향이다.

모멘트 방향은 정해진 부호규약을 사용하게 되는데, 반시계방향의 모멘트는 양(+)이고 시계방향의 모멘트는 음(−)이다. 주어진 문제 안에서 부호규약은 일관성을 유지해야 한다. 그림 2.8d의 부호규약에 의해, 점 A(또는 점 A를 통과하는 z축)

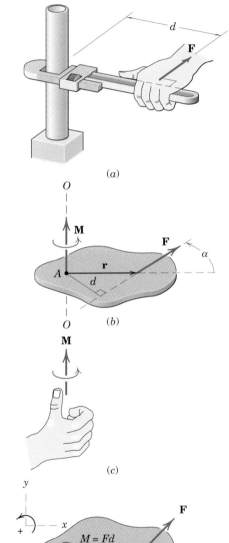

(a)

(b)

(c)

(d)

그림 2.8

에 대한 **F**의 모멘트는 양(+)이다. 그림과 같이 곡선의 화살표를 사용하면 2차원 해석에서 모멘트를 편리하게 나타낼 수 있다.

벡터외적

몇몇 2차원 문제와 다음에 다루게 될 많은 3차원 문제의 모멘트 계산에서 벡터를 사용하는 것이 편리하다. 그림 2.8b에서 점 A에 대한 **F**의 모멘트는 다음과 같은 벡터외적(cross-product)의 형태로 나타난다.

$$\mathbf{M} = \mathbf{r} \times \mathbf{F} \tag{2.6}$$

여기서 **r**은 모멘트 기준점 A에서 **F**의 작용선상에 있는 임의의 점까지를 연결한 위치벡터이다. 이 모멘트의 크기는 다음과 같다.[*]

$$M = Fr \sin \alpha = Fd \tag{2.7}$$

이것은 식 (2.5)에 주어진 모멘트 크기와 일치한다. 모멘트 팔 $d = r \sin \alpha$는 벡터 **r**이 위치한 **F**의 작용선상의 특정한 점에 무관하다는 것에 유의하라. **M**의 방향은 **r**×**F**에 오른손법칙을 사용함으로써 결정된다. 오른손의 네 손가락을 양(+)의 **r** 방향으로부터 양(+)의 **F** 방향으로 거머쥐었을 때 엄지손가락이 가리키는 방향이 양(+)의 **M** 방향이다.

　r×**F**의 순서는 바뀌지 않아야 한다. 왜냐하면 **F**×**r**은 **r**×**F**와 부호가 반대인 벡터이기 때문이다. 스칼라 접근법을 사용할 때와 같이, 모멘트 **M**은 점 A에 대한 모멘트 혹은 점 A를 통과하는 O-O 선에 대한 모멘트로 생각할 수 있으며 **r**과 **F**를 포함하는 평면에 수직이다. 주어진 점에 대한 힘의 모멘트를 계산할 때 벡터외적의 표현법을 사용할 것이냐 아니면 스칼라 표현법을 사용할 것이냐는 그 문제가 기하학적으로 어떻게 명기되어 있느냐에 좌우된다. 만약에 모멘트 중심점과 힘의 작용선 사이의 수직거리를 알거나 쉽게 결정할 수 있는 상황이라면, 일반적으로 스칼라 접근법이 더 간단하다. 반대로, **F**와 **r**이 직각이 아니고 벡터로 표현하는 것이 쉬우면 벡터외적으로 표현하는 것이 더 바람직하다.

　3차원에서 점에 대한 힘의 모멘트를 결정하는 데 벡터공식이 매우 도움이 된다는 것을 뒤에 나오게 될 이 장의 B편에서 알게 될 것이다.

Varignon 정리

역학에서 가장 유용하게 사용되는 원리 중 하나가 Varignon 정리인데, 이것은 임의

---

[*] 벡터외적에 관련된 추가적인 정보를 얻기 원한다면 부록 C의 C.7절 7항을 참조하라.

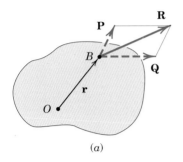

(a)

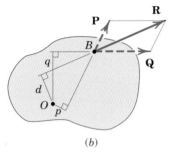

(b)

그림 2.9

의 점에 대한 힘의 모멘트가 그 힘의 각 성분들에 의한 모멘트의 합과 같다는 것이다.

이 정리를 증명하기 위해 그림 2.9a에 그려진 물체의 평면에 작용하고 있는 힘 $\mathbf{R}$을 생각하자. 힘 $\mathbf{P}$와 $\mathbf{Q}$는 $\mathbf{R}$의 임의의 두 성분으로서 서로 직교하지 않는다. 점 O에 대한 $\mathbf{R}$의 모멘트는

$$\mathbf{M}_O = \mathbf{r} \times \mathbf{R}$$

이다. 또한 $\mathbf{R}=\mathbf{P}+\mathbf{Q}$이므로

$$\mathbf{r} \times \mathbf{R} = \mathbf{r} \times (\mathbf{P} + \mathbf{Q})$$

로 쓸 수 있다. 결과적으로 벡터외적에 대한 분배법칙을 사용하면

$$\mathbf{M}_O = \mathbf{r} \times \mathbf{R} = \mathbf{r} \times \mathbf{P} + \mathbf{r} \times \mathbf{Q} \tag{2.8}$$

가 된다. 이것은 $\mathbf{R}$의 점 O에 대한 모멘트는 성분 $\mathbf{P}$와 $\mathbf{Q}$의 점 O에 대한 모멘트를 합한 것과 같다는 것을 의미한다. 따라서 Varignon의 정리가 증명되었다.

Varignon의 정리는 성분이 2개일 경우에만 국한되는 것은 아니고 성분이 3개 이상일 경우에도 똑같이 적용된다. 따라서 앞에서 기술한 이 정리의 증명에서 $\mathbf{R}$을 몇 개의 성분으로 분리할 수도 있었을 것이다.[*]

Varignon 정리의 유용성을 알아보기 위하여 그림 2.9b를 살펴보자. 힘 $\mathbf{R}$의 점 O에 대한 모멘트는 Rd이다. 그러나 만일 d가 p와 q보다 결정하기 어려우면, 힘 $\mathbf{R}$을 성분 $\mathbf{P}$와 $\mathbf{Q}$로 분해하여 다음과 같이 모멘트를 계산할 수 있다.

$$M_O = Rd = -pP + qQ$$

여기서는 시계방향의 모멘트를 양(+)으로 잡았다.

예제 2.5는 모멘트를 결정할 때에 Varignon의 정리가 어떻게 유용하게 사용되는지를 보여준다.

---

[*] Varignon의 정리를 최초로 설명할 때는 주어진 힘이 2개의 성분으로 분리되는 경우로 한정하였다. 1883년에 출판된 Ernst Mach의 *The Science of Mechanics*를 참조하라.

예제 2.5

다섯 가지 각기 다른 방법을 사용하여, 600 N의 힘의 기초점 O에 대한 모멘트의 크기를 계산하라.

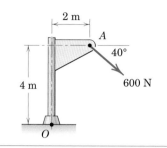

|풀이|　(I) 점 O에서 600 N의 힘까지의 모멘트 팔은

$$d = 4\cos 40° + 2\sin 40° = 4.35 \text{ m}$$

$M=Fd$에 의해 모멘트는 시계방향이며 크기는 다음과 같다.　①

$$M_O = 600(4.35) = 2610 \text{ N·m}$$　🔲

(II) 점 A에서 600 N의 힘을 직각성분으로 대체시키면

$$F_1 = 600\cos 40° = 460 \text{ N}, \qquad F_2 = 600\sin 40° = 386 \text{ N}$$

Varignon의 정리에 의해, 모멘트는 다음과 같이 된다.

$$M_O = 460(4) + 386(2) = 2610 \text{ N·m}　②$$　🔲

(III) 힘의 전달성 원리를 사용하여 600 N의 힘을 작용선을 따라 점 B까지 이동시키면, 성분 F_2에 의한 모멘트가 제거된다. F_1의 모멘트 팔은

$$d_1 = 4 + 2\tan 40° = 5.68 \text{ m}$$

이므로, 모멘트는 다음과 같다.

$$M_O = 460(5.68) = 2610 \text{ N·m}$$　🔲

(IV) 힘을 점 C까지 이동시키면 성분 F_1에 의한 모멘트가 제거된다.　③　F_2의 모멘트 팔은

$$d_2 = 2 + 4\cot 40° = 6.77 \text{ m}$$

이므로, 모멘트는 다음과 같다.

$$M_O = 386(6.77) = 2610 \text{ N·m}$$　🔲

(V) 모멘트의 벡터표현에 의해 구할 수도 있다. 그림에서 표시된 좌표계를 사용하여 벡터외적을 계산하면, $\mathbf{M}_O$는 다음과 같다.

$$\mathbf{M}_O = \mathbf{r} \times \mathbf{F} = (2\mathbf{i} + 4\mathbf{j}) \times 600(\mathbf{i}\cos 40° - \mathbf{j}\sin 40°)　④$$

$$= -2610\mathbf{k} \text{ N·m}$$

여기서 음(−)의 부호는 벡터가 음(−)의 z축 방향을 가리킨다는 것을 의미한다. 벡터의 크기는 다음과 같다.

$$M_O = 2610 \text{ N·m}$$　🔲

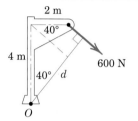

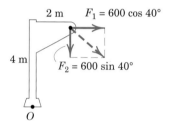

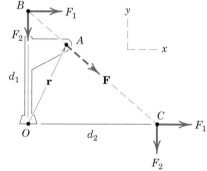

|도움말|

① 이러한 문제에서 기하학적 형상을 조심하여 그리면 어려움이 없을 것이다.

② 이 과정은 이 문제를 푸는 최단 접근법이다.

③ 힘의 모멘트를 수학적으로 계산할 때 그 힘이 물체상에 있어야 할 필요는 없으므로, 점 B와 C가 물체상에 있지 않다는 사실은 문제가 되지 않는다.

④ 위치벡터 $\mathbf{r}$은 $\mathbf{r}=d_1\mathbf{j}=5.68\mathbf{j}$ m 또는 $\mathbf{r}=d_2\mathbf{i}=6.77\mathbf{i}$ m를 사용하여도 무방하다.

예제 2.6

들창문 OA가 케이블 AB에 의해 들어 올려지고 있고, 케이블은 마찰이 없는 소형 풀리 B를 통과한다. 케이블의 장력은 어떤 위치에서나 모두 T이며, A점에 작용하는 장력이 힌지의 O점에 대한 모멘트 M_O를 유발시킨다. 창문의 열림각이 θ일 때 M_O/T의 물리량을 θ의 범위에서 θ의 함수로 표현하고, 이 값의 최댓값과 최솟값을 구하라. 이 값의 물리적인 중요성은 무엇인가?

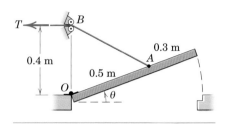

|풀이| 그림에서 보는 바와 같이 임의의 열림각 θ에서 창문에 작용하는 인장력 $\mathbf{T}$를 도시한다. θ가 달라짐에 따라 $\mathbf{T}$가 작용하는 방향이 달라지는 것은 분명하다. 이러한 점을 다루기 위해 $\mathbf{T}$ 방향의 단위벡터 $\mathbf{n}_{AB}$를 다음과 같이 정의한다.

$$\mathbf{n}_{AB} = \frac{\mathbf{r}_{AB}}{r_{AB}} = \frac{\mathbf{r}_{OB} - \mathbf{r}_{OA}}{r_{AB}} \quad ①$$

그림과 같은 x-y좌표계를 사용하면 다음과 같이 쓸 수 있다.

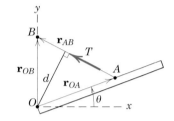

$$\mathbf{r}_{OB} = 0.4\mathbf{j} \text{ m} \qquad \mathbf{r}_{OA} = 0.5(\cos\theta\mathbf{i} + \sin\theta\mathbf{j}) \text{ m} \quad ②$$
$$\mathbf{r}_{AB} = \mathbf{r}_{OB} - \mathbf{r}_{OA} = 0.4\mathbf{j} - (0.5)(\cos\theta\mathbf{i} + \sin\theta\mathbf{j})$$
$$= -0.5\cos\theta\mathbf{i} + (0.4 - 0.5\sin\theta)\mathbf{j} \text{ m}$$

따라서

$$r_{AB} = \sqrt{(0.5\cos\theta)^2 + (0.4 - 0.5\sin\theta)^2} = \sqrt{0.41 - 0.4\sin\theta} \text{ m}$$

구하고자 하는 단위벡터는 다음과 같이 된다.

$$\mathbf{n}_{AB} = \frac{\mathbf{r}_{AB}}{r_{AB}} = \frac{-0.5\cos\theta\mathbf{i} + (0.4 - 0.5\sin\theta)\mathbf{j}}{\sqrt{0.41 - 0.4\sin\theta}}$$

따라서 장력벡터는 다음과 같이 표기된다.

$$\mathbf{T} = T\mathbf{n}_{AB} = T\left[\frac{-0.5\cos\theta\mathbf{i} + (0.4 - 0.5\sin\theta)\mathbf{j}}{\sqrt{0.41 - 0.4\sin\theta}}\right]$$

장력 $\mathbf{T}$의 O점에 대한 모멘트는 벡터로 $\mathbf{M}_O = \mathbf{r}_{OB} \times \mathbf{T}$와 같이 표시된다. 여기서 $\mathbf{r}_{OB} = 0.4\mathbf{j}$ m, 즉 ③

$$\mathbf{M}_O = 0.4\mathbf{j} \times T\left[\frac{-0.5\cos\theta\mathbf{i} + (0.4 - 0.5\sin\theta)\mathbf{j}}{\sqrt{0.41 - 0.4\sin\theta}}\right] = \frac{0.2T\cos\theta}{\sqrt{0.41 - 0.4\sin\theta}}\mathbf{k}$$

이다. $\mathbf{M}_O$의 크기는

$$M_O = \frac{0.2T\cos\theta}{\sqrt{0.41 - 0.4\sin\theta}}$$

이며, 따라서 구하고자 하는 물리량은 다음과 같다.

$$\frac{M_O}{T} = \frac{0.2\cos\theta}{\sqrt{0.41 - 0.4\sin\theta}} \qquad 답$$

이 값은 그래프에 그려져 있다. M_O/T 값은 O점에서 $\mathbf{T}$의 작용선까지의 모멘트 팔 d (meter 단위)를 나타낸다. 최댓값은 $\theta = 53.1°$($\mathbf{T}$는 수평방향)일 때 0.4 m이고, 최솟값은 $\theta = 90°$($\mathbf{T}$는 수직방향)일 때 0이다. 이 값은 T가 변할 때도 성립한다.

|도움말|

① 단위벡터는 어떤 벡터를 그 벡터의 크기로 나눈 벡터임을 상기하라. 여기서 분자 항의 벡터는 위치벡터이다.

② 모든 벡터는 그 벡터방향의 단위벡터에 그 벡터의 크기를 곱하여 표기할 수 있음을 상기하라.

③ $\mathbf{M} = \mathbf{r} \times \mathbf{F}$의 표현식에서 위치벡터 $\mathbf{r}$은 모멘트 중심점으로부터 $\mathbf{F}$의 작용선상의 임의의 점까지의 거리이다. 여기서는 $\mathbf{r}_{OB}$를 사용하는 것이 $\mathbf{r}_{OA}$를 사용하는 것보다 더 편리하다.

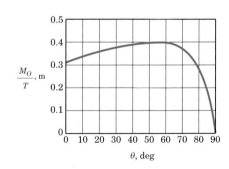

연습문제

기초문제

2/27 4 kN 힘 **F**가 점 *A*에 가해진다. 점 *O*에 대한 힘 **F**의 모멘트를 계산하여 스칼라와 벡터로 나타내라. **F**의 모멘트가 0이 되는 *x*축상의 점의 좌표와 *y*축상의 점의 좌표를 구하라.

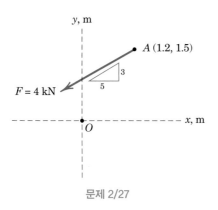

문제 2/27

2/28 크기 *F*의 힘이 삼각형 판의 모서리를 따라서 작용하고 있다. 점 *O*에 대한 **F**의 모멘트를 구하라.

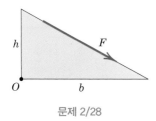

문제 2/28

2/29 800 N 힘의 점 *A*에 대한 모멘트와 점 *O*에 대한 모멘트를 각각 구하라.

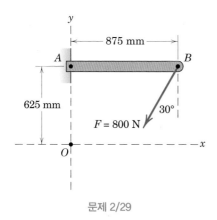

문제 2/29

2/30 250 N의 힘이 몽키 랜치의 손잡이에 작용되고 있다. 볼트의 중심에 대한 모멘트를 계산하라.

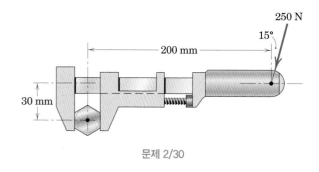

문제 2/30

2/31 슬램덩크의 영향을 모사하기 위해 그림의 실험장치에서 테두리 앞면의 점 *A*에 *F*=225 N의 힘을 부여하였다. 점 *O*와 점 *B*에 대한 힘 *F*의 모멘트를 구하라. 마지막으로 바닥의 점 *C*에 대한 모멘트가 0이 되려면 점 *C*는 점 *O*로부터 얼마만큼 떨어져 있는지 계산하라.

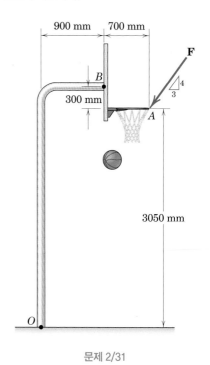

문제 2/31

2/32 크기가 60 N인 힘 **F**가 기어에 작용하고 있다. 점 *O*에 대한 **F**의 모멘트를 구하라.

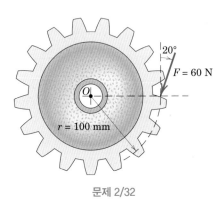

문제 2/32

2/33 그림과 같이 못을 빼기 위하여 쇠지렛대를 이용한다. 쇠지렛대와 작은 지지블록 사이의 접촉점 *O*에 대한 240 N 힘의 모멘트를 구하라.

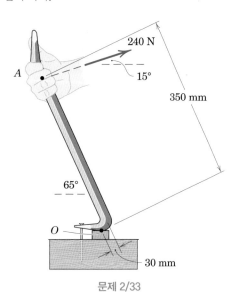

문제 2/33

심화문제

2/34 도어를 위쪽에서 바라본 모습을 그림에 나타냈다. 만약 유압 도어 개폐부의 암에 그림과 같은 방향으로 75 N의 압축력 *F* 를 가한다면, 힌지 축 *O*에 대한 이 힘의 모멘트를 구하라.

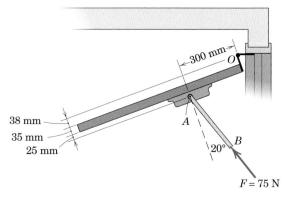

문제 2/34

2/35 30 N의 힘 **P**가 구부러진 막대의 *BC* 부분에 수직하게 작용하고 있다. 점 *B*와 점 *A*에 대한 **P**의 모멘트를 구하라.

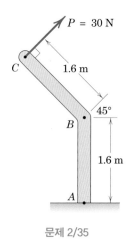

문제 2/35

2/36 한 사람이 정지된 수레의 손잡이 점 *A*에 힘 *F*를 가하고 있다. 흙의 무게를 포함한 수레의 질량은 85 kg이고 질량중심은 *G*이다. 타이어 접촉점 *B*에 대한 총 모멘트가 0이 되려면 점 *A*에서 가하는 힘 *F*는 얼마가 되어야 하는가?

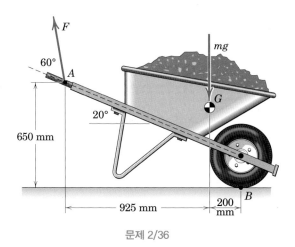

문제 2/36

2/39 (a) 점 *B*와 (b) 점 *O*에 대한 *F*의 모멘트를 일반적인 표현식으로 구하라. 그리고 $F=750$ N, $R=2.4$ m, $\theta=30°$, $\phi=15°$에 대해 계산하라.

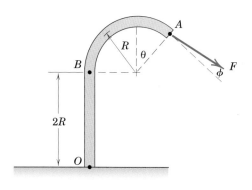

문제 2/39

2/37 드럼의 내부 허브에 단단히 감긴 끈을 150 N의 힘 *T*로 당긴다. 드럼의 중심 *C*에 대한 *T*의 모멘트를 구하라. 그리고 접촉점 *P*에 대한 모멘트가 0이 되도록 하는 각도 *θ*를 구하라.

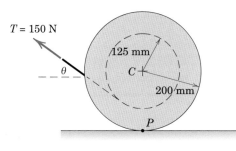

문제 2/37

2/40 케이블 *AB*에 400 N의 장력이 가해진다. 막대의 점 *A*에 가해지는 이 장력의 점 *O*에 대한 모멘트를 구하라.

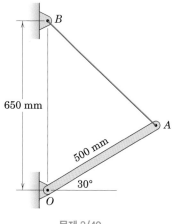

문제 2/40

2/38 트레일러를 전방으로 견인할 때, 그림과 같이 트레일러 걸쇠의 공에 힘 $F=500$ N을 작용한다. 이 힘의 점 *O*에 대한 모멘트를 구하라.

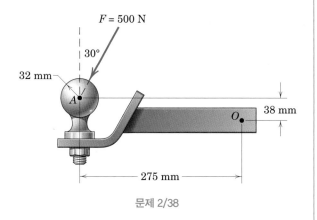

문제 2/38

2/41 그림과 같은 위치에서 기둥을 올릴 때 케이블의 장력 T는 점 O에 대해 72 kN·m의 모멘트를 발생시켜야 한다. T를 구하라.

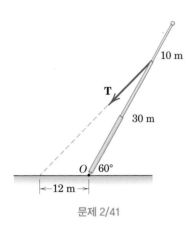

문제 2/41

2/42 척추의 하부 부위 A는 힘 F의 A에 대한 모멘트가 야기하는 과도한 굽힘을 지탱하는 동안에 가장 혹사당하기 쉬운 부분이다. 가장 심한 굽힘 변형률을 발생시키는 각도 θ를 F, b, h의 항으로 구하라.

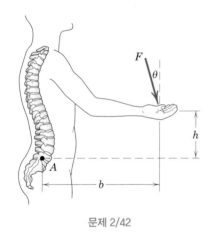

문제 2/42

2/43 출입문이 그림의 위치에서 케이블 AB에 의해 지탱되고 있다. 만약 케이블의 장력이 6.75 kN이라면, 점 A에 작용하는 장력의 점 O에 대한 모멘트 $\mathbf{M}_O$를 구하라.

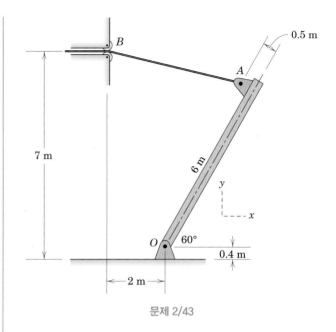

문제 2/43

2/44 그림에 팔꿈치 아래의 요소를 나타냈다. 팔뚝의 질량은 2.3 kg이고 무게중심 G에 작용한다. 팔꿈치 중심점 O에 대한 팔뚝과 공의 무게의 모멘트 합을 구하라. 또한, 점 O에 대한 총 모멘트가 0이 되려면 이두근에 작용하는 인장력은 얼마가 되어야 하는가?

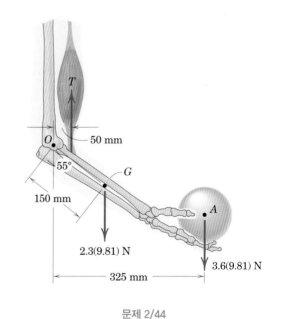

문제 2/44

2/45 세 스칼라법과 벡터법을 사용하여 200 N 힘의 점 *A*에 대한 모멘트 M_A를 계산하라.

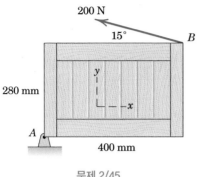

문제 2/45

2/46 중량물을 용이하게 다루기 위해 그림과 같이 작은 크레인이 설치되어 있다. 물건을 들어 올리는 붐(boom)의 각도는 $\theta = 40°$이다. 유압 실린더 *BC*의 힘은 4.5 kN인데 이 힘은 점 *B*에서 점 *C*를 향하는 방향으로 점 *C*에 작용한다(실린더는 압축을 받는다). 이 4.5 kN 힘의 붐 중심점 *O*에 대한 모멘트를 구하라.

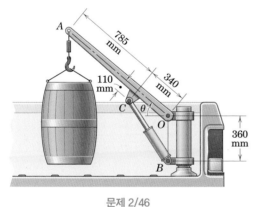

문제 2/46

2/47 120 N의 힘이 곡선 모양 렌치의 한쪽 끝에 작용되고 있다. 만일 $\alpha = 30°$이면, 볼트의 중심점 *O*에 대한 *F*의 모멘트를 계산하라. *O*에 대한 모멘트가 최대가 되게 하는 α값을 구하고, 이 최대 모멘트 값을 구하라.

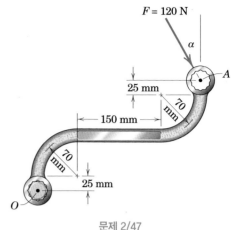

문제 2/47

2/48 그림의 기구는 치료를 위한 월풀 욕조 안으로 장애인을 내릴 때 사용된다. 하중이 없는 상태일 때, 붐과 매달린 의자의 무게가 유압 실린더 *AB*에 575 N의 압축력을 가한다. (압축이라 함은 실린더 *AB*가 점 *B*에 가하는 힘이 점 *A*에서 *B*를 향하는 방향임을 의미한다.) 만약 $\theta = 30°$라면, 핀 *B*에 작용하는 실린더 힘의 (a) 점 *O*, (b) 점 *C*에 대한 모멘트를 구하라.

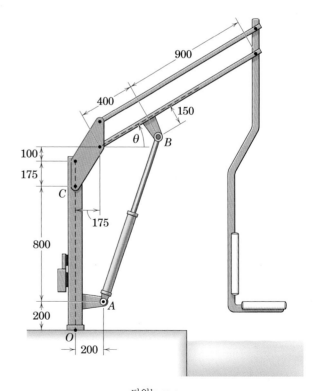

단위는 mm

문제 2/48

2/49 보행교의 오른쪽 끝단 *F*에 지지탑과 고정장치를 설치할 수 없는 조건 때문에 비대칭 지지 장치를 선택하였다. 테스트를 하는 동안, 케이블 2, 3, 4의 장력은 모두 같은 값 *T*가 되도록 조정한다. 만약 네 케이블 장력의 점 *O*에 대한 모멘트가 0이라면, 케이블 1의 장력 T_1값은 얼마가 되어야 하는가? *A*에 작용하는 4개의 장력으로 인하여 *O*점에 가해지는 압축력 *P*를 구하라. 탑의 무게는 무시하라.

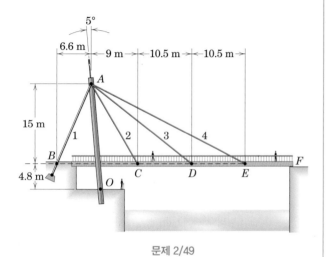

문제 2/49

*2/50 이 여자는 삼두근 강화운동을 할 때 그림에 표시된 135°의 범위에서 느리고 꾸준한 동작을 유지한다. 이러한 조건에서 케이블의 장력은 *mg*=50 N으로 일정하다고 가정할 수 있다. *A*점에 작용되는 케이블 장력의 팔꿈치 점 *O*에 대한 모멘트 *M*을 0≤*θ*≤135°의 범위에 대하여 구하고 그래프를 그려라. *M*의 최댓값을 찾고, 이때의 *θ*값을 구하라.

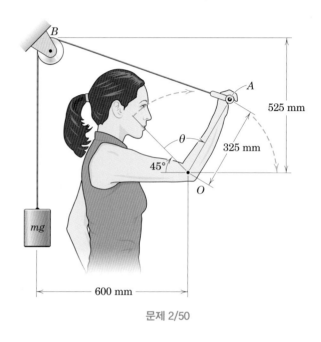

문제 2/50

2.5 우력

크기가 같고 방향이 반대이며 동일직선상에 있지 않은 두 힘에 의해 생기는 모멘트를 우력(couple)이라고 한다. 우력은 어떤 특유의 성질을 가지며 역학에서 중요하게 응용된다.

그림 2.10a와 같이 크기가 같고 방향이 반대이며 두 힘 사이의 거리가 d인 두 힘 $\mathbf{F}$와 $-\mathbf{F}$를 생각해보자. 이 두 힘의 합은 모든 방향에서 영(0)이기 때문에 하나의 힘으로 합성할 수는 없다. 두 힘의 효과는 오로지 회전하려는 경향만을 갖는다. 두 힘이 위치한 평면상의 점 O와 같은 임의의 한 점을 통과하면서 이 평면에 수직한 축에 대한 두 힘의 모멘트 합이 우력 $\mathbf{M}$이며, 이 우력의 크기는

$$M = F(a + d) - Fa$$

즉,

$$M = Fd$$

이다. 그림의 경우에 이 우력의 방향은 위에서 볼 때 반시계방향이다. 우력의 크기는 모멘트 중심 O에 관한 두 힘의 위치를 나타내는 거리 a에 무관하다는 것에 특히 유의하라. 이것으로부터 우력의 모멘트는 어떠한 모멘트 중심에 대해서도 같은 값을 갖는다는 것을 알 수 있다.

벡터 표현법

또한 벡터 대수학을 사용하여 우력의 모멘트를 표현할 수도 있다. 식 (2.6)의 벡터 외적의 정의를 사용하여 그림 2.10b의 우력을 형성하는 두 힘의 점 O에 대한 모멘트를 합하면 다음과 같이 쓸 수 있다.

$$\mathbf{M} = \mathbf{r}_A \times \mathbf{F} + \mathbf{r}_B \times (-\mathbf{F}) = (\mathbf{r}_A - \mathbf{r}_B) \times \mathbf{F}$$

여기서 $\mathbf{r}_A$와 $\mathbf{r}_B$는 각각 점 O로부터 $\mathbf{F}$와 $-\mathbf{F}$의 작용선상의 임의의 점 A와 B까지의 위치벡터이다. 여기서 $\mathbf{r}_A - \mathbf{r}_B = \mathbf{r}$이므로, $\mathbf{M}$을 다음과 같이 표현할 수 있다.

$$\mathbf{M} = \mathbf{r} \times \mathbf{F}$$

앞에서와 같이 모멘트 표현식이 모멘트 중심 O를 포함하지 않으며, 따라서 모멘트는 모멘트 중심에 관계없이 같다는 것을 안다. 그래서 그림 2.10c에 보이는 바와 같이 $\mathbf{M}$을 자유벡터로 표시할 수 있으며, $\mathbf{M}$의 방향은 우력이 작용하는 평면에 수직이고 오른손법칙에 의해 결정된다.

우력벡터 $\mathbf{M}$은 항상 우력을 이루는 힘들의 평면에 수직하므로, 2차원 해석에서는 우력벡터의 방향을 그림 2.10d에 표시된 표기법과 같이 시계방향 혹은 반시계방향으로 표시할 수 있다. 나중에 3차원 문제에서 우력벡터를 다룰 때는 벡터 표

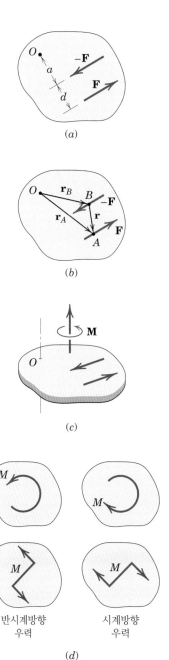

(a)

(b)

(c)

반시계방향
우력　　시계방향
우력

(d)

그림 2.10

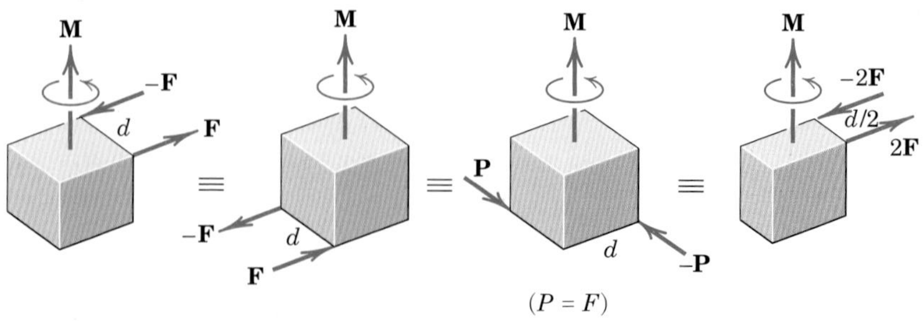

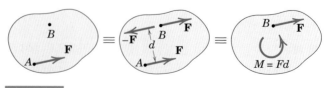

그림 2.11

현법을 이용할 것이므로 우력벡터의 방향은 수학적으로 자동설명이 될 것이다.

등가우력

우력이 주어졌을 때 F와 d 각각의 값을 변화시킨다고 하더라도 그들의 곱 Fd 값이 일정하게 유지되는 한 우력의 모멘트 값에는 변함이 없다. 마찬가지로, 우력의 힘들이 다른 평행한 평면에서 작용한다고 해도 우력의 모멘트는 영향을 받지 않는다. 그림 2.11은 동일한 우력 **M**을 갖는 4개의 서로 다른 그림을 나타내고 있다. 네 경우 모두 우력은 등가이고 물체를 회전시키는 경향이 같고 동일한 자유벡터를 갖는다.

힘-우력계

물체에 작용하는 힘의 효과는 힘의 방향으로 물체를 밀거나 당기려고 하며, 동시에 힘의 작용선과 교차하지 않는 임의의 고정된 축에 대해 물체를 회전시키려고 한다. 이러한 두 가지 효과는, 주어진 힘을 크기가 같고 평행한 다른 힘과 평행이동에 따른 모멘트 변화를 보상해주는 하나의 우력으로 대체함으로써 좀 더 쉽게 나타낼 수 있다.

그림 2.12는 한 힘을 다른 한 힘과 한 우력으로 대체시키는 것을 설명하고 있다. 여기서 점 A에 작용하는 주어진 힘 **F**는 다른 점 B에서 작용하는 크기가 같은 힘 **F**와 반시계방향 우력 $M = Fd$로 대체된다. 가운데 그림은 이 대체과정을 좀 더 상세히 설명한 그림으로서, 크기가 같고 방향이 반대인 힘 **F**와 −**F**가 점 B에서 더해지면서 물체에 어떠한 외부효과를 일으키지 않는 것을 나타낸다. 이 그림에서

그림 2.12

A에 작용하는 최초의 힘과 B에 작용하는 크기가 같고 방향이 반대인 힘은 우력 $M=Fd$로 되며 오른쪽 그림에서 볼 수 있듯이 반시계방향이다. 결과적으로, 원래의 힘이 물체에 작용하는 외부효과를 변화시키지 않고 점 A에 작용하는 원래의 힘을 다른 점 B에 작용하는 똑같은 힘과 하나의 우력으로 대체시켰다. 그림 2.12의 오른쪽 그림에서처럼 힘과 우력의 조합을 **힘-우력계**(force-couple system)라고 부른다.

이 과정을 역으로 행하면, 주어진 우력과 우력 평면(우력 벡터에 수직)에 놓인 힘은 결합하여 하나의 등가힘으로 만들 수도 있다. 한 힘을 힘-우력계로 대체하는 일이나, 반대로 하는 과정들은 역학에서 많이 응용되므로 철저히 습득해야 한다.

예제 2.7

강체 구조 부재가 2개의 100 N 힘으로 이루어진 우력을 받고 있다. 이 우력을 각각의 크기가 400 N인 두 힘 **P**와 −**P**로 이루어진 등가우력으로 대체시켜라. 이때 적절한 각도 θ를 결정하라.

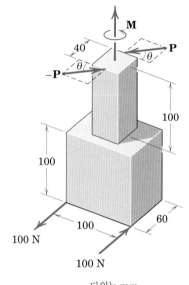

단위는 mm

|**풀이**| 주어진 우력은 힘이 가해진 평면 위에서 보았을 때 반시계방향이며 그 크기는

$$[M = Fd] \qquad M = 100(0.1) = 10 \text{ N·m}$$

이며, 힘 **P**와 −**P**는 반시계방향의 우력을 만든다.

$$M = 400(0.040)\cos\theta$$

두 식을 같다고 놓으면 ①

$$10 = (400)(0.040)\cos\theta$$

$$\theta = \cos^{-1}\frac{10}{16} = 51.3°$$

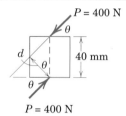

|**도움말**|

① 두 동일한 우력은 평행한 자유벡터이므로, 관련된 치수는 우력을 이루는 두 힘 사이의 수직거리뿐이다.

예제 2.8

레버에 작용하는 400 N의 수평력을 점 O에 작용하는 힘과 우력으로 이루어진 등가계로 대체하라.

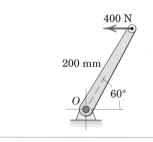

|**풀이**| 점 O에 크기가 같고 방향이 반대인 400 N의 두 힘을 작용시키고, 다음과 같은 반시계방향의 우력을 확인한다.

$$[M = Fd] \qquad M = 400(0.200\sin 60°) = 69.3 \text{ N·m}$$

그러므로, 원래의 힘은 등가인 세 그림 중 세 번째에 표시된 바와 같이 점 O의 400 N 힘과 69.3 N·m 우력과 등가이다. ①

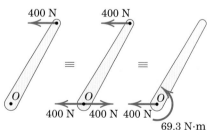

|**도움말**|

① 이 문제와 반대의 경우로, 한 힘과 한 우력을 하나의 힘으로 대체하는 경우를 종종 만난다. 반대의 과정에서는 우력을 두 힘으로 대체하는데, 그중 한 힘은 점 O의 400 N 힘과 크기가 같고 방향이 반대이다. 두 번째 힘까지의 모멘트 팔은 $M/F = 69.3/400$ $= 0.1732$ m, 즉 $0.2\sin 60°$가 되며, 따라서 결과적인 하나의 힘 400 N의 작용선이 결정된다.

연습문제

기초문제

2/51 두 400 N 힘이 조합된 모멘트를 (a) 점 O에 대하여, (b) 점 A에 대하여 계산하라.

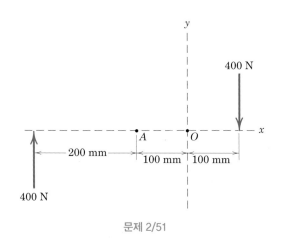

문제 2/51

2/52 바퀴에 한 쌍의 400 N의 힘이 작용하고 있다. 이 힘에 의한 모멘트를 구하라.

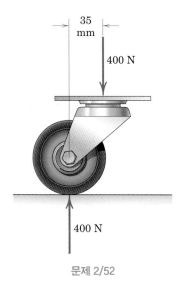

문제 2/52

2/53 $F=300$ N일 때 두 힘에 의한 모멘트를 (a) 점 O, (b) 점 C, (c) 점 D에 대해 계산하라.

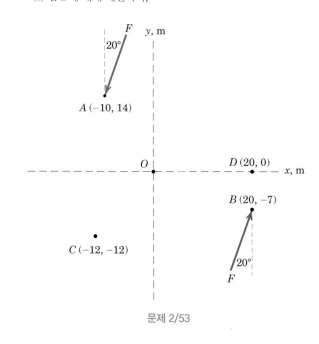

문제 2/53

2/54 평판의 중심에 있는 작은 축에 그림과 같이 힘-우력계가 가해지고 있다. 이 계를 하나의 힘으로 대체하고, 이 결과 힘의 작용선이 관통하는 x축상의 점의 좌표를 구하라.

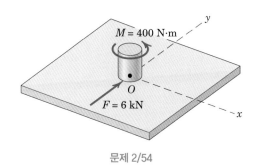

문제 2/54

2/55 점 A에 작용하는 12 kN 힘을 (a) 점 O에 작용하는 힘–우력계, (b) 점 B에 작용하는 힘–우력계로 대체하라.

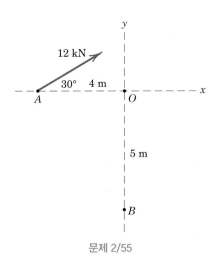

문제 2/55

2/56 그림은 회전출입문의 평면도이다. 그림과 같이 두 사람이 동시에 문에 접근하여 같은 크기의 힘을 가한다. 만일 결과적으로 문의 피벗 O에 대한 모멘트가 25 N·m이 된다면, 힘 F의 크기를 구하라.

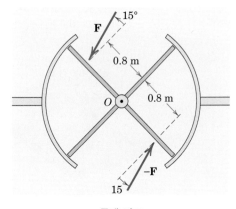

문제 2/56

2/57 테스트를 하기 위해, 그림과 같이 앞뒤 추력이 발생할 수 있도록 2개의 항공기 엔진의 회전속도를 올리고 프로펠러의 간격을 조정하였다. 2개의 프로펠러에 의해 발생하는 추력이 비행기를 회전시키려는 효과를 상쇄하려면 지면이 A와 B의 주 제동바퀴에 각각 얼마의 힘 F를 가해야 하는가? 단, 비행기 앞부분의 바퀴 C는 90° 회전되어 있고 제동을 하지 않으므로 바퀴 C의 영향은 무시하라.

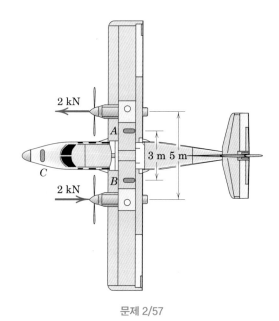

문제 2/57

2/58 W530×150의 단면을 갖는 외팔보의 점 A에 용접된 판에 8 kN의 힘 F가 작용하고 있다. 외팔보의 O 단면의 도심에서의 등가 힘–우력계를 구하라.

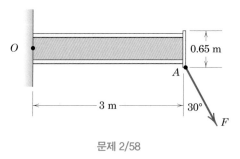

문제 2/58

2/59 2개의 스크루(screw)를 사용하는 선박에서 각 프로펠러는 최대속도에서 300 kN의 추진력을 발휘한다. 배를 조정할 때, 하나의 프로펠러는 최대속도로 앞으로 돌고 다른 하나는 최대속도로 반대 방향으로 돈다. 두 프로펠러가 선박을 회전시키려는 효과를 상쇄하기 위해 두 예인선은 각각 얼마만큼의 추진력 P를 가해야 하는가?

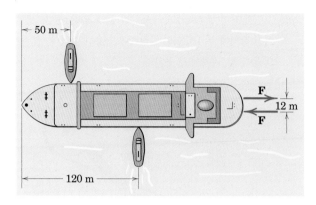

문제 2/59

심화문제

2/60 사각머리볼트를 죄기 위하여 그림과 같이 250 N의 두 힘을 러그 렌치(lug wrench)에 가하고 있다. 이 두 250 N 힘과 볼 트머리의 네 접촉점에 작용하는 같은 크기의 힘 F가 볼트에 미치는 외부효과가 등가가 되기 위한 힘 F의 크기를 결정하 라. F의 힘의 방향은 볼트머리의 면에 수직하다고 가정하라.

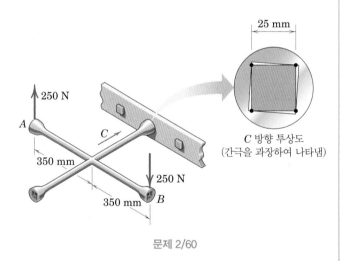

문제 2/60

2/61 수직 기둥에 장착되어 있는 암 ACD의 끝단에 힘 F가 작용하 고 있다. 이 힘 F를 B에서의 등가 힘-우력계로 대체하라. 그 다음에 이 힘과 우력을 점 D와 점 C에 F와 같은 방향으로 작 용하는 2개의 힘으로 대체하여 재분배함으로써 2개의 육각 볼트가 지지하는 힘을 구하라. 단, $F=425$ N, $\theta=30°$, $b=$ 1.9 m, $d=0.2$ m, $h=0.8$ m, $l=2.75$ m의 값을 사용하라.

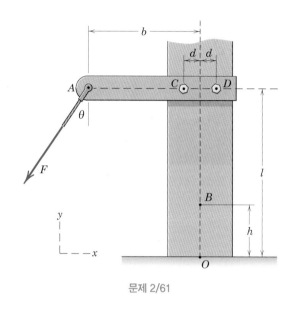

문제 2/61

2/62 그림은 운동기구의 일부의 평면도이다. 만약 케이블의 장력 $T=780$ N라면, (a) 점 B, (b) 점 O에서의 등가 힘-우력계를 구하라. 답은 벡터표현법으로 나타내라.

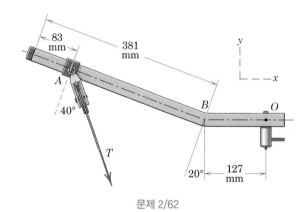

문제 2/62

2/63 B에 있는 볼트에 대한 900 N 힘의 모멘트 M_B를 계산하라. 이 힘을 점 A의 등가 힘−우력계로 대체함으로써 계산을 간단하게 하라.

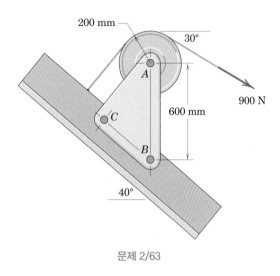

문제 2/63

2/64 그림과 같이 다리근육 강화운동용 기계에 힘 F가 작용한다. 점 O에서의 등가 힘−우력계를 구하라. 단, $F=520$ N, $b=450$ mm, $h=215$ mm, $r=325$ mm, $\theta=15°$, $\phi=10°$이다.

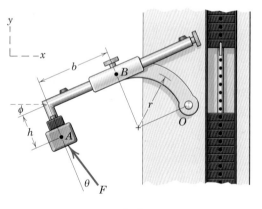

문제 2/64

2/65 그림과 같이 봉 OA, 2개의 동일한 풀리, 얇은 테이프로 이루어진 장치에 두 180 N의 인장력이 작용하고 있다. 점 O에서의 등가 힘−우력계를 구하라.

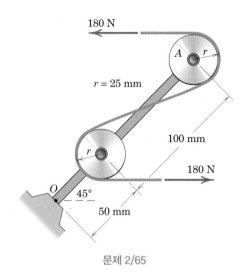

문제 2/65

2/66 그림의 장치는 자동차의 의자등받이 풀림장치의 일부이다. A에는 4 N의 힘이 가해지고, 내부에 숨겨진 비틀림 스프링에 의해 300 N · mm의 복원모멘트가 가해진다. 이 힘−우력계를 하나의 등가 힘으로 대체할 때, 이 등가 힘의 작용선이 y축과 교차하는 점, 즉 y절편을 구하라.

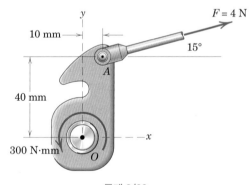

문제 2/66

2/67 풀리의 점 *O*에 2개의 케이블 장력이 작용하고 있다. 이 두 힘을 트랙바퀴 연결점 *A*와 *B*에 작용하는 2개의 평행한 힘으로 대체하라.

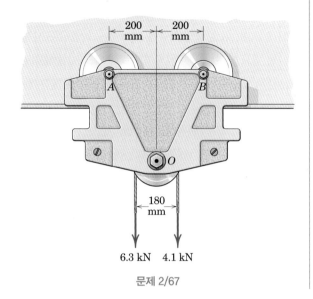

문제 2/67

2/68 힘 *F*는 선 *MA*를 따라 작용하는데, 여기서 점 *M*은 *x*축을 따른 반지름의 중간점이다. 만약 $\theta = 40°$라면 등가 힘-우력계를 구하라.

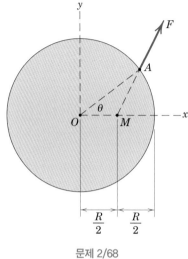

문제 2/68

2.6 합력

앞의 4개의 절에서 힘, 모멘트, 우력의 성질에 대하여 논의하였다. 이제 여러 힘들 또는 **힘계**가 작용하는 것을 합하는 것을 설명하고자 한다. 대부분의 역학 문제는 여러 힘들이 작용하고 있으며, 이 물체의 거동을 파악하기 위해서는 이 힘계를 가장 단순한 형태로 나타낼 필요가 있다. 즉, 힘계의 **합력**이란 그 힘들이 작용하는 강체에 대한 외부효과를 변화시키지 않고 원래의 힘들을 대체할 수 있는 가장 단순한 형태로 힘을 합하는 것을 말한다.

물체의 **평형**은 물체에 작용하는 모든 힘의 합력이 영(0)인 조건이며, 정역학에서 이러한 조건을 공부하게 된다. 물체에 작용하는 모든 힘의 합력이 영(0)이 아닐 때는 물체에 가속도가 발생하게 되는데, 이 가속도는 물체에 작용하는 합력이 그 물체의 질량과 가속도의 곱과 같다고 나타냄으로써 구할 수 있으며, 동역학에서 이러한 조건을 공부하게 된다. 따라서 합력을 결정하는 문제야말로 정역학과 동역학 모두에서 기초가 된다.

그림 2.13a에 나타낸 세 힘 $\mathbf{F}_1$, $\mathbf{F}_2$, $\mathbf{F}_3$의 예에서 볼 수 있듯이, 흔한 형태의 힘계는 모든 힘이 단일평면, 즉 $x-y$ 평면에 작용하는 경우이다. 그림 2.13b에서 보듯이, 합력 $\mathbf{R}$의 크기와 방향은 힘들을 어떤 순서로든지 화살표의 시점에서 종점까지 더해서 **힘다각형**을 형성함으로써 얻을 수 있다. 따라서 평면 내의 어떤 힘계에 대해서도 다음과 같이 쓸 수 있다.

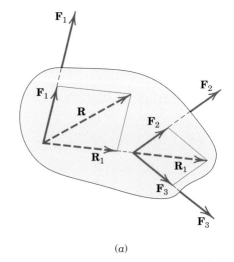

(a)

$$\mathbf{R} = \mathbf{F}_1 + \mathbf{F}_2 + \mathbf{F}_3 + \cdots = \Sigma\mathbf{F}$$
$$R_x = \Sigma F_x \qquad R_y = \Sigma F_y \qquad R = \sqrt{(\Sigma F_x)^2 + (\Sigma F_y)^2}$$
$$\theta = \tan^{-1}\frac{R_y}{R_x} = \tan^{-1}\frac{\Sigma F_y}{\Sigma F_x}$$

(2.9)

도식적으로 힘들의 정확한 작용선을 유지하고 평행사변형 법칙을 사용하여 더하면 $\mathbf{R}$의 정확한 작용선을 얻을 수 있다. 그림 2.13a에서 평행사변형 법칙을 사용하여 $\mathbf{F}_2$와 $\mathbf{F}_3$를 합하여 $\mathbf{R}_1$을 얻고, 이 $\mathbf{R}_1$과 $\mathbf{F}_1$을 다시 합하여 $\mathbf{R}$을 얻는다. 이러한 과정에서 힘의 전달성의 원리가 사용되었다.

대수학적 방법

대수학을 이용하면 다음과 같이 합력 및 작용선을 얻을 수 있다.

1. 어느 편리한 기준점을 선택해서 모든 힘들을 이 기준점으로 옮긴다. 이 과정은 그림 2.14a와 그림 2.14b에 보인 세 힘의 계로 설명할 수 있는데, 여기서 M_1, M_2, M_3는 힘 $\mathbf{F}_1$, $\mathbf{F}_2$, $\mathbf{F}_3$를 각각의 원래의 작용선에서 점 O를 통과하는

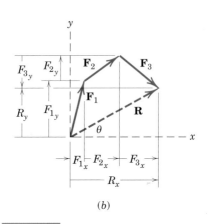

(b)

그림 2.13

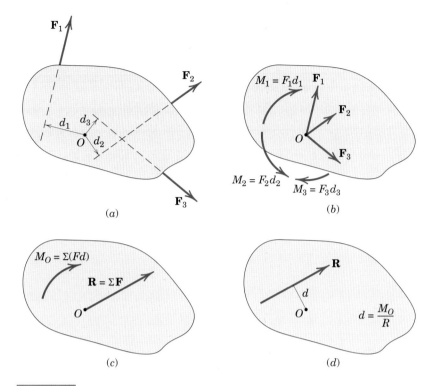

그림 2.14

작용선까지 이동했기 때문에 나타난 우력이다.

2. 점 O로 옮겨진 모든 힘들을 더하여 합력 **R**을 구하고, 모든 우력들을 더하여 합우력 M_O를 구한다. 이제 그림 2.14c에 나타낸 단일 힘-우력계를 구했다.

3. 그림 2.14d에서와 같이, 합력 **R**의 점 O에 대한 모멘트가 M_O가 되도록 합력 **R**의 작용선의 위치를 정한다. 여기서 그림 2.14a와 그림 2.14d의 힘계는 등가이며 그림 2.14a에서의 $\Sigma(Fd)$는 그림 2.14d에서의 Rd와 같다는 점에 유의하라.

모멘트 원리

이 과정은 다음과 같은 식으로 요약된다.

$$\mathbf{R} = \Sigma\mathbf{F}$$
$$M_O = \Sigma M = \Sigma(Fd) \qquad (2.10)$$
$$Rd = M_O$$

식 (2.10)의 처음 두 식은 주어진 힘계를 편하게 임의로 선택한 점 O에서의 단일 힘-우력계로 나타낸 것이다. 식 (2.10)의 마지막 식은 점 O로부터 **R**의 작용선까

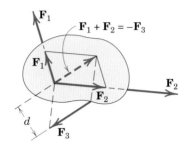

그림 2.15

지의 거리 d를 결정하는 것을 나타내는데, 합력의 임의의 점 O에 대한 모멘트는 계의 원래의 힘들이 같은 점 O에 대해 갖는 모멘트의 합과 같다는 것을 의미한다. 이것은 Varignon 정리를 **비공점력**(nonconcurrent)의 힘계로 확장한 것인데, **모멘트 원리**(principle of moment)라 부른다.

모든 힘들의 작용선이 같이 점 O를 통과하는 공점력계의 경우에는 그 점 O에 대한 모멘트합 ΣM_O는 영(0)이다. 그러므로 식 (2.10)의 첫 번째 식에서 결정된 합력 $\mathbf{R} = \Sigma \mathbf{F}$의 작용선은 점 O를 통과한다. 힘들이 모두 평행한 경우에는 힘 방향으로 좌표축을 설정하는 것이 좋다. 주어진 힘계의 합력 $\mathbf{R}$이 영(0)일지라도 우력은 영(0)이 아닐 수 있다. 예를 들면, 그림 2.15에서 세 힘의 합력은 영(0)이지만 $M = F_3 d$인 시계방향의 합우력을 갖는다.

예제 2.9

그림과 같은 평판에 작용하는 4개의 힘과 하나의 우력의 합력을 결정하라.

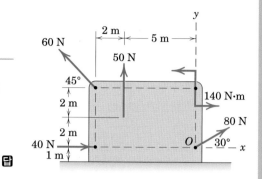

|**풀이**|　주어진 시스템을 힘-우력계로 나타내는 데 편리한 기준점으로 점 O를 선택한다.

$[R_x = \Sigma F_x]$　　　　　$R_x = 40 + 80\cos 30° - 60\cos 45° = 66.9$ N

$[R_y = \Sigma F_y]$　　　　　$R_y = 50 + 80\sin 30° + 60\cos 45° = 132.4$ N

$[R = \sqrt{R_x{}^2 + R_y{}^2}]$　　　$R = \sqrt{(66.9)^2 + (132.4)^2} = 148.3$ N　답

$\left[\theta = \tan^{-1}\dfrac{R_y}{R_x}\right]$　　　$\theta = \tan^{-1}\dfrac{132.4}{66.9} = 63.2°$　답

$[M_O = \Sigma(Fd)]$　　　$M_O = 140 - 50(5) + 60\cos 45°(4) - 60\sin 45°(7)$　①

　　　　　　　　　　　$= -237$ N·m

힘-우력계는 그림 a에 나타나 있듯이 $\mathbf{R}$과 M_O로 이루어진다.

　이제 $\mathbf{R}$만으로 원래의 계를 나타낼 수 있도록 $\mathbf{R}$의 작용선의 위치를 결정한다.

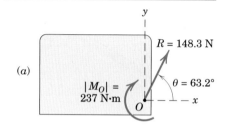

$[Rd = |M_O|]$　　　　$148.3d = 237$　　　$d = 1.600$ m　답

그림 b에 나타나 있듯이 합력 $\mathbf{R}$은 중심이 O이고 반지름이 1.6 m인 원의 점 A의 접선(x축과의 각도가 $63.2°$)상의 임의의 점에 가할 수 있다. 여기서 우리는 그림 a에 표시된 우력의 방향에 의거하여 절댓값 개념으로(M_O의 부호를 무시하고) 식 $Rd=M_O$를 적용하여 $\mathbf{R}$의 위치를 결정하였다. 만약에 M_O가 반시계방향이었다면 $\mathbf{R}$의 작용선은 당연히 점 B에서 접했을 것이다.

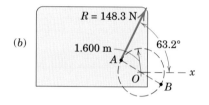

　또한, 그림 c와 같이 x축상의 점 C의 절편 b를 구함으로써 합력 $\mathbf{R}$의 위치를 결정할 수 있다. R_x와 R_y가 점 C에 작용할 때 R_y만이 점 O에 대해 모멘트를 가하므로 다음과 같이 된다.

$$R_y b = |M_O| \text{ 이고} \qquad b = \frac{237}{132.4} = 1.792 \text{ m 이다.}$$

마찬가지로, O에 대한 모멘트가 단지 R_x 때문에 생긴다는 것을 알면 y축의 절편을 구할 수 있다.

　$\mathbf{R}$의 작용선을 결정할 때 더 정형적인 접근방법은 다음과 같은 벡터표현을 사용하는 것이다.

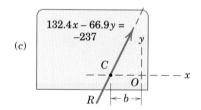

$$\mathbf{r} \times \mathbf{R} = \mathbf{M}_O$$

여기서, $\mathbf{r}=x\mathbf{i}+y\mathbf{j}$는 점 O로부터 $\mathbf{R}$의 작용선상의 임의의 한 점까지의 위치벡터이다. $\mathbf{r}$, $\mathbf{R}$, $\mathbf{M}_O$를 벡터로 표현하여 벡터외적을 계산한 결과는 다음과 같다.

$$(x\mathbf{i} + y\mathbf{j}) \times (66.9\mathbf{i} + 132.4\mathbf{j}) = -237\mathbf{k}$$

$$(132.4x - 66.9y)\mathbf{k} = -237\mathbf{k}$$

따라서 그림 c에 표시된 작용선은 다음과 같이 주어진다.

$$132.4x - 66.9y = -237$$

$y=0$으로 놓으면 $x=-1.792$ m를 얻을 수 있으며, 이 값은 앞에서 계산한 거리 b와 일치한다. ②

|**도움말**|

① 모멘트 중심으로 O점을 선택함으로써 O점을 지나는 두 힘에 의한 모멘트를 제거했다는 데 주목하라. 만일 시계방향을 양(+)으로 정하는 부호규약을 사용하게 되면, M_O는 $+237$ N·m가 되었을 것이며, 이때의 + 부호는 부호규약에서 양(+)으로 정한 방향을 가리킨다. 어떠한 부호규약을 사용하더라도 M_O의 결과는 당연히 시계방향이 된다.

② 벡터 접근법은 부호에 대한 정보를 자동으로 파악하게 되는 반면에 스칼라 접근법은 보다 물리적인 쪽에 가깝다. 여러분은 이 두 가지 방법을 모두 잘 습득해야 한다.

연습문제

기초문제

2/69 아이볼트(eye bolt)에 작용하는 힘들의 합력이 아래쪽 수직 방향으로 15 kN이 되게 하려면, 장력 **T**의 크기와 각도 θ가 얼마가 되어야 하는지 계산하라.

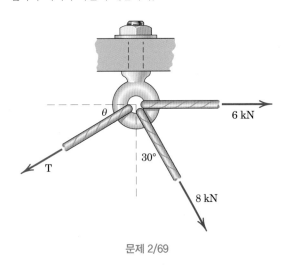

문제 2/69

2/70 그림과 같이 작용하는 4개의 힘의 합력 **R**이 9 kN의 크기로 오른쪽을 향하도록 하는 힘 F의 크기 및 방향 θ(양의 y축으로부터 시계방향으로 측정)를 구하라.

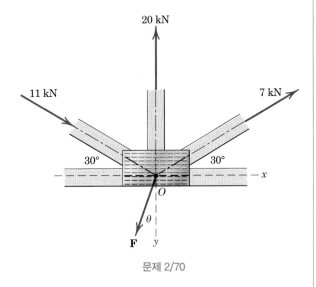

문제 2/70

2/71 세 수평방향 힘과 한 우력에 대하여 합력 **R**과 우력 M_O를 구하여 O에서의 등가 힘-우력계로 대체하라. 그리고 이 등가 힘-우력계를 단일 합력 **R**로 변환할 때 **R**의 작용선을 정의하는 식을 구하라.

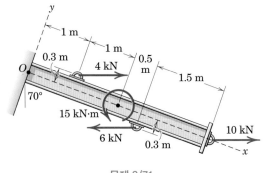

문제 2/71

2/72 한 변의 길이가 d인 정사각판의 모서리를 따라서 세 가지 경우의 힘계가 작용하고 있다. 각 경우에 대해 중심점 O에서의 등가 힘-우력계를 구하라.

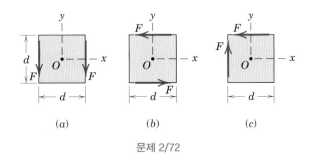

문제 2/72

2/73 폭 d인 정육각형의 변을 따라서 힘이 가해지는 세 가지 경우 각각에 대하여 원점 O에서의 등가 힘-우력계를 구하라. 만일 합력이 그렇게 표현될 수 있다면 이 힘-우력계를 하나의 힘으로 대체하라.

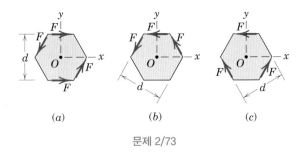

문제 2/73

2/74 세 힘의 합력이 작용하는 위치가 기초 B로부터 얼마만큼의 높이 h에 있는지를 구하라.

문제 2/74

2/75 그림에서 주어진 하중들의 합력이 점 B를 통과한다면, O에서의 등가 힘-우력계를 구하라.

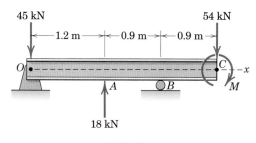

문제 2/75

2/76 두 힘과 우력 M의 합력이 점 O를 통과한다. M을 구하라.

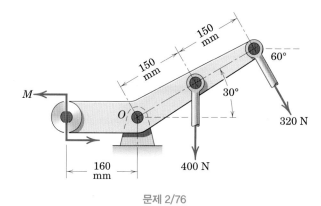

문제 2/76

심화문제

2/77 만일 그림에 나타난 힘들의 합력이 점 A를 통과한다면, 제동 풀리에 작용하는 미지 장력 T_2의 크기를 구하라.

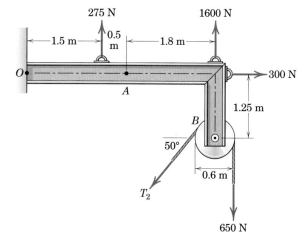

문제 2/77

2/78 구부러진 파이프에 작용하는 3개의 힘을 하나의 등가 힘 **R**로 대체하라. 또, 합력 **R**의 작용선이 통과하는 x축상의 점과 O점 사이의 거리 x를 구하라.

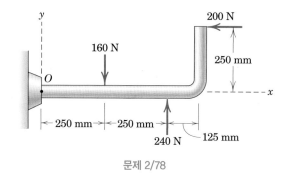

문제 2/78

2/79 네 사람이 바닥을 가로질러 무대 강단을 움직이려고 그림과 같이 힘을 가한다. 다음을 구하라.

(a) O점에서의 등가 힘-우력계

(b) 단일 합력 **R**의 작용선이 통과하는 x축과 y축상의 점의 위치

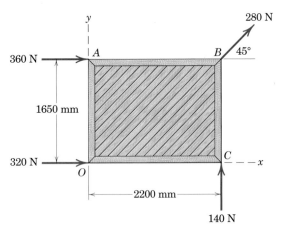

문제 2/79

2/80 그림과 같은 평형 위치에서 벨 크랭크에 작용하는 세 힘의 합력이 베어링 O를 지나간다. 수직력 **P**를 구하라. 결과가 각도 θ에 따라 변하는가?

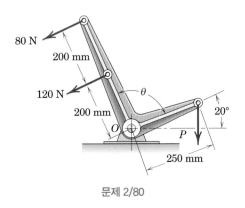

문제 2/80

2/81 고르지 못한 지형 조건으로 인하여 4륜구동자동차의 왼쪽 앞바퀴의 견인력이 손실되어 있다. 만약 그림과 같이 친구들이 E와 F지점에 표시된 힘으로 자동차를 미는 동안에 운전자가 다른 세 바퀴로 견인력을 만든다면, 이 힘들의 합력과 합력의 작용선이 x축, y축과 교차하는 점들의 위치를 구하라. 단, 자동차의 앞차축과 뒤차축의 바퀴 간격은 같다($\overline{AD}=\overline{BC}$). 2차원 문제로 취급하고 무게중심 G는 차량의 중심선에 위치함에 유의하라.

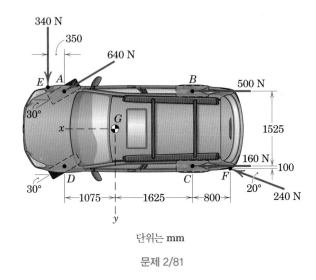

단위는 mm

문제 2/81

2/82 개당 추진력이 90 kN인 4개의 제트엔진을 갖는 여객기가 일정한 상태로 순항하다가 3번 엔진이 고장났다. 나머지 3개 엔진의 추진력 벡터들의 합력과 이 합력의 위치를 구하라. 이차원 문제로 취급하라.

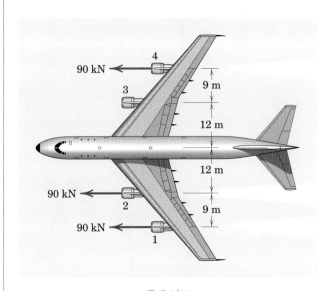

문제 2/82

2/83 기어세트에 작용하는 세 힘의 합력의 작용선이 통과하는 x축
과 y축상의 점의 위치를 구하라.

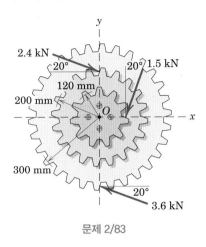

문제 2/83

2/84 그림의 비대칭 지붕 트러스는 태양 에너지를 위하여 남쪽을
향한 면 ABC에 비치는 햇빛의 입사각이 수직에 가까운 것이
바람직할 경우에 사용된다. 5개의 수직하중은 트러스와 지
지 지붕 자재의 무게의 영향을 나타낸다. 400 N 하중은 풍
압의 영향을 나타낸다. A에서의 등가 힘-우력계를 구하라.
또한, 이 힘-우력계를 단일 힘 $\mathbf{R}$로 나타날 때 $\mathbf{R}$의 작용선과
x축의 교차점을 계산하라.

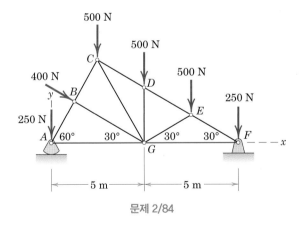

문제 2/84

2/85 그림과 같이 하중을 받는 트러스에 대하여 단일 합력 $\mathbf{R}$의 작
용선의 식을 구하라. 그리고 합력 $\mathbf{R}$의 작용선이 통과하는 x
축과 y축상의 점의 위치를 구하라. 모든 삼각형은 변의 길이
가 3–4–5이다.

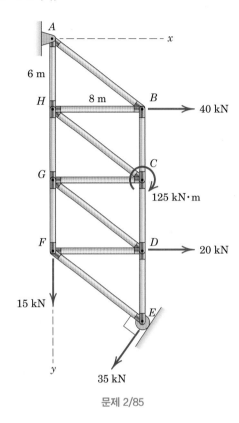

문제 2/85

2/86 그림과 같이 바퀴에 5개의 힘이 작용되고 있다. 만약 $F=5$ kN,
$\theta=30°$라면 단일 합력 $\mathbf{R}$의 작용선이 통과하는 y축상의 점
의 좌표를 구하라.

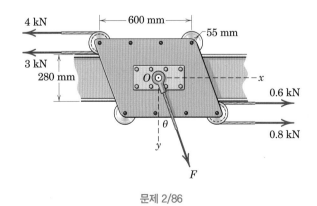

문제 2/86

2/87 설계 테스트의 일부로서, 캠축구동 톱니바퀴는 고정되어 있으며 톱니바퀴를 감싸는 벨트에 두 힘이 작용하고 있다. 이 두 힘의 합력을 구하라. 그리고 합력의 작용선이 통과하는 x축과 y축상의 점의 위치를 구하라.

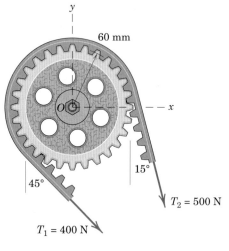

문제 2/87

2/88 그림은 픽업트럭의 배기계통을 나타낸다. 헤드파이프(headpipe), 머플러(muffler), 배기관(tailpipe)의 무게 W_h, W_m, W_t는 그림과 같이 각각 10, 100, 50 N으로 작용한다. 만약 점 A의 배기관 행거(hanger)의 장력 F_A가 50 N이 되도록 조정한다면, 점 O에서의 힘-우력계가 영(0)이 되도록 만들기 위해 점 B, C, D의 행거에 요구되는 힘을 구하라. 점 O에서의 힘-우력계가 왜 영(0)이 되는 것이 바람직한가?

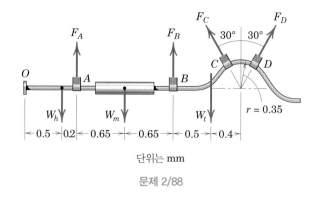

단위는 mm

문제 2/88

B편 3차원 힘계

2.7 직각성분

많은 역학 문제들은 3차원 해석을 필요로 하며, 종종 힘을 서로 직각인 3개의 성분으로 분해하는 것이 필요하다. 그림 2.16에서 점 O에 작용하는 힘 $\mathbf{F}$는 다음과 같은 직각성분 F_x, F_y, F_z를 갖는다.

$$
\begin{aligned}
F_x &= F \cos \theta_x & F &= \sqrt{F_x{}^2 + F_y{}^2 + F_z{}^2} \\
F_y &= F \cos \theta_y & \mathbf{F} &= F_x\mathbf{i} + F_y\mathbf{j} + F_z\mathbf{k} \\
F_z &= F \cos \theta_z & \mathbf{F} &= F(\mathbf{i} \cos \theta_x + \mathbf{j} \cos \theta_y + \mathbf{k} \cos \theta_z)
\end{aligned}
\tag{2.11}
$$

여기서 $\mathbf{i}$, $\mathbf{j}$, $\mathbf{k}$는 각각 x, y, z축 방향의 단위벡터이다. $l = \cos \theta_x$, $m = \cos \theta_y$, $n = \cos \theta_z$이고 $l^2 + m^2 + n^2 = 1$인 $\mathbf{F}$의 방향여현(direction cosine), 즉 l, m, n을 도입하면 이 힘을 다음과 같이 쓸 수 있다.

$$
\mathbf{F} = F(l\mathbf{i} + m\mathbf{j} + n\mathbf{k})
\tag{2.12}
$$

식 (2.12)의 우변을 $\mathbf{F}$의 크기 F와 단위벡터 $\mathbf{n}_F$($\mathbf{F}$의 방향)의 곱으로 나타내면 다음과 같이 쓸 수 있다.

$$
\mathbf{F} = F\mathbf{n}_F
\tag{2.12a}
$$

식 (2.12)와 (2.12a)로부터 $\mathbf{n}_F = l\mathbf{i} + m\mathbf{j} + n\mathbf{k}$임을 분명히 알 수 있으며, 단위벡터 $\mathbf{n}_F$의 스칼라성분들은 $\mathbf{F}$의 작용선의 방향여현들이다.

3차원 문제를 풀 때는 일반적으로 힘의 x, y, z 방향의 스칼라성분을 구해야만 한다. 대부분의 경우에서, 힘의 방향은 (a) 힘의 작용선상의 2개의 점, 혹은 (b) 힘의 작용선의 방향을 나타내는 2개의 각도로 설명한다.

(a) 힘의 작용선상의 2개의 점이 주어질 경우. 그림 2.17과 같이 점 A와 B의 좌표가 주어지면 힘 $\mathbf{F}$는 다음과 같이 쓸 수 있다.

$$
\mathbf{F} = F\mathbf{n}_F = F \frac{\vec{AB}}{AB} = F \frac{(x_2 - x_1)\mathbf{i} + (y_2 - y_1)\mathbf{j} + (z_2 - z_1)\mathbf{k}}{\sqrt{(x_2 - x_1)^2 + (y_2 - y_1)^2 + (z_2 - z_1)^2}}
$$

따라서 $\mathbf{F}$의 x, y, z 방향의 스칼라성분은 각각 단위벡터 $\mathbf{i}$, $\mathbf{j}$, $\mathbf{k}$의 스칼라 계수이다.

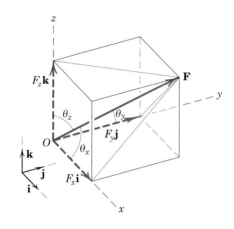

그림 2.16

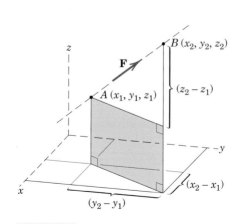

그림 2.17

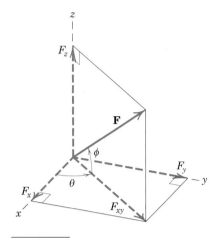

그림 2.18

(b) 힘의 작용선의 방향을 나타내는 2개의 각도가 주어질 경우. 그림 2.18과 같이 각도 θ와 ϕ가 주어져 있는 기하학적 형상을 생각하자. 먼저, **F**를 수평성분과 수직성분으로 분해한다.

$$F_{xy} = F \cos \phi$$
$$F_z = F \sin \phi$$

그다음, 다음과 같이 수평성분 F_{xy}를 x와 y 성분으로 분해한다.

$$F_x = F_{xy} \cos \theta = F \cos \phi \cos \theta$$
$$F_y = F_{xy} \sin \theta = F \cos \phi \sin \theta$$

이와 같이 하여 **F**의 스칼라성분 F_x, F_y, F_z를 결정했다.

편리하게 임의의 방향으로 좌표계를 선택한다. 그러나 벡터외적의 오른손법칙의 규약을 계속해서 사용하기 위해서는 3차원 문제의 좌표축 또한 일관성이 있어야 한다. 즉, x축에서 y축까지 90°로 회전할 때 오른손좌표계의 z축의 양(+)의 방향은 같은 방향으로 오른손나사를 돌릴 때 나사가 전진하는 방향이다.

벡터내적

힘 **F**의 직각성분은 벡터내적(부록 C의 C.7절의 6항을 보라)으로 알려진 벡터 연산을 이용하여 표현할 수 있다. 그림 2.19a의 두 벡터 **P**와 **Q**의 내적은 두 벡터 각각의 크기와 두 벡터 사이의 각도 α의 코사인을 곱한 것으로 정의되며 다음과 같이 쓸 수 있다.

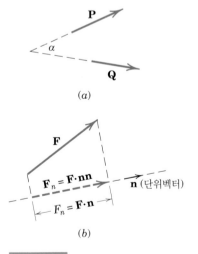

$$\mathbf{P} \cdot \mathbf{Q} = PQ \cos \alpha$$

이 벡터내적은 **Q** 방향에 대한 **P**의 직교정사영, 즉 $P \cos \alpha$에 Q를 곱한 것으로, 혹은 **P** 방향에 대한 **Q**의 직교정사영, 즉 $Q \cos \alpha$에 P를 곱한 것으로 볼 수 있다. 어느 경우이든 두 벡터의 내적은 스칼라양이다. 이와 같이, 예를 들어 그림 2.16에서 힘 **F**의 x방향 스칼라성분 $F_x = F \cos \theta_x$은 $F_x = \mathbf{F} \cdot \mathbf{i}$로 표현할 수 있으며, 여기서 **i**는 x방향의 단위벡터이다.

더 일반적인 항으로 나타내면, 그림 2.19b에서 주어진 방향의 단위벡터가 **n**이라면 **n**방향에 대한 **F**의 정사영의 크기는 $F_n = \mathbf{F} \cdot \mathbf{n}$이 된다. 만일 **n**방향으로의 정사영을 벡터형태로 표현하고 싶으면 스칼라성분 $\mathbf{F} \cdot \mathbf{n}$에 단위벡터 **n**을 곱하여 $\mathbf{F}_n = (\mathbf{F} \cdot \mathbf{n})\mathbf{n}$으로 표현한다. 이것은 $\mathbf{F}_n = \mathbf{F} \cdot \mathbf{nn}$으로 써도 무방한데, 그 이유는 **nn**은 정의될 수 없는 항이라서 $\mathbf{F} \cdot \mathbf{nn}$을 $\mathbf{F} \cdot (\mathbf{nn})$으로 오해할 수 없기 때문이다.

만일 **n**의 방향여현이 α, β, γ라면 다음과 같이 **n**을 벡터성분의 형태로 쓸 수 있다.

$$\mathbf{n} = \alpha\mathbf{i} + \beta\mathbf{j} + \gamma\mathbf{k}$$

이 경우에 **n**의 크기는 1이다. 만일 기준축 x, y, z에 관한 **F**의 방향여현이 l, m, n 이라면 **n**방향으로의 **F**의 정사영은 다음과 같이 된다.

$$F_n = \mathbf{F} \cdot \mathbf{n} = F(l\mathbf{i} + m\mathbf{j} + n\mathbf{k}) \cdot (\alpha\mathbf{i} + \beta\mathbf{j} + \gamma\mathbf{k})$$
$$= F(l\alpha + m\beta + n\gamma)$$

왜냐하면 다음 관계가 성립하기 때문이다.

$$\mathbf{i} \cdot \mathbf{i} = \mathbf{j} \cdot \mathbf{j} = \mathbf{k} \cdot \mathbf{k} = 1$$
$$\mathbf{i} \cdot \mathbf{j} = \mathbf{j} \cdot \mathbf{i} = \mathbf{i} \cdot \mathbf{k} = \mathbf{k} \cdot \mathbf{i} = \mathbf{j} \cdot \mathbf{k} = \mathbf{k} \cdot \mathbf{j} = 0$$

위의 두 식은 **i**, **j**, **k**가 단위벡터이고 서로 직교하기 때문에 성립한다.

두 벡터 사이의 각도

만일 힘 **F**와 단위벡터 **n** 사이의 각도가 θ라면 그때 벡터내적의 정의에 의해 $\mathbf{F} \cdot \mathbf{n} = Fn \cos\theta = F\cos\theta$가 된다. 여기서 $|\mathbf{n}| = n = 1$이다. 따라서 **F**와 **n** 사이의 각도는 다음과 같이 주어진다.

$$\theta = \cos^{-1}\frac{\mathbf{F} \cdot \mathbf{n}}{F} \tag{2.13}$$

일반적으로 두 벡터 **P**와 **Q** 사이의 각도는 다음과 같다.

$$\theta = \cos^{-1}\frac{\mathbf{P} \cdot \mathbf{Q}}{PQ} \tag{2.13a}$$

만일 힘 **F**의 방향이 단위벡터 **n** 방향의 선에 수직이라면 $\cos\theta = 0$이므로 $\mathbf{F} \cdot \mathbf{n} = 0$ 이 된다. 스칼라곱의 경우에는 $(A)(B) = 0$의 조건이 성립하면 A나 B 중 하나 또는 둘 다가 영(0)일 수 있는 반면에, $\mathbf{F} \cdot \mathbf{n} = 0$은 **F**나 **n** 중 하나가 영(0)이 되어야 한다는 의미가 아님에 주의해야 한다.

벡터내적의 관계는 서로 교차하는 벡터뿐만 아니라 서로 교차하지 않는 벡터에 대해서도 적용된다는 것을 알아야 한다. 그림 2.20과 같이 **P**′와 **P**는 자유벡터로 취급하면 서로 같으므로, 교차하지 않는 두 벡터 **P**와 **Q**의 벡터내적은 **Q**에 대한 **P**′의 정사영에 Q를 곱한 값, 즉 $P'Q\cos a = PQ\cos a$가 된다.

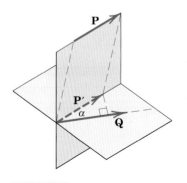

그림 2.20

예제 2.10

크기가 100 N인 힘 $\mathbf{F}$가 그림과 같이 x, y, z축의 원점 O에 작용하고 있다. $\mathbf{F}$의 작용선은 x, y, z 좌표가 각각 3 m, 4 m, 5 m인 점 A를 통과한다. 이때, (a) $\mathbf{F}$의 x, y, z 스칼라성분을 구하라. (b) x-y 평면에 대한 $\mathbf{F}$의 정사영 F_{xy}를 구하라. (c) 선 OB에 대한 $\mathbf{F}$의 정사영 F_{OB}를 구하라.

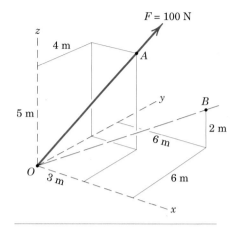

|풀이| (a) 먼저 힘벡터 $\mathbf{F}$를 크기 F와 단위벡터 $\mathbf{n}_{OA}$의 곱으로 표현하자.

$$\mathbf{F} = F\mathbf{n}_{OA} = F\frac{\overrightarrow{OA}}{OA} = 100\left[\frac{3\mathbf{i} + 4\mathbf{j} + 5\mathbf{k}}{\sqrt{3^2 + 4^2 + 5^2}}\right]$$

$$= 100[0.424\mathbf{i} + 0.566\mathbf{j} + 0.707\mathbf{k}]$$

$$= 42.4\mathbf{i} + 56.6\mathbf{j} + 70.7\mathbf{k} \text{ N}$$

따라서, 구하고자 하는 스칼라성분은 다음과 같다.

$$F_x = 42.4 \text{ N} \qquad F_y = 56.6 \text{ N} \qquad F_z = 70.7 \text{ N} \quad ①$$

(b) $\mathbf{F}$와 x-y 평면 사이의 각도 θ_{xy}의 코사인은

$$\cos\theta_{xy} = \frac{\sqrt{3^2 + 4^2}}{\sqrt{3^2 + 4^2 + 5^2}} = 0.707$$

이므로, $F_{xy} = F\cos\theta_{xy} = 100(0.707) = 70.7$ N이다.

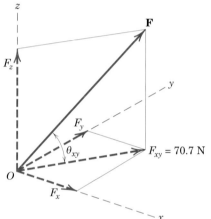

(c) OB 방향의 단위벡터 $\mathbf{n}_{OB}$는 다음과 같다.

$$\mathbf{n}_{OB} = \frac{\overrightarrow{OB}}{OB} = \frac{6\mathbf{i} + 6\mathbf{j} + 2\mathbf{k}}{\sqrt{6^2 + 6^2 + 2^2}} = 0.688\mathbf{i} + 0.688\mathbf{j} + 0.229\mathbf{k}$$

OB에 대한 $\mathbf{F}$의 스칼라 정사영은 다음과 같다.

$$F_{OB} = \mathbf{F}\cdot\mathbf{n}_{OB} = (42.4\mathbf{i} + 56.6\mathbf{j} + 70.7\mathbf{k})\cdot(0.688\mathbf{i} + 0.688\mathbf{j} + 0.229\mathbf{k}) \quad ②$$

$$= (42.4)(0.688) + (56.6)(0.688) + (70.7)(0.229)$$

$$= 84.4 \text{ N}$$

정사영을 벡터로 표현하려면 다음과 같이 쓸 수 있다.

$$\mathbf{F}_{OB} = \mathbf{F}\cdot\mathbf{n}_{OB}\mathbf{n}_{OB}$$

$$= 84.4(0.688\mathbf{i} + 0.688\mathbf{j} + 0.229\mathbf{k})$$

$$= 58.1\mathbf{i} + 58.1\mathbf{j} + 19.35\mathbf{k} \text{ N}$$

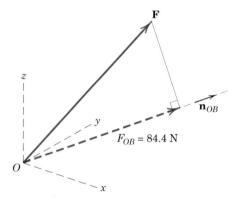

|도움말|

① 이 예제에서는 모든 스칼라성분들이 양 $(+)$이다. 방향여현이 음$(-)$인 경우(따라서 스칼라성분도 음)도 있을 수 있다.

② 보여진 바와 같이 벡터내적을 계산하면 선 OB에 대한 $\mathbf{F}$의 정사영 또는 스칼라성분을 자동으로 구할 수 있다.

연습문제

기초문제

2/89 **F**를 단위벡터 **i**, **j**, **k**의 항을 갖는 벡터로 표현하라. 또한, y축과 **F** 사이의 각도를 구하라.

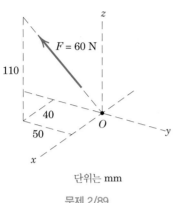

단위는 mm

문제 2/89

2/90 그림과 같이 70 m 높이의 극초단파 송신탑이 세 개의 케이블로 지지되어 안정되어 있다. 케이블 AB는 12 kN의 장력을 지탱한다. 점 B에 가해지는 힘을 벡터로 표현하라.

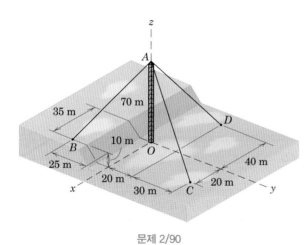

문제 2/90

2/91 힘 **F**를 단위벡터 **i**, **j**, **k**의 항으로 벡터로 나타내라. x–y 평면에 놓인 직선 OA에 대한 **F**의 정사영을 스칼라와 벡터로 각각 구하라.

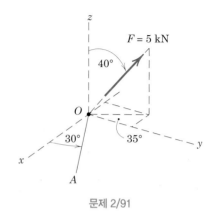

문제 2/91

2/92 크기가 900 N인 힘 **F**가 그림과 같이 평행육면체의 대각선을 따라서 작용한다. **F**를 그 크기와 적절한 단위벡터의 곱으로 표현하여, x, y, z 성분을 구하라.

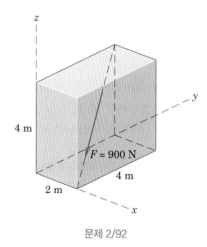

문제 2/92

2/93 만약 갠트리 크레인(gantry crane)의 호이스팅 케이블 (hoisting cable)의 장력이 $T=14$ kN이라면, **T** 방향의 단위 벡터 **n**을 구하고, **n**을 이용하여 **T**의 스칼라성분을 구하라. 점 B는 컨테이너 상부의 중앙에 위치한다.

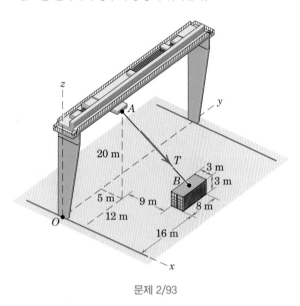

문제 2/93

2/94 케이블 AB의 장력이 2.4 kN이 될 때까지 턴버클(turnbuckle) 을 죈다. 부재 AD에 작용하는 힘인 장력 **T**를 벡터로 표현하 라. 또한, **T**의 선 AC에 대한 정사영의 크기를 구하라.

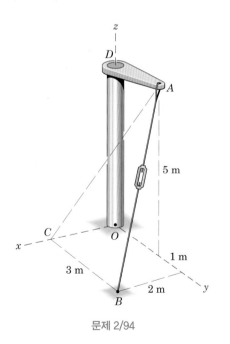

문제 2/94

2/95 케이블 AB에 장력 8 kN이 작용한다. 구조물의 점 A에 작용 하는 이 장력이 x, y, z축과 이루는 각도들을 구하라.

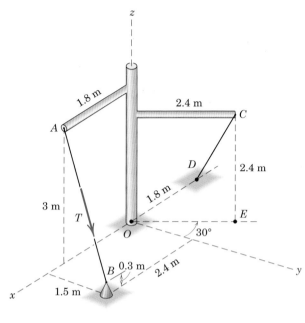

문제 2/95

심화문제

2/96 지지케이블 AB의 장력이 $T=425$ N이다. 다음과 같은 두 경 우에 대하여 이 장력을 벡터로 나타내라. 단, $\theta=30°$로 가정 하라.

   (a) 장력이 점 A에 작용할 경우

   (b) 장력이 점 B에 작용할 경우

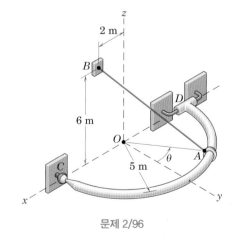

문제 2/96

2/97 D에서 C를 향하는 직선에 대한 힘 **F**의 정사영 F_{DC}를 구하라.

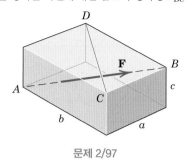

문제 2/97

2/98 케이블 CD의 장력은 $T=3$ kN이다. 선 CO에 대한 **T**의 정사영의 크기를 구하라.

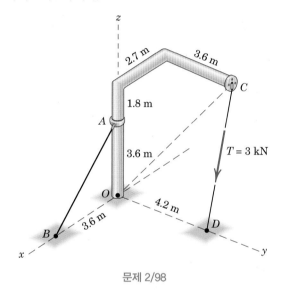

문제 2/98

2/99 문이 체인 AB에 의해 $30°$ 열린 위치에서 지지된다. 만일 체인의 장력이 100 N이면, 이 장력의 문의 대각선 축 CD에 대한 정사영을 구하라.

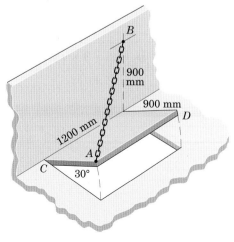

문제 2/99

2/100 200 N의 힘과 선 OC 사이의 각도 θ를 구하라.

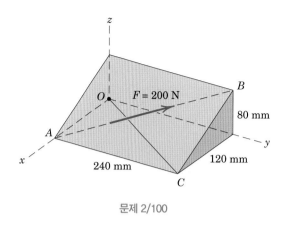

문제 2/100

2/101 압축을 받는 부재 AB가 크기가 325×500 mm인 직사각판을 받치고 있다. 만약 그림과 같은 위치에서 부재에 작용하는 압축력이 320 N이라면, 직사각판의 대각선 OC에 대한 이 힘(A점에 작용)의 정사영의 크기를 구하라.

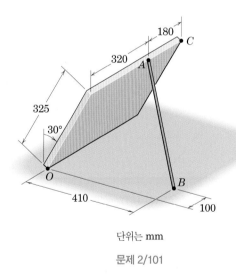

단위는 mm

문제 2/101

2/102 점 M은 평행육면체 아랫면의 중심에 위치한다. 선 BD에 대한 $\mathbf{F}$의 스칼라 정사영을 구하고, $d=b/2$, $d=5b/2$일 때를 평가하라.

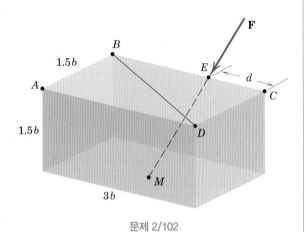

문제 2/102

2/103 만약 선 OA에 대한 $\mathbf{F}$의 스칼라 정사영이 0이라면, 선 OB에 대한 $\mathbf{F}$의 스칼라 정사영을 구하라. 단, $b=2$ m이다.

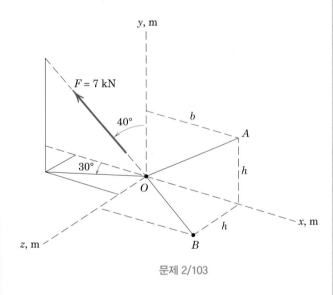

문제 2/103

2/104 직사각판은 옆면의 BC에 위치한 두 힌지와 케이블 AE에 의해 지지되어 있다. 만약 케이블의 장력이 300 N이라면, 케이블이 판에 가하는 힘의 선 BC에 대한 정사영을 구하라. 단, E는 지지구조물 상부의 수평 변의 중간에 위치한다.

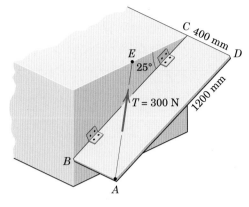

문제 2/104

▶ 2/105 힘 $\mathbf{F}$가 그림과 같이 구의 표면에 작용한다. 점 P의 위치는 각도 θ와 ϕ로 정의되고, 점 M은 선 ON의 중간에 위치한다. 주어진 x, y, z좌표를 사용하여 $\mathbf{F}$를 벡터 항으로 표현하라.

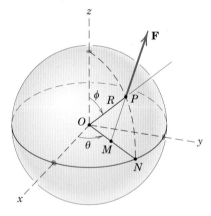

문제 2/105

▶ 2/106 사면체에 작용하는 힘 $\mathbf{F}$의 x, y, z 성분을 구하라. 단, a, b, c, F는 알고 있고 M은 변 AB의 중간에 위치한다.

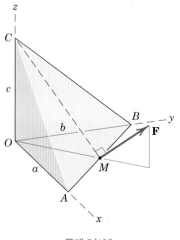

문제 2/106

2.8 모멘트와 우력

2차원 해석에서는 모멘트-팔 법칙(moment-arm rule)을 사용하여 스칼라곱으로 모멘트 크기를 결정하는 것이 일반적으로 더 편리하다. 그러나 3차원 해석에서는 점 혹은 선과 힘의 작용선 사이의 수직거리를 계산하는 것이 지루할 수 있다. 이러한 경우에는 벡터외적을 이용한 벡터접근법을 사용하면 편리하다.

3차원에서의 모멘트

물체에 작용하는 작용선이 그림 2.21a과 같이 주어진 힘 **F**와 그 작용선상에 있지 않은 임의의 점 O를 생각하자. 점 O와 **F**의 작용선은 평면 A상에 있다. 점 O를 지나면서 평면에 수직한 축에 대한 **F**의 모멘트는 크기가 $M_O = Fd$이다. 여기서 d는 O로부터 **F**의 작용선까지의 수직거리이다. 이 모멘트를 점 O에 대한 **F**의 모멘트라 한다.

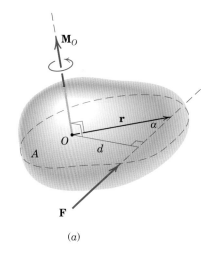

벡터 $\mathbf{M}_O$는 A 평면에 수직하고 점 O를 통과하는 축을 향한다. $\mathbf{M}_O$의 크기와 방향은 2.4절에서 소개된 벡터외적으로 설명할 수 있다(부록 C의 C.7절에 있는 7항을 참조하라). 벡터 **r**은 점 O로부터 **F**의 작용선상의 임의의 점까지를 잇는 위치벡터이다. 2.4절에서 기술했듯이 벡터 **r**과 **F**의 외적은 $\mathbf{r} \times \mathbf{F}$로 쓰며 크기는 $(r \sin \alpha)F$가 되는데, 이것은 $\mathbf{M}_O$의 크기인 Fd와 같다.

모멘트의 정확한 방향은 2.4절과 2.5절에서 언급한 오른손법칙으로 설명된다. 즉, 그림 2.21b와 같이 **r**과 **F**를 자유벡터로 취급하고, **r**에서 **F**로 각도 α를 따라 회전시키는 방향으로 오른손의 네 손가락을 거머쥔다면 엄지손가락은 $\mathbf{M}_O$의 방향을 가리킨다. 그러므로 점 O를 통과하는 축에 대한 **F**의 모멘트는 다음과 같이 쓸 수 있다.

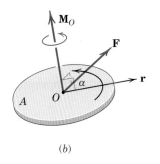

$$\mathbf{M}_O = \mathbf{r} \times \mathbf{F} \tag{2.14}$$

$\mathbf{F} \times \mathbf{r}$은 $\mathbf{M}_O$와 방향이 반대이므로, 즉 $\mathbf{F} \times \mathbf{r} = -\mathbf{M}_O$이므로, 반드시 $\mathbf{r} \times \mathbf{F}$의 순서를 지켜야 한다.

그림 2.21

벡터외적의 계산

$\mathbf{M}_O$에 대한 벡터외적의 표현은 다음과 같은 행렬식의 형태로 쓸 수 있다.

$$\mathbf{M}_O = \begin{vmatrix} \mathbf{i} & \mathbf{j} & \mathbf{k} \\ r_x & r_y & r_z \\ F_x & F_y & F_z \end{vmatrix} \tag{2.15}$$

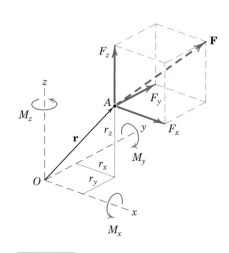

그림 2.22

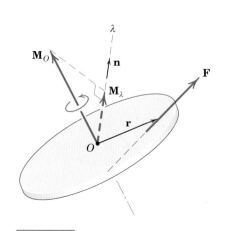

그림 2.23

(벡터외적의 행렬식 표현에 익숙하지 못한 학생은 부록 C의 C.7절에 있는 7항을 참조하라.) 항들의 대칭성과 순서에 주의해야 하며 **오른손 좌표계를** 사용해야만 한다. 위 행렬식을 전개하면 다음과 같이 된다.

$$\mathbf{M}_O = (r_y F_z - r_z F_y)\mathbf{i} + (r_z F_x - r_x F_z)\mathbf{j} + (r_x F_y - r_y F_x)\mathbf{k}$$

벡터외적의 관계식에 더 자신감을 갖기 위하여 그림 2.22에 표시된 바와 같이 힘에 의한 모멘트의 세 성분을 검토해보자. 이 그림에는 점 O로부터의 위치가 벡터 $\mathbf{r}$로 표시되는 점 A에 작용하는 힘 $\mathbf{F}$의 세 성분들이 표시되어 있다. 모멘트-팔 법칙을 사용하면, 이 세 성분의 힘이 점 O를 통과하는 양(+)의 x, y, z축에 대하여 만드는 모멘트의 스칼라 크기는 다음과 같이 얻을 수 있다.

$$M_x = r_y F_z - r_z F_y \qquad M_y = r_z F_x - r_x F_z \qquad M_z = r_x F_y - r_y F_x$$

이것은 벡터적 $\mathbf{r} \times \mathbf{F}$에 대한 행렬식을 전개한 것과 일치한다.

임의의 축에 대한 모멘트

이제, 그림 2.23에 나타낸 바와 같이 점 O를 통과하는 임의의 축 λ에 대한 $\mathbf{F}$의 모멘트 $\mathbf{M}_\lambda$를 구할 수 있다. 만일 λ방향의 단위벡터를 $\mathbf{n}$이라고 하면, 2.7절에서 설명된 바와 같이 벡터의 성분에 대한 내적을 사용하면 $\mathbf{M}_O \cdot \mathbf{n}$, 즉 $\mathbf{M}_O$의 λ방향 성분을 얻을 수 있다. 이 스칼라는 λ축에 대한 $\mathbf{F}$의 모멘트 $\mathbf{M}_\lambda$의 크기이다.

λ축에 관한 $\mathbf{F}$의 모멘트 $\mathbf{M}_\lambda$를 벡터로 표현하기 위하여, 위에서 구한 크기에 그 방향의 단위벡터 $\mathbf{n}$을 곱하면 다음과 같은 식을 얻는다.

$$\mathbf{M}_\lambda = (\mathbf{r} \times \mathbf{F} \cdot \mathbf{n})\mathbf{n} \tag{2.16}$$

여기서 $\mathbf{r} \times \mathbf{F}$는 $\mathbf{M}_O$를 대체한 것이다. $\mathbf{r} \times \mathbf{F} \cdot \mathbf{n}$을 3중스칼라곱(triple scalar product)이라 부른다(부록 C의 C.7절에 있는 8항을 참조하라). 벡터외적은 벡터와 스칼라의 곱의 형태를 갖지 않으므로, $\mathbf{r} \times (\mathbf{F} \cdot \mathbf{n})$은 아무런 의미가 없다. 그러므로 3중스칼라곱을 굳이 $(\mathbf{r} \times \mathbf{F}) \cdot \mathbf{n}$으로 쓸 필요는 없다.

3중스칼라곱은 다음과 같은 행렬식으로 표현할 수도 있다.

$$|\mathbf{M}_\lambda| = M_\lambda = \begin{vmatrix} r_x & r_y & r_z \\ F_x & F_y & F_z \\ \alpha & \beta & \gamma \end{vmatrix} \tag{2.17}$$

여기서 α, β, γ는 단위벡터 $\mathbf{n}$의 방향여현이다.

3차원에서의 Varignon 정리

2.4절에서 2차원에서의 Varignon 정리를 설명했다. 이 정리는 쉽게 3차원으로 확장할 수 있다. 그림 2.24는 힘들의 작용선이 한 점에서 교차하는 $\mathbf{F}_1, \mathbf{F}_2, \mathbf{F}_3, \cdots$의 공점력계를 나타내고 있다. 이 힘들의 점 O에 대한 모멘트를 합하면 다음과 같다.

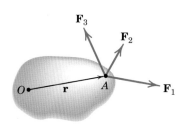

그림 2.24

$$\mathbf{r} \times \mathbf{F}_1 + \mathbf{r} \times \mathbf{F}_2 + \mathbf{r} \times \mathbf{F}_3 + \cdots = \mathbf{r} \times (\mathbf{F}_1 + \mathbf{F}_2 + \mathbf{F}_3 + \cdots)$$
$$= \mathbf{r} \times \Sigma \mathbf{F}$$

여기서 우리는 벡터외적에 대한 분배법칙을 사용했다. 위 식의 좌변의 모멘트 합을 기호 $\mathbf{M}_O$로 나타내면 다음과 같이 된다.

$$\mathbf{M}_O = \Sigma(\mathbf{r} \times \mathbf{F}) = \mathbf{r} \times \mathbf{R} \tag{2.18}$$

이 식은 공점력계의 힘들이 한 점에 대해 갖는 모멘트들을 합하면 그 힘들의 합력이 그 점에 대해 갖는 모멘트와 같다는 것을 나타낸다. 2.4절에서 언급했듯이 이 원리는 역학에서 많이 응용된다.

3차원에서의 우력

우력(couple)의 개념은 2.5절에서 소개하였으며 3차원에 대해서도 쉽게 확장할 수 있다. 그림 2.25는 크기가 같고 방향이 반대인 두 힘 $\mathbf{F}$와 $-\mathbf{F}$가 물체에 작용하는 것을 나타낸다. 벡터 $\mathbf{r}$은 $-\mathbf{F}$의 작용선상의 임의의 점 B에서 $\mathbf{F}$의 작용선상의 임의의 점 A를 향한다. 점 A와 B는 임의의 점 O로부터 위치벡터 $\mathbf{r}_A$와 $\mathbf{r}_B$에 있는 점이다. 두 힘의 점 O에 대한 모멘트를 합하면 다음과 같다.

$$\mathbf{M} = \mathbf{r}_A \times \mathbf{F} + \mathbf{r}_B \times (-\mathbf{F}) = (\mathbf{r}_A - \mathbf{r}_B) \times \mathbf{F}$$

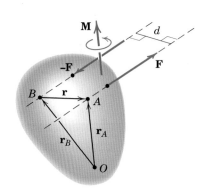

그림 2.25

여기서 $\mathbf{r}_A - \mathbf{r}_B = \mathbf{r}$이므로, 이 식에서 모멘트중심 O의 표기는 없어지고 우력모멘트는 다음과 같이 된다.

$$\mathbf{M} = \mathbf{r} \times \mathbf{F} \tag{2.19}$$

이와 같이 우력모멘트는 **모든 점**에 대하여 같다. 2.5절에서 설명했듯이 $\mathbf{M}$의 크기는 $M = Fd$이며, 여기서 d는 두 힘의 작용선들 사이의 수직거리이다.

　우력모멘트는 **자유벡터**인 반면에, 한 점에 대한 힘의 모멘트(그 점을 통과하는 미리 정의된 축에 대한 모멘트이기도 하다)는 그 점을 통과하는 축 방향을 갖는 미끄럼벡터이다. 2차원 문제에서와 같이, 우력은 순전히 두 힘이 놓인 평면에 수직한

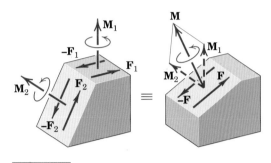

그림 2.26

축에 대해 물체를 회전시키려는 경향을 갖는다.

우력벡터는 벡터양을 지배하는 모든 법칙을 따른다. 그림 2.26에서 $\mathbf{F}_1$ 과 $-\mathbf{F}_1$에 의한 우력벡터 $\mathbf{M}_1$을 $\mathbf{F}_2$와 $-\mathbf{F}_2$에 의한 우력벡터 $\mathbf{M}_2$와 합하면 우력 $\mathbf{M}$이 되는데, 이것은 $\mathbf{F}$와 $-\mathbf{F}$에 의해서도 만들어질 수 있다.

2.5절에서 어떤 힘을 등가 힘-우력계로 대체할 수 있음을 배웠으며, 3차원에서도 그렇게 할 수 있다. 이 과정은 그림 2.27에 나타나 있는데, 강체의 점 A에 작용하는 힘 $\mathbf{F}$는 점 B에 작용하는 같은 힘 $\mathbf{F}$와 우력 $\mathbf{M}$ $=\mathbf{r}\times\mathbf{F}$로 대체된다. 크기가 같고 방향이 반대인 힘 $\mathbf{F}$와 $-\mathbf{F}$를 점 B에 추가하면 $-\mathbf{F}$와 원래의 힘 $\mathbf{F}$로 이루어진 우력을 얻는다. 이와 같이 우력벡터는 단지 원래의 힘이 옮겨지는 위치의 점에 대해 갖는 모멘트이다. 강조하건대, $\mathbf{r}$은 B로부터 A를 통과하는 원래의 힘의 작용선상의 임의의 점까지를 연결한 벡터이다.

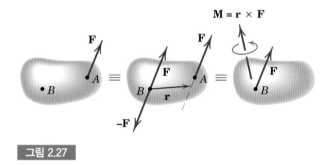

그림 2.27

이 사진에서 보면 Leonard P. Zakim Bunker Hill 다리에 있는 케이블계는 명백하게 3차원이다.

다른 방향에서 본 보스턴의 Zakim Bunker Hill 다리

예제 2.11

힘 **F**에 O점에 대한 모멘트를 (a) 그림을 검토하여, (b) 벡터외적의 공식 $\mathbf{M}_O = \mathbf{r} \times \mathbf{F}$를 사용하여 구하라.

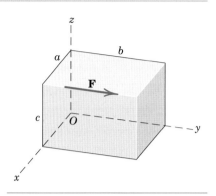

|풀이| (a) **F**가 y축에 평행하므로 y축에 대한 모멘트는 없다. x축으로부터 **F** 작용선까지의 모멘트 팔의 길이는 c이고, x축에 대한 **F**의 모멘트가 음이라는 것은 분명하다. 유사하게, z축으로부터 **F** 작용선까지의 모멘트 팔의 길이는 a이고, z축에 대한 **F**의 모멘트는 양이다. 따라서 다음과 같이 된다.

$$\mathbf{M}_O = -cF\mathbf{i} + aF\mathbf{k} = F(-c\mathbf{i} + a\mathbf{k}) \qquad \boxed{답}$$

(b) 공식을 사용하면 다음과 같이 된다.

$$\mathbf{M}_O = \mathbf{r} \times \mathbf{F} = (a\mathbf{i} + c\mathbf{k}) \times F\mathbf{j} = aF\mathbf{k} - cF\mathbf{i} \quad \textcircled{1}$$
$$= F(-c\mathbf{i} + a\mathbf{k}) \qquad \boxed{답}$$

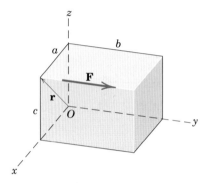

|도움말|

① 다시 강조하건대, **r**은 모멘트 중심에서 **F** 작용선을 향하는 위치벡터이다. 다른 위치벡터 $\mathbf{r} = a\mathbf{i} + b\mathbf{j} + c\mathbf{k}$를 사용해도 되지만 편리하지는 않다.

예제 2.12

케이블 AB의 장력이 2.4 kN이 되도록 턴버클이 조여져 있다. A점에 작용하는 케이블 힘에 의한 O점에서의 모멘트를 구하고, 이 모멘트의 크기를 구하라.

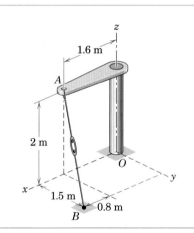

|풀이| 주어진 힘을 벡터로 표현하면 다음과 같다.

$$\mathbf{T} = T\mathbf{n}_{AB} = 2.4 \left[\frac{0.8\mathbf{i} + 1.5\mathbf{j} - 2\mathbf{k}}{\sqrt{0.8^2 + 1.5^2 + 2^2}} \right]$$
$$= 0.731\mathbf{i} + 1.371\mathbf{j} - 1.829\mathbf{k} \text{ kN}$$

이 힘의 O점에 대한 모멘트는 다음과 같다.

$$\mathbf{M}_O = \mathbf{r}_{OA} \times \mathbf{T} = (1.6\mathbf{i} + 2\mathbf{k}) \times (0.731\mathbf{i} + 1.371\mathbf{j} - 1.829\mathbf{k})$$
$$= -2.74\mathbf{i} + 4.39\mathbf{j} + 2.19\mathbf{k} \text{ kN·m} \quad \textcircled{1} \qquad \boxed{답}$$

이 벡터의 크기는 다음과 같다.

$$M_O = \sqrt{2.74^2 + 4.39^2 + 2.19^2} = 5.62 \text{ kN·m} \qquad \boxed{답}$$

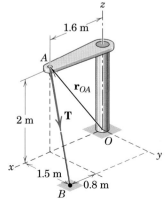

|도움말|

① 각 모멘트 성분들의 부호를 검토하라.

예제 2.13

강체 기둥의 꼭대기 점 A와 지면의 점 B를 연결하는 케이블에 크기 10 kN의 장력이 작용되고 있다. 기둥 바닥의 원점 O를 통과하는 z축에 대한 $\mathbf{T}$의 모멘트 M_z를 구하라.

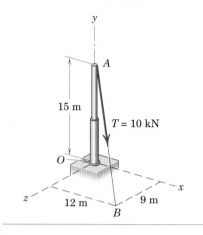

|풀이 (a)| 점 O에 대한 $\mathbf{T}$의 모멘트 $\mathbf{M}_O$의 z축 성분을 계산하면, 구하고자 하는 모멘트를 얻을 수 있다. 하단의 그림에 나타나 있듯이 벡터 $\mathbf{M}_O$는 $\mathbf{T}$와 점 O가 있는 평면에 수직이다. $\mathbf{M}_O$를 구하기 위해 식 (2.14)를 사용할 때, 벡터 $\mathbf{r}$은 O점으로부터 $\mathbf{T}$의 작용선상의 임의의 점까지의 벡터이다. ① 점 O로부터 점 A까지의 벡터, 즉 $\mathbf{r}=15\mathbf{j}$ m를 선택하는 것이 가장 간단하다. $\mathbf{T}$에 대한 벡터표현은 다음과 같다.

$$\mathbf{T} = T\mathbf{n}_{AB} = 10\left[\frac{12\mathbf{i} - 15\mathbf{j} + 9\mathbf{k}}{\sqrt{(12)^2 + (-15)^2 + (9)^2}}\right]$$

$$= 10(0.566\mathbf{i} - 0.707\mathbf{j} + 0.424\mathbf{k}) \text{ kN}$$

식 (2.14)로부터 다음과 같이 된다.

$$[\mathbf{M}_O = \mathbf{r} \times \mathbf{F}] \qquad \mathbf{M}_O = 15\mathbf{j} \times 10(0.566\mathbf{i} - 0.707\mathbf{j} + 0.424\mathbf{k})$$

$$= 150(-0.566\mathbf{k} + 0.424\mathbf{i}) \text{ kN·m}$$

구하고자 하는 모멘트 값 M_z는 $\mathbf{M}_O$의 z방향 스칼라성분, 즉 $M_z=\mathbf{M}_O \cdot \mathbf{k}$이다. 그러므로 다음과 같다.

$$M_z = 150(-0.566\mathbf{k} + 0.424\mathbf{i}) \cdot \mathbf{k} = -84.9 \text{ kN·m}$$

여기서 음($-$)의 부호는 벡터 $\mathbf{M}_z$가 음의 z축 방향임을 가리킨다. 벡터로 표현하면 모멘트는 $\mathbf{M}_z=-84.9\mathbf{k}$ kN·m이다. ②

|풀이 (b)| 크기가 T인 힘을 T_z 성분과 x-y평면 성분 T_{xy}로 분해한다. T_z는 z축과 평행하기 때문에 T_z의 z축에 대한 모멘트는 없다. 따라서 모멘트 M_z는 단지 T_{xy}에 기인되며, $M_z=T_{xy}d$이다. 여기서 d는 T_{xy}로부터 점 O까지의 수직거리이다. ③ T와 T_{xy} 사이의 각도의 코사인은 $\sqrt{15^2 + 12^2} / \sqrt{15^2 + 12^2 + 9^2} = 0.906$이다. 따라서 다음과 같이 된다.

$$T_{xy} = 10(0.906) = 9.06 \text{ kN}$$

모멘트 팔 d는 $\overline{OA}$에 T_{xy}와 OA 사이의 각도의 사인을 곱하면 된다. 즉,

$$d = 15\frac{12}{\sqrt{12^2 + 15^2}} = 9.37 \text{ m}$$

따라서 z축에 대한 $\mathbf{T}$의 모멘트는 다음과 같은 크기를 갖는다.

$$M_z = 9.06(9.37) = 84.9 \text{ kN·m}$$

그리고 방향은 x-y 평면에서 보았을 때 시계방향이다.

|풀이 (c)| 성분 T_{xy}를 그것의 성분 T_x와 T_y로 분해한다. T_y는 z축을 통과하기 때문에 T_y의 z축에 대한 모멘트가 없다. 그러므로 구해야 하는 모멘트는 단지 T_x로 인한 것뿐이다. x축에 관한 $\mathbf{T}$의 방향여현은 $12/\sqrt{9^2 + 12^2 + 15^2} = 0.566$ 이므로 $T_x=10(0.566)=$ 5.66 kN이다. 즉,

$$M_z = 5.66(15) = 84.9 \text{ kN·m}$$

|도움말|

① $\mathbf{r}$에 대해 O에서 B까지의 벡터를 사용하더라도 같은 결과를 얻을 수 있으나, 벡터 OA를 사용하는 것이 더 간단하다.

② 문제의 기하학적 형상이 분명하게 유지되도록 벡터를 스케치하면 벡터연산을 할 때 항상 도움이 된다.

③ x-y 평면을 스케치하고 d를 보여라.

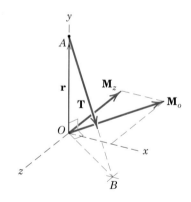

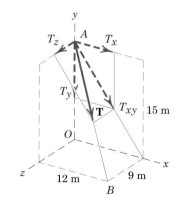

예제 2.14

그림에 주어진 두 쌍의 우력을 블록에 동일한 외부효과를 갖는 우력 **M**으로 대체하고, **M**의 크기와 방향을 구하라. 또한, 주어진 네 힘을 대체하면서 y-z 평면에 평행한 블록의 두 면 내에 작용하는 두 힘 **F**와 $-$**F**를 구하라. 단, 30 N의 힘은 y-z 평면에 평행하다.

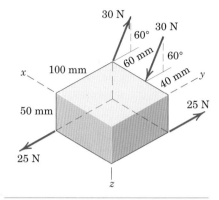

|**풀이**|　30 N의 힘으로 인한 우력은 $M_1=30(0.06)=1.80$ N·m의 크기를 갖는다. **M**$_1$의 방향은 두 힘이 놓인 평면에 수직이며, 그림에 표시된 방향은 오른손법칙에 의해 결정된다. 25 N의 힘으로 인한 우력은 크기가 $M_2=25(0.10)=2.50$ N·m이고, 방향은 그림에 표시된 바와 같다. 이 두 우력벡터를 합하면 다음과 같은 성분을 갖는다.

$$M_y = 1.80 \sin 60° = 1.559 \text{ N·m}$$
$$M_z = -2.50 + 1.80 \cos 60° = -1.600 \text{ N·m}$$

따라서
$$M = \sqrt{(1.559)^2 + (-1.600)^2} = 2.23 \text{ N·m} \quad ①$$

여기서
$$\theta = \tan^{-1}\frac{1.559}{1.600} = \tan^{-1} 0.974 = 44.3°$$

　힘 **F**와 $-$**F**는 우력 **M**에 수직한 평면 내에 있으며, 이들의 모멘트 팔은 그림에 나타나 있듯이 100 mm이다. 따라서 각 힘은 크기가

$[M = Fd]$ 　　　　　　　$$F = \frac{2.23}{0.10} = 22.3 \text{ N}$$

이고, 방향은 $\theta=44.3°$이다.

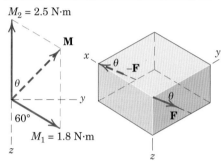

|**도움말**|

① 우력벡터는 자유벡터이므로 작용선이 유일하지 않다는 것을 명심하라.

예제 2.15

고정축 OB에 부착되어 있는 조종레버 핸들의 점 A에 400 N의 힘이 작용하고 있다. 이 힘이 축의 점 O와 같은 단면에 미치는 효과를 구하기 위하여, 이 힘을 점 O에서의 등가 힘과 우력으로 바꿀 수 있다. 우력을 벡터 **M**으로 나타내어라.

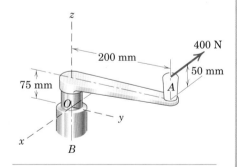

|**풀이**|　우력은 **M**$=$**r**$×$**F**와 같이 벡터로 나타낼 수 있다. 여기서 **r**$=\overrightarrow{OA}=0.2$**j**$+0.125$**k** m, **F**$=-400$**i**N이다. 따라서 다음과 같이 쓸 수 있다.

$$\mathbf{M} = (0.2\mathbf{j} + 0.125\mathbf{k}) \times (-400\mathbf{i}) = -50\mathbf{j} + 80\mathbf{k} \text{ N·m}$$

다음 방법으로, 400 N의 힘을 점 O를 통과하는 위치까지 거리 $d=\sqrt{0.125^2+0.2^2} = 0.236$ m 만큼 평행하게 움직이려면 크기가 다음과 같은 우력 **M**을 더해야 한다.

$$M = Fd = 400(0.236) = 94.3 \text{ N·m}$$

우력벡터는 힘이 이동한 평면에 수직하고, 주어진 힘의 점 O에 대한 모멘트와 방향이 같다. y-z 평면 내에서 **M**의 방향은 다음과 같이 주어진다.

$$\theta = \tan^{-1}\frac{125}{200} = 32.0°$$

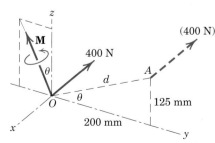

연습문제

기초문제

2/107 그림과 같이 세 힘이 직사각판에 수직하게 작용한다. 점 O에 대한 $\mathbf{F}_1$의 모멘트 $\mathbf{M}_1$, $\mathbf{F}_2$의 모멘트 $\mathbf{M}_2$, $\mathbf{F}_3$의 모멘트 $\mathbf{M}_3$을 각각 구하라.

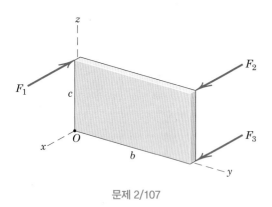

문제 2/107

2/108 힘 $\mathbf{F}$의 점 A에 대한 모멘트를 구하라.

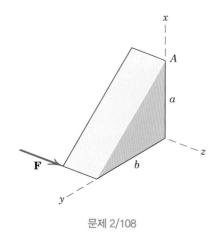

문제 2/108

2/109 점 O에 대한 $\mathbf{F}$의 모멘트, 점 A에 대한 $\mathbf{F}$의 모멘트, 선 OB에 대한 $\mathbf{F}$의 모멘트를 각각 구하라.

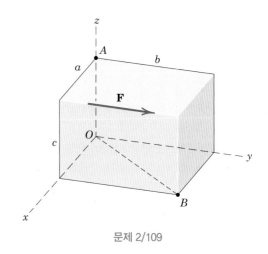

문제 2/109

2/110 24 N의 힘이 크랭크 조립체의 점 A에 작용하고 있다. 이 힘의 점 O에 대한 모멘트를 구하라.

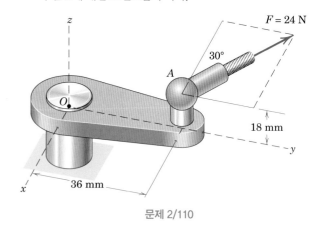

문제 2/110

2/111 강재 H-보가 그림과 같은 2개의 수직 하중을 지지하는 기둥 역할을 하도록 설계되었다. 이 두 힘을 기둥의 수직방향 중심선을 따라 작용하는 단일 등가 힘과 우력 $\mathbf{M}$으로 대체하라.

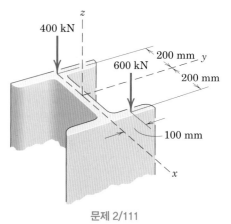

문제 2/111

2/112 T-형상의 구조물에 적용된 한 쌍의 400 N의 힘과 관련된 모멘트를 구하라.

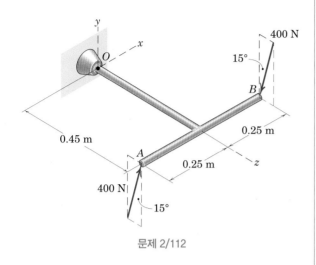

문제 2/112

2/113 케이블 *AB*의 장력이 1.2 kN이 될 때까지 턴버클을 죈다. 점 *A*에 작용하는 힘의 점 *O*에 대한 모멘트를 계산하라.

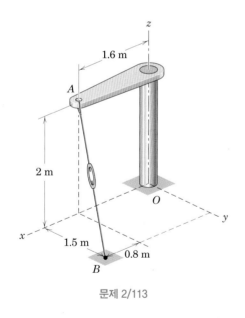

문제 2/113

2/114 문제 2/98의 계를 반복하여 다룬다. 케이블 *CD*의 장력은 $T=3$ kN이다. 점 *C*에 가해지는 케이블 힘의 점 *O*에 대한 모멘트를 구하라.

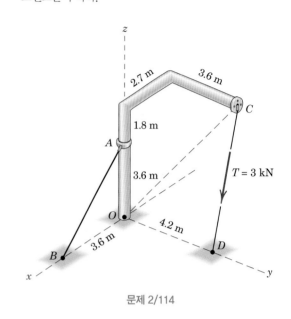

문제 2/114

2/115 파이프 렌치의 손잡이에 작용하는 두 가지 힘이 우력 **M**을 생성한다. 이 우력을 벡터로 표현하라.

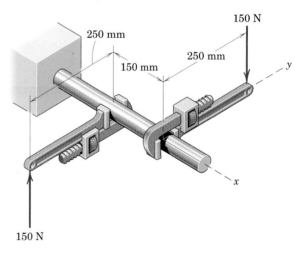

문제 2/115

2/116 문제 2/93의 갠트리 크레인을 반복하여 다룬다. 케이블 AB의 장력은 14 kN이다. 점 A에 작용하는 이 힘을 점 O에서의 등가 힘-우력계로 대체하라. 단, 점 B는 컨테이너 상부의 중앙에 위치한다.

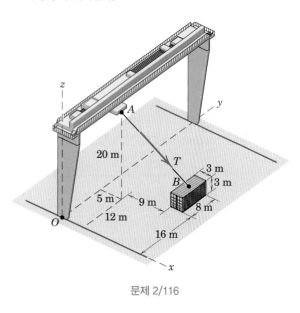

문제 2/116

2/117 1.2 kN 힘의 축 O-O에 대한 모멘트 $\mathbf{M}_O$의 크기를 계산하라.

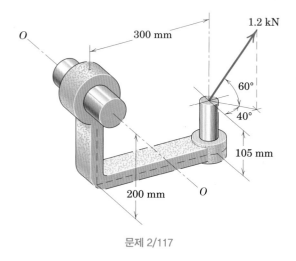

문제 2/117

심화문제

2/118 헬리콥터의 3차원 형상과 치수가 그림과 같다. 지상에서 시험하는 동안, 그림과 같이 공기역학적 힘 400 N을 꼬리 로터(tail rotor)의 점 P에 가하였다. 이 힘의 점 O에 대한 모멘트를 구하라.

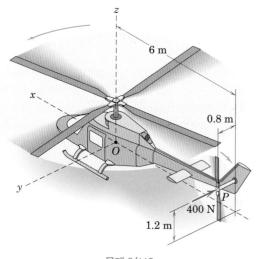

문제 2/118

2/119 문제 2/96의 계를 반복하여 다룬다. 지지 케이블 AB의 장력은 425 N이다. 이 힘이 점 A에 작용할 때, x축에 대한 모멘트의 크기를 구하라. 단, $\theta = 30°$이다.

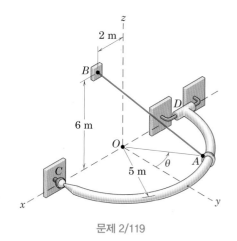

문제 2/119

2/120 그림의 구조물을 구성하는 원형 봉의 단위길이당 질량은 7 kg/m이다. 구조물의 무게의 O점에 대한 모멘트 $\mathbf{M}_O$를 구하라. 그리고 $\mathbf{M}_O$의 크기를 구하라.

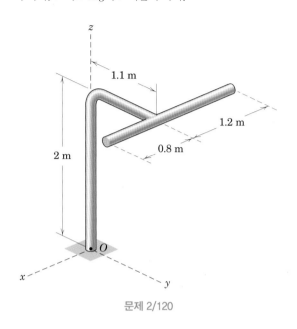

문제 2/120

2/121 회전하지 않는 위성에서 2개의 4 N 반동 추진 엔진(thruster)이 동시에 점화되었다. 이 우력과 관련된 모멘트를 계산하라. 그리고 위성이 어느 축에 관하여 회전을 시작할 것인지 설명하라.

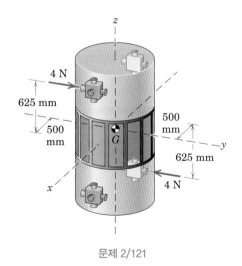

문제 2/121

2/122 각 힘이 갖는 모멘트를 (a) 점 A, (b) 점 B에 대해 구하라.

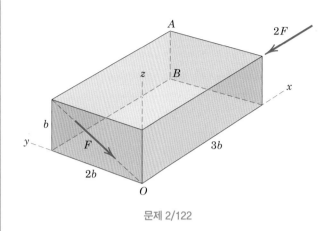

문제 2/122

2/123 우주 왕복선은 반동제어장치의 5개의 엔진으로 추진력을 얻는다. 4개의 추진력은 그림에 표시되어 있다. 다섯 번째는 우측 후방에서 위로 들어 올리는 850 N의 힘으로서, 그림에서 왼쪽 후방에 표시된 추진력 850 N과 대칭이다. 이 힘들의 G점에 대한 모멘트를 계산하라. 그리고 이 힘들이 모든 점에 대해서 같은 모멘트를 갖는다는 것을 보여라.

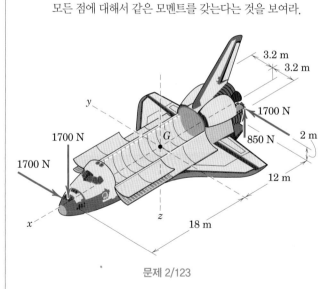

문제 2/123

2/124 그림에 나타낸 특수 렌치는 어떤 자동차 배관을 죄는 볼트에 접근할 수 있도록 설계되었다. 그림에서 볼 수 있듯이 렌치는 수직평면 내에 있고 손잡이의 A점에 수평방향으로 200 N의 힘을 가한다. 점 O에 있는 볼트에 가해지는 모멘트 $\mathbf{M}_O$를 계산하라. $\mathbf{M}_O$의 z 성분이 0이 되려면 거리 d는 얼마인가?

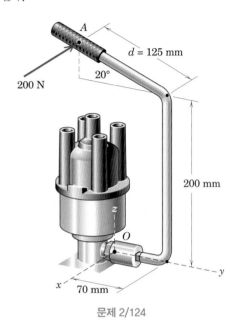

문제 2/124

2/125 3장의 평형에 대한 여러 원칙들을 사용하면 케이블 AB의 장력이 143.4 N임을 구할 수 있다. 점 A에 작용하는 이 장력의 x축에 대한 모멘트를 구하라. 구한 결과를 질량 15 kg인 균일 직사각판의 무게 W의 x축에 대한 모멘트와 비교하라. 점 A에 작용하는 장력의 직선 OB에 대한 모멘트를 구하라.

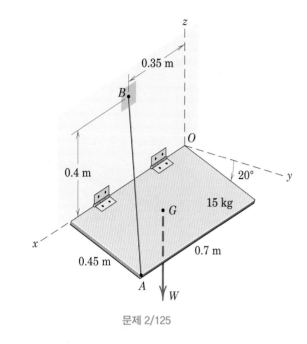

문제 2/125

2/126 만약 F_1=450 N이고 선 AB에 대한 두 힘의 모멘트의 크기가 30 N · m이라면, $\mathbf{F}_2$의 크기를 구하라. 단, a=200 mm, b=400 mm, c=500 mm이다.

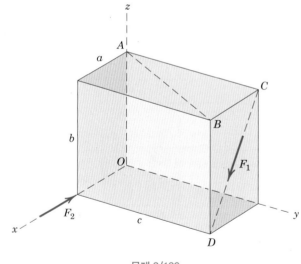

문제 2/126

2/127 창문개방장치에서 크랭크 BC가 수평일 때 손잡이에 5 N의 수직력을 가한다. 이 힘의 모멘트를 점 A와 선 AB에 대해 각각 구하라.

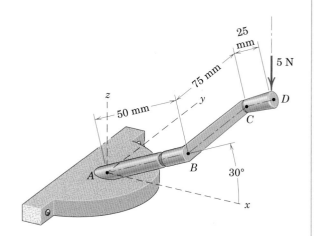

문제 2/127

2/128 특수 용도의 밀링커터(milling cutter)에 그림과 같이 1200 N 의 힘과 240 N·m의 우력이 가해지고 있다. 이 계의 모멘트를 점 O에 대해 구하라.

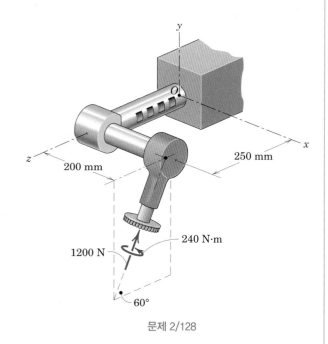

문제 2/128

2/129 그림과 같이 원뿔의 옆면에 힘 F가 작용하고 있다. 점 O에서의 등가 힘-우력계를 구하라.

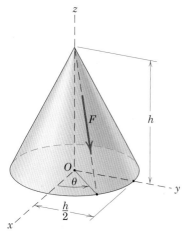

문제 2/129

*2/130 강성이 k이고 변형이 없을 때의 길이가 $1.5R$인 스프링이 원판의 점 B에 연결되어 있는데, 점 B는 원판의 중심 C로부터 반지름 방향으로 $0.75R$의 거리에 위치한다. 점 A에 작용하는 스프링의 장력을 고려하여, 원판이 한 바퀴 회전하는 동안($0 \le \theta \le 360°$) 스프링 장력이 점 O의 세 좌표축 각각에 대해 발생시키는 모멘트를 그림으로 그려라. 그리고 각각의 모멘트 성분의 크기가 최대가 될 때의 회전각도 θ와 최대 모멘트 크기를 구하라. 마지막으로, 점 O에 대한 전체 모멘트 크기가 최대가 될 때의 회전각도 θ와 전체 최대 모멘트 크기를 구하라.

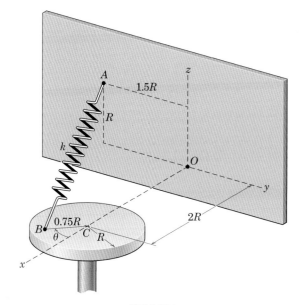

문제 2/130

2.9 합력

영국 런던의 Hungerford 다리에 인접한 두 Golden Jubilee 다리 중의 하나. 이 다리의 케이블들은 주탑에 3차원의 집중력 계를 가한다.

2.6절에서 정의한 바에 의하면, 합력은 힘이 작용하는 강체에 대한 외부효과를 변형시키지 않으면서 주어진 힘계를 대체할 수 있는 가장 간단한 힘의 합이다. 2차원 힘계에서 합력의 크기와 방향은 식 (2.9)의 힘의 벡터합에 의해 구하고, 합력의 작용선 위치는 식 (2.10)의 모멘트 원리를 적용하여 결정하였다. 이와 같은 원리를 3차원으로 확장할 수 있다.

앞 절에서, 한 힘은 그에 상응하는 우력을 더함으로써 어떤 위치까지 평행하게 이동시킬 수 있음을 보였다. 그림 2.28a에서 강체에 작용하는 힘 $\mathbf{F}_1$, $\mathbf{F}_2$, $\mathbf{F}_3$, …의 계에 대해 이 각각을 힘을 차례로 임의의 점 O까지 이동시킬 수 있는데, 물론 이 경우 해당하는 양만큼 우력을 도입해야 한다. 예를 들어 우력 $\mathbf{M}_1 = \mathbf{r}_1 \times \mathbf{F}_1$을 도입하면 힘 $\mathbf{F}_1$을 점 O로 이동시킬 수 있으며, 이때 $\mathbf{r}_1$은 점 O로부터 $\mathbf{F}_1$의 작용선상의 임의의 점까지의 위치벡터이다. 이러한 방법으로 모든 힘을 점 O까지 이동하면, 그림 2.28b와 같이 힘들의 작용선이 점 O에서 교차하는 공점력계와 우력벡터계를 얻을 수 있다. 그림 2.28c에 나타낸 바와 같이, 벡터연산으로 공점력을 합하면 합력 $\mathbf{R}$을 얻을 수 있으며, 우력들 또한 합하면 합우력 $\mathbf{M}$을 얻을 수 있다. 따라서 일반적인 힘계는 다음과 같이 간단하게 정리된다.

$$\mathbf{R} = \mathbf{F}_1 + \mathbf{F}_2 + \mathbf{F}_3 + \cdots = \Sigma \mathbf{F}$$
$$\mathbf{M} = \mathbf{M}_1 + \mathbf{M}_2 + \mathbf{M}_3 + \cdots = \Sigma(\mathbf{r} \times \mathbf{F})$$
$$(2.20)$$

그림에서 우력벡터는 점 O를 통과하는 것으로 보인다. 그러나 우력벡터는 자유벡터이므로 그와 평행한 어떠한 위치에도 표시할 수 있다. 합력과 합우력의 성분들은 다음과 같다.

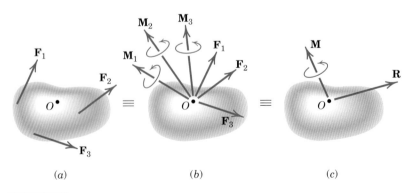

(a) (b) (c)

그림 2.28

$$R_x = \Sigma F_x \qquad R_y = \Sigma F_y \qquad R_z = \Sigma F_z$$
$$R = \sqrt{(\Sigma F_x)^2 + (\Sigma F_y)^2 + (\Sigma F_z)^2}$$
$$\mathbf{M}_x = \Sigma(\mathbf{r} \times \mathbf{F})_x \qquad \mathbf{M}_y = \Sigma(\mathbf{r} \times \mathbf{F})_y \qquad \mathbf{M}_z = \Sigma(\mathbf{r} \times \mathbf{F})_z \tag{2.21}$$
$$M = \sqrt{M_x^2 + M_y^2 + M_z^2}$$

힘들의 작용선이 만나는 공점 O는 임의로 선택할 수 있으므로, 점 O의 위치에 따라 $\mathbf{M}$의 크기와 방향이 다르게 된다. 그러나 어느 점을 선택하더라도 $\mathbf{R}$의 크기와 방향은 같게 된다.

일반적으로 어떠한 힘계도 그 계의 합력 $\mathbf{R}$과 합우력 $\mathbf{M}$으로 바꿀 수 있다. 대개 동역학에서는 질량중심을 기준점으로 선택한다. 물체의 직선운동이 변하는 것은 합력에 의해 결정되며, 물체의 각운동이 변하는 것은 합우력에 의해 결정된다. 정역학에서 물체의 완전한 **평형**은 합력 $\mathbf{R}$과 합우력 $\mathbf{M}$이 모두 영(0)일 때 이루어진다. 그러므로 정역학과 동역학 모두에서 합력과 합우력을 구하는 것이 반드시 필요하다.

이제 특별한 몇 가지 힘계에 대하여 합력과 합우력을 검토해보기로 하자.

공점력. 힘들이 한 점에서 교차하는 경우에는, 그 점에 대한 모멘트가 없으므로 식 (2.20)의 첫 번째 식만을 사용한다.

평행한 힘. 모두가 같은 평면 내에 있지는 않는 평행한 힘들의 경우에는, 합력 $\mathbf{R}$의 크기는 그 힘들의 대수합의 크기이다. 합력 $\mathbf{R}$의 작용선의 위치는 모멘트 원리를 이용하여 $\mathbf{r} \times \mathbf{R} = \mathbf{M}_O$가 되는 조건으로부터 얻는데, 이때 $\mathbf{r}$은 힘-우력의 기준점 O로부터 $\mathbf{R}$의 작용선까지의 위치벡터이며, $\mathbf{M}_O$는 각각의 힘들의 점 O에 대한 모멘트의 합이다. 평행한 힘계의 예는 예제 2.17을 참조하라.

동일한 평면 내의 힘. 이 힘계에 대하여 2.6절에서 이미 설명하였다.

렌치. 그림 2.29와 같이 합우력벡터 $\mathbf{M}$과 합력 $\mathbf{R}$이 평행할 때, 이 둘을 합한 것을 렌치(wrench)라고 한다. 렌치의 부호는 우력과 힘 벡터가 같은 방향이면 양(+), 반대 방향이면 음(−)이라 정의한다. 양의 렌치의 흔한 예는 오른손나사를 갖는 드라이버로 나사를 죌 때이다. 어떠한 일반적인 힘계도 특정한 작용선을 따라 작용하는 렌치로 나타낼 수 있다. 이 과정은 그림 2.30에 설명하였는데, 그림 2.30(a)는 일반적인 힘계에서 어떤 점 O에 작용하는 합력 $\mathbf{R}$과 이에 상응하는 합우력 $\mathbf{M}$을 나타낸다. 비록 우력 $\mathbf{M}$은 자유벡터이지만 편의상 점 O를 통과하는 것으로 표시하였다.

그림 2.30(b)는 $\mathbf{M}$을 $\mathbf{R}$방향의 성분 $\mathbf{M}_1$과 $\mathbf{R}$에 수직한 성분 $\mathbf{M}_2$로 분해한 것이다. 그림 2.30(c)에서는 원래의 힘 $\mathbf{R}$을 제거하기 위해 점 O에 $-\mathbf{R}$을 가하고 거리 $d = M_2/R$만큼 떨어진 곳에 $\mathbf{R}$을 가함으로써, 우력 $\mathbf{M}_2$를 두 등가힘 $\mathbf{R}$과 $-\mathbf{R}$로 대

양의 렌치

음의 렌치

그림 2.29

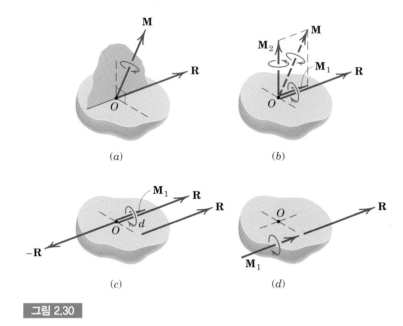

(a)

(b)

(c)

(d)

그림 2.30

체한 것이다. 이 단계를 거치면 그림 2.30(d)에 나타나 있듯이 새로운 특정한 작용선을 따라 작용하는 합력 **R** 및 그와 평행한 자유벡터 **M₁**이 남는다. 이러한 과정을 통하여, 원래 주어진 일반적인 힘계를 합하여 새로운 **R** 위치로 정의되는 특정한 축을 갖는 렌치[그림에서는 양(+)]로 변환하였다.

그림 2.30에서 볼 수 있듯이, 렌치의 축은 **R**과 **M**으로 정의된 평면에 수직이면서 점 O를 통과하는 평면 내에 놓여 있다. 렌치는 일반적인 힘계의 합을 가장 간단한 형태로 나타낸 것이다. 그러나 이러한 형태로 합을 나타내는 것은 제한적으로 응용된다. 그 이유는 일반적으로 물체의 질량중심점 또는 렌치축상에 있지 않는 좌표계의 원점 등과 같은 어떤 점 O를 기준점으로 사용하는 것이 더 편리하기 때문이다.

Mark A Paulda/Moment/Getty Images, Inc.

다른 방향에서 본 런던의 Golden Jubilee 다리

예제 2.16

직육면체 강체에 작용하는 힘-우력계의 합을 구하라.

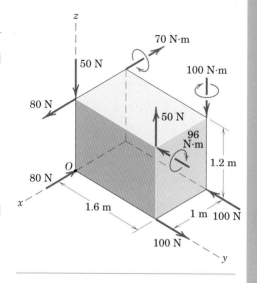

|**풀이**| 주어진 힘들을 힘-우력계로 간략화하기 위한 첫 번째 단계는 점 O를 편리한 기준점으로 선택하는 것이다. 합력은 다음과 같다.

$$\mathbf{R} = \Sigma\mathbf{F} = (80 - 80)\mathbf{i} + (100 - 100)\mathbf{j} + (50 - 50)\mathbf{k} = \mathbf{0} \text{ N} \quad ①$$

점 O에 대한 모멘트의 합은 다음과 같다.

$$\mathbf{M}_O = [50(1.6) - 70]\mathbf{i} + [80(1.2) - 96]\mathbf{j} + [100(1) - 100]\mathbf{k} \quad ②$$
$$= 10\mathbf{i} \text{ N} \cdot \text{m}$$

따라서 이 힘계의 합은 우력으로만 이루어지는데, 이 우력은 물체의 내부 또는 물체 밖어떠한 점에서도 작용할 수 있다.

|**도움말**|

① 합력이 0이므로, 힘계의 합은 우력이 된다.

② 힘의 쌍들과 관련된 모멘트는 $M = Fd$를 이용하고 단위벡터 방향을 검토하여 지정하면 쉽게 구할 수 있다. 많은 3차원 문제에서 이 방법이 $\mathbf{M} = \mathbf{r} \times \mathbf{F}$ 접근법보다 더 간단할 수도 있다.

예제 2.17

평판에 작용하는 평행력계의 합력을 구하라. 벡터 접근법으로 풀어라.

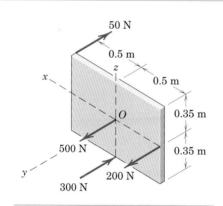

|**풀이**| 모든 힘들을 점 O로 옮기면 다음과 같은 힘-우력계가 된다.

$$\mathbf{R} = \Sigma\mathbf{F} = (200 + 500 - 300 - 50)\mathbf{j} = 350\mathbf{j} \text{ N}$$
$$\mathbf{M}_O = [50(0.35) - 300(0.35)]\mathbf{i} + [-50(0.50) - 200(0.50)]\mathbf{k}$$
$$= -87.5\mathbf{i} - 125\mathbf{k} \text{ N} \cdot \text{m}$$

위의 힘-우력계를 합력 $\mathbf{R}$만으로 나타낼 때, 합력 $\mathbf{R}$의 위치는 다음과 같이 벡터 형태의 모멘트 원리로부터 결정된다.

$$\mathbf{r} \times \mathbf{R} = \mathbf{M}_O$$
$$(x\mathbf{i} + y\mathbf{j} + z\mathbf{k}) \times 350\mathbf{j} = -87.5\mathbf{i} - 125\mathbf{k}$$
$$350x\mathbf{k} - 350z\mathbf{i} = -87.5\mathbf{i} - 125\mathbf{k}$$

위의 벡터식으로부터 다음의 두 스칼라식을 얻을 수 있다.

$$350x = -125 \text{ 이고,} \qquad -350z = -87.5 \text{ 이다.}$$

따라서 $x = -0.357$ m와 $z = 0.250$ m는 $\mathbf{R}$의 작용선이 통과하는 좌표이다. 물론 y값은 벡터의 전달성 원리에 의해 어떠한 값도 될 수 있다. 따라서 예상한 대로 위의 벡터해석에서 변수 y가 빠진다. ①

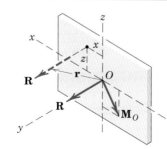

|**도움말**|

① 이 문제의 스칼라 답도 구해야 한다.

예제 2.18

두 힘과 음의 렌치를 점 A에 작용하는 단일 힘 $\mathbf{R}$과 그에 상응하는 우력 $\mathbf{M}$으로 대체하라.

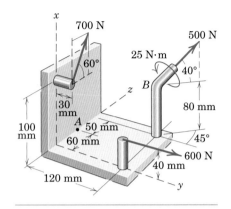

|풀이| 합력은 다음과 같은 성분을 갖는다.

$[R_x = \Sigma F_x]$ $R_x = 500 \sin 40° + 700 \sin 60° = 928$ N

$[R_y = \Sigma F_y]$ $R_y = 600 + 500 \cos 40° \cos 45° = 871$ N

$[R_z = \Sigma F_z]$ $R_z = 700 \cos 60° + 500 \cos 40° \sin 45° = 621$ N

따라서 $\mathbf{R} = 928\mathbf{i} + 871\mathbf{j} + 621\mathbf{k}$ N

그리고 $R = \sqrt{(928)^2 + (871)^2 + (621)^2} = 1416$ N

500 N의 힘을 이동시킨 결과로서 더해져야 될 우력은 다음과 같다.

$[\mathbf{M} = \mathbf{r} \times \mathbf{F}]$ $\mathbf{M}_{500} = (0.08\mathbf{i} + 0.12\mathbf{j} + 0.05\mathbf{k}) \times 500(\mathbf{i} \sin 40°$
$+ \mathbf{j} \cos 40° \cos 45° + \mathbf{k} \cos 40° \sin 45°)$ ①

여기서 $\mathbf{r}$은 점 A에서 B까지의 벡터이다.

전개하면 다음과 같다.

$$\mathbf{M}_{500} = 18.95\mathbf{i} - 5.59\mathbf{j} - 16.90\mathbf{k} \text{ N·m}$$

600 N 힘의 점 A에 대한 모멘트는 이 힘의 x성분과 z성분을 검토하면 다음과 같이 쓸 수 있다.   ②

$$\mathbf{M}_{600} = (600)(0.060)\mathbf{i} + (600)(0.040)\mathbf{k}$$
$$= 36.0\mathbf{i} + 24.0\mathbf{k} \text{ N·m}$$

700 N의 힘에 점 A에 대한 모멘트는 이 힘의 x성분과 z성분의 모멘트로부터 쉽게 구할 수 있다. 그 결과는 다음과 같다.

$$\mathbf{M}_{700} = (700 \cos 60°)(0.030)\mathbf{i} - [(700 \sin 60°)(0.060)$$
$$+ (700 \cos 60°)(0.100)]\mathbf{j} - (700 \sin 60°)(0.030)\mathbf{k}$$
$$= 10.5\mathbf{i} - 71.4\mathbf{j} - 18.19\mathbf{k} \text{ N·m}$$

또한 주어진 렌치의 우력은 다음과 같이 쓸 수 있다.   ③

$$\mathbf{M}' = 25.0(-\mathbf{i} \sin 40° - \mathbf{j} \cos 40° \cos 45° - \mathbf{k} \cos 40° \sin 45°)$$
$$= -16.07\mathbf{i} - 13.54\mathbf{j} - 13.54\mathbf{k} \text{ N·m}$$

따라서 4개의 모멘트 $\mathbf{M}$의 $\mathbf{i}, \mathbf{j}, \mathbf{k}$ 항들을 합하면 합우력은 다음과 같이 된다.

$$\mathbf{M} = 49.4\mathbf{i} - 90.5\mathbf{j} - 24.6\mathbf{k} \text{ N·m} \quad ④$$

그리고 $M = \sqrt{(49.4)^2 + (90.5)^2 + (24.6)^2} = 106.0$ N·m

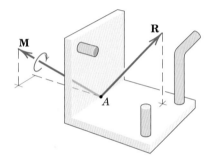

|도움말|

① 제안 : 스케치로부터 직접 500 N 힘의 성분들이 점 A에 대해 갖는 모멘트를 계산하여 벡터외적의 결과를 검증하라.

② 600 N과 700 N의 힘에 대해서는, 힘이 점 A를 지나는 좌표 방향에 대하여 만드는 모멘트 성분을 구하는 것이 벡터외적의 식을 사용하는 것보다 더 쉽다.

③ 렌치의 25 N · m 우력벡터는 500 N 힘과 방향이 반대이고, 이 우력벡터를 다른 우력벡터의 성분과 더하기 위하여 x, y, z성분으로 분해해야 한다.

④ 비록 스케치에서는 우력벡터의 합 $\mathbf{M}$이 A점을 통과하는 것으로 나타내었지만, 우리는 우력벡터가 자유벡터이고, 따라서 특정한 작용선을 갖지 않는다는 것을 알고 있다.

예제 2.19

브래킷에 작용하는 세 힘에 의한 렌치를 결정하라. 렌치의 합력이 통과하는 x-y 평면상의 점 P의 좌표를 계산하라. 또한 렌치의 우력 $\mathbf{M}$의 크기를 정하라.

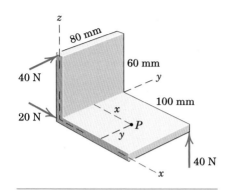

|풀이|　렌치가 양(+)이라고 가정하면, 렌치의 우력 $\mathbf{M}$의 방향여현은 합력 $\mathbf{R}$의 방향여현과 같아야 한다. ① 합력은 다음과 같다.

$$\mathbf{R} = 20\mathbf{i} + 40\mathbf{j} + 40\mathbf{k} \text{ N} \qquad R = \sqrt{(20)^2 + (40)^2 + (40)^2} = 60 \text{ N}$$

합력의 방향여현은 다음과 같다.

$$\cos\theta_x = 20/60 = 1/3 \qquad \cos\theta_y = 40/60 = 2/3 \qquad \cos\theta_z = 40/60 = 2/3$$

렌치 우력의 모멘트는 주어진 힘들이 $\mathbf{R}$이 통과하는 점 P에 대해 만드는 모멘트들의 합과 같아야 한다. 세 힘의 점 P에 대한 모멘트는 다음과 같다.

$$(\mathbf{M})_{R_x} = 20y\mathbf{k} \text{ N·mm}$$

$$(\mathbf{M})_{R_y} = -40(60)\mathbf{i} - 40x\mathbf{k} \text{ N·mm}$$

$$(\mathbf{M})_{R_z} = 40(80 - y)\mathbf{i} - 40(100 - x)\mathbf{j} \text{ N·mm}$$

모멘트 전체는 다음과 같다.

$$\mathbf{M} = (800 - 40y)\mathbf{i} + (-4000 + 40x)\mathbf{j} + (-40x + 20y)\mathbf{k} \text{ N·mm}$$

$\mathbf{M}$의 방향여현은 다음과 같다.

$$\cos\theta_x = (800 - 40y)/M$$

$$\cos\theta_y = (-4000 + 40x)/M$$

$$\cos\theta_z = (-40x + 20y)/M$$

여기서 M은 $\mathbf{M}$의 크기이다. $\mathbf{R}$과 $\mathbf{M}$의 방향여현이 같다고 놓으면 다음을 얻는다.

$$800 - 40y = \frac{M}{3}$$

$$-4000 + 40x = \frac{2M}{3}$$

$$-40x + 20y = \frac{2M}{3}$$

세 식을 풀면 다음을 구할 수 있다.

$$M = -2400 \text{ N·mm} \qquad x = 60 \text{ mm} \qquad y = 40 \text{ mm} \qquad \text{답}$$

M은 음(−)의 값을 갖는데 이것은 우력벡터의 방향이 $\mathbf{R}$과 반대임을 나타내고 있음을 의미하며, 이 렌치는 음의 렌치이다.

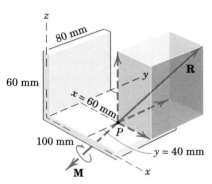

|도움말|

① 처음에는 렌치가 양(+)이라 가정한다. 만일 결과에서 $\mathbf{M}$이 음(−)이 되면 우력벡터의 방향은 합력의 방향과 반대이다.

연습문제

기초문제

2/131 점 O에 세 힘이 작용한다. 만약 합력 **R**의 y성분이 -5 kN, z성분이 6 kN이라면 F_3, θ, R을 구하라.

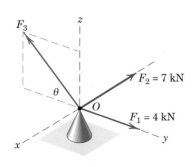

문제 2/131

2/132 탁자가 지면에 네 힘을 가한다. 이 힘계를 점 O에 작용하는 힘-우력계로 대체하라. **R**이 $\mathbf{M}_O$에 직각임을 보여라.

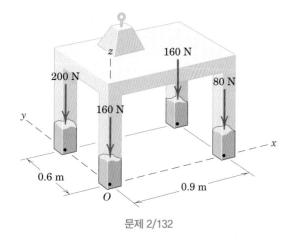

문제 2/132

2/133 이 얇은 직사각판이 그림과 같이 네 힘을 받는다. 점 O에 작용하는 힘-우력계를 구하라. **R**이 $\mathbf{M}_O$에 직각인가?

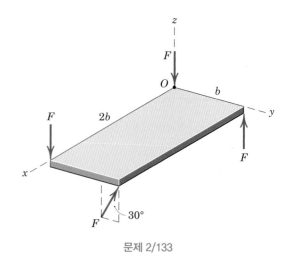

문제 2/133

2/134 유조선이 정박된 위치에서 떨어질 때, 스크루 A에서는 후방향추진력, 스크루 B에서는 전방향추진력, 선수추진기 C에서는 측방향추진력이 작용한다. 질량중심 G에서의 등가 힘-우력계를 구하라.

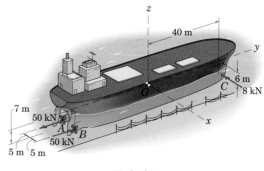

문제 2/134

2/135 평행한 힘들의 합력이 통과하는 점의 x, y 좌표를 구하라.

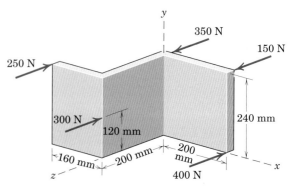

문제 2/135

심화문제

2/136 파이프 조립체에 작용하는 힘계의 합을 A점에 작용하는 단일 힘 **R**과 우력 **M**으로 나타내라.

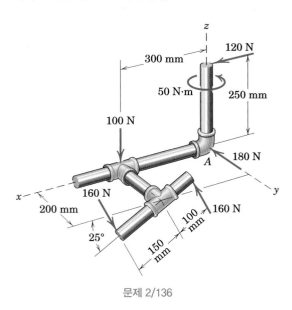

문제 2/136

2/137 축 AOB에 작용하는 두 힘과 등가인 O점에서의 힘-우력계를 구하라. **R**은 $\mathbf{M}_O$와 수직인지 확인하라.

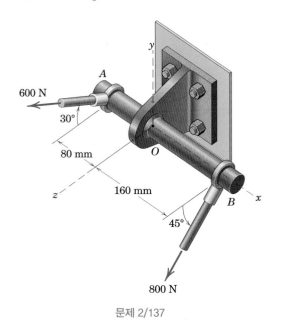

문제 2/137

2/138 그림과 같이 교량 트러스의 일부분이 여러 하중을 받는다. 이 하중들의 합력이 통과하는 x-z 평면 내 위치를 구하라.

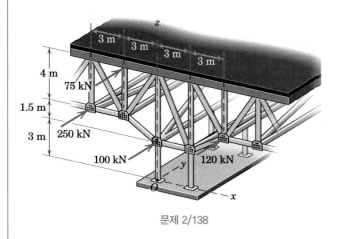

문제 2/138

2/139 풀리와 기어가 그림과 같은 하중을 받고 있다. 이 힘들에 대해 점 O에서의 등가 힘-우력계를 구하라.

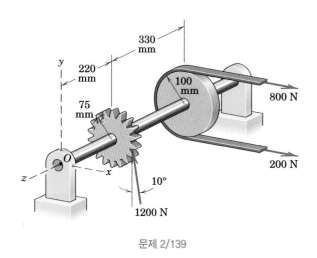

문제 2/139

2/140 문제 2/82의 상업용 여객기를 3차원 정보를 포함하여 다시 그렸다. 만일 엔진 3이 갑자기 꺼진다면 남은 세 엔진 추력(크기는 각각 90 kN) 벡터의 합력을 구하라. 이 합력의 작용선이 지나가는 점의 y와 z 좌표를 구하라. 이 정보는 엔진 파손이 발생할 때의 성능에 대한 설계기준으로 대단히 중요하다.

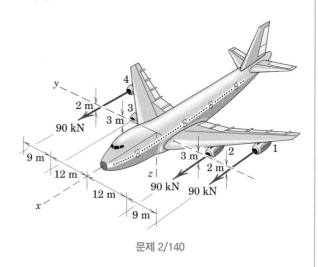

문제 2/140

2/141 직육면체에 작용하는 세 힘을 렌치로 대체하라. 이 렌치와 관련된 모멘트 M의 크기를 구하고, 렌치의 부호가 양인지 음인지 확인하라. 그리고 렌치의 작용선이 통과하는 평면 $ABCD$ 내의 점 P의 좌표를 구하라. 그림에 적절하게 렌치의 모멘트와 합력을 스케치하라.

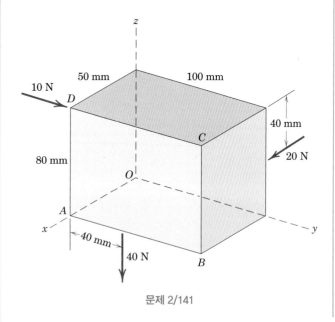

문제 2/141

2/142 절단기로 종이를 절단할 때 그림에 표시된 바와 같이 두 힘을 가하게 된다. 두 힘을 모서리 점 O에서의 등가 힘-우력계로 단순화하라. 그리고 두 힘의 합력이 통과하는 x–y 평면 내의 점 P의 좌표를 나타내라. 절단기 평면의 크기는 600 mm × 600 mm이다.

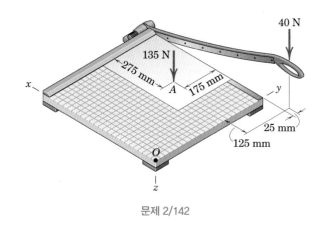

문제 2/142

2/143 지면이 엔진 기중기의 바퀴에 4개의 힘을 가한다. 힘들의 합력이 작용하는 x–y 평면 내의 위치를 구하라.

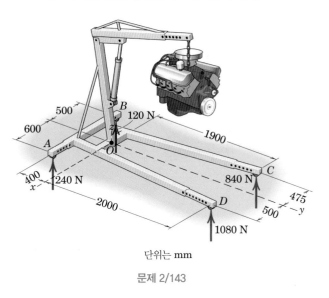

단위는 mm

문제 2/143

2/144 점 O에 중심이 있는 볼트를 죌 때 오른손으로 래칫(ratchet) 손잡이에 180 N의 힘을 가하고 있다. 거기다가 왼손은 그림과 같이 소켓으로 볼트머리를 감싸기 위해 90 N의 힘을 가하고 있다. 점 O에 작용하는 등가 힘-우력계를 구하라. 그리고 렌치의 합력의 작용선이 지나가는 x-y 평면상의 점을 구하라.

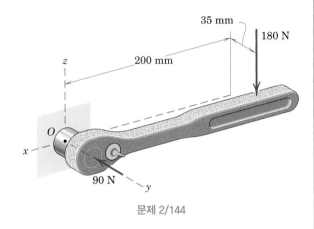

문제 2/144

2/145 견고한 파이프 프레임에 작용하는 두 힘과 하나의 우력을 점 O에서의 등가 합력 $\mathbf{R}$과 우력 $\mathbf{M}_O$로 대체하라.

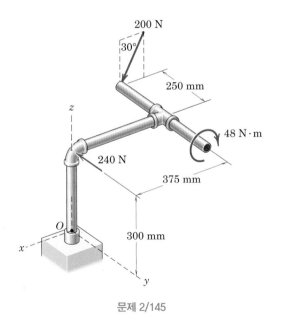

문제 2/145

2/146 기둥에 작용하는 두 힘을 렌치로 대체하라. 렌치와 관련된 모멘트 $\mathbf{M}$을 벡터로 표현하고, 렌치의 작용선이 통과하는 y-z 평면 내의 점 P의 좌표를 구하라.

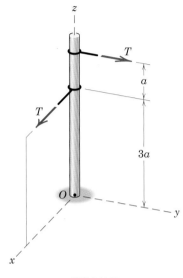

문제 2/146

2.10 이 장에 대한 복습

2장에서 우리는 힘, 모멘트, 우력의 성질과 이들의 효과를 나타내는 정확한 절차를 배웠다. 이후의 장들에서 평형을 공부하기 위해서 2장의 내용을 철저히 습득하는 것이 반드시 필요하다. 평형의 원리를 적용할 때 흔히 발생하는 실수는 2장의 절차를 정확하게 적용하지 못하여 발생한다. 따라서 학생들은 어려움에 처하면 이 장을 다시 참조하여 힘, 모멘트, 우력을 정확하게 나타내었는지 확인해야 한다.

힘

힘은 종종 벡터로 표현되며, 힘은 원하는 방향의 성분으로 분해하고 한 점에 작용하는 2개 이상의 힘, 즉 공점력을 합하여 그와 등가인 합력을 구할 수 있어야 한다. 구체적으로 다음을 할 수 있어야 한다.

1. 주어진 힘벡터를 원하는 방향의 성분으로 분해하고, 힘벡터를 주어진 축방향의 단위벡터들의 항으로 표현할 수 있다.
2. 힘의 크기와 작용선에 대한 정보가 주어지면 이 힘을 벡터로 표현할 수 있다. 작용선에 대한 정보는 작용선상의 두 점 또는 작용선의 방향을 나타내는 각도의 형태로 주어진다.
3. 벡터의 내적을 사용하여, 주어진 선에 대한 벡터의 정사영 성분과 두 벡터 사이의 각도를 계산할 수 있다.
4. 한 점에 작용하는 2개 이상의 힘, 즉 공점력의 합력을 계산할 수 있다.

모멘트

힘이 어떤 축에 대해서 물체를 회전시키려는 경향은 모멘트(또는 토크)라 하며, 이는 벡터양이다. 힘의 모멘트는 때때로 그 힘의 성분들의 모멘트를 더함으로써 쉽게 구할 수 있다. 모멘트 벡터를 사용할 때 다음을 할 수 있어야 한다.

1. 모멘트 팔의 원리를 사용하여 모멘트를 구할 수 있다.

2. 벡터외적을 사용하여 힘벡터와 힘벡터의 작용선을 가리키는 위치벡터의 항으로 모멘트벡터를 계산할 수 있다.
3. Varignon의 정리를 사용하여 스칼라 형태나 벡터 형태의 모멘트 계산을 쉽게 할 수 있다.
4. 3중스칼라곱을 이용하여 주어진 점을 통과하는 주어진 축에 대한 힘벡터의 모멘트를 계산할 수 있다.

우력

우력은 크기가 같고 방향이 반대이며 동일직선상에 있지 않은 두 힘에 의한 모멘트를 합한 것이다. 우력의 독특한 성질은 힘들의 위치에 상관없이 순수한 비틀림 또는 회전을 발생시키는 것이다. 우력은 어떤 점에 작용하는 힘을 다른 점에서의 힘-우력계로 대체할 때 유용하다. 우력에 관한 문제를 풀기 위해서 다음을 할 수 있어야 한다.

1. 만일 우력을 나타내는 두 힘과 두 힘 사이의 거리 또는 두 힘의 작용선을 가리키는 위치벡터가 주어지면, 우력의 모멘트를 계산할 수 있다.
2. 주어진 힘을 등가 힘-우력계로 대체할 수 있고, 거꾸로도 할 수 있다.

합력

임의의 힘과 우력으로 이루어진 계를 임의의 점에 작용하는 단일 합력과 그에 상응하는 합우력으로 간단하게 만들 수 있다. 나아가서 이 합력과 합우력을 합하면 특정한 작용선 방향의 단일 합력과 그와 평행한 우력벡터로 구성된 렌치를 만들 수 있다. 우력벡터와 그 방향의 단일합력으로 나타낼 수 있다는 것도 알았다. 합력에 관한 문제를 풀기 위해서 다음을 할 수 있어야 한다.

1. 동일평면 내에 놓인 힘계를 합한 결과가 힘이면, 그 합력의 크기, 방향, 작용선을 계산할 수 있다. 아니면 합우력의 모멘트를 계산할 수 있다.

2. 모멘트의 원리를 사용하여, 주어진 점에 대하여 동일평면 내에 놓인 힘계가 만드는 모멘트를 계산할 수 있다.

3. 주어진 일반적 힘계를 원하는 작용선 방향의 렌치로 대체할 수 있다.

평형

앞에서 배운 개념과 방법들을 사용하여 이후의 장들에서 평형을 공부하게 될 것이다. 평형의 개념을 요약하면 다음과 같다.

1. 합력이 0($\Sigma\mathbf{F}=\mathbf{0}$)일 때 물체는 **병진** 평형상태이다. 이것은 물체의 질량중심이 정지해 있거나 일정한 속도로 직선을 따라 움직인다는 것을 의미한다.

2. 물체에 대한 합우력이 0($\Sigma\mathbf{M}=\mathbf{0}$)이면 물체는 **회전** 평형상태이며, 물체는 회전운동을 하지 않거나 일정한 각속도로 회전한다.

3. 물체에 대한 합력과 합우력이 모두 0이면 물체는 **완전한** 평형상태이다.

복습문제

2/147 하중 L이 피벗 C에서 7 m 위치에 가해질 때, 케이블의 장력 $\mathbf{T}$의 크기가 9 kN이다. 단위벡터 $\mathbf{i}$와 $\mathbf{j}$를 사용하여 $\mathbf{T}$를 벡터로 표현하라.

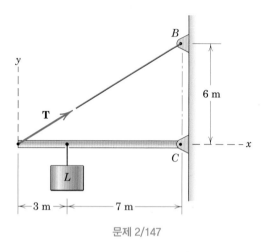

문제 2/147

2/148 그림과 같이 직사각판에 수직으로 세 힘이 작용하고 있다. 점 O에 대한 $\mathbf{F}_1$의 모멘트 $\mathbf{M}_1$, $\mathbf{F}_2$의 모멘트 $\mathbf{M}_2$, $\mathbf{F}_3$의 모멘트 $\mathbf{M}_3$를 구하라.

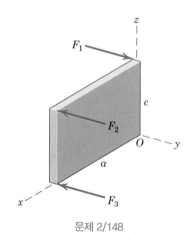

문제 2/148

2/149 봉의 나사산을 깎기 위하여 금형을 사용한다. 그림과 같이 2개의 60 N 힘을 가할 때 4개의 절삭면이 6 mm 봉에 4개의 힘 F를 가하며, 2개의 60 N 힘과 4개의 힘 F는 봉에 같은 외부효과를 갖는다. 힘 F의 크기를 구하라.

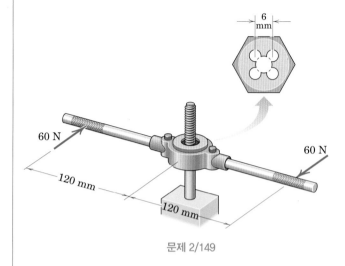

문제 2/149

2/150 선풍기의 날개가 그림과 같이 4 N의 추력 $\mathbf{T}$를 만든다. 뒤쪽 지지점 O에 대한 이 힘의 모멘트 M_O를 계산하라. 비교를 위해, O점에 대한 모터-날개 조립체 AB의 무게의 모멘트를 구하라. 단, 조립체 AB의 무게는 40 N이며 G점에 작용한다.

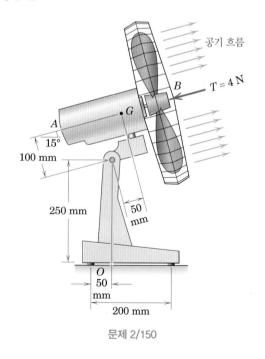

문제 2/150

2/151　점 A에 대한 힘 $\mathbf{P}$의 모멘트를 구하라.

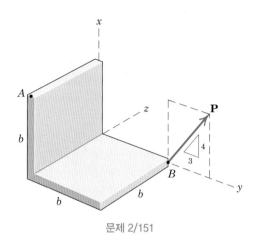

문제 2/151

2/152　그림에서 점선 화살표는 웜기어 감속기의 입력축 A와 출력축 B의 회전방향이다. 축 A에 회전방향으로 $80\ N \cdot m$의 입력 토크(우력)가 가해진다. 출력축 B는 이것이 구동하는 기계(그림에는 나타나지 않음)에 $320\ N \cdot m$의 토크를 공급한다. 구동되는 기계의 축은 이 감속기 출력축에 크기가 같고 방향이 반대인 반작용 토크를 가한다. 이 감속기에 작용하는 두 우력의 합 $\mathbf{M}$을 구하고, x축에 관한 $\mathbf{M}$의 방향여현을 계산하라.

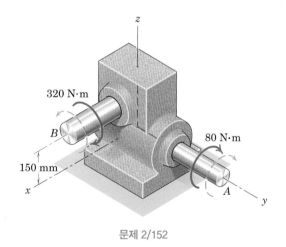

문제 2/152

2/153　제어레버는 축의 A점에서 $80\ N \cdot m$의 시계방향 우력이 가해질 때 손잡이를 $200\ N$의 힘으로 당기면 작동되도록 설계되어 있다. 만약 이 우력과 힘의 합력이 A를 통과한다면, 레버의 적절한 치수 x를 구하라.

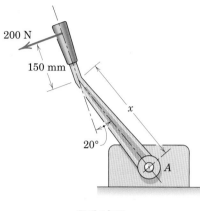

문제 2/153

2/154　로봇의 바닥점 O에 대한 $250\ N$ 힘의 모멘트 M_O를 계산하라.

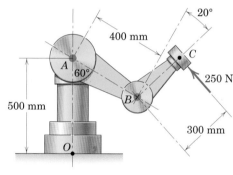

문제 2/154

2/155　그림과 같이 소형 로봇이 드릴링 작업을 하는 동안에 점 C에서 $800\ N$의 힘을 받게 된다. 이 힘을 점 O에서의 등가 힘-우력계로 대체하라.

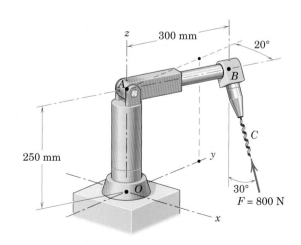

문제 2/155

2/156 그림과 같이 x-z 평면 내에서 경사진 축에 작용하는 두 힘과 한 우력의 합력을 구하라.

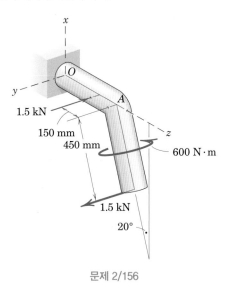

문제 2/156

2/157 막대기 OA가 그림과 같은 위치에 있을 때 케이블 AB에 3 kN의 장력이 작용한다.

(a) 그림에 표시된 좌표를 사용하여, 점 A의 작은 고리에 작용하는 장력을 벡터로 나타내라.

(b) 이 장력의 점 O에 대한 모멘트를 구하고 x, y, z축에 대한 모멘트를 구하라.

(c) 이 장력의 선 AO에 대한 정사영을 구하라.

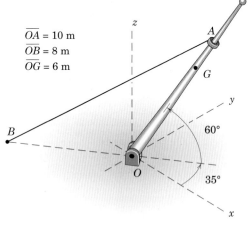

문제 2/157

2/158 기초의 점 O에 대한 세 힘의 작용은 O를 통과하는 합력을 구하여 얻을 수 있다. $\mathbf{R}$의 크기 및 그에 상응하는 우력 $\mathbf{M}$을 구하라.

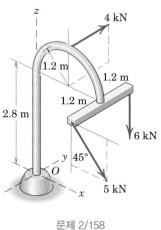

문제 2/158

*컴퓨터 응용문제

*2/159 그림과 같이 4개의 힘이 아이볼트에 작용된다. 만약 이 힘들이 볼트에 미치는 효과가 1200 N의 힘을 y축 방향으로 직접 당기는 것과 같으려면 T와 θ는 얼마가 되어야 하는가?

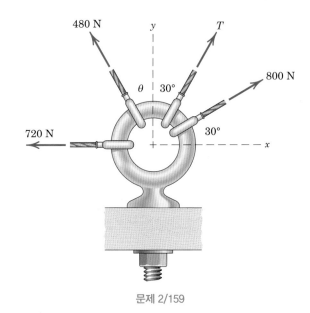

문제 2/159

*2/160 힘 **F**는 A에서 D를 향하여 작용한다. 점 D는 선 BC상에 위치하며 변수 s의 값에 따라 결정된다. 선 EF에 대한 힘 **F**의 정사영을 s의 함수로 나타내기로 하자. 특히, 크기 F에 대한 이 정사영의 크기의 비 n을 s/d의 함수로 나타낸 그래프를 그려라. 단, s/d의 범위는 0에서 $2\sqrt{2}$까지이다.

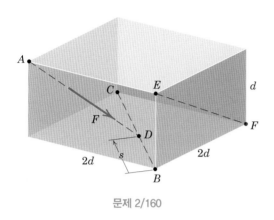

문제 2/160

*2/161 무게 1500 N의 원통형 물체 P를 잡고 있는 로봇의 팔은 회전축 O에서의 각도가 $-45 \le \theta \le 45°$ 범위에서 작동하고, 회전축 A에서의 각도는 120°로 고정되어 있다. 길이 L_1과 L_2는 각각 900 mm와 600 mm이다. 부품 P의 무게, 부재 OA의 600 N 무게(질량중심은 G_1), 부재 AB의 250 N 무게(질량중심은 G_2)가 함께 작용함으로써 점 O에서 발생하는 모멘트를 θ의 함수로 구하고 그래프를 그려라. 단, 끝단의 그립(grip) 무게는 부재 AB의 무게에 포함되어 있다. 또한, M_O가 최대가 되게 하는 θ값과 M_O의 최댓값을 구하라.

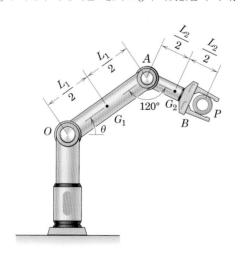

문제 2/161

*2/162 가벼운 정삼각형 프레임이 부착된 깃대를 들어 올리는 도중에 깃대가 그림과 같은 임의의 위치에 있다. 잡아당기는 케이블 AD에는 75 N의 장력이 일정하게 유지된다. $0 \le \theta \le 90°$의 범위에서 75 N의 힘이 회전축 O에 대하여 발생시키는 모멘트를 구하고 그래프를 그려라. 그리고 이 모멘트가 최대가 되게 하는 θ값과 M_O의 최댓값을 구하고, 모멘트가 최대가 되게 하는 θ값의 물리적 중요성에 대하여 설명하라. 단, D의 드럼의 지름이 미치는 영향은 무시하라.

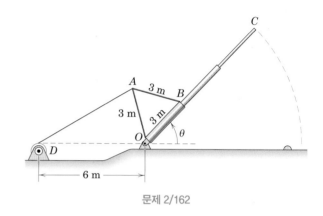

문제 2/162

*2/163 $0 \le \theta \le 360°$의 범위에 대하여 세 힘의 합력 **R**의 크기를 θ의 함수로 나타내고 그래프를 그려라. 그리고 세 힘의 합력의 크기 R이 (a) 최대, (b) 최소가 되게 하는 θ의 값을 구하라. 또한 각각의 경우에 대하여 합력의 크기 R을 구하라. 단, $\phi = 75°$, $\psi = 20°$이다.

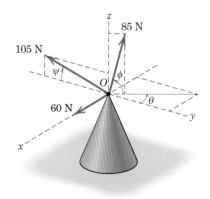

문제 2/163

*2/164 앞의 문제 2/163에 대하여 세 힘의 합력 **R**의 크기인 R이 (a) 최대, (b) 최소가 되게 하는 각도 θ와 ϕ의 조합을 구하라. 또한 각각의 경우에 대하여 합력의 크기 R을 구하고 θ와 ϕ 모두의 함수로서 R의 그래프를 그려라. 단, 각도 ψ는 20°로 고정되어 있다.

*2/165 스로틀제어용 레버 OA는 $0 \le \theta \le 90°$의 범위에서 회전한다. 내부의 비틀림 복원 스프링은 O점에 대해 가하는 복원모멘트는 $M=K(\theta+\pi/4)$인데, 여기서 $K=500$ N·mm/rad이고, θ의 단위는 라디안이다. 점 O에 대한 모멘트가 0이 되기 위해 요구되는 장력 T를 θ의 함수로 구하고 그래프를 그려라. $d=60$ mm, $d=160$ mm의 두 가지 경우에 대하여 상대적으로 어떠한 설계 장점이 있는지 설명하라. B의 풀리의 반지름이 미치는 영향은 무시하라.

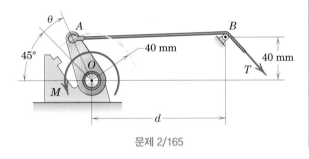

문제 2/165

*2/166 O점의 축에 부착된 모터가 $0 \le \theta \le 180°$의 범위에서 암 OA를 회전시킨다. 변형되지 않은 스프링 길이는 0.65 m이고, 이 스프링은 인장과 압축을 다 받을 수 있다. 만일 O점에 대한 모멘트의 합이 0이 되게 하려면 요구되는 모터 토크 M을 θ의 함수로 구하고 그래프를 그려라.

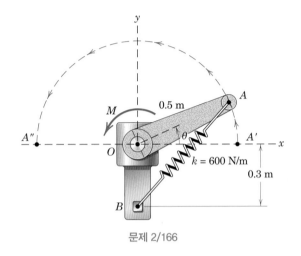

문제 2/166

평형

이 장의 구성

3.1 서론

A편 2차원 평형

3.2 계의 분리 및 자유물체도

3.3 평형조건

B편 3차원 평형

3.4 평형조건

3.5 이 장에 대한 복습

역학의 많은 응용에서, 한 물체에 작용하는 힘들의 합은 0 또는 거의 0이고 평형상태가 존재하도록 가정된다. 이 장치는 자동차 생산 과정 중 여러 방향의 많은 범위에 대해 차체를 평형상태로 유지하기 위해 설계된다. 비록 움직임이 있다 해도, 그 가속도는 아주 미미하며 느리고 안정적이다. 그래서 평형의 가정은 기구를 설계하는 동안 정당화된다.

3.1 서론

정역학에서 주로 다루는 것은 공학적 구조물의 평형상태를 유지하기 위한 힘의 상태에 대한 필요충분조건을 제시하는 것이다. 따라서 평형에 관한 이 장은 정역학에서 가장 중요한 부분을 구성하며, 이 장에서 다루는 과정들은 정역학 및 동역학적 문제를 해결하는 데 있어서 기초를 이룬다. 평형원리를 적용할 때는, 2장에서 다루었던 힘, 모멘트, 우력(couple) 그리고 합력의 개념을 계속해서 사용할 것이다.

물체가 평형상태에 있을 때, 물체에 작용하는 **모든** 힘의 합력은 0이다. 따라서 합력 **R**과 합우력(resultant couple) **M**은 모두 0이고, 다음과 같은 평형방정식을 가진다.

$$\mathbf{R} = \Sigma \mathbf{F} = \mathbf{0} \qquad \mathbf{M} = \Sigma \mathbf{M} = \mathbf{0} \qquad (3.1)$$

이러한 조건은 평형을 이루기 위한 필요충분조건이다.

모든 물리적 물체들은 3차원이지만, 힘이 단일평면에 작용하거나 단일평면으로 투영될 수 있는 경우는 2차원으로 다루어질 수 있다. 이러한 단순화가 가능하지 않은 경우, 그 문제는 3차원으로 다루어져야 한다. 여기서는 2장에서 사용된 순서에 따르며, 이후 A편에서는 2차원 힘계를 받는 물체의 평형에 대해서, B편에서는 3차원 힘계를 받는 물체의 평형에 대해서 다루기로 한다.

A편 2차원 평형

3.2 계의 분리 및 자유물체도

식 (3.1)을 적용하기 전에, 해석하고자 하는 특정 물체 또는 역학계를 명확히 정의해야 하며, 그 물체에 작용하는 모든 힘을 명백하고도 완전하게 나타내어야 한다. 해석대상 문제에서 물체에 작용하는 힘을 빠뜨리거나, 작용하지 않는 힘을 포함시키는 것은 잘못된 결과를 가져온다.

역학계는 모든 다른 물체로부터 개념적으로 분리될 수 있는 하나의 물체 또는 군(group)으로 정의된다. 임의의 한 계(system)는 단일 물체일 수도 있고 또는 연결된 물체들의 조합이 될 수도 있다. 이때 물체는 강체이거나 비강체일 수 있다. 그 시스템은 액체나 가스 같은 동일한 유체 질량이거나 또는 유체와 고체의 조합일 수도 있다. 정역학에서는 평형상태에 있는 유체에 작용하는 힘도 연구하지만, 주로 정지상태에 있는 강체에 작용하는 힘을 연구한다.

일단 특정물체 또는 물체의 조합을 해석대상으로 결정하면, 이러한 물체 또는 물체의 조합은 모든 주위의 물체로부터 **분리된**(isolated) 단일물체로 취급한다. 이러한 분리는 분리된 시스템을 단일물체로 고려하여 도식적으로 나타낸 **자유물체도**(free body diagram)를 통해 이루어진다. 자유물체도는 제거될 다른 물체와의 역학적 접촉에 의해 작용하는 모든 힘을 표현한다. 만약 중력이나 자기력 같은 체력(body force)이 무시할 수 없을 정도로 큰 경우에는 이 힘들도 반드시 자유물체도에 나타내어야 한다. 이러한 자유물체도가 정확히 그려진 후에야 평형방정식을 도출할 수 있다. 이러한 자유물체도의 중요성 때문에 다시 다음과 같이 강조할 수 있다.

자유물체도는 역학적 문제 해결에서 가장 중요한 단 하나의 단계이다.

자유물체도를 그리기 전에, 먼저 작용하는 힘의 기본 특성을 인식해야 한다. 이러한 힘의 기본적인 특성은 2.2절에서 힘의 벡터적 성질에 중점을 두어 자세히 설명하였다. 이때 힘은 직접적인 접촉이나 혹은 원격 작용으로도 가해질 수 있으며, 또한 힘은 고려 중인 물체에 대해 내적 또는 외적으로 작용할 수 있다. 또한 힘이 작용하는 경우에는 반드시 반작용의 힘이 수반되며, 이러한 가해진 힘 및 반작용은 집중력이거나 분포력일 수도 있다. 힘의 전달성의 원리(principle of transmissibility)는 강체에 대한 외부효과가 고려되는 경우에 한해서 힘을 미끄럼 벡터로서 취급할 수 있음을 보여준다.

우리는 이러한 힘의 특성들을 바탕으로 분리된 역학적 시스템의 개념적 모델을 개발하는 데 사용할 것이다. 이러한 개발된 모델들은 우리에게 적절한 평형방정식을 세울 수 있도록 하여, 그 방정식들이 해석될 수 있도록 한다.

힘의 작용에 관한 모델링

그림 3.1은 2차원 해석을 위한 역학계에서의 힘의 작용에 대한 일반적인 형태를
보여준다. 각각의 예는 제거된 물체에 의해, 분리된 물체 위에 가해진 힘을 나타낸
다. 뉴턴의 제3법칙에 의해 모든 작용에 대하여 크기는 같고 방향은 반대인 반작
용의 존재를 주의 깊게 관찰해야 한다. 주어진 물체에 다른 부재를 접촉하거나 지
지하는 경우에 가해지는 힘은, 부재를 제거하였을 경우에 발생되는 물체의 움직임
을 방해하는 방향으로 항상 작용한다.

그림 3.1의 예 1에서는 유연한 케이블, 벨트, 로프 또는 체인이 부착된 물체에

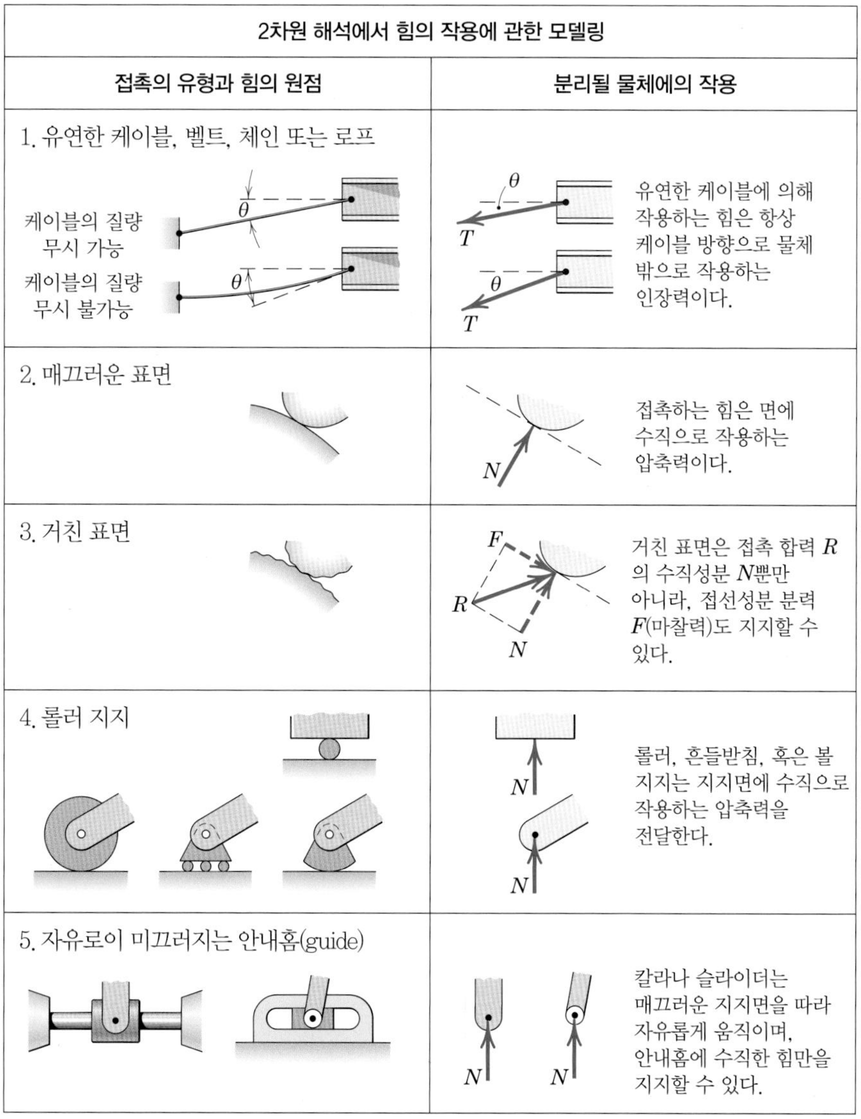

2차원 해석에서 힘의 작용에 관한 모델링	
접촉의 유형과 힘의 원점	**분리될 물체에의 작용**
1. 유연한 케이블, 벨트, 체인 또는 로프 케이블의 질량 무시 가능 케이블의 질량 무시 불가능	유연한 케이블에 의해 작용하는 힘은 항상 케이블 방향으로 물체 밖으로 작용하는 인장력이다.
2. 매끄러운 표면	접촉하는 힘은 면에 수직으로 작용하는 압축력이다.
3. 거친 표면	거친 표면은 접촉 합력 R 의 수직성분 N뿐만 아니라, 접선성분 분력 F(마찰력)도 지지할 수 있다.
4. 롤러 지지	롤러, 흔들받침, 혹은 볼 지지는 지지면에 수직으로 작용하는 압축력을 전달한다.
5. 자유로이 미끄러지는 안내홈(guide)	칼나나 슬라이더는 매끄러운 지지면을 따라 자유롭게 움직이며, 안내홈에 수직인 힘만을 지지할 수 있다.

그림 3.1

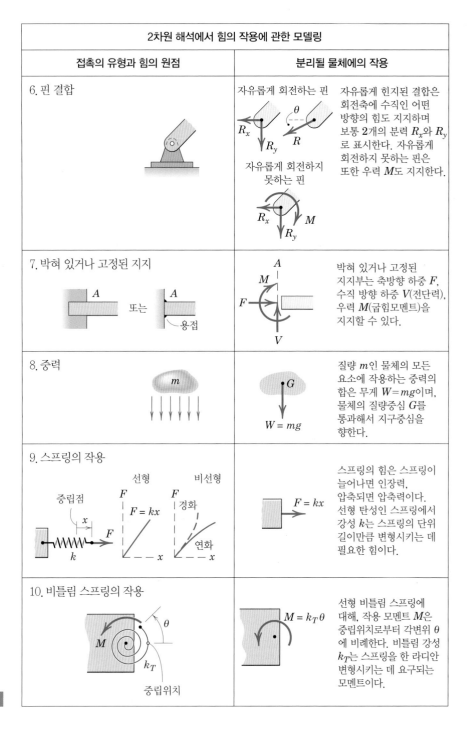

2차원 해석에서 힘의 작용에 관한 모델링	
접촉의 유형과 힘의 원점	분리될 물체에의 작용
6. 핀 결합	자유롭게 회전하는 핀 / 자유롭게 힌지된 결합은 회전축에 수직인 어떤 방향의 힘도 지지하며 보통 2개의 분력 R_x와 R_y로 표시한다. 자유롭게 회전하지 못하는 핀은 또한 우력 M도 지지한다. / 자유롭게 회전하지 못하는 핀
7. 박혀 있거나 고정된 지지	박혀 있거나 고정된 지지부는 축방향 하중 F, 수직 방향 하중 V(전단력), 우력 M(굽힘모멘트)을 지지할 수 있다.
8. 중력	질량 m인 물체의 모든 요소에 작용하는 중력의 합은 무게 $W = mg$이며, 물체의 질량중심 G를 통과해서 지구중심을 향한다.
9. 스프링의 작용	스프링의 힘은 스프링이 늘어나면 인장력, 압축되면 압축력이다. 선형 탄성인 스프링에서 강성 k는 스프링의 단위 길이만큼 변형시키는 데 필요한 힘이다. / $F = kx$
10. 비틀림 스프링의 작용	선형 비틀림 스프링에 대해, 작용 모멘트 M은 중립위치로부터 각변위 θ에 비례한다. 비틀림 강성 k_T는 스프링을 한 라디안 변형시키는 데 요구되는 모멘트이다. / $M = k_T \theta$

그림 3.1 (계속)

대한 힘의 작용을 나타내었다. 로프나 케이블은 유연성 때문에 굽힘, 전단 및 압축에 대한 저항이 없으므로, 오직 부착점에서 케이블의 접선방향으로의 인장력만 작용한다. 케이블에 의해 부착된 물체에 가해지는 힘은 항상 물체로부터 멀어지는 방향으로만 작용한다. 케이블의 무게에 비해 장력 T가 비교적 클 경우 케이블이 직선을 이룬다고 고려할 수 있다. 그러나 케이블의 무게가 장력에 비해 무시할 수 없을 정도로 큰 경우에는 케이블의 처짐은 중요하다. 이때 케이블의 장력은 길이에 따라 그 크기와 방향이 변하게 된다.

예 2에서와 같이 표면이 매끄러운 두 물체가 접촉할 경우, 한 물체에서 다른 물체에 가해지는 힘은 접촉면에 대해 수직한 방향의 압축력으로 작용한다. 실제로 표면이 완전하게 매끄럽지 않은 경우라도 실용적인 목적을 위해 많은 경우에 있어 이러한 가정을 하는 것은 타당하다.

예 3과 같이 두 물체의 접촉면이 거친 경우, 접촉력은 반드시 표면의 접선방향에 대하여 수직하지 않다. 이 경우 접촉력은 **접선성분**(tangential component) 혹은 **마찰성분**(frictional component) F와 **수직성분**(normal component) N으로 분해될 수 있다.

예 4는 접선방향의 마찰력을 효율적으로 제거할 수 있는 역학적인 지지의 여러 형태를 도시한 것이며, 이때의 순수한 반작용력은 지지면에 대하여 수직이다.

예 5는 지지하고 있는 물체에 대한 매끄러운 안내홈(guide)의 작용을 보여준다. 이때 안내홈과 평형한 방향의 어떤 저항력도 존재하지 않는다.

예 6은 핀 결합의 작용을 설명한 것이다. 이러한 결합은 핀의 축에 대하여 수직으로 작용하는 어떠한 방향의 힘도 지지할 수 있다. 일반적으로 이 작용은 두 직각방향 성분으로 표현한다. 실제 문제에서 이 직각좌표 성분들의 정확한 방향은 요소가 하중을 어떻게 받고 있는지에 달려 있다. 처음에 힘의 방향을 알 수 없을 때는 임의로 방향을 가정하고 평형방정식을 도출한다. 이때 평형방정식의 계산 결과 값의 부호가 양(+)이면 가정한 힘의 방향이 적절하다는 것을 가리키고, 음(−)이면 처음 정해 놓은 방향과 반대 방향임을 나타낸다.

결합부가 핀에 대해 자유롭게 회전할 수 있는 경우에는 그 결합부는 힘 R만 지지한다. 만일 그 결합부가 핀에 대해 자유롭게 회전하지 못한다면 힘 R뿐만 아니라 저항 우력 M도 지지한다. 그림에서 우력 M의 방향은 임의로 표시한 것이나, 실제 문제에서는 요소가 어떻게 하중을 받고 있는지에 따라 결정된다.

예 7은 지지물에 박혀 있거나 혹은 고정되어 있는 가는 봉이나 보의 단면 전체에 작용하는, 다소 복잡한 하중들의 합력을 보여준다. 마찬가지로 반력 F, V 그리고 굽힘우력 M의 방향은 주어진 문제에서 하중이 어떻게 작용하는지에 따라 결정된다.

가장 공통적인 힘들 중 하나로 예 8에서 보인 중력이 있다. 이 힘은 물체의 모든 질량요소에 영향을 주며, 따라서 그 요소 전체에 분포하여 작용한다. 모든 요소의 중력합은 그 물체의 무게인 $W = mg$이다. 이 힘은 질량중심 G를 통과하여 작용하며 지구에 부착된 모든 구조물에 있어서는 지구의 중심 방향을 향한다. 질량중심 G의 위치는 특히 대칭인 경우와 같이 보통 물체의 기하학적 형상으로부터 쉽게 구해질 수 있으나, 그 위치를 쉽게 구할 수 없는 경우에는 계산이나 실험에 의해 결

Friedrich Stark / Alamy Stock Photo

제3장 첫 시작하는 사진 속 장치와 함께 고려되는 다른 형태의 카-리프트 장치

정해야 한다.

유사한 것으로는 자기력이나 자기력의 원격작용을 들 수 있다. 원격으로 작용하는 이런 힘들은, 이 힘들과 크기와 방향이 같은 힘을 직접 접촉으로 강체의 외부에 가하는 것과 동일한 효과를 낸다.

예 9에서는 선형 탄성 스프링과 경화 혹은 연화 특성을 갖는 비선형 스프링의 작용을 설명한다. 인장이나 압축을 받을 때 선형 스프링이 가하는 힘은 $F=kx$로 구해지며, 여기서 k는 스프링의 강성(stiffness), x는 중립 혹은 변형되지 않은 위치로부터 측정된 스프링의 변위이다.

예제 10에서는 비틀림(또는 태엽장치) 스프링의 작용에 대한 예를 보여준다. 보이는 것은 인장 스프링에 대한 예제 9에서와 같이 선형적인 것이다. 그리고 물론 비선형 비틀림 스프링도 존재한다.

그림 3.1에 나타낸 도식적 표현들은 그 자체로는 자유물체도가 아니며, 단지 자유물체도의 작성 시 요구되는 요소에 불과하다. 학생들은 이들 아홉 가지 조건을 연구하고, 연습문제에서 그 요소들을 확인하는 훈련을 통해 올바른 자유물체도를 작성할 수 있어야 한다.

앞 글상자의 네 단계가 완전히 끝났을 때, 정역학 및 동역학에서 지배방정식을 적용하는 데 사용할 올바른 자유물체도가 그려질 수 있다. 계산에 있어서 얼핏 보아 힘을 자유물체도에서 함부로 빼버리지 않도록 주의한다. 모든 작용-반작용력

KEY CONCEPTS 자유물체도의 작성

물체 또는 시스템(계)을 분리시키는 자유물체도를 작성하기 위한 모든 절차는 다음과 같은 단계를 거쳐 구성된다.

단계 1. 분리하고자 하는 시스템을 결정한다. 선택된 시스템은 보통 하나 또는 그 이상의 미지수를 가져야만 한다.

단계 2. 그런 다음, 완벽한 외부경계를 표현할 수 있는 도표를 작성함으로써 선택된 시스템을 분리시킨다. 이 경계는 접촉하거나 끌어당기는(제거되었다고 생각되는) 모든 다른 물체로부터 그 시스템의 분리를 뜻한다. 이 단계는 종종 모든 단계 중에서 가장 결정적인 단계이다. 우리는 항상 다음 단계로 진행하기 전에 물체가 완전히 분리되어 있는지를 명확히 해야 한다.

단계 3. 분리된 시스템에 대하여 접촉하거나 끌어당기는 물체를 제거함으로써 작용하는 모든 힘은 분리된 물체의 도표상의 적절한 위치에 표시되어야 한다. 전체 경계를 따라 체계적으로 접촉하는 모든 힘을 확인하라. 또한 무게를 무시할 수 없는 경우에는 체력으로 포함시킨다. 알려진 모든 힘은 적당한 크기, 방향 및 부호를 가지는 벡터화살표로 나타내라. 미지의 힘에 대해서는 임의의 크기와 방향을 가지는 벡터화살표로 표시한다. 만일 벡터의 방향을 모를 때는 임의로 가정해도 된다. 이때 올바른 방향을 가정했다면 평형방정식을 통한 계산결과가 양(+)의 값을 나타낼 것이고, 잘못된 방향을 가정했다면 음(−)의 값을 나타낼 것이다. 모든 계산을 행할 때 미지의 힘을 일관성 있게 표시할 필요가 있으며, 이 경우 평형방정식을 통해 구한 해는 정확한 방향을 나타낼 것이다.

단계 4. 좌표축의 선택을 도표 위에 직접 표시하라. 편의상 적절한 치수와 함께 나타내도 된다. 그러나 자유물체도는 외력의 작용에 대하여 주의를 기울이게 하는 것을 목적으로 하고 있으므로, 관계없는 과도한 정보로 도표를 산만하게 해서는 안 된다. 힘을 나타내는 화살표는 다른 화살표와 혼동되지 않도록 명확히 구별되어야 한다. 이를 위해 색연필을 사용할 수도 있다.

효과의 신뢰성 있는 평가가 만들어질 수 있는 것은 모든 외력에 대한 **완벽한 분리**와 체계적 표시를 통해서만 가능하다. 종종 언뜻 보기에는 결과에 영향을 미치지 않은 것 같은 힘들이 실제는 영향을 미치는 경우가 많다. 그러므로 가장 안전한 과정은 명확히 무시할 수 없는 크기를 가지는 모든 힘들을 자유물체도에 반드시 나타내는 것이다.

자유물체도의 예

그림 3.2에는 기구와 구조물(mechanism and structure)의 네 가지 예와 함께 각각에 대한 정확한 자유물체도를 나타내었다. 이때 자유물체도를 명확히 나타내기 위해 차원과 크기는 생략하였다. 각각의 경우에 있어 전체 시스템을 단일물체로 취급하였으며, 따라서 내력은 표시되지 않았다. 그림 3.1에서 설명한 여러 가지 형태를 갖는 접촉력의 특성은 접촉력의 작용에 따라 네 가지 예로 나타내었다.

　예 1에서 트러스(truss)는 강체 골격을 이루는 구조요소들로 구성되어 있다. 따라서 지지대로부터 전체 트러스를 분리하여 단일강체로 취급할 수 있다. 자유물체도는 외력 P뿐만 아니라 A와 B점에서 트러스에 대한 반작용을 포함해야 한다. B점에서 로커(rocker)는 수직력만을 지지할 수 있고, 이 힘은 구조물의 B지점으로 전달된다(그림 3.1의 예 4). A점에서의 핀연결(그림 3.1의 예 6)은 트러스에 수평과 수직 성분의 힘을 지지할 수 있다. 만약 트러스의 자중이 외력 P 및 A와 B점에서의 반작용에 비해 무시할 수 없는 경우에는, 각 부재들의 무게는 자유물체도상에 외력으로 표시되어야 한다.

　이와 같이 비교적 간단한 예에서, 수직성분 A_y는 B점에서 트러스가 시계방향으로 회전하는 것을 방지하기 위하여 아래 방향으로 작용해야 하는 것을 쉽게 알 수 있다. 또한 수평성분 A_x는 P의 수평방향성분의 영향으로 인해 트러스가 오른쪽으로 움직이지 못하도록 왼쪽 방향으로 작용해야 한다. 따라서 이러한 단순트러스에 대한 자유물체도를 구성할 때는, 지점 A에 의해 트러스에 가해지는 힘에 대한 각 성분의 정확한 부호를 쉽게 인식할 수 있기 때문에 도표 위에 정확한 물리적 의미를 나타낼 수 있다. 그러나 올바른 부호를 직접적인 관찰에 의해 쉽게 알아낼 수 없을 때에는, 그것들을 임의로 지정하고 이러한 지정의 옳고 그름은 계산값의 대수적인 부호에 의해 결정하도록 한다.

　예 2에서 외팔보는 벽에 고정되어 3개의 외력을 받고 있다. 보의 부분은 A점에서 분리시키고자 할 때, 벽에 의해 보에 작용하는 반력들이 반드시 포함되어야 한다. 이들 반력은 그림에 보이는 것처럼 보의 단면에 작용한다(그림 3.1의 예 7). 아래 방향으로 작용하는 힘을 막기 위한 수직력 V가 표시되고, 또 오른쪽으로 작용하는 힘에 대해 균형을 유지하기 위한 인장력 F가 포함되어야 한다. 또한 A점에 대한 보의 회전을 막기 위한 반시계방향의 우력 M도 필요하다. 보의 무게 mg는

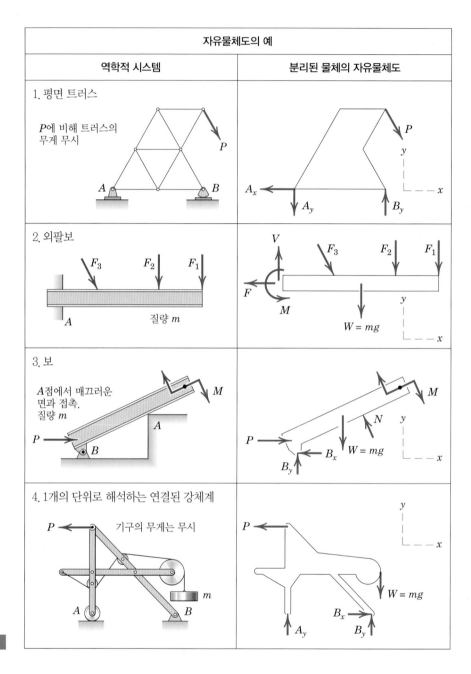

그림 3.2

질량중심을 지나도록 표시한다(그림 3.1의 예 8).

    예 2에서 보인 자유물체도에서는 힘의 수직성분 V(전단력)와 수평성분 F(인장력)로 나뉘는 등가힘-우력계(equivalent force-couple system)를 사용하여, 보의 절단면에 실제로 작용하는 다소 복잡한 힘계를 표현하였다. 보에서 우력 M은 휨 모멘트이다. 이제 자유물체도는 완성되었으며, 보는 6개의 힘과 1개의 우력에 의해 평형상태를 유지하고 있음을 보여준다.

    예 3에서 무게 $W=mg$는 미리 위치를 알고있는 것으로 가정된 보의 질량중심에 작용하는 것으로 나타내었다(그림 3.1의 예 8). 모서리 A에서 보에 작용하는 힘은 보의 매끄러운 면에 수직으로 작용한다(그림 3.1의 예 2). 이 힘의 작용을 명확히 이해하기 위하여, 약간 둥글게 보이는 접촉점 A를 확대하여 매끄럽다고 가정한 보의 직선 표면 위로 둥근 면에 작용하는 힘을 고려해보자. 만약 모서리에서의 접촉면이 매끄럽지 못하다면, 접선방향의 마찰력이 생길 것이다. 힘 P와 우력 M 외에도 보에는 B점에 핀연결이 있으며, 이는 x와 y방향 힘의 성분을 보에 발생시킨다. 이때 이들 성분의 양(+)의 부호는 임의로 정해진다.

예 4에 나타낸 바와 같이 분리된 전체 기구에 대한 자유물체도는 주어진 하중 P 및 mg를 안다는 가정하에 3개의 미지량을 포함한다. 질량 m에 의해 끌리는 케이블을 고정하기 위한 여러 가지 다양한 내부 구성 중 어느 한 가지도 전체 기계 장치의 외부반력에는 영향을 주지 않도록 구성할 수 있으며, 이러한 사실은 자유물체도에 의해 명백히 나타나 있다. 이와 같은 가상의 예는 강체 조립체 구성 부재 간에 작용하는 내부의 힘이 외부반력에는 영향을 주지 않는 것을 보여준다.

자유물체도는 다음 절에서 설명하는 평형방정식을 도출하기 위해 사용된다. 이들 평형방정식을 풀었을 때 계산된 몇 개 힘의 크기는 0이 될 수도 있는데, 이는 가정된 힘이 존재하지 않음을 뜻하게 된다. 그림 3.2에서 보인 예 1의 경우, 트러스의 특정한 형상과 작용력 P가 특정한 크기, 방향으로 작용하는 경우에 있어서 반작용 A_x, A_y 혹은 B_y 중 어느 값은 0이 될 수도 있다. 보통 간단한 조사만으로 0이 되는 반력을 찾기는 쉽지 않으며, 평형방정식을 풂으로써 찾을 수 있다.

유사한 설명이, 계산된 힘의 크기가 음의 부호를 가지는 경우에도 적용된다. 이런 경우 실제 작용하는 힘의 방향은 가정된 방향과 반대임을 나타낸다. 예 3에서 가정한 B_x, B_y의 방향 및 예 4에서 가정한 B_y의 방향을 자유물체도에서 나타내었다. 그리고 가정한 방향이 적절한지는 실제 문제에서 계산을 통해 구해진 힘의 대수적 부호가 양(+)인지 음(−)인지에 따라 판별된다.

고려하고자 하는 역학계의 분리는 수학적인 모델의 수식화 과정에서 매우 결정적인 단계이다. 올바른 자유물체도를 구성하기 위한 가장 중요한 관점은 자유물체도에 포함되어야 할 부분과 배제되어야 할 부분에 대한 명확한 결정을 내리는 데 있다. 이러한 결정은 자유물체도의 경계가 분리된 물체 혹은 물체계의 완전한 횡선(traverse), 즉 경계 위의 임의의 한 점에서 출발하여 다시 같은 점으로 돌아오는 폐경계를 나타낼 때만이 명확해진다. 이때 폐경계 내에서의 물체는 분리된 자유물체이다. 그리고 접촉하는 물체를 제거함으로써 작용하는 모든 접촉력과 경계에 전달되는 모든 힘들은 자유물체도에 고려되어야 한다.

다음에 나오는 자유물체도에 대한 연습문제들은 자유물체도를 작성하기 위한 훈련을 위해 주어졌다. 이러한 훈련은 다음 절에서 힘의 평형원리를 적용할 때 자유물체도를 직접 사용하기 위해 도움이 될 것이다.

Yan Lerval/Alamy Stock Photo

보이는 것처럼 복잡한 풀리시스템일지라도 체계적 평형 해석으로 쉽게 취급된다.

자유물체도에 대한 연습문제

3/A 5개의 다음 각 예제들에서 분리된 물체는 왼쪽 표에, 분리된 물체의 미완성 자유물체도(FBD)는 오른쪽에 보여진다. 각 경우에 있어서 완전한 자유물체도를 완성하기 위해 필요한 힘들은 무엇이든지 보충하라. 물체의 무게는 다른 언급이 없으면 무시한다. 크기와 수치값들은 단순화를 위해 없앤다.

	물체	미완성 FBD
1. A에서 핀 지지로 질량 m을 지지하는 벨 크랭크		
2. O에서 토크를 샤프트에 작용시키는 조절 레버		
3. 붐 OA(질량 m에 비해 작으므로 무시함), O에서 힌지로 지지되고 B에서 감아 올리는 케이블에 의해 지지된 붐		
4. 매끄러운 수직벽에 기대고 거친 수평면 위에서 지지되는 질량 m인 균일한 나무 상자		
5. A에서는 핀 연결로 지지되고 B에서는 매끄러운 홈 내의 고정핀에 의해 지지되어 하중을 받는 브래킷		

그림 3/A

3/B 5개의 다음 각 예제들에서 분리된 물체는 왼쪽 표에, 틀렸거나 미완성 자유물체도(FBD)는 오른쪽에 보여진다. 각 경우에 있어서 올바르고 완전한 자유물체도를 완성하기 위해 필요한 변화나 부가할 것이 있으면 무엇이든지 만들어라.

	물체	틀리거나 미완성 FBD
1. θ만큼 밀어 올려진 경사면 위의 질량 m인 잔디 롤러	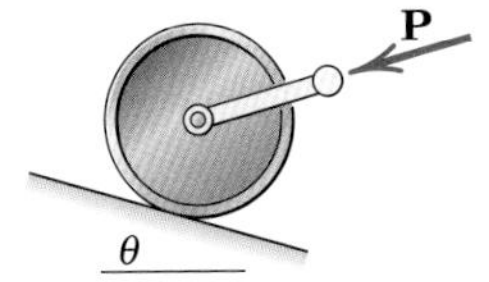	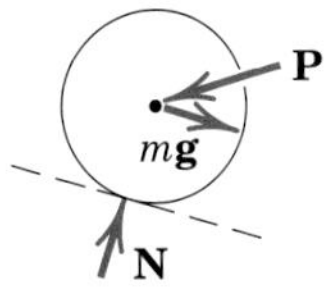
2. 매끈한 수평면을 갖는 물체 A를 들어 올리는 지렛대	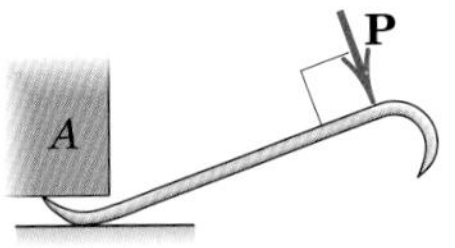	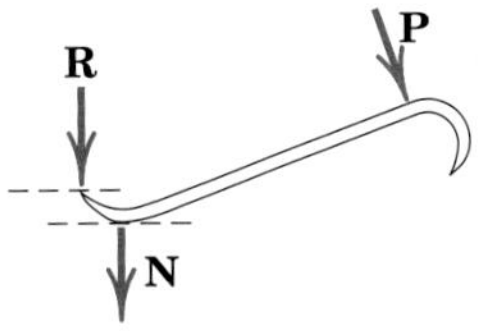
3. 윈치에 의해 현 위치로 들어 올려진 질량 m인 균일 막대. 막대의 미끄럼을 방지하기 위해 노치된 수평지지면	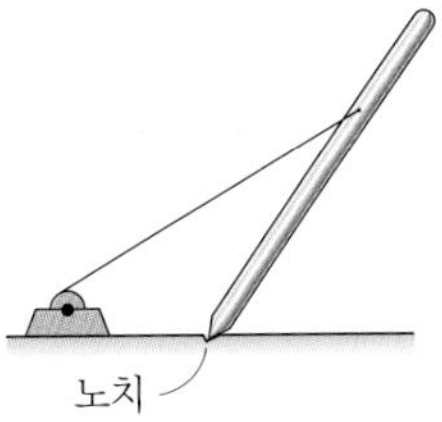	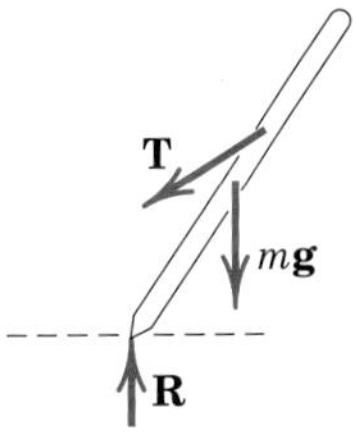
4. 프레임을 위한 지지 앵글 브래킷, 핀 조인트	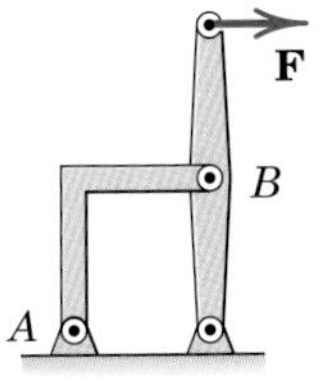	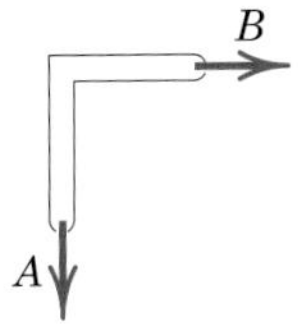
5. A에서 용접으로 지지되어 두 힘과 우력을 받는 굽은 막대	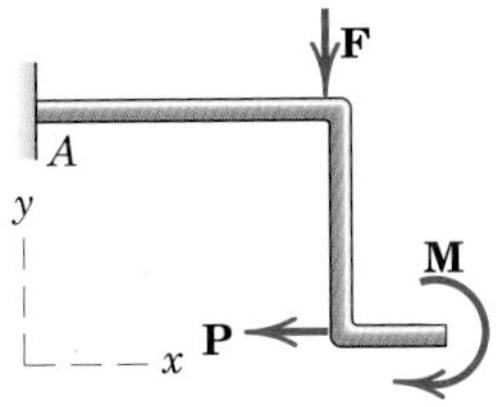	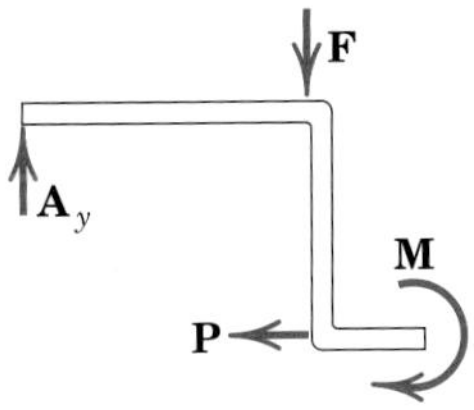

그림 3/B

3/C 문장 내에서 지시하는 각 물체의 완전하고 정확한 자유물체도를 그려라. 만약 질량이 언급되면 물체의 무게는 무시할 수 없다. 알거나 미지의 모든 힘들은 표시되어야만 한다.

(단, 어떤 반력 성분의 방향은 수치적 계산 없이는 항상 결정될 수 없다.)

1. A에서는 수직 케이블에 의해 매달려 있고 B에서는 거친 경사면에 의해 지지되는 질량 m인 균일 수평봉

5. 거친 표면과 수평 케이블의 작용에 의해 지지되는 질량 m인 균일한 홈이 파인 바퀴

2. P를 당겨서 돌 턱을 막 넘으려는 질량 m인 바퀴

6. 처음에는 수평이지만 하중 L을 받고 처진 봉. 각 끝점에 핀으로 강체 고정되어 있음

3. A에서는 핀 조인트에 의해 B에서는 케이블에 의해 지지되는 하중 받는 트러스

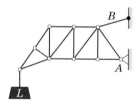

7. 케이블 C와 힌지 A에 의해 수직면 내에서 지지된 질량 m인 무거운 균일 평판

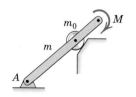

4. 질량 m인 균일봉과 함께 붙어 있는 질량 m_0인 롤러. 우력 M을 받고 그림처럼 지지되어 있음. 롤러는 자유롭게 회전됨

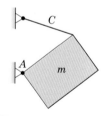

8. 전체 프레임, 도르래들, 그리고 단일 개체로서 분리되는 접촉 케이블

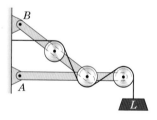

그림 3/C

3.3 평형조건

3.1절에서 물체에 작용하는 모든 힘과 모멘트의 합력이 0인 상태를 평형으로 정의하였다. 바꾸어 말하면 물체에 작용하는 모든 힘과 모멘트가 균형(balance)을 이룰 때, 물체는 평형상태에 있다고 정의한다. 이러한 요건은 식 (3.1)의 평형 벡터방정식에 포함되어 있으며, 2차원에서 스칼라(scalar) 형태로 나타내면 다음과 같다.

$$\Sigma F_x = 0 \qquad \Sigma F_y = 0 \qquad \Sigma M_O = 0 \qquad (3.2)$$

위에서 세 번째 식은 물체상의 점 혹은 물체로부터 떨어져 있는 임의의 점 O에 대한 모멘트의 합이 0임을 의미한다. 식 (3.2)는 2차원에서 완벽한 평형을 유지하기 위한 필요충분조건이다. 이 식들이 만족되지 않으면 힘 또는 모멘트가 균형을 이룰 수 없으므로, 이 식들은 필요조건이 된다. 일단 만족되면 균형을 이루어 평형조건이 만족되므로 충분조건이 된다.

강체의 운동에 대한 힘과 가속도의 관한 방정식은 **제2권 동역학**의 뉴턴의 제2법칙에서 다루어진다. 이 식들은 질량중심에서의 가속도가 물체에 작용하는 합력 **ΣF**에 비례한다는 것을 보여준다. 그러므로 물체가 일정한 속도(가속도는 0)로 움직이는 경우 작용하는 힘의 합력은 0이 되어야 하며, 이때의 물체는 병진운동에 대한 평형상태로서 취급될 수 있다.

2차원에서 완전한 평형을 이루기 위해서는 식 (3.2)의 모든 식이 만족되어야 한다. 그러나 이러한 조건들은 서로 독립적이며, 3개의 식 중에서 하나만 성립할 수도 있다. 예를 들어 가해진 힘에 의해 속도가 증가하면서 수평면을 따라 미끄러지는 물체를 생각해보자. 힘-평형방정식은 가속도가 0인 수직방향으로는 만족되지만 수평방향으로는 만족되지 않는다. 또한 플라이휠과 같이 각속도가 증가하면서 고정된 질량 중심에 대해 회전한다면, 이 물체는 회전에 있어서는 평형상태에 있지 않지만 2개의 힘-평형식은 만족될 것이다.

평형의 범주

식 (3.2)의 적용은 쉽게 구별되는 몇 가지 유형으로 나뉜다. 2차원 평형에서 물체에 작용하는 힘계(force system)의 범주는 그림 3.3에 요약되어 있으며 부가적으로 설명하면 다음과 같다.

범주 1.   힘이 동일직선상에 작용하는 경우, 평형은 명백히 힘방향(x방향)으로의 하나의 힘 방정식만을 필요로 한다. 왜냐하면 나머지 다른 모든 식은 자동으로 만족되기 때문이다.

범주 2.   평면(x-y평면)에 놓여 있는 힘들의 작용선이 한 점 O에서 만나는 경우

2차원에서 평형의 분류		
힘계	자유물체도	독립된 방정식
1. 일직선상	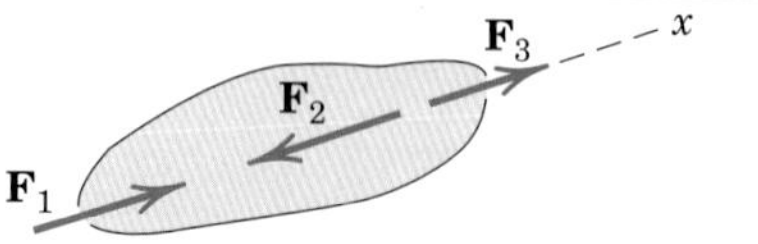 $\mathbf{F}_1$, $\mathbf{F}_2$, $\mathbf{F}_3$, x	$\Sigma F_x = 0$
2. 한 점으로 모임	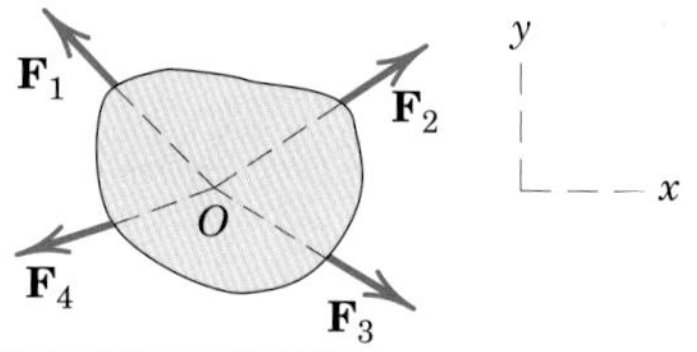 $\mathbf{F}_1$, $\mathbf{F}_2$, $\mathbf{F}_4$, $\mathbf{F}_3$, O, y, x	$\Sigma F_x = 0$ $\Sigma F_y = 0$
3. 평행	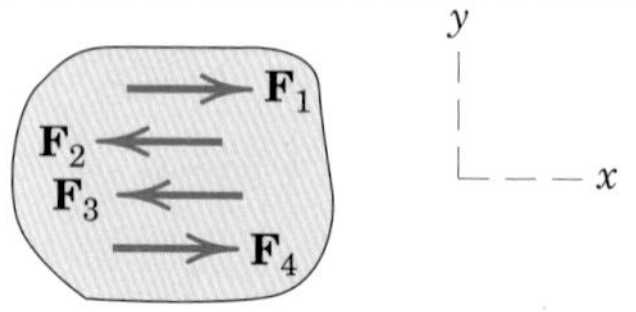 $\mathbf{F}_1$, $\mathbf{F}_2$, $\mathbf{F}_3$, $\mathbf{F}_4$, y, x	$\Sigma F_x = 0$ $\Sigma M_z = 0$
4. 일반적인 경우	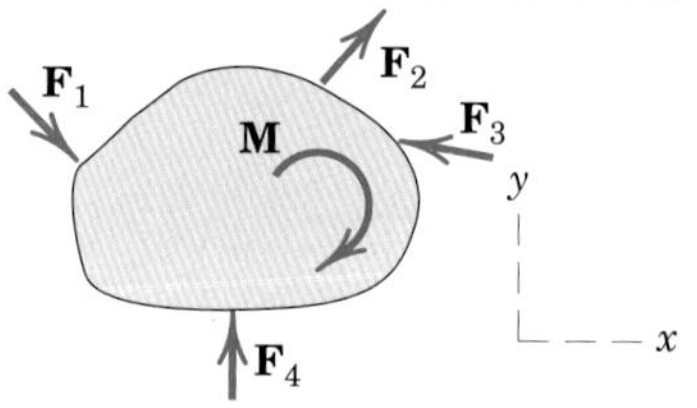 $\mathbf{F}_1$, $\mathbf{F}_2$, $\mathbf{F}_3$, $\mathbf{M}$, y, x, $\mathbf{F}_4$	$\Sigma F_x = 0$ $\Sigma M_z = 0$ $\Sigma F_y = 0$

그림 3.3

힘의 평형은, O점을 지나는 z축에 대한 모멘트의 합이 필연적으로 0이므로 힘에 대한 두 평형조건식을 필요로 한다. 이런 경우의 예로서 질점의 평형을 들 수 있다.

범주 3. 평면 위에서 평행한 힘의 평형은 힘방향(x방향)의 평형조건식과 작용면에 수직인 축(z축)에 대한 모멘트식을 필요로 한다.

범주 4. 평면(x-y) 위에서 일반적인 힘계의 평형은 평면에 작용하는 힘에 대한 2개의 평형조건식과 그 면에 수직인 축(z축)에 대한 모멘트식을 필요로 한다.

두힘 또는 세힘 부재

학생들이 종종 접하게 되는 주의해야 할 두 가지 평형상태가 있다. 첫 번째 경우는, 오직 두 힘만이 작용하는 물체의 평형이다. 그림 3.4에서 보여지는 두 예에서 두힘 부재(two-force member)의 경우에 이들 힘은 크기가 같고, 방향이 반대이며, 동일직선상에 있어야 한다는 것을 알 수 있다. 이 경우 부재의 형상은 이와 같은 간단한 요건에 영향을 끼치지 않는다. 그림에서 사용된 예에서는 작용하는 힘과 비교하였을 때 부재의 무게는 무시할 수 있는 것으로 고려하였다.

두 번째 경우는 세힘 부재(three-force member), 즉 그림 3.5a와 같이 세 힘이 작용할 때의 물체의 평형이다. 이 경우에는 세 힘의 작용선이 동일점에 모여야 한

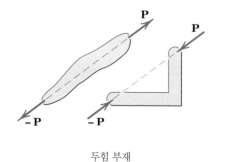

두힘 부재

그림 3.4

다는 것을 알 수 있다. 만약 동일점에 모이지 않으면, 그때는 힘들 중 하나는 다른 두 힘에 의해 생기는 교점에 대한 합모멘트를 일으키게 되며, 이는 모든 점에 대한 모멘트가 0이어야 하는 조건을 위배하는 것이다. 오직 예외는 세 힘이 평행할 때 이다. 이러한 경우는 무한히 먼 곳에 동일점이 있다고 생각할 수도 있다.

평형인 세 힘에 대한 동일점의 원리는 힘방정식의 그래픽 해법을 수행할 때 널리 이용된다. 이런 경우 그림 3.5b와 같이 힘의 다각형은 폐다각형으로 그려진다. 종종 세 힘보다 많은 힘이 작용하는 경우, 평형상태에 있는 물체는 기지(known)의 둘 또는 그 이상의 힘을 결합함으로써 세힘 부재로 줄여질 수 있다.

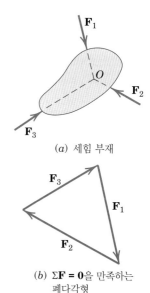

(a) 세힘 부재

(b) $\Sigma\mathbf{F} = \mathbf{0}$을 만족하는 폐다각형

그림 3.5

다른 형태의 평형방정식

식 (3.2)에 나타낸 것 외에도, 2차원에서 힘에 관한 평형의 일반적인 조건을 설명하기 위한 두 가지 다른 방법이 있다. 그 첫 번째 방법은 그림 3.6a 및 3.6b에 나타내었다. 그림 3.6a에서 보여지는 물체에 대하여 $\Sigma M_A = 0$이면 합력이 비록 존재하더라도 그것은 우력이 될 수 없고 A점을 지나는 힘 $\mathbf{R}$이 되어야 한다. 그리고 임의의 x방향에 대하여 $\Sigma F_x = 0$이면, 그림 3.6b에서 보는 것과 같이 합력 $\mathbf{R}$은 A점을 지날 뿐만 아니라 x방향과 수직이어야 한다. 이제 $\Sigma M_B = 0$이고 B가 x축과 수직하지 않는 직선 AB 위의 임의의 점이라면, $\mathbf{R}$이 0이 되어야 함을 알 수 있으며, 이때 물체는 평형상태에 있다. 따라서 평형조건 식의 다른 형태는 다음과 같다.

$$\Sigma F_x = 0 \qquad \Sigma M_A = 0 \qquad \Sigma M_B = 0$$

이때 두 점 A와 B는 x방향에 수직인 직선상에 놓여 있어서는 안 된다.

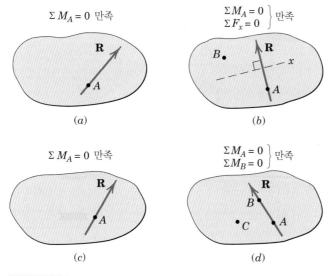

그림 3.6

평형상태의 세 번째 공식은 동일평면상의 힘계에 대하여 만들어질 수 있다. 이는 그림 3.6c 및 3.6d에 나타내었다. 다시 그림 3.6c와 같이 어떤 물체가 $\Sigma M_A = 0$일 때, 합력 $\mathbf{R}$이 존재하는 경우 이는 반드시 A점을 지나야 한다. 또 $\Sigma M_B = 0$일 때 합력은 그림 3.6d에서 보이는 것과 같이 반드시 B점을 지나야 한다. 그러나 만약 C가 A, B의 동일직선상에 놓여 있지 않을 때, $\Sigma M_C = 0$을 만족하는 힘은 존재할 수 없다. 그러므로 다음과 같이 평형방정식을 쓸 수 있다.

$$\Sigma M_A = 0 \qquad \Sigma M_B = 0 \qquad \Sigma M_C = 0$$

이때 A, B, C는 동일직선상에 놓여 있지 않는 임의의 세 점이다.

서로 독립하지 않은 평형방정식이 구해지는 경우, 이는 잉여 미지수의 정보가 얻어진 것이며 그 방정식들의 정확한 해는 $0 = 0$이 될 것이다. 예를 들어 3개의 미지수를 가진 2차원의 일반적인 문제에서 동일직선상에 있는 세 점에 대한 3개의 모멘트방정식은 서로 독립이 아니다. 이러한 방정식은 중복된 정보를 가지고 있으며, 기껏해야 그중 2개의 식을 통해 미지수 중 2개를 결정할 수 있고, 세 번째 식은 단지 $0 = 0$을 확인하는 데 그치게 된다.

구속과 정적 확정성

이 절에서 전개된 평형방정식은 한 물체의 평형을 이루기 위한 필요충분조건들이다. 그러나 평형방정식이 평형인 물체에 작용할 수 있는 모든 미지의 힘을 계산하는 데 필요한 정보를 모두 제공한다고 할 수는 없다. 그 평형방정식들이 모든 미지수들을 결정하기에 적합한지 아닌지는 지점에 의해 제공된 물체의 가능한 운동을 방해하는 구속특성에 달려 있다. 여기서 **구속**(constraint)이란 운동의 제한을 뜻한다.

그림 3.1의 예 4에서 롤러, 볼(ball), 로커(rocker)는 접촉면에 수직한 방향에 대해서는 구속을 주지만, 표면의 접선방향으로는 구속이 없다. 따라서 접선력에 대한 지지를 하지 못한다. 예 5의 칼라와 슬라이더의 경우는 구속이 안내홈에 대해 오직 수직으로만 존재한다. 예 6에서 보인 고정핀 연결은 모든 방향에 대하여 구속을 제공하나, 핀이 자유롭게 회전할 수 없는 경우를 제외하고는 핀에 대한 회전의 저항은 없다. 그러나 예 7의 고정된 지지는 측면(lateral)운동과 함께 회전에 대해서도 구속하게 된다.

만약 그림 3.2에서 예 1의 트러스를 지지하는 로커(rocker)를 핀이음으로 대체하면, 움직임이 없는 평형상태를 유지하기 위해 필요한 구속보다 1개의 구속이 더 추가된다. 이 경우 식 (3.2)의 3개의 스칼라 평형조건은 A_x와 B_x가 따로 분리되어 구해질 수 없고 단지 그들의 힘만이 결정될 수 있기 때문에, 4개의 미지수를 모두 결정하는 데 충분한 정보를 제공하지 못한다. 이들 힘의 두 성분은 각 부재의 강성에 의해서 영향을 받으므로 트러스 부재의 변형에 의존한다. 수평방향의 반작용 A_x와 B_x는 구조물의 치수를 A와 B점 사이 토대(foundation)의 치수에 일치시키는 데 요구되는 모든 초기변형에 의해 결정된다. 따라서 강체 해석만으로는 A_x와 B_x를 구할 수 없다.

그림 3.2를 다시 참조하자. 만약 예 3에서 핀 B의 회전이 자유롭지 않다면 지지점은 핀을 통해 보에 우력(couple)을 전달할 수 있다. 그러므로 보에 작용하는 4개의 미지반력, 즉 A에 작용하는 힘, B에 작용하는 힘의 두 성분, B에 작용하는 우력이 존재할 것이다. 따라서 이 경우에 있어서도 3개의 스칼라 평형방정식은 4개의 모든 미지수를 계산하는 데 필요한 정보를 제공하지 못한다.

강체 또는 여러 개의 요소로 결합되어 단일체로 취급할 수 있는 강체가 평형위치를 유지하는 데 필요한 것보다 더 많은 외부지지 또는 구속이 있을 때 이를 **부정정**(statically indeterminate)이라 부른다. 물체의 평형을 유지하면서도 제거될 수 있는 지지(supports)를 **과잉**(redundant)이라 한다. 과잉인 지지요소의 수는 **부정정 정도**(degree of statical indeterminacy)와 일치하며, 모든 미지외력의 수에서 평형에 필요한 서로 독립적인 평형방정식의 수를 뺀 것과 같다. 이에 반하여, 평형상태를 유지하기 위해 필요한 최소한의 구속에 의해 지지되는 물체를 **정정**(statically determinate)이라고 하며, 그러한 물체에 대한 평형방정식은 미지의 외력을 결정하는 데 충분한 정보를 제공한다.

일반적으로 이 절에서 취급하고 있는 평형 문제와 이 책 전체에서의 평형 문제는, 평형을 유지하는 데 필요한 구속만을 가지고 또한 미지의 지지력이 독립된 평형방정식에 의해 완전히 결정될 수 있는 정정인 물체에 대해서만 제한되었다.

그러나 학생들은 평형 문제를 풀기에 앞서 구속의 성질에 대하여 잘 알고 있어야 한다는 사실에 유의해야 한다. 관련된 힘계에 대하여, 이용할 수 있는 독립된 평형방정식보다 미지의 외부반력의 수가 많을 때 그 물체는 부정정으로 취급된다. 항상 주어진 물체의 미지반력의 수를 먼저 세어 주어진 독립된 평형방정식의 수와 일치하는지를 확인하는 것이 좋다. 그렇게 하지 않는 경우, 평형방정식만으로 불가능한 해를 구하려고 시도하는 데 따른 노력의 낭비를 가져올 수도 있다. 이때 미지수로는 힘, 우력, 거리 또는 각도 등이 있다.

구속의 적정성

구속과 평형의 관계를 논의할 때, 구속의 적합성 문제에 더 많은 주의를 기울여야 한다. 2차원 문제에 있어서 3개의 구속이 존재한다는 것이 항상 평형상태를 보장하는 것은 아니다. 그림 3.7은 네 가지 유형의 구속을 보여준다. 그림 3.7a에서 강체의 점 A는 2개의 링크에 의해 고정되어 움직일 수 없으며, 세 번째 링크는 A에 대해 회전하는 것을 막는다. 그러므로 이 물체는 3개의 **적합한 구속**을 가지고 **완전**

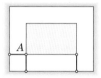

(a) 적합한 구속하에 완전한 고정

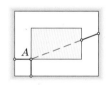

(b) 부분적인 구속하에 불완전한 고정

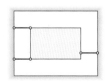

(c) 부분적인 구속하에 불완전한 고정

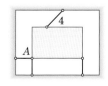

(d) 과잉구속하에 과다고정

그림 3.7

하게 고정되어 있다.

그림 3.7b에서 세 번째 링크는 전달되는 힘이 다른 2개의 구속력이 작용하는 점 A를 지나서 전달되도록 위치하고 있다. 그러므로 이러한 배열의 구속은 A에 대한 회전에 초기저항이 없기 때문에 외력이 가해진다면 회전이 발생할 수 있다. 따라서 이 경우 물체는 **부분적인 구속**이며, 불완전하게 고정되어 있다고 결론지을 수 있다.

그림 3.7c에서의 배열은 불완전한 고정의 유사한 조건을 나타낸다. 왜냐하면 외부하중이 수직방향으로 가해지면, 3개의 평행한 링크는 수직방향으로 작은 움직임에 대한 초기저항이 없기 때문이다. 이러한 그림 3.7b와 3.7c 두 예에서의 구속은 종종 **부적절**(improper)하다고 말한다.

그림 3.7d에서는 완전한 고정조건을 보여준다. 그러나 링크 4의 구속은 고정된 위치를 유지하는 데 불필요하다. 따라서 이때 링크 4는 **과잉구속**이며, 물체는 정적으로 부정정이다.

그림 3.7의 네 가지 예와 같이 2차원 평형에서의 물체에 대한 구속이 적합(적절)한가, 부적합(부적절)한가 또는 과잉인가를 결정하는 것은 일반적으로 직접적인 관찰로 가능하다. 앞에서 지적하였듯이, 이 책에 있는 많은 문제들은 적합한 구속을 가진 정정 문제들이다.

KEY CONCEPTS   **문제해결을 위한 접근방법**

이 절의 끝에 있는 예제들에서는 전형적인 정역학 문제의 자유물체도와 이에 대한 평형방정식의 적용에 대해 설명하고 있으며, 이들 해법은 철저하게 학습되어야 한다. 이 장에서 다루고 있는 문제 풀이 작업과 역학 전반의 문제를 해결하는 데 있어서, 다음 과정과 같은 논리적이고 체계적인 접근 방식을 개발하는 것이 중요하다.

1. 기지와 미지의 항을 명확히 확인하라.
2. 분리하고자 하는 물체(단일체로 간주된 연결된 물체의 집단)를 명확히 선택하고, 물체에 작용하는 모든 기지의 힘과 미지의 힘 그리고 우력을 표시하여 완전한 자유물체도를 작성하라.
3. 외적(cross product)이 필요할 때, 항상 오른손 좌표계를 사용하여 편리한 기준좌표를 설정한다. 계산을 간단히 할 수 있는 관점에서 모멘트 중심을 선택하라. 일반적으로 가장 좋은 선택은 가능한 한 많은 미지의 힘들의 작용선이 만나는 교점을 선택하는 것이다. 평형방정식의 연립해가 종종 필요하지만, 기준좌표와 모멘트 중심을 주의 깊게 선택함으로써 최소화되거나 제거될 수 있다.
4. 문제에서 평형조건을 지배하는 적용 가능한 힘 및 모멘트 원리 또는 방정식을 확인하고 기술하라. 향후 예제에서는 이러한 관계를 괄호(bracket) 안에 나타내고, 중요한 부분의 계산을 수행하도록 한다.
5. 각 문제에서 독립된 방정식의 수와 미지수의 수를 일치시킨다.
6. 해를 구한 후 결과를 검토하라. 많은 문제에서 공학적인 판단은 먼저 논리적인 추측, 즉 계산에 앞서 결과를 예상한 후 계산된 값과 비교 평가함으로써 개발될 수 있다.

예제 3.1

그림에서와 같이 세 가지 다른 힘이 작용하고 있는 교량트러스 접합부에 작용하는 **C**와 **T**
의 힘의 크기를 구하라.

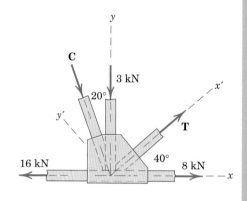

|풀이| 주어진 그림은 문제 접합부의 분리된 단면의 자유물체도를 나타내며, 평형상태
에 있는 5개의 힘을 보여준다. ①

|풀이 I (스칼라 대수방정식)| 그림과 같이 x-y축에 대해

$[\Sigma F_x = 0]$ $8 + T\cos 40° + C\sin 20° - 16 = 0$

$0.766T + 0.342C = 8$ (a)

$[\Sigma F_y = 0]$ $T\sin 40° - C\cos 20° - 3 = 0$

$0.643T - 0.940C = 3$ (b)

식 (a)와 (b)의 연립방정식 해는

$T = 9.09 \text{ kN}$ $C = 3.03 \text{ kN}$ **답**

|풀이 II (스칼라 대수방정식)| 연립해법을 피하기 위해, x'-y'축을 사용하여 T를 제거
하기 위해 y'방향에 대한 힘의 평형식을 먼저 적용한다. ② 따라서

$[\Sigma F_{y'} = 0]$ $-C\cos 20° - 3\cos 40° - 8\sin 40° + 16\sin 40° = 0$

$C = 3.03 \text{ kN}$ **답**

$[\Sigma F_{x'} = 0]$ $T + 8\cos 40° - 16\cos 40° - 3\sin 40° - 3.03\sin 20° = 0$

$T = 9.09 \text{ kN}$ **답**

|풀이 III (벡터 대수방정식)| x와 y방향으로의 단위벡터 **i**와 **j**를 가지고 평형을 위한 힘
의 합력이 0이 되도록 하는 벡터방정식을 만든다.

$[\Sigma \mathbf{F} = \mathbf{0}]$ $8\mathbf{i} + (T\cos 40°)\mathbf{i} + (T\sin 40°)\mathbf{j} - 3\mathbf{j} + (C\sin 20°)\mathbf{i}$

$- (C\cos 20°)\mathbf{j} - 16\mathbf{i} = \mathbf{0}$

i와 **j**항의 계수가 0이 되도록 각각 방정식을 풀면,

$$8 + T\cos 40° + C\sin 20° - 16 = 0$$

$$T\sin 40° - 3 - C\cos 20° = 0$$

이것은 물론 위에서 푼 식 (a), (b)와 같다.

|풀이 IV (기하학적 풀이)| 5개 힘의 합이 영벡터로 표현되는 다각형이 있다. 식 (a)와
(b)는 그림에서 보여진 벡터를 x와 y방향으로 투영한 것임을 바로 알 수 있다. 마찬가지로
x'와 y' 방향으로 투영을 하면 풀이 II와 같은 식을 얻을 수 있다.

기하학적 풀이는 쉽게 얻을 수 있다. 알고 있는 벡터는 알맞은 크기로 시점-종점을 연
결한 후에, **T**와 **C**의 방향이 폐다각형을 만들도록 그린다. ③ 점 P에서의 교차로 해법은
완결되며, 원하는 어떠한 정확도라도 폐다각형의 각도로부터 힘 **T**와 **C**를 계산할 수 있다.

|도움말|

① 한 점에 모이는 힘의 문제이므로, 모멘트
식은 필요 없다.

② 계산을 간편하게 하기 위한 기준축의 선
택은 항상 중요한 고려사항이다. 다시 말
하면 이 예에서 **C**와 수직방향으로 작용하
는 힘에 대한 평형식을 구함으로써 **C**가
나타나지 않게 하는 축을 잡을 수 있다.

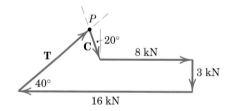

③ 기지벡터는 어떠한 순서로도 더할 수 있
다. 그러나 미지벡터를 더하기 전에 더해
져야 한다.

예제 3.2

그림과 같이 배열된 질량 500 kg인 도르래를 지지하는 케이블에서 장력 T를 계산하라. 도르래는 각 베어링에 대해 자유롭게 회전할 수 있으며, 각 부분의 무게는 부하의 하중에 비해 작다. 또한 도르래 C의 베어링에 작용하는 전체 힘의 크기를 구하라.

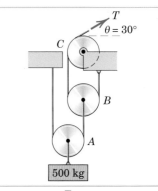

| 풀이 | 각 도르래의 자유물체도는 서로 상대적인 위치에 그려져 있다. 유일하게 알고 있는 힘을 포함하는 도르래 A에서 시작하자. 명시되어 있지 않은 도르래 반지름을 r로 표시하면, 중심 O에 대한 모멘트 평형식과 수직방향의 힘 평형식은 다음과 같다.

$$[\Sigma M_O = 0] \qquad T_1 r - T_2 r = 0 \qquad T_1 = T_2 \quad ①$$
$$[\Sigma F_y = 0] \quad T_1 + T_2 - 500(9.81) = 0 \qquad 2T_1 = 500(9.81) \quad T_1 = T_2 = 2450 \text{ N}$$

도르래 A의 예로부터 도르래 B에 대한 힘 평형식을 아래와 같이 쓸 수 있다.

$$T_3 = T_4 = T_2/2 = 1226 \text{ N}$$

도르래 C의 경우, 각도 $\theta = 30°$는 도르래의 중심에 대한 T의 모멘트에 아무런 영향을 미치지 않으므로 모멘트 평형으로부터 다음과 같은 결과를 얻는다.

$$T = T_3 \qquad 즉 \qquad T = 1226 \text{ N} \qquad 🔑$$

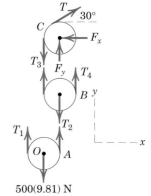

x와 y방향의 평형식을 적용하면 베어링에 작용하는 힘을 각각 구할 수 있다.

$$[\Sigma F_x = 0] \qquad 1226 \cos 30° - F_x = 0 \qquad F_x = 1062 \text{ N}$$
$$[\Sigma F_y = 0] \qquad F_y + 1226 \sin 30° - 1226 = 0 \qquad F_y = 613 \text{ N}$$
$$[F = \sqrt{F_x{}^2 + F_y{}^2}] \qquad F = \sqrt{(1062)^2 + (613)^2} = 1226 \text{ N} \qquad 🔑$$

| 도움말 |

① 분명히 반지름 r은 결과에 영향을 끼치지 않는다. 일단 단순도르래를 해석해보면, 그 결과는 검산에 의해 완벽하게 명확해진다.

예제 3.3

균일한 100 kg의 I형 보가 초기엔 수평 표면 위에서 보의 끝 A, B에서 롤러에 의해 지지되어 있다. C점의 케이블을 사용하여 끝 B를 끝 A점으로부터 위로 3 m 위치만큼 올리려고 한다. 이때 요구되는 인장력 P와 A점에서의 반력, 올라간 위치에서 수평과 보에 의해 이루어지는 각도 θ를 구하라.

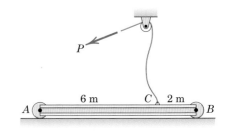

| 풀이 | 자유물체도를 작도하는 데 있어서 A점에서의 롤러에 작용하는 반력과 자중은 수직력임을 염두에 두자. 결과적으로, 다른 수평력이 없으므로 P는 수직력이어야 한다. 예제 3.2에서와 같이 케이블의 인장력 P는 C에서 보에 작용하는 인장력 P와 같음을 바로 알 수 있다.

A점에 관한 모멘트 평형식에서는 힘 R이 제거되므로 모멘트식과 그 결과는 다음과 같다.

$$[\Sigma M_A = 0] \qquad P(6 \cos \theta) - 981(4 \cos \theta) = 0 \qquad P = 654 \text{ N} \quad ① \qquad 🔑$$

수직력의 평형으로부터

$$[\Sigma F_y = 0] \qquad 654 + R - 981 = 0 \qquad R = 327 \text{ N} \qquad 🔑$$

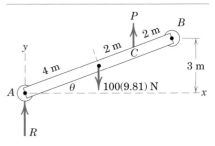

각도 θ는 단지 주어진 기하학적 조건을 사용하여 결정할 수 있으며, 이는

$$\sin \theta = 3/8 \qquad \theta = 22.0° \qquad 🔑$$

| 도움말 |

① 수평력계의 평형은 분명히 각도 θ와 독립적이다.

예제 3.4

그림과 같은 지브 크레인(jib crane)에서 지지 케이블의 인장력 T의 크기와 A지점의 핀에 작용하는 힘의 크기를 구하라. 이때 보 AB는 길이당 95 kg의 질량을 가진 0.5 m **I**형 표준보이다.

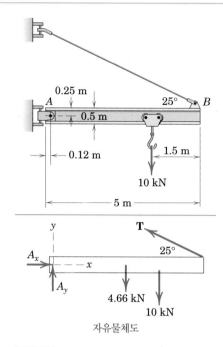

|대수학적 풀이|　시스템은 보의 중심을 지나는 x-y의 수직평면에 대해 대칭이다. 그러므로 문제는 동일평면에 대한 힘계의 평형으로 해석될 수 있다. 보의 자유물체도는 2개의 직각성분의 항으로 표현되는 A에서의 핀의 반력과 함께 그림과 같이 나타내었다. 보의 무게는 $95(10^{-3})(5)9.81 = 4.66$ kN이며, 이는 중심을 지나 작용한다. 3개의 평형방정식으로부터 찾을 수 있는 미지수 A_x, A_y와 T가 있음에 주의하라. 평형방정식으로부터 3개의 미지수 중 2개를 소거시킬 수 있는 A점에 대한 모멘트방정식으로부터 시작하자. A점에 대한 모멘트방정식을 적용시킬 때, **T**로부터 A까지의 수직거리를 고려하는 것보다 **T**의 x와 y 성분에 의한 각각의 모멘트를 고려하는 것이 더 간단하다. ① 따라서 반시계방향을 양(+)으로 고려하면

$$[\Sigma M_A = 0] \quad (T\cos 25°)0.25 + (T\sin 25°)(5 - 0.12)$$
$$- 10(5 - 1.5 - 0.12) - 4.66(2.5 - 0.12) = 0 \quad ②$$
$$T = 19.61 \text{ kN}$$

x와 y성분 방향의 힘의 합이 0이 되어야 하는 관계로부터 계산하면

$$[\Sigma F_x = 0] \qquad A_x - 19.61\cos 25° = 0 \qquad A_x = 17.77 \text{ kN}$$
$$[\Sigma F_y = 0] \qquad A_y + 19.61\sin 25° - 4.66 - 10 = 0 \qquad A_y = 6.37 \text{ kN}$$
$$[A = \sqrt{A_x{}^2 + A_y{}^2}] \quad A = \sqrt{(17.77)^2 + (6.37)^2} = 18.88 \text{ kN} \quad ③$$

|도식적 풀이|　평형상태에서 세 힘은 항상 한 점에 모여야 한다는 원리가 도식적 풀이에 이용된다. 왼쪽 그림에서 보는 바와 같이 2개의 이미 알고 있는 수직력 4.66 kN과 10 kN을 합한 14.66 kN의 단일힘이 수정된 보의 자유물체도에 나타낸 위치에 작용하는 것으로 고려할 수 있다. 이때 작용하는 단일하중의 위치는 도식적으로나 대수적으로 쉽게 구해질 수 있다. 수직력 14.66 kN의 작용선과 미지의 장력 **T**의 작용선의 교점으로부터 핀의 반작용힘 **A**가 지나야 하는 일치점(교점) O를 정의할 수 있다. 미지의 **T**와 **A**의 크기는 힘평형의 다각형을 형성하도록 힘벡터의 시점-종점을 합함으로써 구할 수 있으며, 이 것은 벡터의 합이 0임을 만족해야 한다. 그림의 아랫부분에서 보는 바와 같이 기지의 수직하중이 적당한 크기로 놓이게 한 후에, 장력 **T**가 작용하는 방향을 표시하는 선이 14.66 kN 벡터의 꼬리부분을 지나도록 그린다. 이와 유사하게 자유물체도에서 힘은 한 점으로 모여 작용해야 한다는 관계로부터 핀 연결된 **A**에서의 반력이 14.66 kN의 꼬리부분을 지나도록 그린다. 벡터 **T**와 **A**를 표시하는 선의 교차는 힘의 벡터합이 0과 같도록 하는 데 필요한 T와 A의 크기를 결정한다. 이들 크기는 그림의 비로부터 결정된다. **A**의 x와 y의 성분은 필요한 경우 힘다각형에서 구할 수 있다.

|도움말|

① 이 단계는 2.4절에서 설명한 Varignon 정리로부터 증명할 수 있다. 원리를 충분히 자주 이용할 수 있도록 준비해두라.

② 2차원 문제에서 모멘트 계산은 일반적으로 $\mathbf{r}\times\mathbf{F}$의 벡터 외적 연산보다는 스칼라 연산으로 더 간단히 다루어진다. 3차원의 경우는 나중에 보여지는 바와 같이 보통 그 반대인 경우이다.

③ A점에서의 힘의 방향은 원한다면 쉽게 계산할 수 있다. 그러나 A점에서의 지지하고 있는 핀을 설계하거나 강도를 확인하는 경우에 있어서는 단지 힘의 크기만 필요하다.

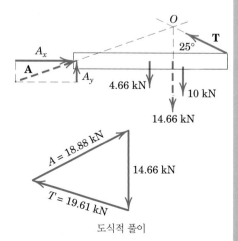

도식적 풀이

연습문제

기초문제

3/1 50 kg의 균질하고 매끄러운 구가 경사 30°인 A에 놓여 부드러운 수직벽 B에 접해있다. A와 B에서의 접촉력을 구하라.

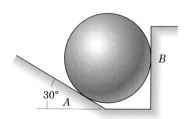

문제 3/1

3/2 1400 kg의 리어엔진 자동차의 질량중심이 그림과 같이 위치하고 있다. 자동차가 평형상태에 있을 때 각 타이어에 작용하는 수직 반력을 구하라. 어떤 가정들이 있다면 진술해보라.

문제 3/2

3/3 한 목수가 그림과 같이 6 kg의 균일한 판자를 들고 있다. 만약 그가 판자에 수직력만 가한다고 할 때 A, B에서의 힘을 구하라.

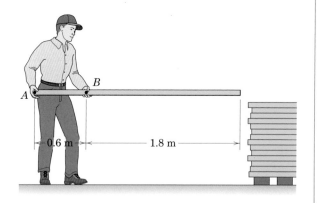

문제 3/3

3/4 450 kg의 균일한 I 형 보가 그림과 같이 하중을 지지하고 있다. 지지점에서의 반력들을 구하라.

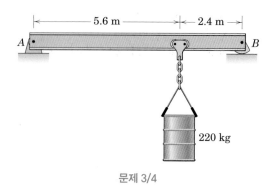

문제 3/4

3/5 $\theta = 30°$인 위치에서 200 kg의 엔진을 유지하기 위하여 요구되는 힘 P를 구하라. B에서 풀리의 지름은 무시한다.

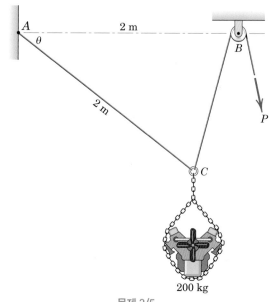

문제 3/5

3/6 균일한 15 m 장대는 질량이 150 kg이고 그 부드러운 장대 끝들은 수직벽과 인장력이 T인 수직 케이블에 의해 지지되어 있다. A와 B에서의 반력을 구하라.

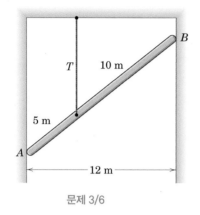

문제 3/6

3/7 $P=500$ N일 때 A와 E에서의 반력을 구하라. 정적 평형을 이루기 위한 P의 최댓값을 구하라. 작용 하중에 비해 구조물의 무게는 무시한다.

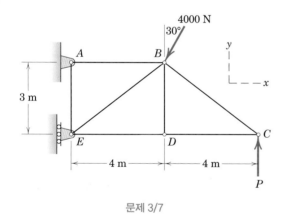

문제 3/7

3/8 54 kg의 상자가 27 kg의 픽업 뒷문에 놓여 있다. 두 개의 억제 케이블의 하나에 작용되는 인장력 T를 계산하라(그림에서는 하나의 케이블만 보임). 질량중심들은 G_1과 G_2에 있다. 상자는 두 케이블 사이의 중앙에 위치한다.

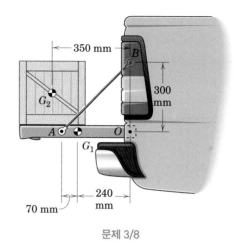

문제 3/8

3/9 20 kg의 균일한 사각형 평판이 이상적인 피벗 O와 점 A에서 미끄러지기 전에 압축되어야 하는 스프링에 의해 지지되어 있다. 만약 스프링 상수가 $k=2$ kN/m일 때 변형되지 않은 스프링의 길이 L은 얼마여야 하는가?

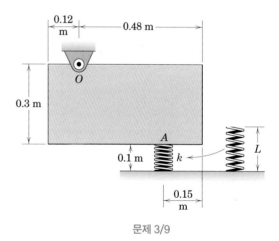

문제 3/9

3/10 그림과 같이 500 kg의 균일보가 3개의 외력을 받고 있다. 지점 O에서의 반력들을 계산하라. x-y 평면은 수직이다.

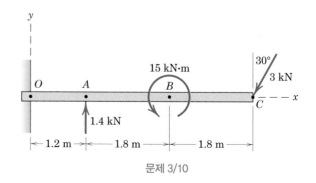

문제 3/10

3/11 역학을 공부한 한 이전의 학생이 자신의 몸무게를 측정하기를 원하지만 400 N이 한계인 저울 A와 작은 80 N의 스프링 다이나모미터 B만을 가지고 있다. 그림과 같은 연결을 통하여 B가 76 N을 나타내도록 그가 밧줄을 잡아당길 때 저울 A는 268 N을 나타낸다. 그의 정확한 몸무게 W와 질량 m은 얼마인가?

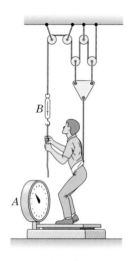

문제 3/11

3/12 리프팅 훅에 하중이 작용하지 않을 때 리프팅 훅의 위치변화를 용이하게 하기 위하여 그림과 같은 미끄럼 행거가 사용된다. A와 B에서의 투영은 하중이 작용할 때의 박스 보의 플랜지들의 관계를 보여준다. 그리고 그 훅은 보의 수평 슬롯을 통해 투영된다. 훅에 300 kg의 질량이 걸렸을 때 A와 B에서의 힘을 구하라.

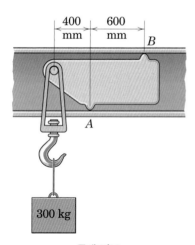

문제 3/12

3/13 시스템이 평형상태에 있으려면 질량 m_B는 얼마인가? 마찰은 무시한다. 그리고 어떤 가정이 있으면 진술해보라.

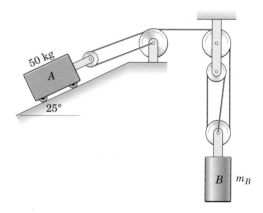

문제 3/13

3/14 벽에 고정되어 있는 2.5 kg의 가벼운 비품이 있다. 이 비품의 질량중심은 G에 있다. A와 B에서의 반력과 C에서의 조절 스크루에 의해 지지되는 모멘트를 계산하라. (가벼운 무게인 프레임 ABC는 약 250mm의 수평 배관이며 A와 B에서 지면의 안쪽과 바깥쪽으로 향한다.)

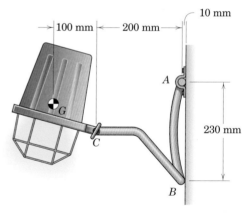

문제 3/14

3/15 원치가 200 mm/s의 일정속도로 케이블을 감고 있다. 만약 실린더 질량이 100 kg일 때 케이블 1에 걸리는 장력을 구하라. 모든 마찰은 무시한다.

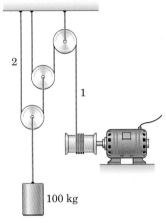

문제 3/15

3/16 조수의 높낮이를 조절하기 위해 부두에서 플로트까지의 연결다리가 그림과 같이 2개의 롤러에 의해 지지되어 있다. 300 kg인 연결다리의 질량중심이 G에 있을 때, 밧줄걸이에 매어져 있는 수평 케이블의 장력 T를 계산하고 A에서 롤러가 받는 힘을 구하라.

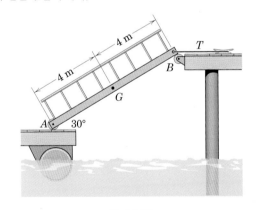

문제 3/16

3/17 0.05 kg의 물체가 그림과 같은 위치에 있을 때 선형 스프링이 10 mm 늘어난다. C점에서 접촉이 일어나지 않도록 요구되는 힘 P를 구하라. (a) 하중의 효과를 포함하고 (b) 하중을 무시하여 해를 완성하라.

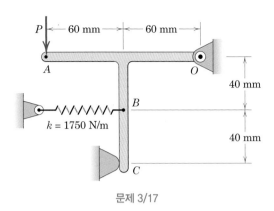

문제 3/17

3/18 0.05 kg의 물체가 그림과 같은 위치에 있을 때 O점에서 비틀림 스프링이 물체에 시계방향으로 0.75 N·m의 시계방향의 모멘트를 받도록 인장을 받고 있다. C점에서 접촉이 일어나지 않도록 요구되는 힘 P를 구하라. (a) 하중의 효과를 포함하고 (b) 하중을 무시하여 해를 완성하라.

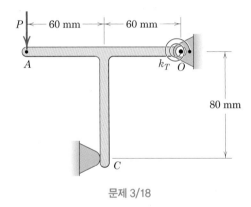

문제 3/18

3/19 자동차가 수평면 위에서, 각 타이어 아래에 있는 4개의 저울 위에 놓여 있다. 저울의 눈금은 앞바퀴에서 각각 4450 N, 뒷바퀴에서 각각 2950 N을 나타낸다. 자동차의 질량중심 G의 x좌표와 자동차의 질량을 구하라.

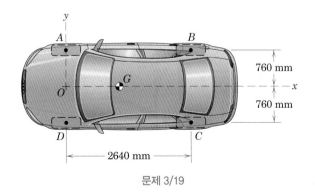

문제 3/19

3/20 잠긴 위치로부터 해제 폴 OB를 반시계방향으로 회전시키는 데 필요한 힘의 크기 P를 구하라. 비틀림 스프링 상수 $k_T=$ 3.4 N·m/rad이고 스프링의 폴 끝은 그림과 같이 중립위치에서 반시계방향으로 25°로 기울어져 있다. 접촉점 B에서의 모든 힘들은 무시한다.

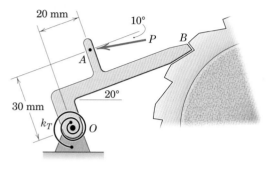

문제 3/20

3/21 질량이 80 kg인 운동하는 사람이 약간 천천히 안정적으로 이두박근 운동을 시작하고 있다. 장력 $T=65$ N이 운동기구로부터 발생될 때 발 A와 B에서의 수직반력을 구하라. 마찰은 미끄럼을 방지하기에 충분하며 운동하는 사람은 그림과 같은 위치에 질량중심 G를 유지한다.

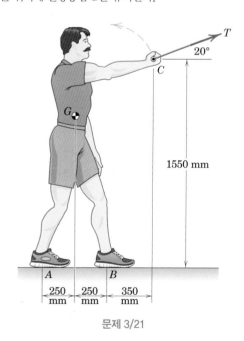

문제 3/21

3/22 위치 레버의 핸들에 작용하는 힘 P는 보여지는 위치의 코일 스프링에 300 N의 수직 압축력을 유발시킨다. 레버의 O점에서 핀에 의해 가해지는 관련 힘을 구하라.

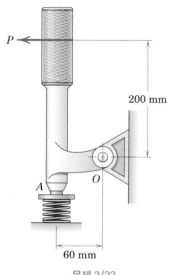

문제 3/22

3/23 모터가 질량 M이고 길이가 L인 균일하고 가느다란 봉을 의미의 위치 θ에 놓이도록 해야 하는 모멘트를 구하라. 봉에 부착된 기어 B와 모터 축에 부착된 기어 A와의 반지름의 비는 2이다.

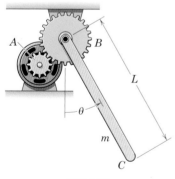

문제 3/23

3/24 자전거 타는 사람이 그림과 같이 자기의 브레이크 레버에 40 N 의 힘을 가한다. 브레이크 케이블에 전달되는 장력 T를 구하라. 피벗 O에서의 마찰은 무시하라.

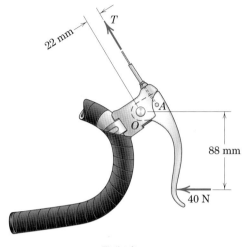

문제 3/24

심화문제

3/25 매끈한 실린더의 B에서의 접촉력이 A에서의 접촉의 1/2 이 되도록 수평과 이루는 각 θ를 구하라.

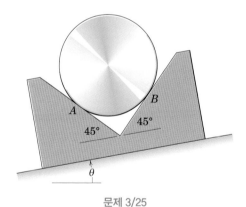

문제 3/25

3/26 질량 $m=75$ kg인 랙을 모터에 의해 60° 경사 아래로 서서히 안정된 속도로 내리기 위하여 기어 휠에 가해져야 하는 모멘트 M의 크기는 얼마인가?

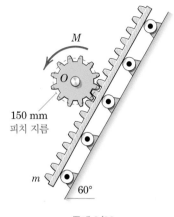

문제 3/26

3/27 잔디깎이의 바퀴조정기 요소가 그림과 같다. 바퀴(점선으로 보이는 부분적 바깥선)는 A에서 구멍을 통해 볼트로 죄어지고, A는 브래킷으로 통하지만, 하우징 H와는 통하지 않는다. 브래킷의 뒤편에 고정된 핀은 하우징의 7개의 가늘고 긴 구멍의 하나인 B에 맞추어져 있다. 보이는 위치에서, 핀 B에서의 힘과 피벗 O에서의 반력의 크기를 구하라. 바퀴는 $W/4$의 힘을 지지한다. 여기서 W는 잔디 깎기 기계의 전체무게이다.

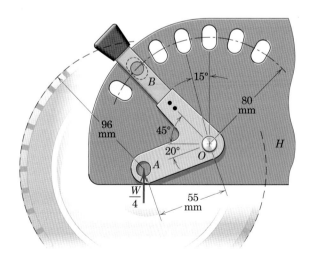

문제 3/27

3/28 케이블 AB가 장력의 변화 없이 작은 이상 도르래에 걸쳐져 있다. 보인 위치에서 정적 평형에 요구되는 케이블 CD의 길이는 얼마인가? 케이블 CD의 장력은 얼마인가?

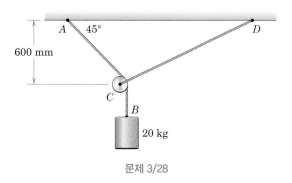

문제 3/28

3/29 파이프 P가 그림과 같이 파이프 벤더에 의해 굽어지고 있다. 유압 실린더가 C에서 $F=24$ kN의 힘이 작용할 때, A와 B에서의 롤러 반력의 크기를 구하라.

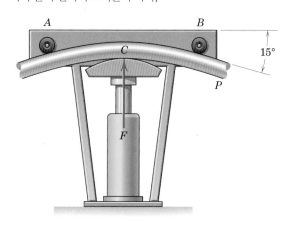

문제 3/29

3/30 비대칭 단순 트러스가 그림과 같이 힘을 받고 있다. A와 D에서의 반력을 구하라. 작용 하중과 비교되는 구조물의 무게는 무시하라. 알아야 할 구조물의 사이즈가 필요한가?

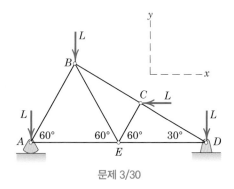

문제 3/30

3/31 1600 kg의 픽업트럭의 질량중심의 위치 G는 짐을 싣지 않은 상태에 대한 것이다. 만약 질량중심이 뒤 차축에서 $x=$ 400 mm의 뒤에 있는 하중이 트럭에 부가될 때, 앞바퀴와 뒷바퀴의 수직력이 같아지기 위한 하중 질량 m_L을 구하라.

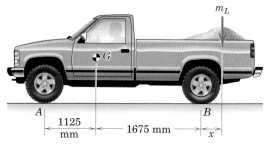

문제 3/31

3/32 질량이 m이고 반지름이 r인 균일한 원환이 반지름 r인 편심 질량 m_0를 운반하고 있다. 이 균일 원환은 수평과 각도 α를 이루는 경사면에서 평형상태에 있다. 만약 접촉력이 미끄럼을 방지하기에 충분히 거칠다면, 평형위치를 정의하는 각도 θ에 대한 식을 나타내라.

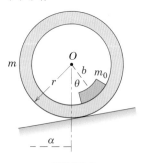

문제 3/32

3/33 질량 m이고 길이 L인 균일 봉을 임의의 위치 θ에서 유지할 수 있도록 요구되는 힘 T를 구하라. 구한 결과를 $0 \leq \theta \leq 90°$의 범위 내에서 그리고 $\theta = 40°$에 대한 T의 값은 얼마인가?

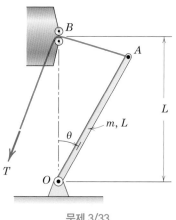

문제 3/33

3/34 장도리 아래에 놓인 블록은 그림과 같이 못을 뽑는데 매우 유용하다. 만약 못을 뽑는 데 손잡이에 200 N의 힘이 요구될 때, 못의 장력 T를 계산하고 블록 위에서 장도리에 의해 발생되는 힘의 크기 A를 계산하라.

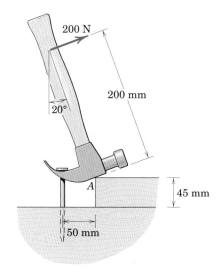

문제 3/34

3/35 체인 바인더는 통나무, 목재, 파이프와 같은 것들의 하중을 확보하기 위해 사용된다. $\theta = 30°$일 때 장력 T_1이 2 kN이면 레버에 요구되는 힘 P와 이 위치에 대한 그에 따른 장력 T_2를 구하라. A점 아래의 표면은 완전하게 매끄럽다고 가정하라.

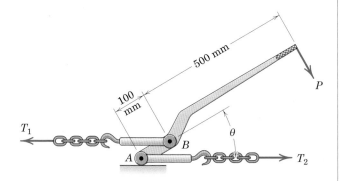

문제 3/35

3/36 삼두근의 강도를 평가하는 과정에서 한 사람이 그림에서와 같이 그의 손바닥을 로드 셀 아래로 누른다. 만약 로드 셀 눈금이 160 N일 때, 삼두근에 의해 이루어진 수직 장력 F를 구하라. 아래쪽 팔의 질량은 1.5 kg이고 질량중심은 G에 있다. 어떤 가정이 있다면 말해보라.

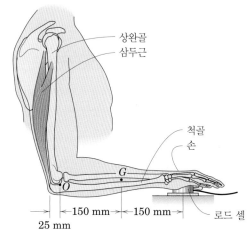

문제 3/36

3/37 바람에 의해 일정속력으로 항해하는 요트는 그림과 같이 주 돛에 4 kN의 힘과 삼각돛에 1.6 kN의 힘을 받아 항해되고 있다. 물의 유체 마찰력에 의한 전체 저항력은 R이다. 물에 의해 선체에 작용하는 움직임에 수직인 측면 힘들의 합력을 구하라.

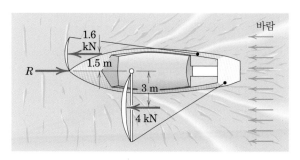

문제 3/37

3/38 한 사람이 그림에서와 같이 질량 10 kg의 무게로 이두박근 운동을 하고 있다. 상완근군(이두박근과 상완근으로 구성된)은 이 운동의 근본 요소이다. 상완근군의 힘의 크기 F와 그림에서 보이는 앞 팔 위치에 대한 점 E에서의 엘보 조인트의 반력의 크기 E를 구하라. 두 근육군의 등가 작용점의 위치는 다음과 같다. 상완근은 E점 바로 위 200 mm 지점이고 이두박근은 E점의 바로 오른쪽 50 mm 지점이다. 질량중심이 G에 있는 1.5 kg의 앞 팔의 질량효과를 포함하라. 어떤 가정이 있으면 진술해보라.

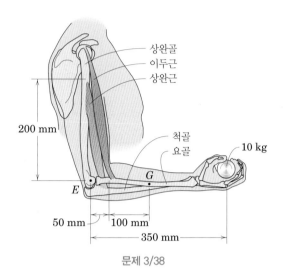

문제 3/38

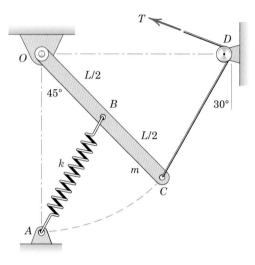

문제 3/40

3/39 운동기구가 경사램프를 따라 자유로이 움직이도록 작은 롤러에 설치된 가벼운 카트에 부착되어 있다. 만약 두 손이 함께 케이블과 평행하고 각 케이블이 수직 평면 내에 놓여 있다고 할 때 평형위치를 유지하기 위하여 각 손이 케이블에 미치는 힘 P를 구하라. 사람의 질량은 70 kg, 램프의 각도 $\theta = 15°$이고 각도 $\beta = 18°$이다. 부가해서, 램프가 카트에 미치는 힘 R을 계산하라.

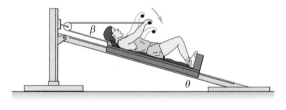

문제 3/39

3/40 길이 L인 균일봉 OC는 O를 통해 수평축에 관해 자유롭게 회전할 수 있도록 연결되어 있다. 만약 C가 A와 일치할 때 스프링 상수 k가 늘어나지 않는다면 그림과 같이 봉이 45°의 위치가 되었을 때 요구되는 장력 T를 구하라. D에서의 작은 풀리의 직경은 무시한다.

3/41 보이는 장치는 자동차-엔진 밸브 스프링을 테스트하는 데 사용된다. 토크렌치는 직접 팔 OB에 연결되어 있다. 자동차 흡입밸브 스프링의 사양은 원래 길이 50 mm에서 40 mm의 길이로 줄어들게 하는 데 370 N의 힘이 필요하다. 토크렌치에서 가리키는 모멘트 M은 얼마인가? 그리고 이 모멘트를 발생시키는 데 요구되는 토크렌치 핸들에 미치는 힘 F는 얼마인가?

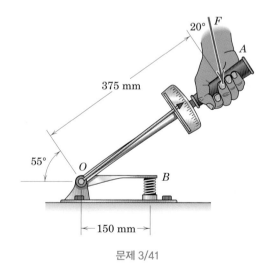

문제 3/41

3/42 자동차 정비소에서 이동식 마루 크레인이 100 kg의 엔진을 들어 올리고 있다. 보이는 위치에서, C에서 핀에 의해 지지되는 힘의 크기와 유압 실린더 AB의 지름 80 mm에 대한 오일 압력 p를 구하라.

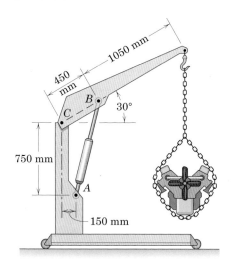

문제 3/42

*3/43 비틀림 스프링 상수 $k_T = 50$ N·m/rad인 비틀림 스프링은 $\theta = 0$에서 변형되지 않는다. $0 \le \theta \le 180°$ 범위에 걸쳐 평형이 존재하는 θ의 값을 구하라. 여기서 $m_A = 10$ kg, $m_B = 1$ kg, $m_{OA} = 5$ kg이고 $r = 0.8$ m이다. OA는 그 끝에 질점 A(무시할 만한 크기)가 달린 균일하고 가는 봉으로 가정하라. 그리고 작은 이상롤러의 영향은 무시하라.

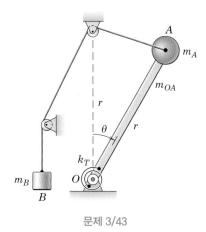

문제 3/43

3/44 볼트의 축에 관해 볼트를 회전시키는 데 24 N·m의 토크(모멘트)가 요구된다. P와 렌치의 턱과 육각 볼트머리의 코너 A와 B 사이의 힘을 구하라. 접촉은 코너 A와 B에서만 이루어지도록 렌치가 쉽게 맞추어진다고 가정하라.

문제 3/44

3/45 지상에서 엔진 시험을 하는 동안, 프로펠러의 추력 $T = 3000$ N이 질량중심 G인 1800 kg의 비행기에 생성된다. 주 바퀴는 B점에 고정되어 미끄러지지 않는다. A에서의 작은 꼬리 바퀴는 제동장치가 없다. '엔진 꺼짐' 값과 비교할 때 A와 B에서의 수직력의 백분율 변화 n을 계산하라.

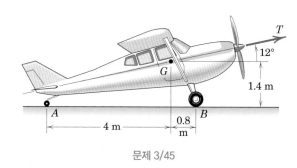

문제 3/45

3/46 균일한 100 kg의 보의 처짐을 테스트하기 위해, 50 kg의 소년이 보이는 것처럼 연결된 로프에 150 N의 힘으로 잡아당긴다. 힌지 O에서 핀에 의해 지지되는 힘을 계산하라.

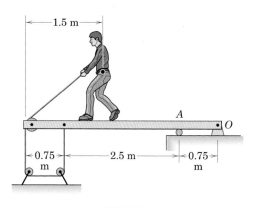

문제 3/46

3/47 수동의 자동차 트랜스미션을 위한 이동장치 기구의 일부가 그림과 같다. 전환레버에 8 N의 힘이 작용할 때, 트랜스미션(보이지 않음) 위 전환 링크 BC에 미치는 힘 P를 구하라. O에서 볼–소켓 이음 내의 마찰과 B에서의 조인트 내의 마찰과 지점 D 가까이의 미끄럼 튜브 내에서의 마찰은 무시하라. D에서 부드러운 고무 부싱은 미끄럼 튜브를 링크 BC와 자동 정렬하게 한다.

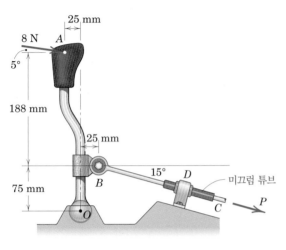

문제 3/47

3/48 원형 동체단면으로 된 비행기의 수화물 도어는 질량 m인 균일한 반원형 카울링 AB로 되어 있다. 보여지는 위치에서 문이 열린 상태를 유지하기 위한 B에서의 수평 버팀목의 압축력 C를 구하라. 또한 A에서 힌지에 의해 지지되는 전체 힘에 대한 식을 구하라. (카울링의 도심과 질량중심의 위치는 부록 D의 표 D.3을 참고하라.)

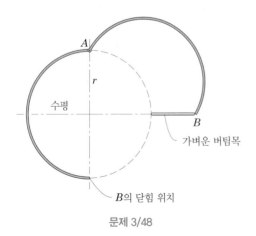

문제 3/48

3/49 사람이 그림과 같이 40 N의 수직 힘으로 트럭 해치를 열린 위치에서 닫기를 시작하려고 한다. 설계연습으로서, 두 유압봉 AB의 각각에 필요한 힘을 구하라. 40 kg의 도어 질량중심은 점 A의 바로 아래 37.5 mm에 있다. 문제를 2차원으로 취급하라.

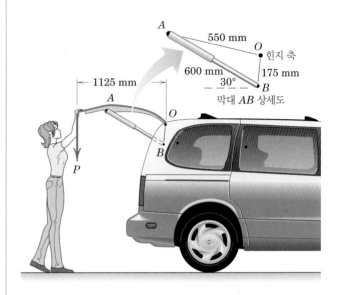

문제 3/49

3/50 냉장고 안 각빙 제조기의 어떤 요소들이 그림과 같다. (각빙은 실린더 조각의 형태를 가진다!) 각빙이 녹아 작은 히터(보이지 않음)가 각빙과 지지표면 사이에 얇은 수막을 형성하면, 모터가 이젝터 암 OA를 회전시켜 각빙을 제거시킨다. 만약 8개의 각빙과 8개의 암이 있다면, 요구되는 토크 M을 θ의 함수로 구하라. 각빙의 질량은 0.25 kg이고 질량중심 거리는 $\bar{r}=0.55r$이다. 마찰을 무시하고 각빙 위에 작용하는 수직분포하중의 합력은 점 O를 통과한다.

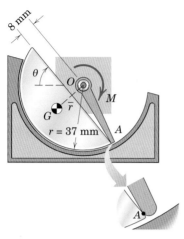

문제 3/50

▶ **3/51** 인간 척추의 요추부분은 위쪽 몸통의 전체무게와 요추 위에 부과되는 하중을 지지한다. 여기서 우리는 요추영역의 가장 낮은 척추(L_5)와 천골 영역의 가장 위쪽 척추 사이의 디스크 (빨갛게 음영된 부분)를 고려해본다. (a) $L=0$인 경우, 몸무게 W의 항으로 이 디스크에 의해 지지되는 압축력 C와 전단력 S를 구하라. 위쪽 몸통의 무게 W_u(문제 내의 디스크 위)는 전체 몸무게 W의 68%이고 G_1에서 작용한다. 등의 복직근이 위쪽 몸통에 미치는 수직력 F는 그림에서와 같이 작용한다. (b) $L=W/3$인 경우에 대해서도 풀이하라. 어떤 가정이 있으면 진술해보라.

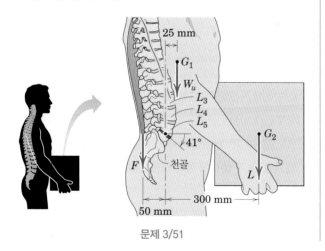

문제 3/51

3/52 질량 5 kg인 실린더를 평형상태로 유지하기 위해 크랭크 OA에 작용해야 하는 모멘트 M을 구하고 도표를 작성하라. OA의 질량과 마찰효과를 무시하고 $0 \leq \theta \leq 180°$ 범위에서 고려하라. M의 절댓값의 최댓값과 최솟값을 구하고 이 극값이 일어나는 θ의 값을 구하라. 그리고 물리적으로 이 결과들을 증명해보라.

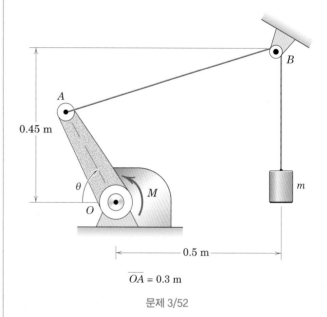

$\overline{OA} = 0.3$ m

문제 3/52

B편 3차원 평형

3.4 평형조건

이제 2차원 평형에 대한 원리와 방법을 3차원 평형으로 확장시켜 보자. 3.1절에서 한 물체의 평형에 관한 일반적인 조건식을 식 (3.1)과 같이 나타내었으며, 이 조건은 한 물체에 작용하는 힘의 합과 우력의 합은 0이 된다는 것을 나타낸다. 이들 2개의 평형에 관한 벡터방정식과 해당하는 스칼라방정식을 다음과 같이 쓸 수 있다.

$$\Sigma\mathbf{F} = \mathbf{0} \quad 즉 \quad \begin{cases} \Sigma F_x = 0 \\ \Sigma F_y = 0 \\ \Sigma F_z = 0 \end{cases}$$

$$\Sigma\mathbf{M} = \mathbf{0} \quad 즉 \quad \begin{cases} \Sigma M_x = 0 \\ \Sigma M_y = 0 \\ \Sigma M_z = 0 \end{cases} \tag{3.3}$$

처음 3개의 스칼라방정식은 모든 좌표방향에 대해 평형상태인 물체에 작용하는 힘의 합력은 0임을 나타낸다. 두 번째 3개의 스칼라방정식은 주어진 모든 좌표축 혹은 그와 평행한 임의의 축에 대한 물체에 작용하는 모멘트의 합이 0이 되어야 한다는 모멘트 평형조건이 추가로 필요하다는 것을 나타낸다. 이들 6개의 식은 3차원에서의 완전한 평형상태를 위한 필요충분조건들이다. 기준좌표는 편의에 따라 임의로 선택할 수 있으나, 벡터표시를 사용할 때에는 반드시 오른손 좌표계를 사용해야 한다는 제약이 있다.

식 (3.3)의 6개 스칼라 관계식들은 나머지 조건들과 관계없이 각각 별도로 성립할 수 있으므로 독립적인 조건들이다. 예를 들어 x방향으로 곧고 평탄한 길에서 가속하고 있는 자동차에 대하여, 뉴턴의 제2법칙은 자동차에 작용하는 합력이 자동차의 질량과 가속도와의 곱과 같다는 것을 나타낸다. 따라서 $\Sigma F_x \neq 0$이지만, 다른 모든 방향의 가속도 성분은 0이기 때문에 나머지 2개의 힘-평형방정식은 만족된다. 마찬가지로 가속되고 있는 자동차에 엔진의 플라이휠이 x축에 대하여 각속도가 증가하면서 회전하는 경우, 이 축에 대해서는 회전평형이 성립하지 않는다. 그러므로 플라이휠만 고려한다면 $\Sigma F_x \neq 0$에 따른 $\Sigma M_x \neq 0$이지만, 플라이휠에 대한 나머지 4개의 평형방정식은 플라이휠의 질량중심 좌표축에 대하여 성립한다.

식 (3.3)의 벡터식을 적용할 때는, 먼저 각각의 힘을 좌표계의 단위벡터 $\mathbf{i}$, $\mathbf{j}$, $\mathbf{k}$의 항으로 나타내어야 한다. 처음 식에서 나타낸 $\Sigma\mathbf{F}=\mathbf{0}$의 경우 $\mathbf{i}$, $\mathbf{j}$, $\mathbf{k}$의 계수가 각각 0일 때만 벡터합이 0이 된다. 각 성분의 합이 0이면, 이들 3개의 각 항은 $\Sigma F_x=0$, $\Sigma F_y=0$, $\Sigma F_z=0$인 3개의 스칼라방정식으로 나타난다.

두 번째 방정식 $\Sigma \mathbf{M} = 0$에서 모멘트합은 임의의 점 O에 대하여 계산될 수 있다. O점으로부터 힘 $\mathbf{F}$의 작용선 위의 어떤 임의의 점에 대한 위치벡터 $\mathbf{r}$을 이용하여 각 힘의 모멘트를 외적 $\mathbf{r} \times \mathbf{F}$로 표시한다. 그러므로 $\Sigma \mathbf{M} = \Sigma(\mathbf{r} \times \mathbf{F}) = 0$이 된다. 계산된 모멘트 식에서 $\mathbf{i}, \mathbf{j}, \mathbf{k}$의 계수들이 0이 되는 것으로부터 $\Sigma M_x = 0$, $\Sigma M_y = 0$, $\Sigma M_z = 0$의 3개의 스칼라 모멘트식을 각각 얻어낼 수 있다.

자유물체도

식 (3.3)에서의 합은 고려되고 있는 물체에 작용하는 모든 힘의 영향을 포함한다. 앞 절에서 자유물체도가 평형방정식에 포함되어야 하는 모든 힘과 모멘트를 나타내기 위한 유일하게 믿을 수 있는 방법이라는 것을 배웠다. 3차원 자유물체도는 2차원에서와 마찬가지로 중요한 용도로 쓰이며 문제해결을 위해 반드시 그려져야 한다. 이때 자유물체도는 분리된 물체에 작용하는 모든 외력들을 나타낸 도식적 그림을 그리거나, 자유물체도의 직각사영(orthogonal projection)으로 나타내는 방법 중 하나를 선택하여 나타낼 수 있다. 이 절 끝부분의 예제에서 두 가지 방법 모두에 대해서 설명하도록 한다.

자유물체도에 힘을 올바르게 표시하기 위해서는 접촉 표면의 특성에 관한 지식이 필요하다. 그림 3.1에서 2차원 문제에 있어서의 이들 특성을 나타내었고, 3차원 문제로의 확장은 힘전달의 가장 일반적인 상황에 대하여 그림 3.8에 나타내었다. 그림 3.1과 3.8에 나타낸 특성은 모두 3차원 문제의 해석에 이용될 것이다.

자유물체도의 근본 목적은 물체에 작용하는 모든 힘(우력도 포함)의 물리적 작용을 정확하게 도출하는 데 있다. 따라서 가능하면 힘들의 방향은 물리적으로 정확하게 나타내는 것이 편리하다. 이렇게 함으로써 자유물체도는 주어진 좌표계에서 힘이 단순히 수학적인 일관성을 따라 주어지는 경우나 또는 임의로 주어지는 경우보다 실제 물리적 문제에 보다 근접한 모델이 된다.

예를 들어 그림 3.8의 4번 예에서 미지수 R_x, R_y의 올바른 방향은 주어진 좌표축상에서 반대 방향이 될 수도 있다. 또한 유사한 조건을 적용하여 5번과 6번 예에서 오른손 법칙에 의해 우력벡터의 방향을 적용할 때, 각 좌표방향에 반대로 될 수도 있다. 여기서 학생들은 미지의 힘이나 우력벡터에 대한 음수값이 단지 자유물체도상에 주어진 방향과 반대 방향의 물리적 작용을 나타낸다는 것을 알아야 한다. 물론 정확한 물리적 방향이 문제 해결의 초기단계에서 명확하지 않은 경우가 많다. 이러한 경우 자유물체도상에 방향을 임의로 나타내는 것이 필요하게 된다.

평형의 범주

그림 3.9를 참고하여 식 (3.3)을 적용할 때 다음 네 가지 경우로 귀결된다. 주어진 각각의 경우는 문제 해결을 위해 필요로 하는 독립된 평형방정식의 수 및 형식(힘

3차원 해석에서 힘의 작용에 관한 모델링	
접촉의 유형과 힘의 원점	분리될 물체에의 작용
1. 매끄러운 평면과 접촉하는 부재 혹은 볼지지된 부재 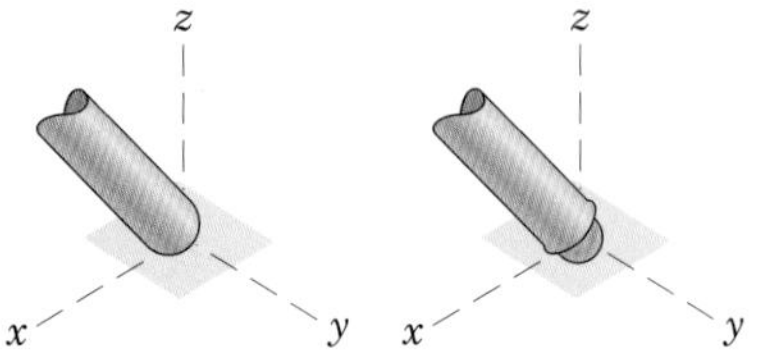 	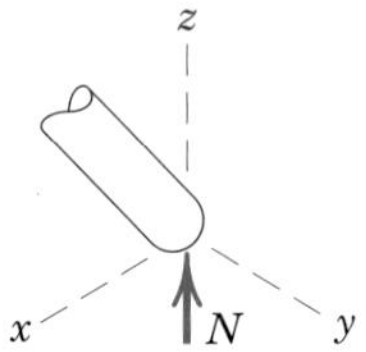 힘은 표면에 수직이고 부재 쪽으로 향한다.
2. 거친 평면과 접촉하는 부재 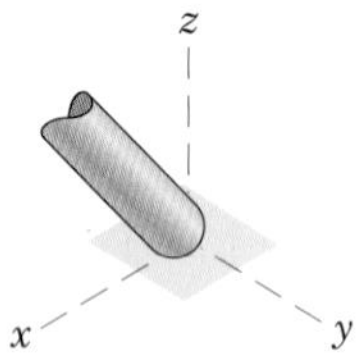 	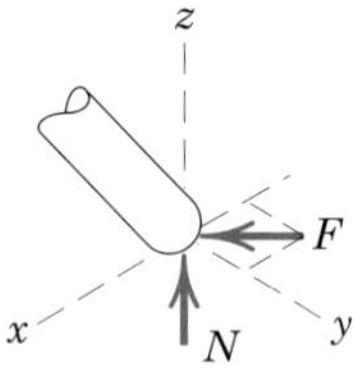 수직방향 힘 N 이외에 표면과 접하는 방향(마찰력)으로 부재에 작용하는 힘 F가 있을 가능성이 존재한다.
3. 횡방향으로 구속된 롤러나 바퀴 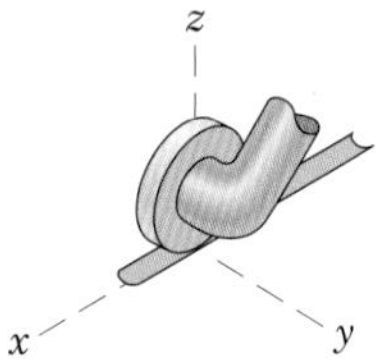 	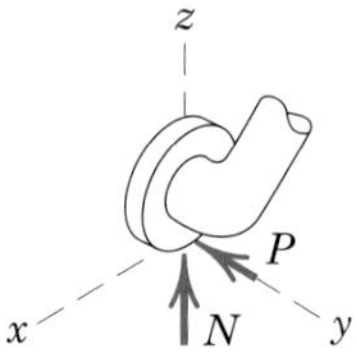 수직방향 힘 N 이외에 바퀴의 안내홈에 의해 작용하는 횡방향 힘 P가 존재할 수 있다.
4. 볼 - 소켓 이음 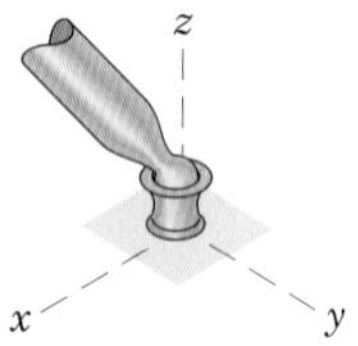 	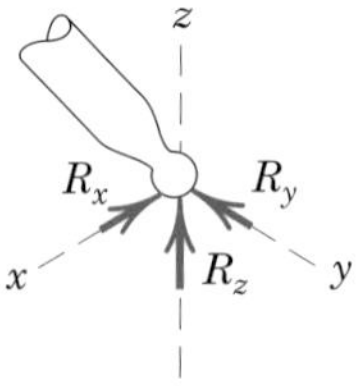 볼 중심에 대하여 회전이 자유로운 볼 - 소켓 이음은 세 방향 성분을 가지는 힘 $\mathbf{R}$을 지지할 수 있다.
5. 고정연결(끼워맞춤 또는 용접) 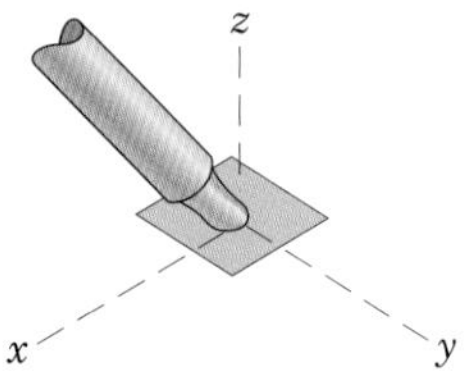 	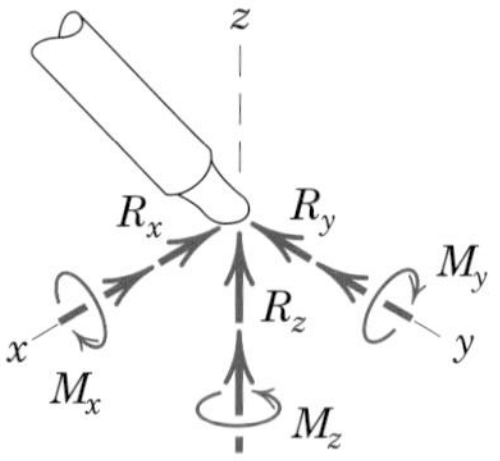 세 방향 성분의 힘 이외에도 고정연결은 3개의 성분으로 나타나는 우력 $\mathbf{M}$을 지지할 수 있다.
6. 축하중을 받는 베어링 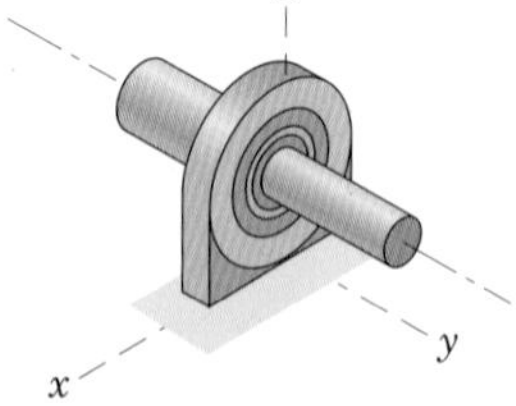 	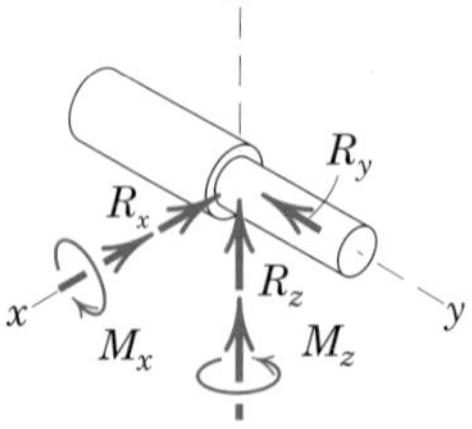 축하중을 받는 베어링은 반지름 방향 힘 R_x와 R_z 이외에도 축방향 힘 R_y를 지지할 수 있다. 특정 경우에 있어서 정적 정정이 되기 위하여 우력 M_x와 M_z는 반드시 0으로 고려되어야 한다.

그림 3.8

3차원에서 평형의 분류		
힘계	자유물체도	독립된 방정식
1. 한 점으로 모임	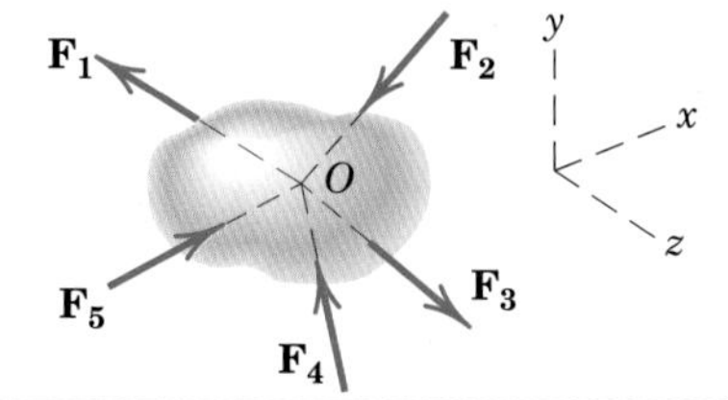	$\Sigma F_x = 0$ $\Sigma F_y = 0$ $\Sigma F_z = 0$
2. 한 선으로 모임	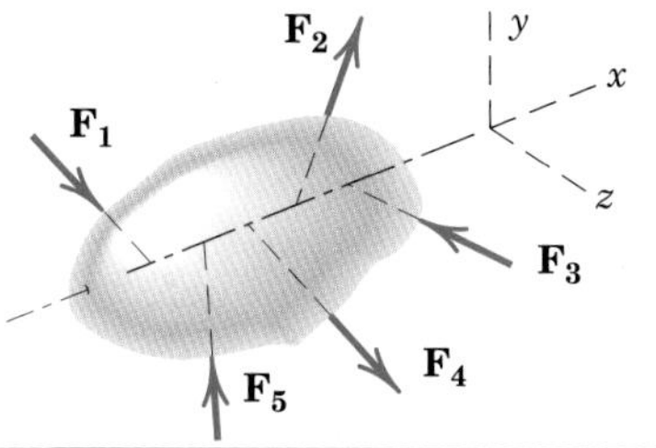	$\Sigma F_x = 0$ 　 $\Sigma M_y = 0$ $\Sigma F_y = 0$ 　 $\Sigma M_z = 0$ $\Sigma F_z = 0$
3. 평행	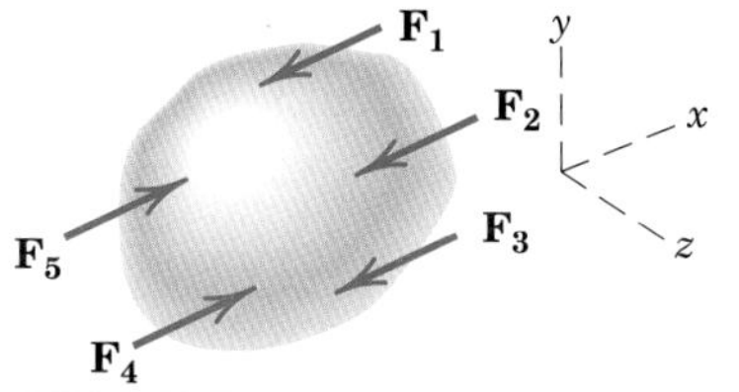	$\Sigma F_x = 0$ 　 $\Sigma M_y = 0$ 　　　　　 $\Sigma M_z = 0$
4. 일반적인 경우	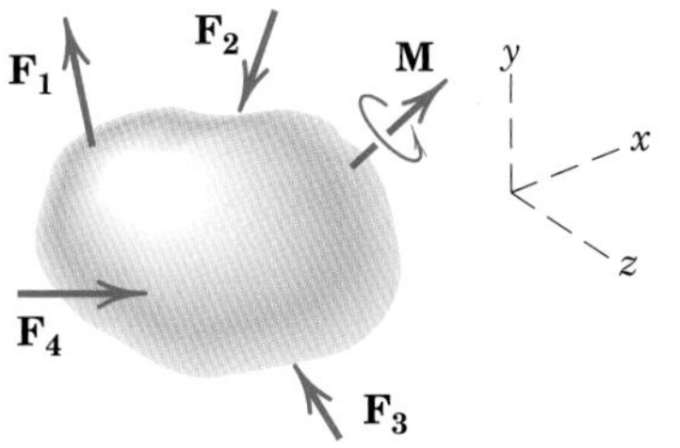	$\Sigma F_x = 0$ 　 $\Sigma M_x = 0$ $\Sigma F_y = 0$ 　 $\Sigma M_y = 0$ $\Sigma F_z = 0$ 　 $\Sigma M_z = 0$

그림 3.9

또는 모멘트)에 따라 달라진다.

　범주 1.　한 점 O에 대하여 작용하는 힘들의 평형은, O점을 지나는 모든 축에 대한 모멘트가 0이므로 3개의 힘에 대한 방정식만을 필요로 하고 모멘트식은 필요가 없다.

　범주 2.　한 직선과 만나는 힘들의 평형은 자동으로 평형이 만족되는 그 선에 대한 모멘트식을 제외한, 나머지 모든 평형조건식을 필요로 한다.

　범주 3.　평행한 힘들의 평형은 힘방향(그림에서는 x방향)으로 1개의 힘평형식과 힘방향에 수직한 축(y와 z)에 대한 2개의 모멘트식이 필요하다.

　범주 4.　힘의 일반적인 시스템에 대한 평형은 3개의 힘평형식과 3개의 모멘트식을 필요로 한다.

　여기서 기술한 것은 문제를 푸는 동안에 명확해질 것이다.

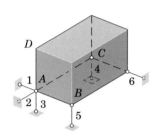

(a) 적합한 구속하에 완전한 고정

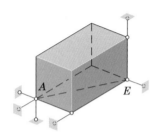

(b) 부분적인 구속하에 불완전한 고정

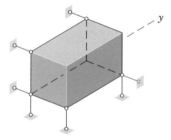

(c) 부분적인 구속하에 불완전한 고정

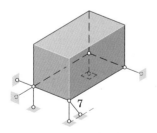

(d) 과잉구속하에 과다고정

그림 3.10

구속과 정정성

식 (3.3)에서 보인 6개 스칼라 관계식은 물체의 3차원 평형상태를 이루기 위한 필요충분조건이지만, 3차원 평형상태에서 물체에 작용하는 미지력을 계산하는 데 필요한 모든 정보를 반드시 제공하는 것은 아니다. 2차원의 경우에서 설명한 바와 같이, 정보의 적합성에 대한 문제는 지지점에 의해 주어지는 구속조건의 특성에 달려 있으나, 이는 이 과정에서 다룰 수 있는 범위를 넘어서는 것이므로 생략하기로 한다.[*] 그러나 문제에 대한 주의를 기울이도록 그림 3.10에 4개의 예를 인용하여 설명하였다.

그림 3.10a는 강체의 모서리 A가 링크 1, 2, 3에 의해 완전하게 고정되어 있는 경우이다. 링크 4, 5, 6은 각각의 링크 1, 2, 3의 축에 대해 회전이 제지되므로 물체는 완전하게 고정되어 있다. 따라서 이 경우 구속조건은 적합하다고 말할 수 있다. 그림 3.10b에서는 미지력과 같은 수의 구속조건을 보이고 있으나, 축 AE에 대해 작용하는 모멘트에 아무런 저항도 할 수 없는 구속이다. 따라서 이는 부분적인 구속을 가진 불완전한 고정의 경우에 해당된다.

유사한 예로 그림 3.10c는 구속조건이 y축 방향으로의 불평형력에 대한 저항을 제공하지 못하므로, 부분적인 구속을 가진 불완전한 고정의 또 다른 경우에 해당된다. 그림 3.10b에는 일곱 번째 구속의 링크가 완전한 고정을 위해, 적절하게 위치한 6개의 구속을 가진 시스템에 추가되어 있는 경우를 나타내었다. 이때 평형위치를 이루기 위해 필요한 것보다 더 많은 지지를 가지므로 링크 7은 과잉(redundant)이 되며, 물체는 링크 7을 가지는 부정정이 된다. 몇 가지 경우를 제외하고, 이 책에서는 평형상태에 있는 강체에 대한 지지구속은 적합하다. 그래서 물체는 정정인 경우를 다루기로 한다.

이 셀폰타워의 3차원 평형은 케이블 시스템에 의해 작용된 과도한 수평력을 피하도록 설계과정 중에 주의 깊게 해석되어야만 한다.

[*] 첫 번째 저자가 쓴 *Statics, 2nd Edition, SI Version*, 1975, 16절을 참조하라.

예제 3.5

질량 200 kg이고 길이가 7 m인 균일한 강철 샤프트가 수평마루에 A점에서 볼-소켓 이음(ball-and-socket joint)에 의해 지지되고 있다. B점에서의 볼 끝은 그림과 같이 매끄러운 수직벽에 기대 두었을 때, 벽과 마루에 의해 샤프트의 끝에 작용하는 힘을 계산하라.

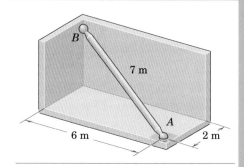

|**풀이**| 샤프트의 자유물체도는 우선 B점에서 샤프트에 작용하는 접촉력이 그림과 같이 벽면에 수직으로 작용하도록 그려진다. 무게 $W=mg=200(9.81)=1962$ N 외에, A점에서 마루에 의해 볼조인트에 작용하는 힘은 x, y, z성분으로 표시한다. 이들 성분은 A가 위치된 상태에 있어야 하므로 물리적 의미에 맞게 방향이 표시되어 있다. ① B의 수직위치는 $7=\sqrt{2^2+6^2+h^2}$의 관계로부터 $h=3$ m로 구해진다. 그림과 같이 오른손 좌표축이 설정되었다.

|**벡터풀이**| A에서의 힘을 소거시키기 위해 모멘트 중심으로 A를 이용한다. A에 대한 모멘트를 계산하는 데 필요한 위치벡터는

$$\mathbf{r}_{AG}=-1\mathbf{i}-3\mathbf{j}+1.5\mathbf{k}\text{ m 이고,} \qquad \mathbf{r}_{AB}=-2\mathbf{i}-6\mathbf{j}+3\mathbf{k}\text{ m 이다.}$$

여기서 질량중심 G는 A와 B 사이의 중간에 위치한다.

벡터모멘트는 다음과 같다.

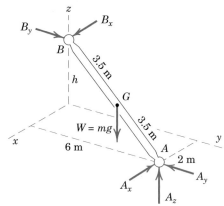

$$[\Sigma\mathbf{M}_A=\mathbf{0}] \qquad \mathbf{r}_{AB}\times(\mathbf{B}_x+\mathbf{B}_y)+\mathbf{r}_{AG}\times\mathbf{W}=\mathbf{0}$$

$$(-2\mathbf{i}-6\mathbf{j}+3\mathbf{k})\times(B_x\mathbf{i}+B_y\mathbf{j})+(-\mathbf{i}-3\mathbf{j}+1.5\mathbf{k})\times(-1962\mathbf{k})=\mathbf{0}$$

$$\begin{vmatrix} \mathbf{i} & \mathbf{j} & \mathbf{k} \\ -2 & -6 & 3 \\ B_x & B_y & 0 \end{vmatrix} + \begin{vmatrix} \mathbf{i} & \mathbf{j} & \mathbf{k} \\ -1 & -3 & 1.5 \\ 0 & 0 & -1962 \end{vmatrix} = \mathbf{0}$$

$$(-3B_y+5890)\mathbf{i}+(3B_x-1962)\mathbf{j}+(-2B_y+6B_x)\mathbf{k}=\mathbf{0}$$

$\mathbf{i}$, $\mathbf{j}$, $\mathbf{k}$의 계수가 0이 되도록 계산하여 풀면,

$$B_x=654\text{ N 이고,} \qquad B_y=1962\text{ N 이다. ②}$$

A에서의 힘은 다음과 같이 쉽게 구해진다.

$$[\Sigma\mathbf{F}=\mathbf{0}] \qquad (654-A_x)\mathbf{i}+(1962-A_y)\mathbf{j}+(-1962+A_z)\mathbf{k}=\mathbf{0}$$

$$A_x=654\text{ N} \qquad A_y=1962\text{ N} \qquad A_z=1962\text{ N}$$

$$A=\sqrt{A_x^2+A_y^2+A_z^2}$$

$$=\sqrt{(654)^2+(1962)^2+(1962)^2}=2850\text{ N}$$

|**스칼라풀이**| A를 지나고 x, y축에 평행한 각각의 축에 대해 스칼라방정식을 구하면

$$[\Sigma M_{A_x}=0] \qquad 1962(3)-3B_y=0 \qquad B_y=1962\text{ N}$$

$$[\Sigma M_{A_y}=0] \qquad -1962(1)+3B_x=0 \qquad B_x=654\text{ N} \text{ ③}$$

이고, 힘방정식은 다음과 같다.

$$[\Sigma F_x=0] \qquad -A_x+654=0 \qquad A_x=654\text{ N}$$

$$[\Sigma F_y=0] \qquad -A_y+1962=0 \qquad A_y=1962\text{ N}$$

$$[\Sigma F_z=0] \qquad A_z-1962=0 \qquad A_z=1962\text{ N}$$

|**도움말**|

① 물론 모든 미지력의 성분을 수학적으로 일관성 있게 양의 방향으로 정할 수 있으나, 이 경우 A_x와 A_y는 계산수행 후 음으로 판명될 것이다. 자유물체도는 물리적 상태를 기술한 것이므로 가능한 모든 곳에 정확한 물리적 감각에 따라 힘의 방향을 표시하는 것이 일반적으로 더 선호된다.

② 세 번째 방정식 $-2B_y+6B_x=0$은 단지 앞의 두 방정식을 검산하는 데 사용된다는 점에 유의하라. 일직선상에 모이는 힘의 평형력계는 오직 2개의 모멘트방정식만을 필요로 한다는 사실로부터 위 결과가 예측될 수 있다(평형의 범주에서 범주 2에 해당).

③ A를 지나고 z축에 평행한 축에 대한 모멘트합은 단지 $6B_x-2B_y=0$만을 주며, 앞식에 대한 검산으로만 쓰인다는 것이 밝혀졌다. 한편 $\Sigma F_z=0$으로부터 A_z를 먼저 구하고 A_x와 A_y를 얻기 위해 B를 지나는 축에 대한 모멘트를 취할 수도 있다.

예제 3.6

200 N의 힘이 호이스트(hoist)의 손잡이에 그림과 같은 방향으로 가해진다. 베어링 A는 스러스트(축방향의 힘)를 지지하는 반면, 베어링 B는 오직 반지름 방향 하중(축에 수직한 하중)만을 지지한다. 지지될 수 있는 질량 m과 각 베어링에 의해 축에 작용되는 전체 반지름 방향 힘을 구하라. 이때 베어링은 축에 수직한 직선에 대한 모멘트를 지지할 수 없다고 가정한다.

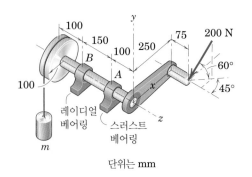

단위는 mm

|풀이| 이 시스템은 명백히 대칭선이나 대칭면을 가지지 않는 3차원 시스템이므로 이 문제는 일반적인 3차원 공간의 힘계로 해석되어야 한다. 벡터 표현을 사용하여 만족할 만한 해법을 얻을 수도 있지만, 이 풀이에서는 스칼라 해법을 사용하였다. 또한 단일물체로 고려될 수 있는 축, 손잡이, 드럼의 자유물체도를 3차원 공간에 그릴 수도 있지만, 여기서는 3개의 직각 투영면에 대하여 각각 표시하였다. ①

200 N의 힘은 세 성분으로 분해가 되고, 투영된 면에 대한 각각의 세 그림은 이 중에서 두 성분을 보여준다. A_x와 B_x의 정확한 방향은 두 70.7 N의 합력의 작용선이 A와 B 사이를 지난다는 것을 관찰함으로써 얻을 수 있다. 힘 A_y와 B_y의 올바른 방향은 모멘트의 크기가 얻어질 때까지는 결정될 수 없으므로 임의로 정한다. 베어링 힘의 x-y 투영은 미지의 x와 y 성분의 합으로 표시된다. A_z와 무게 $W=mg$를 합하여 자유물체도를 완성한다. 세 그림은 각각 대응되는 힘의 성분과 관련된 3개의 2차원 문제를 표현하는 것임에 유의해야 한다.

x-y 투영으로부터 ②

$$[\Sigma M_O = 0] \quad 100(9.81m) - 250(173.2) = 0 \qquad m = 44.1 \text{ kg}$$

x-z 투영으로부터

$$[\Sigma M_A = 0] \quad 150B_x + 175(70.7) - 250(70.7) = 0 \qquad B_x = 35.4 \text{ N}$$

$$[\Sigma F_x = 0] \qquad A_x + 35.4 - 70.7 = 0 \qquad A_x = 35.4 \text{ N}$$

y-z 그림으로부터 ③

$$[\Sigma M_A = 0] \quad 150B_y + 175(173.2) - 250(44.1)(9.81) = 0 \qquad B_y = 520 \text{ N}$$

$$[\Sigma F_y = 0] \quad A_y + 520 - 173.2 - (44.1)(9.81) = 0 \qquad A_y = 86.8 \text{ N}$$

$$[\Sigma F_z = 0] \qquad A_z = 70.7 \text{ N}$$

베어링에 작용하는 전체 반지름 방향의 힘은 다음과 같다.

$$[A_r = \sqrt{A_x{}^2 + A_y{}^2}] \qquad A_r = \sqrt{(35.4)^2 + (86.8)^2} = 93.5 \text{ N}$$

$$[B = \sqrt{B_x{}^2 + B_y{}^2}] \qquad B = \sqrt{(35.4)^2 + (520)^2} = 521 \text{ N} \quad ④$$

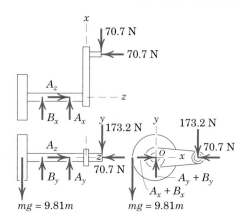

|도움말|

① 만약 세 그림의 표준 직각상 투영법에 별로 익숙하지 않다면, 이 부분을 복습하고 연습해야 한다. 세 그림은 물체에 덮어씌운 투명한 플라스틱 상자의 정면, 윗면, 측면에 투영되는 물체의 상을 보여주는 것으로 시각화할 수 있다.

② x-y 투영 대신 x-z 투영부터 시작할 수도 있다.

③ 질량 m을 얻은 후에 A_y와 B_y가 결정되기 때문에, y-z 투영면에 대한 그림은 x-y 그림 후에 작성하였다.

④ 축에 수직한 선에 대한 각 베어링에 지지되는 모멘트가 0이라고 가정하지 않는다면, 이 문제는 부정문제가 된다.

예제 3.7

용접된 관 구조물(tubular frame)이 A점의 볼-소켓 이음에 의해 x-y 수평면에 고정되어 있으며, B점의 헐거운 링(loose-fitting ring)에 의해 지지되고 있다. 그림에서 보인 바와 같은 방향으로 2 kN 하중이 작용하고 있을 때, A와 B를 지나는 축에 대한 회전이 케이블 CD에 의해 지지되어 있으며, 구조물이 그림과 같은 위치에서 안정하다고 하자. 구조물의 무게는 작용하중에 비해 작으므로 무시할 때, 케이블에서의 장력 T, 링에서의 반력 및 A점에서의 반력성분을 구하라.

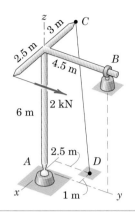

|**풀이**| 이 시스템은 대칭선이나 대칭면이 없는 3차원 시스템이므로, 이 문제는 일반 3차원 공간의 힘계로 해석되어야 한다. 자유물체도는 링의 반력이 두 성분의 항으로 표시되도록 그려진다. **T**를 제외한 모든 미지력은 A와 B를 지나는 선에 대한 모멘트합을 취함으로써 소거될 수 있다. ① AB 방향은 단위벡터 $\mathbf{n} = \dfrac{1}{\sqrt{6^2 + 4.5^2}}(4.5\mathbf{j}+6\mathbf{k})$ $=\dfrac{1}{5}(3\mathbf{j}+4\mathbf{k})$에 의해 정해진다. AB에 대한 **T**의 모멘트는 점 A에 대한 벡터모멘트 AB 방향의 성분이며, $\mathbf{r}_1 \times \mathbf{T} \cdot \mathbf{n}$과 같다. 마찬가지로, AB에 대한 작용하중 F의 모멘트는 $\mathbf{r}_2 \times \mathbf{F} \cdot \mathbf{n}$이다. $\overline{CD}$는 $\sqrt{46.2}$ m이므로 **T**, **F**, $\mathbf{r}_1$과 $\mathbf{r}_2$에 대한 표현식을 쓰면

$$\mathbf{T} = \frac{T}{\sqrt{46.2}}(2\mathbf{i} + 2.5\mathbf{j} - 6\mathbf{k}) \qquad \mathbf{F} = 2\mathbf{j} \text{ kN}$$

$$\mathbf{r}_1 = -\mathbf{i} + 2.5\mathbf{j} \text{ m} \qquad \mathbf{r}_2 = 2.5\mathbf{i} + 6\mathbf{k} \text{ m} \quad ②$$

이때 모멘트방정식은 다음과 같이 된다.

$$[\Sigma M_{AB} = 0] \quad (-\mathbf{i} + 2.5\mathbf{j}) \times \frac{T}{\sqrt{46.2}}(2\mathbf{i} + 2.5\mathbf{j} - 6\mathbf{k}) \cdot \frac{1}{5}(3\mathbf{j} + 4\mathbf{k})$$
$$+ (2.5\mathbf{i} + 6\mathbf{k}) \times (2\mathbf{j}) \cdot \frac{1}{5}(3\mathbf{j} + 4\mathbf{k}) = 0$$

벡터 연산이 끝나면

$$-\frac{48T}{\sqrt{46.2}} + 20 = 0 \qquad T = 2.83 \text{ kN} \qquad 🄐$$

이고, T의 성분은 다음과 같다.

$$T_x = 0.833 \text{ kN} \qquad T_y = 1.042 \text{ kN} \qquad T_z = -2.50 \text{ kN}$$

다음의 모멘트와 힘의 합에 의해 남은 미지력을 구하면 다음과 같다.

$[\Sigma M_z = 0]$	$2(2.5) - 4.5B_x - 1.042(3) = 0$	$B_x = 0.417$ kN	🄐
$[\Sigma M_x = 0]$	$4.5B_z - 2(6) - 1.042(6) = 0$	$B_z = 4.06$ kN	🄐
$[\Sigma F_x = 0]$	$A_x + 0.417 + 0.833 = 0$	$A_x = -1.250$ kN	🄐
$[\Sigma F_y = 0]$	$A_y + 2 + 1.042 = 0$	$A_y = -3.04$ kN ③	🄐
$[\Sigma F_z = 0]$	$A_z + 4.06 - 2.50 = 0$	$A_z = -1.556$ kN	🄐

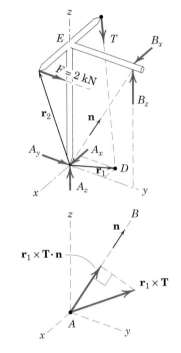

|**도움말**|

① 이 문제에서 벡터 표현을 사용할 때의 장점은 어떤 축에 대해서도 바로 모멘트를 취할 수 있다는 것이다. 이러한 장점은 이 문제에서 5개의 미지력을 소거시키는 축을 선택하는 데 이용된다.

② 힘의 모멘트에 대한 $\mathbf{r} \times \mathbf{F}$ 표현식에서 벡터 **r**은 모멘트 중심에서 힘의 작용선 위의 임의의 점까지 벡터임을 상기하라. $\mathbf{r}_1$ 대신 벡터 $\overrightarrow{AC}$를 간단히 선택해도 된다.

③ A성분에 관련된 음의 부호는 자유물체도에 그려진 방향과 반대임을 의미한다.

연습문제

기초문제

3/53 질량 15 kg인 360 mm×360 mm의 균일한 사각평판이 그림과 같이 3개의 수직 와이어에 의해 수평 평면을 이루며 매달려 있다. 각 와이어의 장력을 계산하라.

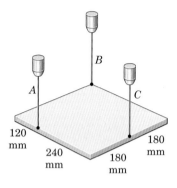

문제 3/53

3/54 질량 480 kg인 수평 강철이 A로부터 수직 케이블과 수직으로 가로놓인 평면 내에 놓여, 샤프트 아래를 감아올린 이차 케이블 BC에 의해 매달려 있다. 케이블의 인장력 T_1과 T_2를 계산하라.

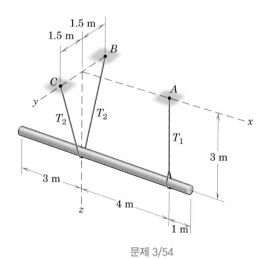

문제 3/54

3/55 케이블 AB, AC, AD의 장력을 구하라.

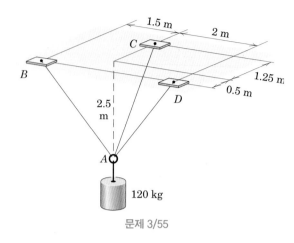

문제 3/55

3/56 36 kg의 합판이 그림과 같이 2개의 작은 블록 위에 놓여 있다. 이 합판은 판에 90°로 작용하는 힘 P로 인해 수직축과 20°로 기울어져 있다. 블록 A와 B의 모든 표면에서의 마찰은 미끄럼을 방지하는 데 충분하다. 크기 P와 A와 B에서의 수직 반력을 구하라.

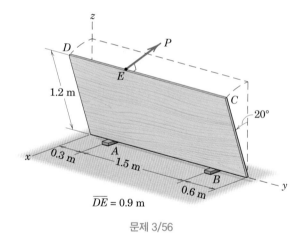

$\overline{DE} = 0.9$ m

문제 3/56

3/57 교통신호기 조립에 수직, 수평 폴이 먼저 세워진다. 부가되는 3개의 신호등 B, C, D(각각 질량 50 kg)로 인한 기초 O에서의 부가된 힘과 모멘트를 구하라.

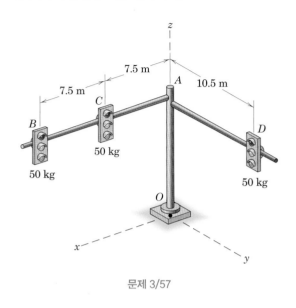

문제 3/57

3/58 테이블의 안정을 조절하기 위하여, 공학도들이 실험실 테이블의 다리 D를 제거하고 테이블이 안정하게 놓이는지를 확인하기 위해 그림과 같이 테이블 위 점 E에 중심을 갖도록 6 kg의 정역학 책을 쌓아 놓는다. A, B, C에서의 수직 반력을 구하라. 균일한 테이블 윗면의 질량은 40 kg이고, 각 다리의 질량은 5 kg이다.

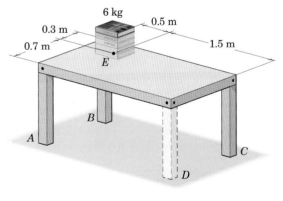

문제 3/58

3/59 수직 마스터는 4 kN의 힘을 유지하고 두 개의 고정 케이블 BC와 BD에 의해, 그리고 A에서는 볼 – 소켓 이음으로 구속되어 있다. BD 내의 인장력 T_1을 계산하라. 이 문제가 단지 평형에 관한 하나의 방정식만을 이용하여 완성될 수 있는가?

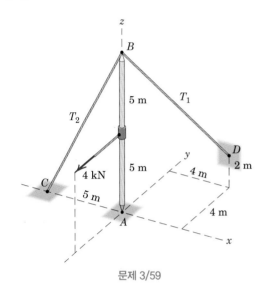

문제 3/59

3/60 그림과 같은 자동차의 조감도가 있다. 두 개의 다른 위치 C와 D는 단일 잭을 위해 고려된다. 각 경우에 있어서, 자동차의 전체 오른쪽 부분은 지면으로부터 들어 올려진다. A와 B에서의 수직 반력을 구하라. 그리고 잭으로 들어 올려지는 잭킹 위치의 각 경우에 대해 요구되는 수직 잭킹력을 구하라. 자동차는 1600 kg인 강체로 생각하라. 질량중심 G는 자동차의 중앙선상에 있다.

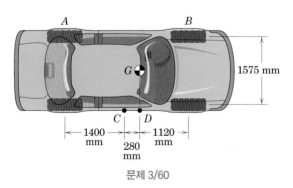

문제 3/60

3/61 질량 m인 균일한 사각평판이 3개의 케이블에 매달려 있다. 각 케이블의 장력을 구하라.

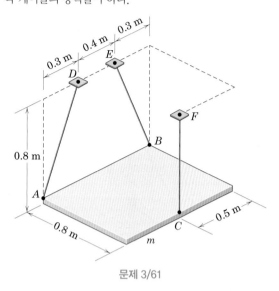

문제 3/61

3/62 질량이 m이고 반경이 r인 부드러운 균질 구가 서로 직각을 이루고 있는 두 개의 부드러운 수직벽의 교차선 위의 점 B 로부터 길이가 $2r$인 와이어 AB에 의해 매달려 있다. 구가 접해 있는 각 벽의 반력 R를 구하라.

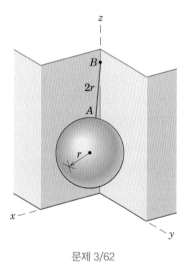

문제 3/62

3/63 직경이 600 mm, 질량이 50 kg인 균일한 강철 링이 그림과 같이 점 A, B, C에 연결되어 길이 500 mm인 케이블에 의해 들어 올려진다. 각 케이블의 장력을 계산하라.

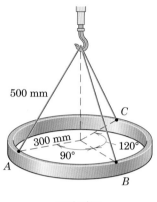

문제 3/63

3/64 예제 3.5의 200 kg의 균일 샤프트의 끝 B를 지지하는 수직 벽의 하나가 그림과 같이 30° 각도로 돌려져 있다. 끝 A는 여전히 수평인 x-y 평면 내에서 볼-소켓 연결로 지지되어 있다. 수직벽 C와 D에 의해 볼의 끝 B에 발생되는 힘 **P**와 **R** 의 크기를 계산하라.

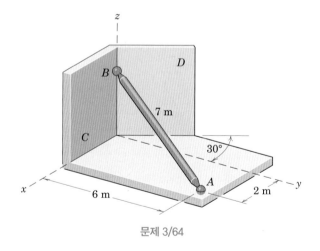

문제 3/64

3/65 400 kg의 실린더를 지지하고 있는 가벼운 직각 붐이 수직인 x-y면 위의 O에서 3개의 케이블과 볼-소켓 이음에 의해 지지되고 있다. O에서의 반력과 케이블의 장력을 구하라.

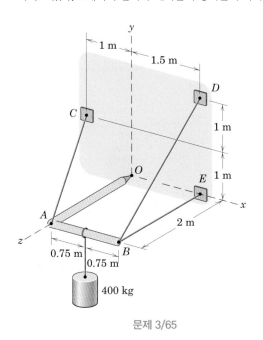

문제 3/65

3/66 30 kg의 도어의 질량중심은 판자의 중심에 있다. 만약 도어의 무게가 아래의 힌지 A에 의해 전적으로 지지될 때, 힌지 B에 의해 지지되는 전체 힘의 크기를 계산하라.

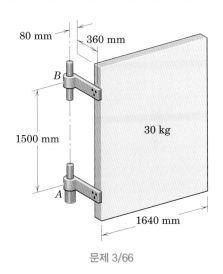

문제 3/66

3/67 2개의 I 빔이 용접되어 초기에 A, B, C 위의 지점으로부터 수직으로 매달린 길이가 같은 3개의 케이블에 의해 지지되고 있다. 200 N의 힘이 적당한 거리 d에서 작용될 때, 이 200 N의 힘은 그림에서처럼 이 시스템을 새로운 평형상태가 되도록 한다. 3개의 케이블 모두는 y-z 평면에 평행한 평면 내에서 수직으로부터 똑같은 각도 θ만큼 기울어져 있다. 편향각 θ와 적당한 거리 d를 구하라. 보 AB와 OC의 질량은 각각 72 kg, 50 kg이다. 보 OC의 질량중심은 y 좌표의 725 mm에 위치한다.

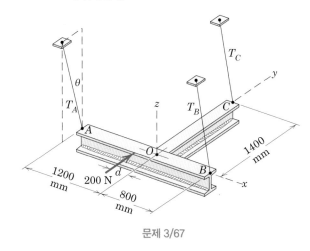

문제 3/67

3/68 50 kg인 균일한 삼각형 평판이 그림과 같이 2개의 작은 힌지 A와 B 그리고 케이블 시스템으로 지지되어 있다. 평판이 수평 위치를 유지할 때, 모든 힌지의 반력들과 케이블의 장력을 구하라. 힌지 A는 축 추력에 저항할 수 있으나, 힌지 B는 그렇지 못하다. 삼각형 평판의 질량중심에 대한 것은 부록 D의 표 D.3을 참조하라.

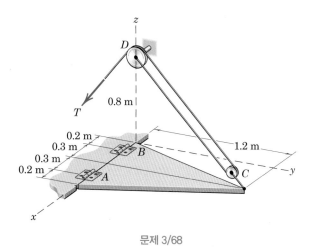

문제 3/68

3/69 큰 브래킷이 단위면적당의 질량이 ρ인 무거운 평판으로 만들어져 있다. 지지볼트 O에서의 힘과 모멘트 반력을 구하라.

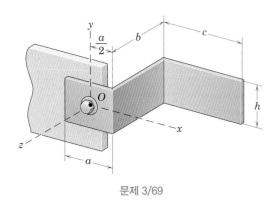

문제 3/69

심화문제

3/70 360 kg의 나무 몸통이 O점 근처에 해충 피해를 입었다. 그래서 그림과 같이 원치 장치로 나무를 베지 않고 쓰러뜨리려고 한다. 만약 원치 W_1이 900 N, W_2가 1350 N에 묶여 있을 때 O에서의 힘과 모멘트 반력을 구하라. 만약 나무가 결과적으로 O에서의 모멘트 때문에 쓰러진다면, 영향선 OE를 결정짓는 각 θ를 구하라. 나무 밑둥은 모든 방향에서 같은 크기의 힘을 갖고 있다고 가정하라.

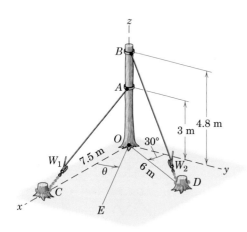

문제 3/70

3/71 제안된 화성 착륙선을 위한 3개의 착륙 패드 중의 하나가 그림에서 보인다. 착륙 지지대의 분포력에 관한 설계 검토의 부분으로서 착륙선이 화성의 수평면에 정지하고 있을 때 각 지지대 AC, BC, CD의 힘을 계산하라. 구조물의 배치는 x–z 평면에 관해 대칭이고 착륙선의 질량은 600 kg이다. (패드들에 의한 지지는 같다고 가정하고 필요하다면 부록 D의 표 D.2를 참고하라.)

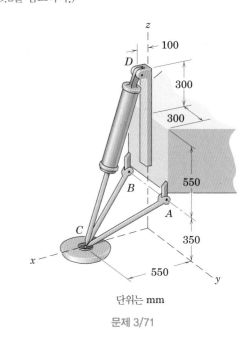

단위는 mm

문제 3/71

3/72 평형을 유지하기 위해 O에서 하중을 받고 있는 브래킷의 볼트와 너트에 의해 발생하는 힘 $\mathbf{R}$과 우력 $\mathbf{M}$의 크기를 구하라.

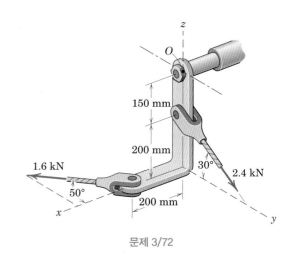

문제 3/72

3/73 25 kg인 사각형 접속 문이 단일 받침대 *CD*에 의해 90°로 열려 있다. 받침대에 미치는 힘 *F*와 작은 힌지 *A*와 *B*의 각각에 대한 힌지 축 *AB*에 수직한 힘의 크기를 구하라.

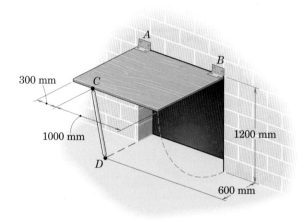

문제 3/73

3/74 설계검사의 한 부분으로서, 자동차 완충장치의 하나인 하부 암이 *A*와 *B*에서 베어링으로 되어 있고 *C*와 *D*에서 똑같은 900 N의 힘을 받고 있다. 그 완충장치의 스프링(정확히 보이지 않음)은 보이는 것처럼 *E*에서 힘 *F_s*를 가한다. 여기서 *E*는 평면 *ABCD* 내에 있다. 스프링 힘 *F_s*의 크기와 힌지 축 *AB*에 수직인 *A*와 *B*에서의 베어링 힘 *F_A*와 *F_B*의 크기를 구하라.

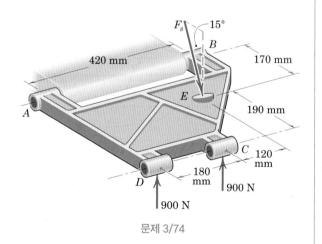

문제 3/74

3/75 축과 레버와 핸들이 함께 용접되어 단일 강체를 이루고 있다. 그들의 조합된 질량은 28 kg이고 *G*에서 질량중심을 갖고 회전은 링크 *CD*에 의해 방지된다. 그림과 같이 30 N·m 의 우력이 핸들에 작용되는 동안, 베어링 *A*와 *B*에 의해 축에 가해지는 힘을 구하라. 만약 우력이 핸들이 아닌 축에 가해진다면, 이 힘들은 바뀔 것인가?

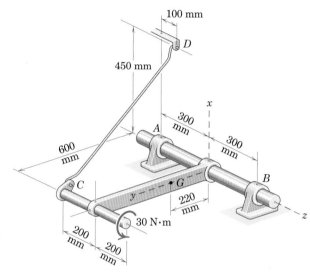

문제 3/75

3/76 테스트하는 동안 쌍발 엔진 비행기의 왼쪽 엔진은 회전속도가 올라가서 2 kN의 추력이 발생한다. *B*와 *C*에서의 주 바퀴는 움직이지 못하도록 제동되어 있다. *A*, *B*, *C*에서의 수직 반력의 변화(양 엔진이 꺼졌을 때의 값과 비교된)를 구하라.

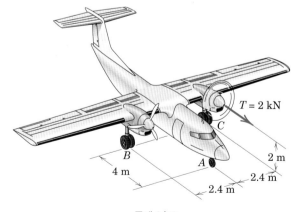

문제 3/76

3/77 구부러진 봉 $ACDB$가 A에서 슬리브에 의해, B에서 볼-소켓 이음에 의해 지지되어 있다. A와 B에서의 반력 성분들과 케이블의 장력을 구하라. 봉의 질량은 무시한다.

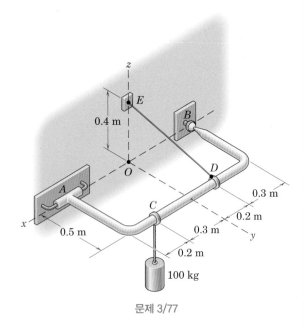

문제 3/77

3/78 턴버클 T_1은 750 N의 장력으로, T_2는 500 N의 힘으로 조여져 있다. 고정점 O에서의 힘과 모멘트 반력성분들을 구하라. 구조물의 무게는 무시한다.

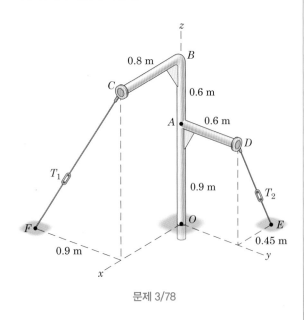

문제 3/78

3/79 스프링 상수 $k=900$ N/m인 스프링은 메커니즘이 그림과 같이 현 위치에 있을 때 $\delta=60$ mm만큼 늘어난다. 힌지 축 BC에 대해 회전을 시작하도록 요구되는 힘 P_{min}을 계산하고, 그때의 BC에 수직한 베어링 힘의 크기를 구하라. 만약 $P=P_{min}/2$이면 D에서의 수직 반력은 얼마인가?

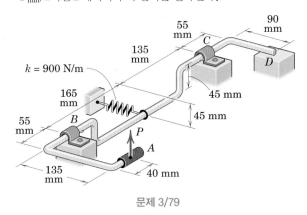

문제 3/79

3/80 라디오-제어 모델 비행기의 방향타 조립 모습이 그림과 같다. 그림처럼 15° 위치에서 사각형 방향타 면적의 왼쪽 면에 작용하는 정미 압력이 $p=4(10^{-5})$ N/mm²이다. 제어봉 DE에 요구되는 힘 P와 방향타 표면에 평행한 힌지 A와 B에서 반력들의 수평성분을 구하라. 공기역학적 압력은 균일하다고 가정하라.

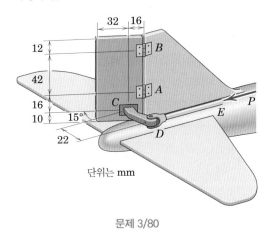

단위는 mm

문제 3/80

3/81 상점 위에 걸려 있는 사각형 간판은 질량이 100 kg이고 질량중심은 사각형 간판의 중심에 있다. 점 C에서의 벽의 지지는 볼-소켓 이음으로 취급해도 좋다. 모서리 D에서의 지지는 y방향으로만 지지된다. 지지와이어의 장력 T_1과 T_2를 계산하고, C점에서 지지되는 전체 힘과 D점에서 지지되는 가로방향의 힘 R를 계산하라.

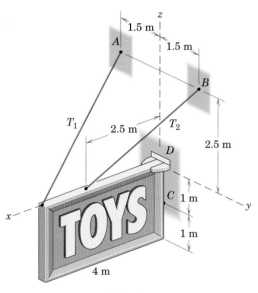

문제 3/81

▶3/82 질량이 40 kg인 균일 사각형 판자가 고정 수직면의 모서리 *A*와 *B*에 힌지로 연결되어 있다. 와이어 *ED*는 모서리 *BC*와 *AD*를 수평으로 유지하고 있다. 힌지 *A*는 힌지 축 *AB*에 대한 추력을 지지할 수 있으나, 힌지 *B*는 힌지 축에 수직한 힘만을 지지할 수 있다. 와이어의 장력 *T*와 힌지 *B*에 의해 지지되는 힘의 크기 *B*를 구하라.

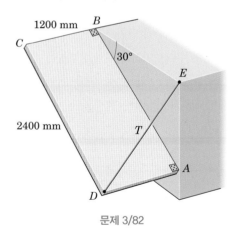

문제 3/82

▶3/83 다중도 케이블을 포함하는 수직 평면이 수직 기둥 *OC*에서 30°만큼 돌아가 있다. 인장력 T_1과 T_2는 둘 다 950 N이다. 기둥을 오랫동안 세워두기 위하여 지지로프 *AD*와 *BE*가 이용된다. 만일 두 지지로프가 *O*점에서의 모멘트를 0으로 감소하게 하는 똑같은 인장력 *T*를 전달하도록 설치될 때 *O*에서의 순 수평 반력을 구하라. *T*의 요구된 값을 구하라. 기둥의 무게는 무시한다.

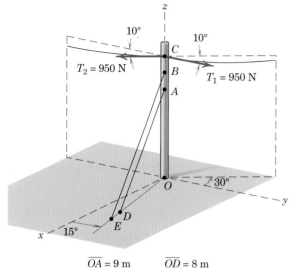

$\overline{OA}$ = 9 m　　　$\overline{OD}$ = 8 m

$\overline{OB}$ = 11 m　　　$\overline{OE}$ = 10 m

$\overline{OC}$ = 13 m

문제 3/83

*3/84 $0 \leq \theta \leq 180°$ 범위에서 팔 *OA*를 회전시키는 데 요구되는 모멘트 *M*을 구하고 도표를 구성해보라. 최대 모멘트 값 *M*과 그것이 발생하는 각도 θ를 구하라. 샤프트에 고정된 칼라 *C*는 베어링 안에서 샤프트의 아래 방향의 움직임을 방지한다. θ의 같은 범위에 걸쳐 이 칼라에 의해 지지되는 수직 분포력을 구하고 도표를 구성하라. 스프링 상수 k=200 N/m이고 스프링은 θ=0일 때 늘어나지 않은 상태이다. 구조물의 질량과 어떤 기계적 간섭효과는 무시한다.

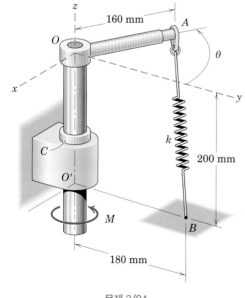

문제 3/84

3.5 이 장에 대한 복습

이 장에서는 강체의 평형문제를 풀기 위해 2장에서 공부한 힘, 모멘트 그리고 우력의 성질에 대한 것을 응용해보았다. 완전한 평형상태일 때 각각의 강체는 강체에 작용하는 모든 힘의 벡터합력이 0이고($\Sigma\mathbf{F}=\mathbf{0}$), 임의의 점에 대하여 강체에 작용하는 모든 모멘트의 합력이 0이다($\Sigma\mathbf{M}=\mathbf{0}$). 물리학적으로 용이하게 이해될 수 있는 이 두 가지 조건을 이용하여 문제를 풀 수 있다.

역학적 문제를 해결하는 데 있어서, 보통의 경우 이론보다는 그 원리를 적용하는 데 있어 종종 어려움을 접하게 된다. 평형원리를 적용하는 데 있어서 익숙해지기 위한 다음과 같은 중요한 단계가 있다.

1. 평형상태의 강체를 해석하기 위하여 분석하고자 하는 시스템(물체 또는 물체의 조합)에 대하여 분명한 결정을 하라.

2. 외부로부터 분리된 물체에 작용하는 모든 힘과 우력을 포함하는 **자유물체도**를 그림으로써 모든 접촉하는 물체로부터 문제의 물체를 분리하라.

3. 각 힘의 방향을 표시할 때 작용과 반작용의 법칙(뉴턴의 제3법칙)에 주의하라.

4. 기지 또는 미지의 모든 힘과 우력에 표식을 붙여라.

5. 벡터식을 사용할 경우에는 (주로 3차원 해석에서와 같이) 항상 오른손 좌표계로 기준 좌표축을 정하고 표식을 붙인다.

6. 구속조건(지지점)이 적절한지를 확인하고 독립적인 평형방정식의 수와 미지력의 수가 일치하는지를 확인하라.

우리가 평형문제를 풀 때, 가장 먼저 우선되어야 할 일은 물체가 정정계(statically determinate)인지를 확인하는 것이다. 만약 물체가 그 위치를 유지하는 데 필요한 것보다 많은 수의 지지력이 존재한다면, 그 물체는 부정정(statically indeterminate)이며, 평형방정식만으로 모든 반력을 구할 수 없다. 평형방정식을 적용함에 있어서, 우리는 선호에 따라서 또는 경험에 의해 스칼라 대수학이나 벡터 대수학 또는 기하학적 해석을 선택한다. 만약 3차원 문제라면 보통은 벡터 대수학이 가장 유용하다.

해를 구하는 과정은 가능한 한 많은 미지력을 소거할 수 있는 모멘트 좌표축을 선정하거나, 어떤 미지력에 관계하지 않는 방향에 대한 힘의 합을 구함으로써 간단히 할 수 있다. 이러한 단순화를 이용하기 위해 잠깐만 생각하는 습관을 들인다면 문제 해결을 위한 상당한 시간과 노력을 아낄 수 있다.

2장과 3장에서 다루어진 원리와 방법들은 정역학에서 가장 기본적인 부분들이며, 이들은 정역학뿐만 아니라 향후 다루어질 동역학에서도 그 바탕을 이루고 있다.

복습문제

3/85 O에서 핀은 3.5 kN의 최대 힘을 지지할 수 있다. 각이 진 브래킷 AOB에 작용될 수 있는 상응하는 최대 하중 L은 얼마인가?

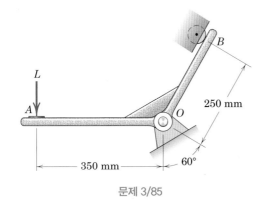

문제 3/85

3/86 가벼운 브래킷 ABC가 A에서 힌지로 연결되어 있고 B에서는 매끄러운 슬로터 내에 고정 핀에 의해 구속되어 있다. C에서 80 N·m의 우력이 작용할 때 A에서 핀에 의해 지지되는 힘의 크기 R을 계산하라.

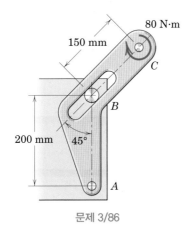

문제 3/86

3/87 질량 m, 길이 L인 가느다란 균일봉으로 인해 부드러운 수직 벽에 의해 가해진 수직력 N_A에 대한 일반식을 구하라. 실린더의 질량은 m_1이고 모든 볼베어링은 이상적이라 고려한다. 다음의 조건들을 만족시키는 m_1의 값을 구하라.
(a) $N_A = mg/2$
(b) $N_A = 0$

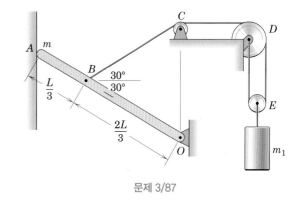

문제 3/87

3/88 균일한 직각삼각형 테이블의 윗부분의 질량이 30 kg이고, 수직 다리의 질량은 각각 2 kg이다. 각 테이블 다리에 발생되는 수직 반력을 구하라. 직각삼각형물체의 질량중심은 부록 D의 표 D.3을 참조하라.

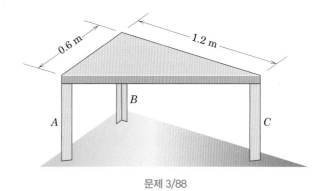

문제 3/88

3/89 그림에서 보이는 장치는 패널 장식 벽에 고정시키기 전의 위치로 건식 벽체를 들어 올리는 데 사용된다. 25 kg의 패널을 들어 올리는 데 요구되는 힘의 크기 P를 구하라. 어떤 가정이 있으면 진술해보라.

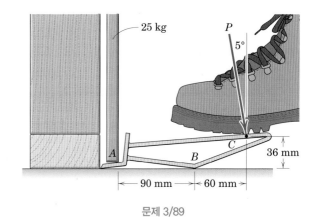

문제 3/89

3/90 D에서 10 N의 장력을 받는 마그네틱테이프가 가이드 풀리를 거쳐 일정속도로 C에서 삭제 헤드를 통과한다. 풀리의 베어링 내의 작은 마찰로 인하여 E에서 테이프는 11 N의 장력을 받는다. B에서 지지 스프링의 장력 T를 구하라. 장치 판은 수평면에 놓여 있고 A에서 정밀 바늘 베어링 위에 고정되어 있다.

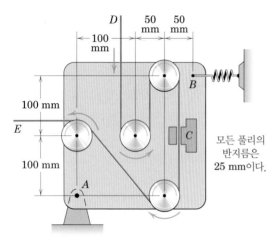

문제 3/90

3/91 보이는 기구는 나무틀이 완성될 때 비틀어진 나무를 바르게 하는 데 사용된다. 보이는 것처럼 핸들에 $P=150$ N의 힘이 작용할 때 점 A와 B에서 발생하는 수직력을 구하라.

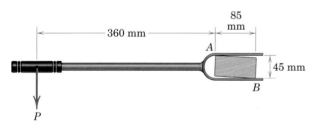

문제 3/91

3/92 4 m×2 m의 크기인 고속도로 표지판이 그림처럼 단일 기둥에 지지되어 있다. 표지판과 지지하고 있는 뼈대와 기둥은 합해서 300 kg의 질량을 갖고 기둥의 수직 중심선에서 3.3 m 떨어진 곳에 질량중심을 갖는다. 표지판이 125 km/h의 직접적인 바람을 맞을 때, 표지판의 앞면과 뒷면 사이의 풍압의 차이는 표지판의 중심에서 발생하는 풍력의 합력으로 보면 평균 700 Pa의 압력 차이가 발생한다. 기둥의 기초에서 힘과 모멘트의 크기를 구하라. 그와 같은 결과들은 기둥의 기초 설계에 도움이 될 것이다.

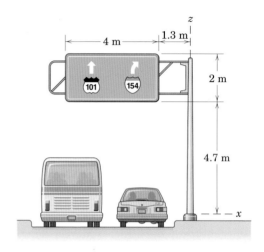

문제 3/92

3/93 질량 m_1인 가늘고 긴 봉이 질량 m_2인 균일한 반 원통형 셸의 수평 모서리에 용접되어 있다. 질량 m_1을 통하여 셸의 지름에 의해 만들어진 수평과 이루는 각 θ에 대한 식을 구하라. 반원의 질량중심의 위치는 부록 D의 표 D.3을 참조하라.

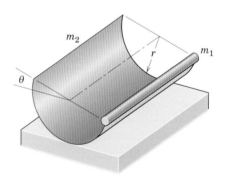

문제 3/93

3/94 굽은 팔 *BC*와 부착된 케이블 *AB*와 *AC*는 수직 *y–z* 평면 내에 놓여 있는 전력선을 지지하고 있다. *A*의 밑에 있는 절연체에서 전력선에 접선은 수평 *y*축과 15°의 각도를 이룬다. 절연체에서 전력선의 장력이 1.3 kN일 때 기둥의 브래킷 위의 *D*에서 볼트에 의해 지지되는 전체 힘을 계산하라. 팔 *BC*의 무게는 다른 힘들과 비교해 무시될 수 있고, *E*점에서의 볼트는 수평력만을 지지한다고 가정하라.

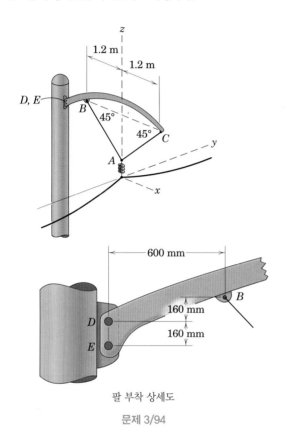

팔 부착 상세도

문제 3/94

3/95 단면으로 보이는 기구는 고정된 수직 칼럼 *D*의 요구된 높이에서 멈춤쇠 *C*를 다른 톱니에 다시 맞추어 놓음으로써 여러 높이에서 하중 *L*을 지지할 수 있다. 두 롤러 *A*와 *B*가 같은 힘을 지지하기 위한 하중이 위치해야 할 거리 *b*를 구하라. 기구의 무게는 하중 *L*에 비해 무시된다.

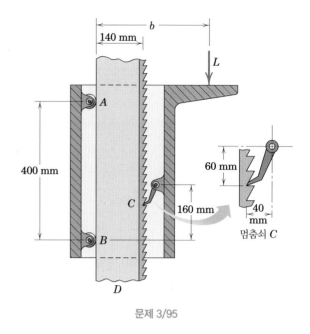

멈춤쇠 *C*

문제 3/95

3/96 모래 건조를 위한 대형 대칭 드럼이 그림과 같이 기어구동 모터에 의해 작동된다. 만약 모래의 질량이 750 kg이고 2.6 kN의 평균 기어 접촉력이 모터 피니언 *A*에 의해 *B*에서 접촉면에 수직한 드럼 기어에 전달될 때, 수직 중심선으로부터 모래의 질량중심 *G*의 평균 옵셋 거리 $\bar{x}$를 구하라. 지지롤러 내의 모든 마찰은 무시한다.

*B*에서 접촉 상세도

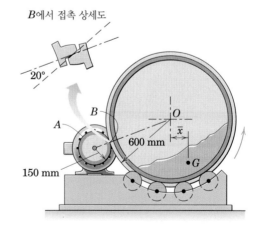

문제 3/96

3/97 질량 m인 균일한 실린더를 높이 h의 장애물 위로 굴리기 시작하는 데 요구되는 힘 P를 구하라.

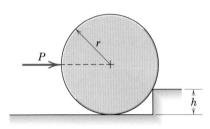

문제 3/97

3/98 3개의 균일한 1200 mm 봉 각각의 질량은 20 kg이다. 봉은 그림에서와 같이 용접되어 3개의 수직 와이어에 의해 매달려 있다. 봉 AB와 BC는 수평의 x-y 평면 내에 놓여 있고, 세 번째 봉은 x-z 평면에 평행한 평면 내에 놓여 있다. 각 와이어의 장력을 계산하라.

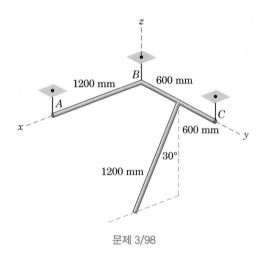

문제 3/98

3/99 15 kg의 균일한 평판이 베어링 A와 B에 의해 지지되는 수직 축에 용접되어 있다. 축에 120 N·m의 우력이 작용하는 동안 베어링 B에 의해 지지되는 힘의 크기를 계산하라. 케이블 CD는 평판과 축의 회전을 방지하고 조립품의 무게는 베어링 A에 의해 전적으로 지지된다.

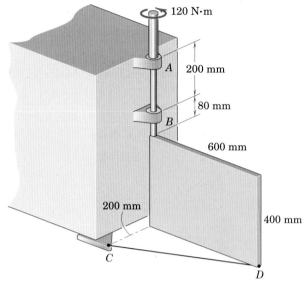

문제 3/99

3/100 벨 크랭크의 발 페달 위에 작용하는 수직 힘 P는 수직 제어봉에 400 N의 장력 T를 발생시키는 데 필요하다. A와 B에서의 베어링 반력을 구하라.

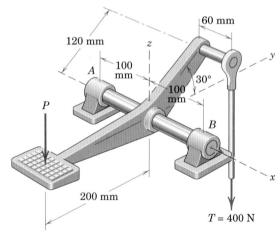

문제 3/100

3/101 드럼과 축이 용접되어 질량이 50 kg이고 G에서 질량중심을 갖는다. 축은 120 N·m의 토크(우력)를 받으며 드럼은 주위에 줄로 안전하게 감겨져 C점에 연결되어 회전으로부터 방지된다. 베어링 A와 B에 의해 지지되는 힘의 크기를 계산하라.

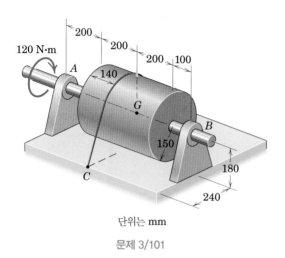

단위는 mm

문제 3/101

*컴퓨터 응용문제

*3/102 가늘고 균일한 봉을 0보다 크고 45° 보다 작은 각도 θ에 대해 평형을 유지하기 위한 장력 비 T/mg를 구하고 도표로 나타내라. 질량 m인 봉 AB는 균일하다.

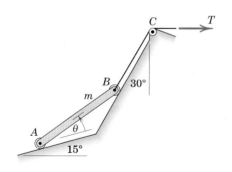

문제 3/102

*3/103 2개의 교통 신호기가 그림과 같이 같은 간격으로 10.8 m의 지지 케이블에 연결되어 있다. 평형을 이루는 각도 α, β, γ를 구하고, 또한 각 케이블의 장력을 구하라.

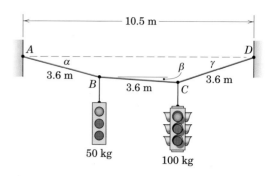

문제 3/103

*3/104 이두박근 운동을 수행하는 데 사람이 자신의 어깨와 위팔을 고정시키고 $0 \le \theta \le 105°$ 범위에서 아래팔 OA를 회전시킨다. 상세 그림은 이두박근에 대한 실제적인 원점과 삽입점을 보여준다. 명시된 범위에 걸쳐 이 근육 군의 장력 T_B를 구하고 도표로 나타내라. $\theta = 90°$에 대한 T_B의 값은 얼마인가? 팔뚝의 무게는 무시하고 안정된 운동 상태로 가정하라.

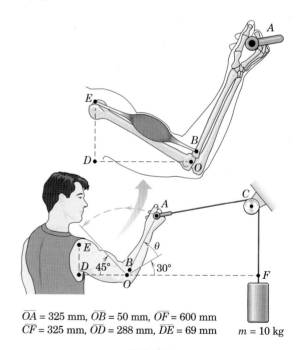

$\overline{OA} = 325$ mm, $\overline{OB} = 50$ mm, $\overline{OF} = 600$ mm
$\overline{CF} = 325$ mm, $\overline{OD} = 288$ mm, $\overline{DE} = 69$ mm $\quad m = 10$ kg

문제 3/104

*3/105 작은 굴착기의 기본 모양이 그림과 같다. 부재 BE(유압 실린더 CD와 버킷제어링크 DF와 DE로 완성된)의 질량은 200 kg이고 질량중심은 G_1에 있다. 버킷과 그 진흙의 질량은 140 kg이고 질량중심은 G_2에 있다. 굴착기의 작동 설계 특성을 공개하기 위하여 $0 \le \theta \le 90°$ 범위에서 부재 BE의

각의 위치 θ의 함수로서 유압 실린더 AB의 힘 T를 구하고 도표로 나타내라. θ의 어떤 각도에서 힘 T가 0과 같아지는 가? 부재 OH는 이 과제를 위해 고정되어 있다. 그 제어 유압 실린더(보이지 않음)는 O점 가까이로부터 핀 I까지 늘어난다. 마찬가지로, 버킷제어 유압 실린더 CD는 고정 길이에서 유지된다.

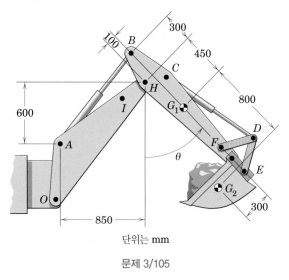

단위는 mm

문제 3/105

* **3/106** 1.5 kg의 링크 OC의 질량중심은 G에 있고, 스프링 상수 k =25 N/m인 스프링은 $\theta=0$일 때 늘어나지 않은 상태이다. $0 \le \theta \le 90°$ 범위에서 정적 평형을 위해 요구되는 장력 T를 도표로 나타내라. 그리고 $\theta=45°$와 $\theta=90°$에 대한 T의 값을 구하라.

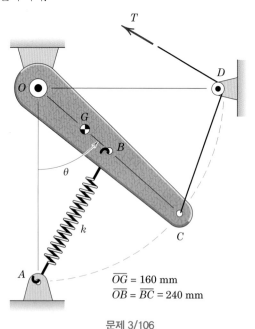

$\overline{OG} = 160$ mm
$\overline{OB} = \overline{BC} = 240$ mm

문제 3/106

* **3/107** 문제 3/83의 수직장대, 유용 케이블, 그리고 두 개의 당김줄이 다시 보인다. 설계검토의 부분으로, 다음과 같은 조건들이 고려된다. T_2는 1000 N으로 일정하고 각도 10°로 고정된다. T_1에 대한 각도도 10°로 고정된다. 그러나 T_1의 크기는 0에서 2000 N까지 변화하도록 허락된다. T_1의 값의 범위에 대하여, 케이블 AD와 BE의 동일 인장력 T의 크기와 O점에서의 모멘트가 0이 되는 각도 θ를 구하고 도표를 그려라. $T_1=1000$ N에 대한 T와 θ값을 진술하라.

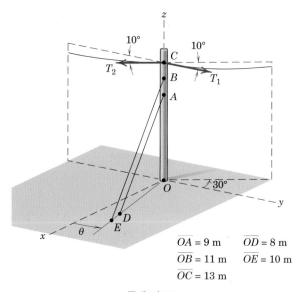

$\overline{OA} = 9$ m	$\overline{OD} = 8$ m
$\overline{OB} = 11$ m	$\overline{OE} = 10$ m
$\overline{OC} = 13$ m	

문제 3/107

* **3/108** 125 kg의 균질한 사각형 고체가 케이블의 장력 T에 의해 그림과 같이 임의의 위치에서 유지되고 있다. $0 \le \theta \le 60°$ 범위 내에서 θ의 함수로서 T, A_y, A_z, B_x, B_y, B_z를 구하고 도표로 나타내라. A에서 힌지는 축 방향 추력을 받을 수 없다. 모든 힌지의 힘 성분은 양의 좌표 방향 내에 존재한다고 가정하라. D에서의 마찰은 무시한다.

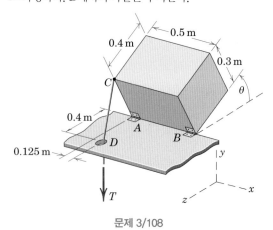

문제 3/108

구조물

이 장의 구성

4.1 서론
4.2 평면트러스
4.3 격점법
4.4 단면법

4.5 입체트러스
4.6 프레임과 기계
4.7 이 장에 대한 복습

말레이시아 푸트라자야(Putrajaya)에 있는 Seri Wawasan 다리의 길이와 높이는 각각 240 m, 높이 85 m이다. 이 다리는 2003년에 개통되었다.

4.1 서론

3장에서는 단순한 강체, 또는 단순한 강체로 간주할 수 있는 조립체의 평형문제에 관해 다루었다. 이를 위해 분리된(isolated) 물체에 작용하는 모든 외적인 힘을 나타내는 자유물체도(free body diagram)를 그린 후, 힘과 모멘트에 관한 평형방정식을 적용시켰다. 이 장에서는 부재의 내력, 즉 연결된 부재 간 힘의 작용과 반작용을 결정하는 방법을 다룬다. 공학적인 구조물이라 함은 하중을 지지하거나 전달하기 위하여 또는 작용하는 하중을 안전하게 견디어내기 위하여 만들어진 부재들의 조립체라고 할 수 있다. 구조물의 내력을 결정하기 위해서는, 구조물을 분해하여 각각의 부재 또는 조립체에 대한 자유물체도를 해석하는 것이 필수적이다. 이러한 해석을 위해 뉴턴의 제3법칙, 즉 작용과 반작용의 법칙을 주의 깊게 적용하는 것이 중요하다.

이 장에서 여러 형태의 구조물, 즉 트러스, 프레임, 기계 등에 작용하는 내력을 해석할 것이다. 여기서는 **정정**(statically determinate) 구조물, 즉 평형상태를 유지하기 위해 필요한 수보다 많은 지지조건을 갖지 않는 구조물만을 고려한다. 따라서 이미 살펴본 바와 같이, 평형방정식만으로도 모든 미지의 반력을 결정할 수 있다.

집중하중을 받는 트러스, 프레임과 기계 그리고 보의 해석에는 앞의 두 장에서 배운 내용을 직접적으로 적용하게 된다. 3장에서 배운, 정확한 자유물체도를 그려서 물체를 분리하는 기본적인 절차는 정정구조물의 해석을 위해 필수적이라고 할 수 있다.

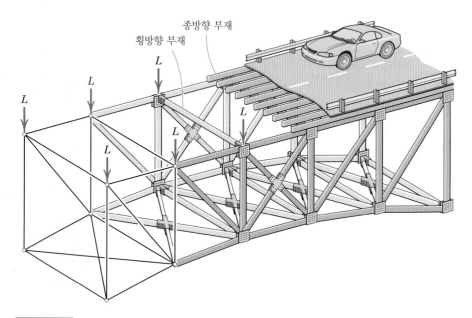

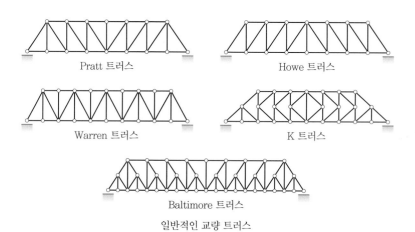

그림 4.1

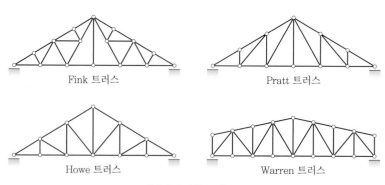

그림 4.2

4.2 평면트러스

트러스란 전체적으로 강체 구조물을 형성하기 위하여 부재의 끝단이 연결된 프레임을 의미한다. 교량, 지붕구조, 기중기 등이 트러스의 일반적인 예이다. 일반적으로 I-단면 보나 앵글(angle) 또는 특별한 형태의 단면을 가진 보가 서로 용접, 리벳 또는 대형 볼트나 핀으로 연결되어 구성된다. 트러스의 부재가 하나의 평면에 놓여 있을 때 이를 **평면트러스**(plane truss)라고 한다.

평면트러스는 보통 교각이나 이와 유사한 구조물에서 양쪽에 하나씩 쌍(pair)으로 사용된다. 그림 4.1에 전형적인 교각 구조물의 단면을 제시하였다. 도로와 차량의 조합하중이 종방향 부재(longitudinal stringer)를 통해 횡방향 부재(cross beam)로 전달되고, 이것이 다시 구조물의 수직면을 형성하는 두 평면트러스의 상부 격점(joint)으로 전달된다. 트러스 구조의 단순화된 모델이 그림의 왼쪽에 제시되어 있다. 그림에서 L은 격점하중을 의미한다.

흔히 사용되는 평면트러스의 몇 가지 예를 그림 4.2에 제시하였다.

단순트러스

평면트러스의 기본요소는 삼각형이다. 그림 4.3a와 같이 3개의 부재가 끝단에서 핀으로 연결되어 강체 프레임을 구성한다. **강체**(rigid)라는 용어는 부서지지 않는다는 의미이면서 동시에 내력으로 인한 변형이 없다는 것을 의미한다. 반면에 4개 또는 그 이상의 부재가 핀으로 서로 연결되어 부재 수만큼의 다각형을 형성하게 되면, 이는 불안정한 비강체 프레임이 된다. 그림 4.3b의 비강체 프레임에서, 격점 A와 D 또는 격점 B와 C를 연결해 주는 대각 부재를 추가하여 2개의 삼각형을 형성하게 하면, 강체 프레임으로 만들 수 있다. 그림 4.3c의 트러스는 부재 DE-CE 또는, AF-DF와 같이 두 점을 연결해 주는 부재를 추가함으로써 확장할 수 있고, 이와 같은 방식으로 계속해서 강체가 유지될 수 있다.

이와 같은 기본적인 삼각형으로 구성된 구조물을 **단순트러스**(simple truss)라고 한다. 붕괴를 방지하기 위해 필요한 수보다 더 많은 부재를 갖는 경우 **부정정**(statically indeterminate)이라고 한다. 부정적인 구조물은 평형방정식만으로는 해석이 불가능하다. 평형상태를 유지하는 데 불필요한 추가 부재 또는 추가 지지점이 있을 경우 **잉여**(redundant) 부재 혹은 잉여지지가 있다고 말한다.

트러스를 설계하기 위해서는 먼저 다양한 부재에 작용하는 힘을 결정하고, 다음으로 그 힘을 지지할 수 있는 부재의 크기와 형태를 결정해야 한다. 단순트러스의 해석에는 몇 가지 가정이 따른다. 첫째로 모든 부재는 **축하중부재**(two-force member)로 가정한다. 축하중부재란 3.3절의 그림 3.4에서 정의된 바와 같이 단지 2개 힘의 작용에 의해서 평형을 유지하는 부재를 의미한다. 트러스의 각 부재

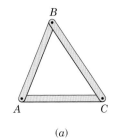

(a)

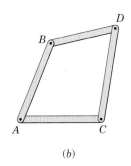

(b)

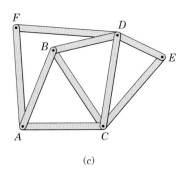

(c)

그림 4.3

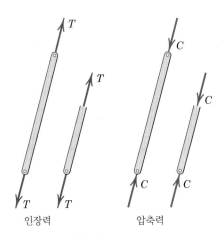

인장력　　　　압축력

축하중부재

그림 4.4

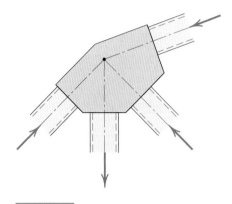

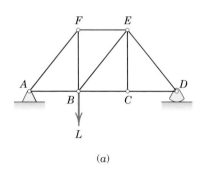

(a)

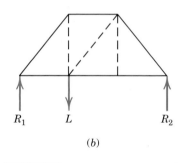

(b)

는 힘이 작용하는 두 격점을 결합하는 직선의 링크이다. 두 힘은 부재의 양 끝단에 작용하며 평형을 유지하기 위해서는 크기는 같고 방향이 반대이며 일직선상에 있어야 한다.

그림 4.4와 같이 부재는 인장 또는 압축 상태에 있을 수 있음을 알 수 있다. 축하중부재에서 일부분의 평형상태를 표현할 때, 절단된 단면에 작용하는 인장력 T 또는 압축력 C는 모든 단면에서 그 크기가 같다. 또한 구조물이 지지하고 있는 외력에 비해 부재의 자중은 충분히 작다고 가정한다. 이러한 가정이 성립되지 않고, 자중에 의한 미세한 효과도 고려되어야 한다면, 부재의 자중 W는 부재가 균질한 경우 $W/2$씩 양쪽 끝단에 작용하는 등가의 하중으로 치환할 수 있다. 이렇게 치환된 힘은 핀 연결부에 작용하는 외력으로 간주될 수 있다. 이러한 방법으로 부재의 자중을 고려하면 부재에 발생되는 평균 인장력과 평균 압축력에 대하여는 바른 결과를 얻을 수 있지만, 부재의 휨(bending)에 의한 효과는 고려할 수 없다.

트러스의 연결과 지지

그림 4.5와 같이 구조의 부재 연결을 위해 용접 또는 리벳이 사용될 경우 각 부재의 중심선이 한 점에서 만난다면, 핀으로 연결된 것으로 가정해도 무방하다.

또한 단순트러스의 해석에서, 모든 외력은 핀 연결부에 작용한다고 가정한다. 이러한 가정은 대부분의 트러스에 적용할 수 있다. 교량 트러스에 있어서 상판(deck)은 그림 4.1과 같이 대개 격점에서 지지되는 횡방향 보(cross beam) 위에 놓이게 된다.

대형 트러스에서는 온도변화로 인한 수축 혹은 팽창이나 외부하중으로 인한 변형에 대비하여 지지점 중 한 곳에서는 롤러나 슬립이음(slip joint)을 사용한다. 이러한 조치가 되어 있지 못한 트러스나 프레임은 3.3절에서 살펴본 것처럼 부정정 구조이다. 그림 3.1은 그러한 지지의 예를 보여준다.

단순트러스의 해석을 위해서는 두 가지 방법이 제시된다. 그림 4.6a의 단순트러스를 대상으로 하여 두 가지 방법에 대한 설명이 주어진다. 전체 구조물에 대한 자유물체도는 그림 4.6b와 같다. 일반적으로 전체 구조물에 대한 평형방정식을 이용하여 반력을 먼저 결정하고, 각 부재들의 내력을 결정한다.

4.3 격점법

트러스의 부재들에 걸리는 내력을 결정하기 위해 사용되는 **격점법**(method of joint)은 "각 격점의 연결핀에 작용하는 힘이 평형상태에 있어야 한다."는 조건을 바탕으로 한다. 따라서 한 점에 작용하는 힘의 평형문제를 다루므로 단지 2개의 독립적인 평형방정식만을 포함한다.

적어도 1개의 힘이 주어지고 미지력이 2개를 초과하지 않는 격점에서 해석을 시작한다. 해석은 왼쪽 끝에 있는 격점으로부터 시작할 수 있으며, 이 격점에 관한 자유물체도는 그림 4.7과 같다. 부재에 작용하는 힘은 각 격점을 정의하는 부재 양단의 문자로 나타낼 수 있다. 그림을 보면 알 수 있도록 힘의 작용방향이 잘 드러나 있어야 한다. 부재 AF와 AB 부분에 해당하는 자유물체도는 작용과 반작용의 역학적인 관계를 분명하게 나타내고 있다. 부재 AB는 핀의 우측에서, 핀으로부터 벌어지는 방향으로 그려져 있지만 실제로는 핀의 왼쪽과 닿아 있는 것이다.

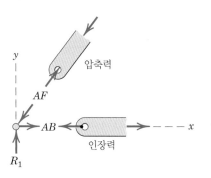

그림 4.7

이와 같은 방식으로 표현하면, 힘 AB와 같이 격점으로부터 멀어지게 표현되는 힘은 인장력에 해당하며, 반대로 힘 AF와 같이 격점을 향하는 힘은 압축력이 된다. 힘 AF의 크기는 평형방정식 $\Sigma F_y = 0$으로부터 구할 수 있으며 힘 AB는 $\Sigma F_x = 0$으로부터 구해진다.

다음으로 격점 F에 관한 해석을 수행한다. 왜냐하면 이곳에 작용하는 힘은 EF와 BF 2개뿐이기 때문이다. 계속해서 2개 이하의 미지의 힘을 갖는 격점 B, C, E, D의 순으로 해석을 수행할 수 있다. 각각의 격점에 대한 자유물체도와 2개의 평형방정식 $\Sigma F_x = 0$, $\Sigma F_y = 0$을 그림으로 나타내는 힘의 다각형들을 그림 4.8에 제시하였다. 그림에서의 일련번호는 해석되는 격점의 순서를 나타낸 것이다. 최종적으로 격점 D에 도달하였을 때, 계산된 반력 R_2는 두 인접한 격점으로부터 결정된 힘 CD, ED와 평형상태에 있어야만 함을 주목할 필요가 있다. 이 과정은 해석의 정확도를 검사하는 방법이 될 수도 있다. 또한 격점 C에 관한 자유물체도에서 $\Sigma F_y = 0$을 적용하면 힘 CE는 0임을 알 수 있다. 만약 격점 C에 수직방향의 외력이 작용하고 있다면 이 부재의 내력은 더 이상 0이 아니다.

트러스의 해석에 있어 인장력은 격점으로부터 멀어지는 힘으로서 T로 표현하고 압축력은 격점을 향하는 힘으로서 C로 나타내는 것이 편리하다. 이러한 표기는 그림 4.8의 아래쪽에 도시되어 있다.

경우에 따라서는 핀에 작용하는 힘의 방향을 올바르게 정의할 수 없는 경우도 있다. 그런 경우 힘의 방향을 인장 또는 압축으로 임의로 가정할 수 있다. 해석 결과 계산된 힘의 부호가 음이라면 실제 힘의 방향이 가정한 방향과 반대임을 의미한다.

내 · 외적 잉여상태

만약 평면트러스가 안정 평형상태를 유지하는 데 필요한 수보다 많은 지지조건을 갖는 경우, 전체 트러스는 부정정이 되고 **외적 잉여상태**(external redundancy)가 된다. 만약 트러스를 제거해도 구조물의 붕괴가 발생하지 않는 부재를 가지고 있다면, 그 부재로 인해 **내적 잉여상태**(internal redundancy)가 되고, 그 트러스는 부정정이 된다.

뉴욕시의 이 교량 구조는 단순트러스 구조의 요소들이 꼭 일직선일 필요는 없다는 사실을 말해준다.

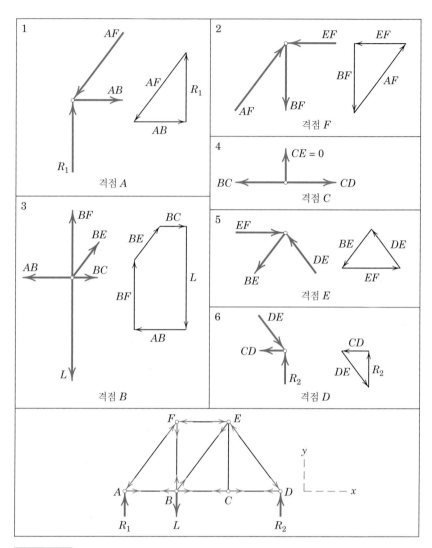

그림 4.8

포르투갈 Lisbon Oriente Station에 설치된 흥미로운 트러스 배치 구조

외적으로 정정인 구조물은 부재수와 격점수 사이에 명확한 관계식이 성립한다. 각 격점에 관해 각각 2개씩의 평형방정식을 세울 수 있으므로, 전체 구조물이 j개의 격점을 갖는다면, $2j$개의 독립적인 평형방정식을 세울 수 있다. 부재의 개수가 m개이고 미지의 반력이 최대 3개라면 전체 트러스의 미지력은 $m+3$개이다. 따라서 삼각형으로 구성된 단순한 평면트러스가 내적으로 정정인 구조물이라면 $m+3 = 2j$라는 관계식이 성립할 것이다.

하나의 삼각형 구조로 시작해서 새로운 부재와 격점을 추가하여 만든 단순 평면트러스는 자동적으로 이러한 조건을 만족한다. 최초의 삼각형은 $m=j=3$이고, 격점이 추가될 때마다 j, m도 각각 1과 2씩 증가하기 때문이다. 그림 4.2에 보인 K-트러스와 같이 특별한 정정 트러스도 있지만 그 경우에도 위의 조건은 만족된다.

이 관계는 안정한 구조물이기 위한 필요조건이지만 충분조건은 아니다. 총 m개의 부재를 갖는 트러스일지라도 모든 부재가 트러스를 안정된 형상으로 유지하는 데 도움이 되는 것은 아닐 수 있기 때문이다. 만약 $m+3>2j$라면 방정식의 수보다 부재의 수가 많으며, 따라서 내적 잉여상태라고 한다. 또한 $m+3<2j$라면 부재의 수가 부족함을 나타내며, 따라서 이 트러스는 불안정하고 하중을 받으면 붕괴될 것이다.

특별조건

트러스의 해석에서 우리는 종종 몇몇 특별한 조건을 접하게 된다. 그림 4.9a와 같이 동일직선상에 2개의 압축재가 있는 경우, 두 압축재의 위치 유지와 압축으로 인한 좌굴방지를 위해 제3의 부재를 설치할 수 있다. 이 경우 y방향으로 작용하는 힘의 합이 0이라는 평형방정식을 적용하면 세 번째 부재의 힘 F_3는 0이어야 하며, x방향으로 작용하는 힘의 합이 0이라는 평형방정식으로부터 $F_1=F_2$임을 알 수 있다. 이러한 결론은 부재각 θ와 무관하며 또한 동일직선 상의 부재가 인장력을 받는 경우에도 마찬가지로 성립한다. 만약 이 격점에 작용하는 외력의 y방향 성분이 있다면 F_3는 0이 될 수 없다.

그림 4.9b와 같이 동일선상에 놓이지 않게 부재가 연결되어 있는 경우, 이 격점에 외력이 작용하지 않는다면 x, y방향으로 작용하는 힘의 평형방정식으로부터 두 부재에 작용하는 힘은 모두 0임을 알 수 있다.

그림 4.9c에서와 같이 한 점에서 만나는 힘 두 쌍이 있을 때, 각 쌍의 힘은 크기가 같고 방향은 반대여야 한다. 이러한 결론은 그 그림에 표시된 바와 같이 2개의 평형방정식으로부터 얻을 수 있다.

트러스는 종종 그림 4.10a와 같이 서로 교차하게 배치되기도 한다. 각각의 부재가 인장 또는 압축력을 지지할 수 있다면 이러한 트러스는 부정정 구조물에 속한

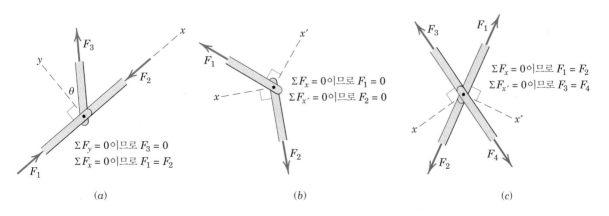

(a)　　　　　　　　(b)　　　　　　　　(c)

그림 4.9

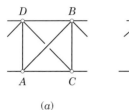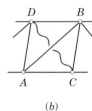

그림 4.10

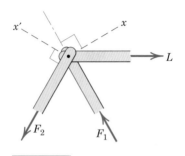

그림 4.11

다. 그러나 교차된 부재가 케이블과 같이 힘에 매우 민감하여 압축력을 지지할 수 없다고 가정한다면, 오직 인장력을 받는 부재만이 유효하며 압축력을 받는 부재는 무시할 수 있다. 보통, 하중의 형태로부터 트러스가 어떻게 변형될 것인지를 쉽게 알 수 있다. 그림 4.10b와 같은 형상으로 구조물이 변형되었다면 부재 AB는 고려되나 CD는 무시할 수 있다. 직관에 의해 알 수 없을 때는 2개의 대각부재 중 임의의 한 부재만이 유효하다고 가정하고 해석할 수 있다. 계산 결과 가정된 인장력의 부호가 양이라면 가정은 옳으며, 음의 부호가 나온다면 다른 부재가 인장력을 받는 경우이므로 계산을 다시 해야 한다.

보조좌표계를 적절히 선택하면, 격점에 작용하는 2개의 미지력을 연립방정식을 이용하여 풀어야 하는 번거로움을 피할 수 있다. 그림 4.11에서와 같이 힘 L은 주어진 값이고, F_1, F_2가 구해야 할 미지력일 때, x축에 관해 평형방정식을 세우면 미지력 F_1은 이 방정식에서 배제되며, x'축에 관한 평형방정식에는 미지력 F_2가 배제된다. 그러나 부재 사이의 각을 쉽게 찾아낼 수 없는 경우는 2개의 미지수를 포함한 2개의 연립방정식을 세울 수 있으므로, 연립방정식을 풀어 미지의 힘을 결정할 수 있다.

예제 4.1

그림과 같은 하중을 받는 외팔보 트러스의 각 부재에 작용하는 힘을 격점법을 이용하여 구하라.

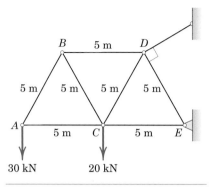

|**풀이**| 만약 D와 E에서의 외부 반력을 구할 필요가 없다면 외력이 작용하는 격점 A에서 해석을 시작할 수 있다. 그러나 이 예제에서는 전체 구조물을 고려한 자유물체도로부터 D와 E에서의 반력성분을 구한 후, 나머지 모든 부재에 작용하는 힘을 구하도록 하자. 평형방정식은 다음과 같다.

$[\Sigma M_E = 0]$ 　　　　　　$5T - 20(5) - 30(10) = 0$ 　　　　　$T = 80$ kN

$[\Sigma F_x = 0]$ 　　　　　　$80 \cos 30° - E_x = 0$ 　　　　　$E_x = 69.3$ kN

$[\Sigma F_y = 0]$ 　　　　　$80 \sin 30° + E_y - 20 - 30 = 0$ 　　　　$E_y = 10$ kN

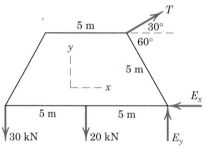

다음 과정으로, 각각의 연결핀에 작용하는 모든 힘들을 보여주는 자유물체도를 그려보자. 각각의 부재에 대해 가정한 힘의 방향은 풀이를 통하여 검증할 수 있다. 격점 A에 대하여 표시된 힘의 방향에 대한 정확성에는 의심의 여지가 없으며 평형조건은 다음과 같다.

$[\Sigma F_y = 0]$ 　　　$0.866AB - 30 = 0$ 　　　$AB = 34.6$ kN T 　　　🔲

$[\Sigma F_x = 0]$ 　　　$AC - 0.5(34.6) = 0$ 　　　$AC = 17.32$ kN C 　　🔲

여기서 T는 인장력을, C는 압축력을 의미한다. ①

격점 A에 인접한 격점 C는 미지의 힘이 2개보다 많으므로, 격점 B를 먼저 고려하자. 힘 BC는 위로 향하는 성분을 갖게 되며, 힘 BD는 이미 구한 힘 AB의 수평성분과 평형을 이루어야 하는데, 이때 평형방정식은 다음과 같다.

$[\Sigma F_y = 0]$ 　　　$0.866BC - 0.866(34.6) = 0$ 　　　$BC = 34.6$ kN C 　🔲

$[\Sigma F_x = 0]$ 　　　$BD - 2(0.5)(34.6) = 0$ 　　　$BD = 34.6$ kN T 　🔲

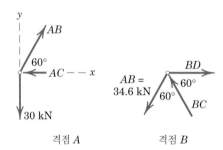

이제 격점 C에서 결정해야 할 힘은 2개뿐이며, 앞에서와 같은 방법으로 격점 C에서의 미지력을 구하면 다음과 같다.

$[\Sigma F_y = 0]$ 　　　$0.866CD - 0.866(34.6) - 20 = 0$

　　　　　　　　　　$CD = 57.7$ kN T 　　　　　　　　　　🔲

$[\Sigma F_x = 0]$ 　　　$CE - 17.32 - 0.5(34.6) - 0.5(57.7) = 0$

　　　　　　　　　　$CE = 63.5$ kN C 　　　　　　　　　　🔲

마지막으로 격점 E를 고려하면 결과는 다음과 같으며, $\Sigma F_x = 0$이라는 평형방정식이 성립함을 알 수 있다.

$[\Sigma F_y = 0]$ 　　　$0.866DE = 10$ 　　　$DE = 11.55$ kN C 　🔲

|도움말|

① 인장/압축에 대한 지정은 부재에 대한 것이지 격점에 대한 것이 아님을 유의하기 바란다. 힘을 나타내는 화살표는 그 힘을 가하는 부재와 같은 쪽에 그린다. 인장은 격점으로부터 멀어지게 표시하여 격점을 향하는 압축력과 구분한다.

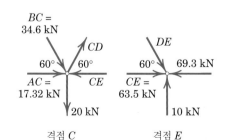

예제 4.2

그림에서와 같이 단순트러스가 각각 크기가 L인 두 하중을 지지하고 있다. 부재 DE, DF, DG 및 CD에서의 힘을 구하라.

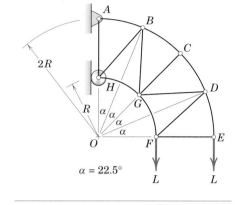

$$\alpha = 22.5°$$

|풀이| 우선, 단순트러스의 곡률이 있는 각 부재는 모두 축하중부재이고, 따라서 직선 부재로 취급해도 상관없다는 사실에 주의할 필요가 있다.

미지력이 2개뿐인 격점이 E이므로 이 점에서부터 해석을 시작한다. 격점 E에서의 자유물체도와 그림을 참고하면 $\beta = 180° - 11.25° - 90° = 78.8°$임을 알 수 있다.

$[\Sigma F_y = 0]$ $DE \sin 78.8° - L = 0$ $DE = 1.020L \ T$ ①   답

$[\Sigma F_x = 0]$ $EF - DE \cos 78.8° = 0$ $EF = 0.1989L \ C$

격점 D에는 여전히 3개의 미지력이 남아 있기 때문에 격점 F로 옮겨간다. 그림으로부터,

$$\gamma = \tan^{-1}\left[\frac{2R \sin 22.5°}{2R \cos 22.5° - R}\right] = 42.1°$$

격점 F에서의 자유물체도로부터,

$[\Sigma F_x = 0]$ $-GF \cos 67.5° + DF \cos 42.1° - 0.1989L = 0$

$[\Sigma F_y = 0]$ $GF \sin 67.5° + DF \sin 42.1° - L = 0$

두 연립방정식을 풀면 다음과 같은 해를 얻는다.

$$GF = 0.646L \ T \qquad DF = 0.601L \ T$$ 답

부재 DG에 대하여, 격점 D에서의 자유물체도와 그림을 이용하면,

$$\delta = \tan^{-1}\left[\frac{2R \cos 22.5° - 2R \cos 45°}{2R \sin 45° - 2R \sin 22.5°}\right] = 33.8°$$

$$\varepsilon = \tan^{-1}\left[\frac{2R \sin 22.5° - R \sin 45°}{2R \cos 22.5° - R \cos 45°}\right] = 2.92°$$

다음, 격점 D에서,

$[\Sigma F_x = 0]$ $-DG \cos 2.92° - CD \sin 33.8° - 0.601L \sin 47.9° + 1.020L \cos 78.8° = 0$

$[\Sigma F_y = 0]$ $-DG \sin 2.92° + CD \cos 33.8° - 0.601L \cos 47.9° - 1.020L \sin 78.8° = 0$

연립방정식의 해는 다음과 같다.

$CD = 1.617L \ T \qquad DG = -1.147L$ 또는 $DG = 1.147L \ C$ 답

그림에서 ε은 이해를 돕기 위해 과장되어 있음에 주의하라.

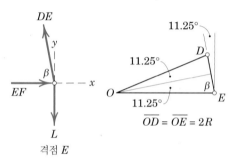

격점 E

|도움말|

① 힘의 방정식에서 $\beta = 78.8$라는 것을 이용하지 않고, 각도 $11.25°$를 바로 사용할 수도 있다.

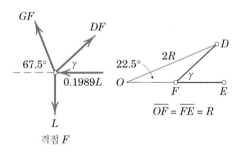

격점 F

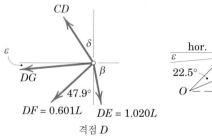

격점 D

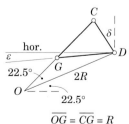

연습문제

기초문제

4/1 하중을 받는 트러스의 각 부재에 작용하는 힘을 구하라. 왜 부재의 길이에 관한 정보가 필요하지 않은지를 설명하라.

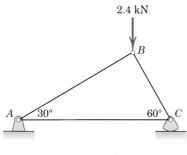

문제 4/1

4/2 하중을 받는 트러스의 각 부재에 작용하는 힘을 구하라.

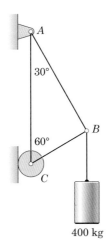

문제 4/2

4/3 하중을 받는 트러스의 각 부재에 작용하는 힘을 구하라.

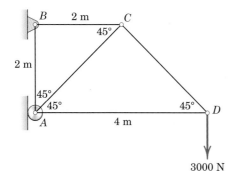

문제 4/3

4/4 다음과 같이 하중을 받는 트러스의 부재 BE와 BD에서의 힘을 계산하라.

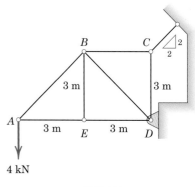

문제 4/4

4/5 다음과 같이 하중을 받는 트러스의 각 부재에 작용하는 힘을 구하라.

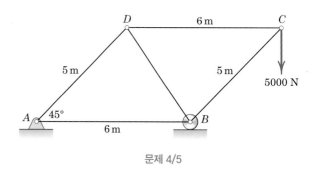

문제 4/5

4/6 다음과 같이 하중을 받는 트러스의 부재 BE와 CE에서의 힘을 구하라.

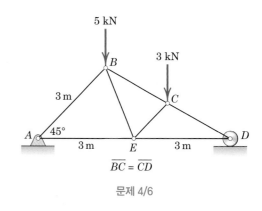

문제 4/6

4/7 다음과 같이 하중을 받는 트러스의 각 부재에 작용하는 힘을 구하라.

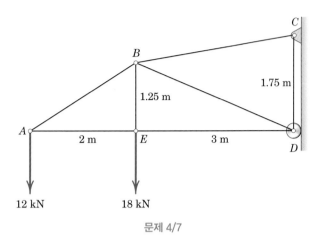

문제 4/7

4/8 하중을 받는 트러스의 각 부재에 작용하는 힘을 구하라.

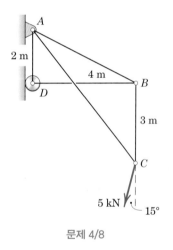

문제 4/8

4/9 트러스와 하중의 대칭성을 이용하여 다음과 같이 하중을 받는 트러스의 각 부재에 작용하는 힘을 구하라.

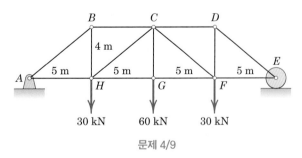

문제 4/9

4/10 그림과 같은 트러스의 모든 부재에서 최대 인장력은 24 kN, 최대 압축력은 35 kN으로 제한된다. 이때 트러스가 지지할 수 있는 최대 허용 가능 질량 m을 구하라.

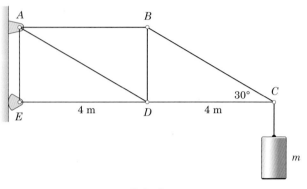

문제 4/10

4/11 다음과 같이 하중을 받는 트러스의 부재 AB, BC, BD에서의 힘을 구하라.

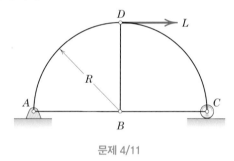

문제 4/11

심화문제

4/12 케이블 EI를 사용하여 도개교(drawbridge)를 들어 올리고 있다. A, B, C, D 네 격점에서의 하중은 도로의 무게로 인한 것이다. 부재 EF, DE, DF, CD, FG에 작용하는 힘을 구하라.

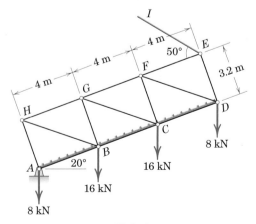

문제 4/12

4/13 트러스에 있는 모든 삼각형의 각이 45°-45°-90°일 때 그림 과 같이 하중을 받는 부재 *BJ*, *BI*, *CI*, *CH*, *DG*, *DH*, *EG*에 서의 힘을 구하라.

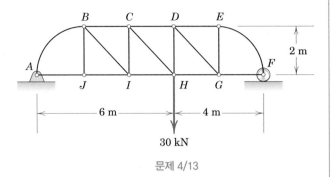

문제 4/13

4/14 다음과 같이 하중을 받는 트러스의 부재 *BC*와 *BG*에서의 힘 을 구하라.

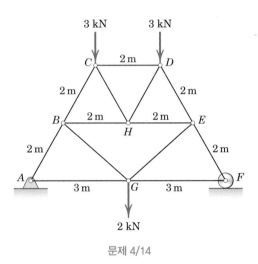

문제 4/14

4/15 그림과 같은 트러스의 각 부재는 질량 400 kg, 길이 8 m의 봉이다. 이때 자중으로 인해 각 부재에 발생하는 평균 인장 력 혹은 압축력을 계산하라.

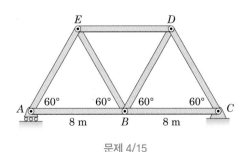

문제 4/15

4/16 직사각형 프레임이 네 개의 바깥쪽 축하중 부재 *AB*, *BC*, *CD*, *DA*와 압축하중을 지지할 수 없는 두 개의 케이블 *AC* 와 *BD*로 이루어져 있다. (a)와 (b)에 하중 *L*이 별도로 가해 질 때 각각의 경우에 대하여 모든 부재에 작용하는 힘을 구 하라.

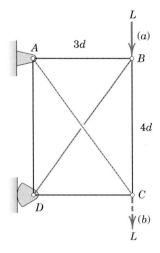

문제 4/16

4/17 다음과 같이 하중을 받는 트러스의 부재 *BI*, *CI*, *HI*에서의 힘을 구하라. 트러스에 있는 모든 각은 30°, 60° 혹은 90°이다.

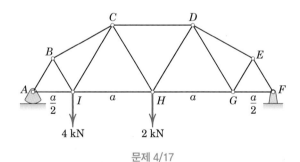

문제 4/17

4/18 다음의 간판 트러스 구조는 수평 방향의 바람 하중 4 kN을 견딜 수 있도록 설계되었다. 해석 결과 하중의 5/8는 격점 C 에 전해지고 나머지는 격점 D와 B로 동등하게 나누어진다. 부재 BE와 BC에 작용하는 힘을 계산하라.

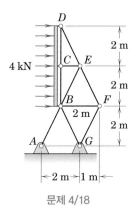

문제 4/18

4/19 다음과 같이 하중을 받는 트러스의 부재 AB, CG, DE에서의 힘을 구하라.

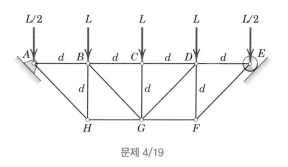

문제 4/19

4/20 그림과 같은 Pratt형 트러스 지붕에 눈으로 인한 하중이 상부 격점으로 전달된다. 지지점에서 발생하는 반력의 수평성분은 무시하고 모든 부재에서의 힘을 구하라.

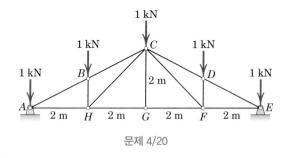

문제 4/20

4/21 문제 4/20에서의 하중이 그림과 같은 Howe형 트러스 지붕에 적용되었다. 지지점에서 발생하는 반력의 수평성분은 무시하고 모든 부재에서의 힘을 구하라. 또한, 그 결과를 문제 4/20에서의 결과와 비교하라.

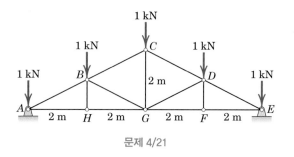

문제 4/21

4/22 다음과 같이 하중을 받는 트러스의 각 부재에 작용하는 힘을 구하라.

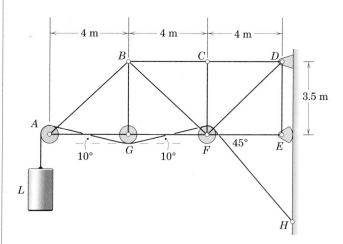

문제 4/22

4/23 다음과 같은 이중 Fink 트러스의 부재 EH와 EI에 작용하는 힘을 구하라. 지지점에서의 수평성분 반력은 무시한다. 격점 E와 F가 $\overline{DG}$를 세 부분으로 나누는 것에 주목하라.

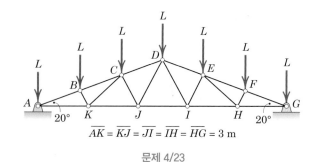

문제 4/23

4/24 다음 그림은 로켓 발사대로 사용하기 위해 설계된 높이 72 m의 구조물을 나타낸 것이다. 시험을 위해 질량 18 Mg 이 격점 *F*와 *G*에 의해 지지되고, 무게는 두 격점에 동등하게 가해진다. 부재 *GJ*와 *GI*에 작용하는 힘을 구하라. 수직 타워의 부재에 대한 격점 해석을 위해 어떤 경로를 사용하는지 설명하라.

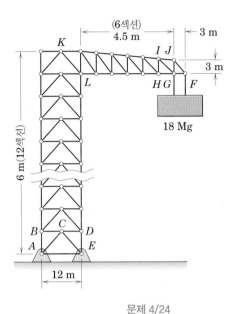

문제 4/24

4/25 직사각형의 프레임이 4개의 축하중부재와 압축력을 지지할 수 없는 두 케이블 *AC*와 *BD*로 구성되어 있다. (a)와 (b)에 가해지는 하중 *L*로 인해 부재에 발생하는 모든 힘을 구하라.

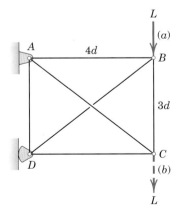

문제 4/25

▶4/26 다음과 같이 하중을 받는 트러스의 부재 *CG*에 작용하는 힘을 구하라. 격점 *A*, *B*, *E*, *F*에서 발생하는 반력은 크기가 같고 방향은 지지면에 수직한다고 가정한다.

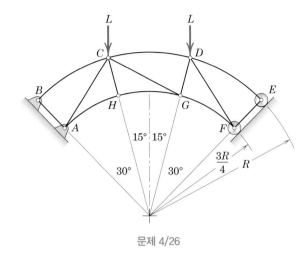

문제 4/26

4.4 단면법

격점법을 이용한 평면트러스의 해석에 대한 앞 절의 설명에서는, 각 격점에서 그 격점에 작용하는 힘만을 나타내고 있기 때문에 3개의 평형방정식 중 2개만을 이용하였다. 힘이 한 점으로만 작용하지 않는(nonconcurrent), 평형상태에 있는 자유물체에 대해 트러스의 전체단면을 선택함으로써 세 번째 평형방정식, 즉 모멘트 평형방정식을 이용할 수도 있다. 이 **단면법**(method of section)은 구하고자 하는 부재를 포함하여 절단함으로써 원하는 부재의 내력을 직접적으로 구할 수 있는 장점을 가지고 있다. 이 방법을 이용하면 원하는 부재에 도달할 때까지 격점에서 격점으로의 계산을 반복할 필요가 없다. 트러스의 단면을 선택할 때 서로 독립적인 3개의 사용 가능한 평형방정식만이 존재하므로, 내력이 미지수인 부재는 3개를 초과하지 않는 것이 일반적이다.

단면법 예시

앞 절의 설명에 사용했던 그림 4.6을 이 절의 단면법에 관한 설명에서도 사용한다. 설명의 편의를 위해 동일한 트러스를 그림 4.12a에 다시 보였다. 단면법을 사용할 때와 같이 트러스 전체를 고려하여 우선 반력을 계산한다.

이제 단면법을 사용하여 부재 *BE*에 작용하는 힘을 결정해보자. 그림 4.12b에서 점선으로 표시된 가상의 단면은 트러스를 가로질러 2개 부분으로 분할한다. 이 단면은 3개의 미지력을 포함한 부재를 절단한다. 트러스의 절단면이 평형상태를 유지하기 위하여 절단되어 나간 부재가 가하고 있던 힘을 절단된 부재에 적용하는 것이 필요하다. 축하중부재로 구성된 단순트러스에서 이러한 힘, 즉 인장력이나 압축력은 항상 부재의 축방향으로 작용한다. 절단된 면의 왼쪽 부분은 작용하중 *L*, 반력 R_1 그리고 절단된 오른쪽 부분을 제거함으로써 유발되는 세 가지 힘에 의해 평형상태에 있다.

시각적으로 부재의 평형관계를 짐작함으로써 부재에 걸리는 힘의 작용방향을 적절히 결정할 수 있다. 그러므로 왼쪽 단면의 *B*점에 대한 모멘트 평형조건으로부터, 힘 *EF*는 왼쪽으로 작용하며 압축력이 된다는 것을 알 수 있다. 그 힘이 부재 *EF*의 절단된 면을 향하여 작용하기 때문이다. 하중 *L*은 반력 R_1보다 크다. 따라서 힘 *BE*는 수직 방향의 평형조건을 만족하기 위해 오른쪽으로 경사지게 윗방향으로 작용한다. 힘 *BE*는 절단면으로부터 바깥쪽으로 작용하기 때문에 인장력이다.

R_1과 *L*의 대략적인 크기를 알기 때문에 점 *E*에 대하여 모멘트가 평형이 되려면 *BC*는 오른쪽으로 작용해야 한다. 휨(bending)에 의해 아래쪽의 수평부재가 인장상태에 놓인다는 것을 알고 있을 때는 눈짐작으로도 같은 결론을 얻을 수 있다. 앞

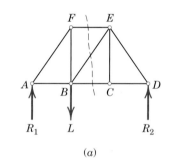

(a)

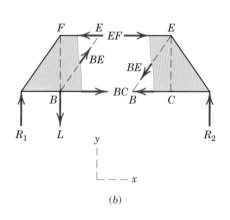

(b)

그림 4.12

에서 구한 관계로부터 B점에 대한 모멘트 평형방정식의 세 힘을 제거하면 EF를 직접 구할 수 있다. 힘 BE는 y방향에 대한 힘 평형방정식으로부터 구할 수 있다. 마지막으로 힘 BC는 E점에 대한 모멘트 평형방정식으로부터 구할 수 있다. 이러한 방법으로 미지의 세 힘은 각각 다른 두 힘과는 독립적으로 결정된다.

그림 4.12b에서 절단된 트러스의 우측면은 R_2와 왼쪽 단면에서의 힘과 크기가 같고 방향이 반대인 3개의 부재력의 작용에 의해 평형상태에 있다. 수평력의 적절한 작용방향은 점 B와 E에 대한 모멘트 평형으로부터 쉽게 구할 수 있다.

추가 고려사항

단면법에서는 반드시 트러스의 모든 부재를 평형상태에 있는 하나의 물체로 고려해야 한다. 그러므로 단면 내부의 부재들에 걸리는 힘은 전체 단면해석에 포함되지 않는다. 자유물체와 외부에서 그 물체에 작용하는 힘을 분명히 하기 위하여 절단면은 격점이 아닌 부재를 통과하는 것이 좋다. 트러스의 (절단면의 왼쪽이든 오른쪽이든) 어떤 부분을 사용해서 계산을 해도 상관없지만, 계산을 간단히 하기 위해서는 나타나는 힘의 수가 적은 쪽을 택하는 것이 좋다.

어떤 경우에는 효율적 계산을 위해 격점법과 단면법을 함께 사용할 수도 있다. 예를 들어 큰 트러스의 중앙 부재에 걸리는 힘을 계산한다고 가정하자. 게다가 이 부재를 절단하였을 때 미지력의 수가 4개 이상이다. 이러한 경우 우선 단면법에 의하여 중앙 부재에 이웃한 부재에 걸리는 힘을 결정하고, 격점법에 의하여 중앙 부재를 해석하는 것이 가능하다. 두 가지 방법을 조합하는 것이 한 가지 방법만 사용하는 것보다 더 효과적일 것이다.

단면법을 사용할 때 모멘트방정식을 최대한으로 잘 이용해야 한다. 해석자는, 절단면 상이든 아니든, 가능한 한 많은 미지력이 통과하도록 모멘트 중심을 선택해야 한다.

단면의 자유물체도를 처음 그렸을 때 미지의 힘에 대한 적절한 방향을 정의하는 것이 항상 가능한 것은 아니다. 임의의 방향을 가정하고 계산 결과 그 값이 양이면 가정한 방향이 옳았음을 의미하며, 음이 나온다면 실제 힘의 방향이 가정한 방향과 반대임을 의미한다. 일부에서는 일단 힘을 인장으로 가정하고 문제를 푼 다음, 답의 부호로부터 인장과 압축을 구분하기도 한다. 양의 부호는 인장을, 음의 부호는 압축을 나타내게 될 것이다. 이와는 달리 자유물체도에서 가능한 한 각 힘에 올바른 방향을 설정하게 되면, 힘의 물리적 작용을 더 직접적으로 나타낼 수 있다. 이 책에서는 후자의 방법을 권장한다.

많은 단순트러스는 동일한 구조가 반복되는 형태이다.

예제 4.3

200 kN의 하중이 외팔보 트러스에 가해질 때 부재 KL, CL, CB에 발생하는 힘을 계산하라.

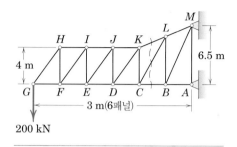

200 kN

| 풀이 | A점과 M점에 작용하는 반력의 수직성분은 부정정이지만 AM을 제외한 다른 부재는 정정이다. 부재 KL, CL, CB를 포함하여 단면을 절단하면 이 단면의 왼쪽 트러스 부분은 정정 강체로 해석할 수 있다. ①

절단면 왼쪽 부분 트러스의 자유물체도를 그림에 제시하였다. L점에 대한 모멘트 평형을 고려하면 CB에 압축이 걸린다는 사실을 쉽게 알 수 있다. C점에 대한 모멘트 평형을 적용하면 부재 KL에 인장이 걸리는 것을 알 수 있다. 힘 CL의 방향을 정하는 것은 부재 KL과 CB의 연장선이 점 P에서 만난다는 사실을 알아야만 가능하다. P점에 관하여 모멘트를 취하여 KL과 CB를 제거하면, P점에 작용하는 200 kN의 힘과 모멘트 평형을 이루기 위해 CL은 압축이어야 함을 알 수 있다. 앞에서 살펴본 이러한 조건을 이용하면 해석은 쉬워지며 3개의 미지수들을 어떻게 구해야 할지 알 수 있다.

L점에 관한 총 모멘트 계산을 위해 필요한 모멘트 팔(moment arm) $\overline{BL} = 4 + (6.5-4)/2 = 5.25$ m이다. ② 따라서

$$[\Sigma M_L = 0] \qquad 200(5)(3) - CB(5.25) = 0 \qquad CB = 571 \text{ kN } C$$

다음 C점에서 모멘트를 취하면 $\cos \theta$의 계산이 필요한데, 주어진 치수로부터 $\theta = \tan^{-1}(5/12)$이므로 $\cos \theta = 12/13$임을 알 수 있다. 따라서

$$[\Sigma M_C = 0] \qquad 200(4)(3) - \frac{12}{13}KL(4) = 0 \qquad KL = 650 \text{ kN } T$$

끝으로, P점에 관한 모멘트에 의해 힘 CL을 알 수 있는데, 이때 C점으로부터 P점까지의 거리 $\overline{PC}$는, $\overline{PC}/4 = 6/(6.5-4)$로부터 9.6 m로 계산된다. 또한 β는 다음과 같이 계산할 수 있다. $\beta = \tan^{-1}(\overline{CB}/\overline{BL}) = \tan^{-1}(3/5.25) = 29.7°$, $\cos \beta = 0.868$이므로

$$[\Sigma M_P = 0] \qquad 200(12 - 9.6) - CL(0.868)(9.6) = 0 \quad ③$$

$$CL = 57.6 \text{ kN } C$$

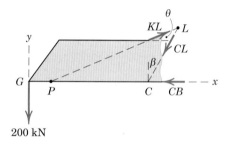

200 kN

| 도움말 |

① 격점법을 사용할 경우 알고자 하는 부재의 힘을 계산하기 위해서 8개의 격점에 대한 계산을 먼저 수행해야 하므로, 이 예제와 같은 문제의 경우 단면법이 유리하다.

② 격점 C 또는 P에 대한 모멘트 평형으로부터 해석을 시작할 수도 있다.

③ 부재력 CL은 x 또는 y방향의 힘의 평형에 의해 계산될 수 있다.

예제 4.4

그림에서와 같은 Howe형 지붕 트러스 구조에서 부재 *DJ*에 걸리는 힘을 계산하라. 지지점에서 발생하는 반력의 수평성분은 무시한다.

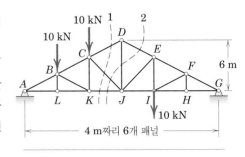

|**풀이**| 부재 *DJ*를 포함하는 단면을 절단한다면 미지의 힘은 최소 4개가 존재한다. 단면 2로 절단하면 3개의 미지력이 *J*점에서 만나므로 *J*에 대해 모멘트를 취하면 *DE*를 구할 수 있지만, 힘 *DJ*는 남아 있는 2개의 평형방정식으로는 구할 수 없다. 따라서 절단면 2를 해석하기 전에 인접단면 1을 우선 해석해야 한다.

단면 1의 자유물체도를 그리고, 전체 트러스의 평형방정식으로부터 미리 계산한 *A*에서의 반력 18.33 kN을 표시한다. 절단된 3개의 부재력의 방향을 적당히 설정하여 *A*점에서 모멘트 평형을 취하면 힘 *CD*와 *JK*는 제거되고, *CJ*는 왼쪽 위로 향하는 힘이 되는 것을 알 수 있다. *C*점에 대해 모멘트를 취하면 격점 *C*에 발생되는 3개의 힘을 제거할 수 있고, 충분한 반시계방향의 모멘트가 생기기 위해서는 *JK*가 오른쪽으로 작용되어야 함을 알 수 있다. 여기서도 트러스가 휘어지는 방향을 고려할 때 아래쪽 수평 부재에 인장이 걸리는 것은 분명하다. 위쪽의 부재는 압축을 받을 것이 분명하지만, 설명을 위해 힘 *CD*를 임의로 인장이라고 가정한다. ①

단면 1의 해석으로부터 *CJ*는 다음과 같이 구해진다.

$$[\Sigma M_A = 0] \qquad 0.707CJ(12) - 10(4) - 10(8) = 0 \qquad CJ = 14.14 \text{ kN } C$$

이 식에서 *CJ*에 의한 모멘트는 *J*점에 작용하는 힘을 수평과 수직성분으로 나누어 계산한다. *J*점에 대한 모멘트의 평형으로부터 다음 식을 얻는다.

$$[\Sigma M_J = 0] \qquad 0.894CD(6) + 18.33(12) - 10(4) - 10(8) = 0$$

$$CD = -18.63 \text{ kN}$$

힘 *CD*에 의한 *J*점 주위로의 모멘트는 *D*점을 관통하는 두 성분을 고려하면 계산된다. 음의 부호는 *CD*의 방향이 반대로 설정된 것임을 나타낸다. 따라서 힘 *CD*는 다음과 같다. ②

$$CD = 18.63 \text{ kN } C$$

단면 2의 자유물체도로부터 *CJ*의 값은 이미 알고 있고, *G*점에 대해 모멘트의 평형을 취하면 *DE*와 *JK*는 제거된다. ③

$$[\Sigma M_G = 0] \qquad 12DJ + 10(16) + 10(20) - 18.33(24) - 14.14(0.707)(12) = 0$$

$$DJ = 16.67 \text{ kN } T \qquad \blacksquare$$

여기서도 *CJ*에 의한 모멘트는 *J*점에 작용하는 성분들로부터 구해진다. *DJ*의 값은 양이고 이것은 가정된 인장방향이 옳았음을 의미한다.

또 다른 접근방법은 *CD*를 결정하기 위해 단면 1을 이용하고, 그다음 *DJ*를 결정하기 위해 격점 *D*에 대하여 격점법을 사용하는 것이다.

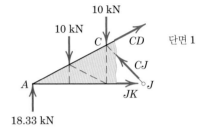

|**도움말**|

① 계산이 가정된 방향과 일관성 있게 수행되는 한, 방향이 잘못 가정된 힘들은 문제되지 않는다. 답이 음이면 가정된 힘의 방향과 반대인 힘이 작용함을 나타낸다.

② 원한다면 *CD*의 방향은 자유물체도에서 바꿀 수 있고 *CD*의 부호는 반대가 될 것이다.

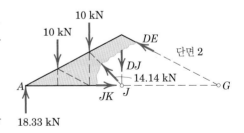

③ 부재 *CD*, *DJ*, *DE*를 통과하는 단면은 오직 3개의 미지부재만을 포함한다. 그러나 3개의 부재에 작용하는 힘은 격점 *D*에 작용하는 것들이고 *D*에 대해 취한 모멘트는 힘에 대한 아무런 정보도 제공하지 않는다. 남아 있는 2개의 힘방정식만으로는 3개의 미지수를 구할 수 없다.

연습문제

기초문제

4/27 부재 CG에 작용하는 힘을 구하라.

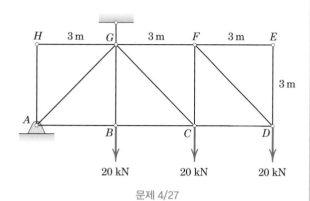

문제 4/27

4/28 다음과 같이 하중을 받는 트러스의 부재 AE에 작용하는 힘을 구하라.

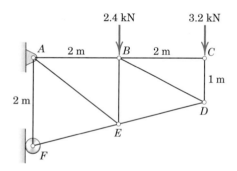

문제 4/28

4/29 다음과 같이 하중을 받는 트러스의 부재 BC와 CG에 작용하는 힘을 구하라.

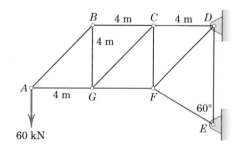

문제 4/29

4/30 다음과 같이 대칭적으로 하중을 받는 트러스의 부재 CG와 GH에 작용하는 힘을 구하라.

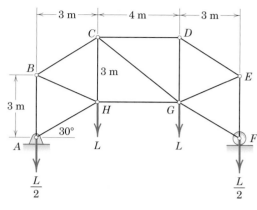

문제 4/30

4/31 하중을 받는 트러스의 부재 BE에 작용하는 힘을 구하라.

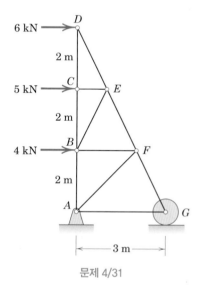

문제 4/31

4/32 다음과 같이 하중을 받는 트러스의 부재 BE에 작용하는 힘을 구하라.

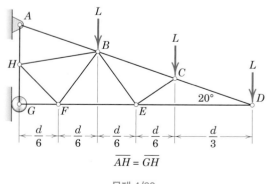

$$\overline{AH} = \overline{GH}$$

문제 4/32

심화문제

4/33 다음과 같이 하중을 받는 트러스의 부재 *DE*와 *DL*에 작용하
는 힘을 구하라.

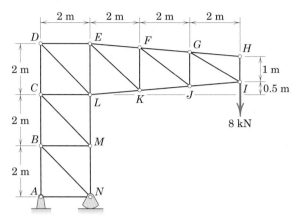

문제 4/33

4/34 다음과 같이 하중을 받는 트러스의 부재 *BC*, *BE*, *EF*에서의
힘을 구하라. 각 힘을 구하기 위하여 미지력만을 포함한 평
형방정식을 이용하라.

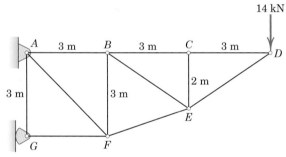

문제 4/34

4/35 한 변의 길이가 *a*인 정삼각형으로 구성된 트러스가 그림과
같이 하중을 받고 있다. 부재 *BC*와 *CG*에 작용하는 힘을 구
하라.

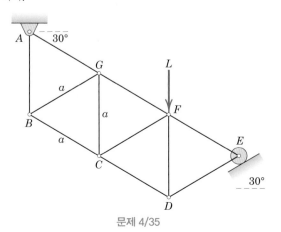

문제 4/35

4/36 다음과 같이 하중을 받는 대칭 트러스의 부재 *BC*와 *FG*에서
의 힘을 구하라. 그리고 각 힘이 1개의 절단면과 2개의 평형
방정식에 의해 구해질 수 있음을 보여라. 이때 각각의 평형
방정식은 2개의 미지수 중 하나만을 포함한다. 바닥 지지점
의 부정정성(statical indeterminacy)이 결과에 영향을 미치
는가?

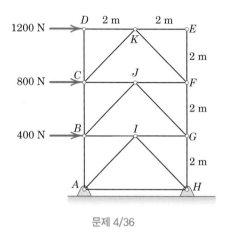

문제 4/36

4/37 다음과 같이 하중을 받는 트러스의 부재 *BF*에 작용하는 힘
을 구하라.

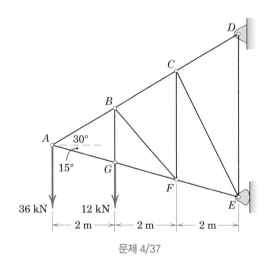

문제 4/37

4/38 다음과 같이 하중을 받는 트러스의 부재 *CJ*와 *CF*는 부재 *BI*, *DG*와 교차되지만 연결되어 있지 않다. 부재 *BC*, *CJ*, *CI*, *HI*에 작용하는 힘을 계산하라.

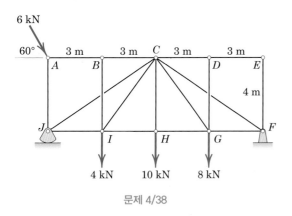

문제 4/38

4/39 다음과 같이 하중을 받는 트러스의 부재 *CD*, *CJ*, *DJ*에서의 힘을 구하라.

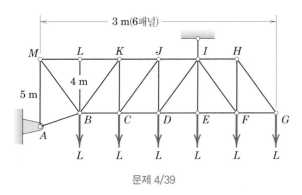

문제 4/39

4/40 힌지로 연결된 프레임 *ACE*와 *DFB*가 2개의 봉 *AB*, *CD*와 힌지로 결합되어 있다. *AB*와 *CD*는 서로 교차하지만 결합되어 있지 않다. 이때 부재 *AB*에 작용하는 힘을 구하라.

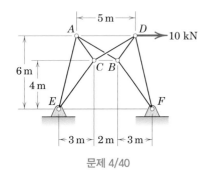

문제 4/40

4/41 45° 직각삼각형으로 구성된 트러스가 있다. 가운데 있는 두 패널의 대각선 방향 부재들은 압축하중을 지지할 수 없는 가는 연결봉이다. 봉에 작용하는 힘을 구하라. 또한 부재 *MN*에 작용하는 힘도 구하라.

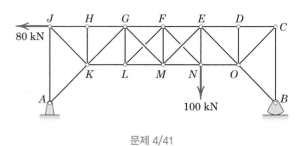

문제 4/41

4/42 다음과 같이 하중을 받는 트러스의 부재 *BE*에 작용하는 힘을 구하라.

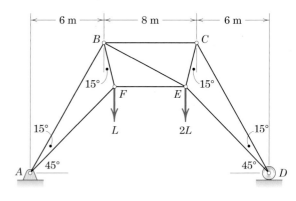

문제 4/42

4/43 문제 4/22와 동일한 트러스가 그림과 같이 하중을 받을 때 부재 *BF*에 작용하는 힘을 구하라.

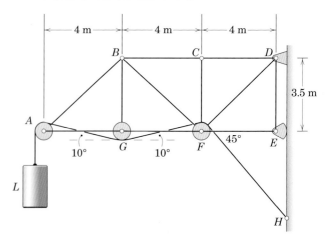

문제 4/43

4/44 다음과 같이 하중을 받는 트러스가 있다. 다른 부재에 대한 힘을 구하지 않고 부재 *CB*, *CG*, *FG*에 작용하는 힘을 계산하라.

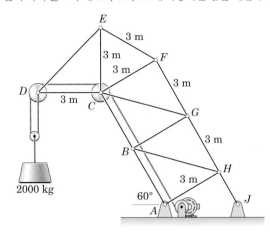

문제 4/44

4/45 다음과 같이 대칭적으로 하중을 받는 트러스의 부재 *GK*에서의 힘을 구하라.

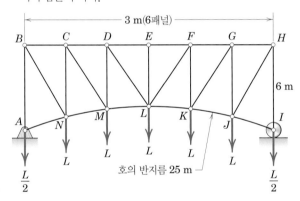

문제 4/45

4/46 아치형 지붕 트러스의 부재 *DE*, *EI*, *FI*, *HI*에 작용하는 힘을 구하라.

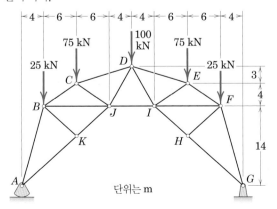

문제 4/46

4/47 문제 4/26과 동일한 트러스가 그림과 같이 하중을 받을 때 부재 *CG*에 작용하는 힘을 구하라. 격점 *A*, *B*, *E*, *F*에서 발생하는 반력은 크기가 같고 방향은 지지면에 수직하다.

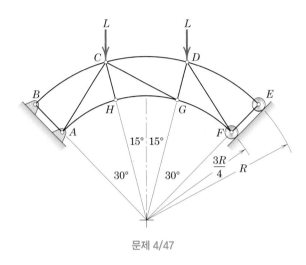

문제 4/47

▶ 4/48 다음과 같이 하중을 받는 트러스의 부재 *DK*에 작용하는 힘을 구하라.

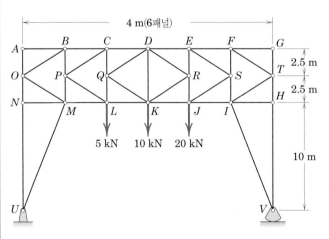

문제 4/48

▶4/49 다음 그림은 송전탑의 설계 모형을 나타낸 것이다. 부재 *GH*, *FG*, *OP*, *NO*는 절연 케이블이며, 나머지 부재는 모두 강철봉으로 이루어져 있다. 그림과 같이 하중을 받을 때 부재 *FI*, *FJ*, *EJ*, *EK*, *ER*에 작용하는 힘을 계산하라. 필요하다면 격점법과 단면법을 함께 사용하라.

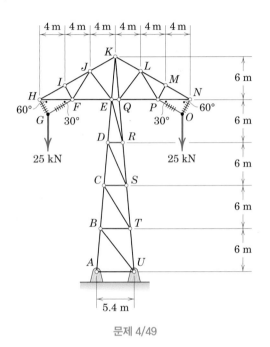

문제 4/49

▶4/50 복합 트러스의 부재 *DG*에 발생하는 힘을 계산하라. 모든 격점은 중점 *O*를 기준으로 15°씩 서로 떨어져 있는 반지름 선상에 있다. 곡선 부재는 축하중부재처럼 작용하며 거리 $\overline{OC} = \overline{OA} = \overline{OB} = R$이다.

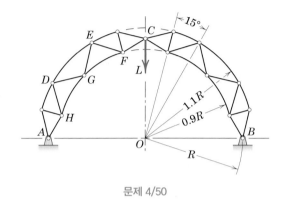

문제 4/50

4.5 입체트러스

입체트러스(space truss)는 앞의 절에서 설명된 평면트러스를 3차원으로 확장한 것
이다. 이상화된 입체트러스는 3.4절의 그림 3.8에 보인 것과 같은 볼-소켓 이음
(ball-and-socket joint)으로 부재의 양쪽 끝이 강체 링크로 구성되어 있다. 평면
트러스에서 안정적인 기본 형태는 핀으로 연결된 봉으로 이루어진 삼각형이다. 반
면에 입체트러스의 안정적인 기본 단위는 6개의 봉이 서로 끝단에서 연결된 4면체
이다. 그림 4.13a에서 D에 연결된 2개의 봉 AD와 BD에 지지봉 CD가 추가되어야
만, 삼각형 ADB를 AB축 주위로 회전하지 못하도록 할 수 있다. 그림 4.13b에서
기초(foundation)에 의존하지 않고 독립적으로 강성을 갖는 사면체를 형성하기 위
해서 기초부는 추가로 3개의 봉 AB, BC, AC로 대체된다.

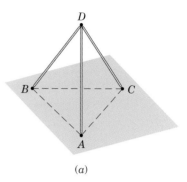

(a)

부재의 끝이 기존의 구조물에 있는 3개의 고정된 격점과 연결되어 있고, 한 점
에서 만나는 3개의 추가 부재를 사용하여 새로운 강체 단위를 만들 수 있고, 이러
한 방법으로 구조물을 확장시킬 수 있다. 따라서 그림 4.13c에서 봉 AF, BF, CF
는 기초에 부착되며 공간에서 F점을 고정시킨다. H점 또한 공간에서 봉 AH, DH,
CH에 의해 고정된다. 3개의 봉 CG, FG, HG는 3개의 고정점 C, F, H에 부착되
어 공간에서 G점을 고정시킨다. 고정점 E도 유사하게 만들어졌다. 이제 구조물이
완전 강체라는 것을 알 수 있다. 2개의 작용하중은 모든 부재에서의 내력을 유발
시킨다. 이와 같은 형태로 만들어지는 입체트러스를 **단순 입체트러스**(simple space
truss)라고 한다.

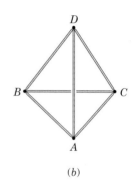

(b)

이상적으로는, 볼-소켓 이음과 같이 입체트러스의 연결이 점지지로 되어 있어
서 휨을 발생시키지 않아야 한다. 리벳이나 용접으로 연결된 평면트러스에서와 마
찬가지로 연결된 부재의 중심선이 한 격점에서 교차된다면, 이 트러스의 부재는
단순 인장과 압축을 받는다고 가정해도 된다.

정정 입체트러스

전체적으로 정정 구조물이 되도록 지지된 입체트러스에서는 격점의 수와 내적 안
정성을 위해 필요한 부재의 개수 사이에 일정한 관계가 성립한다. 각 격점에서의
평형은 3개의 힘방정식에 의해 기술되기 때문에, j개의 격점을 갖는 단순 입체트러
스에 대하여 모두 $3j$개의 평형방정식이 존재하게 된다. m개의 부재로 구성된 정정
입체트러스는 m개의 미지력과 6개의 미지반력을 가지게 된다. 따라서 내적 정정
요건을 만족하는 입체트러스의 경우 $m+6=3j$의 방정식을 만족할 것이다. 단순 입
체트러스는 이러한 조건을 자동적으로 만족한다. 이 식을 만족하는 최초의 사면체
구조물에서 시작하여, 한 번에 3개의 부재와 하나의 격점을 추가하면 계속해서 이
식을 만족하면서 구조물을 확장할 수 있다.

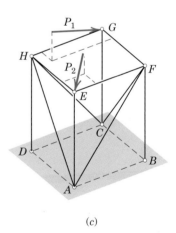

(c)

그림 4.13

평면트러스의 경우에서와 마찬가지로, 이러한 조건은 안정성 확보를 위한 필요조건이며 충분조건은 아니다. m개의 부재 중 1개 또는 그 이상의 부재가 전체 트러스의 안정 형상에 기여하지 않도록 배치될 수 있기 때문이다. 만약 $m+6>3j$라면 독립된 방정식 수보다도 많은 수의 부재가 있으며, 트러스는 과잉부재를 갖는 내적 부정정 구조가 된다. 만약 $m+6<3j$라면 내적으로 부재의 수가 불충분한 것이고, 하중을 받게 되면 트러스는 붕괴되게 된다. 일반적으로 정정 형상이 분명한 평면트러스와는 달리 입체트러스에서는 그렇지 못하다. 따라서 입체트러스의 격점의 수와 부재의 수 사이의 관계는 입체트러스의 기본설계에 있어서 매우 유용하다.

입체트러스에서의 격점법

다음과 같은 3차원 벡터방정식이 각각의 격점에서 만족되게 함으로써, 4.3절에서 설명한 평면트러스에 대한 격점법을 입체트러스에까지 직접 확장할 수 있다.

$$\Sigma \mathbf{F} = \mathbf{0} \tag{4.1}$$

중국 충칭 Huangshi 국립산림공원에 있는 세계 최장 유리 고가다리(skywalk)에 사용된 공간 트러스

일반적인 해석은, 적어도 하나의 알려진 힘과 3개 이하의 미지의 힘을 갖는 격점에서부터 시작된다. 이어서 3개를 넘지 않는 미지의 힘을 가진 인접한 부재들을 차례로 해석한다.

이러한 단계적인 격점해석 방법은 입체트러스의 모든 부재에 대한 힘을 결정할 때 풀어야 할 연립방정식의 수를 최소화시켜 줄 수 있다. 이러한 이유로 인하여, 비록 완전히 표준방법(routine)화하기는 어렵지만 권장하는 방법이다. 그러나 또다른 접근방법으로서 식 (4.1)을 입체 프레임의 모든 격점에 적용시켜 $3j$개의 격점방정식을 만들 수 있다. 만약 구조물이 지지점으로부터 분리되어도 붕괴되지 않고, 지지점에서 6개의 반력이 있다면 미지력의 수는 $m+6$이 된다. 방정식의 수 $3j$가 미지력의 수 $m+6$과 같다면, 전체 방정식은 연립방정식의 형태로 풀 수 있다. 일반적으로 방정식의 수가 매우 많기 때문에 컴퓨터를 사용하는 것이 효율적이다. 후자의 접근방법을 사용할 경우, 최소한 1개의 알려진 힘이 있고, 3개를 넘지 않는 미지력이 작용하는 격점에서 해석을 시작해야 할 필요는 없다.

입체트러스에서의 단면법

앞의 절에서 설명한 단면법은 입체트러스에서도 마찬가지로 적용될 수 있다. 2개의 벡터방정식

$$\Sigma \mathbf{F} = \mathbf{0} \quad \text{그리고} \quad \Sigma \mathbf{M} = \mathbf{0}$$

은 트러스의 어떠한 단면에서도 반드시 만족되어야 하며, 이때 임의의 모멘트 축에 대하여 모멘트의 합은 0이 된다. 이 2개의 벡터방정식은 6개의 스칼라방정식과 동등하기 때문에, 일반적으로 미지력의 수가 6개 이하가 되도록 절단면을 설정하여야 한다. 그러나 평면트러스와 같이 모멘트 축에 대해 1개의 미지력만을 남기고 나머지 미지력을 제거할 수 있는 경우가 거의 없기 때문에, 입체트러스에 대하여 단면법은 그리 많이 사용되고 있지 않다.

입체트러스에 대한 힘과 모멘트방정식의 벡터 표기법은 큰 장점이 있으며 다음 예제에서도 벡터 표기법을 사용한다.

예제 4.5

4면체 강체 입체트러스 *ABCD*가 *A*에서 볼 – 소켓 이음으로 고정되고, 링크 1, 2, 3에 의해 *x*, *y* 또는 *z*축에 대한 회전은 차단되어 있다. 하중 *L*이 격점 *E*에 작용하고, 격점 *E*는 3개의 추가 링크에 의해 강체 사면체에 고정되어 있다. 격점 *E*에서 부재에 걸리는 힘을 구하고, 트러스의 나머지 다른 부재에 걸리는 힘을 구하는 과정을 제시하라.

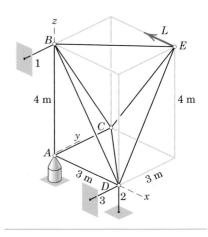

|풀이| 먼저 트러스가 점 *A*와 3개의 링크 1, 2, 3에 의해 총 6개의 적절한 구속조건으로 지지되어 있음에 주의한다. 또한 부재의 수 *m* = 9이고, 격점의 수 *j* = 5이므로 방정식 *m* + 6 = 3*j*는 비붕괴 구조물의 요구조건을 만족한다.

비록 격점 *A*, *B*, *D*에서의 모든 부재들에 걸리는 힘은 순차적 계산에 의해 결정해야 하지만, 외부반력은 첫 단계에서 쉽게 구할 수 있다. ①

반드시 격점 *E*와 같이 적어도 한 부재의 힘이 알려져 있고, 미지력의 수가 3개를 넘지 않는 격점에서부터 시작한다. 격점 *E*의 자유물체도는 (격점으로부터 멀어지는) 모든 힘 벡터를 양의 인장방향으로 가정하여 그림으로 나타내었다. ② 3개의 미지력에 대한 벡터식은 다음과 같다.

$$\mathbf{F}_{EB} = \frac{F_{EB}}{\sqrt{2}}(-\mathbf{i} - \mathbf{j}), \qquad \mathbf{F}_{EC} = \frac{F_{EC}}{5}(-3\mathbf{i} - 4\mathbf{k}), \qquad \mathbf{F}_{ED} = \frac{F_{ED}}{5}(-3\mathbf{j} - 4\mathbf{k})$$

*E*점의 평형조건은 다음과 같다.

[ΣF = 0] $\mathbf{L} + \mathbf{F}_{EB} + \mathbf{F}_{EC} + \mathbf{F}_{ED} = \mathbf{0}$

즉, $-L\mathbf{i} + \dfrac{F_{EB}}{\sqrt{2}}(-\mathbf{i} - \mathbf{j}) + \dfrac{F_{EC}}{5}(-3\mathbf{i} - 4\mathbf{k}) + \dfrac{F_{ED}}{5}(-3\mathbf{j} - 4\mathbf{k}) = \mathbf{0}$

다시 정리해보면 다음과 같이 쓸 수 있다.

$$\left(-L - \frac{F_{EB}}{\sqrt{2}} - \frac{3F_{EC}}{5}\right)\mathbf{i} + \left(-\frac{F_{EB}}{\sqrt{2}} - \frac{3F_{ED}}{5}\right)\mathbf{j} + \left(-\frac{4F_{EC}}{5} - \frac{4F_{ED}}{5}\right)\mathbf{k} = \mathbf{0}$$

단위벡터 **i**, **j**, **k**의 계수를 0으로 놓으면 다음 3개의 식을 얻는다.

$$\frac{F_{EB}}{\sqrt{2}} + \frac{3F_{EC}}{5} = -L \qquad \frac{F_{EB}}{\sqrt{2}} + \frac{3F_{ED}}{5} = 0 \qquad F_{EC} + F_{ED} = 0$$

이 방정식을 풀면 다음의 결과를 얻게 된다.

$$F_{EB} = -L/\sqrt{2} \qquad F_{EC} = -5L/6 \qquad F_{ED} = 5L/6$$

따라서 F_{EB}와 F_{EC}는 압축력이고 F_{ED}는 인장력이라는 것을 알 수 있다.

외부반력을 먼저 계산하지 않았다면 다음에는 알려진 힘 F_{EC}와 미지력 F_{CB}, F_{CA}, F_{CD}가 작용하는 격점 *C*를 해석해야만 한다. 계산과정은 격점 *E*에 대하여 사용한 것과 같다. 다음으로 격점 *B*, *D*, *A*가 같은 방법과 순서로 해석되며, 이때 각각의 격점이 갖는 미지력은 격점당 3개로 제한된다. 물론, 이들 해석으로부터 계산되는 외부반력은 전체 트러스의 해석으로부터 처음에 얻어진 값과 일치해야 한다.

|도움말|

① 제안 : 전체 트러스의 자유물체도를 그리고 트러스에 작용하는 외부반력은 다음과 같다는 것을 확인한다.

$\mathbf{A}_x = L\mathbf{i}$, $\mathbf{A}_y = L\mathbf{j}$, $\mathbf{A}_z = (4L/3)\mathbf{k}$, $\mathbf{B}_y = \mathbf{0}$, $\mathbf{D}_y = -L\mathbf{j}$, $\mathbf{D}_z = -(4L/3)\mathbf{k}$

② 이런 가정을 사용하여 힘의 값이 음(−)이면 압축을 나타낸다.

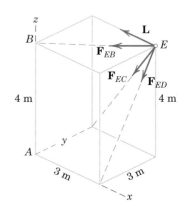

연습문제

4/51 다음 그림은 차량고정 받침대(automobile jackstand)를 나타낸 것이다. 바닥면은 한 변의 길이가 250 mm인 정삼각형 형태이며, A에서 수직선을 내렸을 때 바닥과 만나는 점을 중심으로 한다. 각 격점은 볼–소켓 이음으로 고정되어 있을 때 부재 BC, BD, CD에 작용하는 힘을 구하라. 격점 B, C, D에서의 수평성분 반력은 무시한다.

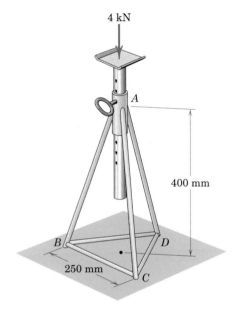

문제 4/51

4/52 부재 AB, AC, AD에 작용하는 힘을 구하라.

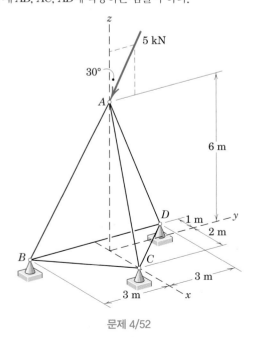

문제 4/52

4/53 부재 CF에 작용하는 힘을 구하라.

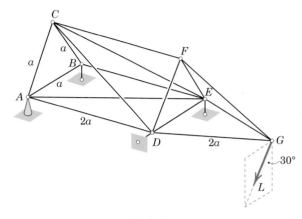

문제 4/53

4/54 다음 그림은 송전탑의 상부 구조물을 나타낸다. 구조물은 격점 F, G, H, I에서 지지되고, 격점 C는 사각형 $FGHI$의 중심 위에 위치한다. 부재 CD에 작용하는 힘을 구하라.

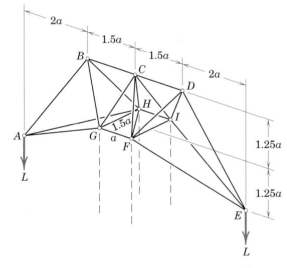

문제 4/54

4/55 16 m 높이의 직사각형 입체트러스가 한 변의 길이 12 m인 정사각형 기초 위에 세워져 있다. 격점 E와 G에 와이어가 고정되어 있으며 와이어 하나당 인장력 $T=9$ kN이 가해질 때까지 당겨진다. 이때 각 대각선 부재에 작용하는 힘 F를 계산하라.

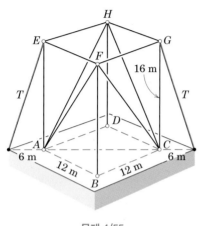

문제 4/55

4/56 다음의 입체트러스가 충분한 지지력을 가지는지 확인하라. 또한, 부재의 수와 배열이 내적·외적 정정요건을 만족하는지 알아보라. 관찰을 통해 부재 CD, CB, CF에 가해지는 힘을 구하고, 부재 AF에 작용하는 힘과 격점 D에서의 트러스에 가해지는 x축 방향 반력을 계산하라.

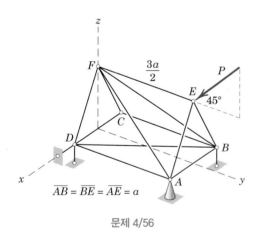

$$\overline{AB} = \overline{BE} = \overline{AE} = a$$

문제 4/56

4/57 다음의 입체트러스가 충분한 지지력을 가지는지 확인하라. 또한, 부재의 수와 배열이 내적·외적 정정요건을 만족하는지 알아보라. 부재 AE, BE, BF, CE에 작용하는 힘을 구하라.

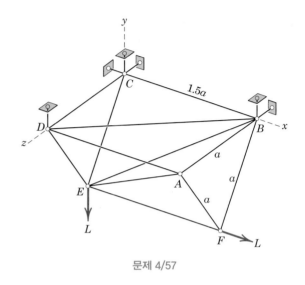

문제 4/57

4/58 그림과 같은 하중이 정사각형 바닥을 가진 피라미드 구조물에 가해질 때 부재 BD에 작용하는 힘을 구하라.

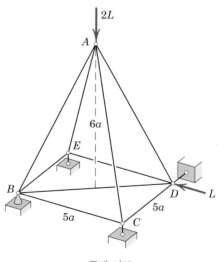

문제 4/58

4/59 부재 *AD*, *DG*에 작용하는 힘을 구하라.

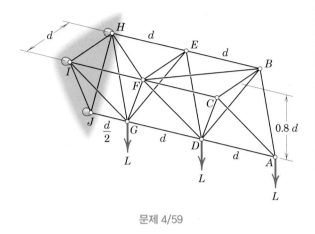

문제 4/59

4/60 피라미드 트러스 *BCDEF*는 수직의 *x*-*z* 평면에 대해 대칭이다. 케이블 *AE*, *AF*, *AB*가 5 kN의 하중을 지지할 때 부재 *BE*에 가해지는 힘을 구하라.

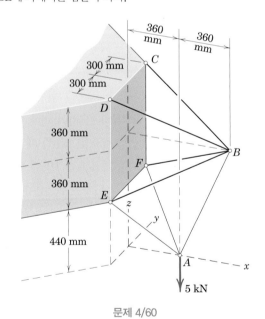

문제 4/60

4/61 그림의 입체트러스는 격점 *A*, *B*, *E*에 고정되어 있고 하중 *L*을 받는다. 하중 *L*의 *x*와 *y*축 성분은 동일하며 *z*축 성분은 없다. 부재의 개수가 내적 안정 요건을 만족하기에 충분하고 부재의 위치가 적절함을 보여라. 그리고 부재 *CD*, *BC*, *CE*에 작용하는 힘을 구하라.

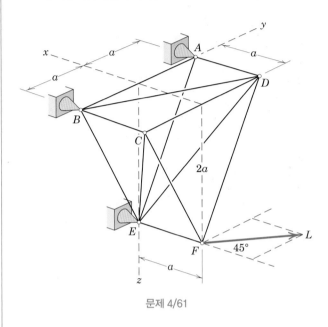

문제 4/61

▶**4/62** 그림은 6개의 대각선 부재를 가진 정육면체 형태의 입체트러스를 나타낸다. 트러스가 내적으로 안정한지 검증하라. 트러스가 대각선 *FD*를 따라 격점 *F*와 *D*에 작용하는 압축력 *P*를 받을 때 부재 *EF*와 *EG*에 작용하는 힘을 구하라.

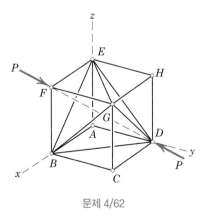

문제 4/62

조난구조대원들이 사용하는 두 장비. 공구 '조스 오브 라이프(jaws of life, 사진 왼쪽)'는 이 절의 연습문제나 이 장의 복습 부분에서도 언급된다.

4.6 프레임과 기계

구조물의 각 부재 중 적어도 하나가 **다중하중**(multiforce)을 받는 부재라면 이러한 구조물을 **프레임**(frame) 또는 **기계**(machine)라고 한다. 다중하중 부재는 그것에 3개 이상의 힘 혹은 우력(couple)이 작용하는 부재를 의미한다. 일반적으로 프레임은 고정된 위치에서 주어진 하중을 지지하도록 설계된 구조물이다. 기계는 작동부 (moving part)를 포함하고 입력하중이나 우력을 출력하중이나 우력으로 전달하는 구조물을 의미한다.

프레임과 기계는 다중하중을 받는 부재를 포함하기 때문에, 일반적으로 부재에 걸리는 힘은 부재방향과 일치하지 않을 수 있다. 그러므로 4.3, 4.4, 4.5절에서 설명된, 힘이 부재방향으로만 작용하는 단순트러스에 대한 해석방법으로는 이러한 구조물들을 해석할 수 없다.

다중하중 부재들로 만들어진 강체

3장에서 여러 힘을 받는 부재의 평형에 대한 설명이 있었으나, 주로 단일강체의 평형에 관한 것이었다. 이 절에서는 다중하중 부재들로 **조립된** 강체들의 평형에 초점을 맞춘다. 비록 대부분의 강체들은 2차원 구조로서 해석될 수 있으나, 3차원 프레임과 기계의 예도 많이 있다.

조립체의 각 부재에 작용하는 힘들은 자유물체도를 그려 그 부재를 분리하고, 평형방정식을 적용시켜 계산할 수 있다. **작용-반작용의 원리**(principle of action and reaction)가 각각의 자유물체도에서 힘들의 상호작용을 표현할 때 주의 깊게 사용되어야 한다. 만약에 구조물이, 붕괴를 방지하는 데 필요한 것보다 더 많은 부재와 지지점을 포함한다면, 트러스의 경우에서처럼 그 문제는 부정정이며, 평형방정식만으로는 해를 구하는 데 충분하지 않다. 많은 프레임과 기계들은 부정정이지만 이 절에서는 정정인 문제들만 고려한다.

프레임과 기계의 지지부를 제거했을 때 그림 4.14a의 프레임처럼 그 자체가 하나의 강체단위로 구성되어 있다면, 해석은 하나의 강체로 취급되는 구조물에 작

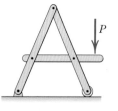

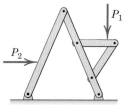

붕괴되지 않음(강체)   붕괴될 수 있음(비강체)
(a)   (b)

그림 4.14

용하는 모든 외력을 설정하는 것에서부터 시작하는 것이 바람직하다. 그런 후, 구조물을 분해하고 분해된 각 부분의 평형을 고려한다. 몇몇 부분에 대한 평형방정식은 상호작용하는 힘을 포함하는 항을 통하여 연계될 것이다. 그림 4.14b와 같이 만약 구조물 그 자체가 강체가 아니라, 강성이 외부지지점에 의존한다면, 구조물을 분해하여 각각의 부재들을 해석한 후에야 외부 지지반력의 계산을 마칠 수 있다.

힘의 표현방법과 자유물체도

대부분의 경우 프레임과 기계의 해석은 힘을 직각좌표계상의 분력으로 표현하면 쉬워진다. 이것은 각 부분의 치수가 서로 수직적인 방향으로 주어졌을 때 특히 그러하다. 이러한 표현의 장점은 모멘트 팔의 계산이 간단하다는 것이다. 3차원 문제에서 특히 모멘트를 좌표축에 평행하지 않은 축에 대하여 구할 때, 벡터 표기법을 사용하면 편리하다.

자유물체를 그릴 때 항상 올바른 방향으로 모든 힘 또는 그 힘의 성분들을 지정하는 것이 가능한 것은 아니고, 임의로 방향을 지정할 경우도 있다. 어떤 경우든 힘은 반드시 미지의 힘을 포함한 강체들의 자유물체도에 일관성 있게 표시되어야 한다. 따라서 그림 4.15a와 같이 핀 A에 의해 연결된 두 물체에 대한 힘성분들은 분리된 자유물체도에서 항상 반대 방향으로 표현되어야 한다.

그림 4.15b에서 보인 것처럼, 입체프레임에서 부재들 사이의 볼-소켓 이음에 대해, 세 힘성분 모두에 작용-반작용 법칙을 적용시켜야 한다. 계산 결과, 힘성분들의 부호가 음이 되면 가정된 방향이 잘못된 것임이 증명되는 것이다. 예를 들어 만약 A_x가 음(-)으로 밝혀졌을 때, 실제로는 처음에 표현된 방향과는 반대 방향으로 힘이 작용하는 것이다. 따라서 양 부재에 작용하는 힘의 방향을 뒤집어야 하고, 방정식에서 힘의 부호를 반대로 해야 한다. 또는 그 표현을 처음 설정한 대로 놓고, 부호의 의미를 바로 이해하면 된다. 만약 힘을 표시하는 데 벡터 표기법을 사용한다면 그림 4.16에 보인 것처럼, 작용에 대해서는 양(+)의 부호를, 그에 대응하는 반작용에 대해서는 음(-)의 부호를 사용해야 하는 것에 주의해야 한다.

미지수를 분리하기 위해서 하나 또는 여러 개의 방정식들을 동시에 풀어야 하는 경우가 종종 발생한다. 그렇지만 대개의 경우 자유물체도를 그릴 부재를 주의 깊게 선택하고, 방정식에서 바람직하지 않은 항을 소거할 수 있는 모멘트 축을 선정하면 연립방정식을 푸는 것을 피할 수 있다. 이상에서 설명한 방법의 예가 다음 예제에서 제시된다.

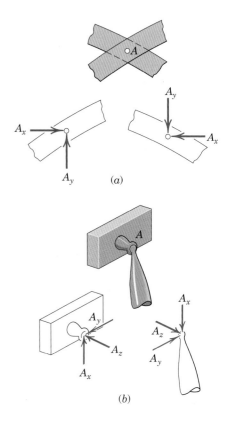

그림 4.15

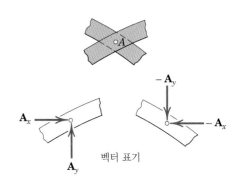

벡터 표기

그림 4.16

예제 4.6

다음의 프레임은 그림에 보인 바와 같이 400 kg의 하중을 지지한다. 부재들의 자중을 무시할 때 각각의 부재에 작용하는 모든 힘의 수평·수직 성분을 구하라.

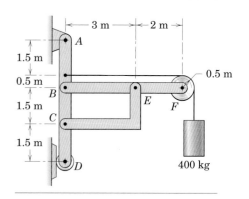

|풀이| 먼저 프레임을 형성하는 3개의 지지부재들이 하나의 단위로 해석될 수 있는 강체를 형성한다는 것을 알 수 있다. ① 또한 외부 지지점의 배치는 프레임을 정정 구조로 만든다는 것을 알 수 있다.

전체 프레임의 자유물체도로부터 외부반력들을 결정한다.

$$[\Sigma M_A = 0] \qquad 5.5(0.4)(9.81) - 5D = 0 \qquad D = 4.32 \text{ kN}$$
$$[\Sigma F_x = 0] \qquad A_x - 4.32 = 0 \qquad A_x = 4.32 \text{ kN}$$
$$[\Sigma F_y = 0] \qquad A_y - 3.92 = 0 \qquad A_y = 3.92 \text{ kN}$$

그런 다음, 프레임을 분해하고 각각의 부재에 대한 자유물체도를 그린다. 자유물체도에서 상호작용하는 힘을 쉽게 볼 수 있도록, 각 자유물체도의 상대적인 위치가 실제 구조물들과 비슷하게 배치한다. 위에서 구한 외부반력을 *AD*에 대한 자유물체도에 대입한다. 다른 알려진 힘은 도르래의 축에 의해 가해지는 3.92 kN의 힘이다. 이 힘은 도르래의 자유물체도로부터 계산할 수 있다. 케이블 인장력 3.92 kN은 케이블의 부착점에서 부재 *AD*에 작용한다.

그다음, 모든 미지의 힘들의 성분을 자유물체도에 나타낸다. 여기서 *CE*는 축력만을 받는 부재라는 것을 관찰할 수 있다. ② 부재 *CE*에 작용하는 힘성분들은 크기는 같고 방향은 반대인 반작용력이며, *E*점에서 *BF*에 작용하는 힘과 *C*점에서 *AD*에 작용하는 힘이 이에 해당된다. 단번에 *B*에서의 힘의 실제 작용방향을 알 수는 없으므로 임의로 작용방향을 지정하되 일관성 있게 한다.

해석은 부재 *BF*에 대하여 *B*점이나 *E*점에서 취한 모멘트방정식과 2개의 힘방정식을 사용하여 수행할 수 있다.

$$[\Sigma M_B = 0] \qquad 3.92(5) - \tfrac{1}{2}E_x(3) = 0 \qquad E_x = 13.08 \text{ kN} \qquad \text{답}$$
$$[\Sigma F_y = 0] \qquad B_y + 3.92 - 13.08/2 = 0 \qquad B_y = 2.62 \text{ kN} \qquad \text{답}$$
$$[\Sigma F_x = 0] \qquad B_x + 3.92 - 13.08 = 0 \qquad B_x = 9.15 \text{ kN} \qquad \text{답}$$

미지력의 부호가 양(+)이라는 것은 자유물체도에서 미지력의 방향을 바르게 가정했다는 것을 의미한다. *CE*의 자유물체도에 대한 고찰로부터 얻어진 $C_x = E_x = 13.08$ kN의 값을 새로 결정된 B_x와 B_y 값과 함께 *AD*에 대한 자유물체도에 표시한다. 작용하는 모든 힘들이 이미 계산되었기 때문에, 검토를 위해 부재 *AD*에 평형방정식을 적용해 볼 수 있다. 방정식은 다음과 같다.

$$[\Sigma M_C = 0] \qquad 4.32(3.5) + 4.32(1.5) - 3.92(2) - 9.15(1.5) = 0$$
$$[\Sigma F_x = 0] \qquad 4.32 - 13.08 + 9.15 + 3.92 + 4.32 = 0$$
$$[\Sigma F_y = 0] \qquad -13.08/2 + 2.62 + 3.92 = 0$$

|도움말|

① 이 프레임은 그림 4.14a에 보인 문제와 같은 범주에 속한다는 것을 알 수 있다.

② 이 고찰이 없으면 부재 *BF*에 대한 3개의 평형방정식은 4개의 미지수 B_x, B_y, E_x, E_y를 포함하기 때문에 문제의 풀이가 매우 길어지게 된다. (부재의 형상이 아니라) 하중의 두 작용점을 연결하는 직선의 방향이 축하중부재(two-force member)에 작용하는 힘의 방향을 결정하는 것임을 주의하라.

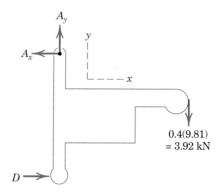

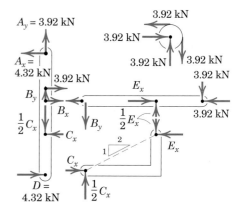

예제 4.7

프레임의 무게는 무시하고 작용하는 모든 힘들을 구하라.

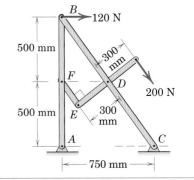

|풀이|　먼저 지지점들을 제거하였을 때 $BDEF$는 움직이는 사변형이고 강체 삼각형이 아니기 때문에 프레임은 강체단위가 아님에 주의한다. ① 따라서 각각의 부재들이 해석 되기 전에는 완전한 반력을 구할 수 없다. 그러나 전체 프레임의 자유물체도로부터 A와 C점 반력의 수직 성분들을 구할 수 있다. ②

$$[\Sigma M_C = 0] \qquad 200(0.3) + 120(0.1) - 0.75A_y = 0 \qquad A_y = 240 \text{ N} \qquad \text{답}$$

$$[\Sigma F_y = 0] \qquad\qquad C_y - 200(4/5) - 240 = 0 \qquad C_y = 400 \text{ N} \qquad \text{답}$$

　그런 다음, 프레임을 분리하여 각각의 부재에 대한 자유물체도를 그린다. EF는 축력 만을 받는 부재이기 때문에 ED 위의 점 E에 작용하는 힘과 AB 위의 점 F에 작용하는 힘 의 방향은 알 수 있다. 부재 BC의 일부분으로서 핀에 120 N의 힘이 작용한다고 가정한 다. ③ 힘 E, F, D와 B_x의 바른 방향을 정하는 것은 어렵지 않다. 그러나 B_y의 방향은 직 관에 의해서 정할 수 없으므로 임의로 AB상에서는 아래로, BC상에서는 위로 방향을 정 한다.

부재 ED : 2개의 미지력은 다음 식들에 의해 쉽게 얻어진다.

$$[\Sigma M_D = 0] \qquad 200(0.3) - 0.3E = 0 \qquad E = 200 \text{ N} \qquad \text{답}$$

$$[\Sigma F = 0] \qquad D - 200 - 200 = 0 \qquad D = 400 \text{ N} \qquad \text{답}$$

부재 EF : 힘 F는 힘 E와 크기는 200 N으로 같고 방향은 반대이다.

부재 AB : 힘 F를 알기 때문에 다음과 같이 B_x, A_x, B_y를 구한다.

$$[\Sigma M_A = 0] \qquad 200(3/5)(0.5) - B_x(1.0) = 0 \qquad B_x = 60 \text{ N} \qquad \text{답}$$

$$[\Sigma F_x = 0] \qquad A_x + 60 - 200(3/5) = 0 \qquad A_x = 60 \text{ N} \qquad \text{답}$$

$$[\Sigma F_y = 0] \qquad 200(4/5) - 240 - B_y = 0 \qquad B_y = -80 \text{ N} \qquad \text{답}$$

음($-$)의 부호는 설정한 B_y의 방향이 잘못되었음을 보여준다.

부재 BC : 힘 B_x, B_y와 D에 대한 결과는 BC에 전달되고, 나머지 힘 C_x는 다음 식으로부 터 구한다.

$$[\Sigma F_x = 0] \qquad 120 + 400(3/5) - 60 - C_x = 0 \qquad C_x = 300 \text{ N} \quad \text{④} \qquad \text{답}$$

검토를 위해 남은 2개의 평형방정식을 적용해 볼 수 있다.

$$[\Sigma F_y = 0] \qquad\qquad 400 + (-80) - 400(4/5) = 0$$

$$[\Sigma M_C = 0] \qquad\qquad (120 - 60)(1.0) + (-80)(0.75) = 0$$

|도움말|

① 이 프레임은 그림 4.14b에 보인 문제와 같은 범주에 속한다는 것을 알 수 있다.

② 힘 A_x와 C_x의 작용방향이 처음에는 분명 치 않다. 필요하다면 나중에 임의로 바르 게 수정할 수 있다.

③ 다른 방법으로는, 120 N의 힘을 BA의 한 부분인 핀에 가할 수도 있다.

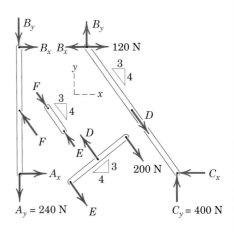

④ 다른 방법으로는, 전체 프레임의 자유물 체도로 되돌아가 힘 C_x를 구할 수도 있다.

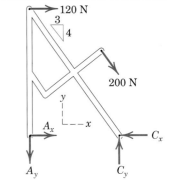

예제 4.8

그림에 보인 기계는 하중이 정해진 값 T를 초과할 때 핀이 끊어지면서 과하중을 차단하는 장치이다. 연한 금속 전단핀 S는 아래쪽 부분에 있는 구멍에 삽입되어 있고, 위의 반쪽에 의해 눌린다. 핀에 작용하는 총힘이 핀의 강도를 넘어설 때 핀은 부러진다. 두 번째 그림에서 보인 것처럼 상하 두 부분은 BD와 CD의 인장에 의해 A를 중심으로 회전하고 롤러 E와 F는 아이 볼트(eye bolt)를 놓아준다. 핀에 작용하는 총힘이 800 N이고 핀 S가 전단에 의해 파괴된다면 이때의 최대 허용인장력 T를 구하라. 또한 힌지핀 A에 작용하는 힘을 구하라.

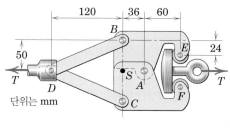

단위는 mm

|풀이| 대칭이기 때문에 2개의 힌지 부재 중 하나만을 해석한다. 위쪽 부분을 선택해서 D에서의 연결에 따라 자유물체도를 그린다. 대칭이기 때문에 S와 A에서의 힘들은 x 성분을 갖지 않는다. ① 축력만을 받는 부재 BD와 CD는 D에서 크기가 같은 힘 $B=C$를 발생시킨다. 힌지 D에서의 평형조건은 다음과 같다.

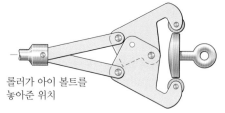

롤러가 아이 볼트를
놓아준 위치

$$[\Sigma F_x = 0] \qquad B\cos\theta + C\cos\theta - T = 0 \qquad 2B\cos\theta = T$$

$$B = T/(2\cos\theta)$$

윗부분에 대한 자유물체도로부터 점 A에 대한 모멘트 평형을 적용한 후, $S=800$ N을 대입하면 B에 대한 식은 다음과 같다.

$$[\Sigma M_A = 0] \quad \frac{T}{2\cos\theta}(\cos\theta)(50) + \frac{T}{2\cos\theta}(\sin\theta)(36) - 36(800) - \frac{T}{2}(26) = 0 \quad ②$$

$\sin\theta/\cos\theta = \tan\theta = 5/12$를 대입하고 T에 대하여 풀면 다음과 같다.

$$T\left(25 + \frac{5(36)}{2(12)} - 13\right) = 28\,800$$

$$T = 1477\text{ N} \qquad 즉 \qquad T = 1.477\text{ kN} \qquad ■$$

마지막으로 y방향 평형은 다음과 같다.

$$[\Sigma F_y = 0] \qquad\qquad S - B\sin\theta - A = 0$$

$$800 - \frac{1477}{2(12/13)}\frac{5}{13} - A = 0 \qquad A = 492\text{ N} \qquad ■$$

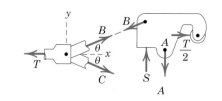

|도움말|

① 대칭성을 이해하는 것은 항상 중요하다. 여기서 두 부분에 작용하는 힘들은 x축에 대하여 서로 미러 이미지(mirror image)로 작용한다. 따라서 윗부분에서 $+x$방향 작용력이 있고 아랫부분에서는 $-x$방향 반작용력이 있는 경우는 없다. 따라서 S와 A는 x 성분을 갖지 않는다.

② 힘 B의 y 성분으로부터 발생되는 모멘트를 빠뜨리지 않도록 주의해야 한다. 여기서 사용되는 단위는 N-mm임에도 주의하라.

예제 4.9

그림에서와 같이 굴착기가 지면에 평행하게 20 kN의 힘을 가하고 있다. 2개의 유압실린더 *AC*가 굴착기의 팔 *OAB*를 제어하고, 팔 *EBIF*는 1개의 유압실린더 *DE*가 제어한다.

(a) 실린더 *AC*의 유효지름이 95 mm일 때 실린더에 가해지는 힘과 실린더의 피스톤에 가해지는 압력 p_{AC}를 계산하라.

(b) 또한 실린더 *DE*의 피스톤 지름이 105 mm일 때 실린더에 가해지는 힘과 피스톤에 가해지는 압력 p_{DE}를 계산하라. 각 부재의 자중은 무시한다.

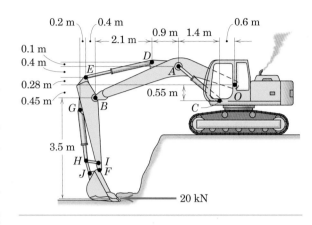

|풀이| (a) 전체 구조물의 자유물체도를 그리는 것에서부터 풀이를 시작한다. 여기서는 문제에 필요한 치수만 주어져 있으며 실린더 *DE*나 *GH*의 상세한 치수는 필요하지 않다.

|도움말|

① 힘=압력×면적이라는 사실을 상기하라.

$$[\Sigma M_O = 0] \qquad -20\,000(3.95) - 2F_{AC} \cos 41.3°(0.68) + 2F_{AC} \sin 41.3°(2) = 0$$

$$F_{AC} = 48\,800 \text{ N} \quad 즉 \quad 48.8 \text{ kN}$$

$F_{AC} = p_{AC}A_{AC}$로부터,

$$p_{AC} = \frac{F_{AC}}{A_{AC}} = \frac{48\,800}{\left(\pi \dfrac{0.095^2}{4}\right)} = 6.89(10^6) \text{ Pa} \quad 즉 \quad 6.89 \text{ MPa} \quad ①$$

(b) 실린더 *DF*에 대하여, 우리가 원하는 힘이 자유물체도의 외력(external force)으로 나타날 수 있도록 하는 한 위치에서 구조물을 자른다. 이것은 버킷(bucket)과 버킷에 가해지는 힘과 함께 수직방향 팔 *EBIF*를 전체로부터 분리하는 것(isolating)을 의미한다.

$$[\Sigma M_B = 0] \qquad -20\,000(3.5) + F_{DE} \cos 11.31°(0.73) + F_{DE} \sin 11.31°(0.4) = 0$$

$$F_{DE} = 88\,100 \text{ N} \quad 즉 \quad 88.1 \text{ kN}$$

$$p_{DE} = \frac{F_{DE}}{A_{DE}} = \frac{88\,100}{\left(\pi \dfrac{0.105^2}{4}\right)} = 10.18(10^6) \text{ Pa} \quad 즉 \quad 10.18 \text{ MPa}$$

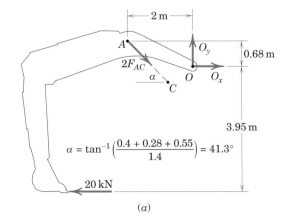

(a)

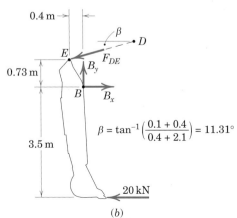

(b)

연습문제

(별도의 언급이 없다면 다음의 문제에서 모든 요소의 질량과 마찰
은 무시하라.)

기초문제

4/63 그림과 같이 하중을 받는 프레임에서 모든 핀 반력의 크기를
구하라.

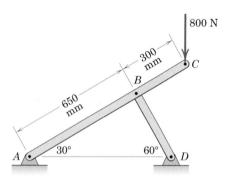

문제 4/63

4/64 프레임이 그림과 같이 하중을 받을 때 부재 CD로 인해 핀 C
에 작용하는 힘을 구하라.

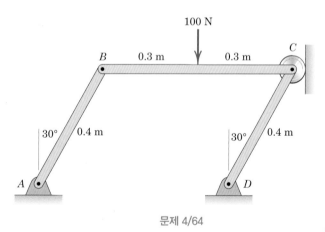

문제 4/64

4/65 A에서의 수평방향 반력 A_x가 0이 되기 위한 시계방향 우력
M의 값을 구하라. 만약 같은 크기의 우력이 반시계방향으로
작용한다면 A_x의 값은 얼마인가?

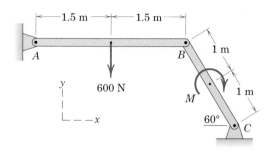

문제 4/65

4/66 하중을 받는 프레임의 각 부재에 작용하는 힘의 성분을 모두
구하라.

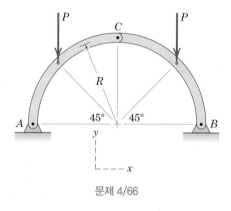

문제 4/66

4/67 그림과 같은 프레임의 핀 A에 가해지는 힘의 크기를 구하라.

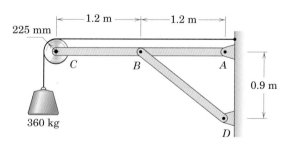

문제 4/67

4/68 그림과 같은 프레임에 3000 kg의 균일보가 하중으로 작용한다. 이때 격점 *A*, *B*, *C*에 가해지는 핀 반력의 크기를 구하라.

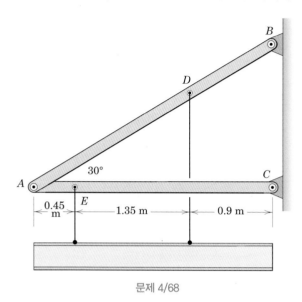

문제 4/68

4/69 니들노즈 플라이어(needle-nose plier)는 물체를 자르거나 (*A* 지점) 잡기 위하여(*B* 지점) 사용된다. 힘 *F*에 대해서 (a) *A* 지점에서의 절단력과 (b) *B* 지점에서 물체를 잡는 힘을 계산하라. 두 경우에 대해서 점 *O*의 핀에 가해지는 반력의 크기를 구하라. 물체를 잡기 위해 플라이어를 벌리면서 생기는 효과는 무시한다.

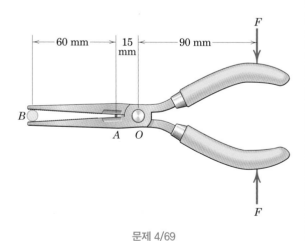

문제 4/69

4/70 그림과 같은 프레임의 핀 *B*에 가해지는 힘의 크기를 구하라.

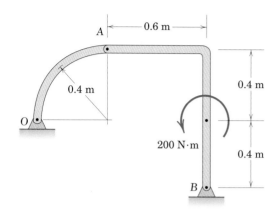

문제 4/70

4/71 다음 그림의 차량용 범퍼 잭(bumper jack)은 아래 방향의 하중 4000 N을 견딜 수 있도록 설계되었다. *BCD*의 자유물체도를 그리고 롤러 *C*에 작용하는 힘을 구하라. 롤러 *B*는 수직 기둥에 연결되어 있지 않음에 주의하라.

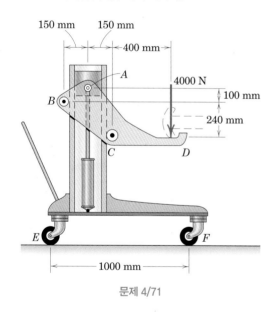

문제 4/71

4/72 D에서 핀에 작용하는 힘의 크기를 구하라. 핀 C는 부재 DE에 고정되어 있고 마찰 없이 삼각형 평판의 홈을 지지한다.

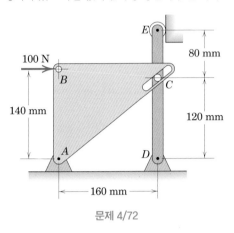

문제 4/72

4/73 그림에서와 같이 손잡이에 90 N의 힘이 가해질 때 물체에 작용하는 수직력 N을 구하라. 또한 이때 핀 O에 작용하는 힘의 크기를 구하라.

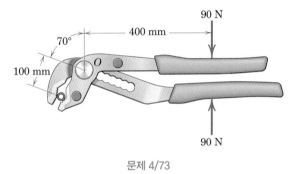

문제 4/73

4/74 그림과 같이 클램프를 조절하여 상하 두 부분에서 각각 압축력 200 N을 나무판에 가한다. 나사산이 있는 축 BC에 작용하는 힘과 핀 D에 작용하는 반력의 크기를 구하라.

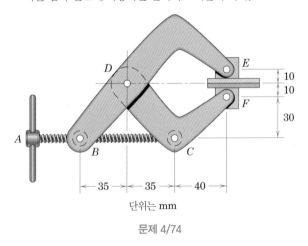

단위는 mm

문제 4/74

4/75 버팀목(tire chock)은 차량을 들어 올렸을 때 차량이 구르는 것을 방지하기 위해 사용된다. 그림과 같이 힘 P에 의해 핀 C에 가해지는 힘의 크기를 구하라. 땅과 버팀목 사이의 마찰은 미끄러지지 않을 만큼 충분하다.

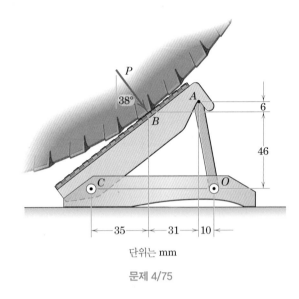

단위는 mm

문제 4/75

4/76 그림에서처럼 작업대를 올리기 위해 크레인의 단일 유압 실린더에 가해지는 힘을 구하라. 크레인 암 OC의 질량은 800 kg이며 G_1은 질량중심이다. 작업대와 작업자의 질량은 300 kg이며 질량중심은 G_2이다.

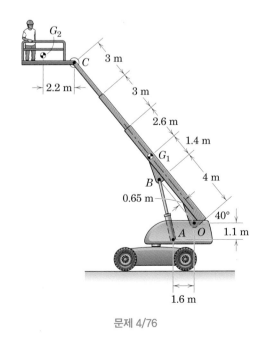

문제 4/76

4/77 접이식 틀톱(collapsible bucksaw)의 윙너트(wingnut) *B*는 쇠막대 *AB*에 장력 200 N이 가해질 때까지 조여진다. 톱날 *EF*에 가해지는 힘과 핀 *C*에 작용하는 힘의 크기를 구하라.

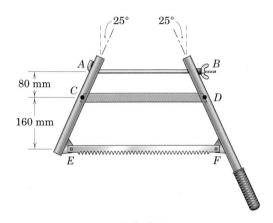

문제 4/77

4/78 그림과 같이 절단기의 손잡이에 힘 *P*가 작용한다. 이때 막대 *S*에 가해지는 절단력 *F*를 구하라.

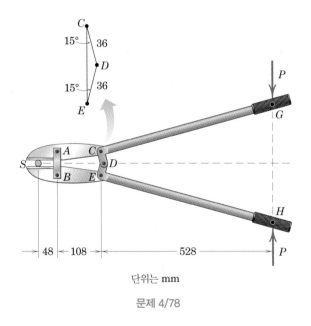

단위는 mm

문제 4/78

4/79 타공기 손잡이의 위와 아래에서 각각 80 N의 힘이 작용한다. *A*에 있는 블록은 타공기 아랫부분에 있는 슬롯을 통해 미끄러지며 이때 발생하는 마찰력은 무시한다. 스프링 *AE*가 돌아오면서 생기는 힘은 무시할 때 타공 위치에 가해지는 압축력 *P*를 구하라.

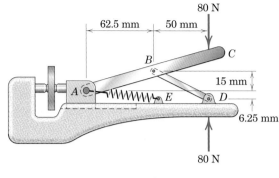

문제 4/79

4/80 다음 그림은 자전거의 센터풀 브레이크(center-pull brake)를 나타낸다. 두 브레이크 암은 고정된 중심점 *C*와 *D*에서 자유롭게 회전한다. *H*에 케이블 장력 *T* = 160 N이 작용할 때 브레이크 패드 *E*와 *F*에서 바퀴에 작용하는 수직력을 구하라.

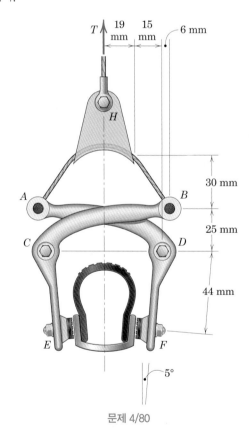

문제 4/80

심화문제

4/81 그림의 이중그립 클램프(dual-grip clamp)는 일반 클램프보다 물체를 더 강하게 고정시킬 수 있는 장치이다. 수직 스크루를 조여서 물체에 3 kN의 힘을 가한 후, A 지점의 스크루에 작용하는 힘이 두 배가 될 때까지 수평 스크루를 조인다면, 이때 핀 B에 작용하는 총반력 R을 구하라.

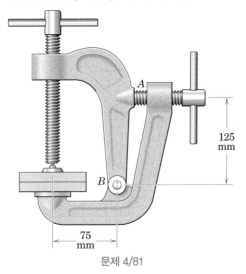

문제 4/81

4/82 배에 짐을 싣기 위해 이동 크레인의 현외 확장부(outrigger extension)를 설계한다. 보 AB의 질량은 8 Mg이고 질량중심은 전체의 중앙이다. 붐 BC의 질량은 2 Mg이고 질량중심은 C점으로부터 5 m 떨어진 위치이다. 캐리지 D는 2000 kg의 질량을 가지며 하중선을 중심으로 대칭이다. 질량 m이 20 Mg일 때 힌지 A에 의해 지지되는 힘의 크기를 구하라.

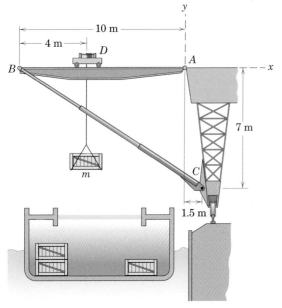

문제 4/82

4/83 다음 그림은 장선(joist)에 못을 박기 전 굽은 나무판을 똑바로 펴기 위해 사용하는 장치를 나타낸다. 그림에는 나타나지 않지만 O 지점에 OA를 장선에 고정하기 위한 브래킷이 있다. 따라서 피벗(pivot) A는 고정된 것으로 본다. 손잡이 ABC에 힘 P가 수직으로 가해질 때, 휘어진 나무판 근처 지점 B에 작용하는 수직력 N을 구하라. 이때 마찰은 무시한다.

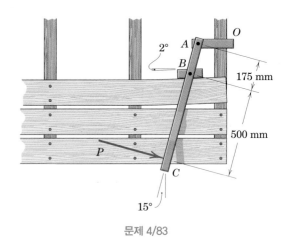

문제 4/83

4/84 그림과 같이 컴파운드 플라이어(compound plier)의 손잡이에 힘 P가 가해질 때 Q 지점에 있는 물체에 작용하는 수직력을 구하라. 또한 사용한 가정을 명시하라.

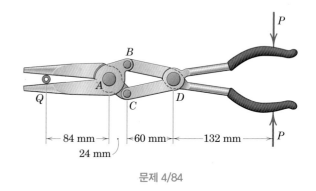

문제 4/84

4/85 그림의 장치는 중심에 위치한 스크루를 조여서 축 S에 정확히 맞는 V벨트 풀리(V-belt pulley) P를 제거하기 위해 설계된 휠 풀러(wheel puller)이다. 스크루에 작용하는 압축력이 1.2 kN에 도달할 때 풀리가 축에서 빠져나오기 시작한다면 그때 A 지점에 가해지는 힘의 크기는 얼마인가? 스크루 D는 조절이 가능하며 수평방향의 힘을 지지한다. 이를 통해 양쪽에 있는 풀리 암을 중심 스크루와 평행하게 맞출 수 있다.

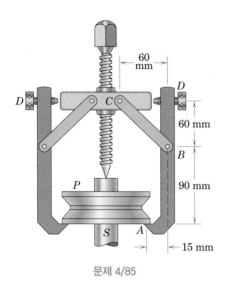

문제 4/85

4/86 크림퍼 툴(crimper tool)의 손잡이에 각각 120 N의 힘이 가해질 때 G에 작용하는 힘을 구하라.

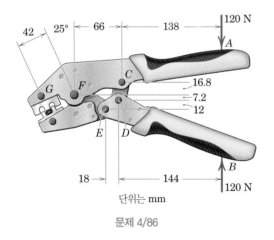

단위는 mm

문제 4/86

4/87 '조스 오브 라이프'는 조난 구조대들이 잔해를 분리할 때 사용하는 장치이다. 면적 $13(10^3)$ mm²인 피스톤 P의 뒤에서 55 MPa의 압력이 가해질 때 장치의 끝부분에 작용하는 수직력 R을 구하라. 이때 링크 AB와 반대편 링크는 평행함에 주목하라.

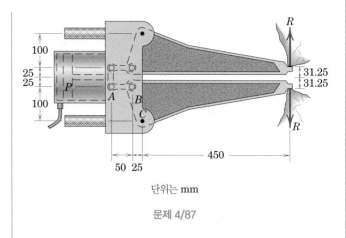

단위는 mm

문제 4/87

4/88 그림과 같이 250 N의 힘이 에어펌프에 가해진다. 스프링 S가 돌아오면서 부재 OBA에 3 N · m의 모멘트를 가할 때 실린더 BD에 작용하는 압축력 C를 구하라. 실린더에 있는 피스톤의 지름이 45 mm일 경우 이때 생기는 공기압력을 추정하라. 또한 사용된 가정을 모두 명시하라.

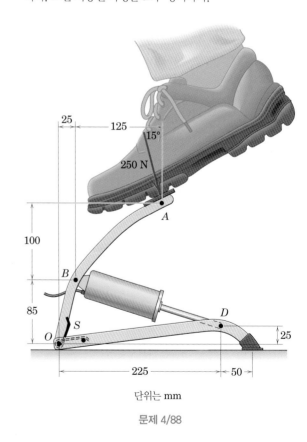

단위는 mm

문제 4/88

4/89 물건을 들어 올리기 위한 그림과 같은 구조에서 링크 *AB*에 작용하는 힘을 구하라. 부재 *AD*와 *BC*는 서로 닿지 않는다.

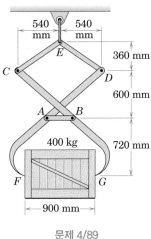

문제 4/89

4/90 *G*에 질량중심을 가진 질량 80 kg의 환기도어(ventilation door) *OD*가 링키지 *A*에 작용하는 모멘트 *M*에 의해 열린 채로 있다. 문이 30°만큼 열릴 때 부재 *AB*와 문이 평행을 이룬다면 그때의 모멘트 *M*을 구하라.

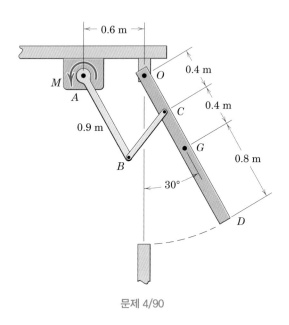

문제 4/90

4/91 그림은 플로어 잭(floor jack)을 나타낸다. 형상 *CDFE*는 평행사변형이고 그림과 같이 10 kN의 하중이 가해질 때 유압 실린더 *AB*와 링크 *EF*에 작용하는 힘을 구하라.

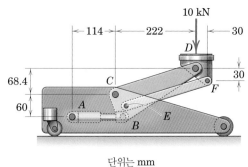

단위는 mm

문제 4/91

4/92 그림과 같이 하중이 작용하고 있다. *A*에 작용하는 핀 반력의 크기를 구하라. 또한 롤러에 작용하는 반력의 크기와 방향을 구하라. *C*와 *D*점에 있는 도르래의 크기는 아주 작다.

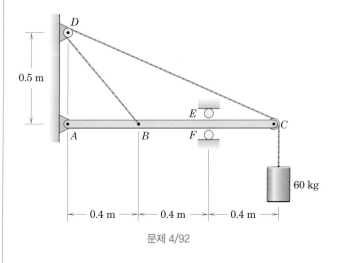

문제 4/92

4/93 그림에 보이는 장치는 차량을 플랫폼으로 올릴 때 사용하는 차량 승강 장치이다. 뒷바퀴 두 쪽에서 총 6 kN의 하중이 가해질 때 유압 실린더 *AB*에 작용하는 힘을 구하라. 플랫폼의 자중은 무시하며 부재 *BCD*는 경사면에 있는 지점 *C*에 고정된 직각 벨 크랭크(right-angle bell crank)이다.

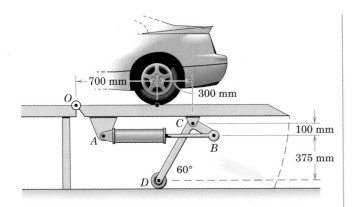

문제 4/93

4/94 램프(ramp)는 소형 여객기에 승객들이 탑승할 때 사용되는 장치이다. 램프와 승객 6명의 총 질량은 750 kg이고 질점은 G에 위치한다. 이때 유압 실린더 AB에 작용하는 힘과 핀 C에서 발생하는 반력을 구하라.

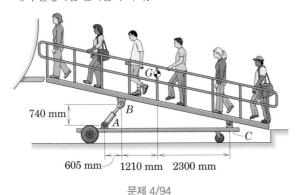

문제 4/94

4/95 소형 프레스(handheld press)는 리벳을 고정시키거나 구멍을 뚫을 때 유용한 장치이다. 그림과 같이 손잡이에 60 N의 힘이 가해질 때 금속판의 E 지점에 작용하는 힘 P를 구하라.

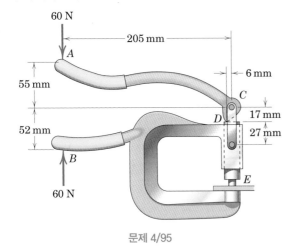

문제 4/95

4/96 그림에 보인 트럭은 항공기에 음식을 배달하기 위해 사용된다. 화물의 질량은 1000 kg이고 질량중심은 G이다. 유압실린더 AB에 요구되는 힘을 구하라.

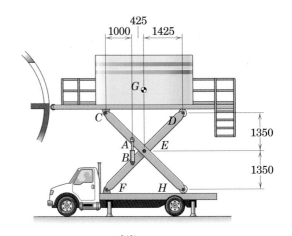

단위는 mm

문제 4/96

4/97 다음 그림은 건설 현장에서 무거운 자재를 옮길 때 사용되는 장비를 나타낸다. 그림과 같이 장비의 붐(boom)이 평행하게 있을 때 2개의 유압 실린더 AB에 작용하는 각각의 힘을 구하라. 붐의 질량은 1500 kg이고 G_1은 질량중심이다. 벽돌의 질량은 2000 kg이며 질량중심은 G_2이다.

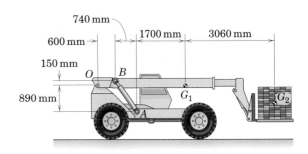

문제 4/97

4/98 다음 그림은 문제 4/97에서 고려한 장비의 포크리프트 (forklift) 부분에 대한 구체적인 수치를 나타낸다. 단일 유압 실린더 *CD*에 작용하는 힘을 구하라. 벽돌의 질량은 2000 kg이며 질량중심은 G_2이다. 포크리프트의 질량은 무시한다.

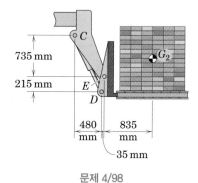

문제 4/98

4/99 토글 클램프(toggle clamp)의 손잡이에 가해지는 힘 *P*로 인해 *E* 지점에 생기는 수직력을 구하라.

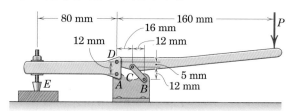

문제 4/99

4/100 다음과 같은 장비에서 *AF*와 *EG*는 서로 직각이고 *AF*는 *AB*와 수직이다. 그림과 같은 자세로 장비가 2.5 Mg의 통나무를 들어 올릴 때 통나무의 무게로 인해 핀 *A*와 *D*에 가해지는 힘을 계산하라.

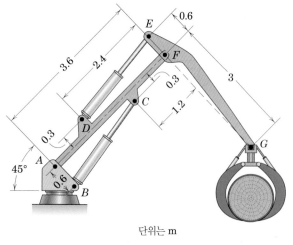

단위는 m

문제 4/100

4/101 다음 그림은 짐을 실은 팰릿(pallet)을 끌기 위하여 사용되는 장치를 나타낸다. 그림에 보이는 나무판은 팰릿의 바닥을 구성하는 여러 부재들 중 하나이다. 지게차에 의해 4 kN의 힘이 가해질 때 핀 *C*에 작용하는 힘의 크기를 구하라. 또한 *A*와 *B*에서 나무판을 잡는 수직력을 구하라.

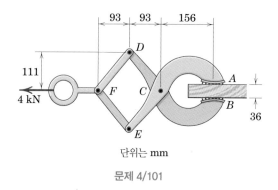

단위는 mm

문제 4/101

4/102 토글 프레스(toggle press) 턱(jaw)의 상판 부분 *D*가 수직축을 따라 움직일 때 발생하는 마찰은 무시할 수 있을 만큼 작을 때 실린더 *E*에 작용하는 압축력 *R*을 계산하라. 또한 손잡이에 *F* = 200 N의 힘이 *θ* = 75°에서 가해질 때 핀 *A*에 작용하는 힘을 구하라.

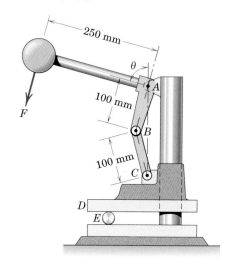

문제 4/102

4/103 그림은 틸팅 테이블(tilting table)의 측면도를 나타낸 것이다. 테이블의 왼편에서 핀 *C*와 *D* 사이의 나사산이 있는 축을 통해 경사각을 조절한다. 테이블 상판의 오른편은 2개의 수직 지지대에 핀으로 고정되어 있다. 경사각 조절 장치는 오른편에 있는 두 지지대 사이 중심선의 연장선에 놓

여있다. 수평의 상판 위에 질량 50 kg의 상자를 테이블 중심선을 따라 그림과 같이 놓았을 때 핀 E에 가해지는 힘과 핀 C와 D 사이의 축에 작용하는 힘의 크기를 구하라. 길이 $b=180$ mm이며 $\theta=15°$이다.

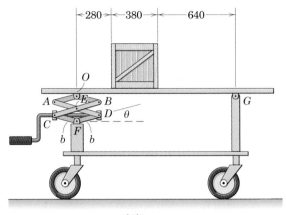

단위는 mm

문제 4/103

4/104 그림은 전륜구동(front-wheel-drive) 차에 사용되는 현가장치(rear suspension)를 나타낸다. 타이어에 $F=3600$ N의 수직력이 가해질 때 각각의 격점에 작용하는 힘의 크기를 구하라.

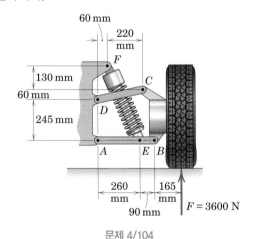

문제 4/104

4/105 그림은 트럭에 사용되는 현가장치(double-axle suspension)를 나타낸다. 주 프레임 F의 질량은 40 kg이고 바퀴와 그에 연결된 링크의 질량은 35 kg이며 중심 수직축으로부터 680 mm 떨어진 곳에 질량중심이 위치한다. 하중 $L=12$ kN이 프레임 F에 전해질 때 핀 A에 작용하는 총 전단력을 계산하라.

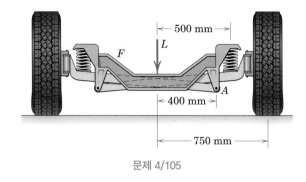

문제 4/105

4/106 압축기가 그림과 같이 작동하고 있다. 하중 $P=50$ N일 때 캔에 가해지는 압축하중 C를 구하라. 점 B는 캔 바닥면의 중심과 일치한다.

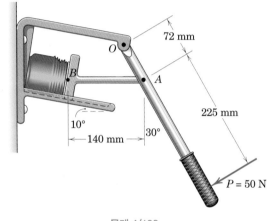

문제 4/106

4/107 유압 실린더 AB에 작용하는 힘과 핀 O에 걸리는 힘의 크기를 구하라. 버킷(bucket)과 적재물의 질량은 2000 kg이며 질량중심은 G이다. 다른 장치의 무게는 무시한다.

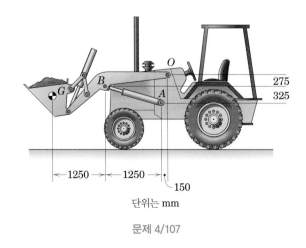

단위는 mm

문제 4/107

4/108 그림은 문제 4/107에서 고려한 적재기의 앞부분에 대한 자세한 수치를 나타낸다. 버킷과 적재물의 질량은 2000 kg이며 G는 질량중심일 때 유압 실린더 CE에 작용하는 힘을 구하라. 다른 장치의 무게는 무시한다.

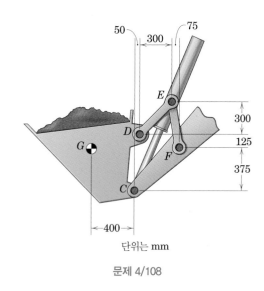

단위는 mm

문제 4/108

4/109 다음 그림은 장대톱(pole saw)이 나뭇가지 S를 가지치기하는 메커니즘을 나타낸다. 작용줄은 장대와 평행하며 장력 120 N을 전달한다. 커터에 의해 나뭇가지에 가해지는 전단력 P와 핀 E에 작용하는 총 힘을 구하라. C 지점에서 스프링이 다시 돌아올 때 작용하는 힘은 작으므로 무시한다.

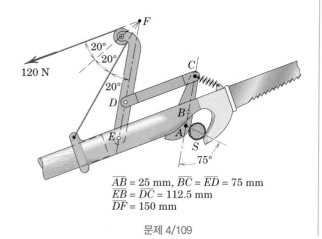

$\overline{AB} = 25$ mm, $\overline{BC} = \overline{ED} = 75$ mm
$\overline{EB} = \overline{DC} = 112.5$ mm
$\overline{DF} = 150$ mm

문제 4/109

▶**4/110** 그림에 보인 공간 프레임의 점 A에서 반력의 성분을 구하라. 각 부재들은 볼–소켓 이음으로 조립되어 있다고 가정한다.

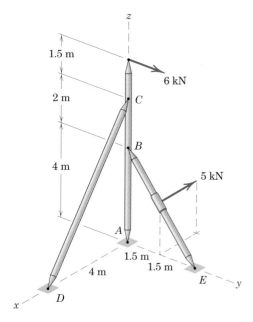

문제 4/110

4.7 이 장에 대한 복습

이 장에서 우리는 두 가지 유형의 문제에 평형의 원리를 적용하였다. 두 가지는 (a) 단순트러스, (b) 프레임과 기계이다. 단순히 자유물체도를 그리고 잘 알려진 평형방정식을 적용한 것뿐이며 새로운 이론을 사용하지는 않았다. 그러나 이 장에서 다룬 구조물은 우리에게 역학 문제에 체계적으로 접근하는 방법에 대한 이해를 더욱 증진시킬 수 있는 기회를 제공하였다.

이러한 두 가지 유형의 구조물을 해석하는 데 가장 필수적인 내용은 다음과 같다.

(a) 단순트러스

1. 단순트러스는 양단에서 접합된 축하중부재들로 구성되며, 인장력이나 압축력을 지지할 수 있다. 그러므로 각 부재의 내력은 항상 부재와 같은 방향이다.

2. 평면트러스에 대해서는 삼각형이, 입체트러스에 대해서는 4면체가 (붕괴되지 않는) 기본 강체단위가 되어 단순트러스가 만들어진다. 트러스의 추가되는 단위는 평면트러스에서 2개, 입체트러스에서는 3개의 새로운 부재를 첨가함으로써 형성되며, 이들 부재는 기존의 격점에 부착되어 다른 새로운 격점에 연결된다.

3. 단순트러스의 격점은 평면트러스에 대해서는 핀으로, 입체트러스에 대해서는 볼 – 소켓 이음으로 가정한다. 따라서 격점은 힘만을 전달할 수 있으며 모멘트는 전달하지 못한다.

4. 외부하중은 단지 격점에만 작용된다.

5. 트러스는 외부 지지조건이 평형상태를 유지하기 위해 필요로 하는 수를 초과하지 않을 때 외적 정정이다.

6. 트러스는 (2)항에서 설명한 방법으로 만들어졌을 때는 내적 정정이며, 이때 내부 부재의 수가 붕괴를 막는 데 필요한 수를 초과하지 않아야 한다.

7. **격점법**(method of joint)은 각 격점에서의 힘에 대한 평형방정식을 사용한다. 해석은 보통 적어도 하나의 알려진 힘이 작용하고, 평면트러스의 경우 2개를 넘지 않는

미지력, 입체트러스에서는 3개를 넘지 않는 미지력을 받는 격점에서부터 시작한다.

8. **단면법**(method of section)은 2개 또는 그 이상의 격점을 갖는 트러스의 전체 단면에 대한 자유물체도를 사용한다. 일반적으로 단면법은 한 점에서 만나지 않는 힘들의 평형을 이용한다. 단면법을 사용할 때 모멘트에 대한 평형방정식은 특히 유용하다. 일반적으로 3개의 평형방정식만 이용할 수 있으므로, 평면트러스의 경우 3개 이상의 미지 부재를 절단한 단면에서는 내력을 구할 수 없다.

9. 격점이나 단면에 작용하는 힘을 표시하는 벡터는 해당되는 힘을 전달하는 부재의 격점이나 단면과 같은 쪽에 표시한다. 이러한 표기법을 사용할 때, 인장은 힘의 화살표가 격점이나 단면으로부터 멀어지는 방향일 때이고, 압축은 화살표가 격점이나 단면을 향할 때이다.

10. 사변형의 판넬을 보강하는 2개의 대각 부재들이 압축력을 지지할 수 없고 인장력만을 받을 수 있을 때, 판넬은 정정 구조물이다.

11. 하중을 받는 2개의 연결된 부재가 서로 평행이고 방향이 다른 세 번째 부재가 연결되었다면, 최초의 두 부재에 수직한 힘이 작용하지 않는 한, 세 번째 부재의 힘은 0이다.

(b) 프레임과 기계

1. 프레임과 기계는 하나 또는 그 이상의 다중하중을 받는 부재로 구성된 구조물이다. 다중하중 부재는 그것에 3개 이상의 힘 혹은 우력(couple)이 작용하는 부재를 의미한다.

2. 프레임은 일반적으로 정적인 상태에서 하중을 지지하도록 설계된 구조물이다. 기계는 입력하중이나 모멘트를 출력하중이나 모멘트로 변환하는 구조물이며 일반적으로 작동부를 포함하고 있다.

3. 이 책에서는 정정 프레임과 기계만을 대상으로 한다.

4. 만약 프레임과 기계가 외부 지지점을 제거하였을 때 전체적으로 (붕괴되지 않는) 강체라면, 해석은 전체에 작용되는 외부반력을 구하는 것으로부터 시작된다. 만약 프레임 또는 기계가 외부지지 점을 제거하였을 때 (붕괴될 수 있는) 비강체라면, 외부반력에 대한 해석은 구조물의 각 부재를 분해하기 전에는 완료될 수 없다.

5. 프레임과 기계의 내부 연결부에 작용하는 힘은 구조물의 부재를 분해하고 각 부분의 자유물체도를 그림으로써 구해진다. 작용과 반작용의 원칙은 정확히 지켜져야 한다. 그렇지 않으면 오류를 범하게 된다.

6. 힘과 모멘트의 평형방정식은 미지력을 구하고자 하는 부재에 적용한다.

복습문제

4/111 하중을 받는 트러스의 각 부재에 작용하는 힘을 구하라.

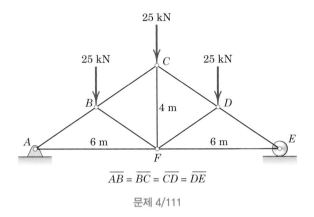

$$\overline{AB} = \overline{BC} = \overline{CD} = \overline{DE}$$

문제 4/111

4/112 다음과 같이 하중을 받는 트러스의 부재 *CH*와 *CF*에 작용하는 힘을 구하라.

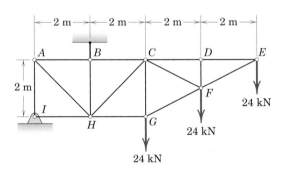

문제 4/112

4/113 다음과 같이 하중을 받는 프레임의 각 부재에 작용하는 모든 힘의 성분을 구하라.

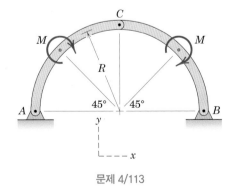

문제 4/113

4/114 그림에 보이는 다리의 좌굴 해석 결과 수직 부재는 최대 525 kN, 수평 부재는 최대 300 kN, 대각선 부재는 최대 180 kN의 압축력을 각각 견딜 수 있는 것으로 나타났다. 어떤 부재에도 좌굴이 일어나지 않는 최대 하중 *L*을 구하라.

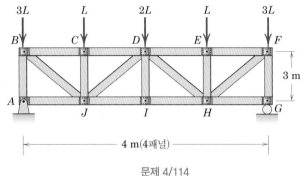

문제 4/114

4/115 그림에 보인 그루터기 파쇄기(stump grinder)의 각 부분의 총질량(유압실린더 *DF*와 링크 *CE*를 제외)은 300 kg이고 질량중심은 *G*이다. 수직축 주위로의 작동기구는 생략하였고, *B*점에서 바퀴의 회전은 자유롭다. 그림에서 링크 *CE*는 수평이고 커팅휠의 이빨은 지면과 같은 높이에 있다. 커터가 그루터기에 가하는 힘 *F*가 400 N일 때, 유압실린더에 걸리는 힘 *P*와 핀 *C*에서 지지되는 힘의 크기를 구하라. 이 문제는 2차원 문제로 가정한다.

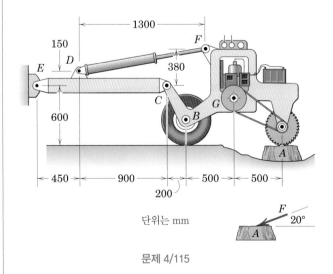

단위는 mm

문제 4/115

4/116 하중을 받는 트러스 구조의 모든 축하중 부재의 길이는 같다. 부재 BCD는 강체보이다. 부재 BG와 CG에 작용하는 힘을 하중 L로 표시하라.

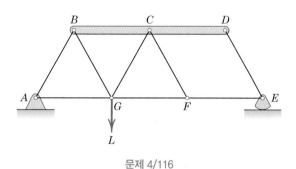

문제 4/116

4/117 그림은 항공기의 랜딩기어를 나타낸다. 항공기가 이륙하면 토크 M이 축 B를 통해 링크 BC에 전달되고 항공기의 앞바퀴가 올라가게 된다. 암과 바퀴가 결합된 AO의 질량이 50 kg이고 질량중심은 G일 때 그림과 같은 자세에서 바퀴를 올리기 위한 최소 토크 M을 구하라. D는 B와 일직선상에 있으며 θ=30°이다.

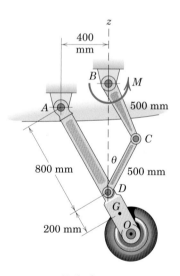

문제 4/117

4/118 하중을 받는 트러스의 부재 CH, AH, CD에서의 힘을 구하라.

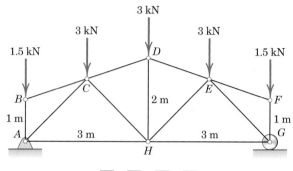

$$\overline{BC} = \overline{CD} = \overline{DE} = \overline{EF}$$

문제 4/118

4/119 그림의 트러스는 정삼각형 구조물로 구성되어 있다. 알루미늄 부재에 가해질 수 있는 인장 혹은 압축력이 42 kN으로 제한될 때 프레임이 지지할 수 있는 최대 질량 m을 결정하라. 케이블은 핀 A에 고정되어 있다.

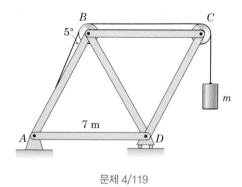

문제 4/119

4/120 B에 있는 비틀림 스프링은 부재 OB와 BD가 수직으로 세워져서 겹쳐질 때 변형이 일어나지 않는다. 부재가 지면과 이루는 각 $\theta=60°$를 유지하기 위해 힘 F가 필요할 때 비틀림 스프링 상수 k_T를 구하라. 핀 C와 슬롯 사이의 마찰력과 부재의 무게는 무시한다. 또한 그림과 같은 위치에서 핀 C는 부재 AE의 중심에 위치한다.

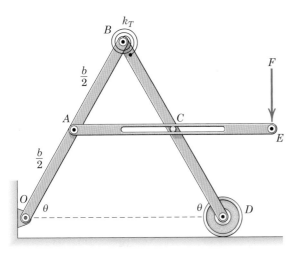

문제 4/120

4/121 다음과 같이 대칭적으로 하중을 받는 트러스의 부재 DM과 DN에 작용하는 힘을 구하라.

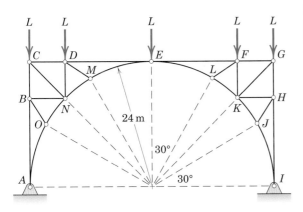

문제 4/121

4/122 벌목기가 지면 높이에서 벌목을 한 후 베어낸 나무를 잡고 있다. 벌목된 나무의 질량이 3 Mg일 경우 유압실린더 AB에 가해지는 힘을 구하라. 또한 실린더 피스톤의 지름이 120 mm일 때 필요한 압력을 구하라.

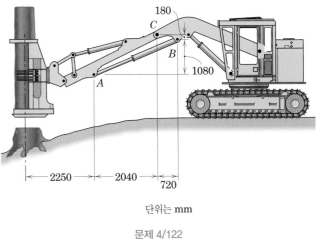

단위는 mm

문제 4/122

▶**4/123** 다음 그림은 행성 탐사선의 착륙 장치를 나타낸다. 각각의 트러스는 그림에 보이는 것처럼 x–z 면에 대칭인 입체트러스로 설계되었다. 착륙 시 힘 $F=2.2$ kN이 그림과 같이 트러스에 전해질 때 부재 BE에 작용하는 힘을 계산하라. 트러스의 질량이 매우 작을 경우 트러스에 대한 정적 평형 가정이 허용된다. 대칭으로 놓인 다른 트러스에도 동일한 하중이 가해진다고 가정하라.

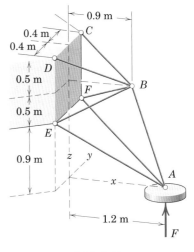

문제 4/123

▶**4/124** 그림에서 보이는 대형크레인의 기다란 붐(boom)은 동일한 구조가 주기적으로 계속되는 반복 구조물(periodic structure)의 한 예이다. 단면법을 사용하여 부재 FJ와 GJ에 작용하는 힘을 구하라.

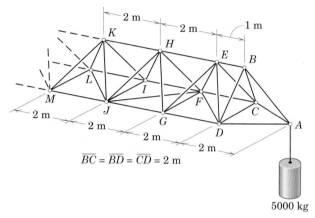

$$\overline{BC} = \overline{BD} = \overline{CD} = 2\ m$$

문제 4/124

▶**4/125** 그림의 입체 트러스는 2개의 피라미드로 구성되어 있다. 그리고 피라미드는 x-y 평면 위에 공통의 변 DG를 가지고 크기가 같은 정사각형 기초 위에 세워져 있다. 트러스는 격점 A에서 아래 방향의 하중 L을 받으며, 이는 그림에서와 같이 피라미드 가장자리의 격점에서 수직 반력에 의해 지지된다. 바닥의 대각선 부재를 제외한 나머지 부재의 길이는 b로 동일하다. 대칭을 이루는 두 수직면을 이용하여 부재 AB와 DA에 작용하는 힘을 구하라. (부재 AB로 인해 두 피라미드가 DG축을 기준으로 서로 회전하여 만나지 않음에 주목하라.)

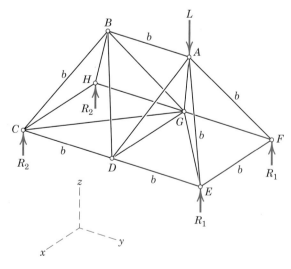

문제 4/125

***4/126** 문제 2/48의 장치를 다시 고려하자. 그림에서와 같이 750 N의 힘이 의자에 일정하게 작용할 때 기계를 평형상태로 만들기 위해 유압 실린더 AB에 있는 지름 30 mm의 피스톤에 가해져야 하는 압력 p를 구하라. 각 θ의 범위가 $-20° \le \theta \le 45°$일 때 θ에 대한 압력 p의 그래프를 그려라. 이때 이 동작 범위에서 다른 기계적인 간섭은 없다고 가정한다. θ의 범위 내에서 최대 압력은 얼마인가? 단, 형상 $CDFE$와 $EFGH$는 평행사변형이다.

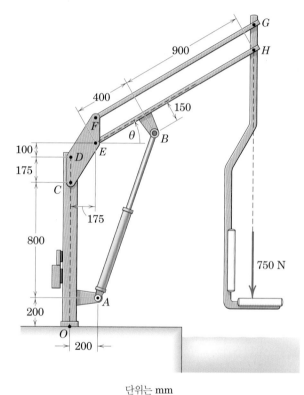

단위는 mm

문제 4/126

***4/127** 문제 4/87의 '조스 오브 라이프'를 다시 고려하자. 면적이 $13(10^3)$ mm²인 피스톤 P의 뒤에서 55 MPa의 압력이 계속 가해질 때 힘 R을 각 θ에 대한 함수로 표현하고 그래프로 나타내라. 각 θ의 범위는 $0 \le \theta \le 45°$이며 힘 R은 그림에 보이는 것과 같이 잔해에 가해지는 수직력을 나타낸다. R의 최댓값과 그때의 각 θ를 구하라. 문제 4/87의 그림을 통해 $\theta = 0$일 때의 치수와 기하학적 형상을 확인하라. 또한 $\theta = 0$이 아닐 경우 링크 AB와 그 반대편 링크가 더 이상 수평이 아님에 주의하라.

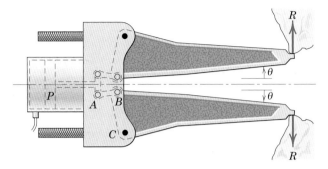

문제 4/127

*4/128 균일 환기 도어(uniform ventilation door) *OAP*는 그림에 보이는 장치에 의해 개방된다. 문을 열기 위해 실린더 *DE*에 필요한 힘을 개방 각도 θ에 대한 그래프로 표현하라. 각 θ의 범위는 $0 \le \theta \le \theta_{max}$이며 이때 θ_{max}는 문이 최대한 열릴 때의 각도이다. 힘의 최댓값과 최솟값 그리고 그 값이 발생할 때의 각도를 구하라.

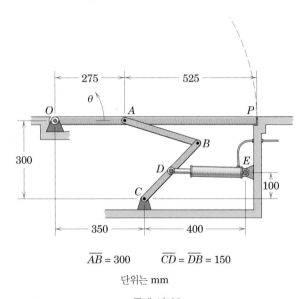

$\overline{AB} = 300 \qquad \overline{CD} = \overline{DB} = 150$

단위는 mm

문제 4/128

*4/129 다음 그림은 수하물을 기체에 실을 때 사용하는 장치를 나타낸다. 컨베이어와 수하물의 질량을 합한 질량은 100 kg이며 *G*는 질량중심을 나타낸다. 각 θ의 범위가 $5° \le \theta \le 30°$일 때 유압 실린더에 작용하는 힘을 θ에 대한 함수로 나타내고 그 최댓값을 구하라.

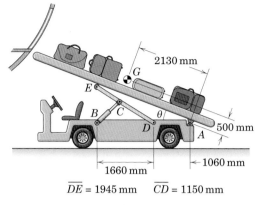

$\overline{DE} = 1945 \text{ mm} \qquad \overline{CD} = 1150 \text{ mm}$

문제 4/129

*4/130 다음 그림은 문 개방 장치를 나타낸다. *O*에 위치한 스프링이 달린 경첩(spring-loaded hinge)은 문을 닫게 하려는 모멘트 $K_T\theta$를 만든다. 이때 θ는 문이 열리는 각도이고 비틀림 스프링 상수 $K_T = 56.5$ N·m/rad이다. *A*에 있는 모터는 가변 모멘트 *M*을 제공하므로 천천히 열리는 문은 항상 준정적 평형상태(quasi-static equilibrium)에 있다. θ의 범위가 $0 \le \theta \le 90°$일 때, 모멘트 *M*과 핀 *B*에 작용하는 힘을 θ의 함수로 표현하라. 그리고 $\theta = 45°$일 때 *M*의 값을 구하라.

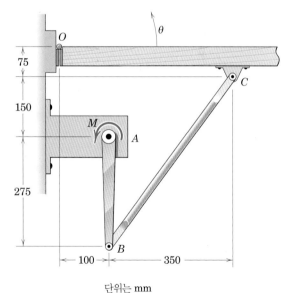

단위는 mm

문제 4/130

▶4/131 '조스 오브 라이프'는 조난 구조대들이 잔해를 분리해내
는 데 사용되는 장치이다. 지름 50 mm의 피스톤 뒤에서
35 MPa $(35(10^6)$ N/m²)의 압력이 가해질 때 링크 AB에 가
해지는 힘 R을 구하라. 그리고 장치가 그림 왼쪽과 같은 상
태일 때 핀 C에 가해지는 수평방향 반력을 계산하라. 마지
막으로 힘 R을 턱(jaw)의 각도 θ에 대한 함수로 나태내고
그래프로 표시하라. θ의 범위는 $0 \le \theta \le 45°$이다. 그래프를
통해 R의 최솟값과 그때의 각도 θ를 구하라.

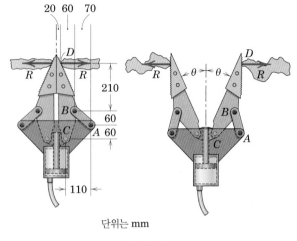

단위는 mm

문제 4/131

분포력

이 장의 구성

5.1   서론

A편 질량중심과 도심

5.2   질량중심

5.3   선, 면적 및 체적의 도심

5.4   복합물체와 형상 : 근사방법

5.5   파푸스 정리

B편 특별 주제

5.6   보—외부효과

5.7   보—내부효과

5.8   유연한 케이블

5.9   유체정역학

5.10 이 장에 대한 복습

Graham Oliver/Alamy Stock Photo

Gateshead Millennium 다리는 영국의 타인강에 설치되어 있다. 입상경력이 있는 이 다리는 배들이 통과할 수 있도록 경간이 수평 축을 중심으로 회전할 수 있다. 따라서 자중 분포의 누적 효과는 설계하는 동안 각 방향으로 결정되어야 한다.

5.1 서론

앞 장에서 작용선을 따라 작용점에 가해지는 모든 힘을 집중력으로 다루었다. 이는 합리적인 힘의 모델이라 볼 수 있다. 엄밀하게 말하면 집중력(concentrated force)이란 존재하지 않는다. 왜냐하면 어떤 물체에 기계적으로 가한 모든 외력은 아무리 작더라도 미소한 접촉면적에 분포하기 때문이다.

예를 들어, 그림 5.1a에서와 같이 타이어가 유연하다고 생각하면 쉽게 이해할 수 있을 것이다. 접촉면의 치수 b가 다른 치수, 예를 들어 바퀴 사이의 거리와 같은 것에 비하여 무시할 수 있을 정도이며, 차 전체에 작용하는 힘의 해석에 있어서 실제 접촉 분포력의 합력 R을 집중력으로 대신해도 아무 문제가 없다. 하중을 받는 볼베어링의 강구와 레이스(race) 사이의 접촉력조차도 매우 작긴 하나 유한한 미소 접촉면에 작용하고 있다(그림 5.1b). 트러스 부재에 작용하는 두 힘도 핀과 구멍 사이의 접촉면을 통하여 작용하고, 부재 내부도 그림 5.1c에 표시한 바와 같은 방식으로 절단면을 통하여 작용한다. 위의 예와 다른 예들을 살펴볼 때 물체 전체에 대하여 외부 영향을 해석할 때는 힘을 집중된 것으로도 볼 수 있다.

한편 접촉면 주위의 내력의 분포를 알고 싶다면, 하중을 집중하중이 아닌 실제 분포 그대로를 고려해야 한다. 이 문제는 여기서 다루지 않기로 한다. 왜냐하면, 그것을 위해선 재료의 특성에 대한 지식, 재료역학의 응용 파트, 탄성론 및 소성론의 지식이 필요하기 때문이다.

다른 치수에 비해 크기를 무시할 수 없는 범위에 힘이 작용할 때는 전 범위에 걸

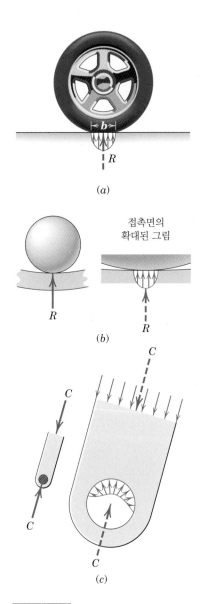

(a)

(b)

(c)

그림 5.1

친 분포력을 전부 더하여 분포된 힘의 합력을 구한다. 이것은 적분을 이용하여 할 수 있다. 그러기 위해선 임의의 위치의 힘의 강도를 알아야 한다. 이 같은 문제들은 세 가지 범주로 나뉜다.

(1) **선분포**(line distribution). 그림 5.2a에서와 같이 힘이 지지 케이블의 연속 수직하중과 같이 선에 따라서 분포될 때, 하중강도 w는 단위길이당 힘, 즉 미터당 뉴턴(N/m) 또는 피트당 파운드로 표현한다.

(2) **면적분포**(area distribution). 그림 5.2b에서와 같이 힘이 댐에 작용하는 정수압과 같이 면적에 걸쳐 분포될 때, 강도는 단위면적당 힘으로 표현된다. 이 강도를 유체력이 작용할 때는 **압력**(pressure), 고체에서 힘의 내부분포 때는 **응력**(stress)이라 한다. SI의 압력 또는 응력의 기본 단위는 평방미터당 뉴턴(N/m²)이고, 이것을 **파스칼**(Pa)라 부른다. 그러나 이 단위는 사용상 너무 작으므로(6895 Pa=1 lb/in²) 유압에서는 킬로파스칼(kPa, 이는 10^3 Pa과 같다)을, 응력에 대해서는 메가파스칼(10^6 Pa)을 보통 사용한다. 통상 미국에서 활용되는 단위는 인치 제곱당 파운드로, 압력 또는 응력 모두 이용하고 있다.

(3) **체적분포**(volume distribution). 물체에 전체적으로 분포하는 힘을 **체력**(body force)이라 한다. 가장 일반적인 체력은 모든 물체의 질량요소에 작용하는 중력이다. 그림 5.2c와 같은 무거운 캔틸레버 구조를 지지하는 힘을 결정하려면 전체 구조의 중력분포를 알아야 한다. 중력의 강도는 **비중량**(specific weight) ρg인데, ρ는 밀도(단위체적당 질량)이고, g는 중력가속도이다. ρg의 SI 단위계는 $(kg/m^3)(m/s^2)$=N/m³이고 U.S. 단위계는 lb/ft³ 또는 lb/in³이다.

지구의 중력에 의한 체력은 가장 많이 다루게 되는 분포력이다. 이 장의 A편에서는 중력의 합력이 작용하는 물체의 위치를 결정하는 것을 다룬다. B편에서는 보와 유연 케이블 및 유체에 의한 분포력 문제를 다룬다.

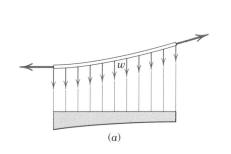

(a)

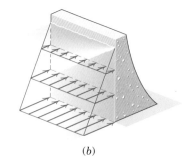

(b)

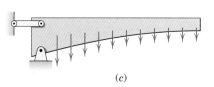

(c)

그림 5.2

A편 질량중심과 도심

5.2 질량중심

임의의 크기와 형상을 갖는 질량 m의 3차원 물체를 생각해보자. 그림 5.3과 같이 어떤 점 A에 물체를 매단다면 물체는 줄의 인장력과 물체에 작용하는 중력의 합력 (W)과 평형을 이룰 것이다. 이 합력은 줄의 연장선상과 일치한다. 그 위치를 표시하기 위하여 작용선을 따라 가상적인 선을 긋는다고 가정하자. B와 C 같은 다른 점에 대해서도 이 실험을 반복하여 각각의 합력의 작용선을 표시한다. 실제로 이들 작용선은 한 점 G에서 만나게 되고 이를 **중력중심**(center of gravity)이라 한다.

그러나 엄밀한 해석을 하면 물체의 다른 여러 질점의 중력방향은, 지구의 인력 중심을 향하므로 각각 조금씩 다르다. 또한 각 질점들의 지구와의 거리도 각각 다르므로 지구의 중력장의 강도도 물체 전체에 일정하지 않다. 이러한 이유로 바로 위에 기술한 실험에서 중력 합력의 작용선들이 일치하지 않게 되는 결론에 이르게 된다. 따라서 엄밀한 의미에서 유일한 중심은 존재하지 않는다. 이 조건은 우리가 다루는 물체의 크기가 지구에 비해 아주 작기 때문에 실용적인 중요성은 없다. 그러므로 지구의 인력에 의한 균일하고 평행한 역장(field of force)을 가정한다면 단일 중심의 개념을 얻을 수 있다.

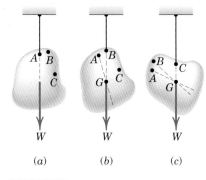

(a) (b) (c)

그림 5.3

물체의 중심

어떤 물체중심의 위치를 수학적으로 풀어내려면, 그림 5.4a, 즉 **모멘트 원리**(2.6절 참조)를 평형 중력계에 적용하여 그 합력의 위치를 정하면 된다. 임의 축에 대한 중력의 합력 W의 모멘트는 물체의 미소요소로 생각한 모든 질점에 작용하는 중력

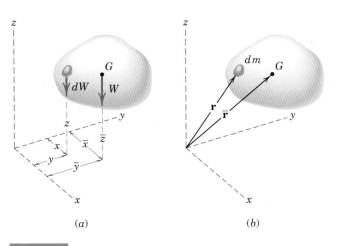

(a) (b)

그림 5.4

dW와 같은 축에 대한 모멘트 $W=\int dW$의 합으로 주어진다. 예로서 y축에 대한 모멘트정리를 사용하면 이 축에 대한 요소 중량의 모멘트는 $x\,dW$이고 물체의 모든 요소에 대한 이들 모멘트의 합은 $\int x\,dW$이다. 이 모멘트의 합은 $W\bar{x}$와 같아야 한다. 그러므로 $\bar{x}W=\int x\,dW$이다.

다른 두 성분에서도 똑같은 방법으로 중력중심 G의 좌표를 나타낼 수 있다.

$$\bar{x}=\frac{\int x\,dW}{W} \qquad \bar{y}=\frac{\int y\,dW}{W} \qquad \bar{z}=\frac{\int z\,dW}{W} \qquad (5.1a)$$

중력에 의한 새로운 모멘트식을 용이하게 이해하기 위하여, 물체와 축을 재조정하여 z축이 수평축이 되도록 한다. 각 식의 분자는 **모멘트합**을 나타내고 W 및 G의 좌표와 곱은 **합모멘트**를 나타낸다. 이 모멘트 정리는 공학에서 자주 사용된다.

$W=mg$와 $dW=g\,dm$을 대입하면 중력중심에 대한 표현은

$$\bar{x}=\frac{\int x\,dm}{m} \qquad \bar{y}=\frac{\int y\,dm}{m} \qquad \bar{z}=\frac{\int z\,dm}{m} \qquad (5.1b)$$

식 (5.1b)는 그림 5.4b와 같이 벡터 형식으로 표기할 수 있는데, 요소 질량과 질량중심 G의 위치벡터는 각각 $\mathbf{r}=x\mathbf{i}+y\mathbf{j}+z\mathbf{k}$와 $\bar{\mathbf{r}}=\bar{x}\mathbf{i}+\bar{y}\mathbf{j}+\bar{z}\mathbf{k}$이다. 이를 하나의 벡터식으로 나타내면 식 (5.1b)와 같다.

$$\bar{\mathbf{r}}=\frac{\int \mathbf{r}\,dm}{m} \qquad (5.2)$$

물체의 밀도 ρ는 단위부피당 물체의 질량이므로 미소 부피요소 dV의 질량은 $dm=\rho\,dV$이다. ρ가 물체에서 일정하지 않아 함수로 표현해야 할 때는 식 (5.1b)의 분자, 분모식에 이를 고려해야 한다. 따라서 이 식들은

$$\bar{x}=\frac{\int x\rho\,dV}{\int \rho\,dV} \qquad \bar{y}=\frac{\int y\rho\,dV}{\int \rho\,dV} \qquad \bar{z}=\frac{\int z\rho\,dV}{\int \rho\,dV} \qquad (5.3)$$

로 쓸 수 있다.

질량중심과 중력중심

식 (5.1b), (5.2), (5.3)은 중력계수가 없기 때문에 중력과는 무관한 식이다. 그러므로 이들은 질량분포가 함수로 나타나는 물체에서 유일한 점이 된다. 이 점이 **질량중심**(center of mass)이며, 중력장이 균일하고 평형한 것으로 간주하면 **중력중심**(center of gravity)과 같은 점이 된다.

중력이 물체에 작용하지 않는 경우에 지구의 중력장으로부터 떨어진 물체의 중력중심에 대해서 언급하는 것은 무의미하다. 그렇지만 여전히 유일한 질량중심은 불균형력에 의한 물체의 동적 반응을 계산하는 데 특별한 중요성을 갖는다. 이런 유형의 문제는 **제2권 동역학**에서 다루고 있다.

대부분의 문제에서 질량중심의 위치 산정은 좌표축을 현명하게 잘 선정함으로써 용이해진다. 일반적으로 좌표축은 식을 가능한 한 간단히 표현할 수 있도록 결정해야 한다. 따라서 원형 경계를 갖는 물체는 극좌표가 유용하다.

또 다른 중요한 것은 대칭성을 고려하는 것이다. 균일한 물체에 대칭선이나 면이 존재할 때는 좌표축 또는 면은 대칭 선이나 면과 일치한 것을 선택해야 한다. 질량중심은 항상 대칭 선이나 면 위에 놓여지는데, 이는 대칭으로 위치한 요소들의 모멘트는 항상 없어지고 물체는 이 요소들의 짝으로 구성된다고 생각할 수 있기 때문이다. 따라서 그림 5.5a의 균일한 원추의 질량중심 G는 대칭선이 중심 축상의 임의의 점에 놓여 있을 것이다. 반쪽 원추의 질량중심은 대칭면상에 존재한다(그림 5.5b). 그림 5.5c의 반쪽 고리의 질량중심은 두 대칭면 상에 존재하므로 선 AB상에 위치한다. G의 위치는 대칭성을 활용함으로써 항상 용이하게 구할 수 있다.

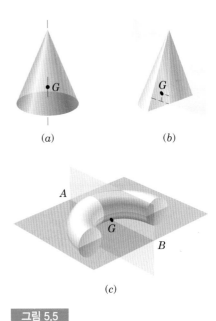

(a)   (b)

(c)

그림 5.5

5.3 선, 면적 및 체적의 도심

물체의 밀도 ρ가 전체적으로 일정할 때 식 (5.3)의 분자, 분모에서 상수가 되어 약분이 된다. 위 식에서 물리적 성질에 관한 항이 없어졌으므로 순전히 물체의 기하학적 성질만을 정의하고 있다. **도심**(centroid)은 기하학적 형상만을 고려하여 산정된다. 실제 물체에 대해서는 **질량중심**이란 용어를 사용한다. 물체의 밀도가 균일한 경우 도심과 질량중심의 위치가 동일하나 밀도가 균일하지 않을 때에는 일반적으로 일치하지 않는다. 도심 계산은 물체의 형상을 선, 면적 및 체적 등 세 가지로 구분하여 산정한다.

(1) 선(line).   그림 5.6과 같이 길이 L, 단면적 A, 밀도 ρ인 가는 막대나 와이어 같은 물체는 선의 일부로 볼 수 있고, $dm = \rho A\, dL$이다. 막대 총길이에 대해 ρ와 A가 일정하다면 질량중심의 좌표는 선분의 도심 C의 좌표가 될 것이고, 식 (5.1b)로

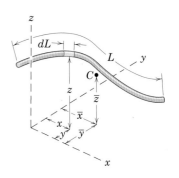

그림 5.6

부터

$$\bar{x} = \frac{\int x \, dL}{L} \qquad \bar{y} = \frac{\int y \, dL}{L} \qquad \bar{z} = \frac{\int z \, dL}{L} \qquad (5.4)$$

로 쓸 수 있다. 주의할 것은 일반적으로 도심 C는 선 위에 놓이지 않는다는 것이다. 막대가 x-y 평면 위에 있으면 2개의 좌표만 계산하면 된다.

(2) 면적(area). 작지만 두께 t가 얇고 일정한 밀도 ρ를 가진 물체는 그림 5.7처럼 면적 A로 모델화할 수 있다. 한 요소의 질량은 $dm=\rho t \, dA$이고, ρ와 t가 전체 면적에 걸쳐 일정하다면 물체의 질량중심 좌표는 면적의 도심 C의 좌표가 되고, 식 (5.1b)는

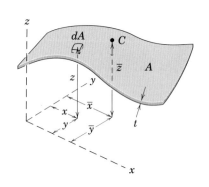

그림 5.7

$$\bar{x} = \frac{\int x \, dA}{A} \qquad \bar{y} = \frac{\int y \, dA}{A} \qquad \bar{z} = \frac{\int z \, dA}{A} \qquad (5.5)$$

가 된다. 식 (5.5)의 분자는 **면적 1차 모멘트**(first moments of area)이다.[*] 표면적이 그림 5.7과 같은 곡면이면 세 좌표 모두가 관련된다. 여기서 다시 강조하는 것은 곡면의 도심 C는 일반적으로 표면에 놓여 있지 않다는 것이다. 만일 면적이 x-y 평면과 같이 평면이면, 평면상의 좌표만 구하면 된다.

(3) 체적(volume). 체적 V, 밀도 ρ인 물체 요소의 질량은 $dm=\rho \, dV$이다. 체적의 밀도 ρ가 일정하면 ρ는 약분할 수 있으므로 질량중심의 좌표는 물체의 도심 C의 좌표가 된다. 식 (5.3)이나 (5.1b)로부터 다음과 같이 유도할 수 있다.

$$\bar{x} = \frac{\int x \, dV}{V} \qquad \bar{y} = \frac{\int y \, dV}{V} \qquad \bar{z} = \frac{\int z \, dV}{V} \qquad (5.6)$$

---

[*] 면적 2차 모멘트(1차 모멘트의 모멘트)는 부록 A에서 다루고 있다.

KEY CONCEPTS　적분요소의 선정

이론의 어려움은 종종 그 개념에 있지 않고 적용과정에 있다. 질량중심과 도심 모멘트의 원리는 간단하나 근본적인 어려움은 미분요소의 선택과 적분을 하는 데 있다. 특히 도움이 되는 다섯 가지 내용은 다음과 같다.

(1) **요소의 차수**(oder of element).　가능하면 고차의 요소보다 1차의 미분요소를 취하여 전 도형을 한 번 적분으로 충분하도록 한다. 따라서 그림 5.8a의 1차 수평면적 $dA = l\,dy$를 취하면 전 도형을 다루는 데는 y에 대해 한 번만 적분하면 된다. 2차 요소 dx, dy를 취하면 첫째로, x에 대하여, 둘째, y에 대하여 두 번 적분을 해야 한다. 예를 들면 그림 5.8b의 원추형에 대하여 체적 $dV = \pi r^2\,dy$인 얇은 원형판 모양의 1차요소를 취하면 단 한 번의 적분으로 족한 데 반해, 3차요소 $dV = dx\,dy\,dz$를 취하면 적분을 세 번 해야 한다.

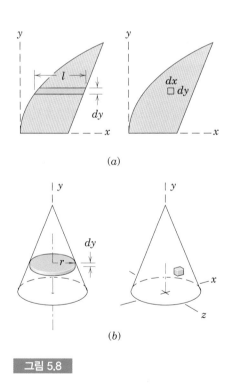

(a)

(b)

그림 5.8

(2) **연속성**(continuity).　가능한 한 요소는 한 번의 연속 작업으로 도형을 적분할 수 있는 것을 취해야 한다. 그림 5.8a의 미소 수평면적은 그림 5.9의 미소 수직면적보다 적당한데, 이는 미소 수직면적을 사용하면 $x = x_1$에서 미소면적의 높이가 표면

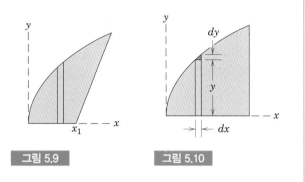

그림 5.9　　　　**그림 5.10**

의 불연속성으로 인해 두 번 적분이 필요하기 때문이다.

(3) **고차항의 제거**(discarding higher-order term).　저차항에 비하여 고차항은 항상 버리게 된다(1.7절 참조). 그림 5.10의 곡선 아래의 미소 수직면적은 1차항 $dA = y\,dx$를 취하고 2차의 삼각형 면적 $\frac{1}{2}dx\,dy$는 버린다. 물론 극한을 취하면 오차는 없다.

(4) **좌표계의 선정**(choice of coordinates).　대체로 도형의 경계와 잘 들어맞는 좌표계를 선택한다. 그림 5.11a의 경계선은 직각좌표계로 가장 쉽게 표현할 수 있는 반면, 그림 5.11b의 부채꼴의 경계선은 극좌표계가 가장 잘 맞는다.

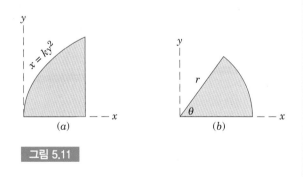

(a)　　　　　　(b)

그림 5.11

(5) **요소의 도심좌표**(centroidal coordinate of element). 1차 또는 2차의 미분요소를 취할 때, **미분요소의 모멘트를 구할 때 모멘트길이로서 모멘트길이에 대한 요소 도심의 좌표를 사용**하는 것이 합당하다. 그림 5.12a의 미소 수평면적에 대하여 y축에 대한 dA의 모멘트는 $x_c\,dA$이다. 여기서 x_c는 요소 도심 C의 x좌표이다. x_c는 면적의 경계선을 기술하는 x가 아님을 주의

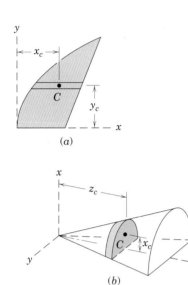

(a)

(b)

그림 5.12

하라. y방향의 이 요소에 대한 요소 도심까지의 모멘트길이 y_c는 극한을 취할 때 두 경계선의 y좌표와 같다.

두 번째 예로서, 미소두께의 얇은 반원형 조각을 체적요소로 한 그림 5.12b의 반원추를 생각하기로 하자. x방향의 요소에 대한 모멘트길이는 요소 도심까지의 길이 x_c이지, 요소 경계까지의 거리 x가 아니다. 한편 z방향에 있어서 요소 도심의 모멘트길이 z_c는 요소의 z 좌표와 같다.

이 같은 예를 염두에 두고 식 (5.5)와 (5.6)을 다시 쓰면 다음

과 같다.

$$\bar{x} = \frac{\int x_c \, dA}{A} \quad \bar{y} = \frac{\int y_c \, dA}{A} \quad \bar{z} = \frac{\int z_c \, dA}{A} \quad (5.5a)$$

$$\bar{x} = \frac{\int x_c \, dV}{V} \quad \bar{y} = \frac{\int y_c \, dV}{V} \quad \bar{z} = \frac{\int z_c \, dV}{V} \quad (5.6a)$$

아래첨자 c는 모멘트에 대한 적분식 분자에 나타나는 모멘트길이가 **항상** 특별히 선정한 요소의 **도심좌표**임을 말한다.

학생들이 2.4절에 소개한 모멘트 원리를 명확히 이해하고 있다고 보자. 이 원리는 물리적 의미를 그림 5.4a에 묘사된 중력계에 적용할 수 있다. 총중량 W의 모멘트와 요소중량 dW의 모멘트들의 합(적분)과 동등하다는 점을 명심한다면, 필요한 수학식을 세우는 데에 어려움이 없을 것이다. 모멘트 원리를 잘 인식하고 있으면 개개의 미분요소의 도심까지의 모멘트길이 x_c, y_c, z_c를 구할 올바른 식을 세울 수 있다.

또한 모멘트의 원리를 물리적으로 묘사해보면, 기하학적 관계식인 식 (5.4), (5.5), (5.6)은 밀도 ρ를 소거한 균일한 물체에 대한 기술임을 알 수 있다. 만일 물체의 밀도가 일정하지 않고 함수로서 나타내야 한다면, 질량중심을 구하는 데 분자나 분모에서 약분되지 않는다. 이런 경우는 앞서 설명한 식 (5.3)을 사용해야만 한다.

예제 5.1~5.5는 식 (5.4), (5.5), (5.6)을 응용하여 선분(가느다란 봉), 면적(얇은 평판) 그리고 체적(균일한 강체)의 도심 위치를 계산하는 것이다. 체적분요소의 선정에서 고려되어야 할 5개의 사안을 이 예제들에서 자세히 다루었다.

부록 C의 C.10절에는 이와 같은 문제들에 필요한 적분표를 실어 놓았다. 보통 잘 사용되는 도형들의 도심좌표를 부록 D의 표 D.3과 D.4에 요약해 놓았다.

예제 5.1

원호의 도심 그림과 같은 원호의 도심 위치를 구하라.

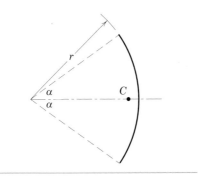

|**풀이**| 대칭축을 x축으로 잡아 $\bar{y}=0$이 되게 한다. 호의 미분요소를 극좌표로 표시하면
길이 $dL=r\,d\theta$이고 요소의 x좌표는 $r\cos\theta$이다. ①

식 (5.4)의 첫 식과 $L=2\alpha r$을 대입하면

$$\left[L\bar{x}=\int x\,dL\right] \qquad (2\alpha r)\bar{x}=\int_{-\alpha}^{\alpha}(r\cos\theta)\,r\,d\theta$$

$$2\alpha r\bar{x}=2r^2\sin\alpha$$

$$\bar{x}=\frac{r\sin\alpha}{\alpha}$$

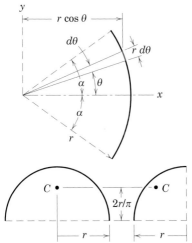

$2\alpha=\pi$인 반원호에서는 $\bar{x}=2r/\pi$를 얻는다. 대칭에 의하여 1/4 원호에 대해서도 같은 결
과를 적용할 수 있다.

|**도움말**|

① 원호의 길이를 표현하는 데는 직각좌표계보다는 극좌표계가 좋다.

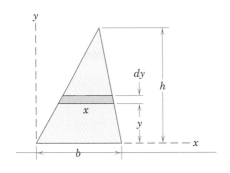

예제 5.2

삼각형의 도심 높이 h인 삼각형의 밑변에서부터 면적 도심까지의 거리 $\bar{y}$를 결정하라.

|**풀이**| x축을 밑변과 일치시킨다. 미분 면적 $dA=x\,dy$로 한다. ① 삼각형의 닮은꼴
$x/(h-y)=b/h$로부터 식 (5.5a)의 둘째 식을 적용하면

$$\left[A\bar{y}=\int y_c\,dA\right] \qquad \frac{bh}{2}\,\bar{y}=\int_0^h y\,\frac{b(h-y)}{h}\,dy=\frac{bh^2}{6}$$

따라서
$$\bar{y}=\frac{h}{3}$$

이는 삼각형의 다른 두 변을 새로운 밑변으로 삼고 그에 대한 높이를 생각해도 같은 결
과가 된다. 따라서 도심은 중심들의 교차점에 놓여 있으며, 이는 각 변에서 이 점까지의
거리는 밑변으로 삼은 변에 대한 삼각형 높이의 1/3이 되기 때문이다.

|**도움말**|

① 여기서 1차 면적요소를 사용하여 한 번
적분할 수고를 덜었다. dA는 적분 변수 y
방향으로 표시해야 하므로 $x=f(y)$가 필
요하다.

예제 5.3

부채꼴의 도심 꼭짓점에 대한 부채꼴 면적의 도심 위치를 결정하라.

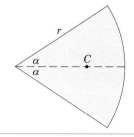

|풀이 I| x축을 대칭으로 삼으면 $\bar{y}$는 자동으로 0이 된다. 그림과 같이 중심에서부터 부분 원형 고리형태의 요소를 이동시킴으로써 총면적을 고려할 수 있다. 고리의 반지름이 r_0이고, 두께가 dr_0이므로 면적은 $dA = 2r_0\alpha\,dr_0$이다. ①

예제 5.1에서 요소 도심의 x좌표는 $x_c = r_0 \sin\alpha/\alpha$이다. 여기서, 공식의 r을 r_0로 대치시켰다. ② 따라서 식 (5.5a)의 첫 번째 식으로부터

$$\left[A\bar{x} = \int x_c\,dA\right] \qquad \frac{2\alpha}{2\pi}(\pi r^2)\bar{x} = \int_0^r \left(\frac{r_0 \sin\alpha}{\alpha}\right)(2r_0\alpha\,dr_0)$$

$$r^2\alpha\bar{x} = \frac{2}{3}r^3 \sin\alpha$$

$$\bar{x} = \frac{2}{3}\frac{r\sin\alpha}{\alpha}$$

|풀이 II| 꼭짓점에 대하여 삼각 미분면적을 부채꼴의 전각도에 대하여 돌림으로써 전체 면적으로 고려될 수 있다. 그림에서와 같은 삼각형 면적은 고차항을 무시하면 $dA = (r/2)(r\,d\theta)$이다. 예제 5.2로부터 요소 도심의 x좌표는 삼각형 요소의 꼭짓점으로부터 높이의 2/3이므로 $x_c = \frac{2}{3}r\cos\theta$이다. 식 (5.5a)의 첫 번째 식을 사용하면

$$\left[A\bar{x} = \int x_c\,dA\right] \qquad (r^2\alpha)\bar{x} = \int_{-\alpha}^{\alpha} \left(\frac{2}{3}r\cos\theta\right)\left(\frac{1}{2}r^2\,d\theta\right)$$

$$r^2\alpha\bar{x} = \frac{2}{3}r^3 \sin\alpha$$

이므로 앞에서와 같이

$$\bar{x} = \frac{2}{3}\frac{r\sin\alpha}{\alpha}$$

이다.

$2\alpha = \pi$인 반원 면적에 대해서는 $\bar{x} = 4r/3\pi$를 얻는다. 그림과 같은 경우 4분원 면적에 대해서도 같은 결과를 적용할 수 있다.

2차요소 $r_0\,dr_0\,d\theta$를 택할 경우, θ에 관하여 한 번 적분한 것은 풀이 I에서 사용한 링요소가 된다. 한편 r_0에 관하여 적분한 것은 풀이 II에서 사용한 삼각요소가 된다는 것을 주목하기 바란다.

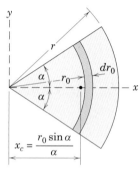

풀이 I

|도움말|

① 여러분들은 변수 r_0와 상수 r을 주의 깊게 구분해야만 한다.

② 요소에 대한 중심축에 따라 r_0를 쓰지 않도록 주의한다.

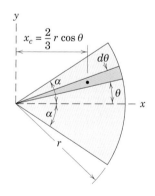

풀이 II

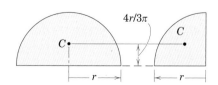

예제 5.4

$x=0$에서부터 $x=a$까지의 곡선 $x=ky^3$ 아래의 면적 도심을 구하라.

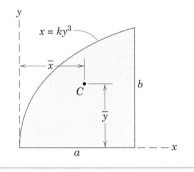

|풀이 I| 그림과 같이 수직 미소 면적요소를 취한다. 도심의 x좌표를 식 (5.5a)의 첫 번째 식으로 구하면,

$$[A\bar{x} = \int x_c \, dA] \qquad \bar{x} \int_0^a y \, dx = \int_0^a xy \, dx \quad ①$$

$y=(x/k)^{1/3}$과 $k=a/b^3$을 대입하여 적분하면

$$\frac{3ab}{4}\bar{x} = \frac{3a^2b}{7} \qquad \bar{x} = \frac{4}{7}a \qquad \text{답}$$

식 (5.5a)의 두 번째 식으로부터 $\bar{y}$를 구하는데, 직사각형 요소의 도심좌표는 $y_c=y/2$이다. y는 곡선식 $x=ky^3$에 의한 띠의 높이이다. 따라서 모멘트 원리에 의하여

$$[A\bar{y} = \int y_c \, dA] \qquad \frac{3ab}{4}\bar{y} = \int_0^a \left(\frac{y}{2}\right) y \, dx$$

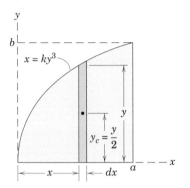

$y=b(x/a)^{1/3}$과 대입하여 적분하면

$$\frac{3ab}{4}\bar{y} = \frac{3ab^2}{10} \qquad \bar{y} = \frac{2}{5}b \qquad \text{답}$$

|풀이 II| 수직요소 대신 아래 그림과 같은 수평요소를 사용할 수도 있다. 직사각요소의 도심의 x좌표는 양끝 점의 평균좌표 $x_c=x+\frac{1}{2}(a-x)=(a+x)/2$이다. 따라서

$$[A\bar{x} = \int x_c \, dA] \qquad \bar{x} \int_0^b (a-x) \, dy = \int_0^b \left(\frac{a+x}{2}\right)(a-x) \, dy$$

$\bar{y}$값은

$$[A\bar{y} = \int y_c \, dA] \qquad \bar{y} \int_0^b (a-x) \, dy = \int_0^b y(a-x) \, dy$$

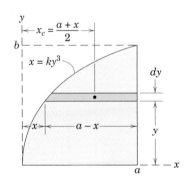

수평띠에서 $y_c=y$이다. 이들 적분을 계산하여 앞에서 구한 $\bar{x}$와 $\bar{y}$를 검산할 수 있다.

|도움말|

① 수직요소에 대하여 $x_c=x$이다.

예제 5.5

반구 체적   반지름 r인 반구의 밑변에 대한 체적의 도심 위치를 구하라.

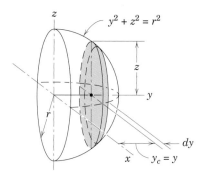

풀이 I

|풀이 I| 대칭에 의해 축을 $\bar{x}=\bar{z}=0$이 되도록 잡는다. 가장 편리한 요소는 x-z 평면과 평행한 두께 dy의 얇은 원형 요소이다. 반구는 $y^2+z^2=r^2$의 원이 있는 y-x 평면을 교차하므로 원판의 반지름은 $z = +\sqrt{r^2-y^2}$이다. 요소판의 체적은

$$dV = \pi(r^2 - y^2)\,dy \quad ①$$

식 (5.6a)의 두 번째 식으로부터

$$\left[V\bar{y} = \int y_c\,dV\right] \qquad \bar{y}\int_0^r \pi(r^2-y^2)\,dy = \int_0^r y\pi(r^2-y^2)\,dy$$

여기서 $y_c=y$이다. 적분을 하면

$$\tfrac{2}{3}\pi r^3\bar{y} = \tfrac{1}{4}\pi r^4 \qquad \bar{y} = \tfrac{3}{8}r \qquad \blacksquare$$

|풀이 II| 한편 아래 그림과 같이 길이 y, 반지름 z, 두께 dz인 원통형 셸을 미소요소로 사용할 수 있다. 셸의 반지름을 0에서 r까지 확장시킴으로써 총체적을 고려할 수 있다. 대칭으로 요소 셸의 도심은 그 중심이므로 $y_c=y/2$이다. 요소 체적은 $dV=(2\pi z\,dz)(y)$이다. 원방정식으로부터 y를 z로 표현하면, $y = +\sqrt{r^2-z^2}$이다. 반구 체적을 풀이 I에서 계산한 값 $\tfrac{2}{3}\pi r^3$을 이용하고 식 (5.6a)의 두 번째 식에 대입하면

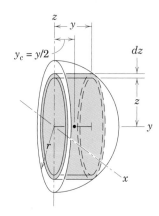

풀이 II

$$\left[V\bar{y} = \int y_c\,dV\right] \qquad (\tfrac{2}{3}\pi r^3)\bar{y} = \int_0^r \frac{\sqrt{r^2-z^2}}{2}(2\pi z\sqrt{r^2-z^2})\,dz$$

$$= \int_0^r \pi(r^2 z - z^3)\,dz = \frac{\pi r^4}{4}$$

$$\bar{y} = \tfrac{3}{8}r \qquad \blacksquare$$

풀이 I과 II는 각각 단순한 형태의 요소이고 단지 하나의 변수에 과한 적분이므로 양쪽 두 방법 모두 자주 이용된다.

|풀이 III| 또 다른 한 방법으로 0에서 $\pi/2$까지의 변수로서 각도 θ를 사용할 수 있다. 각 요소의 반지름은 $r\sin\theta$이고 얇은 판의 두께는 $dy=(r\,d\theta)\sin\theta$이고 셸의 두께는 $dz=(r\,d\theta)\cos\theta$이다. 셸의 길이는 $y=r\cos\theta$이다.

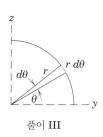

풀이 III

|도움말|

① dV에 대한 표현으로부터 생략된 체적의 고차요소를 확인하라.

연습문제

기초문제

5/1 연필로 삼각형 도심을 추정하여 위치에 점을 찍는다. 추정위치를 예제 5.2와 부록 D의 표 D.3의 연산결과와 비교하라.

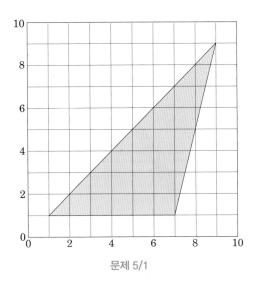

문제 5/1

5/2 연필로 부채꼴 면적 도심을 추정하여 위치에 점을 찍는다. 추정위치를 예제 5.3의 연산결과와 비교하라.

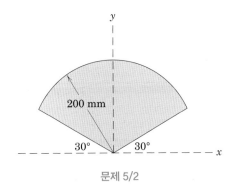

문제 5/2

5/3 원통형 셸의 질량중심 x, y, z 좌표를 구하라.

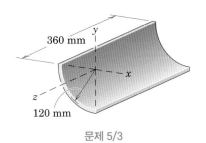

문제 5/3

5/4 균질한 솔리드 실린더의 사분면에 대한 질량중심 x, y, z 좌표를 구하라.

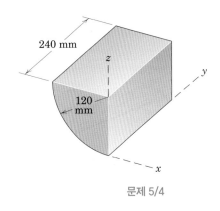

문제 5/4

5/5 음영 처리된 면적의 도심 x 좌표를 구하라.

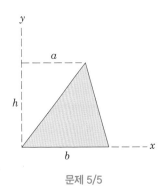

문제 5/5

5/6 사인 커브 아래 영역에서 면적 도심 y 좌표를 구하라.

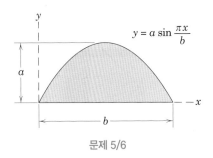

문제 5/6

5/7 가늘고 균일한 단면을 가진 막대가 반지름 a의 원형으로 구부러져 있다. 직접 적분에 의해 막대의 질량중심 x 및 y 좌표를 구하라.

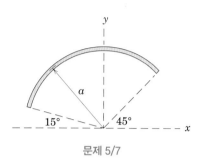

문제 5/7

5/8 사다리꼴 영역의 도심 x 좌표와 y 좌표를 구하라.

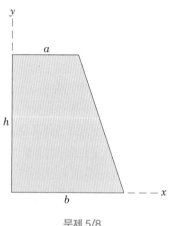

문제 5/8

5/9 다음 그림과 같은 균질한 포물면의 질량중심 z 좌표를 구하라.

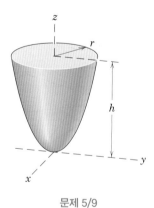

문제 5/9

5/10 음영 처리된 면적의 도심 x 및 y 좌표를 구하라.

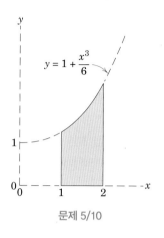

$$y = 1 + \frac{x^3}{6}$$

문제 5/10

5/11 음영 처리된 면적을 y축에 대해 360° 회전시켰을 때, 회전체의 도심 y 좌표를 구하라.

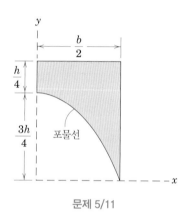

포물선

문제 5/11

5/12 음영 처리된 면적의 도심 좌표를 구하라.

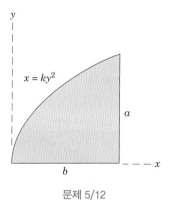

$$x = ky^2$$

문제 5/12

심화문제

5/13 음영 영역의 도심 좌표를 구하라.

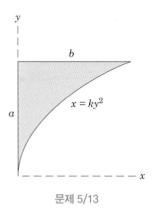

문제 5/13

5/14 음영 처리된 면적의 도심 y 좌표를 구하라.

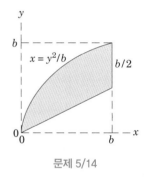

문제 5/14

5/15 음영 처리된 면적의 도심 x 좌표를 구하라.

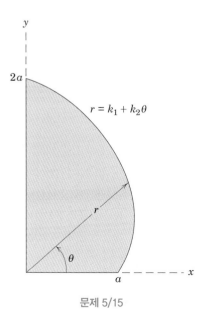

문제 5/15

5/16 음영 처리된 면적의 도심 y 좌표를 구하라.

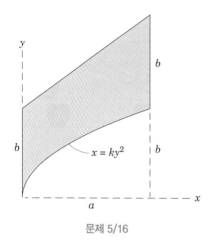

문제 5/16

5/17 직원뿔의 꼭짓점에서 부피의 중심까지의 거리 $\bar{z}$를 구하라.

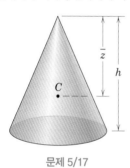

문제 5/17

5/18 직각 정사면체의 중심 좌표를 직접 적분으로 구하라.

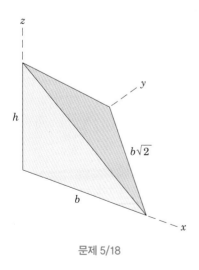

문제 5/18

5/19 직접 적분으로 그림에 표시된 도심을 구하라.

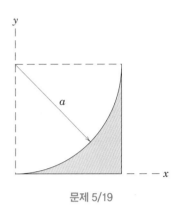

문제 5/19

5/20 음영 처리된 면적의 도심 x 및 y 좌표를 구하라.

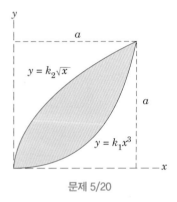

문제 5/20

5/21 균일한 두께 t의 균일한 판의 질량중심 x 및 y 좌표를 구하라.

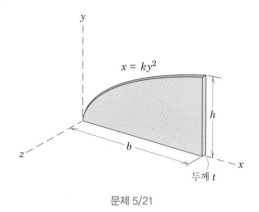

문제 5/21

5/22 문제 5/21에서 밀도 $\rho = \rho_0 (1 + \frac{x}{2b})$에 따라 달라질 때, 질량중심 x 및 y 좌표를 구하라.

5/23 음영 처리된 면적의 도심 x 및 y 좌표를 구하라.

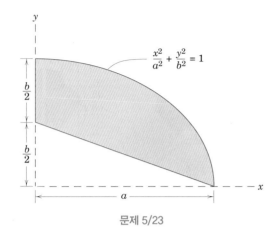

문제 5/23

5/24 그림에서 보이는 도심을 직접 적분을 이용해 구하라. (주의 : 부호에 주의하라.)

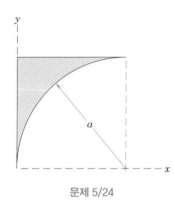

문제 5/24

5/25 음영 처리된 면적의 도심 좌표를 구하라.

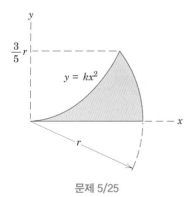

문제 5/25

5/26 두 곡선 사이 음영 처리된 면적의 도심 좌표를 구하라.

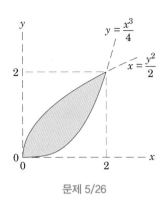

문제 5/26

5/27 음영 처리된 면적의 도심 y 좌표를 구하라.

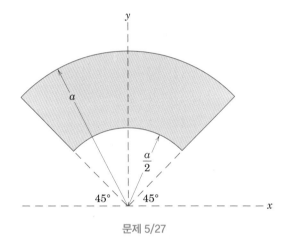

문제 5/27

5/28 포물선 밑의 음영 부분을 z축을 중심으로 180° 회전시켜 얻은 부피의 도심에서 z 좌표를 구하라.

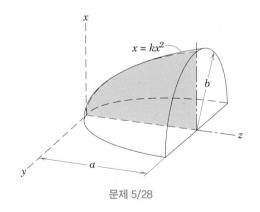

문제 5/28

5/29 구형 조각의 도심 x 좌표를 구하라. $h = R/4$ 및 $h = 0$에 대한 식을 계산하라.

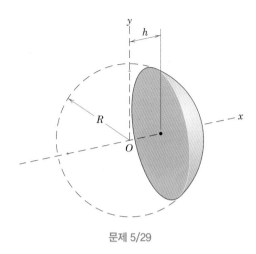

문제 5/29

5/30 삼각형의 음영 부분을 z축을 중심으로 360° 회전시켜 얻은 부피의 도심 z 좌표를 구하라.

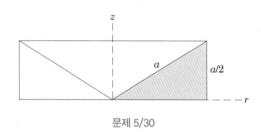

문제 5/30

5/31 음영 영역을 z축을 중심으로 90° 회전시켜서 형성된 고체 균질 물체의 질량중심의 좌표를 구하라.

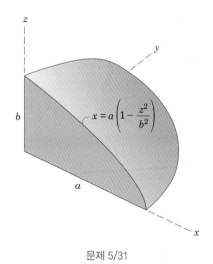

문제 5/31

5/32 삼각형 플레이트의 두께는 y에 따라 선형적으로 변하고, $y=$ 0일 때 t_0, $y=h$일 때 $2t_0$이다. 이때 플레이트의 무게중심 y 좌표를 구하라.

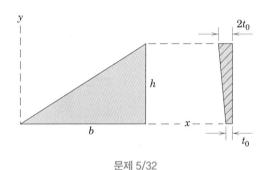

문제 5/32

5/33 얇고 균질한 포물선 셸의 질량중심 y 좌표를 구하라. $h=$ 200 mm 및 $r=70$ mm일 때 값을 각각 구하라.

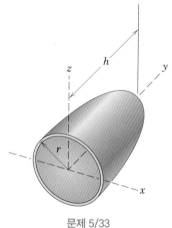

문제 5/33

▶5/34 다음 평면 영역의 도심에서 y 좌표를 구하라. 결과에 $h=0$으로 설정하고 전체 반원 영역에 대해 결과 $\bar{y} = \dfrac{4a}{3\pi}$ 와 비교하라(예제 5.3과 부록 D의 표 D.3 참조). 또한 $h = \dfrac{a}{4}$, $h = \dfrac{a}{2}$ 에 대한 결과를 구하라.

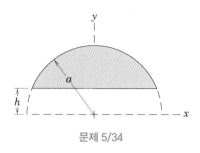

문제 5/34

▶5/35 z축을 중심으로 90° 각도로 음영 부분을 회전시켜 얻은 체적의 중심의 좌표를 구하라.

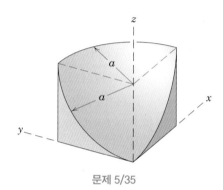

문제 5/35

▶5/36 음영 영역을 90°를 통해 z축을 중심으로 회전시켜 생성된 부피의 도심 x 및 y 좌표를 구하라.

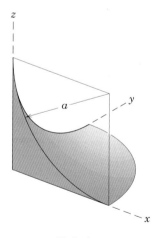

문제 5/36

▶5/37 두께가 일정하고 얇은 원통의 무게중심 x 좌표를 구하라.

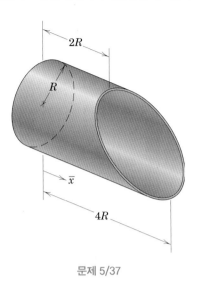

문제 5/37

▶5/38 반구 형태로 내부가 제거된 균질한 반구의 무게중심 x 좌표를 구하라.

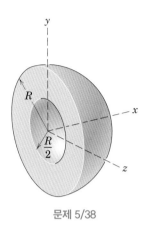

문제 5/38

5.4 복합물체와 형상 : 근사방법

물체나 도형을 간단한 형태의 여러 부분으로 편리하게 나눌 수 있을 때, 각 부분을 전체의 유한요소(finite element)로 보고 모멘트의 원리를 적용할 수 있다. 따라서 그림 5.13과 같이 각 부분의 질량이 m_1, m_2, m_3이고, 각 질량중심의 x좌표가 $\bar{x}_1$, $\bar{x}_2$, $\bar{x}_3$인 물체에 대하여 모멘트 원리를 적용하면 다음과 같다.

$$(m_1 + m_2 + m_3)\overline{X} = m_1\bar{x}_1 + m_2\bar{x}_2 + m_3\bar{x}_3$$

여기서 $\overline{X}$는 전체 질량중심의 x좌표이다. 다른 두 좌표방향으로도 같은 관계가 성립한다. 여러 부분으로 구성된 물체를 일반화하여 요약된 형태로 표시하면 질량중심의 좌표는 다음과 같다.

$$\overline{X} = \frac{\Sigma m\bar{x}}{\Sigma m} \qquad \overline{Y} = \frac{\Sigma m\bar{y}}{\Sigma m} \qquad \overline{Z} = \frac{\Sigma m\bar{z}}{\Sigma m} \tag{5.7}$$

복합형태의 선과 면적 및 체적에 대해서도 동일한 관계가 성립하고 m 대신 각각 L, A, V로 대치하면 된다. 여기서 주목할 것은 구멍이나 빈 공간을 복합도형의 한 부분으로 생각하여, 빈 공간이나 구멍에 해당하는 질량을 음의 질량으로 생각하는 것이다.

근사방법

실제 면적이나 체적의 경계를 수학적으로나 또는 간단한 기하학적 형태 등으로 표현할 수 없는 경우가 자주 있다. 이런 경우에는 근사방법이 필요하다. 한 예로, 그림 5.14의 부정형 면적의 도심 C에 대한 문제를 생각해보자. 면적은 폭 Δx와 높이 h의 띠로 표현할 수 있다. 각 띠의 면적(붉은색) A는 $h\,\Delta x$이고, 또 면적요소의 모

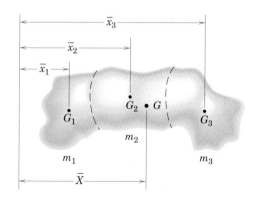

그림 5.13

멘트를 구하려면 도심 x_c, y_c의 좌표를 구해야 된다. 모든 띠에 대한 모멘트합을 띠들의 총면적으로 나누면 도심을 구할 수 있다. 총면적 ΣA, 모멘트 합 $\Sigma A x_c$와 $\Sigma A y_c$를 이용하여 도심을 구하면 다음과 같다.

$$\bar{x} = \frac{\Sigma A x_c}{\Sigma A} \qquad \bar{y} = \frac{\Sigma A y_c}{\Sigma A}$$

근사방법의 정확도는 사용하는 띠의 폭이 좁을수록 높아진다. 모든 경우의 면적 근사치에는 띠의 평균높이를 사용한다. 보통 폭이 일정한 요소를 사용하는 것에 이점이 있지만 꼭 그렇게 할 필요는 없다. 사실 주어진 면적을 구하는 데 만족스러운 정확도를 기할 수 있으면 어떤 크기나 형상의 요소도 사용할 수 있다.

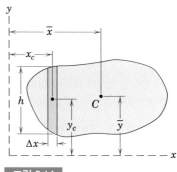

그림 5.14

부정형 체적

부정형 체적의 도심을 구하는 문제는 면적의 도심을 구하는 문제로 축소시켜 생각할 수 있다. 그림 5.15와 같이 x방향과 수직한 단면적 크기 A와 x와의 관계를 도표로 표시된 체적을 생각하자. 곡선 아래의 수직 띠의 면적은 $A\,\Delta x$이며, 이는 상응하는 요소체적 ΔV와 같다. 따라서 곡선 아래의 면적은 체적을 의미하고, 그 면적의 도심은

$$\bar{x} = \frac{\Sigma (A\,\Delta x) x_c}{\Sigma A\,\Delta x}$$

이며, 실제 체적의 도심

$$\bar{x} = \frac{\Sigma V x_c}{\Sigma V}$$

와 같다.

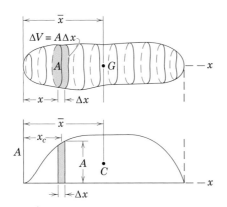

그림 5.15

예제 5.6

음영 면적의 도심을 구하라.

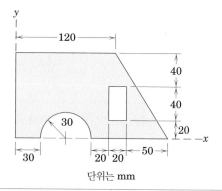

단위는 mm

|풀이| 면적은 아래에 있는 그림과 같이 4개의 기본적인 도형으로 나뉜다. 이러한 모든 도형들의 도심은 표 D.3에서 구할 수 있다. 구멍(부분 3과 4)의 면적은 다음의 표에서 음의 값으로 취급됨을 주의하라.

부분	A mm^2	$\bar{x}$ mm	$\bar{y}$ mm	$\bar{x}A$ mm^3	$\bar{y}A$ mm^3
1	12 000	60	50	720 000	600 000
2	3000	140	100/3	420 000	100 000
3	−1414	60	12.73	−84 800	−18 000
4	−800	120	40	−96 000	−32 000
계	12 790			959 000	650 000

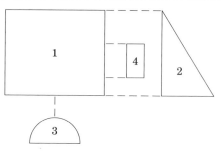

식 (5.7)을 이용하여 구하면

$$\left[\bar{X} = \frac{\Sigma A\bar{x}}{\Sigma A}\right] \qquad \bar{X} = \frac{959\ 000}{12\ 790} = 75.0 \text{ mm}$$

$$\left[\bar{Y} = \frac{\Sigma A\bar{y}}{\Sigma A}\right] \qquad \bar{Y} = \frac{650\ 000}{12\ 790} = 50.8 \text{ mm}$$

예제 5.7

그림과 같이 길이가 1 m이고 단면적이 x에 따라 변하는 물체의 체적 도심의 x좌표를 근사적으로 구하라.

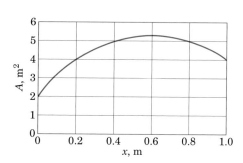

|풀이| 물체를 다섯 부분으로 나누고 각각의 평균면적, 체적 그리고 도심의 위치를 구하여 아래 표에 적어 넣는다.

부분	A_{av} m^2	체적 V m^3	$\bar{x}$ m	$V\bar{x}$ m^4
0~0.2	3	0.6	0.1	0.060
0.2~0.4	4.5	0.90	0.3	0.270
0.4~0.6	5.2	1.04	0.5	0.520
0.6~0.8	5.2	1.04	0.7	0.728
0.8~1.0	4.5	0.90	0.9	0.810
계		4.48		2.388

|도움말|

① y와 z의 함수로서 물체의 모양은 $\bar{X}$에 영향을 끼치지 않는다.

$$\left[\bar{X} = \frac{\Sigma V\bar{x}}{\Sigma V}\right] \qquad \bar{X} = \frac{2.388}{4.48} = 0.533 \text{ m} ①$$

예제 5.8

브래킷과 축으로 된 결합체의 질량중심 위치를 구하라. 수직면은 25 kg/m²의 질량을 가진 판금속이고, 수평밑면의 재료는 40 kg/m²의 질량을 가진 것이며, 강봉의 밀도는 7.83 Mg/m³이다.

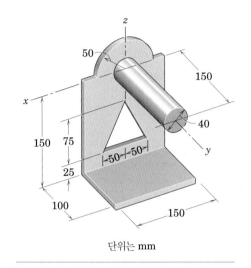

단위는 mm

|풀이| 복합물체가 아랫부분과 같이 5개의 요소로 이루어진 것으로 생각하자. 삼각 부분은 음의 질량을 갖는 것으로 한다. 그림에 그려진 기준축에 대하여 대칭이므로 질량중심의 x좌표는 0이 분명하다.

각 부분의 질량은 쉽게 계산할 수 있으므로 더 이상의 설명은 필요 없을 것이다. 부품 1에 대하여는 예제 5.3으로부터

$$\bar{z} = \frac{4r}{3\pi} = \frac{4(50)}{3\pi} = 21.2 \text{ mm}$$

부분 3은 예제 5.2로부터 삼각 질량의 도심이 밑변으로부터 높이 1/3임을 알 수 있다. 좌표축으로부터는 z값이 다음과 같다.

$$\bar{z} = -[150 - 25 - \frac{1}{3}(75)] = -100 \text{ mm}$$

나머지 부분의 질량중심 y와 z좌표는 눈으로 쉽게 알 수 있다. 식 (5.7)을 적용하는 데 관련된 항들은 다음과 같은 표를 작성함으로써 편리하게 다룰 수 있다.

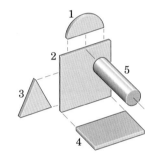

부분	m kg	$\bar{y}$ mm	$\bar{z}$ mm	$m\bar{y}$ kg·mm	$m\bar{z}$ kg·mm
1	0.098	0	21.2	0	2.08
2	0.562	0	−75.0	0	−42.19
3	−0.094	0	−100.0	0	9.38
4	0.600	50.0	−150.0	30.0	−90.00
5	1.476	75.0	0	110.7	0
계	2.642			140.7	−120.73

이제 식 (5.7)을 적용하여 결과를 구하면

$$\left[\bar{Y} = \frac{\Sigma m\bar{y}}{\Sigma m}\right] \qquad \bar{Y} = \frac{140.7}{2.642} = 53.3 \text{ mm}$$

$$\left[\bar{Z} = \frac{\Sigma m\bar{z}}{\Sigma m}\right] \qquad \bar{Z} = \frac{-120.73}{2.642} = -45.7 \text{ mm}$$

연습문제

기초문제

5/39 표시된 사다리꼴 영역의 도심 좌표를 구하라.

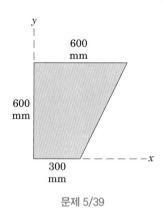

문제 5/39

5/40 대칭 이중 T형 빔 단면의 상부 표면으로부터 중심의 위치까지의 거리 $\overline{H}$를 구하라.

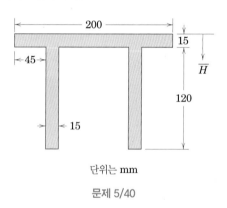

단위는 mm

문제 5/40

5/41 음영 영역의 도심 x 및 y 좌표를 구하라.

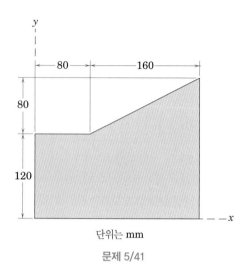

단위는 mm

문제 5/41

5/42 보의 절단면 영역의 하단에서 도심을 구하라. 필렛부분은 무시하라.

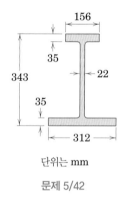

단위는 mm

문제 5/42

5/43 음영 영역의 도심 x 및 y 좌표를 구하라.

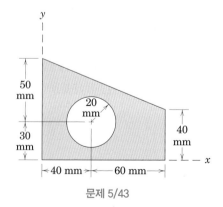

문제 5/43

5/44 음영 영역의 도심 x 및 y 좌표를 구하라.

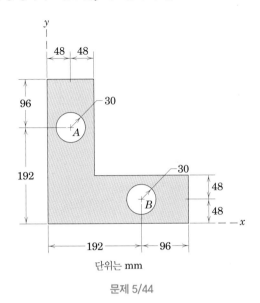

단위는 mm

문제 5/44

5/45 음영 영역의 도심 y 좌표를 계산하라.

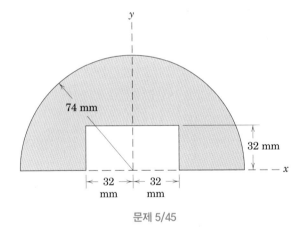

문제 5/45

5/46 함께 용접된 균일한 얇은 판 3개 조각으로 구성된 물체의 질량중심 좌표를 구하라.

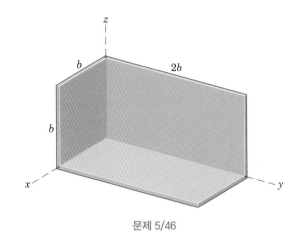

문제 5/46

5/47 음영 영역의 도심 y 좌표를 구하라.

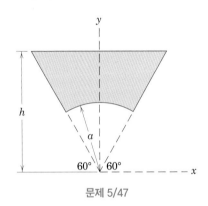

문제 5/47

5/48 음영 영역의 도심 y 좌표를 구하라. 삼각형은 대칭이다.

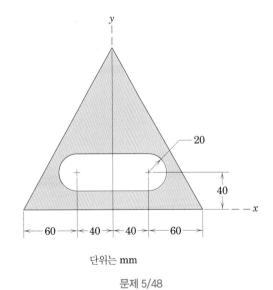

단위는 mm

문제 5/48

심화문제

5/49 음영 영역의 도심 좌표를 구하라.

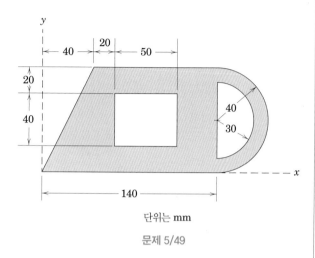

단위는 mm

문제 5/49

5/50 음영 영역의 도심 x 및 y 좌표를 구하라.

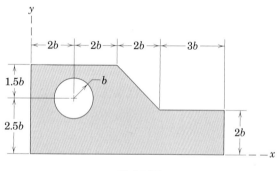

문제 5/50

5/51 균일한 와이어는 O에서 마찰이 없는 핀에 의해 표시된 모양으로 구부러져 있다. 와이어가 그림과 같이 표시된 방향으로 매달릴 수 있는 각도 θ을 구하라.

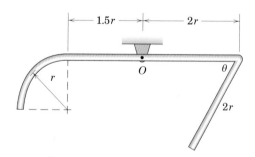

문제 5/51

5/52 동일한 스펙으로 만들어진 균일한 봉의 용접 조립체의 질량 중심을 구하라.

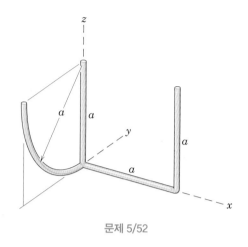

문제 5/52

5/53 단단히 연결된 부재는 2 kg 원형디스크, 1.5 kg 원형 기둥, 1 kg 사각 플레이트로 구성되어 있다. 부재의 무게중심에서 x 및 y 좌표를 구하라.

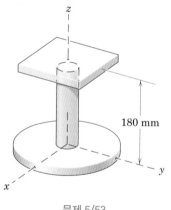

문제 5/53

5/54 함께 용접된 3개의 균일한 박판으로 구성된 본체의 질량중심의 x, y, z 좌표를 구하라.

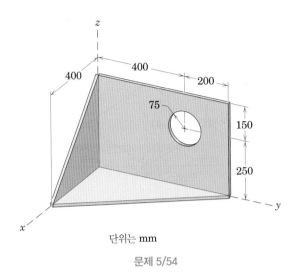

단위는 mm

문제 5/54

5/55 표시된 균질체의 질량중심의 x, y, z 좌표를 구하라. 윗면의 구멍은 바디를 통해 완전히 뚫려 있다.

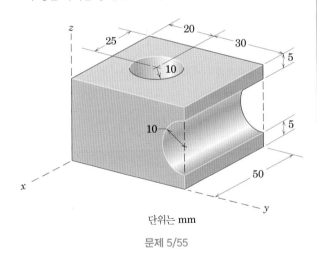

단위는 mm

문제 5/55

5/56 용접 조립체는 길이당 0.5 kg의 질량을 갖는 균일한 봉과 제곱미터당 30 kg의 질량을 갖는 반원형 판으로 제작된다. 조립체의 질량중심을 계산하라.

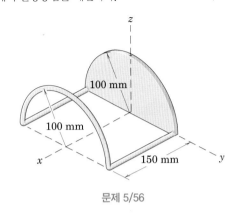

문제 5/56

5/57 반구형 구멍이 있는 직사각형 고체의 중심 z 좌표를 구하라. 반구의 중심은 고체의 윗면에 중심이 맞어지고 z는 아랫면에서 위쪽으로 측정된다.

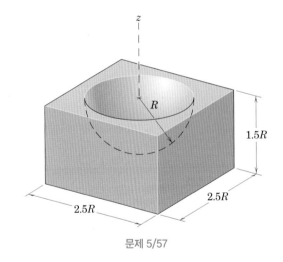

문제 5/57

5/58 질량중심 z 좌표가 최댓값을 갖는 균일한 반구에서 정사각형 컷 아웃의 깊이 h를 구하라.

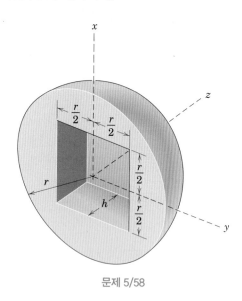

문제 5/58

5/59 균일한 강판으로 제작된 브래킷의 무게중심 x 좌표를 구하라.

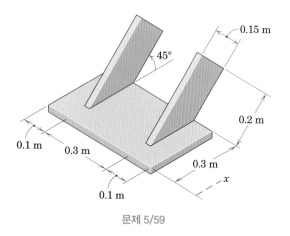

문제 5/59

5/60 다른 치수에 비해 두께가 얇은 판금 브래킷의 무게중심 x, y, z 좌표를 구하라.

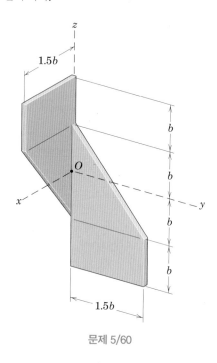

문제 5/60

5/61 바닥판으로부터 브래킷의 무게중심까지의 거리 $\overline{H}$를 구하라.

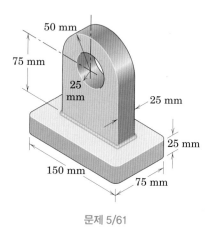

문제 5/61

5/62 용접된 조립체는 길이 1 m당 질량 2 kg의 질량을 갖는 균일한 막대와 1 m²당 18 kg의 질량을 갖는 2개의 얇은 직사각형 플레이트로 제조된다. 조립체의 질량중심 좌표를 계산하라.

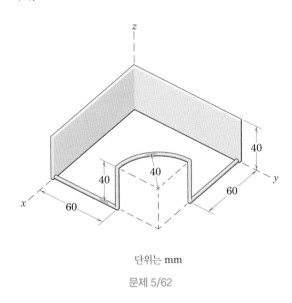

단위는 mm

문제 5/62

▶5/63 균일한 두께의 얇은 금속판으로 형성된 고정물의 무게중심 x, y, z 좌표를 구하라.

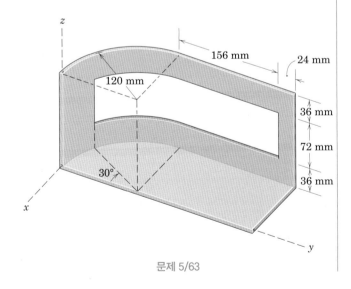

문제 5/63

▶5/64 얇은 원통형 셸에는 개구부가 있다. 이 균질체의 무게중심 x, y, z 좌표를 구하라.

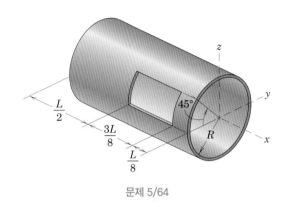

문제 5/64

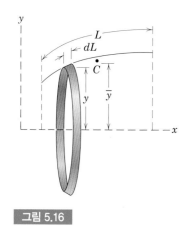

그림 5.16

5.5 파푸스 정리*

파푸스 정리는 한 평면곡선을 같은 평면상의 교차하지 않는 축으로 회전시킬 때 생기는 표면적을 계산하는 가장 간단한 방법이다. 그림 5.16에서 x-y 평면 길이 L인 호를 x축에 대해 회전시킬 때, 한 표면이 생긴다. 이 표면의 요소는 dL로 생기는 고리이다. 이 고리면적은 그 원주와 경사높이의 곱, 즉 $dA = 2\pi y\, dL$이고 따라서 총면적은

$$A = 2\pi \int y\, dL$$

이다. $\bar{y}L = \int y\, dL$이므로 면적은

$$A = 2\pi \bar{y}L \tag{5.8}$$

이 되는데, 여기서 $\bar{y}$는 길이 L인 선의 도심의 y좌표이다. 따라서 회전으로 생긴 면적은 길이 L과 반지름 $\bar{y}$인 직원통의 측면적과 같다.

어떤 면적을 같은 평면상에 교차하지 않는 축에 대하여 회전시킬 때 생기는 체적을 구하는 데도 똑같이 간단한 관계가 존재한다. 면적 A를 x축에 대한 회전으로 생긴 체적의 한 요소는, 단면적이 dA이고 반지름이 y인 요소 고리이다(그림 5.17). 요소의 체적은 원주와 dA의 곱, 즉 $dV = 2\pi y\, dA$이고 총체적은

$$V = 2\pi \int y\, dA$$

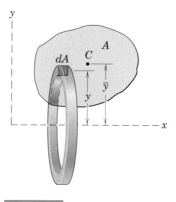

그림 5.17

---

* 알렉산드리아 파푸스, 3세기에 살았던 그리스의 기하학자. 이 이론의 원창시자가 폴 굴딘(Paul Guldin, 1577~1643)이라고 종종 이야기하기도 하지만, 파푸스 정리로 더 많이 알려져 있다.

이다. $\bar{y}A = \int y\,dA$이므로 체적은

$$V = 2\pi\bar{y}A \qquad\qquad (5.9)$$

가 되는데, 여기서 $\bar{y}$는 회전시킨 면적 A의 도심 C의 y좌표이다. 따라서 회전으로 생긴 체적은 회전면적과 그 도심이 그리는 원주의 곱으로 얻어진다.

식 (5.8)과 (5.9)로 표기된 두 파푸스 정리는 회전으로 생긴 면적과 체적을 구하는 데 유용할 뿐만 아니라, 교차하지 않는 축에 대한 회전으로 생긴 단면과 체적을 알 때, 그 곡면과 면적의 도심을 구하는 데도 사용된다. 면적이나 체적을 해당하는 선분길이나 평면적에 2π를 곱한 값으로 나누면 도심과 축 간의 거리가 나온다.

선이나 면적을 2π보다 작은 각도 θ만큼 회전시켰을 때 생긴 표면과 체적은 식 (5.8)과 (5.9)에 2π 대신 θ를 대치하면 구할 수 있다. 따라서 더 일반적인 식은

$$A = \theta\bar{y}L \qquad\qquad (5.8a)$$

그리고

$$V = \theta\bar{y}A \qquad\qquad (5.9a)$$

여기서 θ는 라디안이다.

goldhafen/Getty Images, Inc.

파푸스의 정리는 물탱크와 같은 물체의 부피와 표면적을 결정하는 데 유용하다.

예제 5.9

다음 원단면을 가진 링의 체적 V와 단면적 A를 구하라.

|풀이| 링은 z축을 중심으로 원단면을 360° 회전시켜 만들어진 것이다. 식 (5.9a)를 이용하면 다음 식을 구할 수 있다.

$$V = \theta \bar{r} A = 2\pi(R)(\pi a^2) = 2\pi^2 R a^2 \quad \text{①}$$ 답

유사하게, 식 (5.8a)를 이용하면 다음 식을 구할 수 있다.

$$A = \theta \bar{r} L = 2\pi(R)(2\pi a) = 4\pi^2 R a$$ 답

|도움말|

① 완벽한 링을 만들기 위한 회전각 θ는 2π이다. 이 경우를 포함한 특별한 경우는 식 (5.9)에 나타나 있다.

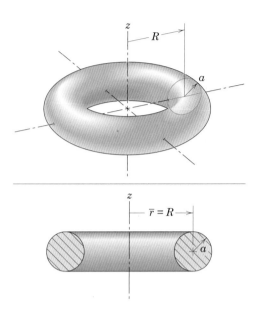

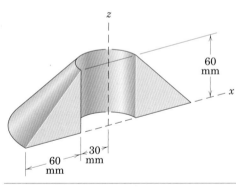

예제 5.10

60 mm 높이의 삼각형을 z축을 기준으로 180° 회전시켜 만든 고체의 체적 V를 계산하라. 만약 고체가 강철로 되어 있다면 질량 m은 얼마겠는가?

|풀이| $\theta = 180°$이므로, 식 (5.9a)를 이용하여 다음 식을 구할 수 있다.

$$V = \theta \bar{r} A = \pi[30 + \tfrac{1}{3}(60)][\tfrac{1}{2}(60)(60)] = 2.83(10^5) \text{ mm}^3 \quad \text{①}$$ 답

위 고체의 질량은 다음과 같다.

$$m = \rho V = \left[7830 \frac{\text{kg}}{\text{m}^3}\right][2.83(10^5) \text{ mm}^3]\left[\frac{1 \text{ m}}{1000 \text{ mm}}\right]^3$$

$$= 2.21 \text{ kg}$$ 답

|도움말|

① θ는 라디안이 되어야만 한다.

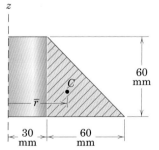

연습문제

기초문제

5/65 앞 절에서 배운 내용을 활용하여 직사각형 영역을 z축 중심으로 360° 회전시켜 생성된 형체적의 표면적 A와 체적 V를 구하라.

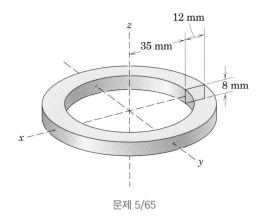

문제 5/65

5/66 원형 호는 y축을 중심으로 360° 회전한다. 이때 만들어지는 원형체의 표면적 S를 구하라.

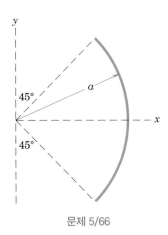

문제 5/66

5/67 원형 부분을 y축 중심으로 180° 회전시켜 생성된 물체이다. 이때 구의 일부분인 물체의 부피를 구하라.

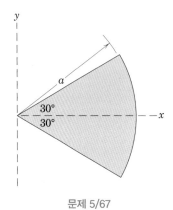

문제 5/67

5/68 z축을 중심으로 60 mm 직각삼각형을 180°까지 회전시켜 생성된 물체의 부피 V를 계산하라.

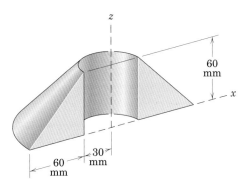

문제 5/68

5/69 1/4원형을 z축 중심으로 90° 회전시켜 생성된 고체의 부피 V를 구하라.

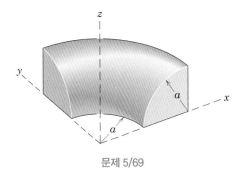

문제 5/69

5/70 그림과 같은 링의 단면을 가진 체적 V를 계산하라.

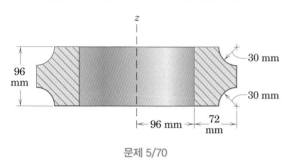

문제 5/70

5/71 다음 그림의 고체는 빗금 친 단면을 z축 중심으로 180° 회전
시킴으로써 형성된 반원형 링이다. 전체 고체의 표면적 A를
구하라.

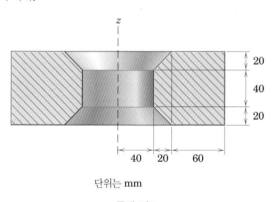

단위는 mm

문제 5/71

심화문제

5/72 물탱크는 회전체로 만들어졌으며, 리터당 16 m²의 도료가
담긴 페인트 2개를 뿌려야 한다. (역학을 기억하는) 엔지니
어는 탱크의 스케일 도면을 참조하고 곡선 ABC의 길이가
10 m이고 중심이 탱크의 중심선에서 2.5 m라고 했다. 수직
원통형 기둥 탱크에 페인트 몇 리터를 사용할 것인가?

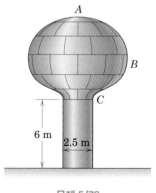

문제 5/72

5/73 반원형 단면을 가진 링에 의해 형성된 고무 개스킷의 부피 V
를 계산하라. 또한 링 외부의 표면적 A도 계산하라.

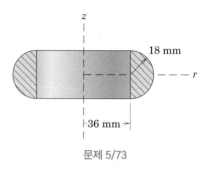

문제 5/73

5/74 도시된 전등 갓은 0.6 mm 두께의 스틸로 구성되고 z축에 대
해 대칭이다. 상단과 하단 모두 열려 있다. 전등 갓의 질량을
구하라. (반지름은 중간두께로 고려하라.)

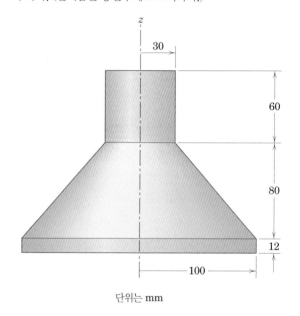

단위는 mm

문제 5/74

5/75 다음 그림의 고체는 빗금 친 단면을 z축 중심으로 180° 회전
시킴으로써 형성된 원형 링이다. 전체 고체의 표면적 A와 부
피 V를 구하라.

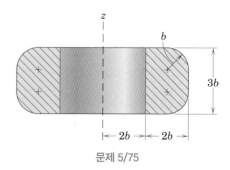

문제 5/75

5/76 부피 V와 단면적 A를 가진 링의 총 표면적 A를 계산하라.

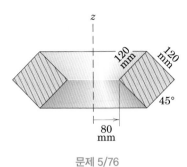

문제 5/76

5/77 일정하지만 무시할 수 있는 두께의 종 모양 셸의 한 면의 표면적을 구하라.

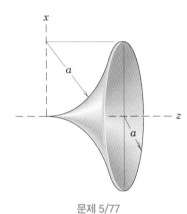

문제 5/77

5/78 얇은 셸이 그림처럼 z축을 기준으로 360° 회전시켜 형성되었다. 셸의 두 면 중 한 면의 표면적 A를 계산하라.

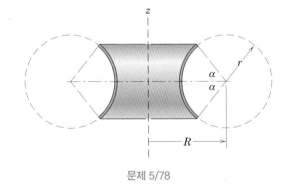

문제 5/78

5/79 그림과 같은 알루미늄 주물의 중량 W를 계산하라. 물체는 z축을 기준으로 사다리꼴 단면을 180°까지 회전시킴으로써 생성되었다.

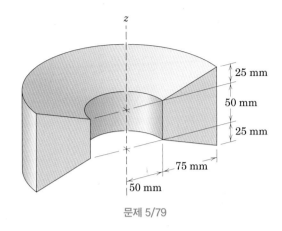

문제 5/79

5/80 그림과 같은 단면을 z축을 180° 회전시켜 생성된 물체의 부피 V와 총표면적 A를 결정하라.

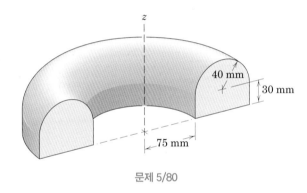

문제 5/80

5/81 표면은 반지름 0.8 m의 원호와 120° 각도로 z축을 회전하여 생성되었다. 중간부분의 직경은 0.6 m이다. 표면적 A를 계산하라.

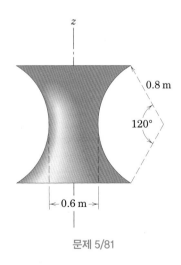

문제 5/81

5/82 음영 영역을 z축 중심으로 90° 회전시켜 생성된 고체의 부피 V를 구하라.

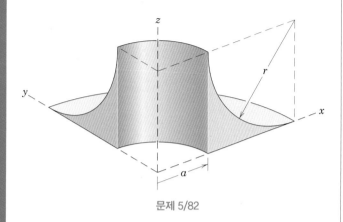

문제 5/82

5/83 아치형 댐 건설에 필요한 콘크리트의 질량 m을 구하라. 콘크리트의 밀도는 2.40 Mg/m³이다.

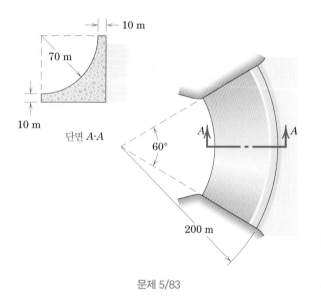

단면 A-A

문제 5/83

5/84 그림과 같이 설계된 석조 아치에 대해 석조 벽돌의 양이 충분하려면 총중량 W를 알아야 한다. 문제 5/8의 결과를 사용해 W를 구하라. 석조 벽돌의 밀도는 2.40 Mg/m³이다.

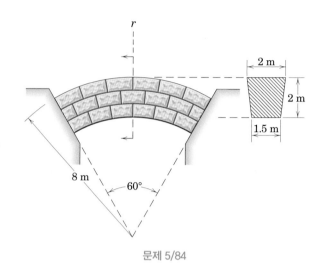

문제 5/84

B편 특별 주제

5.6 보—외부효과

수직하중에 의해 발생된 휨에 대해 저항하도록 만든 구조물을 보(beam)라 한다. 대부분의 보는 균일단면을 가지며, 하중은 보의 길이방향에 수직으로 작용한다.

보는 모든 구조물 중에서 가장 중요하므로 설계상 필요한 기초이론을 충분히 습득해야 한다. 보의 하중 저항크기를 해석하는 데는 첫째, 보 전체 또는 임의의 부분을 별도로 분리하여 평행조건을 세워야 한다. 둘째, 외부의 합력과 이를 지지하는 보의 내부 저항력 간의 관계식을 세워야 한다. 이러한 해석의 첫 부분은 정역학의 원리를 적용하는 반면, 둘째 부분은 재료의 강도 특성과 관련되어 일반적으로 고체역학이나 재료역학이란 이름으로 다룬다.

이 절에서는 외부의 하중이 보에 작용하는 반력을 다룬다. 5.7절에서 내부의 힘과 모멘트를 받는 보의 길이방향의 분포를 계산하도록 한다.

보의 유형

정역학의 방법만으로 반력을 구할 수 있는 보를 **정정보**(statically determinate beam)라 한다. 평형을 이루는 데 필요 이상으로 지지된 보를 **부정정보**(statically indeterminate beam)라 하고, 여분의 반력을 구하는 데는 평형방정식에 보의 하중-변형 관계의 고찰이 더 필요하다. 그림 5.18에 이 두 가지 유형의 보를 나타내었다. 이 절에서는 정정보만을 해석하기로 하자.

보는 외부하중의 종류에 따라 분류하기도 한다. 그림 5.18의 보들은 집중하중

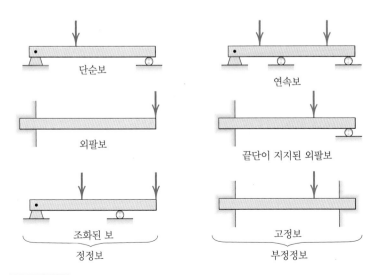

단순보

연속보

외팔보

끝단이 지지된 외팔보

조화된 보

고정보

정정보

부정정보

그림 5.18

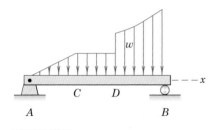

그림 5.19

을 받는 데 비하여 그림 5.19의 보는 분포하중을 지지하고 있다. 분포하중의 강도 w는 보의 단위길이당 힘으로 표시하기로 한다. 강도는 일정하거나 변할 수 있고, 연속이거나 불연속일 수도 있다. 그림 5.19의 하중강도는 C에서 D까지는 일정하고 A에서 C와 D에서 B까지 변하고 있다. 강도는 D에서 불연속이며 그 지점에서 갑자기 크기가 변한다. C에서 강도 자체는 불연속이 아니지만, 강도 변화율 dw/dx는 불연속이다.

분포하중

일정하거나 직선적으로 변하는 하중강도는 다루기가 쉽다. 그림 5.20에는 세 가지 가장 일반적인 경우와 각각의 분포하중의 합력을 예시하고 있다.

그림 5.20의 a, b인 경우에 합력 R은 크기 w(보의 단위길이당 힘)와 분포길이 L로 이루어진 면적으로 나타낼 수 있다.

그림 5.20c의 경우, 사다리꼴은 직사각형과 삼각형으로 나누어 그 각각의 합력 R_1과 R_2로 결정한다. 5.4절에서 배운 도심을 구하는 방법을 사용하면 단일합력을 구할 수도 있다. 보통 단일합력을 구하는 것은 필요하지 않다.

일반적인 경우를 유도하기 위해 그림 5.21처럼 힘의 미소증분 $dR = w\,dx$로부터 시작해야 한다. 총합력 R은 미소 힘들의 합으로

$$R = \int w\,dx$$

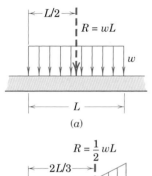

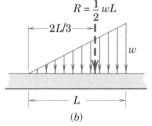

이다. 앞에서 언급한 바와 같이 합력 R은 면적도심에 작용한다. 이 도심의 x좌표는 모멘트 원리 $R\bar{x} = \int xw\,dx$로 구할 수 있다. 즉

$$\bar{x} = \frac{\int xw\,dx}{R}$$

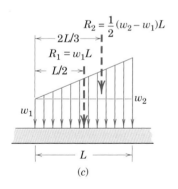

그림 5.20

그림 5.21의 분포에서 도심의 수직좌표는 알 필요가 없다.

일단 분포하중을 집중하중으로 구하면, 보에 작용하는 반력은 제3장에서 구한 정적인 방법으로 바로 구할 수 있다.

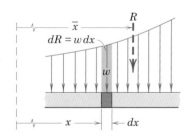

그림 5.21

예제 5.11

그림과 같이 분포하중을 받고 있는 단순지지보에서 등가 집중하중과 반력을 구하라.

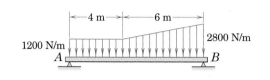

|풀이| 하중분포에 의한 면적은 직사각형과 삼각형으로 나뉜다. 집중하중은 면적을 계산하면 구해지고, 이 힘들은 각각의 면적 도심에 작용한다. ①

일단 집중하중이 결정되면, 그것들은 A, B에서의 외부반력과 같이 자유물체도상에 위치시킨다. 평형의 원리를 이용하여

$[\Sigma M_A = 0]$　　　$12\,000(5) + 4800(8) - R_B(10) = 0$

　　　　　　　　　　　$R_B = 9840$ N or 9.84 kN　　**답**

$[\Sigma M_B = 0]$　　　$R_A(10) - 12\,000(5) - 4800(2) = 0$

　　　　　　　　　　　$R_A = 6960$ N 즉 6.96 kN　　**답**

을 얻는다.

|도움말|

① 분포하중을 하나의 집중하중으로 치환하는 것이 가장 좋은 방법이 아닐 수도 있다.

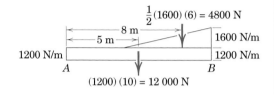

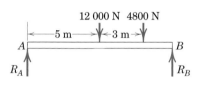

예제 5.12

하중이 가해지는 외팔보의 지점 A에서의 반력을 구하라.

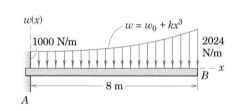

|풀이| 하중분포에서 상수는 $w_0 = 1000$ N/m과 $k = 2$ N/m⁴으로 구해진다. ① 그러므로 하중 R은

$$R = \int w \, dx = \int_0^8 (1000 + 2x^3) \, dx = \left(1000x + \frac{x^4}{2}\right)\Big|_0^8 = 10\,050 \text{ N}$$

이다. 면적 도심의 x좌표는 ②

$$\bar{x} = \frac{\int xw \, dx}{R} = \frac{1}{10\,050} \int_0^8 x(1000 + 2x^3) \, dx$$

$$= \frac{1}{10\,050} \left(500x^2 + \frac{2}{5}x^5\right)\Big|_0^8 = 4.49 \text{ m}$$

에 의해 구해진다. 보의 자유물체도로부터

$[\Sigma M_A = 0]$　　　　　$M_A - (10\,050)(4.49) = 0$

　　　　　　　　　　　　　$M_A = 45\,100$ N·m　　**답**

$[\Sigma F_y = 0]$　　　　　$A_y = 10\,050$ N　　**답**

을 얻는다. 직관에 의해 $A_x = 0$이라는 것을 알 수 있다.

|도움말|

① 상수 w_0와 k의 단위 사용에 주의하라.

② 여러분들은 R의 계산과 이것의 위치인 $\bar{x}$가 단순히 5.3절에서 다루었던 '중심'의 응용이라는 것을 알아야 한다.

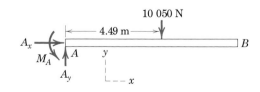

연습문제

기초문제

5/85 그림과 같이 하중이 작용하는 캔틸레버 보에 대한 지점반력 R_A 및 모멘트 M_A를 계산하라.

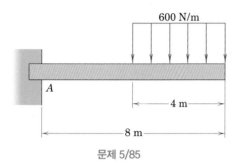

600 N/m

A

4 m

8 m

문제 5/85

5/86 삼각형 분포하중이 작용하는 보의 A와 B에서 지점반력을 계산하라.

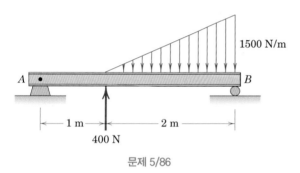

1500 N/m

A B

1 m   2 m

400 N

문제 5/86

5/87 그림과 같이 하중이 작용하는 보의 반력을 계산하라.

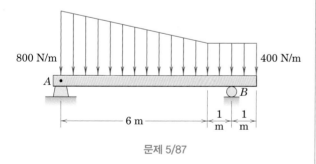

800 N/m   400 N/m

A B

6 m   1 m 1 m

문제 5/87

5/88 그림과 같이 하중이 작용하는 보에 대해 A와 B에서의 반력을 계산하라.

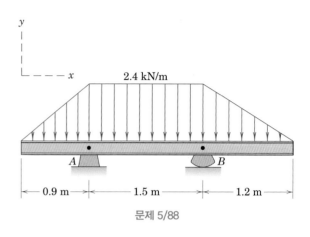

y

x

2.4 kN/m

A B

0.9 m   1.5 m   1.2 m

문제 5/88

5/89 그림과 같이 등분포하중과 우력이 작용하는 보에 대해 A의 반력을 계산하라.

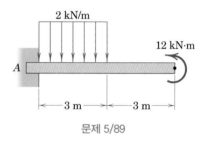

2 kN/m

12 kN·m

A

3 m   3 m

문제 5/89

5/90 그림과 같이 등분포하중과 집중하중이 작용하는 캔틸레버 보에 대해 A의 반력을 계산하라.

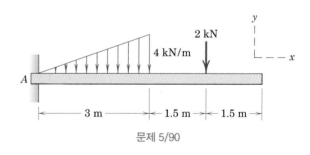

2 kN

y

4 kN/m

x

A

3 m   1.5 m   1.5 m

문제 5/90

5/91 그림과 같이 하중이 작용하는 보에 대해 A와 B에서의 반력을 계산하라.

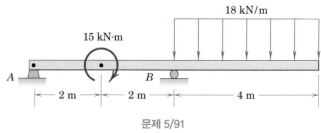

18 kN/m

15 kN·m

A B

2 m   2 m   4 m

문제 5/91

심화문제

5/92 그림과 같이 사인커브 하중을 받는 캔틸레버 보의 *A*지점의 반력과 반력모멘트를 계산하라.

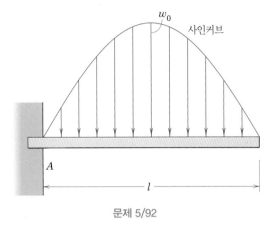

문제 5/92

5/93 그림과 같이 하중이 작용하는 보에 대한 *A*와 *B*의 지점반력을 구하라.

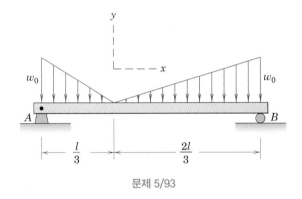

문제 5/93

5/94 두 개의 선형 분포하중을 받는 보에 대해 *A*와 *B*의 지점반력을 계산하라.

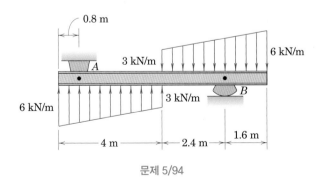

문제 5/94

5/95 그림과 같은 하중을 받는 보 지점 *A*의 반력과 반력모멘트를 구하라.

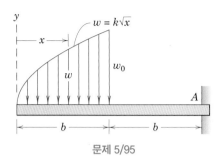

문제 5/95

5/96 표시된 분포하중을 받는 외팔보에 대해 *A*에서의 반력을 계산하라. 분포하중은 $x=3$ m에서 2 kN/m의 최댓값에 도달한다.

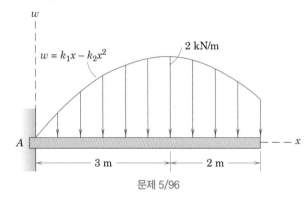

문제 5/96

5/97 표시된 보와 하중에 대해 *A*와 *B*에서 수직 반응이 동일한 힘 *F*의 크기를 구하라. 이 *F*의 값으로 *A*에서 핀 반력의 크기를 계산하라.

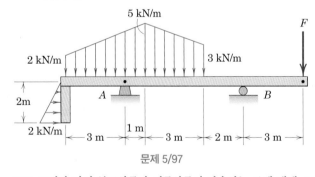

문제 5/97

5/98 그림과 같이 분포하중과 집중하중이 작용하는 보에 대해 *A*와 *B*에서의 반력을 계산하라.

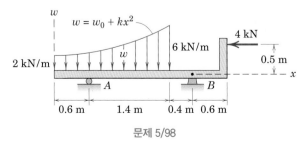

문제 5/98

5/99 단위길이당 하중은 그림과 같이 작용하고 있다. 자중은 3 m 구간에 $w=3.6$ kN/m로 작용하고, 하중은 $x=0$에서부터 미터당 2000 N/m로 증가하고 있다. A와 B의 지점반력을 구하라.

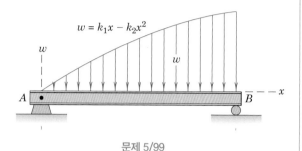

$$w = k_1 x - k_2 x^2$$

문제 5/99

5/100 그림과 같이 등분포하중과 포물선하중이 동시에 작용하는 보에 대해 A와 B의 반력을 계산하라.

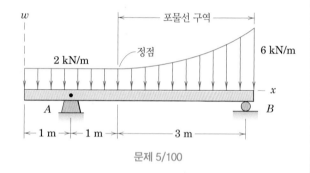

포물선 구역
정점
2 kN/m
6 kN/m
A B
1 m 1 m   3 m

문제 5/100

5/101 표시된 영역에서 작용하는 직선 및 포물선 하중을 받는 캔틸레버 보의 끝단 A에서의 반력을 구하라. 분포하중의 기울기는 보의 길이에 걸쳐 연속적이다.

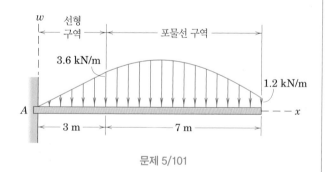

선형 구역
포물선 구역
3.6 kN/m
1.2 kN/m
A
3 m   7 m

문제 5/101

5/102 집중하중과 분포하중을 받는 보에 대해 A와 B에서의 반력을 구하라.

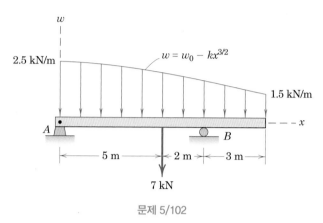

2.5 kN/m
$w = w_0 - kx^{3/2}$
1.5 kN/m
A B
5 m   2 m   3 m
7 kN

문제 5/102

▶5/103 사분원형 외팔보는 표시된 바와 같이 그의 상부 표면상에 균일한 압력을 받게 된다. 압력은 원호의 단위길이당 힘 p로 표현된다. 압축력 C_A, 전단력 V_A 및 휨모멘트 M_A일 때 보의 A에서의 반력을 구하라.

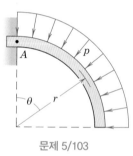

A
p
θ r

문제 5/103

▶5/104 양쪽 하중이 10 kN/m와 37 kN/m이고, 그 사이에 하중함수 $w=k_0+k_1x+k_2x^2+k_3x^3$이며, $x=1$ m와 $x=4$ m에서 기울기가 0인 하중이 있다. 지점 A와 B의 반력을 구하라.

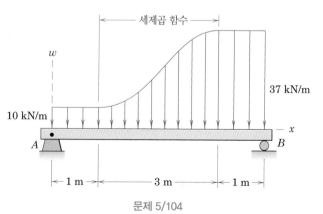

세제곱 함수
37 kN/m
10 kN/m
A B
1 m   3 m   1 m

문제 5/104

5.7 보—내부효과

앞 절에서는 분포하중을 하나 또는 몇 개의 집중하중으로 바꾸는 것과 그에 따른 보에 작용하는 외부반력을 결정하는 것에 관심이 있었다. 이 절에서는 보의 내부효과를 소개하고 보의 위치에 따른 내부전단력과 휨모멘트를 계산하기 위해 정역학의 원리를 적용하고자 한다.

전단, 휨 및 비틀림

보는 인장과 압축 외에도 전단, 휨 및 비틀림에 대해서도 저항력을 가지고 있다. 이 세 가지 영향을 그림 5.22에 도시하였다. 힘 V는 **전단력**(shear force), 우력 M 은 **휨모멘트**(bending moment) 그리고 T는 **비틀림모멘트**(torsional moment)라 한다. 이들은 다음 그림에서와 같이 보의 단면에 작용하는 힘의 합력 성분을 나타낸다.

보에 가한 힘으로 인해 단면에서 생긴 전단력 V와 휨모멘트 M에 우선 주목하자. 그림 5.23과 같이 일반적인 전단력 V와 휨모멘트 M의 양(positive)의 부호규약을 사용하고 있다. 작용과 반작용의 원리로 양 단면의 전단력과 모멘트를 양 또는 음이라고 말하기는 쉽지 않다. 이러한 이유로 자유물체도에서 계산된 값의 부호를 적당한 방향으로 표시하는 것이 권장되고 있다.

휨모멘트 M의 물리적 이해를 돕기 위해 그림 5.24와 같이 양단에 크기가 같고 반대인 두 모멘트로 인해 변형된 보를 생각해보자. 보의 단면은 가운데가 얇은 복부(web)이고 위와 아래가 두터운 플랜지(flange)로 된 H 단면으로 한다. 이러한 보는 두 플랜지로 지탱되는 것에 비해 작은 웨브에 의해 지탱되는 하중은 무시할 수 있다. 상단 플랜지는 줄어들면서 압축을 받는 반면, 하단 플랜지는 늘어나고 인장을 받음이 분명하다. 임의의 단면에 작용하는 두 힘(한쪽은 인장이고 다른 쪽은 압축)의 합력은 우력이고 그 단면의 휨모멘트 값을 가진다. 그 밖에 다른 형상의 단면을 갖는 보에 같은 방식의 하중을 받는다면, 단면에 작용하는 분포력은 달라

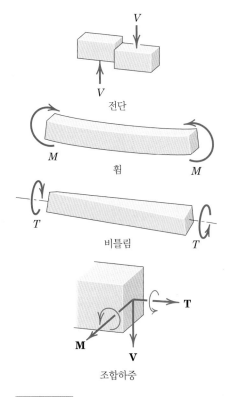

그림 5.22

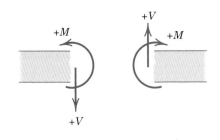

그림 5.23

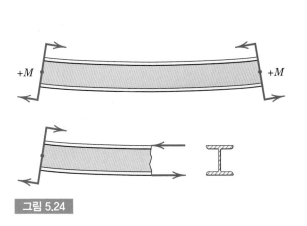

그림 5.24

질 것이다. 그러나 그 합력은 같은 우력이 될 것이다.

전단력 선도와 휨모멘트 선도

보 길이방향의 전단력 V와 휨모멘트 M의 변화는 보의 구조해석에 필수 정보이다. 특히 휨모멘트의 최댓값은 보통 설계상으로나 보의 선택에 있어서나 가장 먼저 고려할 대상이므로 그 값과 위치를 구해야 한다. 전단력과 모멘트의 변화는 그래프로 가장 잘 나타날 수 있으므로, 보 길이방향의 V와 M의 그래프를 **전단력 선도**(shear-force diagram)와 **휨모멘트 선도**(bending-moment diagram)라고 한다.

전단력과 모멘트 관계를 구하기 위해 첫 단계로 보 전체에 대한 자유물체도에 평형방정식을 적용하여 보의 모든 반력을 구한다. 그리고 보의 일부를 분리시켜 임의의 단면 왼쪽 또는 오른쪽에 자유물체도를 그린 후 평형방정식을 적용시킨다. 이 방정식으로부터 분리된 보 단면에 작용하는 전단력 V와 휨모멘트 M의 식을 얻는다. 해석할 임의의 단면이 오른쪽이든 왼쪽이든 하중이 적게 작용하는 보의 부분을 선택하여 연산을 한다면 보다 쉽게 해석을 수행할 것이다. 단, 집중하중이 가해지는 단면은 피해야 한다. 그 단면은 전단이나 휨모멘트의 불연속점을 나타내기 때문이다.

마지막으로 선택한 각 단면의 V와 M의 계산은 그림 5.23에 예시한 양의 부호 규약에 맞게 연산을 수행해야 한다.

일반하중과 전단 및 모멘트와의 관계

분포하중을 받는 보의 전단력과 휨모멘트 분포에 대한 일반식을 유도해보자. 그림 5.25는 하중을 받는 보의 일부와 보의 미소 요소 dx를 따로 분리시켜 그린 것이다. 하중 w는 단위길이당 힘의 단위로 표시되어 있다. x만큼 떨어진 요소에 작용하는 전단력 V와 모멘트 M은 아래 그림에 양의 방향으로 표시되어 있다. 요소의 맞은 편인 좌표 $x+dx$에서의 이들 양(quantity)도 양의 방향으로 그려져 있으나, V와 M이 x에 따라 변하므로 $V+dV$와 $M+dM$으로 표시하여야 한다. 요소길이 위에 작용하는 하중 w는 요소길이가 매우 짧고, 극한을 취하면 w 자체의 영향에 비해 w

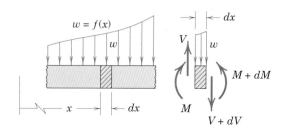

그림 5.25

변화량의 영향이 미미하므로 일정한 것으로 간주할 수 있다.

평형방정식에서 수직력의 합은 0이므로 다음과 같은 식을 유도할 수 있다.

$$V - w\,dx - (V + dV) = 0$$

또는

$$w = -\frac{dV}{dx} \qquad (5.10)$$

식 (5.10)으로부터 전단력 선도의 기울기는 작용하중에 음의 부호를 붙인 경우와 같다. 식 (5.10)은 집중하중 양쪽 편에서는 성립하나 집중하중이 작용하는 지점에서는 전단력이 급격히 변함으로써 생기는 불연속점이므로 성립하지 않는다.

식 (5.10)을 적분함으로써 전단력 V를 하중 w항으로 표시하면 다음과 같다.

$$\int_{V_0}^{V} dV = -\int_{x_0}^{x} w\,dx$$

효과적인 휨강성을 얻기 위해 I형 보가 구조부재로 널리 쓰인다.

또는

$$V = V_0 + (x_0\text{에서부터 } x\text{까지 하중곡선 아래 면적의 음의 값)}$$

여기서 V_0는 x_0의 전단력이고 V는 x의 전단력이다. 전단력 선도를 그리는 간단한 방법은 하중을 모두 모은 합을 구하는 것이다.

그림 5.25에서 모멘트합은 0이어야 하므로 요소 좌측단에 대한 모멘트를 취하면

$$M + w\,dx\,\frac{dx}{2} + (V + dV)\,dx - (M + dM) = 0$$

2개의 M을 소거하고 $w(dx)^2/2$와 $dV\,dx$는 다른 항에 비해 고차 미분항이므로 생략할 수 있다. 따라서 정리하면

$$V = \frac{dM}{dx} \qquad (5.11)$$

이고, 임의 위치의 전단력과 모멘트 곡선의 기울기가 같음을 보이고 있다. 식

(5.11)은 집중된 우력의 한편에서는 유효하나 다른 한편에서는 모멘트의 갑작스러운 변화로 생긴 불연속으로 유효하지 않다.

식 (5.11)을 적분하여 모멘트 M을 전단력 V의 항으로 표시할 수 있다. 따라서

$$\int_{M_0}^{M} dM = \int_{x_0}^{x} V\, dx$$

또는

$$M = M_0 + (x_0\text{에서부터 } x\text{까지의 전단력 선도 면적})$$

여기서 M_0는 x_0에서의 휨모멘트이고 M은 x에서의 휨모멘트이다. x_0에서의 외부 모멘트 M_0가 없을 때에는 보 임의의 단면의 총모멘트는 전단력 선도에서 그 단면까지의 면적과 같다. 전단력 선도의 면적을 더하여 가는 것이 모멘트 선도를 구하는 가장 손쉬운 방법이다.

V가 0을 지나고 x의 연속함수로 $dV/dx \neq 0$일 때, 휨모멘트 M은 이 점에서 $dM/dx = 0$이므로 최대 또는 최소가 된다. 또 M은 임곗값 또한 V가 0축을 불연속으로 지날 때 일어나며, 집중하중을 받는 보에서도 마찬가지이다.

식 (5.10)과 (5.11)로부터 x에 대한 V의 차수는 w보다 한 차수 높고, M은 V보다 한 차수가 높다. 따라서 M은 w에 비해 두 차수가 높다. x의 1차인 $w = kx$의 하중을 받는 보의 전단력 V는 x의 2차이고 휨모멘트 M은 x의 3차이다.

식 (5.10)과 (5.11)을 결합하면,

$$\frac{d^2M}{dx^2} = -w \tag{5.12}$$

이다. 따라서 w가 알고 있는 x의 함수이고 적분구간은 매번 계산할 수 있으며, 모멘트 M은 두 번 적분하여 얻을 수 있다. 이 방법은 w가 x의 연속함수일 때만 가능하다.[*]

보의 휨이 단일평면 외에서 일어날 때는 각각 평면별로 분리하여 해석하고 결과는 벡터와 같은 결합으로 한다.

---

[*] w가 x의 불연속함수일 때, 불연속 구간의 전단력 V와 모멘트 M의 해석적인 표현을 할 수 있는 특이함수라 불리는 특이한 방법을 도입할 수 있으나, 이 책에서는 다루지 않는다.

예제 5.13

4 kN의 집중하중에 의해 단순보에 생기는 전단력과 모멘트 분포를 구하라.

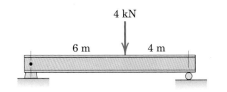

|풀이| 보 전체의 자유물체도로부터 반력은

$$R_1 = 1.6 \text{ kN} \qquad R_2 = 2.4 \text{ kN}$$

길이 x에서 보를 둘로 나누고 그 단면에 양의 방향의 전단력 V와 휨모멘트 M의 자유물체도를 그린다. 평형조건으로부터

$[\Sigma F_y = 0]$ $1.6 - V = 0$ $V = 1.6 \text{ kN}$

$[\Sigma M_{R_1} = 0]$ $M - 1.6x = 0$ $M = 1.6x$

이들 V와 M의 값은 4 kN의 하중이 왼쪽의 모든 단면에 작용한다. ①

4 kN 하중 오른쪽 보의 단면을 분리시키고 V와 M이 양의 방향인 자유물체도를 그린다. 평형조건에서

$[\Sigma F_y = 0]$ $V + 2.4 = 0$ $V = -2.4 \text{ kN}$

$[\Sigma M_{R_2} = 0]$ $-(2.4)(10 - x) + M = 0$ $M = 2.4(10 - x)$

이들 결과는 4 kN 하중 오른편의 보 단면에만 적용된다.

V와 M의 값을 도식화하였다. 최대 휨모멘트는 전단력의 부호가 바뀌는 곳에 생긴다. $x=0$에서부터 x의 양의 방향으로 움직임으로써 모멘트 M은 전단선도 면적을 더한 것임을 알 수 있다.

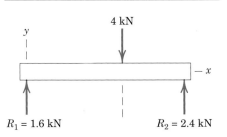

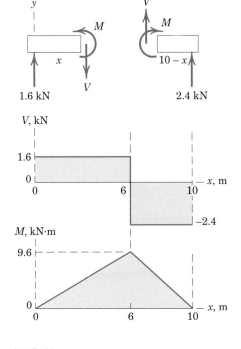

|**도움말**|

① 전단력과 모멘트 관계는 집중하중 작용점 ($x=6$ m)과 같은 지점에서는 불연속성을 포함하고 있으므로 절단면을 가져가지 않도록 주의한다.

예제 5.14

외팔보가 $w = w_0 \sin (\pi x/l)$의 하중(단위길이당 힘)을 받고 있다. x/l 비의 함수로 전단력 V와 휨모멘트 M을 나타내라.

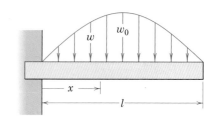

|풀이| $x=0$에서 작용하는 전단력 V_0와 M_0를 구하기 위해 먼저 전체 보에 대한 자유물체도를 그린다. 부호규약에 따라서 V_0와 M_0는 양으로 나타낸다. 평형상태에 대한 수직력의 합은

$$[\Sigma F_y = 0] \qquad V_0 - \int_0^l w \, dx = 0 \qquad V_0 = \int_0^l w_0 \sin \frac{\pi x}{l} \, dx = \frac{2w_0 l}{\pi}$$

평행위치에서 왼쪽 끝단에 대한 모멘트합은 ①

$$[\Sigma M = 0] \qquad -M_0 - \int_0^l x(w \, dx) = 0 \qquad M_0 = -\int_0^l w_0 x \sin \frac{\pi x}{l} \, dx$$

$$M_0 = \frac{-w_0 l^2}{\pi^2} \left[\sin \frac{\pi x}{l} - \frac{\pi x}{l} \cos \frac{\pi x}{l} \right]_0^l = -\frac{w_0 l^2}{\pi}$$

길이 x의 임의의 단면에 대한 자유물체도로부터 식 (5.10)의 적분을 통해 보의 전단력을 구할 수 있다.

$$[dV = -w \, dx] \qquad \int_{V_0}^V dV = -\int_0^x w_0 \sin \frac{\pi x}{l} \, dx \quad ②$$

$$V - V_0 = \left[\frac{w_0 l}{\pi} \cos \frac{\pi x}{l} \right]_0^x \qquad V - \frac{2w_0 l}{\pi} = \frac{w_0 l}{\pi} \left(\cos \frac{\pi x}{l} - 1 \right)$$

또는 무차원 형태로

$$\frac{V}{w_0 l} = \frac{1}{\pi} \left(1 + \cos \frac{\pi x}{l} \right)$$

휨모멘트는 식 (5.11)을 적분해서 얻는다.

$$[dM = V \, dx] \qquad \int_{M_0}^M dM = \int_0^x \frac{w_0 l}{\pi} \left(1 + \cos \frac{\pi x}{l} \right) dx$$

$$M - M_0 = \frac{w_0 l}{\pi} \left[x + \frac{l}{\pi} \sin \frac{\pi x}{l} \right]_0^x$$

$$M = -\frac{w_0 l^2}{\pi} + \frac{w_0 l}{\pi} \left[x + \frac{l}{\pi} \sin \frac{\pi x}{l} - 0 \right]$$

또는 무차원으로

$$\frac{M}{w_0 l^2} = \frac{1}{\pi} \left(\frac{x}{l} - 1 + \frac{1}{\pi} \sin \frac{\pi x}{l} \right)$$

x/l에 대한 $V/w_0 l$과 $M/w_0 l^2$의 변화는 그림으로 나타내었다. $M/w_0 l^2$의 음값은 그림에 나타낸 방향과 반대임을 표시한다.

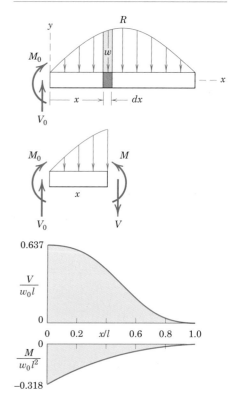

|도움말|

① 대칭의 경우 중앙에 작용하는 하중분포의 합력 $R = V_0 = 2w_0 l/\pi$가 된다. 모멘트는 단순히 $M_0 = -Rl/2 = -w_0 l^2/\pi$가 되고, 음수 $(-)$ 부호는 $x=0$의 위치에서의 휨모멘트가 물리적으로 자유물체도에서 반대인 것이다.

② 자유물체도는 V의 적분한계와 x에 대하여 명확하게 우리에게 보여주고 있다. 전단력 V가 양수라는 의미는 자유물체도의 방향과 일치한다는 것을 의미한다.

예제 5.15

하중을 받는 보의 전단력 선도와 휨모멘트 선도를 그리고 최대모멘트 M과 좌측단으로부터의 그 위치를 구하라.

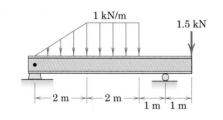

|풀이|　반력은 보 전체의 자유물체도에서 보는 바와 같이 분포하중의 합력을 고려함으로써 가장 쉽게 구할 수 있다. 보의 첫 구간을 $0<x<2$ m에 대한 단면의 자유물체도로부터 해석한다. 수직력의 합과 단면에 대한 모멘트의 합으로부터 다음 식을 구할 수 있다.

$[\Sigma F_y = 0]$　　　　　　　$V = 1.233 - 0.25x^2$

$[\Sigma M = 0]$　　$M + (0.25x^2)\dfrac{x}{3} - 1.233x = 0$　　　$M = 1.233x - 0.0833x^3$

이들 V와 M의 값은 $0<x<2$ m에 대해서 성립하고, 그 구간에 대한 전단 및 모멘트 선도를 도시하였다.

　$2<x<4$ m에서의 단면의 자유물체도로부터 수직방향의 평형과 단면에 대한 모멘트합으로부터 다음 식을 구할 수 있다.

$[\Sigma F_y = 0]$　　$V + 1(x - 2) + 1 - 1.233 = 0$　　　$V = 2.23 - x$

$[\Sigma M = 0]$　　　$M + 1(x - 2)\dfrac{x - 2}{2} + 1[x - \dfrac{2}{3}(2)] - 1.233x = 0$

　　　　　　$M = -0.667 + 2.23x - 0.50x^2$

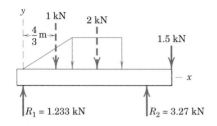

이들 V와 M의 값을 구간 $2<x<4$ m에 대한 전단 및 모멘트 선도에 도시하였다.

　보 나머지 부분의 해석은 다음 구간의 단면 오른편의 보 부분의 자유물체도로 계속 진행된다. V와 M은 양의 방향으로 표시해야 한다. 수직력의 합과 단면에 대한 모멘트의 합으로부터

　　　　$V = -1.767$ kN이고　　　$M = 7.33 - 1.767x$

이들 V와 M의 값을 구간 $4<x<5$ m에 대한 전단 및 모멘트 선도에 도시하였다.

　마지막 구간도 쉽게 해석할 수 있다. 전단력은 $+1.5$ kN으로 일정하고, 모멘트는 보의 우측단에서 0으로 시작하는 직선 관계를 따르고 있다.

　최대모멘트는 $x=2.23$ m에서 생기는데, 이는 전단곡선이 0축을 지나는 곳이며, M 값은 둘째 구간의 M에 대한 식에 이 x값을 대입하여 얻어진다. 최대 모멘트는 다음과 같다.

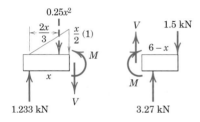

　　　　　　$M = 1.827$ kN·m　　　　　🖪

앞에서와 같이 임의 단면의 모멘트 M은 그 단면까지 전단력 선도 아래의 면적과 같음을 주목하라. $x<2$ m에 대해,

$[\Delta M = \displaystyle\int V\,dx]$　　$M - 0 = \displaystyle\int_0^x (1.233 - 0.25x^2)\,dx$

　　　　　　$M = 1.233x - 0.0833x^3$

으로 이미 계산한 결과와 일치한다.

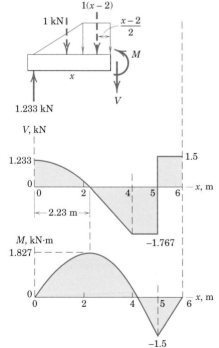

연습문제

기초문제

5/105 다음 그림과 같은 집중하중이 가해지는 보의 전단력과 휨모멘트를 그려라. $x=l/2$ 위치의 전단력과 휨모멘트를 구하라.

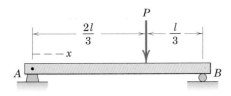

문제 5/105

5/106 그림과 같이 하중이 작용하는 캔틸레버 보에 대한 전단 및 모멘트 다이어그램을 그려라. 중앙부에서의 모멘트 값을 표시하라.

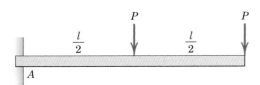

문제 5/106

5/107 끝단에 그림과 같은 우력이 있는 보의 전단력도와 휨모멘트도를 그려라. 또한 지점 B의 오른쪽 0.5 m 떨어진 단면의 휨모멘트를 그려라.

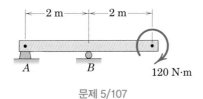

문제 5/107

5/108 80 kg의 남자가 다이빙하려는 보드의 전단력도와 휨모멘트도를 그려라. 최대휨모멘트 값을 표기하라.

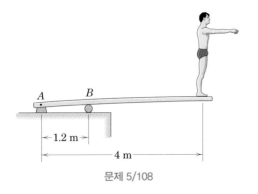

문제 5/108

5/109 그림과 같은 보의 전단력도와 휨모멘트도를 그려라. 보 중간의 전단력과 휨모멘트 또한 구하라.

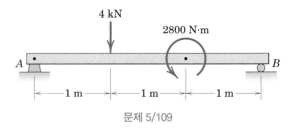

문제 5/109

5/110 지점 A의 오른쪽 200 mm 떨어진 단면의 전단력 V와 휨모멘트 M의 크기를 구하라.

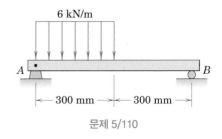

문제 5/110

5/111 하중을 받는 보에 대한 전단 및 모멘트 다이어그램을 그려라. 중앙부에서의 전단력 및 휨모멘트 값을 구하라.

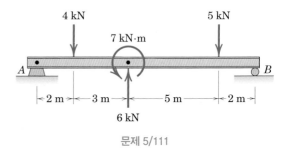

문제 5/111

심화문제

5/112 지점 A의 오른쪽 2 m 떨어진 단면의 전단력 V와 휨모멘트 M의 크기를 구하라.

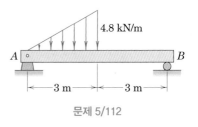

문제 5/112

5/113 두 집중하중을 받는 보에 대한 전단 및 모멘트 다이어그램을 그려라. 최대휨모멘트 M_{max}와 그 위치를 결정하라.

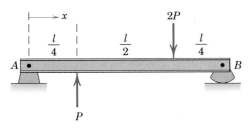

문제 5/113

5/114 선형 분포하중이 작용하는 캔틸레버 보에 대한 전단 및 모멘트 다이어그램을 그리고 A지점의 휨모멘트 M_A를 구하라.

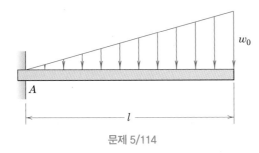

문제 5/114

5/115 분산 하중과 점 하중의 결합을 받는 보에 대한 전단 및 모멘트도를 그려라. 지점 C에서 전단력과 휨모멘트의 값을 구하라. 이 값은 B의 왼쪽에서 3 m에 있다.

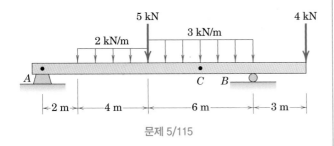

문제 5/115

5/116 그림과 같이 하중을 받는 보에 대한 전단 및 모멘트도를 그려라. 보에 대한 최대 전단력과 휨모멘트를 그려라.

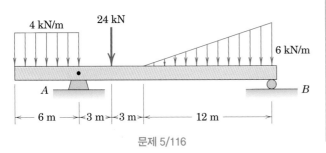

문제 5/116

5/117 그림과 같이 하중을 받는 보에 대한 전단 및 휨모멘트도를 그려라. 두 지점 사이에 휨모멘트가 0이 되는 지점을 왼쪽 끝을 기준으로 거리 b를 구하라.

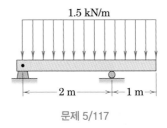

문제 5/117

5/118 그림과 같이 하중을 받는 보에 대한 전단 및 모멘트도를 그려라. B에서의 전단력과 휨모멘트의 값은 얼마인가? 휨모멘트가 처음으로 0인 곳에서 A의 오른쪽으로 거리 b를 구하라.

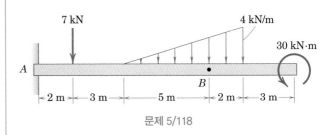

문제 5/118

5/119 집중하중과 우력과 삼각 하중을 받는 보에 대한 전단 및 모멘트선도를 그려라. 보에 최대휨모멘트를 구하라.

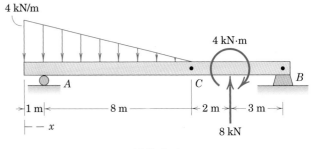

문제 5/119

5/120 분산 하중과 점 하중의 결합을 받는 외팔보의 전단 및 모멘트도를 그려라. 휨모멘트가 0인 위치에서 왼쪽으로 거리 b를 정하라.

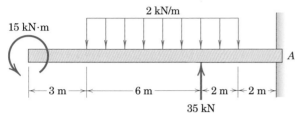

문제 5/120

5/121 그림과 같이 하중이 작용하는 단순 보의 전단 및 모멘트 다이어그램을 그려라. 또한 최대 모멘트 M의 크기를 결정하라.

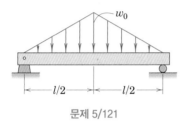

문제 5/121

5/122 그림과 같이 보에 용접된 버팀대에 적용된 힘 F가 작용하는 보에 대한 전단 및 모멘트도를 그려라. 점 B에서 휨모멘트를 구하라.

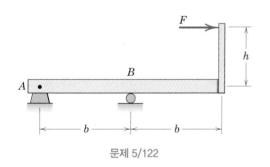

문제 5/122

5/123 앵글 스터드가 보 C지점에 연결되어 있고 1.6 kN의 수직력을 받고 있다. 지점 B의 휨모멘트와 휨모멘트가 0이 되는 거리(지점 C로부터)를 구하라. 또한 보의 휨모멘트도를 그려라.

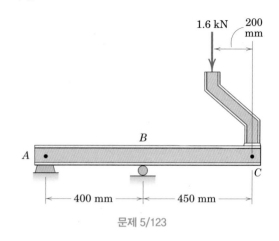

문제 5/123

5/124 표시된 보 및 하중에 대해 임의의 위치 x에서 내부 전단력 V 및 휨모멘트 M에 대한 방정식을 결정한다. $x=2$ m 및 $x=4$ m에서 전단력 및 휨모멘트를 구하라.

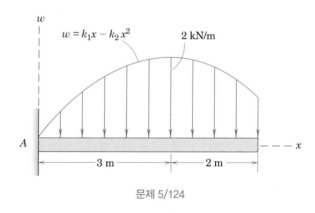

문제 5/124

5/125 등분포하중과 집중하중이 가해지는 보의 휨모멘트도와 전단력도를 그려라. $x=6$ m의 전단력과 휨모멘트를 구하라. 최대휨모멘트 M_{max} 또한 구하라.

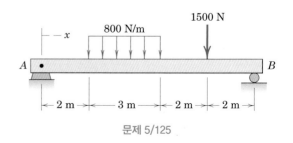

문제 5/125

5/126 문제 5/125와 같이 문제를 풀라. 다만 집중하중 1500 N 대
신에 그림과 같이 4.2 kN 우력이 작용한다.

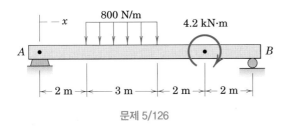

문제 5/126

5/127 집중력과 분포하중을 받는 보에 대한 전단 및 모멘트도를
그려라. 최대 플러스, 마이너스 휨모멘트를 구하고 각각 보
의 위치를 구하라.

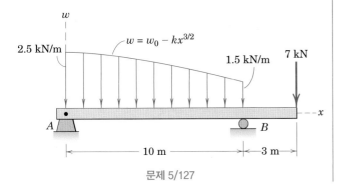

문제 5/127

5/128 우력과 분포하중을 받는 보에 대하여 내부 휨모멘트의 최
댓값과 그 위치를 결정하라. $x = 0$에서부터 분포하중은 미
터당 120 N/m로 증가한다.

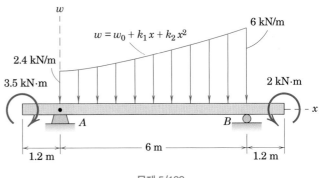

문제 5/128

5.8 유연한 케이블

구조물 부재 중 중요한 형태의 하나는 유연한 케이블(flexible cable)로서 현수교, 전선, 무거운 활차나 전화선을 지지하는 보조밧줄 및 여타 여러 곳에서 사용된다. 이러한 구조물을 설계하기 위해선 인장, 경간장, 처짐, 케이블의 길이를 구해야 한다. 이 값들을 구하기 위해서는 케이블의 평형방정식을 풀어야 한다. 해석 시 케이블의 휨저항력은 없다고 가정한다. 이 가정은 케이블의 힘은 항상 케이블 방향으로만 존재함을 의미한다.

유연한 케이블은 그림 5.26a와 같이 각각 별개의 집중하중을 지지할 수도 있고, 그림 5.26b처럼 가변강도 w가 케이블 총길이에 연속분포된 하중을 지지할 수도 있다. 어떤 경우에는 지지하는 하중에 비해 케이블 중량을 무시할 수 있으며, 또 다른 경우에는 케이블의 중량이 영향을 미치거나 오직 케이블의 중량이 하중으로 작용한 때는 무시할 수 없다. 이렇게 여러 상이한 조건들이 존재하지만 케이블의 평행조건은 같은 방법으로 정식화할 수 있다.

일반 관계식

그림 5.26b에서 케이블에 작용하는 가변, 연속하중의 강도를 단위 수평길이 x당 힘 w라 하면, 수직하중의 합력 R은

$$R = \int dR = \int w\, dx$$

가 된다. 원하는 구간에 대하여 적분하면, 모멘트 원리로부터 R의 위치는

$$R\bar{x} = \int x\, dR \qquad \bar{x} = \frac{\int x\, dR}{R}$$

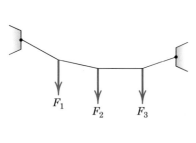

(a)

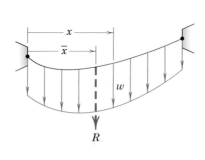

(b)

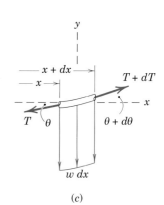

(c)

그림 5.26

요소하중 $dR=w\,dx$는 하중선도의 음영 면적에서 수직높이 w와 폭 dx인 요소띠로 표시되고, R은 총면적으로 표시된다. 앞에서 언급한 것에 의해 R은 음영 면적의 도심을 지난다.

케이블의 평행조건은 케이블 각 미소요소가 평행상태에 있음으로써 만족된다. 미소요소의 자유물체도가 그림 5.26c에 그려져 있다. 임의의 위치 x에서의 케이블 장력은 T이고, 수평인 x방향과 각도 θ를 이루고 있다. 단면 $x+dx$에서의 장력은 $T+dT$, 각도는 $\theta+d\theta$이다. 여기서 x가 양의 방향으로 변하는 T와 θ도 양의 값을 취함을 주목해야 한다. 그리고 수직하중 $w\,dx$를 고려하여 자유물체도가 완성된다. 수직 및 수평력이 평형이 되어야 하므로 다음 식을 구할 수 있다.

$$(T + dT) \sin (\theta + d\theta) = T \sin \theta + w\, dx$$
$$(T + dT) \cos (\theta + d\theta) = T \cos \theta$$

사인함수, 코사인함수의 합공식과 $d\theta$를 0으로 극한을 취하여 $\sin d\theta = d\theta$와 $\cos d\theta = 1$을 대입하면

$$(T + dT)(\sin \theta + \cos \theta\, d\theta) = T \sin \theta + w\, dx$$
$$(T + dT)(\cos \theta - \sin \theta\, d\theta) = T \cos \theta$$

2차항을 없애고 간단히 정리하면

$$T \cos \theta\, d\theta + dT \sin \theta = w\, dx$$
$$-T \sin \theta\, d\theta + dT \cos \theta = 0$$

이므로

$$d(T \sin \theta) = w\, dx \text{ 이고} \qquad d(T \cos \theta) = 0$$

으로 표기할 수 있다. 둘째 식에서는 T의 수평선분은 변하지 않음을 보여주는데, 이는 자유물체도에서 명확히 알 수 있다. 따라서 일정한 수평력을 기호 $T_0 = T \cos \theta$를 도입하여 첫 식에 대입하면 $d(T_0 \tan \theta) = w\, dx$를 얻는다. 한편 $\tan \theta = dy/dx$이므로 평형방정식은

$$\frac{d^2y}{dx^2} = \frac{w}{T_0} \tag{5.13}$$

로 쓸 수 있다.

식 (5.13)은 유연한 케이블에 대한 미분방정식이다. 방정식의 해는 식을 만족하

고 또한 케이블 고정단의 조건, 즉 **경계조건**을 만족하는 함수 $y=f(x)$이다. 이 관계로부터 케이블 형상을 정의할 수 있고 두 가지 중요하고도 특수한 케이블 하중에 대한 경우를 풀 수 있다.

포물형 케이블

이는 수직하중 강도 w가 일정할 때로서 차로의 균일한 중량을 상수 w로 풀이할 수 있는 현수교의 경우와 같은 경우이다. 케이블의 질량은 수평길이에 대해서 균일하게 분포하지 않지만, 상대적으로 작아서 그 무게는 무시한다. 이같은 극한의 경우에서 케이블이 **포물형 호**(parabolic arc)를 그린다는 것을 증명해보겠다.

우선 케이블은 두 지점 A와 B에 연결되어 있으나 그림 5.27a에서와 같이 동일 수평선상에 있지 않다. 좌표계의 원점으로 수평장력 T_0인 케이블에 가장 낮은 점을 택한다. 식 (5.13)을 x에 대해 적분하면

$$\frac{dy}{dx} = \frac{wx}{T_0} + C$$

여기서 C는 적분상수이다. 좌표원점 $x=0$에서 $dy/dx=0$이므로 $C=0$이 된다.

$$\frac{dy}{dx} = \frac{wx}{T_0}$$

이며, 곡선의 기울기가 x의 함수로 정의되어 있다. 한 번 더 적분하면

$$\int_0^y dy = \int_0^x \frac{wx}{T_0}\,dx \quad 즉 \qquad y = \frac{wx^2}{2T_0} \tag{5.14}$$

분명한 것은 두 번 부정적분을 한 후에 적분상수를 결정해도 같은 결과가 된다는 것이다. 식 (5.14)는 케이블의 형상을 나타내는 데 수직 포물선임을 알 수 있다.

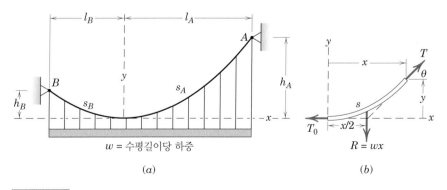

w = 수평길이당 하중

(a)

(b)

그림 5.27

케이블 장력의 수평성분은 일정한데 원점에서의 케이블의 장력과 같다.

그에 해당하는 값 $x=l_A$, $y=h_A$를 식 (5.14)에 대입하면

$$T_0 = \frac{wl_A{}^2}{2h_A} \text{이므로} \qquad y = h_A(x/l_A)^2$$

장력 T는 케이블 미소요소의 자유물체도 그림 5.27b에서 구할 수 있는데,

$$T = \sqrt{T_0{}^2 + w^2x^2}$$

이므로, T_0를 소거하면

$$T = w\sqrt{x^2 + (l_A{}^2/2h_A)^2} \tag{5.15}$$

최대장력은 $x=l_A$에서 생긴다.

$$T_{\max} = wl_A\sqrt{1 + (l_A/2h_A)^2} \tag{5.15a}$$

총 케이블의 길이 s_A는 미분 관계식 $ds = \sqrt{(dx)^2 + (dy)^2}$으로부터 구한다. 따라서

$$\int_0^{s_A} ds = \int_0^{l_A} \sqrt{1 + (dy/dx)^2}\, dx = \int_0^{l_A} \sqrt{1 + (wx/T_0)^2}\, dx$$

계산을 간편하게 하기 위해 이 식을 수렴급수로 바꾼 다음, 각 항을 적분한다. 변수 x의 이항전개(binomial expansion)

$$(1 + x)^n = 1 + nx + \frac{n(n-1)}{2!}x^2 + \frac{n(n-1)(n-2)}{3!}x^3 + \cdots$$

을 사용하면, 적분은 다음 식과 같다.

$$\begin{aligned} s_A &= \int_0^{l_A} \left(1 + \frac{w^2x^2}{2T_0{}^2} - \frac{w^4x^4}{8T_0{}^4} + \cdots\right) dx \\ &= l_A\left[1 + \frac{2}{3}\left(\frac{h_A}{l_A}\right)^2 - \frac{2}{5}\left(\frac{h_A}{l_A}\right)^4 + \cdots\right] \end{aligned} \tag{5.16}$$

이 급수는 대부분의 실제 경우에 적용되는 $h_A/l_A < \frac{1}{2}$의 값으로 수렴한다.

원점에서 B점까지 케이블의 단면에 적용하는 관계는 단순히 h_A, l_A, s_A를 h_B, l_B, s_B로 각각 치환하면 된다.

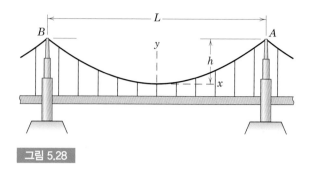

그림 5.28

그림 5.28과 같이 지지판이 같은 수평면상에 있는 현수교의 경우 총 교각거리는 $L = 2l_A$이고, $h = h_A$이며 케이블의 총길이는 $S = 2s_A$이다. 이와 같은 조건에서 최대 장력과 총길이는 다음과 같다.

$$T_{\max} = \frac{wL}{2}\sqrt{1 + (L/4h)^2} \tag{5.15b}$$

$$S = L\left[1 + \frac{8}{3}\left(\frac{h}{L}\right)^2 - \frac{32}{5}\left(\frac{h}{L}\right)^4 + \cdots\right] \tag{5.16a}$$

이 급수는 $h/L < \frac{1}{4}$의 값으로 수렴한다. 대부분의 경우 h는 $L/4$보다 약간 작으므로 식 (5.16a)의 셋째 항까지는 충분히 정확한 것임을 알 수 있다.

현수형 케이블(catenary cable)

그림 5.29a의 같은 수평면상의 두 점 사이에 걸쳐 있고 자신의 중량으로 늘어진 균일한 케이블을 생각해보자. 여기서 우리는 현수선(catenary)이라는 곡선 형태의 케이블만 다루기로 하겠다.

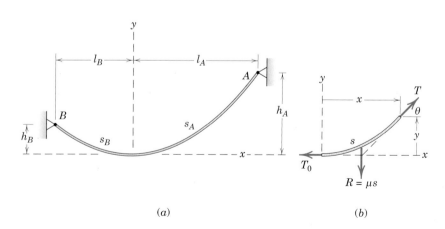

(a) (b)

그림 5.29

 길이 s의 케이블 일부에 대한 자유물체도는 그림 5.29b이다. 그림 5.27b의 자유물체도와 다른 점은 지지하는 수직력이 수평으로 균일하게 분포하는 대신 길이 s의 케이블 중량이라는 것이다. 케이블 단위길이당 중량이 μ라면, 하중의 합력 $R=\mu s$이고, 그림 5.26c의 수직하중 증분 $w\,dx$는 $\mu\,ds$가 된다. 따라서 케이블의 미분방정식 (5.13)에 $w=\mu\,ds/dx$를 대입할 수 있으므로

$$\frac{d^2y}{dx^2} = \frac{\mu}{T_0}\frac{ds}{dx} \tag{5.17}$$

를 얻는다. $s=f(x, y)$이므로 이 식을 두 변수만의 함수로 바꿀 필요가 있다.

 항등식 $(ds)^2=(dx)^2+(dy)^2$을 대입하면

$$\frac{d^2y}{dx^2} = \frac{\mu}{T_0}\sqrt{1 + \left(\frac{dy}{dx}\right)^2} \tag{5.18}$$

식 (5.18)은 가정한 케이블에 대한 곡선(catenary)의 미분방정식이다. 이 방정식의 해는 $p=dy/dx$를 대입하여 쉽게 구할 수 있다.

 그 결과는

$$\frac{dp}{\sqrt{1+p^2}} = \frac{\mu}{T_0}\,dx$$

이 식을 적분하면 다음 식과 같다.

$$\ln\left(p + \sqrt{1+p^2}\right) = \frac{\mu}{T_0}x + C$$

상수 C는 $x=0$일 때 $dy/dx=p=0$이므로 0이다. $p=dy/dx$를 대입하고 지수 형태로 바꾼 다음 정리하면

$$\frac{dy}{dx} = \frac{e^{\mu x/T_0} - e^{-\mu x/T_0}}{2} = \sinh\frac{\mu x}{T_0}$$

가 되며, 쌍곡선함수(hyperbolic function)[*]는 편의상 도입하였다. 기울기식을 적분하면

$$y = \frac{T_0}{\mu}\cosh\frac{\mu x}{T_0} + K$$

적분상수 K는 $y=0$일 때 $x=0$의 경계조건으로부터 계산된다. 경계조건을 대입하

---

[*] 쌍곡선함수의 정의와 적분에 관해서는 부록 C의 C.8절과 C.10절을 참조하라.

면 $K = -T_0/\mu$가 되므로 다음과 같다.

$$y = \frac{T_0}{\mu}\left(\cosh\frac{\mu x}{T_0} - 1\right) \tag{5.19}$$

식 (5.19)는 케이블 자신의 중량으로 늘어진 곡선의 방정식이다.

그림 5.29b의 자유물체도로부터 $dy/dx = \tan\theta = \mu s/T_0$임을 알 수 있다. 따라서 앞의 기울기 식으로부터 s는 다음과 같다.

$$s = \frac{T_0}{\mu}\sinh\frac{\mu x}{T_0} \tag{5.20}$$

그림 5.29b의 힘의 평형삼각형으로부터 케이블 장력 T를 구하면

$$T^2 = \mu^2 s^2 + T_0{}^2$$

이 되고, 식 (5.20)과 결합하면

$$T^2 = T_0{}^2\left(1 + \sinh^2\frac{\mu x}{T_0}\right) = T_0{}^2\cosh^2\frac{\mu x}{T_0}$$

즉

$$T = T_0\cosh\frac{\mu x}{T_0} \tag{5.21}$$

또 식 (5.19)를 이용하여 y의 항으로 장력을 나타낼 수 있는데, 이를 식 (5.21)에 대입하면

$$T = T_0 + \mu y \tag{5.22}$$

식 (5.22)로부터 가장 낮은 위치에서부터 케이블 장력의 증가는 μy에만 관련됨을 알 수 있다.

현수선을 다루는 대부분의 구조는 식 (5.19)에서 (5.22)까지의 해와 관련이 있으며, 도식적으로 근사해를 구하거나 컴퓨터로 해를 구할 수도 있다. 도식적으로 구하는 방법은 예제 5.17에 나와 있다.

처짐-스팬의 비가 작은 현수선 문제의 해는 포물형 케이블에서 구한 것과 거의 근사하다. 처짐-스팬의 비가 작다는 것은 팽팽한 케이블을 의미하며, 무게가 케이블에 균일하게 분포된 것과 별로 다르지 않다.

현수 및 포물형 케이블을 다룬 문제들 중에서 지지점 높이가 같지 않은 것이 많이 있다. 이런 경우에는 케이블의 최하점에서 양쪽으로 각각의 부분에 대하여 관계식을 적용할 수 있다.

케이블의 분포하중 이외에도, 트램웨이 카는 현수케이블에 집중하중으로 쓰인다.

예제 5.16

측량기사의 스틸줄자 중량이 280 g이며 길이는 30 m이다. 줄자를 수평으로 평행하게 두 지점을 연결하였는데 양쪽에 45 N의 인장력이 발생하였다. 이때 중앙에서의 처짐 h를 구하라.

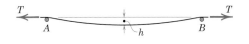

|도움말|

① 확실한 이해를 돕기 위해 여분의 추가적 그림을 나타내었다.

|풀이| 단위길이당 중량은 $\mu = 0.28(9.81)/30 = 0.0916$ N/m, 총길이는 $2s = 30$, 즉 $s = 15$ m이다.

$$[T^2 = \mu^2 s^2 + T_0^2]$$

$$45^2 = (0.0916)^2 (15)^2 + T_0^2$$

$$T_0 = 44.98 \text{ N} \quad ①$$

$$[T = T_0 + \mu y]$$

$$45 = 44.98 + 0.0916h$$

$$h = 0.229 \text{ m } \text{ 또는 } 229 \text{ mm}$$ 🔖

예제 5.17

경량의 케이블에 수평길이로 미터당 12 kg의 질량을 지지하고 있으며 300 m 떨어진 같은 높이의 두 지점 사이에 걸쳐 있다. 처짐이 60 m라면 가운데 부분의 장력, 최대 장력 그리고 케이블의 총길이는 얼마인가?

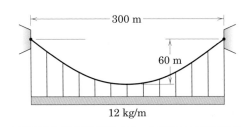

300 m

60 m

12 kg/m

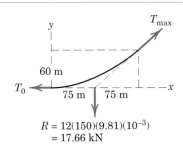

$$R = 12(150)(9.81)(10^{-3})$$
$$= 17.66 \text{ kN}$$

|도움말|

① 제안 : 우측 케이블의 자유물체도로부터 $T_{\max}$의 값을 직접적으로 검토하라.

|풀이| 하중이 수평으로 균일하게 분포하므로 5.8절 포물형 케이블의 풀이를 적용하고 포물선 형상의 케이블을 취한다. $h = 60$ m, $L = 300$ m 그리고 $w = 12(9.81)(10^{-3})$ kN/m에 대하여 식 (5.14)로부터 중간 부분의 장력은 다음과 같다.

$$\left[T_0 = \frac{wL^2}{8h} \right] \qquad T_0 = \frac{0.1177(300)^2}{8(60)} = 22.1 \text{ kN}$$ 🔖

최대장력은 지지점에서 생기며 식 (5.15b)로부터 구한다.

$$\left[T_{\max} = \frac{wL}{2} \sqrt{1 + \left(\frac{L}{4h}\right)^2} \right]$$

$$T_{\max} = \frac{12(9.81)(10^{-3})(300)}{2} \sqrt{1 + \left(\frac{300}{4(60)}\right)^2} = 28.3 \text{ kN} \quad ①$$ 🔖

처짐 대 스팬 비는 $60/300 = 1/5 < 1/4$이다. 그러므로 식 (5.16a)의 급수식은 수렴하고 총길이는 다음과 같다.

$$S = 300 \left[1 + \frac{8}{3}\left(\frac{1}{5}\right)^2 - \frac{32}{5}\left(\frac{1}{5}\right)^4 + \cdots \right]$$

$$= 300[1 + 0.1067 - 0.01024 + \cdots]$$

$$= 329 \text{ m}$$ 🔖

예제 5.18

수평으로 균일한 하중을 받는 예제 5.17의 케이블 대신 길이미터당 12 kg의 질량을 갖고 자중으로만 지지되는 케이블로 대체하고자 한다. 케이블이 같은 높이로 300 m 떨어진 두 지점 사이에 걸쳐 있고 처짐이 60 m이다. 가운데의 장력, 최대장력 및 케이블의 총길이를 구하라.

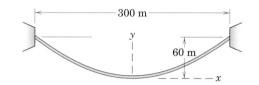

|풀이| 케이블 길이에 따라서 하중이 균일하게 분포하므로 5.8절 현수형 케이블의 풀이를 적용하고 현수선 형상의 케이블을 취한다. 케이블의 길이와 장력에 관한 식 (5.20)과 (5.21)은 둘 다 식 (5.19)로부터 구해야 되는 최소장력 T_0를 포함하고 있다. 따라서 $x=150$ m, $y=60$ m 및 $\mu=12(9.81)(10^{-3})=0.1177$ kN/m에 대하여

$$60 = \frac{T_0}{0.1177}\left[\cosh\frac{(0.1177)(150)}{T_0} - 1\right]$$

또는

$$\frac{7.06}{T_0} = \cosh\frac{17.66}{T_0} - 1$$

이 식은 그래프로 쉽게 풀 수 있다. 등식의 양변에 대해 계산하고 이를 T_0의 함수로 그린다. 두 곡선의 교차점으로 T_0의 정확한 값을 구한다. 이 문제에 대한 그래프로부터 해를 구하면 다음과 같다.

$$T_0 = 23.2 \text{ kN}$$

한편 방정식은

$$f(T_0) = \cosh\frac{17.66}{T_0} - \frac{7.06}{T_0} - 1 = 0$$

으로 되고, $f(T_0)=0$인 T_0의 값을 계산할 수 있는 컴퓨터 프로그램을 이용한다. 응용수치해법의 설명은 부록 C의 C.11절을 참조하라.

최대장력은 y항에서 최대를 구할 수 있으며 식 (5.22)로부터

$$T_{\max} = 23.2 + (0.1177)(60) = 30.2 \text{ kN} \qquad \blacksquare$$

이 된다.

식 (5.20)으로부터 케이블의 총길이는 다음 식과 같다.

$$2s = 2\frac{23.2}{0.1177}\sinh\frac{(0.1177)(150)}{23.2} = 330 \text{ m} \quad \text{①} \qquad \blacksquare$$

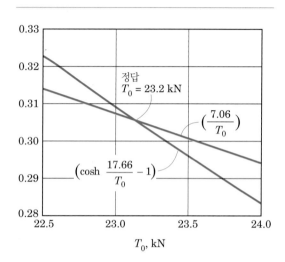

|도움말|

① 포물형 케이블에 대한 예제 5.17의 풀이는 다소 큰 힘을 가짐에도 불구하고 정답에 매우 근접함을 알 수 있는데 처짐 대 스팬 비가 더 작을수록 좋다.

연습문제

[아스트리크(*) 문제는 다소 난이도가 있는 문제이니 컴퓨터 또는 그래픽 방법을 활용해도 좋다.]

기초문제

5/129 석공은 같은 높이에서 15 m 떨어진 두 지점 사이에 끈을 45 N의 장력으로 늘린다. 끈의 질량이 50 g인 경우, 끈의 중간의 처짐 h를 결정하라.

5/130 포스트 A와 B 지점을 연결하는 부유식 케이블에 미터당 60 N의 등분포하중이 작용하고 있다. 케이블의 최대 및 최소 인장력과 위치를 구하라.

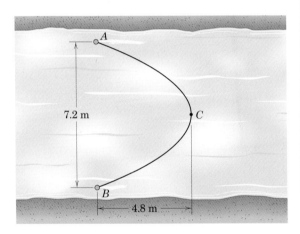

문제 5/130

5/131 질량 0.12 kg/m 광고 에드벌룬을 포스트에 묶어 놓았다. 바람에 의해 케이블의 인장력이 지점 A에 110 N, B점에 230 N이 걸려 있다. 에드벌룬의 높이 h를 구하라.

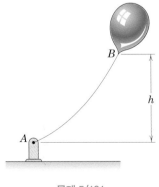

문제 5/131

5/132 350 mm 지름의 수도파이프가 아래 그림과 같이 계곡을 지나고 있다. 물과 파이프의 무게는 1 m당 1400 kg이다. 각각 지점의 케이블에 가해지는 압축력 C를 구하라. 케이블과 수평선과의 사이각은 양 지점에서 같다.

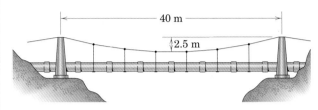

문제 5/132

5/133 일본의 아카시-카이쿄 교량은 중간지간이 1991 m이고, 처짐비가 1/10, 하중이 단위미터당 160 kN이다. 그림에서의 주케이블의 자중은 포함되어 있으며, 하중은 수직적으로도 균등하게 분포되어 있다고 본다. 주케이블의 중간스팬의 인장력 T_0를 구하라. 각 주탑에서 케이블과 수평선과의 사이각이 같다고 하면, 각 주탑의 꼭대기에서의 케이블에 의한 압축력 C를 구하라.

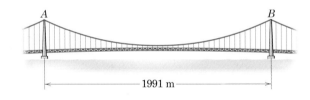

문제 5/133

5/134 교량상판의 재포장으로 인해 현수교 케이블 A지점의 스트레인 게이지 값이 2.14 MN 커졌다. 도로상의 추가 포장 총중량 m'을 구하라.

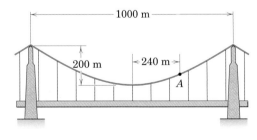

문제 5/134

*5/135 헬리콥터는 현수교 건설을 돕기 위해 2개의 다리 지지대 사이에 파일럿 선을 끈으로 묶는 데 사용된다. 헬리콥터가 표시된 위치에서 안정적으로 움직인다면 A와 B에서 케이블의 장력을 구하라. 케이블의 길이는 미터당 1.1 kg이다.

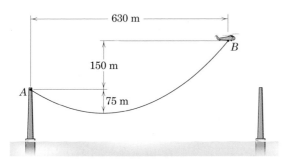

문제 5/135

5/136 미터당 25 뉴턴의 케이블은 A 지점에서 B의 작은 도르래 위를 통과한다. 9 m의 처짐을 발생시키는 실린더의 질량 m을 계산하라. 또한 A에서 C까지의 수평 거리도 결정하라. 처짐 대 스팬 비율이 작기 때문에 포물선 케이블의 가정을 사용한다.

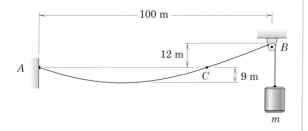

문제 5/136

*5/137 문제 5/136을 다시 풀이하되, 포물선 케이블의 근사조건을 사용하지 말고 풀이하라. 풀이 결과를 5/136의 결과와 비교해보라.

심화문제

5/138 케이블에서 5 kN의 최대 장력을 발생시키는 9 m 강철 빔의 단위길이당 질량 ρ를 결정하라. 또한 케이블의 최소 장력과 케이블의 전체 길이를 구하라.

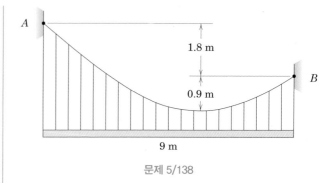

문제 5/138

*5/139 나무로 된 현수교는 그림과 같이 두 절벽 사이의 30 m 간격에 걸쳐 있다. 지지 로프와 목재 판재의 길이가 미터당 16 kg인 경우 교량의 양쪽 끝에서 작용하는 장력을 결정하라. 또한 A와 B 사이의 케이블 길이를 결정하라.

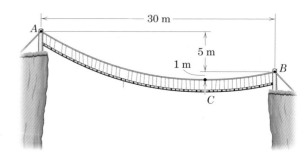

문제 5/139

*5/140 붙박이 전등이 건물현관에 그림과 같이 매달려 있다. 4개의 체인 중 2개의 체인이 바람에 의한 과도한 흔들림을 방지하기 위해서 있다. 만약 체인의 무게가 단위미터당 200 N이라면, 체인 BC의 인장력 C, 길이 L을 구하라.

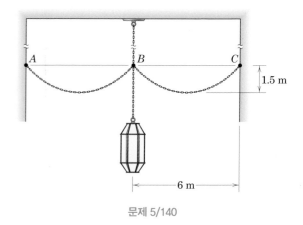

문제 5/140

*5/141 그림에서와 같이, 공기 역학적 힘은 스트링 자체의 무게에 의해 발생된 양을 초과하는 B에서의 스트링 부착에 추가적인 장력이 필요 없이 평형상태에서 600 g 연을 유지한다. 연 날갯짓의 길이가 120 m이고 그 줄이 A에서 수평인 경우, 연에 대한 높이 h와 연에 작용하는 수직 상승력 및 수평 항력을 결정하라. 연줄의 길이는 미터당 5 g이다. 연줄에 공기 역학적인 항력을 무시하라.

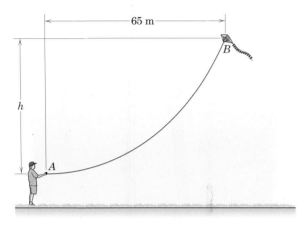

문제 5/141

*5/142 글라이더 A는 비행기 B에 의하여 수평으로 120 m, 수직으로 30 m 아래에 끌려가고 있다. 글라이더의 케이블의 접선은 수평이다. 케이블의 질량은 단위미터당 0.75 kg이다. 글라이더의 케이블의 수평인장력 T_0를 구하라. 공기의 저항은 무시하고, 포물선 케이블로 가정하여 풀이한 것과 비교해보라.

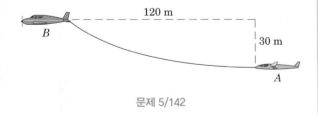

문제 5/142

5/143 30 m 수심에 앵커가 있으며 3.6 kN의 추진력을 가진 소형 배가 있다. 앵커에서부터 소형배까지 120 m의 앵커체인이 풀렸다. 체인의 중량이 2.4 kg/m이고 부력으로 인한 위로 상승하는 힘이 3.04 N/m이다. 해저바닥에 닿은 체인의 길이 l을 구하라.

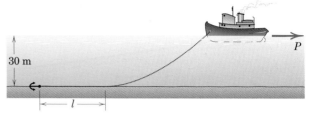

문제 5/143

*5/144 질량 m_1과 m_2의 작용하에서, 단위길이당 중량 μ의 18 m 케이블은 아래의 그림과 같다. m_2=25 kg인 경우 μ, m_1의 값을 결정하라. 매달린 질량과 도르래 사이의 거리는 케이블의 전체 길이와 비교하여 충분히 작다고 가정하라.

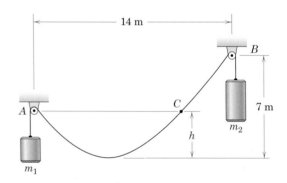

문제 5/144

*5/145 A에서 B까지의 체인의 길이 L과 지점 A의 인장력을 구하라. 체인의 기울기는 A지점에서 가이드를 통과할 수 있는 수평이다. 체인의 중량은 단위미터당 140 N이다.

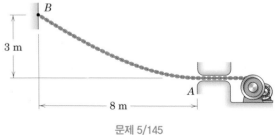

문제 5/145

*5/146 40 m의 로프가 10 m의 간격으로 그림과 같이 매달려 있다. 로프의 최하점까지의 높이 h를 계산하라.

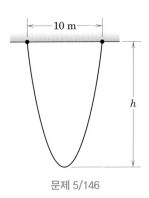

문제 5/146

5/147 소형비행선이 길이 100 m, 지름 12 mm의 케이블에 계류되어 있다. 케이블은 질량이 0.51 kg/m이다. 드럼은 케이블을 감기 위하여 400 N·m의 비틀림모멘트가 필요하다. 이러한 조건에서 그림에서와 같이 케이블과 수직선과의 사이각은 30°이다. 소형비행선의 높이 H를 구하라. 드럼의 지름은 0.5 m이다.

문제 5/147

*5/148 작은 원격 제어 수중 로봇 차량과 그 밧줄은 그림과 같다. 중립 부력 차량은 수평 및 수직 제어를 위한 독립적인 스러스터를 가지고 있다. 약간 부력을 갖도록 설계된 케이블은 지점에 작용하는 길이 1 m당 0.025 N의 순상향력을 가지고 있다. 지점 A와 B 사이에는 60.5 m의 케이블이 있다. 차량이 발휘해야 하는 수평 및 수직 힘을 결정하라. B에서 케이블에 표시된 구성을 유지하는 데 필요한 거리 h를 찾아라. 포인트 A와 B 사이의 케이블이 모두 물 아래에 있다고 가정하라.

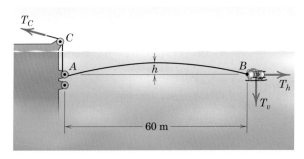

문제 5/148

*5/149 스키리프트의 무빙 케이블의 질량은 10 kg/m이고, 의자들이 등간격으로 배치되어 있으며 승객들의 무게는 인장 20 kg/m로 계산한다. 지점 A에서 케이블은 안내 가이드 장치를 통해 수직으로 움직이고 있다. A와 B 지점의 케이블의 인장력을 구하고, A와 B 지점 사이의 길이를 구하라.

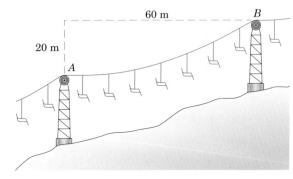

문제 5/149

*5/150 수많은 조그만 부유체들이 케이블에 붙어 있고 부력과 중량의 차이는 30 N의 상향력(upward force)이다. 아래 그림과 같은 형상으로 작용될 때 힘 T를 구하라.

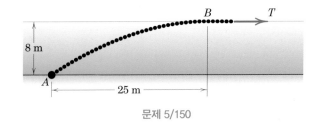

문제 5/150

*5/151 케이블이 그림과 같이 지점 A와 B 사이에 9 m의 높이차가 있다. 최소 인장력 T_0와 지점 A의 인장력 T_A, 지점 B의 인장력 T_B를 h의 함수로 그려라. h는 그림과 같이 $1 \leq h \leq 10$ m 구간에 지점 A와 최단 처짐차로 정의된다. $h = 2$ m일 때 세 인장력을 구하라. 단위길이당 질량은 3 kg/m이다.

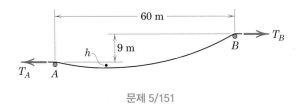

문제 5/151

*5/152 나무 치료 의사는 부분적으로 톱니 모양의 나무줄기를 잡아당기려 한다. 자중이 미터당 0.6 kg인 로프에 장력 $T_A =$ 200 N을 걸었다. 그가 끌어당기는 각도 θ_A, 점 A와 B 사이의 로프의 길이 L과 점 B에서의 인장 T_B를 결정하라.

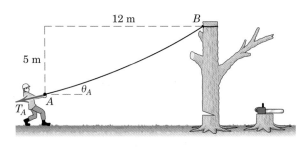

문제 5/152

*5/153 50 kg의 교통신호기는 1 m당 1.2 kg의 질량을 가진 길이 21 m 케이블 2개로 매달려 있다. 신호기가 추가되기 전과 비교하여 연결고리 A의 수직 처짐을 결정하라.

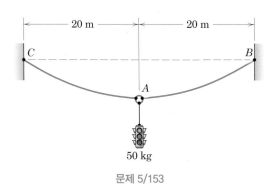

문제 5/153

*5/154 두 타워 사이에 전선 케이블이 200 m 연결되어 있다. 케이블의 질량은 단위미터당 18.2 kg이고, 중간처짐은 32 m이다. 만약 케이블이 최대 인장력을 60 kN을 받을 수 있다면, 단위미터당 얼음의 질량 ρ을 결정하라.

5.9 유체정역학

지금까지는 강체나 또는 강체 간의 힘의 작용에 대해서 다루었다. 이 절에서는 유체압력을 받는 물체의 평형을 고찰해보겠다. 유체는 연속체이고 정지상태에서는 전단력을 지탱하지 못한다. 전단력은 작용면의 접선방향으로 작용하며 유체의 인근 층과 속도 차이를 발생시킨다. 따라서 정지유체는 경계면에서 법선력만 작용한다. 유체는 기체 또는 액체로 존재한다. 일반적으로 액체의 경우 **유체정역학**(hydrostatics)이라 하고 기체의 경우는 **공기정역학**(aerostatics)이라고 한다.

유체압력

유체 속의 임의의 한 점에 작용하는 압력은 모든 방향에 대해 똑같다(파스칼의 법칙). 이 사실을 증명하기 위하여 그림 5.30의 미소삼각주를 생각해보자. 요소 각 면에 수직한 유압을 p_1, p_2, p_3, p_4로 정한다. 힘의 압력과 면적의 곱이므로 x 및 y 방향의 힘평형에 의해 다음 식과 같다.

$$p_1 \, dy \, dz = p_3 \, ds \, dz \sin \theta \qquad p_2 \, dx \, dz = p_3 \, ds \, dz \cos \theta$$

$ds \sin \theta = dy$이고, $ds \cos \theta = dx$이므로 위의 식을 만족하려면

$$p_1 = p_2 = p_3 = p$$

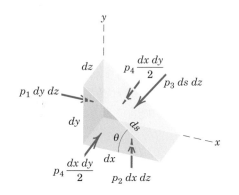

그림 5.30

가 된다. 요소를 90° 회전시켜 보면 p_4도 다른 압력과 같음을 알 수 있다. 유체 내의 어느 한 점의 압력은 모든 방향에서 같다. 위 해석에서 요소의 중량은 고려할 필요가 없는데, 이는 단위체적당 중량(밀도 ρ와 g의 곱)과 요소체적의 곱인 3차미분량은 2차인 압력에 의한 힘에 비해 극한을 취하면 없어지기 때문이다.

정지한 모든 유체의 압력은 수직길이의 함수이다. 이 함수를 결정하기 위하여 그림 5.31과 같은 단면적 dA인 유체의 수직기둥의 미분요소에 작용하는 힘을 생각해보자. 수직척도 h의 양(+)의 방향은 아래쪽이다. 윗면에 작용하는 압력은 p이고 밑면에는 p에다 p의 변화량을 더한 $p+dp$이다. 요소의 중량은 ρg와 체적을 곱한 값이다. 측면의 법선력은 수평방향으로서 수직방향의 힘균형에 대해 영향을 미치지 않으므로 그림에 표시하지 않았다. h방향의 유체요소의 평형으로부터,

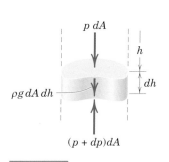

그림 5.31

$$p \, dA + \rho g \, dA \, dh - (p + dp) \, dA = 0$$
$$dp = \rho g \, dh \qquad\qquad (5.23)$$

이 미분관계식으로 유체의 압력은 깊이 들어가면 증가하고 올라오면 감소한다는 것을 보여주고 있다. 식 (5.23)은 액체와 기체에 대해 성립하고 공기와 물의 압력

에 대한 평상시의 관찰과 잘 일치한다.

본질상 비압축성 유체를 액체라 하므로 실제로 액체의 모든 부분에 대한 밀도 ρ 를 상수로 보아도 좋다.[*] ρ를 상수로 보고 식 (5.23)을 그대로 적분하면 다음 식과 같다.

$$p = p_0 + \rho g h \qquad (5.24)$$

압력 p_0는 $h=0$인 액체 표면에서의 압력이다. p_0가 대기압이고 계기가 대기압 이상의 값만을 기록하게 되어 있으면[**] 이 계기 측정치를 **계기압력**(gage pressure)이라 하고 $p=\rho g h$가 된다.

SI의 압력 상용단위는 kilopascal(kPa)이며 평방미터당 kilonewton(10^3 N/m^2)과 같다. 압력계산에서 ρ는 Mg/m^3, g는 m/s^2, h는 m를 사용하면 곱셈 $\rho g h$로부터 직접 kPa 단위의 압력을 구할 수 있다. 예로 담수 10 m 깊이의 압력은 다음과 같다.

$$p = \rho g h = \left(1.0\,\frac{\text{Mg}}{\text{m}^3}\right)\left(9.81\,\frac{\text{m}}{\text{s}^2}\right)(10\text{ m}) = 98.1\left(10^3\,\frac{\text{kg}\cdot\text{m}}{\text{s}^2}\,\frac{1}{\text{m}^2}\right)$$
$$= 98.1\text{ kN/m}^2 = 98.1\text{ kPa}$$

미국통상단위계에서 담수의 압력은 일반적으로 파운드/제곱인치(lb/in.^{2}) 또는 종종 파운드/제곱풋(lb/ft^2)으로 표시한다. 깊이 10 ft의 압력은 다음과 같다.

$$p = \rho g h = \left(62.4\,\frac{\text{lb}}{\text{ft}^3}\right)\left(\frac{1}{1728}\,\frac{\text{ft}^3}{\text{in.}^3}\right)(120\text{ in.}) = 4.33\text{ lb/in.}^2$$

액체에 잠긴 직사각 표면에 작용하는 정수압

액체에 잠긴 표면, 즉 댐의 수문이나 탱크의 벽은 총표면적에 걸쳐 수직한 유체압을 받는다. 유체힘에 관한 문제에서는 표면이 받는 분포압력의 합력과 합력이 작용하는 위치를 결정해야 한다. 지구의 대기에 노출된 시스템은 총표면에 대기압 p_0가 작용하므로 합력은 0이 된다. 이와 같은 경우는 대기압 이상의 증분치 계기압력 $p=\rho g h$만을 고려할 필요가 있다.

특수하지만 평이한 경우인 액체에 잠긴 직사각 표면에 작용하는 정수압을 고찰해보자. 그림 5.32a에 평판 1-2-3-4가 그려 있는데, 윗모서리는 수평이고 판의 평면은 수직면과 임의 각도 θ를 이루고 있다. 액체의 수평면은 x-y' 평면으로 표

---

[*] 밀도에 대한 물성값은 부록 D의 표 D.1을 참조하라.
[**] 해면상의 대기압은 101.3 kPa, 즉 14.7 lb/in.^{2}이다.

시되어 있다. 평판의 점 2에 법선방향으로 작용하는 액체의 (계기)압력은 화살표 6-2로 표시되어 있고, 액체표면에서 점 2까지의 수직 깊이에 ρg를 곱한 것과 같다. 이것과 같은 압력이 모서리 2-3상의 모든 점에 작용한다. 밑모서리의 점 1에서의 유압은 점 1의 수직 깊이에 ρg를 곱한 것과 같고, 이 압력이 모서리 1-4에 위치한 모든 점에 작용한다. 평판 전 면적에 작용하는 압력 p의 변화는 깊이와 선형 관계가 있으므로, 그것은 그림 5.32b에서와 같이 화살표 p로 표시하고, 그 값은 6-2로부터 5-1까지 선형적으로 됨을 알 수 있다. 압력분포로 생긴 합력은 R로 표시되어 있고 **압력중심**(center of pressure) 점 P에 작용한다.

그림 5.32a에서 수직단면 1-2-6-5에 분포한 상태는 단면 4-3-7-8과 그 밖의 모든 판의 법선방향의 수직단면의 것과도 같음을 분명히 알 수 있다. 그래서 그림 5.32b의 단면 1-2-6-5와 같이 수직단면의 2차원 관점에서 문제를 해석할 수 있다. 이 단면에 대해서 보면 압력분포는 사다리꼴이다. b를 판의 수평넓이라 하면 압력 $p=\rho g h$가 작용하는 평판 면적요소는 $dA=b\,dy$이고 합력의 증분은 $dR=$

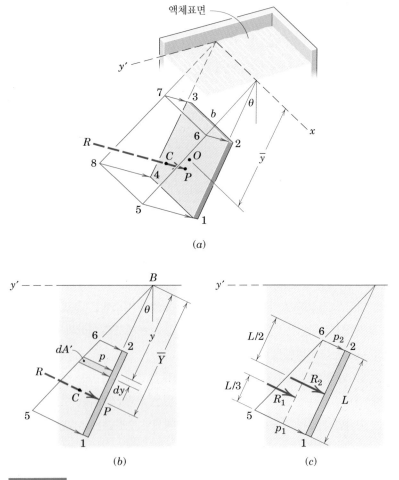

(a)

(b)　　　　　　　　(c)

그림 5.32

$p\,dA = bp\,dy$이다. 그러나 $p\,dy$는 음영된 미소면적 dA'이므로 $dR = b\,dA'$이다. 그래서 전체 평판에 가해지는 합력은 다음 식과 같이 사다리꼴 면적 1-2-6-5와 평판의 폭 b의 곱으로 나타낼 수 있다.

$$R = b \int dA' = bA'$$

실제 평판의 면적 A와 압력을 사다리꼴 분포로 정의한 기하학적인 면적 A'을 혼동하지 않도록 주의하라.

압력분포를 표시한 사다리꼴의 면적은 평균높이를 이용하여 쉽게 구할 수 있다. 따라서 합력 R은 평균압력 $p_{av} = \frac{1}{2}(p_1 + p_2)$와 평판면적 A의 곱으로 표시할 수 있다. 또 평균압력은 평판의 도심 O까지의 평균깊이에 작용하는 압력이다. 따라서 R의 또 다른 표현은,

$$R = p_{av}A = \rho g \overline{h} A$$

이고, $\overline{h} = \overline{y}\cos\theta$이다.

합력 R의 작용선은 모멘트 원리로부터 구한다. x축(그림 5.32b의 B점)을 모멘트 축으로 잡으면 $R\overline{Y} = \int y(pb\,dy)$이다. $p\,dy = dA'$과 $R = bA'$을 대입하고 b를 소거하면

$$\overline{Y} = \frac{\int y\,dA'}{\int dA'}$$

으로서 단순히 사다리꼴 면적 A'과 도심좌표를 표시한다. 따라서 2차원 관점에서 보면, 합력 R은 수직단면의 압력분포로 정의한 사다리꼴의 면적도심 C를 지난다. $\overline{Y}$도 합력이 실제로 지나는 그림 5.32a의 각뿔대 1-2-3-4-5-6-7-8의 도심 C에 위치한다.

사다리꼴 압력분포를 다루는 데는 합력을 두 성분의 조합으로 가정함으로써 계산을 간편히 할 수 있다(그림 5.32c). 사다리꼴을 직사각형과 삼각형으로 나누고 각 부분의 힘을 따로 생각한다. 직사각형으로 표시한 힘은 평판의 중심 O에 작용하고 $R_2 = p_2 A$인데, 여기서 A는 평판의 면적 1-2-3-4이다. 압력분포를 삼각형의 증분으로 표시한 힘 R_1은 $\frac{1}{2}(p_1 - p_2)A$이며 보인 바와 같이 삼각형의 도심을 지난다.

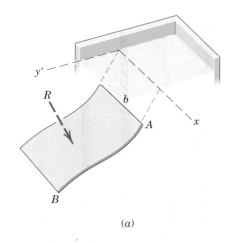

(a)

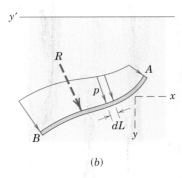

(b)

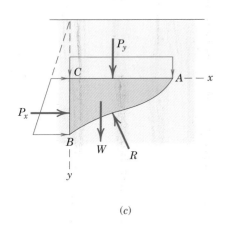

(c)

그림 5.33

원통면 위의 정수압

액체에 잠긴 곡면에서의 압력분포에 의한 합력은 평면에서보다 계산이 더 복잡하다. 예로 그림 5.33a와 같이 곡면의 요소가 액체수평면 x–y'에 평행하게 잠겨 있는 원통면을 고찰해보자. 면의 수직단면은 곡선 AB와 같고, 압력분포도 동일하게 곡선 AB에 작용하고 있다. 따라서 그림 5.33b의 2차원으로 표현할 수 있다. 직접 적분으로 R을 구하려면 압력 방향이 연속적으로 바뀌므로 곡선 AB를 따라서 dR의 x와 y성분을 적분하는 것이 필요하다. 따라서

$$R_x = b \int (p \, dL)_x = b \int p \, dy \text{이고} \qquad R_y = b \int (p \, dL)_y = b \int p \, dx$$

이다. 그리고 R의 위치를 정하려면 모멘트식이 필요하다.

　R을 구하는 두 번째 방법은 더 간단하다. 그림 5.33c와 같은 표면 바로 위의 액체블록 ABC의 평형을 생각해보자. 합력 R은 액체블록에 가하는 표면의 반작용과 크기가 같고 방향이 반대로 나타난다. AC와 CB에 작용하는 압력은 각각 P_y와 P_x이며 쉽게 구할 수 있다. 액체블록의 무게 W는 단면적 ABC와 길이 b 및 ρg의 곱으로 계산된다. 중량 W는 면적 ABC의 도심을 지난다. 평형력 R은 유체블록의 자유물체도에 평형방정식을 적용하여 구하게 된다.

임의 형상의 평판 위의 정수압

그림 5.34a는 액체에 잠겨 있는 임의 형상의 평판을 그린 것이다. 액체 수평면은 x–y'면으로 평판이 수직과 이루는 각은 θ이다. 액체면과 평행한 미소면적 띠 dA에 작용하는 힘은 $dR = p \, dA = \rho g h \, dA$이다. 띠의 총길이에 같은 크기의 압력 p가 작용하는데, 이는 띠가 수평으로 있어 깊이변화가 없기 때문이다. 적분으로 노출된 면적 A에 작용하는 전체 힘을 구하면 다음 식과 같다.

$$R = \int dR = \int p \, dA = \rho g \int h \, dA$$

도심에 대한 식 $\bar{h}A = \int h \, dA$를 대입하면

$$R = \rho g \bar{h} A \qquad (5.25)$$

$\rho g \bar{h}$는 면적도심 깊이에 작용하는 압력이며 또한 전체 면적에 대한 평균압력이다.

　또한 합력 R을 기하학적으로 그림 5.34b에서 그린 것과 같은 체적 V'으로 표시할 수 있다. 여기서 유압 p는 평판에 수직으로 작용하는 것으로 표현된다. 미소면적 $dA = x \, dy$에 작용하는 힘 dR은 음영조각으로 표시한 요소부피 $p \, dA$이며 전체

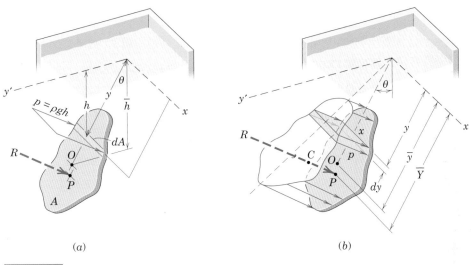

그림 5.34

힘은 실린더의 전체적으로 표시된다. 따라서 식 (5.25)로부터 잘린 실린더의 평균 높이가 압력을 받는 면적도심에 해당하는 깊이에 작용하는 평균압력 $\rho g \bar{h}$임을 알 수 있다.

도심 O나 체적 V'을 즉시 구할 수 없는 문제에 대해서는 직접 적분하여 R을 구한다. 따라서

$$R = \int dR = \int p \, dA = \int \rho g h x \, dy$$

이며, 미분면적의 수평띠의 깊이 h와 길이 x는 적분을 하기 위해 y의 항으로 표시되어야 한다.

유압 해석에 있어 두 번째로 필요한 것은 압력들의 모멘트를 생각하여 합력의 위치를 결정하는 것이다. 그림 5.34b의 x축을 모멘트 축으로 하여 모멘트 원리를 이용하면 다음 식과 같다.

$$R\bar{Y} = \int y \, dR \qquad 즉 \qquad \bar{Y} = \frac{\displaystyle\int y(px \, dy)}{\displaystyle\int px \, dy} \qquad (5.26)$$

위의 두 번째 식은 체적 V'의 도심좌표 $\bar{Y}$의 정의를 만족하며, 따라서 합력 R은 평판면적을 밑면으로 하고 직선적으로 변하는 압력을 높이로 한 체적의 도심을 지난다고 결론지을 수 있다. R이 작용하는 평판의 점 P는 압력의 중심이다. 압력중심 P와 평판면적의 도심 O와는 같지 않음을 유의하기 바란다.

디아블로댐은 워싱턴주 시애틀에 전력을 공급한다.

보트의 높은 성능을 위해선 돛의 공기압 분포와
선체의 수압 분포가 중요하다.

부력

평형상태하의 임의의 유체, 즉 기체나 액체에 대한—아르키메데스가 발견한—
부력의 원리는 다음과 같은 방식으로 쉽게 설명할 수 있다. 그림 5.35a와 같이 점
선으로 표시된 가상 폐곡면으로 둘러싸인 유체의 일부분을 생각해보자. 둘러싸인
공간의 유체를 뽑아냄과 동시에 빈 공간 경계에 힘이 작용하는 것으로 대치할 수
있다면(그림 5.35b) 주위 유체의 평형에는 아무런 영향이 없을 것이다. 더 나아가
서 제거하기 전의 유체부분의 자유물체도 그림 5.35c에서는 표면에 분포한 압력
의 합력은 그 유체부분의 중량 mg와 같고 반대 방향이며, 유체요소의 질량중심을
지나야 함을 보여준다. 유체요소 대신 같은 치수의 물체로 대치시킨다면, 이 위치
에 들어온 물체에 작용하는 표면력은 유체요소에 작용했던 것과 일치할 것이다.
따라서 유체에 잠긴 대상물체(object)의 표면에 미치는 합력은 밀어낸 유체의 중량
과 크기가 같고 반대 방향이며, 밀어낸 유체의 질량중심을 지난다. 이 합력을 **부력**
(buoyancy)이라 하며,

$$F = \rho g V \tag{5.27}$$

ρ는 유체의 밀도이며, g는 중력가속도, V는 밀어낸 유체의 체적이다. 밀도가 일정
한 유체의 경우에는 밀어낸 유체의 질량중심은 밀어낸 체적의 도심과 일치한다.

앞의 논의로부터 대상물체의 밀도가 푹 잠겨 있는 유체의 밀도보다 작을 때는
수직방향으로 불균형력이 존재하게 되어 대상물체는 떠오르게 된다. 잠겨 있는 유
체가 액체일 때 대상물체는 계속 올라와 액체 표면에 도달한 다음, 평형위치에서
머물 것이다. 표면 위의 새로운 유체의 밀도는 대상물체의 밀도보다 작다고 가정
하여 표면경계가 액체와 기체, 즉 물과 공기 사이의 경우 액체 위에 떠 있는 부분
의 기체 압력의 영향은 기체가 액체표면에 대한 작용으로 액체에 더해지는 압력에
의해 상쇄된다.

부력에 관한 중요한 문제 중 하나는 떠 있는 물체의 안전성을 결정하는 것이다.
이 해석은 그림 5.36a의 똑바로 선 배의 선체 단면을 고찰하여 설명할 수 있다. 점

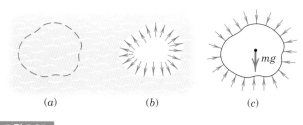

(a) (b) (c)

그림 5.35

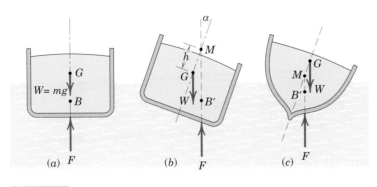

그림 5.36

B는 배제된 체적의 도심이며 **부심**(center of buoyancy)이라 한다. 수압에 의해 선체에 미치는 힘의 합력은 F이다. 힘 F는 B를 통과하며 배의 중량 W와 크기가 같고 방향이 반대이다. 배가 그림 5.36b처럼 각도 α만큼 기울어지면 배제된 체적의 형상이 변하게 되어 부심은 위치 B'으로 이동하게 된다.

B'을 통과하는 수직선과 배의 중심선의 교차점을 **경심**(metacenter) M이라 하고, 질량중심 위의 M까지의 거리 h를 **경심높이**(metacentric height)라 한다. 대부분의 선체 형상에 대해서는 경사각이 20°까지는 경심높이가 일정함을 경험상 알 수 있다. 그림 5.36b와 같이 M이 G 위에 있을 때는 틀림없이 배를 원래 위치로 되돌리려는 복원모멘트가 존재한다. 임의 경사각에 대한 이 모멘트의 크기가 배의 안정성의 척도가 된다. 그림 5.36c의 선체같이 M이 G 아래에 있다면 기울어짐에 대해서 생긴 모멘트는 배를 더 기울게 할 것이다. 이는 불안정조건이며 선박 설계에서 피해야 한다.

실물 사이즈 자동차의 풍동실험은 성능을 예측하는 데 매우 유용하다.

예제 5.19

그림과 같이 수직단면 AB인 직사각판은 높이가 4 m이고 6 m의 너비(지면에 수직)로 담수로의 끝을 막고 있다. 판은 상단 수평축 A에 고정되어 있고 하단에 수평으로 지탱하는 고정융기단 B로 수로가 열리는 것을 막고 있다. 융기단에 의해서 판에 작용하는 힘 B를 계산하라.

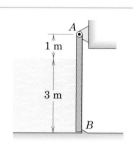

|**풀이**| 판의 자유물체도가 그려 있고 A에서의 힘의 수직과 수평성분, 판의 중량 $W=mg$, 미지의 수평력 B 그리고 수직면에 작용하는 압력 삼각분포의 합력 R이 포함되어 있다.

담수의 밀도는 $\rho=1.000$ Mg/m³이므로 평균압력은

$$[p_{av} = \rho g \bar{h}] \qquad p_{av} = 1.000(9.81)\left(\tfrac{3}{2}\right) = 14.72 \text{ kPa} \quad ①$$

판에 미치는 압력의 총합 R은

$$[R = p_{av}A] \qquad R = (14.72)(3)(6) = 265 \text{ kN}$$

이다. 이 힘이 압력 삼각분포의 도심을 통과하는데, 판 하단에서 위로 1 m에 작용한다. A에 대한 모멘트합이 0이므로 미지의 합력 B는 다음과 같다.

$$[\Sigma M_A = 0] \qquad 3(265) - 4B = 0 \qquad B = 198.7 \text{ kN} \quad\blacksquare$$

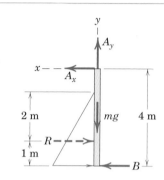

|**도움말**|

① 압력 ρgh의 단위 :

$$\left(10^3 \frac{\text{kg}}{\text{m}^3}\right)\left(\frac{\text{m}}{\text{s}^2}\right)(\text{m}) = \left(10^3 \frac{\text{kg} \cdot \text{m}}{\text{s}^2}\right)\left(\frac{1}{\text{m}^2}\right)$$
$$= \text{kN/m}^2 = \text{kPa}$$

예제 5.20

밀폐된 담수탱크의 공간의 압력은 5.5 kPa(대기압 이상)로 유지되고 있다. 공기와 물에 탱크단에 미치는 합력 R을 구하라.

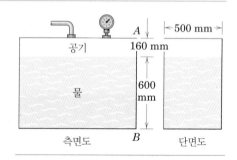

|**풀이**| 탱크면의 압력분포가 그려 있고, $p_0=5.5$ kPa이다. 담수의 비중량은 $\mu=\rho g=$ 1000(9.81)=9.81 kN/m³이므로 물에 의한 압력증가 Δp는 다음과 같다.

$$\Delta p = \mu \, \Delta h = 9.81(0.6) = 5.89 \text{ kPa}$$

직사각형과 삼각형 압력분포에 의한 합력 R_1과 R_2는 각각 ①

$$R_1 = p_0 A_1 = 5.5(0.760)(0.5) = 2.09 \text{ kN}$$

$$R_2 = \Delta p_{av} A_2 = \frac{5.89}{2}(0.6)(0.5) = 0.883 \text{ kN}$$

이므로, 결과는 $R=R_1+R_2=2.09+0.883=2.97$ kN이다. $\blacksquare$

A에 대한 모멘트 원리를 적용하여 R의 위치를 결정한다. R_1은 깊이 760 mm의 중심을 통과하고, R_2는 수면 밑 400 mm인 삼각형 압력분포의 도심, 즉 400+160=560 mm 밑을 통과한다. 따라서

$$[Rh = \Sigma M_A] \qquad 2.97h = 2.09(380) + 0.883(560) \qquad h = 433 \text{ mm} \quad\blacksquare$$

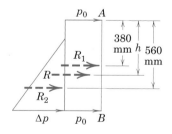

|**도움말**|

① 이 두 부분을 압력분포로 나누는 것이 합력 R을 계산하는 데 가장 단순한 방법이다.

예제 5.21

물에 의해 원통형 댐 표면에 미치는 합력 R을 구하라. 담수의 밀도는 1.000 Mg/m³이고 댐의 길이는 지면에 수직한 길이 b로 30 m이다.

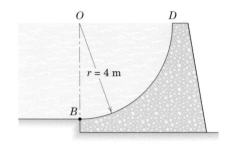

|풀이| 물의 원형블록 BOD만을 따로 분리하여 자유물체도로 그렸다. 힘 P_x는

$$P_x = \rho g\bar{h}A = \frac{\rho gr}{2} br = \frac{(1.000)(9.81)(4)}{2}(30)(4) = 2350 \text{ kN} \quad ①$$

물의 중량 W는 4분원 단면의 질량중심 G를 지나며

$$mg = \rho gV = (1.000)(9.81)\frac{\pi(4)^2}{4}(30) = 3700 \text{ kN}$$

단원이 평형을 이루려면

$$[\Sigma F_x = 0] \qquad R_x = P_x = 2350 \text{ kN}$$
$$[\Sigma F_y = 0] \qquad R_y = mg = 3700 \text{ kN}$$

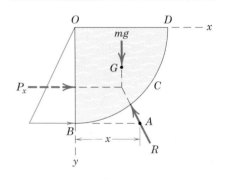

유체에 의해 댐에 미치는 합력 R은 그림과 같이 유체에 작용하는 힘과 크기가 같고 방향이 반대이므로

$$[R = \sqrt{R_x^2 + R_v^2}] \qquad R = \sqrt{(2350)^2 + (3700)^2} = 4380 \text{ kN} \qquad 답$$

R이 지나는 A점의 x좌표는 모멘트 원리로부터 구한다. 모멘트중심 B를 사용하면,

$$P_x\frac{r}{3} + mg\frac{4r}{3\pi} - R_yx = 0, \qquad x = \frac{2350\left(\frac{4}{3}\right) + 3700\left(\frac{16}{3\pi}\right)}{3700} = 2.55 \text{ m} \qquad 답$$

|별해| 댐 표면에 작용하는 힘은 힘의 성분을 직접 적분하여 구할 수 있다. ②

$$dR_x = p \, dA \cos\theta \text{ 이고} \qquad dR_y = p \, dA \sin\theta$$

여기서 $p = \rho gh = \rho gr\sin\theta$이고 $dA = b(r\,d\theta)$이다. 따라서

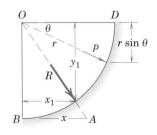

$$R_x = \int_0^{\pi/2} \rho gr^2 b \sin\theta\cos\theta \, d\theta = -\rho gr^2 b\left[\frac{\cos 2\theta}{4}\right]_0^{\pi/2} = \frac{1}{2}\rho gr^2 b$$

$$R_y = \int_0^{\pi/2} \rho gr^2 b \sin^2\theta \, d\theta = \rho gr^2 b\left[\frac{\theta}{2} - \frac{\sin 2\theta}{4}\right]_0^{\pi/2} = \frac{1}{4}\pi\rho gr^2 b$$

|도움말|

① $\rho g\bar{h}$에 대한 단위에 관하여 의문 사항이 있으면 예제 5.19의 ①을 참조하라.

② 적분법에 의한 접근방법은 원호의 단순 기하형상 때문에 주로 사용하게 된다.

이므로 $R = \sqrt{R_x^2 + R_y^2} = \frac{1}{2}\rho gr^2 b\sqrt{1 + \pi^2/4}$이다. 숫자를 대입하면

$$R = \frac{1}{2}(1.000)(9.81)(4^2)(30)\sqrt{1 + \pi^2/4} = 4380 \text{ kN} \qquad 답$$

dR은 언제나 점 O를 통과하므로 R 역시 O를 통과함을 알 수 있으므로 O에 대한 R_x와 R_y의 모멘트는 항상 상쇄된다. 따라서 $R_xy_1 = R_yx_1$이 되며

$$x_1/y_1 = R_x/R_y = (\tfrac{1}{2}\rho gr^2 b)/(\tfrac{1}{4}\pi\rho gr^2 b) = 2/\pi$$

삼각형의 닮은꼴로부터

$$x/r = x_1/y_1 = 2/\pi \text{ 이고} \qquad x = 2r/\pi = 2(4)/\pi = 2.55 \text{ m} \qquad 답$$

예제 5.22

탱크 용량이 모두 가득 채워졌을 때 그림과 같은 물탱크의 반원형단에 미치는 합력 R
을 결정하라. 결과를 원형단의 반지름 r과 물의 밀도 ρ로 나타내라.

|풀이 I| 우선 직접 적분해서 R을 구한다. 수평면적 띠 $dA = 2x\,dy$에 압력 $p = \rho gy$가
작용하므로 합력증분은 $dR = p\,dA$이다. 따라서

$$R = \int p\,dA = \int \rho gy(2x\,dy) = 2\rho g \int_0^r y\sqrt{r^2 - y^2}\,dy$$

적분하면
$$R = \frac{2}{3}\rho g r^3$$

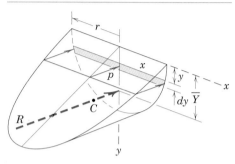

R의 위치는 모멘트 원리를 이용하여 구한다. x축에 대하여 모멘트를 취하면

$$\left[R\overline{Y} = \int y\,dR \right] \qquad \frac{2}{3}\rho g r^3 \overline{Y} = 2\rho g \int_0^r y^2 \sqrt{r^2 - y^2}\,dy$$

적분하면
$$\frac{2}{3}\rho g r^3 \overline{Y} = \frac{\rho g r^4}{4}\frac{\pi}{2} \qquad \text{그리고} \qquad \overline{Y} = \frac{3\pi r}{16}$$

|풀이 II| 직접 식 (5.25)를 이용하여 R을 구한다. 평균압력은 $\rho g\overline{h}$이고, $\overline{h}$는 압력이
작용하는 면적 도심의 좌표이다.

반원형 면적의 경우 $\overline{h} = 4r/(3\pi)$이다. 따라서

$$\left[R = \rho g\overline{h}A \right] \qquad R = \rho g\frac{4r}{3\pi}\frac{\pi r^2}{2} = \frac{2}{3}\rho g r^3$$

|도움말|

① R이 압력이 작용하는 면의 중심을 통과한다
는 가정을 하지 않도록 주의하라.

이 된다. 이 계산값은 압력-면적도의 체적을 구한 것과 같다.

합력 R은 압력-면적도로 정의한 체적의 도심 C에 작용한다. ① 도심거리는 $\overline{Y}$를
풀이 I에서 구한 것과 같은 적분으로 계산한다.

예제 5.23

지름이 0.2 m이고 길이가 8 m인 균일한 막대모양의 부표가 있다. 질량은 200 kg이
고 하단이 담수호 밑바닥과 5 m가 되도록 케이블로 묶여 있다. 수심이 10 m라면 수
면과 막대가 이루는 각도 θ를 계산하라.

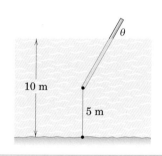

|풀이| 부표의 자유물체도를 보면 중량은 G에 작용하고, 닻줄의 수직장력 T, 부표
의 잠긴 부분의 도심 C에 부력 B가 통과하고 있음을 알 수 있다. G에서 수면까지의
거리를 x라 놓는다. 담수밀도가 $\rho = 10^3$ kg/m³이므로 부력은

$$[B = \rho gV] \qquad B = 10^3(9.81)\pi(0.1)^2(4 + x)\ \text{N}$$

A에 대한 모멘트평형, $\Sigma M_A = 0$에서

$$200(9.81)(4\cos\theta) - [10^3(9.81)\pi(0.1)^2(4 + x)]\frac{4 + x}{2}\cos\theta = 0$$

따라서

$$x = 3.14\ \text{m} \qquad \text{그리고} \qquad \theta = \sin^{-1}\left(\frac{5}{4 + 3.14}\right) = 44.5°$$

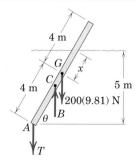

연습문제

기초문제

5/155 1 kg 스테인레스 실린더를 물이 담긴 비커에 넣었다. 이때 실린더가 비커 바닥에 가하는 힘은 얼마인가? 실린더가 추가될 때 저울값이 얼마나 증가하는가? 답을 설명해 보라.

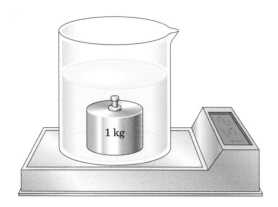

문제 5/155

5/156 그림 속 액체의 밀도가 ρ_2, 직사각형 블록의 밀도가 ρ_1이다. $r=h/c$의 비율을 구하라. 여기서 h는 블록이 잠김 높이이다. 물 위에 떠 있는 나무 블록과 수은에 떠 있는 강철의 r을 구하라.

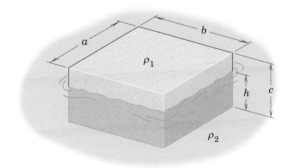

문제 5/156

5/157 단단한 오크 콘이 소금물에 잠길 깊이 d를 결정하라.

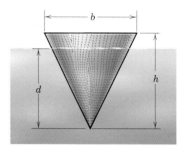

문제 5/157

5/158 잠수함은 인원, 장비, 밸러스트 등을 포함한 총중량이 6.7 Mg이다. 체임버가 바다 1.2 km 깊이로 내려갈 때 케이블 장력은 8 kN이다. 챔버에 의해 대체된 총 볼륨 V를 계산하라.

문제 5/158

5/159 공학 학생들은 종종 물의 부력 효과를 보여주는 디자인 프로젝트의 일부로 '콘크리트 보트'를 설계하도록 요청받는다. 개념 증명을 위해, 콘크리트 상자가 물에 잠기는 깊이 d를 결정하라. 상자는 모든 측면과 바닥에 75 mm의 균일한 벽 두께를 가지고 있다.

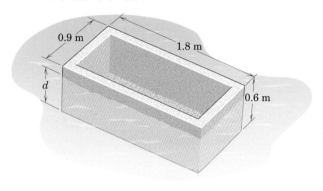

문제 5/159

5/160 채널의 물이 그림처럼 2.5 m의 플레이트로 갇혀 있다. 만약 물이 0.8 m 차오를 때 게이트가 열리게 설계되어 있다면 게이트의 무게 w(단위미터당 N)는 얼마인가?

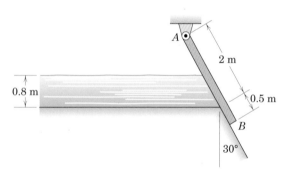

문제 5/160

5/161 두바이 쇼핑몰에 있는 수족관은 세계에서 가장 큰 아크릴 유리 패널 중 하나를 자랑한다. 패널은 약 33 m×8.5 m이며 두께는 750 mm이다. 바닷물이 패널 상단에서 0.5 m 높이로 올라가면 해수가 패널에 작용하는 합력을 계산하라. 수족관은 대기에 열려 있다.

문제 5/161

5/162 지름 150 mm의 균일한 62 kg의 봉은 힌지 A로 구속되어 있고, 하단부는 물에 담겨있다. C를 1 m 깊이에서 유지하는 데 필요한 수직 케이블의 장력 T를 결정하라.

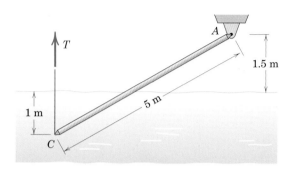

문제 5/162

5/163 다음 그림은 부유된 긴 실린더의 후면을 보여준다. 그림에서와 같이 실린더의 중앙선과 수직선 사이각 $\theta=0$과 $\theta=180°$가 실린더가 물 위에 떠 있을 때 가장 안정된 위치라는 것을 증명하라.

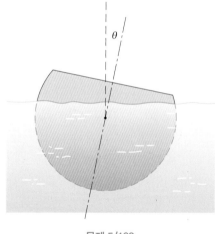

문제 5/163

5/164 다음 그림의 체임버에 바닷물이 0.6 m까지 차오르면 수직 파이프에 바닷물이 들어올 수 있게 플런저가 올라간다. 이 때 (a) 플런저를 들어 올리는 힘이 작용하기 전에 밸브의 봉합된 면적에 가해지는 평균압력 σ를 결정하라. (b) 플런저를 들어 올리는 데 필요한 힘 P를 구하라. 봉합된 면적과 공기가 찬 부분의 공기압은 P가 작용하게 되면 끝이라고 가정하라.

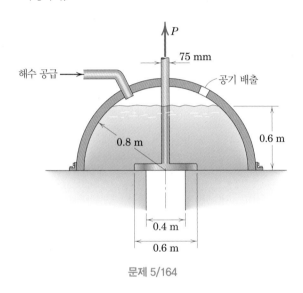

문제 5/164

심화문제

5/165 심해 잠수함의 창은 심한 수압을 받는 부분이라 세심한 설계가 필요한 부분이다. 다음 그림은 고압력 액체 체임버에 곡면 아크릴 단면을 보여주고 있다. 만약 압력 p가 잠수부가 심해 1 km에 해당된다면, 개스킷 A에 의해 지지되는 평균 압력 σ를 계산하라.

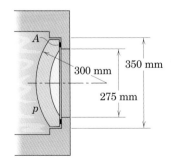

문제 5/165

5/166 게이트는 질량 m의 비중에 의해 담수체의 작용에 대해 수직으로 유지된다. 게이트의 너비가 5 m이고 게이트의 질량이 2500 kg일 때 m에서 요구되는 값과 A에서의 핀 반복의 크기를 결정하라.

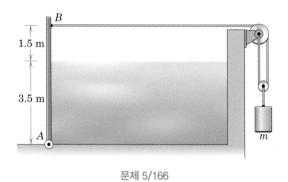

문제 5/166

5/167 2.4 m 길이, 0.8 m 지름을 가진 중실 콘크리트 실린더가 A 점의 도르래와 케이블에 의해 다음 그림처럼 반쪽이 물에 떠 있다. 이때 케이블의 장력 T를 구하라. 실린더는 플라스틱 코팅으로 방수처리되어 있다. (필요하면 부록 D의 표 D.1을 활용하라.)

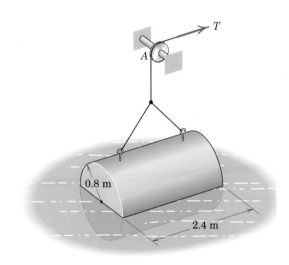

문제 5/167

5/168 채널 마커 부표는 90 kg의 질량과 직경 300 mm의 2.4 m 중공 강철 실린더로 구성되며 그림과 같이 케이블로 바닥에 고정되어 있다. 만조 시인 $h=0.6$ m일 때 케이블의 장력 T를 계산하라. 또한 조수가 빠지면서 케이블이 느슨해졌을 때 h의 값을 구하라. 바닷물의 밀도는 1030 kg/m³이다. 부표는 베이스에 충분히 무게가 지지되어 수직으로 버틸 수 있다고 가정하자.

문제 5/168

5/169 단면에 표시된 직사각형 게이트는 길이가 3 m(종이에 수직)이며 상단 지점 B는 힌지로 연결되어 있다. 그 게이트의 왼쪽은 담수, 오른쪽은 바닷물로 나누고 있다. 바닷물 해수면이 $h=1$ m로 떨어질 때 게이트가 열리지 않도록 하기 위해 지점 B의 게이트 샤프트의 토크 M을 계산하라.

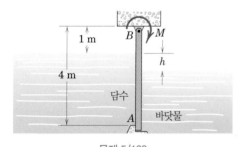

문제 5/169

5/170 오일 담는 탱크의 수직 단면을 표시한 것이다. 액세스 플레이트는 요지 면에 수직으로 400 mm의 치수를 갖는 직사각형 개구를 덮고 있다. 플레이트 위 오일의 합력 R과 R의 작용점 x를 계산하라. (단, 오일의 밀도는 900 kg/m³)

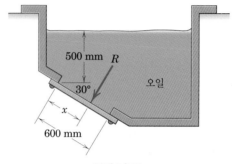

문제 5/170

5/171 반지름 r의 균질한 구형은 구의 밀도 ρ_s보다 큰 밀도 ρ_l의 액체를 포함하는 탱크의 바닥에 놓여 있다. 탱크가 채워질 때 구가 부유하기 시작하는 깊이 h에 도달한다. 이때 구의 밀도 ρ_s에 대한 식을 결정하라.

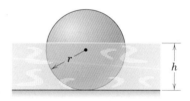

문제 5/171

5/172 유압 실린더는 반대쪽에 있는 담수의 압력에 대하여 수직 게이트를 닫는 토글을 작동시킨다. 게이트는 종이에 수직인 2 m의 수평 폭을 갖는 직사각형이다. 깊이 $h=3$ m의 물에 대해 유압실린더의 150 mm의 지름을 가진 피스톤에 작용하는 필요한 오일의 압력 p를 계산하라.

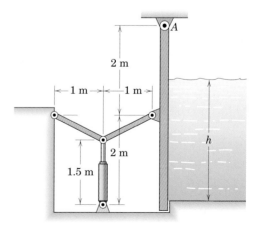

문제 5/172

5/173 플로팅 오일 드릴링 플랫폼의 설계는 작업 플랫폼을 지원하는 2개의 직사각형 플랫폼과 6개의 원통형 기둥으로 구성되어 있다. 밸러스트 상태일 때, 전체 구조물은 26,000톤의 변위를 가지고 있다. 해양에 계류되어 있을 때 총 드래프트의 높이를 계산하라. (단, 소금물의 밀도는 1030 kg/m³이며, 계류장력의 수직 성분은 무시하라.)

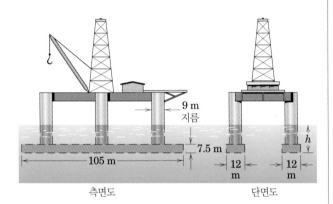

측면도   단면도

문제 5/173

5/174 퀸셋식 오두막은 수평 바람을 받으며 원형 지붕에 대한 압력 p는 $p_0 \cos \theta$의 근삿값을 가진다. 압력은 오두막의 바람이 잘 드는 쪽에서는 양수이고, 바람이 불어가는 쪽에서는 음수이다. 종이에 수직으로 측정된 지붕의 단위길이당 기초에 대한 총 수평 전단력 Q를 결정하라.

문제 5/174

5/175 아치형 댐의 상류측은 반지름 240 m의 수직 원통형의 형태를 띠고 60°의 각을 이루고 있다. 90 m 담수 시 댐 면에 물이 가하는 합력 R을 결정하라.

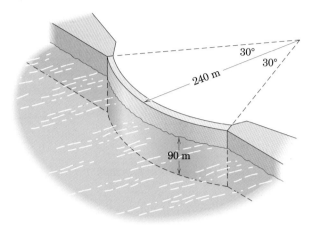

문제 5/175

5/176 콘크리트 댐의 담수 쪽은 정점 A점을 포함한 포물선 형태이다. 물의 합력이 댐의 면 C에 대해 작용하게 될 때 저면의 B점까지의 거리 b를 구하라.

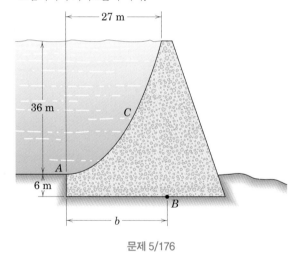

문제 5/176

5/177 주택용 콘크리트 기초 벽을 구성하는 새로운 방법의 요소가 그림에 표시되어 있다. 기초 F가 제자리에 배치되면 폴리스티렌 폼 A가 세워지고 얇은 콘크리트 혼합물 B가 폼 사이에 부어진다. T는 폼이 분리되지 않도록 한다. 콘크리트가 경화된 후에는 폼이 단열을 위해 남아 있다. 설계 연습을 위해 각 타이의 장력이 6.5 kN을 초과하지 않도록, 균일한 타이 간격 d를 보수적으로 추정하라. (단, 수평 묶음 간격은 수직 간격과 같다. 습식 콘크리트의 밀도는 2400 kg/m³이다.)

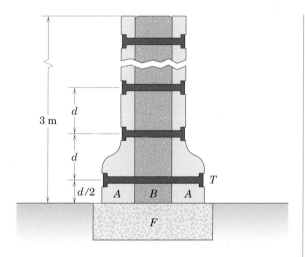

문제 5/177

▶5/178 탱크 내의 전망 창은 반지름 r의 반구형 셸의 1/4이다. 유체의 표면은 창문의 가장 높은 점 A보다 거리 h만큼 떨어져 있다. 유체에 의해 셸에 작용하는 수평 및 수직 힘을 결정하라.

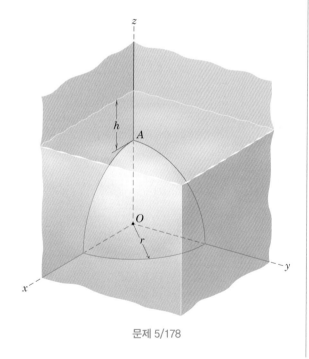

문제 5/178

▶5/179 탱크 내의 청수에 의해 전망 창에 가해진 총힘 R을 결정하라. 수위는 창문 상단과 동일하다. 추가적으로 물 표면에서 R의 작용선까지의 거리 $\bar{h}$를 결정하라.

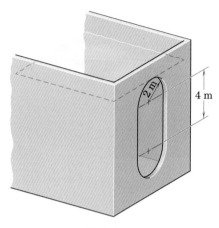

문제 5/179

▶5/180 선박의 질량중심 G의 수직 위치를 정확하게 계산하는 것은 쉬운 일이 아니다. 적재된 선박을 경사지게 하는 실험을 통해 더 쉽게 얻을 수 있다. 그림과 관련하여 알려진 외부 질량 m_0은 중심선으로부터 거리 d와 그림과 같은 수직선과의 각 θ로 위치가 표시된다. 선박의 변위와 메타센터 M의 위치를 안다고 하자. 6 m 수직선이 $a=0.2$ m 거리에서 편향된 경우 중심선에서 7.8 m 떨어진 곳에 위치한 27 톤 질량에 의해 기울어진 12000 톤 선박에 대한 중심 높이 $\overline{GM}$을 계산하라. 질량 m_0은 M 위의 거리 $b=1.8$ m에 있다. [1 톤은 1000 kg이고 메가그램(Mg)과 동일하다.]

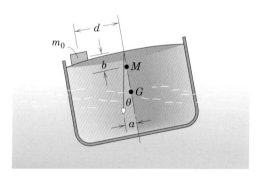

문제 5/180

5.10 이 장에 대한 복습

이 장에서는 체적, 면적 및 선으로 분포된 힘에 대한 여러 가지 일반적인 예들을 다루었다. 이 모든 문제의 주된 관심은 두 가지로서 분포력의 합력과 그 합력의 위치이다.

분포력의 합력 구하기

분포력의 작용선과 합력을 구하는 방법은 다음과 같다.

1. 합력을 구하는 데는 힘의 강도와 해당하는 체적, 면적 또는 길이요소 곱으로 시작한다. 그다음에 전 범위에 걸쳐 증분력을 합하여(적분하여) 합력을 구한다.
2. 합력의 작용선 위치를 구하는 데는 모멘트 원리를 사용한다. 이때 임의의 편리한 축에 대한 모든 증분력의 모멘트합을 구한다. 이 모멘트합과 앞에서 정한 같은 축에 대한 합력의 모멘트를 같게 놓아 합력의 미지 모멘트힘을 구한다.

중력

힘이 중력과 같이 전 질량에 분포할 때 강도는 단위체적당 인력 ρg이다. 여기서, ρ는 밀도이고 g는 중력가속도이다. 밀도가 일정한 물체에 대해서는 A편에서 다루었듯이 모멘트 원리를 적용할 때 ρg는 소거된다. 이는 곧 도형의 도심을 찾는 기하학적인 문제가 되는데, 이 도심은 경계가 도형으로 정의된 물체의 질량중심과 일치한다.

1. 균일하고 일정한 두께의 평판 및 셸에 대한 문제는 면적의 특성을 구하는 것이 된다.

2. 단면이 일정하고 균일한 밀도를 가진 봉이나 와이어는 선의 특성을 구하는 것이 된다.

미분식들의 적분

미분식으로 적분을 요하는 문제에는 다음과 같은 사항을 고려해야 한다.

1. 적절한 좌표계를 선정한다. 일반적으로 적분구간의 경계를 가장 간단히 기술할 수 있는 시스템이 제일 좋다.
2. 저차 미분량이 남을 때마다 고차 미분량을 제거한다.
3. 2차 요소보다는 1차 요소를, 3차 요소보다는 2차 미분요소를 택하여 계산하는 수고를 덜도록 한다.
4. 가능하면 적분구간 내의 불연속을 피할 수 있는 미분요소를 고른다.

보, 케이블 및 유체의 분포력

이 장 B편에서는 보, 케이블 및 유체의 분포력 영향을 풀기 위해 평형 원리에 따라 앞에서 언급한 것을 이용하였다. 그 내용을 살펴보면,

1. 보와 케이블에서 힘의 강도는 단위길이당 힘으로 표시했다.
2. 유체에서는 단위면적당 힘, 즉 압력으로 표시하였다.

이들 보, 케이블, 유체 문제는 물리적으로 상당히 다르지만 체계적인 정리를 통하여 보면 공통 요소들을 갖고 있다.

복습문제

5/181 음영 처리된 영역의 도심 x 및 y 좌표를 결정하라.

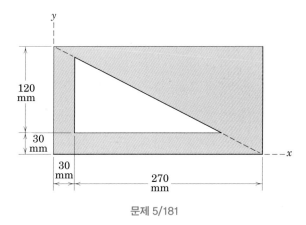

문제 5/181

5/182 음영 처리된 영역의 도심을 찾아라.

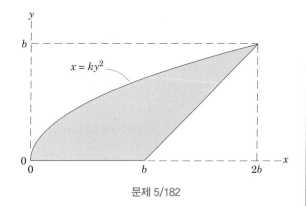

문제 5/182

5/183 표시된 음영 면적의 도심 y 좌표를 결정하라.

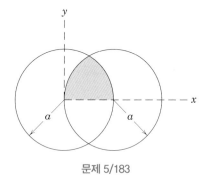

문제 5/183

5/184 다양한 두께의 균질한 포물선 판의 질량중심의 z 좌표를 결정하라. $b = 750$ mm, $h = 400$ mm, $t_0 = 35$ mm, $t_1 = 7$ mm 이다.

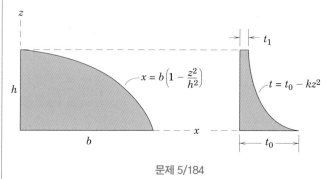

문제 5/184

5/185 음영 면적의 도심 x 및 y 좌표를 결정하라.

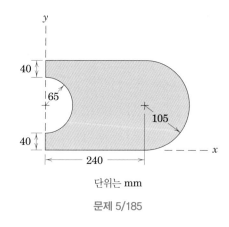

단위는 mm

문제 5/185

5/186 그림과 같이 회전된 곡면 $ABCD$의 면적을 결정하라.

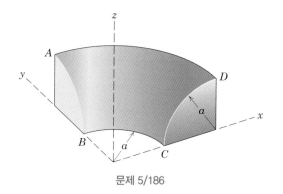

문제 5/186

5/187 균질한 두께의 강판으로 형성된 브래킷의 질량중심 x, y, z 좌표를 계산하라.

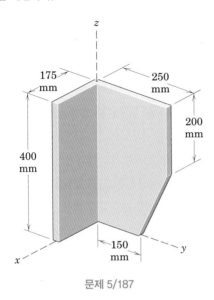

문제 5/187

5/188 높이 h와 밑면 b를 가진 각기둥 구조는 수평 풍하중을 받는다. 이 힘의 압력 $p = k\sqrt{y}$는 기저부에서 기둥의 꼭대기까지 0에서부터 P_0에 따라 증가한다. 구조의 바닥에서 가지는 저항 모멘트 M을 결정하라.

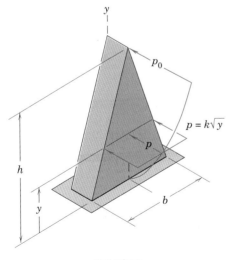

문제 5/188

5/189 그림은 담수 채널을 막는 높이 4 m, 길이 6 m의 직사각형 게이트(종이에 수직인)의 단면을 보여준다. 게이트는 8.5 Mg의 질량을 가진다. 게이트의 하부 모서리 A상에 기초부에 의해 가해지는 힘 P를 계산하라. 게이트가 부착된 프레임의 질량을 무시하라.

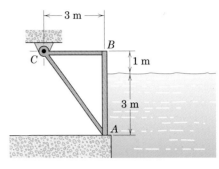

문제 5/189

5/190 구축된 목재 빔의 하부 바닥으로부터 중심 위치까지의 수직 거리 $\overline{H}$를 결정하라.

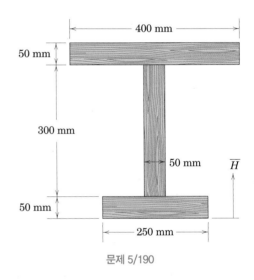

문제 5/190

5/191 2개의 집중력과 분포하중을 받는 보에 대한 전단 및 모멘트도를 그려라. 휨모멘트의 가장 큰 양의 값, 음의 값 및 보의 위치를 결정하라.

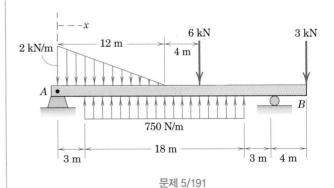

문제 5/191

5/192 반지름 r의 원호로 구부러진 균질한 가느다란 막대로 구성된 체적의 질량중심 x, y, z 좌표를 결정하라.

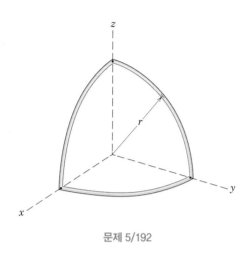

문제 5/192

5/193 예비 설계 연구의 일환으로 풍하중이 300 m 건물에 미치는 영향을 조사하였다. 그림에 표시된 풍압의 포물선 분포에 대해 풍하중으로 인한 건물 A의 힘과 모멘트, 기초에 반력을 계산하라. (건물의 깊이는 60 m이다.)

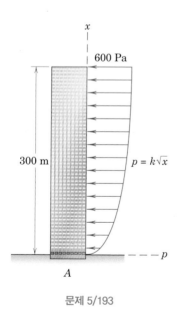

문제 5/193

▶ **5/194** 문제 5/193의 고층빌딩은 곧은 빔의 형태이다. 지면에서의 높이의 함수 x로 구조물의 전단력과 휨모멘트를 구하고 다이어그램을 그려라. x=150 m일 때 또한 평가하라.

5/195 그림과 같은 테이퍼 형태의 원형 기둥은 수평 단면을 갖는다. 균질한 기저부 위의 질량중심의 높이 $\bar{h}$를 결정하라.

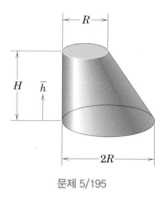

문제 5/195

5/196 우력과 분포하중을 받는 보의 A와 B의 반력을 결정하라. x=0에서 분포하중은 120 N/m의 비율로 증가하고 있다.

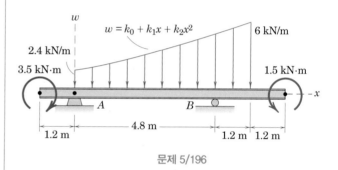

문제 5/196

5/197 표시된 구성에서 처짐 비율을 1/10로 줄 수 있는 케이블 길이를 구하라.

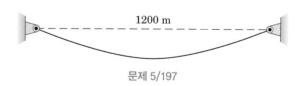

문제 5/197

5/198 5 m 너비의 수직 게이트는 심한 폭풍우 동안 지하 배수 통로에 밀봉을 제공하는 3 m 너비 패널에 단단히 연결되어 있다. 다음 상황에서 게이트가 열리고 지하 통로로 물이 빠지게 되는 담수의 깊이 h를 결정하라. 1.5 m 큐브의 콘크리트를 사용하여 평행한 3 m 너비의 패널을 정상 작동 상태에서 지면과 평행하게 유지하라.

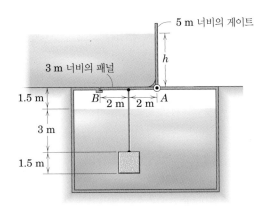

문제 5/198

*컴퓨터 응용문제

*5/199 그림과 같이 하중이 작용하는 보의 전단 및 모멘트 다이어그램을 작성하라. 최대전단력 및 최대휨모멘트 값과 위치를 결정하라.

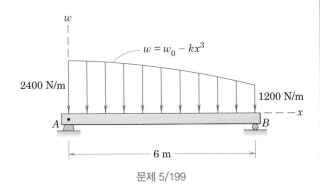

문제 5/199

*5/200 30° 원통형 섹터는 구리로 만들어지며 알루미늄 반원기둥에 그림과 같이 부착된다. 수평면에 놓인 실린더의 평형 위치에 대한 각도 θ를 결정하라.

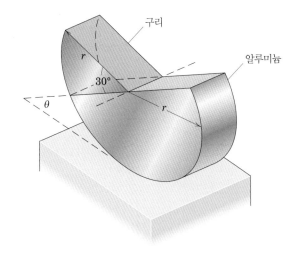

문제 5/200

*5/201 아크의 중심으로부터 얇은 링의 질량중심을 일정거리 $r/10$로 배치된 각도(θ)를 구하라.

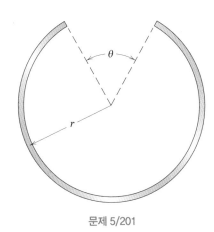

문제 5/201

*5/202 로켓용 고체 추진제의 균질한 충전은 깊이 $\overline{X}$의 동심원 구 멍으로 형성된 원형 실린더의 형태이다. 표시된 치수의 경우 $x=0$에서 $x=600$ mm까지 구멍의 깊이 x의 함수로 추진체 질량중심의 $\overline{X}$를 그려라. 또한 $\overline{X}$의 최댓값을 결정하고 x의 해당 값과 같음을 보여라.

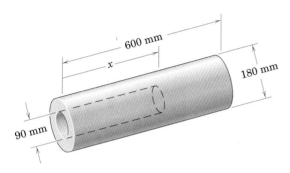

문제 5/202

5/203 수중 탐지 장비 A는 2개의 배 50 m 사이에 매달려 있는 100 m 길이의 케이블 중점에 부착된다. 질량은 무시할 때의 길이 h를 구하라. 이때 케이블의 질량이나 물의 밀도에 따라 결과가 좌우되는가?

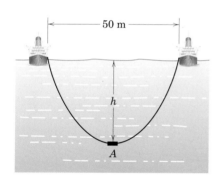

문제 5/203

*5/204 경치가 아름다운 강 협곡을 가로지르는 트램웨이 건설의 사전 단계로, 질량이 12 kg/m인 505 m 케이블이 A 지점과 B 지점 사이에 연결된다. A 지점부터 케이블의 가장 낮은 지점까지 수평 거리 x를 결정하고 A 지점과 B 지점의 인장력을 계산하라.

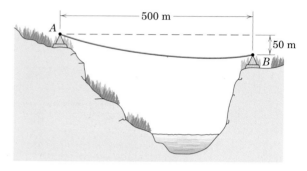

문제 5/204

*5/205 문제 5/148의 소형 원격 제어 로봇 차량이 여기에 다시 표시된다. 200 m의 케이블은 길이 1미터당 0.025 N의 순 하향력이 작용한다는 점에서 약간의 부력이 있다. 탑재된 가변 수평 및 수직 추진체를 사용하여 차량은 천천히 오른쪽으로 이동하면서 일정한 깊이 10 m를 유지한다. 최대 수평 추력이 10 N이고 최대 수직 추력이 7 N인 경우, 거리 d와 추력 제한 장치가 허용하는 최대 허용값을 결정하라.

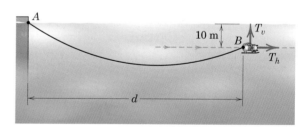

문제 5/205

Courtesy of Alyse Gagne

CHAPTER **6**

마찰

이 장의 구성

6.1 서론

A편 마찰 현상

6.2 마찰의 유형

6.3 건마찰

B편 기계류에서 마찰의 응용

6.4 쐐기

6.5 나사

6.6 저널 베어링

6.7 추력 베어링 : 원판마찰

6.8 유연한 벨트

6.9 구름저항

6.10 이 장에 대한 복습

무단변속기에서 변속비를 바꾸기 위해 구동 및 종동 풀리의 지름을 바꾼다. 금속 벨트와 풀리 사이의 마찰은 설계 과정의 주요 인자이다.

6.1 서론

앞의 장들에서는 보통 접촉면 사이의 작용력과 반작용력이 그 면에 수직으로 작용하는 것으로 가정하였다. 이 가정은 매끄러운 면들 사이의 상호작용을 특징짓는 것으로, 그림 3.1의 예 2에 도식화되어 있다. 이러한 이상적인 가정은 때로는 매우 작은 오차만을 포함하지만, 접촉면에서 수직력뿐만 아니라 접선력도 지지할 수 있음을 고려해야 하는 문제들도 많다. 접촉면들 사이에 발생하는 접선력은 **마찰력**(friction force)이라 부르며, 실제의 모든 접촉면 사이의 상호작용에서 어느 정도까지는 발생한다. 한쪽 접촉면이 다른 쪽 면을 따라 미끄러지려는 경향이 있을 때 마찰력은 언제나 이 경향에 반대 방향으로 발생한다.

어떤 종류의 기계들 또는 공정들에서는 마찰력의 효과를 최소화하거나 지연시키는 것이 바람직하다. 그 예로 모든 종류의 베어링, 동력나사, 기어, 파이프 내의 유체유동, 대기 중에서의 비행기나 미사일의 추진 등을 들 수 있다. 그러나 다른 상황, 즉 브레이크, 클러치, 벨트 구동, 쐐기 등에서는 마찰력의 효과를 최대화하는 것이 바람직하다. 바퀴를 가진 차량은 출발할 때나 정지할 때 마찰에 의존하며, 일상적인 보행도 신발과 지면 사이의 마찰에 의존한다.

마찰력은 자연계 어디에서나 존재하며, 또한 모든 기계 ─ 그것이 아무리 정밀하게 제작되고 윤활이 잘되었다 하더라도 ─ 에도 존재한다. 마찰을 무시해도 좋을 만큼 작은 기계나 공정을 **이상적**(ideal)이라 하며, 마찰을 고려해야만 하는 기계나 공정을 **실제적**(real)이라 한다. 부품들 사이에 미끄럼 운동이 있는 모든 실제적 경우에 마찰력은 열의 형태로 방출되는 에너지의 손실을 야기한다. 마모(wear)는 마찰의 또 다른 효과이다.

A편 마찰 현상

6.2 마찰의 유형

이 절에서는 역학에서 마주치는 마찰저항의 유형에 대하여 간단히 논하고, 다음 절에서는 가장 흔한 유형의 마찰, 즉 건마찰에 대한 상세한 내용을 다루기로 한다.

(a) 건마찰(dry friction).   건마찰은 두 고체의 윤활되지 않은 표면들이 서로 미끄러지거나 미끄러지려고 하는 조건에서 접촉하고 있을 때 발생한다. 접촉면에 접선방향의 마찰력은 미끄럼이 일어나려고 하는 순간까지도 발생하고 미끄럼이 일어나는 동안에도 발생한다. 이 마찰력의 방향은 운동 방향 또는 운동이 일어나려고 하는 방향과 항상 반대이다. 이러한 마찰의 종류를 Coulomb 마찰이라고 한다. 건마찰 또는 Coulomb 마찰의 원리는 주로 Coulomb의 실험(1781)과 Morin의 연구(1831~1834)로부터 발전되었다. 아직까지 건마찰에 대한 포괄적인 이론은 확립되지 않았으나, 건마찰을 포함한 대부분의 문제들을 다루기에 충분한 해석적 모델을 6.3절에서 기술할 것이다. 이 모델은 이 장의 대부분을 차지하는 내용의 기초가 된다.

(b) 유체마찰(fluid friction).   유체마찰은 유체(액체 또는 기체) 내의 인접한 층들이 서로 다른 속도로 움직일 때 발생한다. 이 운동은 유체 요소 사이의 마찰력을 일으키며, 이 마찰력은 층들 사이의 상대속도에 의존한다. 상대속도가 없는 경우 마찰력도 없다. 마찰력은 유체 내부의 속도구배(velocity gradient)뿐만 아니라 유체의 점도(viscosity)에도 의존한다. 점도는 유체 층들 사이의 전단작용에 대한 저항을 나타내는 척도이다. 유체마찰은 유체역학에서 다루게 되며, 이 책에서는 더 이상 논하지 않는다.

(c) 내부마찰(internal friction).   내부마찰은 주기적인 하중을 받는 모든 고체재료 내부에 발생한다. 고탄성 재료는 변형되었다가 회복될 때 내부마찰로 인한 에너지 손실이 매우 적게 일어난다. 반면, 탄성한계가 낮고 하중이 가해지는 동안 상당량의 소성변형을 일으키는 재료의 경우에는 변형과 함께 상당한 양의 내부마찰이 발생한다. 내부마찰의 메커니즘은 전단변형의 작용과 관계가 있으며, 재료과학에 관한 참고문헌에 기술되어 있다. 이 책은 힘의 외부효과를 주로 다루기 때문에 내부마찰에 대하여는 더 이상 논하지 않는다.

6.3 건마찰

이 장의 나머지는 강체의 표면에 작용하는 건마찰 효과에 대하여 기술한다. 매우 간단한 실험을 통하여 건마찰의 메커니즘을 설명하고자 한다.

건마찰의 메커니즘

그림 6.1a에 보인 것처럼 수평면 위에 놓여 있는 질량 m의 고체 블록을 생각하자. 접촉면은 약간의 거칠기를 가지고 있는 것으로 가정한다. 수평력 P를 0에서 시작하여 블록을 감지할 만한 속도를 가질 때까지 움직이는 데 충분한 크기까지 증가시키는 실험을 한다. P의 어떤 값에 대한 블록의 자유물체도는 그림 6.1b와 같다. 그림에서 평면에 의하여 블록에 가해지는 접선방향 마찰력은 F로 표시되어 있다. 물체에 작용하는 이 마찰력은 항상 물체가 운동하는 방향 또는 운동하려고 하는 방향에 반대 방향이다. 수직력 N도 존재하며, 이 경우에는 mg와 같다. 그리고 지지면에 의하여 블록에 가해지는 총힘 R은 N과 F의 합력이다.

　접촉하는 두 면의 불규칙한 표면상태를 확대해보면 그림 6.1c와 같이 마찰의 역학적 작용을 도식적으로 이해하는 데 도움이 된다. 지지는 필연적으로 서로 만나

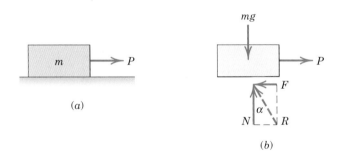

(a)　　　(b)

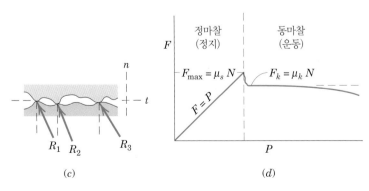

(c)　　　(d)

그림 6.1

는 돌기부에서 드문드문 존재한다. 블록에 작용하는 반력 R_1, R_2, R_3 등의 각 방향은 불규칙한 기하학적 윤곽에만 의존하는 것이 아니라 각 접촉점에서의 국부적 변형 정도에도 의존한다. 총수직력 N은 R들의 n-성분들의 합이며, 총 마찰력 F는 R들의 t-성분들의 합이다. 접촉면이 상대운동을 하게 되면 접촉은 더욱 돌기부의 끝을 따라 일어나게 되고, R들의 t-성분들은 상대운동이 없을 때보다 더 작아진다. 이러한 관찰은 운동을 유지하는 데 필요한 힘 P가 표면 요철들이 잘 맞물려 있을 때 블록을 움직이게 하는 데 필요한 힘보다 일반적으로 작다는, 잘 알려진 사실을 설명하는 데 도움이 될 것이다.

실험을 수행하여 마찰력 F를 P의 함수로 기록하면 그림 6.1d와 같은 관계를 얻게 된다. P가 0일 때 평형을 이루기 위해서는 마찰력이 존재하지 않아야 한다. P가 증가하면 블록이 미끄러지지 않는 한 마찰력은 P와 크기는 같고 방향은 반대이어야 한다. 그동안 블록은 평형상태에 있고 블록에 작용하는 모든 힘들은 평형방정식을 만족해야 한다. 결국 P는 블록을 미끄러지게 하여 힘이 작용하는 방향으로 움직이게 하는 값에 도달하게 된다. 바로 이 순간 마찰력은 갑자기 약간 감소한다. 그러고는 한동안 일정한 값을 유지하나 속도가 빨라지면 조금 더 감소하게 된다.

정마찰

그림 6.1d에서 미끄러짐이 일어나는 점 또는 운동 직전(impending motion) 점까지의 구간을 **정마찰**(static friction) 구간이라 부르며, 이 구간에서의 마찰력의 크기는 **평형방정식**에 의하여 결정된다. 이 힘은 0부터 최댓값까지의 값을 가질 수 있다. 접촉하는 한 쌍의 표면에 대하여 정마찰력의 최댓값 $F_{\max}$는 수직력 N에 비례한다. 따라서 이를 다음과 같이 쓸 수 있다.

$$F_{\max} = \mu_s N \tag{6.1}$$

여기서 μ_s는 비례상수로서 **정마찰계수**(coefficient of static friction)라 한다.

식 (6.1)은 정마찰력의 **한곗값** 또는 **최댓값**만을 나타낼 뿐이며 더 작은 값은 나타내지 않음에 유의하라. 따라서 이 식은 마찰력이 최댓값에 도달하여 운동 직전 상태에 있는 경우에만 적용될 수 있다. 운동 직전 상태가 아닌 정적평형 조건에서의 정마찰력의 크기는

$$F < \mu_s N$$

이다.

동마찰

미끄러짐이 발생하고 나면 이후의 운동에는 **동마찰**(kinetic friction) 조건이 수반된다. 동마찰력은 보통 최대 정마찰력보다 약간 작다. 동마찰력 F_k도 역시 수직력에 비례한다. 따라서

$$F_k = \mu_k N \tag{6.2}$$

여기서 μ_k는 **동마찰계수**(coefficient of kinetic friction)이다. 일반적으로 μ_k는 μ_s보다 작다. 블록의 속도가 증가하면 동마찰력은 다소 감소하게 되며, 고속도에 도달하면 감소폭이 상당해진다. 마찰계수는 상대속도뿐만 아니라 표면 조건에 의해서도 크게 좌우되며, 또한 상당한 불확실성도 내포하고 있다.

마찰작용을 지배하는 조건들의 가변성 때문에 실제 공학적 문제에서 운동 직전 상태와 운동 상태 사이의 천이구간에서 정마찰계수와 동마찰계수를 구분하는 것이 어려울 때가 많다. 예를 들면 윤활이 잘된 나사는 보통의 하중하에서 회전 직전일 때나 회전 중일 때나 비슷한 마찰저항을 종종 나타낸다.

공학문헌에서 최대 정마찰력과 동마찰력에 관한 식을 단순히 $F=\mu N$으로 나타낸 것을 흔히 볼 수 있다. 이것이 최대 정마찰력을 나타내는지 동마찰력을 나타내는지는 주어진 문제로부터 이해해야 한다. 정마찰계수와 동마찰계수는 주로 구분해서 쓰겠지만, 어떤 경우에는 구분하지 않고 마찰계수를 단순히 μ로 쓸 때도 있을 것이다. 이러한 경우에는 운동 직전의 최대 정마찰력과 동마찰력 중 어떤 마찰 조건이 포함되어 있는지 각자가 결정해야 한다. 여기서 다시 한번 강조할 점은 많은 문제들이 운동 직전의 최댓값보다 작은 정마찰력 조건을 포함하고 있어 이러한 조건에서는 마찰력 관계식 (6.1)은 사용될 수 없다는 사실이다.

그림 6.1c로부터 거친 접촉면의 경우 반력과 n-방향 사이의 각이 매끄러운 접촉면의 경우에서보다 더 클 것이라는 점을 알 수 있다. 이와 같이 한 쌍의 접촉면에 대하여 마찰계수는 표면의 기하학적 성질인 거칠기를 반영한다. 마찰에 대한 이러한 기하학적 모델에서, 접촉면이 지지할 수 있는 마찰력의 크기가 무시할 수 있을 만큼 작을 때 이들 접촉면을 '매끄럽다(smooth)'고 한다. 단일 표면에 대하여 마찰계수를 언급하는 것은 의미가 없다.

마찰각

그림 6.1b에서 N의 방향으로부터 측정한 합력 R의 방향은 $\tan \alpha = F/N$ 관계로 결정된다. 마찰력이 정적 한곗값 $F_{\max}$에 도달했을 때 각 α는 최댓값 ϕ_s를 가진다. 따라서

이 나무 치료 전문가는 밧줄과 그 밧줄이 미끄러지면서 통과하는 기계장치 사이의 마찰력에 의지하고 있다.

$$\tan \phi_s = \mu_s$$

미끄러짐이 발생하면 각 α는 동마찰력에 해당하는 값 ϕ_k를 가지게 된다. 같은 방법으로

$$\tan \phi_k = \mu_k$$

실제에 있어서 $\tan \phi = \mu$라는 식을 자주 볼 수 있는데, 이 경우 마찰계수는 주어진 문제에 따라 정마찰 또는 동마찰을 의미하게 된다. ϕ_s는 **정마찰각**(angle of static friction), ϕ_k는 **동마찰각**(angle of kinetic friction)으로 각각 불린다. 이들 마찰각은 접촉하는 두 면 사이의 총반력 R이 가질 수 있는 방향의 한계를 명백히 정의한다. 운동 직전 상태이면 R은 그림 6.2에 보인 바와 같이 꼭지각이 $2\phi_s$인 직원추의 표면에 있어야 하며, 운동 직전 상태가 아니면 R은 이 원추의 내부에 있다. 꼭지각이 $2\phi_s$인 이 원추는 **정마찰원추**(cone of static friction)라 불리며, 운동 직전 상태에서의 반력 R이 가질 수 있는 방향의 궤적을 나타낸다. 운동이 발생하면 동마찰각이 적용되고, 반력은 꼭지각이 $2\phi_k$인 약간 다른 원추의 표면에 놓이게 된다. 이 원추가 **동마찰원추**(cone of kinetic friction)이다.

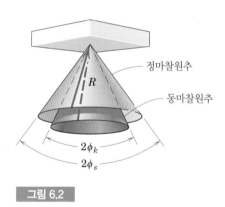

정마찰원추

동마찰원추

$2\phi_k$

$2\phi_s$

그림 6.2

마찰에 영향을 미치는 인자들

좀 더 많은 실험을 해보면 마찰력은 본질적으로 외견상 또는 투영된 접촉면적에 무관함을 알게 된다. 접촉면 요철들의 봉우리들만이 하중을 지지하기 때문에 실제 접촉면적은 투영된 면적보다 훨씬 작다. 비교적 작은 수직하중도 이들 접촉점에 큰 응력을 유발시킨다. 수직력이 증가하면 접촉점에서 재료가 항복, 압착 또는 파단을 겪으면서 실제 접촉면적 또한 증가한다.

건마찰에 관한 포괄적인 이론은 이 책에서 기술하는 역학적 설명의 범위를 벗어난다. 예를 들면 두 면이 매우 가까워서 접촉하는 조건에서는 분자 간 인력이 중요

한 마찰 인자임을 입증하는 증거가 있다. 건마찰에 영향을 미치는 다른 요인들로는 접촉점에서의 국부적인 고온 발생과 응착, 접촉면의 상대적인 경도차, 그리고 산화물, 기름, 오물 또는 이물질의 얇은 피막의 존재 등을 들 수 있다.

　몇 가지 전형적인 마찰계수 값을 부록 D의 표 D.1에 정리하였다. 이 값들은 단지 근삿값에 지나지 않으며, 실제 정확한 조건에 따라 상당한 편차를 나타낼 수 있다. 그러나 마찰효과의 크기에 대한 전형적인 사례로서는 충분히 사용될 수 있다. 마찰을 수반하는 문제에 대한 믿을 만한 계산을 위해서는 적용되는 표면조건을 가급적 유사하게 구현한 실험을 통해서 적절한 마찰계수를 결정해야 한다.

KEY CONCEPTS 마찰문제의 유형

이제 건마찰을 포함하는 응용 사례에서 마주치게 되는 다음과 같은 세 가지 유형의 문제를 인식할 수 있을 것이다. 마찰문제를 풀기 위한 첫 단계는 그 유형을 파악하는 일이다.

1. 첫 번째 유형의 문제는 운동 직전 상태의 조건이 존재하는지를 아는 경우이다. 이때 평형상태에 있는 물체는 미끄러지기 직전 상태에 있고 마찰력은 최대 정마찰력 $F_{max} = \mu_s N$과 같다. 물론 평형방정식도 성립한다.

2. 두 번째 유형의 문제는 운동 직전 상태의 조건과 운동 조건 모두 존재하는지를 모르는 경우이다. 실제의 마찰조건을 결정하기 위해서는 우선 정적 평형을 가정하고 평형을 유지하는 데 필요한 마찰력 F를 구한다. 다음과 같은 세 가지 결과가 가능하다.

    (a) $F < (F_{max} = \mu_s N)$인 경우 : 평형을 유지하는 데 필요한 마찰력이 지지될 수 있고, 따라서 물체는 가정했던 대로 정적 평형상태에 있다. 실제 마찰력 F는 식 (6.1)로 주어지는 최댓값 F_{max}보다 작으며, 오직 평형방정식만으로 결정된다는 사실을 강조한다.

    (b) $F = (F_{max} = \mu_s N)$인 경우 : 마찰력 F가 최댓값 F_{max}와 같으므로 문제 유형 1에서 설명한 바와 같이 운동 직전 상태가 된다. 정적 평형의 가정은 유효하다.

    (c) $F > (F_{max} = \mu_s N)$인 경우 : 분명히 이 조건은 불가능하다. 왜냐하면 접촉면이 최댓값 $\mu_s N$보다 더 큰 힘을 지지할 수는 없기 때문이다. 따라서 평형의 가정은 성립되지 않고 운동이 일어난다. 마찰력 F는 식 (6.2)로부터 $\mu_k N$과 같다.

3. 세 번째 유형의 문제는 접촉면 사이에 상대운동이 존재하는 것을 아는 경우이다. 따라서 명백히 동마찰계수가 적용된다. 이 경우 식 (6.2)가 항상 동마찰력을 결정해준다.

　앞에서 설명한 내용은 모든 건식 접촉면에 적용되며, 부분적으로 윤활된, 상대운동을 하는 접촉면에도 제한적으로 적용될 수 있다.

예제 6.1

질량 m인 블록이 미끄러지기 직전까지 경사면이 수평방향과 이룰 수 있는 최대각 θ를 구하라. 블록과 경사면 사이의 정마찰계수는 μ_s이다.

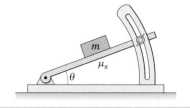

|**풀이**| 블록의 자유물체도는 무게 $W=mg$, 수직력 N, 그리고 경사면이 블록에 가하는 마찰력 F를 보여준다. 마찰력은 그것이 존재하지 않으면 일어날 미끄럼 방향에 반대 방향으로 작용한다.

　x와 y방향의 평형조건은 다음과 같다. ①

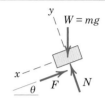

$$[\Sigma F_x = 0] \qquad mg \sin \theta - F = 0 \qquad F = mg \sin \theta$$

$$[\Sigma F_y = 0] \qquad -mg \cos \theta + N = 0 \qquad N = mg \cos \theta$$

첫째 식을 둘째 식으로 나누면 $F/N = \tan \theta$ 관계가 얻어진다. 최대각은 $F = F_{max} = \mu_s N$일 때 얻어지므로 운동 직전 상태에 대하여 다음 결과를 얻을 수 있다.

$$\mu_s = \tan \theta_{max} \qquad \text{또는} \qquad \theta_{max} = \tan^{-1} \mu_s \quad ②$$

|**도움말**|

① 좌표축을 F 방향과 그 수직방향으로 선택함으로써 F와 N을 성분으로 분해하는 과정을 피할 수 있다.

② 이 문제는 정마찰계수를 구하는 매우 간단한 방법을 제시한다. θ의 최댓값을 휴지각(休止角, angle of repose)이라 한다.

예제 6.2

그림에 보인 질량 100 kg의 블록이 경사면을 미끄러져 올라가지도 내려가지도 않게 하는 추의 질량 m_0의 범위를 정하라. 접촉면에서 정마찰계수는 0.30이다.

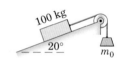

|**풀이**| m_0의 최댓값은 경사면을 미끄러져 올라가기 직전의 조건에서 얻어진다. 그러므로 블록에 작용하는 마찰력은 경우 I에 대한 자유물체도에서 보는 바와 같이 경사면 아래쪽으로 작용한다. 블록의 무게는 $mg = 100(9.81) = 981$ N이므로 평형방정식은 다음과 같다.

$$[\Sigma F_y = 0] \qquad N - 981 \cos 20° = 0 \qquad N = 922 \text{ N}$$

$$[\Sigma F_x = 0] \qquad m_0(9.81) - 277 - 981 \sin 20° = 0 \qquad m_0 = 62.4 \text{ kg}$$

$$[\Sigma F_y = 0] \qquad N - 981 \cos 20° = 0 \qquad N = 922 \text{ N}$$

　m_0의 최솟값은 블록이 미끄러져 내려가기 직전의 상태에서 결정된다. ① 마찰력은 경우 II에 대한 자유물체도에 표시된 바와 같이 운동하려는 경향에 반대인 위쪽으로 작용한다. x방향의 평형조건은 다음과 같다.

$$[\Sigma F_x = 0] \qquad m_0(9.81) + 277 - 981 \sin 20° = 0 \qquad m_0 = 6.01 \text{ kg}$$

따라서 m_0는 6.01∼62.4 kg 사이의 어떤 값을 가져야 하며, 이때 블록은 정지상태에 있게 된다.

　위의 두 가지 경우 모두 평형을 이루기 위해서는 F_{max}와 N의 합력이 981 N의 무게 및 장력 T와 한 점에서 만나야 한다.

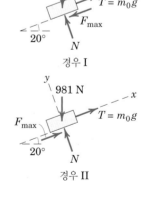

경우 I

경우 II

|**도움말**|

① $\tan 20° > 0.30$이므로 블록이 m_0에 연결되어 있지 않다면 경사면을 미끄러져 내려갈 것임을 예제 6.1의 결과로부터 알 수 있다. 따라서 평형을 유지하기 위해서는 m_0의 적절한 값이 필요하다.

예제 6.3

그림과 같은 100 kg의 블록에 작용하는 마찰력의 크기와 방향을 $P=500$ N일 때와 $P=100$ N일 때 각각 구하라. 단, 정마찰계수는 0.20, 동마찰계수는 0.17이다. 힘은 처음에 블록이 정지한 상태에서 작용한다.

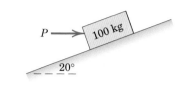

|**풀이**|　힘 P가 작용할 때 블록이 평형상태를 유지할지 미끄러짐이 시작될지 주어진 설명으로부터는 알 수가 없다. 그래서 한 가지 가정이 필요한데, 그림에서 실선 화살표로 표시한 것처럼 마찰력이 경사면의 위쪽으로 향한다고 해두자. 자유물체도로부터 x 및 y 방향의 힘의 평형조건은

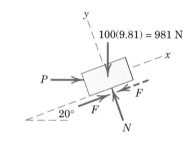

$[\Sigma F_x = 0]$　　　　　$P \cos 20° + F - 981 \sin 20° = 0$

$[\Sigma F_y = 0]$　　　　　$N - P \sin 20° - 981 \cos 20° = 0$

|**경우 I**|　$P=500$ N

위의 첫째 식에 P 값을 대입하면

$$F = -134.3 \text{ N}$$

음의 부호는 블록이 평형을 이루면 마찰력은 가정한 것과 반대 방향으로 작용함을 나타내며, 따라서 마찰력은 점선 화살표로 표시한 것처럼 경사면의 아래쪽으로 향한다. 그러나 F의 크기에 대해서는 경사면이 134.3 N의 마찰력을 지지할 수 있음을 증명할 때까지는 결론을 내릴 수 없다. 이는 둘째 식에 $P=500$ N을 대입함으로써 알아볼 수 있는데, 그 결과는

$$N = 1093 \text{ N}$$

따라서 경사면이 지지할 수 있는 최대 정마찰력은

$[F_{max} = \mu_s N]$　　　　　$F_{max} = 0.20(1093) = 219 \text{ N}$

이 힘은 평형에 필요한 것보다 더 크므로 평형을 가정한 것이 옳다는 결론을 내릴 수 있다. 따라서

$$F = 134.3 \text{ N (하향)}$$　　　🔲

|**경우 II**|　$P=100$ N

두 평형방정식에 이를 대입하면 다음을 얻는다.

$$F = 242 \text{ N} \qquad N = 956 \text{ N}$$

그러나 가능한 최대 정마찰력은 다음과 같다.

$[F_{max} = \mu_s N]$　　　　　$F_{max} = 0.20(956) = 191.2 \text{ N}$

즉, 242 N의 마찰력은 지지될 수 없다. 그러므로 평형은 존재하지 않으며 마찰력의 정확한 값은 표면에서 운동이 하향으로 일어나므로 동마찰계수를 사용하여 얻어진다. 따라서

$[F_k = \mu_k N]$　　　　$F = 0.17(956) = 162.5 \text{ N (상향)}$　①　🔲

|**도움말**|

① ΣF_x가 0이 아니라 하더라도 y방향의 평형은 성립한다. 즉, $\Sigma F_y = 0$이다. 그러므로 블록이 평형상태에 있든, 그렇지 않든 수직력 N은 956 N이다.

예제 6.4

질량 m, 폭 b, 높이 H인 균질의 직사각형 블록이 수평력 P를 받아 수평면 위를 등속도로 움직이고 있다. 블록과 수평면 사이의 동마찰계수는 μ_k이다. (a) 블록이 넘어지지 않고 미끄러질 수 있도록 하는 h의 최댓값을 구하라. (b) $h = H/2$일 때 마찰력과 수직력의 합력이 통과하는, 바닥면 위의 점 C의 위치를 구하라.

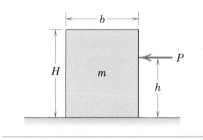

|풀이| (a) 블록이 넘어지려고 할 때 평면과 블록 사이의 반력은 점 A에 작용하게 된다. 블록의 자유물체도는 이런 조건을 보여주고 있다. 블록이 미끄러지고 있으므로 마찰력은 한곗값 $\mu_k N$이 되고 마찰각은 $\theta = \tan^{-1}\mu_k$이다. 동일평면상에 있는 세 힘이 평형을 이루기 위해서는 한 점을 지나야 하므로 F_k와 N의 합력은 P가 지나는 점 B를 통과해야 한다. ① 따라서 블록의 기하학적 조건으로부터

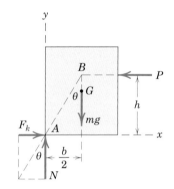

$$\tan\theta = \mu_k = \frac{b/2}{h} \qquad h = \frac{b}{2\mu_k} \qquad \blacksquare$$

만일 h가 이 값보다 크면 점 A에 대한 모멘트 평형이 만족되지 않으므로 블록은 넘어지고 만다.

다른 방법으로, 점 A에 대한 모멘트 평형과 더불어 x 및 y방향에 대한 힘의 평형조건을 조합하여 h를 구할 수 있다.

$$[\Sigma F_y = 0] \qquad N - mg = 0 \qquad N = mg$$

$$[\Sigma F_x = 0] \qquad F_k - P = 0 \qquad P = F_k = \mu_k N = \mu_k mg$$

$$[\Sigma M_A = 0] \qquad Ph - mg\frac{b}{2} = 0 \qquad h = \frac{mgb}{2P} = \frac{mgb}{2\mu_k mg} = \frac{b}{2\mu_k} \qquad \blacksquare$$

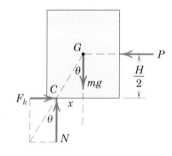

(b) $h = H/2$이면, 이 경우에 대한 자유물체도에서 F_k와 N의 합력은 중심 G를 지나는 수직선으로부터 왼쪽으로 x만큼 떨어진 점 C를 통과하는 것을 알 수 있다. 블록이 미끄러지고 있는 한 마찰각은 여전히 $\theta = \phi = \tan^{-1}\mu_k$이다. 따라서 기하학적 관계로부터 다음 결과를 얻을 수 있다.

$$\frac{x}{H/2} = \tan\theta = \mu_k \qquad \text{또는} \qquad x = \mu_k H/2 \quad ② \qquad \blacksquare$$

만일 μ_k를 정마찰계수 μ_s로 바꾸면, 우리가 구한 해 (a)는 정지상태로부터 넘어지려고 하는 조건을, (b)는 정지상태로부터 미끄러지려고 하는 조건을 각각 나타낸다.

|도움말|

① 평형방정식은 물체가 정지하고 있을 때뿐만 아니라 등속으로 움직일 때(가속도가 0일 때)도 적용될 수 있음을 상기하라.

② 다른 방법으로, G점에 대한 모멘트를 0으로 둠으로써 $F(H/2) - Nx = 0$의 관계식을 얻을 수 있다. 여기에 $F_k = \mu_k N$을 대입하면 $x = \mu_k H/2$라는 답을 얻는다.

예제 6.5

3개의 편평한 블록이 그림과 같이 30° 경사면 위에 놓여 있고, 경사면에 평행한 힘 P가 가운데 블록에 작용하고 있다. 맨 위의 블록은 움직이지 못하도록 벽에 연결된 줄로 고정되어 있다. 세 쌍의 접촉면들 사이의 정마찰계수는 그림에 표시된 바와 같다. 어느 블록에든 미끄럼 운동이 일어나기 전까지 가할 수 있는 힘 P의 최댓값을 구하라.

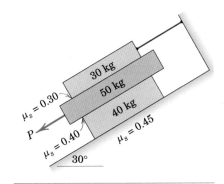

|**풀이**| 각 블록에 대한 자유물체도는 그림과 같다. 마찰이 없을 때 발생할 수 있는 상대 운동에 반대 방향으로 마찰력의 방향이 설정된다. ① 운동 직전 상태에 대한 두 가지 가능한 조건을 생각할 수 있다. 즉, 50 kg 블록만 미끄러지고 40 kg 블록은 정지상태를 유지하는 경우와 40 kg 블록과 경사면 사이에 미끄럼이 발생하여 50 kg 블록과 40 kg 블록이 함께 움직이는 경우이다.

y방향의 수직력들은 x방향의 마찰력과는 무관하게 결정될 수 있다. 즉

$$[\Sigma F_y = 0] \quad \text{(30-kg)} \quad N_1 - 30(9.81)\cos 30° = 0 \qquad N_1 = 255 \text{ N}$$

$$\text{(50-kg)} \quad N_2 - 50(9.81)\cos 30° - 255 = 0 \qquad N_2 = 680 \text{ N}$$

$$\text{(40-kg)} \quad N_3 - 40(9.81)\cos 30° - 680 = 0 \qquad N_3 = 1019 \text{ N}$$

이제 50 kg 블록만 미끄러지고 40 kg 블록은 정지상태에 있다고 가정하자. 따라서 50 kg 블록의 양 표면에서 미끄럼이 발생하려고 할 때, 마찰력은 다음과 같다.

$$[F_{max} = \mu_s N] \quad F_1 = 0.30(255) = 76.5 \text{ N} \qquad F_2 = 0.40(680) = 272 \text{ N}$$

50 kg 블록의 운동 직전 상태에 대한 평형방정식은 다음과 같다.

$$[\Sigma F_x = 0] \quad P - 76.5 - 272 + 50(9.81)\sin 30° = 0 \qquad P = 103.1 \text{ N}$$

이제 처음 가정에 대한 타당성을 조사해보자. 40 kg 블록에 대하여 $F_2 = 272$ N이면 마찰력 F_3는 다음과 같이 된다.

$$[\Sigma F_x = 0] \quad 272 + 40(9.81)\sin 30° - F_3 = 0 \qquad F_3 = 468 \text{ N}$$

그러나 F_3가 가질 수 있는 최댓값은 $F_3 = \mu_s N_3 = 0.45(1019) = 459$ N이므로 468 N을 지지할 수 없다. 따라서 처음 가정은 옳지 않으며, 40 kg 블록과 경사면 사이에 미끄럼이 발생하는 것으로 결론지을 수 있다. 올바른 값 $F_3 = 459$ N을 사용하여 40 kg 블록의 운동 직전 상태에 대한 평형방정식을 세우면 다음과 같다.

$$[\Sigma F_x = 0] \quad F_2 + 40(9.81)\sin 30° - 459 = 0 \qquad F_2 = 263 \text{ N} \quad ②$$

계속해서 50 kg 블록에 대한 평형방정식으로부터 마침내 P값을 얻을 수 있다.

$$[\Sigma F_x = 0] \quad P + 50(9.81)\sin 30° - 263 - 76.5 = 0$$

$$P = 93.8 \text{ N}$$

이때 50 kg과 40 kg 블록은 일체로 운동 직전 상태가 된다.

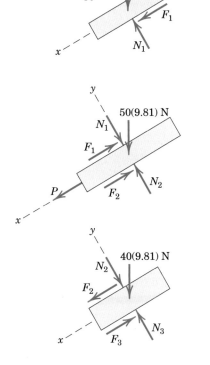

|**도움말**|

① 마찰력이 작용하지 않을 때 가운데 블록은 P의 영향으로 40 kg 블록보다 더 많이 움직이게 되므로, 마찰력 F_2의 방향은 그림과 같이 이 운동과 반대 방향이 된다.

② 이제 F_2의 크기가 $\mu_2 N_2 = 272$ N보다 작음을 알 수 있다.

연습문제

기초문제

6/1   400 N의 힘 P가 정지상태에 있는 100 kg의 상자에 작용한다. 상자의 수평 바닥면에 가해지는 마찰력 F의 크기와 방향을 구하라.

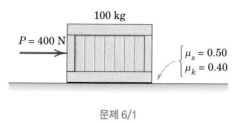

문제 6/1

6/2   700 N의 힘이 정지상태에 있는 100 kg의 블록에 작용한다. 블록의 수평 바닥면에 가해지는 마찰력 F의 크기와 방향을 구하라.

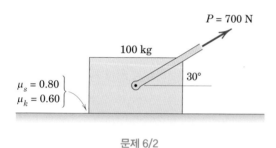

문제 6/2

6/3   정지상태에 있는 50 kg의 블록에 힘 P가 작용한다. (a) $P=0$, (b) $P=200$ N, (c) $P=250$ N일 때 블록에 작용하는 마찰력의 크기와 방향을 구하라. (d) 상자가 경사면을 오르기 시작하는 데 필요한 P의 크기는 얼마인가? 블록과 경사면 사이의 정마찰계수는 $\mu_s=0.25$, 동마찰계수는 $\mu_k=0.20$이다.

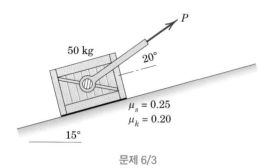

문제 6/3

6/4   스키 리조트 설계자는 스키어의 속력이 일정하게 유지되는 초보자용 경사 구간을 만들고 싶어 한다. 시험으로부터 스키와 눈 사이의 평균 마찰계수가 $\mu_s=0.10$ 및 $\mu_k=0.08$임을 알았다. 정속 구간의 경사각 θ는 얼마이어야 하는가?

문제 6/4

6/5   문제 3/21에서와 같은 80 kg의 운동하는 사람이 있다. 이두근 운동을 시작하려 할 때 운동기구(그림에 나타나 있지 않음)에 가해지는 장력 $T=65$ N이다. 이 사람의 운동화와 바닥 사이에 미끄럼이 일어나지 않기 위한 최소 정마찰계수를 구하라.

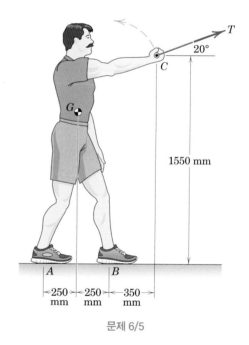

문제 6/5

6/6   드럼이 15°의 경사면을 미끄럼 없이 일정한 속력으로 굴러 올라갈 수 있으려면 정마찰계수 μ_s가 최소한 얼마 이상이어야 하는가? 이때 힘 P와 마찰력 F는 각각 얼마인가?

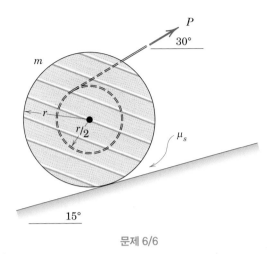

문제 6/6

6/7 유조(oil bath)에서 열처리된 뜨거운 강관을 다루기 위해 설계된 집게가 있다. 20°의 열림각으로 미끄럼 없이 강관을 집을 수 있기 위한 집게 턱(jaw)과 강관 사이의 최소 정마찰계수를 구하라.

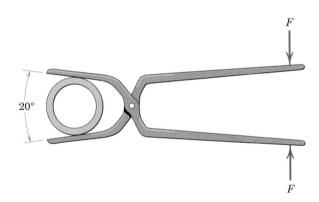

문제 6/7

6/8 힘 P가 100 kg의 상자 위에 놓여 있는 200 kg의 블록 A에 작용한다. P가 작용할 때 이 시스템은 정지상태에 있다. (a) $P=600$ N, (b) $P=800$ N 및 (c) $P=1200$ N일 때, 각 물체에 어떤 일이 일어날지 설명하라.

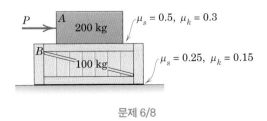

문제 6/8

6/9 30° 경사면을 일정한 속력으로 내려가게 하는 동마찰계수 μ_k를 구하라. 또한, 이상적인 롤러(A)와 발(B)이 뒤바뀐 경우에는 이러한 정속 운동이 일어나지 않을 것임을 보여라.

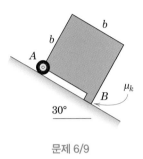

문제 6/9

6/10 길이 7 m, 질량 100 kg의 균일한 막대가 그림처럼 지지되어 있다. 각 접촉점에서의 정마찰계수가 0.40일 때, 막대를 움직이는 데 필요한 힘 P를 계산하라.

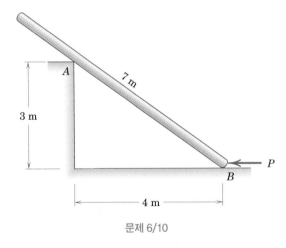

문제 6/10

6/11 (a) $\theta=15°$ 및 (b) $\theta=30°$일 때, 수직 벽이 45 kg의 블록에 가하는 마찰력의 크기와 방향을 구하라.

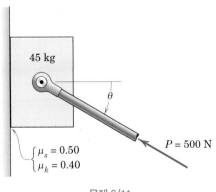

문제 6/11

6/12 지지 블록 안에 놓인 50 kg의 원통을 회전시키는 데 필요한 시계방향 우력 *M*의 크기를 계산하라. 동마찰계수는 0.30 이다.

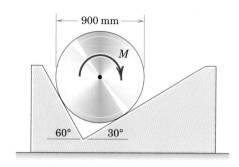

문제 6/12

6/13 100 kg의 블록이 평형상태에 있도록 하는 질량 *m*의 범위를 구하라. 모든 바퀴와 풀리의 마찰은 무시한다.

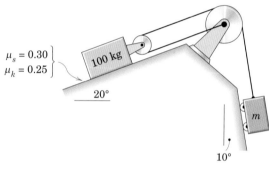

문제 6/13

심화문제

6/14 50 kg의 바퀴가 림(rim) 주위에 감긴 줄에 매달린 12 kg 추의 작용에 의해 원형 경사면 위를 굴러 올라간다. 미끄럼을 방지하는 데 충분한 마찰이 있을 때, 바퀴가 정지하게 되는 각 *θ*를 구하라. 미끄럼 없이 이 위치에 도달할 수 있는 최소 정마찰계수는 얼마인가?

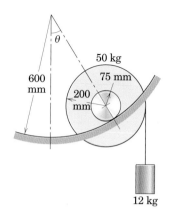

문제 6/14

6/15 대성당의 천장에 매달린 등을 보수하기 위해 그림과 같이 사다리를 세워 놓았다. *A*와 *B* 지점에서 미끄럼이 발생하지 않도록 하는 데 필요한 최소 정마찰계수를 구하라. 그 계수는 *A*와 *B*에서 동일하다고 가정한다.

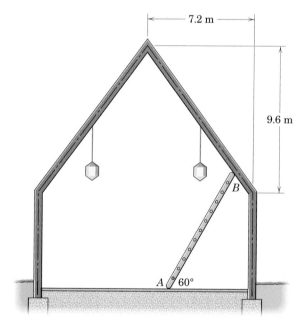

문제 6/15

6/16 질량 *m*의 균일한 직사각형 블록이 점 *O*를 지나는 수평축에 대해 힌지(hinge)된 경사면에 놓여 있다. 블록과 경사면 사이에 정마찰계수를 *μ*라 할 때, 경사각 *θ*의 점진적인 증가에 따라 미끄러지기 전에 먼저 기울어질지, 기울어지기 전에 먼저 미끄러질지를 결정하는 조건을 명시하라.

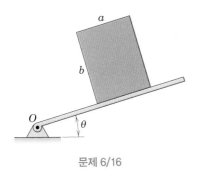

문제 6/16

6/17 80 kg의 남자가 그림과 같이 34 kg의 드럼을 지지하고 있다. 신발과 지면 사이의 정마찰계수가 0.40이라 할 때, 미끄럼 없이 남자가 움직일 수 있는 최대거리 x를 구하라.

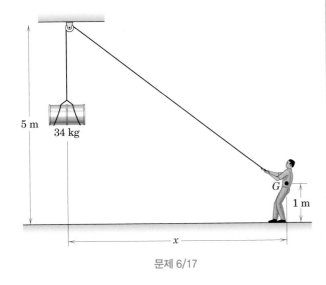

문제 6/17

6/18 길고 균일한 막대가 위쪽 끝단 A에서 이상적인 롤러로 지지되고 있다. $\mu_s=0.25$ 및 0.50일 때, 평형상태가 가능한 경사각 θ의 최솟값을 구하라.

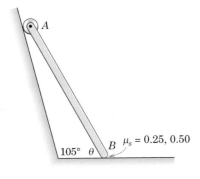

문제 6/18

6/19 시스템이 평형을 이룰 수 있는 질량 m_2의 범위를 구하라. 블록과 경사면 사이의 정마찰계수는 $\mu_s=0.25$이며, 도르래의 마찰은 무시한다.

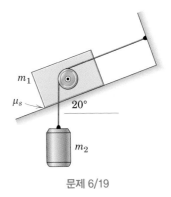

문제 6/19

6/20 직각자 형상의 물체가 힘 P에 의해 꼭 끼워진 틈새로부터 빠져나오려 한다. P에 의해 구속되지 않는 중심선으로부터 최대거리 y를 구하라. 물체는 수평면에 놓여 있고, 물체 아래쪽 마찰은 무시한다. 틈새 양쪽 면에서의 정마찰계수는 μ_s라 한다.

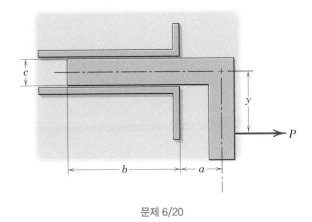

문제 6/20

6/21 ㄷ자형의 트랙 *T*는 자유롭게 떠있는 실린더 *C*와 함께 종이 또는 다른 얇은 재료 *P*를 제 위치에 지지할 수 있도록 설계된 장치이다. 모든 경계면에서의 정마찰계수는 μ이다. 지지할 재료 *P*의 무게에 관계없이 이 장치가 작동하기 위한 최소 정마찰계수 μ는 얼마인가?

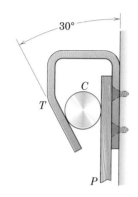

문제 6/21

6/22 두 겹으로 접는(bifold) 문의 평면도이다. 점 *B*에는 일반적인 롤러 대신 슬라이더로 설계되어 있다. 그림과 같은 위치에서 힘 *P*에 의해 문이 닫히지 않도록 하는 정마찰계수의 임곗값을 구하라.

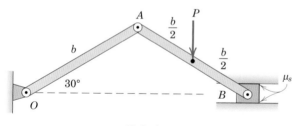

문제 6/22

6/23 82 kg의 남자가 45 kg의 카트를 경사면 위쪽으로 일정한 속력으로 끌어당기고 있다. 신발이 미끄러지지 않도록 하는 최소 정마찰계수 μ_s를 구하라. 또한, 남자의 몸이 평형을 이루는 데 필요한 거리 *s*를 계산하라.

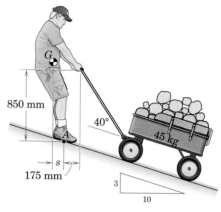

문제 6/23

6/24 미끄럼이 일어날 수평력 *P*를 계산하라. 서로 접하고 있는 세 접촉면에 대한 마찰계수는 표시되어 있는 것과 같다. 맨 위의 블록은 수직방향으로 자유롭게 움직일 수 있다.

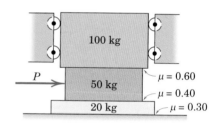

문제 6/24

6/25 800 kg의 수직 판의 질량중심은 *G*이다. 이 판은 바퀴에 매달려 있어 고정 레일을 따라 수평방향으로 쉽게 움직일 수 있다. 바퀴 *A*를 회전하지 못하도록 고정했을 때, 판을 미끄러지게 하는 데 필요한 힘 *P*를 계산하라. 바퀴와 레일 사이의 동마찰계수는 0.30이다.

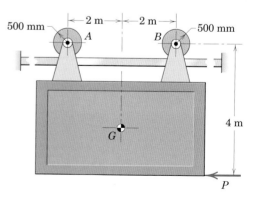

문제 6/25

6/26 선반 위에 있는 6 m 길이의 균일한 널빤지를 미끄러뜨리기 위해 두 사람이 밧줄에 가해야 하는 힘 P는 얼마인가? 널빤지의 질량은 100 kg, 널빤지와 각 지지점 사이의 동마찰계수는 0.50이다.

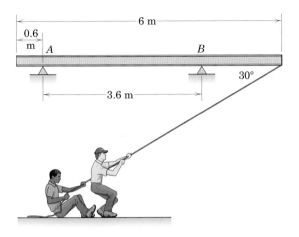

문제 6/26

6/27 랙의 질량 $m=75$ kg이다. 60° 경사의 레일을 따라 랙을 일정한 속도로 (a) 내리거나 (b) 끌어올리기 위해 기어에 가해야 할 모멘트 M은 얼마인가? 정마찰계수와 동마찰계수는 각각 $\mu_s=0.10$, $\mu_k=0.05$이다. 기어를 구동하는 고정 모터는 그림에 표시하지 않았다.

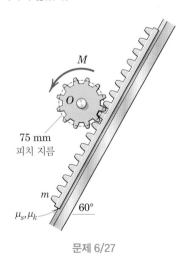

문제 6/27

6/28 질량 m_0의 블록을 움직이기 시작하는 데 필요한 수평력 P의 크기를 (a) P가 왼쪽 방향으로 작용할 때와 (b) 오른쪽 방향으로 작용할 때로 구분지어 계산하라. 먼저 일반적인 경우에 대하여 문제를 풀고, 다음의 값들에 대하여 계산하라. $\theta=30°$, $m=m_0=3$ kg, $\mu_s=0.60$, $\mu_k=0.50$.

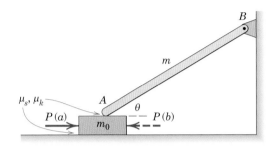

문제 6/28

6/29 우력 M이 그림과 같이 시계방향으로 작용한다. $m_B=3$ kg, $m_C=6$ kg, $(\mu_s)_B=0.50$, $(\mu_s)_C=0.40$, $r=0.2$ m일 때, 움직이기 시작하는 데 필요한 M의 값을 구하라. 실린더 C와 블록 B 사이의 마찰은 무시한다.

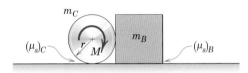

문제 6/29

6/30 정지하고 있는 시스템의 위쪽 블록에 50 N의 수평력 P가 작용하고 있다. 블록의 질량은 $m_A=10$ kg, $m_B=5$ kg이다. 정마찰계수가 (a) $\mu_1=0.40$, $\mu_2=0.50$, (b) $\mu_1=0.30$, $\mu_2=0.60$일 때, 미끄럼이 발생하는지, 발생한다면 어디서 미끄럼이 발생하는지를 결정하라. 동마찰계수는 정마찰계수의 75%로 가정한다.

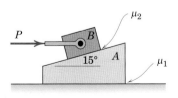

문제 6/30

6/31 90 kg의 페인트공이 4 m 길이의 사다리를 오르고 있다. 하단 A에서 미끄럼이 일어나지 않고 올라갈 수 있는 최대거리 s를 구하라. 15 kg의 사다리 상단에는 작은 롤러가 있고, 바닥에서의 정마찰계수는 0.25이다. 페인트공의 질량중심은 그의 발 바로 위쪽에 있다.

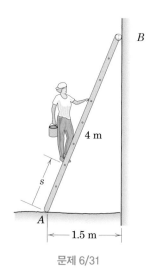

문제 6/31

6/32 1600 kg의 후륜구동 자동차가 16° 경사면을 막 넘어가려 하고 있다. 점 B에서의 최소 정마찰계수를 구하라.

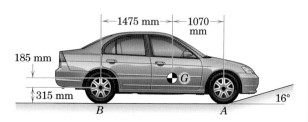

문제 6/32

6/33 균일한 정사각형 물체가 그림과 같이 위치해 있다. 점 B에서의 정마찰계수가 0.40일 때, 미끄럼이 발생할 각 θ의 임곗값을 구하라. 점 A에서의 마찰은 무시한다.

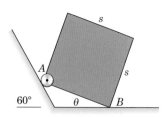

문제 6/33

6/34 질량중심이 G에 있는 균일한 막대가 바퀴에 고정된 못(peg) A, B에 의해 지지되고 있다. 막대와 못 사이의 마찰계수가 μ라고 할 때, 휠은 수평축 O를 기준으로 천천히 회전하고 시작 위치는 그림과 같다. 바퀴가 그림의 위치로부터 점 O를 지나는 수평축을 중심으로 천천히 회전하여 막대가 미끄러지기 시작할 때까지 최대로 회전할 수 있는 각 θ를 구하라. 막대의 지름은 다른 치수들에 비하여 무시한다.

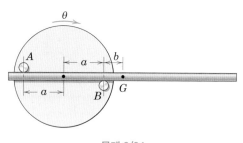

문제 6/34

6/35 질량 m, 길이 L인 가늘고 균일한 막대가 반지름 R=0.6L인 원형 곡면 위에 수평으로 놓여 있다. 막대에 수직 방향의 힘 P가 막대 끝에 점차적으로 작용하여 각 θ=20°일 때 막대가 미끄러지기 시작했다. 이때 정마찰계수 μ_s를 구하라.

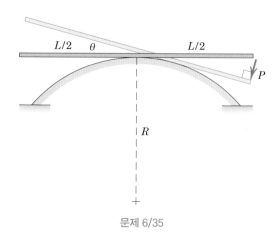

문제 6/35

6/36 알루미늄 원기둥에 강철 반원기둥이 붙어 있는 물체가 있다. 반원기둥의 지름이 수직 위치에 있을 때 이 물체가 평형상태를 유지할 수 있는 경사각 θ를 구하라. 또한, 평형을 유지하는 데 필요한 최소 정마찰계수 μ_s를 계산하라.

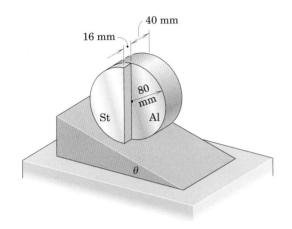

문제 6/36

6/37 클램프의 왼쪽 죔쇠(jaw)는 이 장치의 용량을 증가시키고자 할 때 프레임을 따라 미끄러질 수 있도록 되어 있다. 클램프가 하중을 받고 있을 때 죔쇠의 미끄럼을 방지하기 위해서는 거리 x가 어떤 최솟값을 초과해야 한다. 주어진 치수 a, b 및 정마찰계수 μ_s 값에 대하여 죔쇠의 미끄럼을 방지하기 위한 최소 설곗값 x를 구하라.

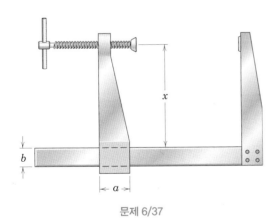

문제 6/37

6/38 질량 m, 반지름 r의 반원통형 셸이 그 가장자리에 작용하는 수평력 P에 의해 각 θ까지 구른 상태이다. 정마찰계수가 μ_s라 할 때, P가 서서히 증가함에 따라 이 셸이 수평면 위를 미끄러지기 시작하는 각 θ를 구하라. 또한, μ_s의 값이 얼마이면 θ가 90°에 도달하는가?

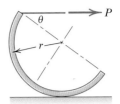

문제 6/38

6/39 이 시스템이 정지상태로부터 해제된다. $m_A = 2$ kg, $m_B = 3$ kg, $P = 50$ N, $\theta = 40$°이고, 정마찰계수 $\mu_1 = 0.70$, $\mu_2 = 0.50$일 때, 블록 A가 블록 B에 가하는 힘의 크기와 방향을 구하라. 동마찰계수는 각 위치에서의 정마찰계수의 75%이다.

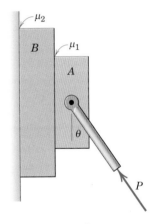

문제 6/39

6/40 가늘고 균일한 막대가 평형상태를 유지하기 위한 각 θ의 최댓값을 구하라. 점 A에서의 정마찰계수는 $\mu_A = 0.80$이고, 점 B의 작은 롤러의 마찰은 무시한다.

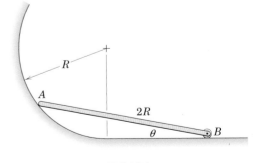

문제 6/40

6/41 단일 블록 브레이크는 반시계방향 토크 M을 받는 플라이휠의 회전을 방지한다. 정마찰계수를 μ_s라 할 때, 회전을 방지하는 데 필요한 힘 P를 구하라. 만약 b와 $\mu_s e$의 값이 같다면, 어떤 일이 발생하는지 설명하라.

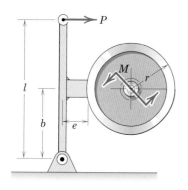

문제 6/41

6/42 한 여성이 자전거로 미끄러운 5% 경사로를 일정한 속력으로 오르고 있다. 이 여성과 자전거는 합계 82 kg의 질량을 가지며, 질량중심은 G이다. 뒷바퀴가 미끄러지기 직전 상태일 때, 뒷타이어와 경사면 사이의 정마찰계수 μ_s를 구하라. 마찰계수가 두 배이면 뒷바퀴에 작용하는 마찰력 F는 얼마가 될까? (왜 앞바퀴의 마찰은 무시해도 되는가?)

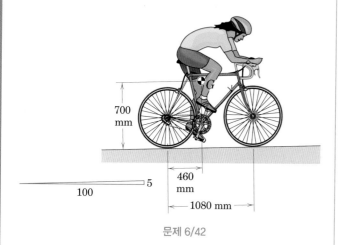

문제 6/42

6/43 그림과 같은 이중 블록 브레이크는 스프링에 의해 플라이휠에 적용된다. 브레이크를 해제하려면 힘 P를 제어봉(control rod)에 가한다. 작동 위치에서 $P=0$이고, 스프링은 30 mm 압축된다. $M=100$ N·m의 토크를 받는 플라이휠을 제동하는 데 충분한 힘을 가할 수 있도록 적절한 스프링상수 k를 선택하라. 양쪽 브레이크슈에 적용되는 마찰계수는 0.20이며, 슈의 치수는 무시한다.

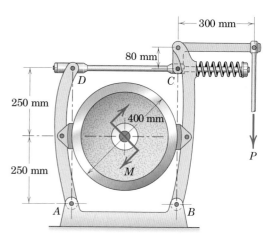

문제 6/43

6/44 길이 $L=1.8$ m의 가늘고 균일한 막대의 상단 점 A에 이상적인 롤러가 달려 있다. 수평면의 정마찰계수는 $\mu_s=\mu_0(1-e^{-x})$ 식을 따라 변한다고 할 때, 평형상태가 가능한 최소각 θ를 구하라. 단, 수직벽에서 점 B까지의 거리 x는 m 단위로 표시되며, $\mu_0=0.50$이다.

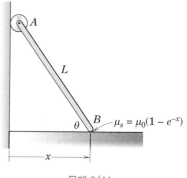

문제 6/44

B편 기계류에서 마찰의 응용

B편에서는 다양한 기계부품에서의 마찰작용에 대하여 알아본다. 이러한 응용 사례에서의 조건은 보통 정마찰의 한계상태이거나 동마찰이므로, 앞으로는 μ_s나 μ_k 보다는 변수 μ를 일반적으로 사용할 것이다. 그러므로 운동이 일어나기 직전이냐 또는 실제로 일어나고 있느냐에 따라 μ는 정마찰계수 또는 동마찰계수로 해석된다.

6.4 쐐기

쐐기(wedge)는 물체의 위치를 미세하게 조정하거나 큰 힘을 작용하는 데 사용되는 가장 간단하고 유용한 기계 중 하나이다. 쐐기의 기능은 주로 마찰과 관련되어 있다. 쐐기가 미끄러지기 직전 상태에서 쐐기의 양쪽 미끄럼 접촉면에 작용하는 합력은 표면의 법선방향으로부터 마찰각만큼 기울어진 방향으로 작용한다. 합력의 접촉면에 평행한 방향의 성분이 마찰력이며, 그 방향은 항상 접촉면에 상대적으로 움직이는 쐐기의 운동방향과 반대이다.

그림 6.3a는 큰 질량 m, 즉 수직하중 mg인 물체를 들어 올리거나 위치를 조정하는 데 쐐기가 사용되고 있는 것을 보여준다. 각 접촉면에서의 마찰계수는 $\mu = \tan\phi$이다. 쐐기를 움직이기 시작하는 데 필요한 힘 P는 물체와 쐐기에 작용하는 힘의 평형삼각형으로부터 구해진다. 그림 6.3b에 자유물체도가 그려져 있으며, 여기에 표시된 반력들은 각각의 법선에 대하여 각 ϕ만큼 기울어져 있고 운동방향과 반대 방향으로 작용한다. 쐐기의 질량은 무시한다. 이들 자유물체도로부터 각 물체에 작용하는 힘들의 벡터 합이 0이 되도록 평형방정식을 쓸 수 있다. 그림 6.3c에는 이들 평형방정식에 대한 해가 표시되어 있다. 먼저 위의 그림에서 알려진 값 mg를 이용하여 R_2를 구한 다음, 이를 이용하여 아래 삼각형에서 힘 P를 구할 수 있다.

힘 P가 제거되어도 쐐기가 제자리에 남아 있을 때의 평형조건은 그림 6.4에 보인 것과 같이 동일한 반력 R_1과 R_2가 동일직선상에 있어야 한다. 여기서 쐐기각 α는 마찰각 ϕ보다 작다고 가정하였다. 그림 6.4a와 6.4c는 각각 윗면과 아랫면에서의 미끄러지기 직전 상태를 나타낸다. 쐐기가 현재 위치에서부터 빠져나오기 위해서는 위아래 양 접촉면에서 동시에 미끄럼이 일어나야 한다. 그렇지 않으면 쐐기는 **자립구속**(self-locking) 상태가 되고, 쐐기가 그 자리에 머물러 있기 위해서는 R_1과 R_2가 가질 수 있는 방향에 유한한 범위가 존재한다. 그림 6.4b는 이 범위를 도식화한 것으로, 만일 $\alpha < 2\phi$이면 접촉면이 동시에 미끄러지는 것이 불가능함을 보여주고 있다. 독자들은 $\alpha > \phi$인 경우에 대해서도 추가로 선도를 그려 $\alpha < 2\phi$의 범위에서 쐐기가 자립구속 상태가 됨을 증명해보기 바란다.

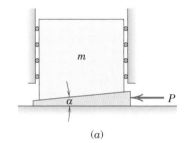

(a)

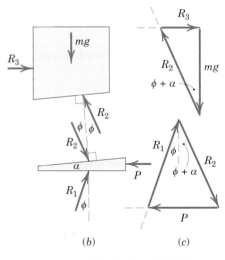

(b)　　　　(c)

하중을 올리는 경우의 힘들

그림 6.3

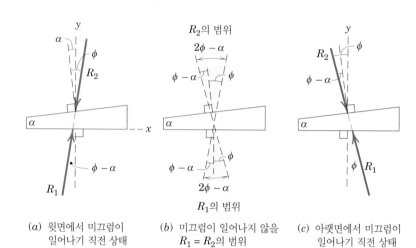

(a) 윗면에서 미끄럼이
    일어나기 직전 상태

(b) 미끄럼이 일어나지 않을
    $R_1 = R_2$의 범위

(c) 아랫면에서 미끄럼이
    일어나기 직전 상태

그림 6.4

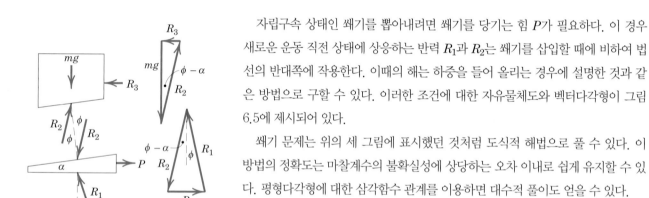

하중을 내리는 경우의 힘들

그림 6.5

자립구속 상태인 쐐기를 뽑아내려면 쐐기를 당기는 힘 P가 필요하다. 이 경우 새로운 운동 직전 상태에 상응하는 반력 R_1과 R_2는 쐐기를 삽입할 때에 비하여 법선의 반대쪽에 작용한다. 이때의 해는 하중을 들어 올리는 경우에 설명한 것과 같은 방법으로 구할 수 있다. 이러한 조건에 대한 자유물체도와 벡터다각형이 그림 6.5에 제시되어 있다.

쐐기 문제는 위의 세 그림에 표시했던 것처럼 도식적 해법으로 풀 수 있다. 이 방법의 정확도는 마찰계수의 불확실성에 상당하는 오차 이내로 쉽게 유지할 수 있다. 평형다각형에 대한 삼각함수 관계를 이용하면 대수적 풀이도 얻을 수 있다.

6.5 나사

나사(screw)는 물체를 고정하거나 동력 또는 운동을 전달하는 데 사용된다. 각각의 경우 나사산(thread)에 발생하는 마찰이 나사의 작용을 크게 좌우한다. 동력이나 운동을 전달하는 데는 사각나사가 삼각나사보다 더 효율적이므로 여기서의 해석절차는 사각나사에 국한하여 설명한다.

힘 해석

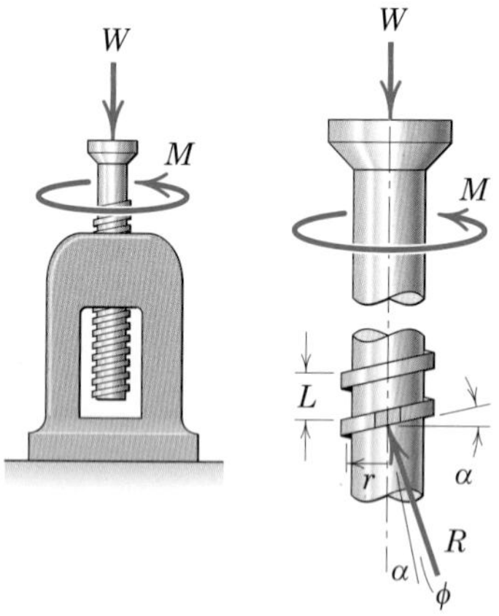

그림 6.6과 같이 축방향 하중 W와 나사축에 대한 모멘트 M의 작용을 받는 사각나사 잭을 생각하자. 나사의 리드(1회전당 전진거리)는 L이고 평균반지름은 r이다. 잭 프레임의 암나사가 나사의 수나사산 일부분에 가하는 힘 R을 나사의 자유물체도에 표시하였다. 프레임의 나사산과 접촉하는 나사의 나사산 모든 부분에도 이와 유사한 반력이 존재한다.

그림 6.6

모멘트 M이 나사를 겨우 회전시킬 수 있는 정도일 때, 나사의 나사산은 고정되어 있는 프레임의 나사산을 따라 미끄러져 올라갈 것이다. R이 나사산의 법선과 이루는 각 ϕ는 $\tan\phi=\mu$인 마찰각을 나타낸다. 나사의 수직축에 대한 R의 모멘트는 $Rr\sin(\alpha+\phi)$이므로, 나사산들에 작용하는 모든 반력에 의한 합모멘트는 $\Sigma Rr\sin(\alpha+\phi)$이다. $r\sin(\alpha+\phi)$는 각 항에 모두 나타나므로 이를 인수분해하여 밖으로 꺼낼 수 있다. 나사에 대한 모멘트 평형방정식은 다음과 같다.

$$M = [r\sin(\alpha+\phi)]\Sigma R$$

또한, 축방향의 힘의 평형으로부터 다음 관계가 얻어진다.

$$W = \Sigma R\cos(\alpha+\phi) = [\cos(\alpha+\phi)]\Sigma R$$

M과 W에 대한 식을 조합하면

$$M = Wr\tan(\alpha+\phi) \tag{6.3}$$

나선각 α를 구하기 위하여 나사의 나선을 완전히 한 바퀴 회전시켜 전개해보면 $\alpha=\tan^{-1}(L/2\pi r)$임을 알 수 있다.

전개한 나사면은 그림 6.7a와 같이 나사 전체의 작용을 모사하는 모델로 사용할 수 있다. 움직일 수 있는 나사면을 고정된 경사면 위로 밀어 올리는 데 필요한 등가 힘은 $P=M/r$이며, 힘 벡터 삼각형으로부터 바로 식 (6.3)을 얻을 수 있다.

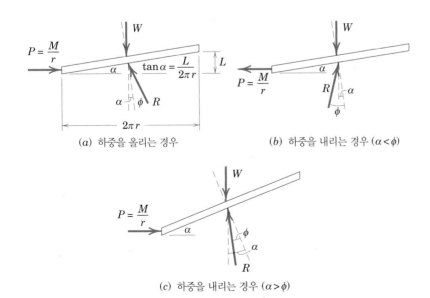

(a) 하중을 올리는 경우

(b) 하중을 내리는 경우 ($\alpha<\phi$)

(c) 하중을 내리는 경우 ($\alpha>\phi$)

그림 6.7

풀림 조건

모멘트 M이 제거되면 마찰력은 방향을 바꾸므로 마찰각 ϕ는 나사면 법선에 대하여 반대쪽으로 측정된다. $\alpha < \phi$이면 나사는 제자리에 그대로 남아 자립구속 상태가 되고, $\alpha = \phi$이면 나사가 풀리기 직전 상태가 된다.

나사를 풀어 하중을 내리기 위해서는 $\alpha < \phi$의 범위에 있는 한 모멘트 M의 방향을 반대로 주어야 한다. 고정된 경사면 위에 모사용 나사면을 그린 그림 6.7b에 이 조건을 도식화하여 나타내었다. 경사면 아래로 이를 끌어내리기 위해서는 등가 힘 $P = M/r$을 가해야 함을 알 수 있다. 따라서 벡터 삼각형으로부터 나사를 내리는 데 필요한 모멘트를 얻을 수 있다. 즉

$$M = Wr \tan (\phi - \alpha) \tag{6.3a}$$

$\alpha > \phi$이면 나사는 스스로 풀리게 되며, 그림 6.7c에서 볼 수 있는 바와 같이 풀림을 방지하는 데 필요한 모멘트는 다음과 같다.

$$M = Wr \tan (\alpha - \phi) \tag{6.3b}$$

예제 6.6

기울기가 5°인 쐐기에 힘 **P**를 작용하여 질량 500 kg인 직사각형 콘크리트 블록의 수평위치를 조정한다. 쐐기의 양쪽 접촉면에서의 정마찰계수는 0.30이고, 수평 바닥면과 블록 사이의 정마찰계수는 0.60이라고 할 때, 블록을 움직이는 데 필요한 최소한의 힘 *P*를 구하라.

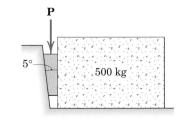

|풀이|　쐐기와 블록의 자유물체도에서 반력 **R₁**, **R₂**, **R₃**는 각각의 법선에 대하여 운동 직전 상태에 해당하는 마찰각만큼 기울어지게 그려져 있다. ①　정마찰의 한계에 해당하는 마찰각은 $\phi = \tan^{-1}\mu$로 주어진다. 두 마찰각을 각각 계산하여 그림에 표시하였다.

편리한 점 *A*에서 블록의 평형을 나타내는 벡터 선도를 그리기 시작한다. 우선 유일하게 알고 있는 벡터, 즉 블록 무게 **W**를 그린 다음, 수직선으로부터 31.0°만큼 기울어진 **R₃**를 추가한다. 수평선으로부터의 경사각이 16.7°임을 알고 있는 벡터 −**R₂**는 평형다각형이 닫히도록 그려야 한다. 따라서 아래쪽 다각형에서 점 *B*는 방향을 알고 있는 **R₃**와 −**R₂**의 교차점으로 결정되며, 이로부터 두 벡터의 크기도 구할 수 있다.

쐐기에 대해서는 앞서 구한 **R₂**를 먼저 그리고, 다음에 방향이 알려진 **R₁**을 추가한다. **R₁**과 **P**의 방향은 점 *C*에서 교차하므로 **P**의 크기를 구할 수 있다.

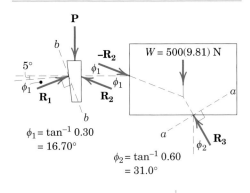

|대수학적 풀이|　계산을 가장 간단하게 하기 위해서는 블록의 경우는 **R₃**에 수직한 *a-a* 방향, 쐐기의 경우는 **R₁**에 수직한 *b-b* 방향으로 좌표축을 선택하는 것이 좋다. ②　**R₂**와 *a*방향 사이의 각은 16.7°+31.0°=47.7°이다. 그러므로 블록에 대하여 다음 관계식이 성립한다.

$[\Sigma F_a = 0]$　　　$500(9.81)\sin 31.0° - R_2 \cos 47.7° = 0$

$$R_2 = 3750 \text{ N}$$

쐐기에서는 **R₂**와 *b*방향 사이의 각이 90°−(2ϕ_1+5°)=51.6°이고, **P**와 *b*방향 사이의 각은 ϕ_1+5°=21.7°이다. 따라서

$[\Sigma F_b = 0]$　　　$3750 \cos 51.6° - P \cos 21.7° = 0$

$$P = 2500 \text{ N}$$

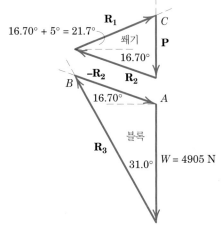

|도식적 풀이|　도식적 풀이의 정확성은 마찰계수의 불확실성 범위 내에 있으며, 간단하고도 직접적으로 결과를 제시해준다. 위에서 설명한 순서에 따라 벡터를 적절한 축척으로 그리면 **P**와 **R**들의 크기는 그림으로부터 직접 축척을 고려하여 쉽게 측정할 수 있다.

|도움말|
① 반력들이 각각의 법선으로부터 운동 반대 방향으로 기울어져 있음을 반드시 확인하라. 또한, **R₂**가 두 자유물체도에서 크기는 같고 방향은 반대로 그려져 있음을 확인하라.
② 블록에 대해서는 **R₃**를, 쐐기에 대해서는 **R₁**을 소거함으로써 명백히 연립방정식을 피할 수 있다.

예제 6.7

평균지름이 25 mm, 리드(1회전당 전진거리)가 5 mm인 한줄 사각나사로 된 바이스
가 있다. 나사부에서 정마찰계수는 0.20이다. 점 A에서 핸들에 수직하게 300 N의 당
기는 힘을 가하면 조(jaw) 사이에서 죄는 힘이 5 kN이 된다. (a) 조의 몸체에 대한 나
사의 추력(thrust)으로 인하여 점 B에서 발생하는 마찰모멘트 M_B를 구하라. (b) 바이
스를 풀기 위하여 점 A에서 핸들에 수직으로 가해야 할 힘 Q를 구하라.

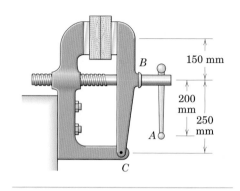

|풀이| 조의 자유물체도로부터 먼저 나사부의 장력 T를 구한다.

$$[\Sigma M_C = 0] \qquad 5(400) - 250T = 0 \qquad T = 8 \text{ kN}$$

나선각 α와 마찰각 ϕ는 다음과 같이 계산된다.

$$\alpha = \tan^{-1} \frac{L}{2\pi r} = \tan^{-1} \frac{5}{2\pi(12.5)} = 3.64° \quad ①$$

$$\phi = \tan^{-1} \mu = \tan^{-1} 0.20 = 11.31°$$

여기서 나사의 평균반지름은 r = 12.5 mm이다.

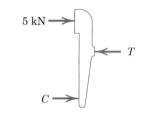

(a) 조이기 나사를 분리하여 자유물체도를 그린다. 나사산에 작용하는 모든 힘들을
나사면의 법선으로부터 마찰각 ϕ만큼 기울어진 단일 합력 R로 나타내었다. 나사축
에 대하여 가해진 모멘트는 바이스의 정면에서 볼 때 시계방향으로 300(0.200) = 60
N·m이다. 점 B의 칼라에 작용하는 마찰력에 의한 마찰모멘트 M_B는 운동을 하려는
방향에 반대인 반시계방향이다. 식 (6.3)에서 W에 T를 대입하면 나사부에 작용하는
순 모멘트는 다음과 같이 된다.

$$M = Tr \tan (\alpha + \phi)$$

$$60 - M_B = 8000(0.0125) \tan (3.64° + 11.31°)$$

$$M_B = 33.3 \text{ N·m} \qquad \blacksquare$$

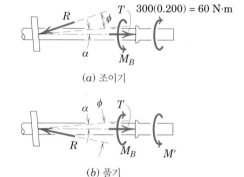

(a) 조이기

(b) 풀기

(b) 풀기 나사가 풀리는 순간의 자유물체도에서 R은 나사면의 법선으로부터 운동
하려는 방향에 반대 방향으로 마찰각만큼 경사지게 그려져 있다. ② 또한 운동에 반
대 방향인 시계방향으로 마찰모멘트 M_B = 33.3 N·m가 표시되어 있다. R과 나사축
사이의 각은 $\phi - \alpha$이다. 순 모멘트는 작용모멘트 M'에서 M_B를 뺀 값과 같으므로 식
(6.3a)를 사용하여 다음 결과를 얻을 수 있다.

$$M = Tr \tan (\phi - \alpha)$$

$$M' - 33.3 = 8000(0.0125) \tan (11.31° - 3.64°)$$

$$M' = 46.8 \text{ N·m}$$

따라서 바이스를 풀기 위하여 핸들에 가해야 할 힘은 다음과 같다.

$$Q = M'/d = 46.8/0.2 = 234 \text{ N} \qquad \blacksquare$$

|도움말|

① 나선각을 올바로 계산하도록 주의하라. 나선
각의 탄젠트는 리드 L을 평균둘레 $2\pi r$(지름
2r이 아니라)로 나눈 값이다.

② 운동이 일어나려는 방향이 반대로 바뀔 때 R
은 법선의 반대쪽으로 이동하는 점을 명심
하라.

연습문제

(별도의 지시가 없으면 다음 문제들에서 쐐기와 나사의 무게는 무시한다.)

기초문제

6/45 강철 쐐기와 새로 자른 나무 그루터기의 습기 있는 섬유질 사이의 마찰계수가 0.20이라 할 때, 망치에 의해 박힌 후 목재로부터 튀어나오지 않도록 하는 쐐기의 최대 각 α를 구하라.

문제 6/45

6/46 10° 쐐기가 스프링 하중을 받는 바퀴 아래로 구동된다. 바퀴 지지대 C는 고정되어 있다. 쐐기가 제자리에서 움직이지 않을 정마찰계수의 최솟값을 구하라. 바퀴와 관련된 모든 마찰은 무시한다.

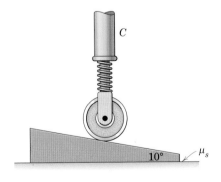

문제 6/46

6/47 목재 프레임 공사에서 프레임 S와 문설주(jamb) D 사이의 간격을 메우기 위해 2개의 쐐기(shim)가 종종 사용된다. 그림에 S와 D의 단면도가 나와 있다. 3° 쐐기가 제자리에 유지될 수 있도록 하는 데 필요한 최소 정마찰계수를 구하라.

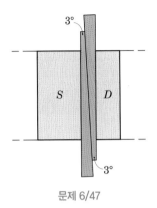

문제 6/47

6/48 G에 질량중심을 가진 100 kg의 산업용 문을 수리하기 위해 5° 쐐기를 모서리 B 아래에 끼워 넣었다. 모서리 A를 작은 턱으로 받쳐 수평방향의 움직임은 일어나지 않는다. 쐐기 위, 아래 면의 마찰계수가 0.60이라 할 때, B 지점에서 문을 들어올리는 데 필요한 힘 P를 구하라.

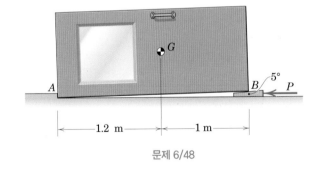

문제 6/48

6/49 문제 6/48에서 문 아래의 쐐기를 제거하는 데 필요한 오른쪽 방향 힘 P'을 계산하라. A 지점에서 미끄럼이 일어나지 않는다고 가정하고 P'을 계산한 후, 이 가정을 검토하라. A 지점에서의 정마찰계수는 0.60이다.

6/50 1600 kg의 후륜구동 자동차가 느리고 일정한 속력으로 휴대용 경사로를 오르고 있다. 경사로가 앞으로 미끄러지지 않을 최소 정마찰계수 μ_s를 구하라. 또한, 뒷바퀴 각각에 필요한 마찰력 F_A를 계산하라.

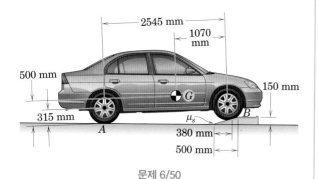

문제 6/50

심화문제

6/51 50 kg의 블록이 15° 경사면을 오르기 시작하게 하기 위해 나사 핸들에 가해야 할 토크 M을 구하라. 블록과 경사면 사이의 정마찰계수는 0.50이고, 사각 나사산을 가진 25 mm 지름의 한줄나사는 1회전에 10 mm씩 전진한다. 나사산의 정마찰계수는 0.50이며, 볼 연결점 A에서의 마찰은 무시한다.

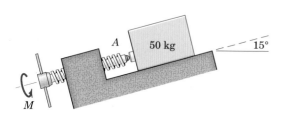

문제 6/51

6/52 턴버클(turnbuckle)은 40 kN의 케이블 장력을 지지한다. 나사는 평균지름 30 mm, 리드(1회전당 전진거리) 3.5 mm의 사각 나사산을 가지고 있다. 윤활된 나사산의 마찰계수는 0.25를 넘지 않는다. 턴버클을 (a) 죌 때와 (b) 풀 때, 각각 몸체에 가해야 할 모멘트 M을 계산하라. 양쪽 나사는 모두 한줄나사이며, 회전하지 못하도록 되어 있다.

문제 6/52

6/53 C-클램프의 그립에 있는 2개의 판에 600 N의 압축력이 작용한다. 나사는 10 mm의 지름을 가지며, 1회전에 2.5 mm씩 전진한다. 정마찰계수는 0.20이다. 클램프를 (a) 죌 때와 (b) 풀 때, 핸들의 C 지점에 가해야 할 힘 F를 구하라. 점 A에서의 마찰은 무시한다.

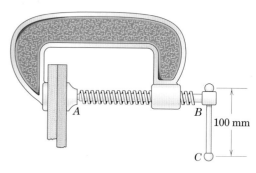

문제 6/53

6/54 두 개의 5° 쐐기가 5 kN의 수직하중을 받는 기둥의 위치를 조정하는 데 사용된다. 모든 표면에서의 마찰계수가 0.40이라 할 때, 기둥을 들어 올리는 데 필요한 힘 P의 크기를 구하라.

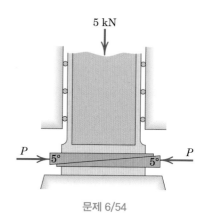

문제 6/54

6/55 문제 6/54의 기둥이 하중을 받으면서 내려가고 있다면, 쐐기를 빼내는 데 필요한 수평력 P'은 얼마인가?

6/56 20 kg의 바퀴를 움직이는 데 필요한 힘 P를 계산하라. 점 A에서의 마찰계수는 0.25이며, 쐐기 양쪽 표면에서의 마찰계수는 0.30이다. 스프링 S는 100 N의 압축력을 받고 있고, 막대가 바퀴를 지지하는 힘은 무시할 수 있다.

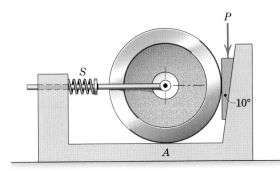

문제 6/56

6/57 쐐기 양쪽 표면의 정마찰계수는 0.40, 27 kg의 콘트리트 블록과 20° 경사면 사이의 정마찰계수는 0.70이다. 블록을 경사면 위로 움직이기 시작하는 데 필요한 힘 P의 최솟값을 구하라. 쐐기의 무게는 무시한다.

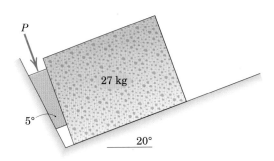

문제 6/57

6/58 27 kg의 콘트리트 블록을 20° 경사면 아래로 움직이기 시작하는 데 필요한 힘 P의 최솟값을 구하라. 다른 모든 조건은 문제 6/57에서와 같다.

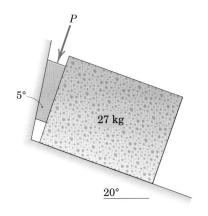

문제 6/58

6/59 벤치클램프 장치는 두 장의 판이 서로 접착되는 동안 누르는 데 사용된다. 두 판 사이에 900 N의 압축력이 걸리도록 하기 위해 나사에 가해야 할 토크 M은 얼마인가? 센티미터당 2개의 사각 나사산을 가지고 있는, 지름 12 mm의 한줄나사이며, 나사산의 마찰계수는 0.20이다. 볼 접촉점 A에서 모든 마찰은 무시하며, 접촉력은 나사 축 방향인 것으로 가정한다. 클램프를 푸는 데 필요한 토크 M'은 얼마인가?

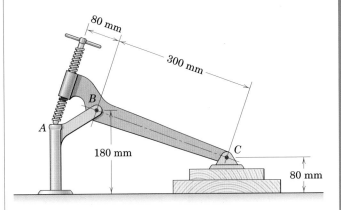

문제 6/59

6/60 100 kg 물체와 15° 쐐기 사이의 정마찰계수는 $\mu_s=0.20$이다. (a) 그림과 같이 쐐기 아래쪽에 마찰이 없는 롤러가 있을 때, (b) 롤러를 제거해서 바닥면에서의 정마찰계수가 $\mu_s=0.20$일 때, 각각 100 kg 물체를 올리기 시작하는 데 필요한 힘 P의 크기를 구하라.

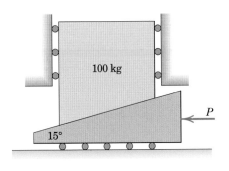

문제 6/60

6/61 문제 6/60의 두 가지 조건 (a) 및 (b)에 대하여 모든 조건이 같을 때, 100 kg 물체를 내리기 시작하는 데 필요한 힘 P'의 크기와 방향을 구하라.

6/62 5° 테이퍼를 가진 편평한 코터(cotter)를 이용해서 2개의 축을 이어주는 연결부의 설계도이다. 축들이 900 N의 일정한 장력을 받고 있을 때, 코터를 움직여 틈새를 없애는 데 필요한 힘 P를 구하라. 코터와 슬롯 면 사이의 마찰계수는 0.20이다. 축들 사이의 수평방향 마찰은 무시한다.

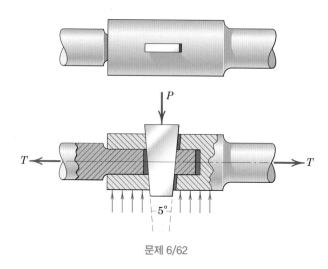

문제 6/62

6/63 나사로 구동되는 쐐기로 100 kg 블록의 수직 위치를 조정한다. 이 블록을 위로 올리기 위하여 나사 핸들에 가해야 할 모멘트 M을 계산하라. 평균지름 30 mm의 사각 나사산으로 된 이 한줄나사는 1회전당 10 mm 전진한다. 나사산의 마찰계수는 0.25이며, 블록과 쐐기의 모든 접촉면에서의 마찰계수는 0.40이다. 볼이음 A에서의 마찰은 무시한다.

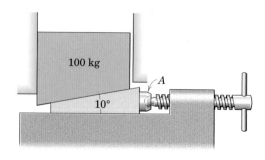

문제 6/63

6/64 그림의 잭(jack)은 작은 일체형 차체를 들어 올리기 위해 설계된 것이다. 나사는 점 B를 중심으로 회전하는 칼라에 끼워져 있고, 축은 점 A의 볼 추력 베어링 안에서 회전한다. 나사산의 평균지름은 10 mm, 리드(1회전당 전진거리)는 2 mm이다. 나사산의 마찰계수는 0.20이다. 500 kg의 질량을 그림의 위치로부터 (a) 들어 올리기 위하여, (b) 아래로 내리기 위하여, 핸들 D에 수직으로 가해야 할 힘 P를 구하라. 피벗과 베어링에서의 마찰은 무시한다.

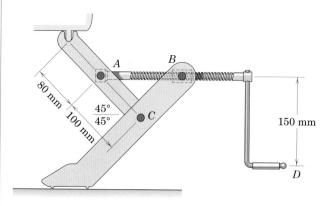

문제 6/64

6.6 저널 베어링

저널 베어링(journal bearing)은 축방향 또는 추력(thrust) 지지가 아니라 축을 횡방향으로 지지하는 베어링이다. 건식 베어링뿐만 아니라 많은 부분윤활 베어링에 대하여 설계목적으로 만족할 만한 근삿값을 주는 건마찰 원리를 적용할 수 있다.

　그림 6.8은 축과 베어링이 접촉 또는 거의 접촉하고 있는, 건식 또는 부분윤활 저널 베어링을 나타내고 있는데, 여기서 축과 베어링 사이의 틈새는 힘 작용을 분명히 보이기 위하여 과장되어 있다. 축이 그림에 표시한 방향으로 회전하기 시작하면 미끄러질 때까지 베어링의 안쪽 벽면을 굴러 올라간다. 그리고는 회전하는 동안 대체로 고정된 위치에 그대로 머물러 있게 된다. 회전을 계속하는 데 필요한

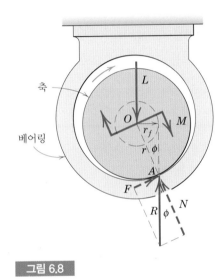

그림 6.8

토크 M과 축에 가해지는 반지름 방향 하중 L은 접촉점 A에서 반력 R을 발생시킨다. 수직방향 힘의 평형을 위하여 R과 L은 같아야 하지만 동일직선상에는 있지 않다. 그리하여 R은 마찰원(friction circle)이라 불리는 반지름 r_f의 작은 원에 접하게 된다. R과 그 법선성분 N 사이의 각은 마찰각 ϕ가 된다. 점 A에 대한 모멘트의 합을 0으로 두면 다음 식을 얻는다.

$$M = Lr_f = Lr \sin \phi \qquad (6.4)$$

　마찰계수가 작으면 각 ϕ도 작으므로 그 사인(sine)과 탄젠트(tangent)는 서로 바꿔 써도 오차가 매우 작다. $\mu = \tan \phi$이므로 토크의 근삿값은

$$M = \mu Lr \qquad (6.4a)$$

이 식은 건식 또는 부분윤활 저널 베어링에서 마찰을 극복하기 위하여 축에 가해야 할 토크 또는 모멘트의 크기를 나타낸다.

6.7 추력 베어링 : 원판마찰

수직방향의 분포압력을 받고 있는 원형 표면들 사이의 마찰은 피벗 베어링, 클러치판 또는 원판 브레이크 등에서 볼 수 있다. 이들 응용 예를 조사하기 위하여 그림 6.9에 보인 2개의 편평한 원판을 생각하자. 축들은 베어링(그림에는 표시되지 않았음)으로 지지되어 있으며, 축방향 힘 P에 의하여 원판이 서로 접촉하게 된다. 이 클러치가 전달할 수 있는 최대 토크는 한 원판을 다른 원판에 대하여 미끄러지게 하는 데 필요한 토크 M과 같다. 두 원판 사이의 임의의 위치에 작용하는 수직압력을 p라 하면, 면적요소에 작용하는 마찰력은 $\mu p\, dA$가 된다. 여기서 μ는 마찰계수이고 dA는 요소의 면적 $r\, dr\, d\theta$이다. 이 요소마찰력의 회전축에 대한 모멘트는 $\mu p r\, dA$이므로 총모멘트는 다음과 같이 쓸 수 있다.

$$M = \int \mu p r\, dA$$

여기서 적분은 원판 면적 전체에 걸쳐 계산한다. 이 적분을 수행하기 위해서는 r에 따른 μ와 p의 변화를 알아야 한다.

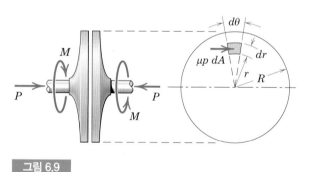

그림 6.9

다음 예제에서 μ는 일정하다고 가정한다. 더욱이 표면이 마모되지 않고 편평하며 잘 지지되어 있는 경우, 압력 p는 전체 표면에 균일하게 분포하는 것으로 가정해도 무방하며, 따라서 $\pi R^2 p = P$가 된다. 이렇게 구한 p의 일정한 값을 모멘트 M의 식에 대입하면 다음 결과가 얻어진다.

$$M = \frac{\mu P}{\pi R^2} \int_0^{2\pi} \int_0^R r^2\, dr\, d\theta = \frac{2}{3}\mu P R \qquad (6.5)$$

이 결과를 축 중심으로부터 $\frac{2}{3}R$ 거리만큼 떨어진 위치에 작용하는 마찰력 μP 로 인하여 발생한 모멘트와 등가인 것으로 해석할 수 있다.

마찰판이 그림 6.10의 칼라 베어링(collar bearing)에서와 같이 원환인 경우, 적 분구간은 안쪽 반지름 R_i에서 바깥쪽 반지름 R_o까지가 되며, 따라서 마찰 토크는 다음과 같다.

$$M = \frac{2}{3}\mu P \frac{R_o{}^3 - R_i{}^3}{R_o{}^2 - R_i{}^2} \tag{6.5a}$$

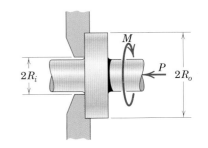

그림 6.10

원판의 초기 길들이기 마모기간(wearing-in period)이 지나면 원판 표면은 새 로운 상대적 형상을 유지하고 그 이후의 마모는 전체 표면에 걸쳐 일정하게 된다. 이 마모는 원주방향의 이동거리와 압력 p에 의존한다. 이동거리는 r에 비례하므로 $rp=K$의 관계를 생각할 수 있다. 여기서 상수 K의 값은 축방향 힘의 평형조건으 로부터 결정된다. 즉

$$P = \int p\,dA = K \int_0^{2\pi} \int_0^R dr\,d\theta = 2\pi KR$$

$pr=K=P/(2\pi R)$이므로 M에 대한 식을 다음과 같이 쓸 수 있다.

$$M = \int \mu pr\,dA = \frac{\mu P}{2\pi R} \int_0^{2\pi} \int_0^R r\,dr\,d\theta$$

이 식을 적분하면

$$M = \frac{1}{2}\mu PR \tag{6.6}$$

역학적 에너지로부터 열에너지로 변환되는 것을 이 원판 브레이크 사진에서 명확히 볼 수 있다.

그러므로 닳아서 길들여진 원판에서의 마찰모멘트는 새 표면의 경우에 비하여 $(\frac{1}{2})/(\frac{2}{3})$, 즉 $\frac{3}{4}$에 불과하다. 마찰판이 안쪽 반지름 R_i, 바깥쪽 반지름 R_o인 원환 인 경우, 이들 적분구간을 대입하면 길들이기가 끝난 표면에 대한 마찰 토크가 얻 어진다. 즉

$$M = \frac{1}{2}\mu P(R_o + R_i) \tag{6.6a}$$

독자들은 압력 p가 r에 대한 또 다른 함수로 주어지는 원판마찰 문제도 처리할 수 있도록 준비해야 하겠다.

예제 6.8

벨 크랭크(bell crank)가 지름 100 mm의, 회전하지 못하게 고정된 축에 끼워져 있다. 100 N의 수직방향 힘 P의 작용하에 크랭크의 평형을 유지하기 위하여 수평방향 힘 T가 가해진다. 크랭크가 어느 방향으로도 회전하지 않도록 하기 위한 T의 최댓값과 최솟값을 구하라. 크랭크의 베어링 면과 축 사이의 정마찰계수 μ는 0.20이다.

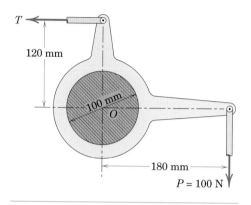

|**풀이**| 회전 직전(impending rotation) 상태는 고정축이 벨 크랭크에 가하는 반력 R이 베어링 면의 법선과 이루는 각이 $\phi = \tan^{-1}\mu$일 때, 즉 마찰원에 접할 때 발생한다. 또한 평형조건은 크랭크에 작용하는 세 힘이 점 C에서 만나는 회합력을 이룰 때 만족된다. 이러한 사실들이 두 가지 경우의 운동 직전 상태에 대한 자유물체도에 표시되어 있다.

해를 구하기 전에 다음과 같은 계산들을 해두어야 한다.

마찰각 $\phi = \tan^{-1}\mu = \tan^{-1} 0.20 = 11.31°$

마찰원의 반지름 $r_f = r \sin\phi = 50 \sin 11.31° = 9.81$ mm

각 $\theta = \tan^{-1}\dfrac{120}{180} = 33.7°$

각 $\beta = \sin^{-1}\dfrac{r_f}{OC} = \sin^{-1}\dfrac{9.81}{\sqrt{(120)^2 + (180)^2}} = 2.60°$

(a) 반시계방향의 회전 직전 상태 힘의 평형삼각형으로부터

$$T_1 = P \cot(\theta - \beta) = 100 \cot(33.7° - 2.60°)$$

$$T_1 = T_{max} = 165.8 \text{ N}$$ 답

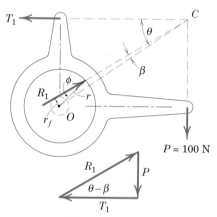

(a) 반시계방향의 회전 직전 상태

(b) 시계방향의 회전 직전 상태 이 경우에 대한 힘의 평형삼각형으로부터

$$T_2 = P \cot(\theta + \beta) = 100 \cot(33.7° + 2.60°)$$

$$T_2 = T_{min} = 136.2 \text{ N}$$ 답

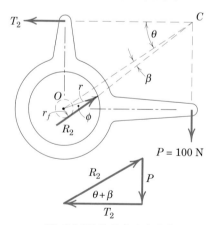

(b) 시계방향의 회전 직전 상태

연습문제

기초문제

6/65 500 kg의 부하를 일정한 속력으로 끌어올리기 위해 드럼의 축(지름 50 mm)에 1510 N·m의 토크를 가해야 한다. 드럼과 축의 질량은 합해서 100 kg이다. 베어링의 마찰계수 μ를 계산하라.

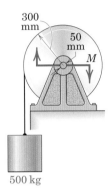

문제 6/65

6/66 2개의 플라이휠은 그 사이의 저널 베어링이 지지하고 있는 공통의 축에 설치되어 있다. 각 플라이휠의 질량은 40 kg이고, 축의 지름은 40 mm이다. 일정하고 낮은 속도로 플라이휠과 축의 회전을 유지하기 위해 축에 3 N·m의 우력 M을 가해야 할 때, (a) 베어링에서의 마찰계수와 (b) 마찰원의 반지름 r_f를 계산하라.

문제 6/66

6/67 원형 디스크 A는 디스크 B 위에 놓여 있고, 400 N의 압축력을 받는다. A와 B의 지름은 각각 225 mm, 300 mm이고, 각 디스크 아래쪽 면의 압력은 균일하게 분포하고 있다. A와 B 사이의 마찰계수가 0.40일 때, A가 B 위를 미끄러지게 하는 우력 M을 구하라. 또한, B를 받치고 있는 표면 C의 마찰 때문에 B가 회전하지 못한다면, B와 C 사이의 마찰계수 μ의 최솟값은 얼마인가?

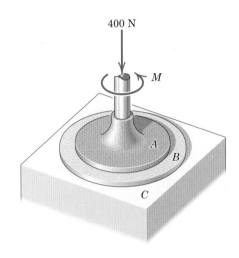

문제 6/67

6/68 30 mm 베어링의 마찰계수가 0.25일 때, 800 kg의 하중을 올리는 데 필요한 케이블 장력 T를 구하라. 또한, 정지된 케이블 부분에서의 장력 T_0를 구하라. 케이블과 풀리의 질량은 작으므로 무시한다.

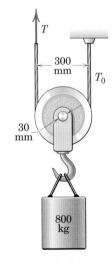

문제 6/68

6/69 문제 6/68에서 800 kg의 하중을 내리는 데 필요한 장력 T와 T_0를 구하라.

심화문제

6/70 안쪽 반지름이 50 mm, 바깥쪽 반지름이 60 mm인 질량 20 kg의 강철 링 A가 반지름 40 mm의 수평으로 고정된 축에 걸려 있다. 링 주위에 아래쪽으로 작용하는 힘 $P=150$ N이 링을 막 미끄러지도록 하는 데 정확히 필요한 크기라 할 때, 마찰계수 μ와 각 θ를 계산하라.

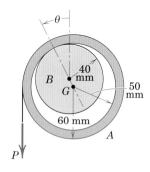

문제 6/70

6/71 드럼 D와 케이블의 질량은 45 kg이고, 베어링의 마찰계수 μ는 0.20이다. 베어링의 마찰을 (a) 무시할 때, (b) 해석에 포함할 때, 각각 40 kg의 추를 올리는 데 필요한 힘 P를 구하라. 축의 무게는 무시할 수 있다.

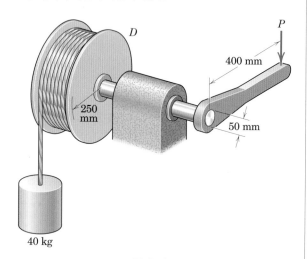

문제 6/71

6/72 문제 6/71에서 40 kg의 추를 내리는 데 필요한 힘 P를 구하라. 구한 답을 해답에 제시된 결과와 비교하라. 마찰을 무시할 때 구한 힘 P는 하중을 올릴 때와 내릴 때 필요한 힘들의 평균과 같은가?

6/73 그림과 같이 설계된 2개의 나사식 엘리베이터로 10 Mg의 상자를 지하 보관 시설로 내리고 있다. 각 나사는 질량이 0.9 Mg이며, 평균지름 120 mm, 리드 11 mm인 한줄 사각 나사산을 가지고 있다. 나사들은 시설 내 모터에 의해 동기화되어 회전한다. 상자, 나사 및 3 Mg의 엘리베이터 플랫폼 등 총 질량은 A에 있는 칼라 베어링에 의해 동등하게 지지된다. 이 베어링의 외경은 250 mm, 내경은 125 mm이다. 베어링에 작용하는 압력은 베어링 면 전체에 균일한 것으로 가정한다. 칼라 베어링과 나사 B의 마찰계수가 0.15라 할 때, (a) 엘리베이터를 올리기 위해, (b) 엘리베이터를 내리기 위해 각 나사에 가해야 할 토크 M을 계산하라.

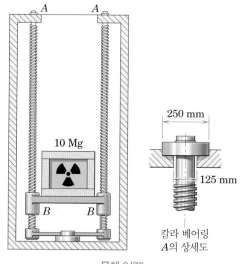

칼라 베어링 A의 상세도

문제 6/73

6/74 질량 m의 추를 끌어올리기 위해 서로 붙어 있는 2개의 풀리를 사용한다. 반지름 비 k는 거의 0부터 1까지 변할 수 있다. 반지름 r_0인 베어링의 마찰계수가 μ일 때, 일정한 속도로 추를 올리는 데 필요한 장력 T에 대한 식을 유도하라. μ는 $\sin\phi$(ϕ는 마찰각)를 대체할 수 있을 만큼 충분히 작은 값이다. 풀리 유닛의 질량은 m_0이다. T에 대한 식을 $m=50$ kg, $m_0=30$ kg, $r=0.3$ m, $k=\frac{1}{2}$, $r_0=25$ mm, $\mu=0.15$의 값으로 평가하라.

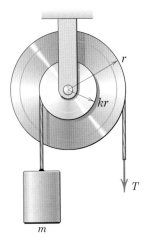

문제 6/74

6/75 문제 6/74에서 일정한 속도로 질량 m을 내리는 경우에 대하여 장력 T를 구하라.

6/76 얇은 판의 가장자리 면을 디스크 샌더로 가공하기 위하여 힘 P를 가하고 있다. 유효 동마찰계수가 μ이고 가공면의 압력이 일정하다고 할 때, 일정한 각속도로 디스크를 회전시키기 위하여 모터로 가해야 할 모멘트 M을 구하라. 판의 가공면은 디스크의 반지름을 따라 중심이 맞춰져 있다.

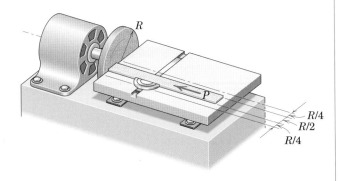

문제 6/76

6/77 2개의 짝 지어진 원형디스크의 축방향 단면이 그려져 있다. 두 디스크 사이의 압력이 $p=k/r^2$(k는 상수)의 관계를 따른다고 할 때, 고정된 아래쪽 디스크 위에서 위쪽 디스크를 회전시키는 데 필요한 토크 M을 구하는 식을 유도하라. 마찰계수 μ는 접촉면 전체에 걸쳐 일정하다.

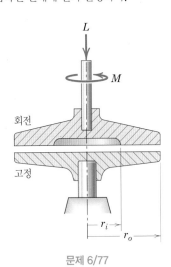

문제 6/77

6/78 자동차 디스크 브레이크는 납작한 표면의 로터와 캘리퍼로 구성되어 있으며, 캘리퍼는 로터의 양면에 압력을 가하는 디스크 패드를 포함한다. 패드에 압력 p가 균일하게 작용하고 양쪽 패드에 같은 힘이 작용한다고 할 때, 허브에 걸리는 모멘트가 패드 폭(angular span) β에 무관함을 보여라. 만약 압력이 θ에 따라 변한다면 모멘트에 영향을 미칠 것인가?

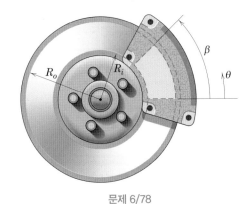

문제 6/78

6/79 반지름 a의 납작한 샌딩 디스크에서, 디스크와 가공면 사이에 발생하는 압력 p는 중심에서의 p_0부터 $r=a$에서의 $p_0/2$까지 r과 함께 선형적으로 감소한다. 마찰계수가 μ일 때, 축 방향 힘 L의 작용하에 축을 회전시키는 데 필요한 토크 M을 구하는 식을 유도하라.

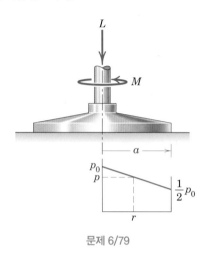

문제 6/79

6/80 자동차의 네 바퀴는 각각 20 kg의 질량을 가지며, 지름 80 mm의 저널(축)에 설치되어 있다. 바퀴를 포함한 자동차 총질량은 480 kg이고, 네 바퀴에 균등하게 배분되어 있다. 수평면에서 일정한 낮은 속력으로 굴러가게 하는 데 $P=$ 80 N의 힘이 필요하다고 할 때, 휠 베어링의 마찰계수를 계산하라. (힌트 : 바퀴 하나의 완벽한 자유물체도를 그려라.)

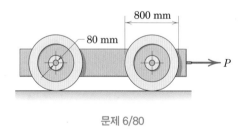

문제 6/80

6/81 그림은 해상용으로 설계된 다중원판 클러치를 보여준다. 구동원판 A는 구동축 B와 키로 연결되어(splined) 있어 축 방향으로는 자유롭게 미끄러질 수 있으나 축과 함께 회전하게 된다. 원판 C는 볼트 E를 통해 하우징 D를 구동한다. 이 클러치에는 5쌍의 마찰면이 있다. 마찰계수가 0.15이고 $P=$ 500 N일 때, 전달할 수 있는 최대 토크 M을 구하라. 원판들의 면적 전체에 걸쳐 압력이 균일하게 분포한다고 가정한다.

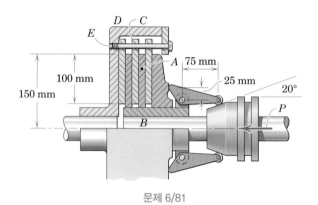

문제 6/81

▶6/82 축을 회전시키는 데 필요한 토크 M을 구하는 식을 유도하라. 추력 L은 원추 피벗 베어링에 의해 지지된다. 마찰계수는 μ이고, 베어링 압력은 일정하다.

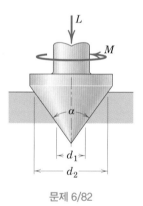

문제 6/82

6.8 유연한 벨트

도르래나 드럼에 걸린 유연한(flexible) 케이블, 벨트 및 로프 등의 미끄러지기 직전 상태는 모든 유형의 벨트 구동장치, 밴드 브레이크 및 권양기의 설계에서 매우 중요하다.

　그림 6.11a에는 회전을 방지하는 데 필요한 2개의 벨트 장력 T_1, T_2 및 토크 M, 그리고 베어링 반력 R이 표시되어 있다. 그림과 같은 방향으로 M이 작용하면 T_2는 T_1보다 크다. 길이가 $r\,d\theta$인 벨트 요소의 자유물체도가 그림의 (b) 부분에 그려져 있다. 크기가 변하는 힘을 다루는 다른 문제들에 사용되는 것과 유사한 방법으로 이 미분요소의 평형식을 세워 요소에 작용하는 힘들에 대한 해석을 수행한다. 벨트 장력은 각 θ 위치에서의 T로부터 각 $\theta+d\theta$ 위치에서의 $T+dT$까지 증가한다. 법선력 dN은 미소한 면적요소에 작용하므로 역시 미소한 크기를 갖는다. 마찰력도 마찬가지로 미소하고 미끄러지기 직전 상태에서 $\mu\,dN$이 되며, 미끄러지는 것과 반대 방향으로 벨트에 작용한다.

　t방향의 힘의 평형식은

$$T \cos \frac{d\theta}{2} + \mu\,dN = (T + dT) \cos \frac{d\theta}{2}$$

즉
$$\mu\,dN = dT$$

이다. 왜냐하면 미소 각에 대한 코사인의 극한값은 1이기 때문이다. n-방향의 힘의 평형식은 다음과 같다.

$$dN = (T + dT) \sin \frac{d\theta}{2} + T \sin \frac{d\theta}{2}$$

즉
$$dN = T\,d\theta$$

여기서 미소 각의 사인(sine)은 극한에서 각도 자체와 같아지고, 두 미소량의 곱은 1차 미소량에 비하여 무시할 수 있다는 사실을 이용하였다.

　두 평형조건식을 조합하면

$$\frac{dT}{T} = \mu\,d\theta$$

가 되고, 대응되는 적분구간에 대하여 양변을 적분하면 다음과 같이 된다.

$$\int_{T_1}^{T_2} \frac{dT}{T} = \int_0^\beta \mu\,d\theta$$

즉
$$\ln \frac{T_2}{T_1} = \mu\beta$$

여기서 $\ln\,(T_2/T_1)$은 밑을 e로 하는 자연대수(natural logarithm)이다. 이제 T_2에 대하여 풀면 다음 결과를 얻는다.

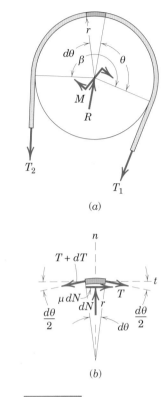

(a)

(b)

그림 6.11

고정된 원통에 밧줄을 한 바퀴만 감아도 장력에 큰 변화를 일으킬 수 있다.

$$T_2 = T_1 e^{\mu\beta} \tag{6.7}$$

β는 벨트의 총접촉각이며, 반드시 라디안 단위로 표시해야 한다. 로프가 드럼에 n 바퀴 감겨 있다면 β는 $2\pi n$ rad이 된다. 식 (6.7)은 총접촉각이 β인 비원형 단면에 대해서도 잘 성립한다. 이 결론은 그림 6.11의 원형 드럼의 반지름 r이 벨트 미분 요소의 평형방정식에 포함되어 있지 않다는 사실로부터 명백하다.

식 (6.7)은 벨트와 풀리가 등속도로 회전하는 벨트 구동장치에도 적용될 수 있다. 이 경우 식 (6.7)은 미끄러지고 있거나 미끄러지기 직전 상태에 대한 벨트의 장력비를 나타낸다. 회전속도가 빨라져 벨트가 림으로부터 벗겨지려고 하는 경우에는 식 (6.7)은 다소 오차를 포함하게 된다.

6.9 구름저항

구르는 바퀴와 이를 지지하는 면 사이의 접촉점에서 발생하는 변형은 구름에 대한 저항을 유발하는데, 이에 대하여 간략히 언급하기로 한다. 이 저항은 접선방향의 마찰력에 의한 것이 아니라 건마찰과는 전혀 다른 현상이다.

구름저항(rolling resistance)을 설명하기 위하여 그림 6.12의 바퀴를 생각한다. 바퀴의 축에는 하중 L이, 중심에는 구름을 일으키는 힘 P가 작용한다. 그림에서 바퀴와 지지면의 변형은 상당히 과장되어 있다. 접촉면적에 걸쳐 분포하는 압력 p는 그림에 표시한 것과 비슷하게 분포하며, 어떤 점 A에 작용하는 이 분포력의 합력 R은 바퀴가 평형을 이루기 위하여 반드시 중심을 통과해야 한다. 등속력으로 굴러가도록 하는 데 필요한 힘 P는 점 A에 대한 모든 힘들의 모멘트를 0으로 함으로써 구할 수 있다. 즉

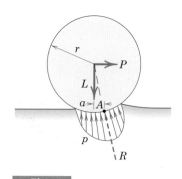

그림 6.12

$$P = \frac{a}{r} L = \mu_r L$$

여기서 P의 모멘트 팔은 r로 취한다. 비 $\mu_r = a/r$을 **구름저항계수**(coefficient of rolling resistance)라 부른다. 이 계수는 법선력에 대한 저항력의 비이며, 이 점에서 정마찰 또는 동마찰 계수와 유사하다. 다만 μ_r을 이해하는 데 있어 미끄러진다거나 미끄러지기 직전 상태라거나 하는 개념은 없다.

a의 크기는 정량화하기 어려운 많은 인자들에 의존하므로 구름저항에 관한 포괄적인 이론은 적용할 수 없다. 거리 a는 서로 접촉하는 재료들의 탄성과 소성, 바퀴의 반지름, 이동 속력 및 표면거칠기 등의 함수이다. a가 바퀴의 반지름에 대해서는 아주 작은 변화만 나타낸다는 시험 결과도 있어 흔히 구름반지름에는 무관한 것으로 취급된다. 불행하게도 a를 두고 구름저항계수라 부르는 문헌들도 있으나, a는 길이 차원을 가지고 있으므로 일반적 의미에서의 무차원 계수는 아니다.

예제 6.9

100 kg의 하중을 지지하고 있는 유연한 케이블이 고정된 원형 드럼을 지나 평형을 유지하기 위한 힘 P의 작용을 받고 있다. 케이블과 드럼 사이의 정마찰계수 μ는 0.30이다. (a) $\alpha = 0$일 때, 하중을 올리거나 내리지 않도록 하는 힘 P의 최댓값과 최솟값을 구하라. (b) $P = 500$ N일 때, 하중이 미끄러져 내려가기 직전에 각 α가 가질 수 있는 최솟값을 구하라.

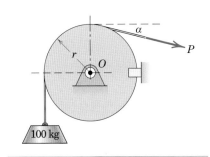

|풀이| 케이블이 고정된 드럼 위로 미끄러지는 순간은 식 (6.7)에 의하여 $T_2/T_1 = e^{\mu\beta}$로 주어진다.

(a) $\alpha = 0$일 때 접촉각은 $\beta = \pi/2$ rad이다. ① 하중이 위로 움직이려는 순간에 $T_2 = P_{max}$이고 $T_1 = 981$ N이므로 다음과 같은 결과를 얻는다.

$$P_{max}/981 = e^{0.30(\pi/2)} \qquad P_{max} = 981(1.602) = 1572 \text{ N} \quad ② \qquad \text{답}$$

하중이 아래로 움직이려는 순간에는 $T_2 = 981$ N, $T_1 = P_{min}$이 된다. 따라서

$$981/P_{min} = e^{0.30(\pi/2)} \qquad P_{min} = 981/1.602 = 612 \text{ N} \qquad \text{답}$$

(b) $T_2 = 981$ N이고 $T_1 = P = 500$ N이므로, 식 (6.7)에 대입하면 다음 결과를 얻는다.

$$981/500 = e^{0.30\beta} \qquad 0.30\beta = \ln(981/500) = 0.674$$

$$\beta = 2.25 \text{ rad} \qquad \text{즉} \qquad \beta = 2.25\left(\frac{360}{2\pi}\right) = 128.7°$$

$$\alpha = 128.7° - 90° = 38.7° \quad ③ \qquad \text{답}$$

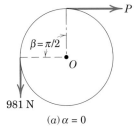

$(a)\, \alpha = 0$

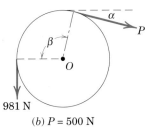

$(b)\, P = 500 \text{ N}$

|도움말|

① β는 반드시 라디안 단위로 표시해야 함에 주의하라.

② 식 (6.7)의 유도과정에서 $T_2 > T_1$임을 명심하라.

③ 식 (6.7)의 유도과정에서 언급하였듯이 드럼 반지름은 계산에 포함되지 않는다. 곡면 주위에 감겨 있는 유연한 케이블의 운동 직전 상태에 대한 한계조건을 결정하는 것은 오직 접촉각과 마찰계수뿐이다.

예제 6.10

계가 정적평형을 이루도록 하는 블록 질량 m의 범위를 결정하라. 케이블과 윗면 곡선부 사이의 정마찰계수는 0.20이고, 블록과 경사면 사이의 정마찰계수는 0.40이다. 피벗 O에서의 마찰은 무시한다.

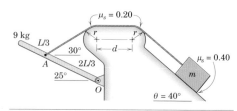

|풀이| 가늘고 균일한 막대 OA의 자유물체도로부터 점 A에서의 장력 T_A를 구할 수 있다.

$$[\Sigma M_O = 0] \qquad -T_A\left(\frac{2L}{3}\cos 35°\right) + 9(9.81)\left(\frac{L}{2}\cos 25°\right) = 0$$
$$T_A = 73.3 \text{ N}$$

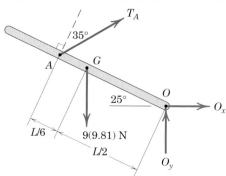

경우 I. 블록 m이 경사면을 올라가기 직전 상태

장력 $T_A = 73.3$ N이 거친 둥근 면에 관련된 두 가지 장력 중 큰 쪽과 같다. 식 (6.7)로부터

$$[T_2 = T_1 e^{\mu_s \beta}] \qquad 73.3 = T_1 e^{0.20[30° + 40°]\pi/180°} \qquad T_1 = 57.4 \text{ N} \quad ①$$

경우 I에 대한 블록의 자유물체도로부터

$$[\Sigma F_y = 0] \qquad N - mg\cos 40° = 0 \qquad N = 0.766mg$$

$$[\Sigma F_x = 0] \qquad -57.4 + mg\sin 40° + 0.40(0.766mg) = 0$$
$$mg = 60.5 \text{ N} \qquad m = 6.16 \text{ kg}$$

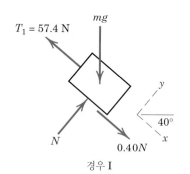

경우 I

경우 II. 블록 m이 경사면을 내려가기 직전 상태

장력 $T_A = 73.3$ N은 변함이 없으나, 이 경우에는 식 (6.7)의 두 가지 장력 중 작은 쪽과 같다.

$$[T_2 = T_1 e^{\mu_s \beta}] \qquad T_2 = 73.3 e^{0.20[30° + 40°]\pi/180°} \qquad T_2 = 93.5 \text{ N}$$

경우 II에 대한 블록의 자유물체도에서 수직력 N은 경우 I에서와 같다.

$$[\Sigma F_x = 0] \qquad -93.5 - 0.4(0.766mg) + mg\sin 40° = 0$$
$$mg = 278 \text{ N} \qquad m = 28.3 \text{ kg}$$

따라서 구하고자 하는 범위는 $6.16 \le m \le 28.3$ kg이다. ②

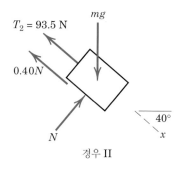

경우 II

|도움말|

① 식 (6.7)의 β 값으로 총접촉각만 입력되므로 r과 d의 크기는 결과에 영향을 미치지 않는다.

② 다른 모든 정보들은 그대로 두고 경사각 θ만 20°로 바꾸어 전체 문제를 다시 풀어보자. 놀랄 만한 결과가 얻어질 것에 대비하라.

연습문제

기초문제

6/83 불균형을 이루는 두 원통이 움직이지 않도록 하는, 밧줄과 고정 축 사이의 최소 마찰계수는 얼마인가?

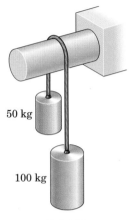

50 kg

100 kg

문제 6/83

6/84 40 kg의 원통을 느린 정속도로 (a) 올리는 데, 그리고 (b) 내리는 데 필요한 힘 P를 구하라. 끈과 지지면 사이의 마찰계수는 0.30이다.

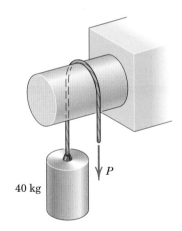

P

40 kg

문제 6/84

6/85 선박이 부두에서 떠돌지 않도록 밧줄을 조정하는 항만근로자가 있다. 그가 계류장 비트(mooring bit)에 $1\frac{1}{4}$바퀴 감긴 밧줄을 200 N의 힘으로 당길 때, 지지할 수 있는 장력 T는 얼마인가? 주강(cast-steel)으로 만든 계류장 비트와 밧줄 사이의 마찰계수는 0.30이다.

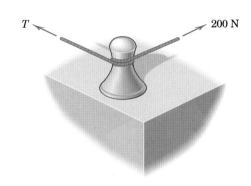

T 200 N

문제 6/85

6/86 균일한 표면 질감을 가진 불규칙적인 형상의 바위 위를 지나는 밧줄에 50 kg의 포장물이 달려 있다. 포장물을 일정한 속도로 내리는 데 필요한 아래쪽 방향 힘이 $P=70$ N이라 할 때, (a) 밧줄과 바위 사이의 마찰계수 μ와 (b) 포장물을 일정한 속도로 끌어올리는 데 필요한 힘 P'을 구하라.

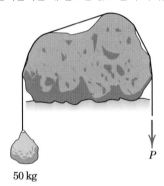

P

50 kg

문제 6/86

6/87 어떤 마찰계수 μ와 어떤 각도 α에 대해, m을 올리는 데는 $P=4$ kN이 필요하고, 느리고 일정한 속도로 m을 내리는 데는 $P=1.6$ kN이 필요하다. 질량 m을 계산하라.

α

P

m

문제 6/87

6/88 25° 경사면을 따라 위쪽으로 40 kg 블록을 움직이기 시작하는 데 필요한 힘 P를 구하라. 블록에 고정되어 있는 원기둥은 회전하지 않는다. 정마찰계수는 $\mu_1=0.40$, $\mu_2=0.20$이다.

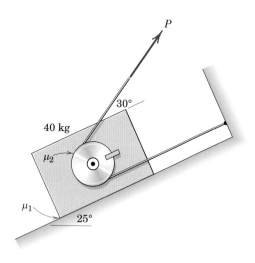

문제 6/88

6/89 문제 6/88의 블록을 아래쪽으로 움직이기 시작하는 데 필요한 힘 P를 구하라. 모든 정보는 문제 6/88에 주어진 것과 같다.

6/90 서부영화에서, 카우보이들은 수평 말뚝에 말고삐를 몇 바퀴 감고 그 끝은 그림처럼 매듭도 없이 걸치기만 하여 말을 매어 두는 장면이 종종 있다. 자유롭게 늘어진 말고삐 부분의 질량이 0.060 kg이고, 고삐를 감은 횟수가 그림과 같을 때, 말이 자유를 얻기 위해 표시된 방향으로 가해야 하는 장력 T의 크기는 얼마인가? 고삐와 나무말뚝 사이의 마찰계수는 0.70이다.

문제 6/90

심화문제

6/91 100 kg의 하중을 올리는 데 필요한 수평력 P를 계산하라. 고정된 원기둥과 밧줄 사이의 마찰계수는 0.40이다.

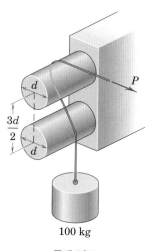

문제 6/91

6/92 80 kg의 암벽등산가를 두 동료가 절벽 끝 아래로 내리기 위해 밧줄에 350 N의 수평장력 T를 함께 가하고 있다. 밧줄과 암벽 사이의 마찰계수를 계산하라.

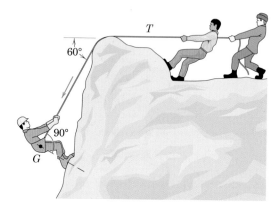

문제 6/92

6/93 80 kg의 나무치료전문가가 그 스스로 나무의 수평 가지에 밧줄을 걸어 아래로 내려간다. 밧줄과 가지 사이의 마찰계수가 0.60일 때, 자신을 천천히 내려올 수 있도록 하기 위해 이 사람이 밧줄에 가해야 하는 힘을 계산하라.

문제 6/93

6/94 그림의 위치에서 막대가 정적평형상태를 유지하기 위한 최소 정마찰계수를 구하라. 막대는 균일하고, 고정된 못 C의 크기와 B에서의 마찰은 무시한다.

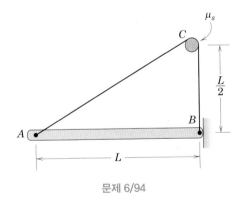

문제 6/94

6/95 축 A와 C의 위치는 고정되어 있고, 반면에 축 B는 수직 홈과 고정 볼트로 위치를 바꿀 수 있다. 모든 접촉면에서의 정마찰계수가 μ라 할 때, 질량 m의 원기둥을 올리기 시작하는 데 필요한 장력 T를 좌표 y에 대한 관계식으로 나타내라. 모든 축은 회전할 수 없게 고정되어 있다.

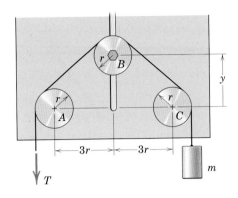

문제 6/95

*6/96 정마찰계수가 A와 C에서 0.60, B에서 0.20이라 할 때 문제 6/95를 다시 풀어라. $0 \leq y \leq 10r$ 구간에서 T/mg를 y에 대한 함수 그래프로 나타내라. r은 세 축의 공통된 반지름이다. $y=0$일 때와 y가 큰 값일 때 T/mg의 한곗값은 얼마인가?

6/97 1 m당 74 kg의 질량을 가지는 균일한 I-단면 보가 지름 300 mm의 고정된 드럼에 걸린 밧줄로 지지되어 있다. 밧줄과 드럼 사이의 마찰계수가 0.50일 때, 보를 수평 위치로부터 기울어지게 하는 힘 P의 최솟값을 계산하라.

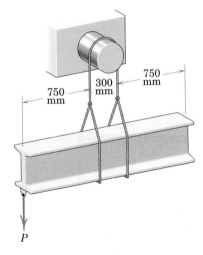

문제 6/97

6/98 에스컬레이터의 이음매 없는 순환벨트가 드럼 B에 작용하는 토크 M으로 구동된다. A는 구동되지 않는 아이들(idler) 드럼이다. 벨트 장력은 C에 있는 턴버클(turnbuckle)로 조절하며, 에스컬레이터에 부하가 걸리기 전 벨트 양쪽에 작용하는 초기 장력은 각각 4.5 kN이다. 평균 70 kg의 승객 30명을 이동시킬 수 있는 에스컬레이터를 설계하기 위하여 드럼 B와 벨트 사이에 미끄럼이 발생하지 않을 최소 마찰계수를 계산하라. 승객들의 중량은 벨트 전체에 균일하게 분포하는 것으로 가정한다. (단, 드럼 B 위쪽의 벨트 장력의 증가와 아래쪽 드럼 A에서의 벨트 장력의 감소는 각각 승객 총중량의 경사면 방향 성분의 절반임을 증명할 수 있다.)

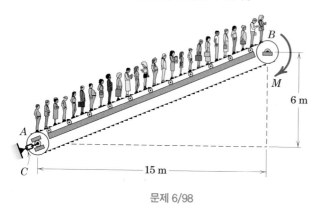

문제 6/98

6/99 중량 W_1의 블록에 가벼운 밧줄을 끼울 수 있는 원형 홈이 있다. 블록이 정적평형이 되는 W_2/W_1 비의 최솟값을 구하라. 밧줄과 홈 사이의 정마찰계수는 0.35이다. 가정이 필요하면 기술하라.

문제 6/99

6/100 밴드 브레이크 설계에서, 유연한 밴드의 작용에 반하여 V-블록 안의 파이프를 돌리는 데 필요한 우력 M을 구하라. 점 O에 피벗되어 있는 레버에 힘 $P=100$ N이 작용한다. 밴드와 파이프 사이의 마찰계수는 0.30이고, 파이프와 블록 사이의 마찰계수는 0.40이다. 부품들의 중량은 무시할 수 있다.

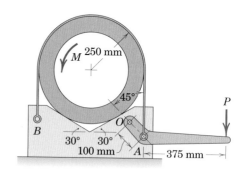

문제 6/100

6/101 시스템이 평형을 이루기 위한 질량 m_2의 범위를 구하라. 블록과 경사면 사이의 정마찰계수는 $\mu_1=0.25$이고, 밧줄과 블록에 고정된 디스크 사이의 정마찰계수는 $\mu_2=0.15$이다.

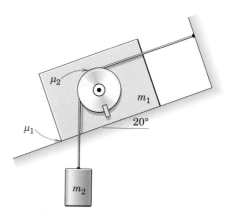

문제 6/101

6/102 그림은 밴드형 오일 필터 렌치의 설계도이다. 밴드와 고정된 필터 사이의 마찰계수가 0.25라 할 때, 힘 P의 크기와 상관없이 렌치가 필터 위를 미끄러지지 않도록 보장하는 h의 최솟값을 구하라. 렌치의 질량은 무시하고, 작은 부위 A의 효과는 3시 방향에서 시작하여 시계방향으로 진행하는 밴드랩의 효과와 동등하다고 가정한다.

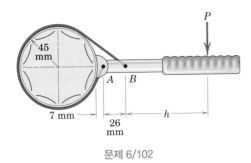

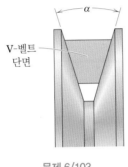

문제 6/102

6/103 그림 6.11에서 평벨트와 풀리 대신 단면도에 나타낸 것과 같이 V-벨트와 이에 맞는 홈을 가진 풀리로 대체해보자. V-벨트가 미끄러지기 직전 상태에서의 벨트 장력, 접촉각 및 마찰계수 간의 관계를 유도하라. $\alpha=35°$로 V-벨트를 설계하면 같은 재료의 평벨트의 마찰계수를 몇 배로 증가시킨 효과가 있을까?

V-벨트 단면

문제 6/103

▶6/104 균일한 막대 AB의 양 끝에 연결된 가벼운 케이블이 고정 못 C에 걸려 있다. 그림 (a)의 수평 위치에서 시작하여, $d=$ 0.15 m 길이의 케이블이 못 오른쪽에서 왼쪽으로 이동한 모습을 그림 (b)가 보여주고 있다. 이 위치에서 처음으로 케이블이 못에서 미끄러지기 시작했다면, 못과 케이블 사이의 정마찰계수는 얼마인가? 못의 지름은 무시한다.

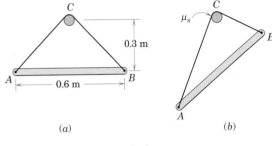

문제 6/104

6.10 이 장에 대한 복습

마찰에 관한 학습에서 건마찰 또는 Coulomb 마찰에 초점을 맞추었는데, 그림 6.1에 나타낸 것과 같이 서로 접촉하고 있는 물체들 사이의 표면 요철에 대한 간단한 역학적 모델을 가지고 대부분의 공학적 목적에 적합하게 마찰현상을 설명할 수 있었다. 이 모델은 실제 문제에서 마주치게 되는 세 가지 유형의 건마찰 문제를 가시화하는 데 도움이 된다. 이 세 가지 문제 유형은 다음과 같다.

1. 가능한 최댓값보다 작으며 평형방정식으로부터 구할 수 있는 정마찰(이 경우 일반적으로 $F<\mu_s N$인가를 조사해 보아야 함)
2. 운동 직전 상태의 한계 정마찰($F=\mu_s N$)
3. 접촉면 사이에 미끄럼 운동이 일어나고 있는 경우의 동마찰($F=\mu_k N$)

건마찰 문제를 풀 때 다음 사항들을 명심하라.

1. 마찰계수는 접촉하고 있는 한 쌍의 표면에 적용된다. 단일 표면에 대한 마찰계수를 말하는 것은 무의미하다.
2. 주어진 한 쌍의 접촉면 사이의 정마찰계수 μ_s는 일반적으로 동마찰계수 μ_k보다 약간 크다.

3. 물체에 작용하는 마찰력은 현재 일어나고 있는 미끄럼 운동 또는 마찰이 없을 경우 일어날 수 있는 미끄럼 운동에 항상 반대 방향으로 나타난다.
4. 마찰력이 면이나 선상에 분포되어 있을 때에는, 그 면이나 선의 대표 요소를 선택하여, 그 요소에 작용하는 미소 마찰력에 의한 힘과 모멘트를 계산한다. 그다음에 전체 면 또는 선에 대하여 이 값들을 적분한다.
5. 마찰계수는 접촉면의 정확한 조건에 따라 상당한 차이가 있다. 유효숫자 세 자리까지 계산된 마찰계수는 실험으로 쉽게 구현할 수 없는 수준의 정확도를 나타내며, 단지 계산상의 검증을 위한 목적으로만 사용된다. 공학 실무에서 설계 계산을 위하여 사용하는 핸드북의 정마찰 또는 동마찰 계수들은 모두 근삿값으로 보아야 한다.

이 장의 서두에서 언급한 다른 종류의 마찰도 공학에서 중요하다. 예를 들어 유체마찰을 포함하는 문제는 공학에서 마주치는 가장 중요한 마찰문제 중 하나이며, 유체역학 과목에서 학습한다.

복습문제

6/105 30° 경사면 위에 놓여 있는 40 kg의 블록이 정지상태로부터 자유롭게 풀린다. 블록과 경사면 사이의 정마찰계수는 0.30 이다. (a) 블록이 미끄러지지 않도록 하는 스프링의 초기 장력 T의 최댓값 및 최솟값을 구하라. (b) T=150 N일 때 블록에 작용하는 마찰력 F를 계산하라.

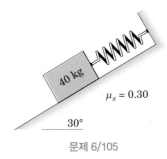

문제 6/105

6/106 (a) 100 kg의 상자를 천천히 일정한 속도로 내리기 위하여 하역부들이 케이블에 가해야 할 장력을 구하라. 배 난간의 유효 마찰계수는 μ=0.20이다. (b) 상자를 끌어올리려면 얼마의 장력을 가해야 하는가?

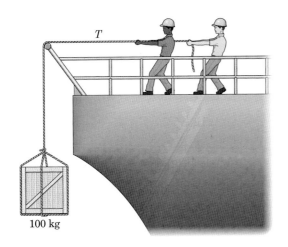

문제 6/106

6/107 5° 쐐기를 이용하여 질량중심 G를 가진 2 Mg의 선반의 위치를 잡고 있다. 모든 접촉면에서의 마찰계수가 0.30이라 할 때, 쐐기를 제거하는 데 필요한 수평력 P를 구하라. 또한, 선반의 수평방향 움직임은 발생하지 않음을 보여라.

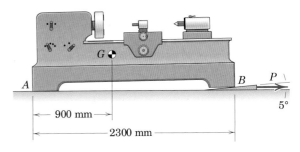

문제 6/107

6/108 질량이 m인 균질의 원판이 서로 직교하는 지지면 위에 놓여 있다. 끈에 작용하는 장력 P는 0에서부터 매우 천천히 증가한다. A와 B에서의 마찰조건이 모두 μ_s=0.25라면 먼저 무슨 일이 일어날 것인가? 원판은 그 자리에서 미끄러질 것인가, 아니면 경사면을 굴러 올라가기 시작할 것인가? 이 움직임이 처음 시작될 때의 P 값을 구하라.

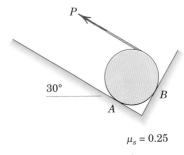

문제 6/108

6/109 토글 쐐기는 목재 배를 건조하는 과정에서 널빤지 두 장 사이의 틈새를 좁히는 데 사용하는 유용한 장치이다. 그림과 같은 상태에서 쐐기를 움직이는 데 필요한 힘이 P=1.2 kN일 때, 토글의 위쪽 끝 A에 작용하는 마찰력 F를 구하라. 모든 접촉면에서의 정마찰계수와 동마찰계수는 0.40으로 한다.

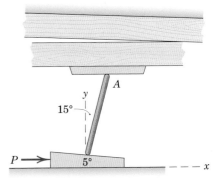

문제 6/109

6/110 드릴프레스 테이블의 칼라와 수직 기둥 사이의 정마찰계수는 0.30이다. 작업자가 클램프를 잠그는 것을 잊어버렸을 때, 드릴 추력 때문에 칼라와 테이블이 기둥 아래쪽으로 미끄러질 것인가, 아니면 마찰이 충분하여 제자리에 머무를 것인가? 드릴 추력에 비하여 테이블과 칼라의 무게는 무시할 수 있으며, 접촉은 점 A와 B에서 일어나는 것으로 가정한다.

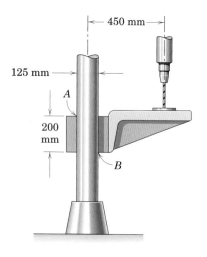

문제 6/110

6/111 정마찰계수가 $\mu_s \leq 1$일 때, 정삼각형 모양의 물체가 수직 슬롯 내에 결속될 수 없음을 보여라. 양쪽의 틈새는 작고, 정마찰계수는 모든 접촉점에서 같다.

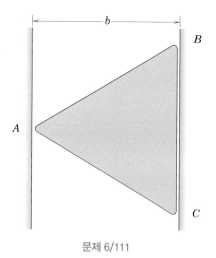

문제 6/111

6/112 소형 프레스의 나사가 평균지름 25 mm, 리드 8 mm인 한줄식 사각 나사산을 가지고 있다. 점 A의 편평한 추력 베어링은 오른쪽 확대도에도 나타나 있으며, 표면은 거의 마모되어 있다. 나사산과 베어링 A의 마찰계수가 0.25일 때, (a) 4 kN의 압축력을 발생시키기 위하여, (b) 4 kN의 압축력으로부터 프레스를 느슨하게 하기 위하여 손잡이에 가해야 할 토크 M을 계산하라.

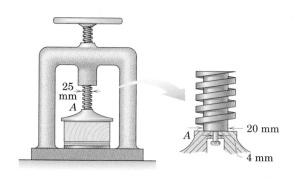

문제 6/112

6/113 질량 $m = 3$ kg, 길이 $L = 0.8$ m인 가늘고 균일한 막대가 점 O를 지나는 수평축에 피벗되어 있다. 정마찰 때문에 베어링은 막대에 0.4 N·m까지 모멘트를 가할 수 있다. 오른쪽 방향의 수평력 P가 없을 때 막대의 정적평형을 가능하게 하는 θ의 최댓값(θ_{max})을 구하라. 그리고 이 위치에서(θ_{max})에서 막대를 움직이기 위해 하단 A에 가해야 할 힘의 크기를 구하라. 이러한 베어링 마찰을 때로 '정지마찰(stiction)'이라 한다.

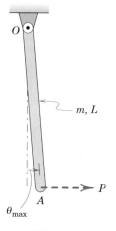

문제 6/113

6/114 (a) 고정된 세 축의 정마찰계수가 0.20일 때, (b) 축 B의 정마찰계수가 0.50로 증가했을 때, 각각 이 시스템이 평형상태를 유지할 수 있기 위한 질량 m의 범위를 구하라.

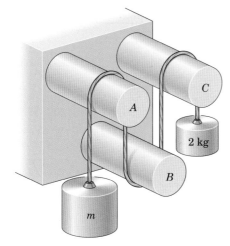

문제 6/114

6/115 바클램프(bar clamp)는 두 판을 접착할 때 접착제가 굳는 동안 두 판을 눌러주는 데 사용된다. 400 N의 압축력을 얻기 위하여 나사 핸들에 가해야 할 토크 M은 얼마인가? 이 한줄식 나사는 평균지름 10 mm, 리드 1.5 mm의 사각 나사산을 가지고 있다. 유효 마찰계수는 0.20이다. 피벗 접촉점 C에서의 마찰은 무시한다. 클램프를 풀 때 가해야 할 토크 M'은 얼마인가?

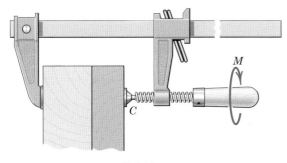

문제 6/115

6/116 원기둥의 질량은 36 kg이고, 여기 달려 있는 균일한 막대의 질량 m은 알려져 있지 않다. 각 θ가 45°까지는 이 시스템이 정적평형을 유지하나 45°를 넘으면 미끄럼이 발생한다. 정마찰계수가 0.30이라 할 때 m을 구하라.

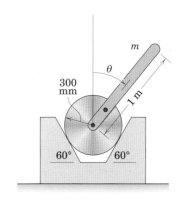

문제 6/116

6/117 빠르게 고정 작용을 할 수 있도록 설계된 캠-잠금 바이스의 캠과 가동 턱 A 사이의 마찰계수가 0.30이다. (a) 캠과 레버가 P=150 N의 힘으로 그림과 같은 고정 위치에 접근하면서 시계방향으로 회전할 때, 고정력 C를 구하라. (b) P를 제거했을 때 잠금 위치에서의 마찰력 F를 구하라. (c) 고정을 푸는 데 필요한, P와 반대 방향의 힘 P'을 구하라.

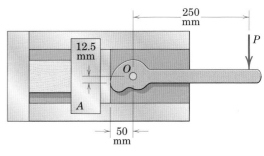

문제 6/117

6/118 8 kg의 블록이 정마찰계수가 $\mu_s = 0.50$인 20° 경사면 위에 놓여 있다. 블록을 미끄러지게 하는 최소 수평력 P를 구하라.

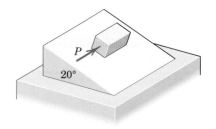

문제 6/118

6/119 픽업 트럭의 뒷바퀴는 미끄러지지 않는다고 할 때, 정지 위치로부터 앞바퀴가 도로경계석 위로 구르도록 하기 위해 엔진이 뒤 차축에 가해야 할 토크 M을 계산하라. 뒷바퀴의 미끄럼을 방지하기 위한, 뒷바퀴의 최소 유효 마찰계수를 구하라. 짐을 실은 트럭의 질량은 1900 kg이며, 질량중심은 G이다.

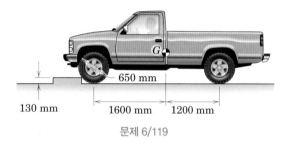

650 mm

130 mm   1600 mm   1200 mm

문제 6/119

*컴퓨터 응용문제

*6/120 15° 경사면 위에 놓인 80 kg의 상자를 정지상태로부터 위쪽으로 움직이기 시작하는 데 필요한 힘 P를 $1 \leq x \leq 10$ m 범위에서 그래프로 나타내라. 정마찰계수는 $\mu_s = \mu_0 x (\mu_0 = 0.10,$ x는 m 단위) 관계에 따라 경사면 아래쪽 방향의 거리 x에 비례하여 증가한다. P의 최솟값과 이에 해당하는 x값을 구하라. 경사면을 따른 상자 길이의 효과는 무시한다.

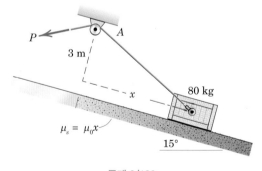

P

A

3 m

x

80 kg

$\mu_s = \mu_0 x$

15°

문제 6/120

*6/121 수평면 위에 정지하고 있는, 균일한 밀도를 가진 반원기둥이 그림과 같은 힘 P를 받고 있다. P가 원기둥의 편평한 면에 수직을 유지하면서 천천히 증가할 때, 경사각 θ를 미끄럼이 발생할 때까지 P의 함수로 그려라. 미끄럼이 발생할 때의 경사각 θ_{max}과 이에 해당하는 힘 P_{max}을 구하라. 정마찰계수는 0.35이다.

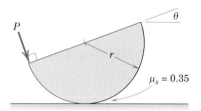

P

θ

r

$\mu_s = 0.35$

문제 6/121

*6/122 문제 6/40의 가늘고 균일한 막대를 다시 생각하자. 다만 점 B의 롤러는 제거되었다. 점 A, B의 정마찰계수는 각각 0.70, 0.50이다. 평형상태가 가능한 각 θ의 최댓값을 구하라.

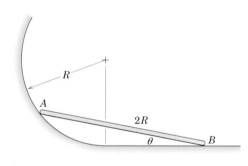

R

A

$2R$

θ

B

문제 6/122

*6/123 균일한 막대의 상단 A에 달린 작은 롤러는 수직면에 기대어 있고, 둥근 모양의 하단 B는 플랫폼 위에 놓여 있다. 이 플랫폼은 그림과 같은 수평 위치로부터 아래쪽으로 서서히 회전한다. B점에서의 정마찰계수가 $\mu_s = 0.40$일 때, 미끄럼이 발생할 플랫폼 경사각 θ를 구하라. 롤러의 크기와 마찰, 그리고 플랫폼의 작은 두께는 무시한다.

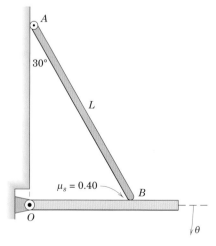

A

30°

L

$\mu_s = 0.40$

B

O

θ

문제 6/123

*6/124 50 kg의 블록을 오른쪽으로 움직이는 데 필요한 힘 P를 구하라. $\mu_1=0.60$, $\mu_2=0.30$일 때, $0 \leq x \leq 10$ m 범위에서 그 결과를 나타내고, $x=0$일 때의 결과를 해석하라. $x=3$ m일 때 P값은 얼마인가? 점 A에 있는 봉의 지름의 효과는 무시한다.

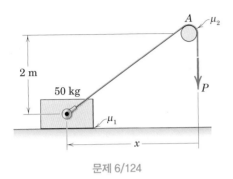

문제 6/124

*6/125 0.50의 마찰계수를 가진 고정 드럼 위로 미끄러지는 케이블로 100 kg의 부하를 끌어올리고 있다. 케이블은 힘 P에 의하여 매끄러운 수평 안내 봉을 따라 천천히 당겨지는 슬라이더 A에 고정되어 있다. $\theta=90°$에서 $\theta=10°$까지의 범위에서 θ의 함수로 P의 그래프를 그리고, 그 최댓값과 그때의 θ값을 구하라. 그래프에서의 P_{max} 값을 해석적으로 확인하라.

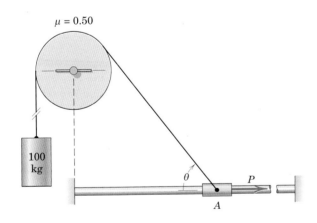

문제 6/125

*6/126 밴드렌치는 정수 필터 E와 같은 물체를 느슨하게 하거나 팽팽하게 하는 데 유용한 장치이다. 렌치의 치형(teeth)은 점 C에서 밴드 위를 미끄러지지 않고, 밴드는 C에서 끝점까지 느슨하게 되어 있다고 가정한다. 밴드가 고정 필터와 상대적으로 미끄러지지 않을 최소 정마찰계수를 구하라.

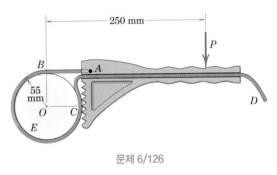

문제 6/126

*6/127 문제 6/104의 균일한 막대와 그 양 끝에 연결된 케이블을 다시 생각하자. 고정된 작은 못과 케이블 사이의 정마찰계수가 $\mu_s=0.20$이라고 할 때, 평형이 가능한 최대각 θ를 구하라.

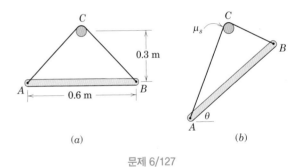

문제 6/127

가상일

이 장의 구성

7.1 서론

7.2 일

7.3 평형

7.4 위치에너지와 안정성

7.5 이 장에 대한 복습

형상이 변화하는 다중 링크 구조물의 해석에는 일반적으로 가상일 방법이 잘 사용된다. 그림의 건설용 작업대가 전형적인 예이다.

7.1 서론

6장까지는 자유물체도를 이용하여 물체를 주위와 분리시키고 힘의 합과 모멘트의 합을 각각 0으로 하는 평형방정식을 사용하여 그 물체의 평형을 해석하였다. 이러한 방법은 대개 평형 위치가 주어진 물체에 대하여 적용되며 1개 또는 그 이상의 미지의 외력을 결정하는 데 사용된다.

여러 개의 서로 연결된 부재들로 구성된 물체에서, 이들 부재들이 서로 상대적으로 움직일 수 있는 경우가 있다. 따라서 여러 가지 가능한 평형 형상이 검토되어야 한다. 이러한 종류의 문제들에서 힘과 모멘트의 평형방정식들을 사용할 수는 있지만 직접적이고 편리한 해법은 되지 못한다.

이러한 경우에는 힘이 수행한 일의 개념에 입각한 방법이 보다 직접적인 해법이 된다. 또한 이러한 방법을 사용하여 기계 시스템의 거동을 보다 깊이 있게 살펴볼 수 있으며 평형상태에 놓인 시스템의 안정성(stability)을 검토하는 것이 가능하게 된다. 이러한 방법을 **가상일의 방법**(method of virtual work)이라고 한다.

7.2 일

우선 일상적인 비기술적 용어와 대비하여 정량적인 관점에서 일(work)을 정의해야 한다.

힘이 한 일

그림 7.1a에서와 같이 물체에 작용하는 일정한 힘 **F**를 고려해보자. 이 물체가 점

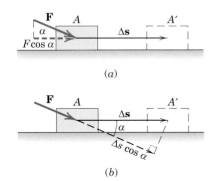

(a)

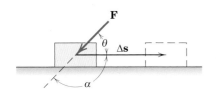

(b)

그림 7.1

A에서 점 A'까지 평면을 따라서 이동한 것은 벡터 $\Delta\mathbf{s}$에 의하여 표현되며, 이 벡터를 물체의 **변위**(displacement)라고 한다. 이 변위가 발생하는 동안 물체에 대하여 그 힘 $\mathbf{F}$가 한 일 U는 그 힘 $\mathbf{F}$의 변위 $\Delta\mathbf{s}$ 방향의 성분과 그 변위의 곱으로 정의된다. 즉

$$U = (F \cos \alpha)\, \Delta s$$

그림 7.1b로부터 만약 그 힘의 크기에 변위의 힘 방향 성분을 곱해도 동일한 결과를 얻는 것을 알 수 있다. 즉

$$U = F(\Delta s \cos \alpha)$$

이들 두 벡터의 분해 방향과 무관하게 동일한 결과를 얻을 수 있기 때문에 일 U는 스칼라양이라고 결론지을 수 있다.

변위 방향으로의 힘의 성분이 그 변위와 동일한 방향으로 작용할 때, 양(+)의 일을 수행한다. 반면에 그림 7.2처럼 변위 방향으로의 힘의 성분이 그 변위와 반대 방향으로 작용할 때, 음(−)의 일을 수행한다. 따라서

$$U = (F \cos \alpha)\, \Delta s = -(F \cos \theta)\, \Delta s$$

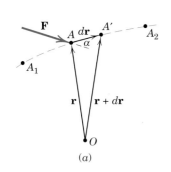

그림 7.2

이제 변위의 방향과 힘의 크기와 방향이 가변적인 경우를 설명할 수 있도록 일의 정의를 일반화하고자 한다.

힘 $\mathbf{F}$를 받아서 점 A_1으로부터 점 A_2까지의 경로를 따라서 움직이는 물체가 점 A에 위치한 상태를 그림 7.3a에 도시하였다. 점 A는 임의의 편리한 원점 O로부터 측정된 위치벡터 $\mathbf{r}$에 의하여 그 위치가 표시될 수 있다. 점 A로부터 점 A'까지의 움직임에서 미소변위는 이 위치벡터의 미분 변화인 $d\mathbf{r}$에 의하여 주어진다. 변위 $d\mathbf{r}$ 동안에 힘 $\mathbf{F}$가 한 일은 다음과 같이 정의된다.

$$dU = \mathbf{F} \cdot d\mathbf{r} \tag{7.1}$$

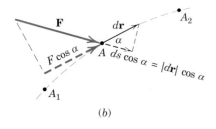

(a)

만약 힘 $\mathbf{F}$의 크기를 F로, 미분 변위 $d\mathbf{r}$의 크기를 ds로 표기한다면, 벡터 내적의 정의를 이용하여 다음과 같은 식을 얻을 수 있다.

$$dU = F\, ds \cos \alpha$$

(b)

그림 7.3

그림 7.3b에 표시된 것처럼, 위 식은 변위 방향으로의 힘의 성분인 $F \cos \alpha$와 변위의 곱으로 해석될 수도 있고 또한 힘 방향으로의 변위의 성분인 $ds \cos \alpha$와 힘의

곱으로 해석될 수도 있다. 만약 **F**와 $d\mathbf{r}$을 직교좌표계에서의 성분으로 표시한다면, 다음 식을 얻을 수 있다.

$$dU = (\mathbf{i}F_x + \mathbf{j}F_y + \mathbf{k}F_z)\cdot(\mathbf{i}\,dx + \mathbf{j}\,dy + \mathbf{k}\,dz)$$
$$= F_x\,dx + F_y\,dy + F_z\,dz$$

그림 7.3a에서 점 A_1에서 점 A_2로 이동하는 동안 힘 **F**가 수행한 전체 일 U를 구하기 위하여, 경로상의 한 점 A가 유한한 크기로 이동하는 동안에 힘 **F**가 수행한 일 dU를 적분하여 다음 식을 얻는다.

$$U = \int \mathbf{F}\cdot d\mathbf{r} = \int (F_x\,dx + F_y\,dy + F_z\,dz)$$

즉

$$U = \int F\cos\alpha\,ds$$

가 된다. 이 적분을 수행하기 위하여 우리는 힘의 각각의 성분과 대응되는 좌표 사이의 관계 또는 F와 s 사이의 관계 및 $\cos\alpha$와 s 사이의 관계를 알아야만 한다.

한점 집중힘계(모든 힘들의 작용선 또는 작용선의 연장이 한 점을 관통하는 힘계)의 경우에, 그들의 합력에 의하여 수행된 일은 각각의 힘들이 수행한 일들의 총합과 같다. 이는 변위 방향으로의 합력의 성분은 동일한 방향으로의 여러 힘들의 성분의 합과 같기 때문이다.

우력이 한 일

힘이 일을 하는 것처럼, 우력도 역시 일을 한다. 우력 M이 물체에 작용하여 그 물체의 각 위치를 $d\theta$ 크기만큼 변화시킨 상태를 그림 7.4a에 보였다. 이 우력이 한 일은, 우력을 구성하는 두 힘이 한 일로부터 쉽게 구할 수 있다. 임의의 두 점 A와 B에 작용하며 크기가 같고 방향이 반대인 두 힘 **F**와 $-\mathbf{F}$에 의하여 만들어진 우력을 그림 7.4b에서 도시하였다. 이들 힘과 우력의 크기 사이에는 $F = M/b$의 관계가 존재한다. 이 그림이 위치한 평면 내에서의 미소 움직임 동안에, 선 AB는 선 $A''B'$으로 이동한다. 점 A의 변위를 두 단계로 나누어 생각할 수 있다. 즉, 점 B의 변위와 같은 변위 $d\mathbf{r}_B$와 점 B에 관한 회전에 의하여 발생하며 점 B에 대한 점 A의 변위인 $d\mathbf{r}_{A/B}$. 따라서 점 A에서 점 A'까지의 변위 동안에 힘 **F**에 의한 일은 점 B에서 점 B'으로의 동일한 변위 동안에 $-\mathbf{F}$에 의한 일과 크기는 같고 부호는 반대가 된다. 따라서 우리는 회전이 없는 병진운동을 하는 동안에는 우력에 의한 일이 없다고 결론 내릴 수 있다.

그러나 회전이 발생하는 동안에는 힘 **F**가 $\mathbf{F}\cdot d\mathbf{r}_{A/B} = Fb\,d\theta$와 같은 크기의 일

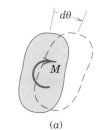

(a)

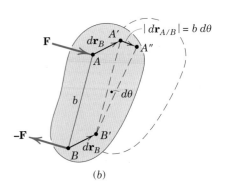

(b)

그림 7.4

을 한다. 여기서 $d\theta$는 미소 회전각이며 그 단위는 라디안이다. $M = Fb$이므로, 다음 식을 얻을 수 있다.

$$dU = M\,d\theta \qquad\qquad (7.2)$$

우력이 한 일의 부호는, 만약 M이 회전각 $d\theta$(그림에서 $d\theta$의 방향은 시계방향으로 도시됨)와 같은 방향이면 양이며, 만약 M이 회전각과 반대 방향이면 음이 된다. 평면 내에서 유한한 회전 동안에 우력이 한 전체 일은 다음 식으로 표기된다.

$$U = \int M\,d\theta$$

일의 차원

일은 (힘)×(거리)의 차원을 갖는다. SI 단위계에서 일의 단위는 줄(J)로 표시된다. 힘과 같은 방향으로 1미터의 거리를 움직이는 동안에 1뉴턴 크기의 힘이 수행한 일이 줄(J)로 정의된다(J=N·m). 미국통상단위계에서 일의 단위는 피트-파운드(ft-lb)로 표시되며, 이는 힘과 같은 방향으로 1피트의 거리를 움직이는 동안에 1파운드의 힘이 수행한 일에 해당된다.

　힘이 한 일과 힘의 모멘트는 전혀 다른 물리량이지만 동일한 차원을 갖는다. 일은 벡터의 내적에 의하여 결정되는 **스칼라양**이며 동일한 방향으로 측정된 힘과 거리의 곱이다. 한편 모멘트는 벡터의 외적에 의하여 결정되는 **벡터양**이며 따라서 이는 힘과 수직으로 측정된 거리와 힘과의 곱이다. 단위를 기술할 때 이들 두 물리량을 구분하기 위하여, SI 단위계에서 일의 단위로는 줄(J)을 사용하며 모멘트의 단위로는 뉴턴-미터(N·m)를 사용하기로 한다. 미국통상단위계에서는 일의 단위로는 피트-파운드(ft-lb)를 사용하고 모멘트의 단위로는 파운드-피트(lb-ft)를 사용하기로 한다.

가상일

이제 어떤 질점의 정적 평형의 위치가 그 질점에 작용하는 힘들에 의하여 결정되는 경우를 고려해보자. 이 정적 평형의 위치로부터 벗어나며 시스템의 구속과 모순되지 않은 어떤 가정된 임의의 작은 변위 $\delta\mathbf{r}$을 **가상변위**(virtual displacement)라고 부른다. 이 변위는 실제로 존재하는 것이 아니라 여러 가지 가능한 평형 위치들을 서로 비교하여 정확한 평형 위치를 결정하는 데 사용하기 위하여 존재한다고 가정하는 변위이기 때문에 가상이라는 표현을 사용한다.

　가상변위 $\delta\mathbf{r}$ 동안에 질점에 작용하는 어떤 힘 $\mathbf{F}$가 한 일을 **가상일**(virtual work)이라고 하며 이는 다음 식으로 표기된다.

$$\delta U = \mathbf{F} \cdot \delta \mathbf{r} \qquad \text{즉} \qquad \delta U = F \, \delta s \cos \alpha$$

여기서 α는 $\mathbf{F}$와 $\delta \mathbf{r}$ 사이의 각도이며 δs는 $\delta \mathbf{r}$의 크기이다. $d\mathbf{r}$과 $\delta \mathbf{r}$에는 다음과 같은 차이점이 있다. $d\mathbf{r}$은 (실제로 발생한) 위치에서의 미소 변화를 뜻하며 적분될 수 있으나, $\delta \mathbf{r}$은 미소 가상 움직임을 뜻하며 적분될 수 없다. 수학적으로는 두 양 모두 제1차 미분이다.

가상변위가 때로는 물체의 회전 $\delta \theta$일 수 있다. 식 (7.2)에 따르면 가상 각변위 $\delta \theta$ 동안에, 우력 M이 하는 가상일은 $\delta U = M \delta \theta$이다.

우리는 어떤 미소 가상변위가 발생하는 동안에 힘 $\mathbf{F}$ 또는 우력 M의 값이 일정하다고 간주할 수 있다. 만약에 미소 움직임이 발생하는 동안에 힘 $\mathbf{F}$ 또는 우력 M에서의 어떤 변화를 고려한다면 극한에서 무시할 수 있는 고차항이 발생할 것이다. 이는 수학적으로 곡선 $y = f(x)$ 아래의 면적 요소를 $dA = y \, dx$라고 쓸 때, 곱 $dx \, dy$를 무시할 수 있는 것과 동일하다.

7.3 평형

이제 가상일의 관점에서 평형 조건을 표현하기로 하자. 질점, 단일 강체 그리고 여러 개의 강체가 서로 연결된 시스템의 순서로 평형 조건의 표현을 구해보자.

질점의 평형

그림 7.5에 도시된 것처럼, 연결된 스프링에서 작용하는 힘들의 작용으로 평형 위치에 놓인 질점 또는 작은 물체를 고려하기로 하자. 만약 질점의 질량이 작지 않다면 무게 mg를 평형을 만드는 여러 힘들 중 하나로 포함시켜야 한다. 평형 위치로부터 떨어진 가정된 가상변위 $\delta \mathbf{r}$에 대하여, 질점에 대한 전체 가상일은 다음 식으로 표기된다.

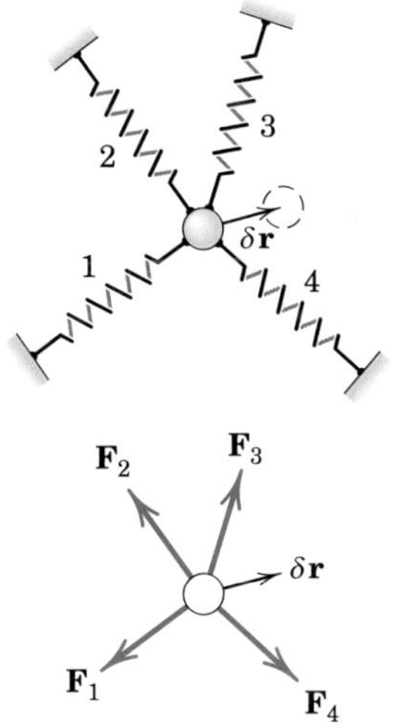

$$\delta U = \mathbf{F}_1 \cdot \delta \mathbf{r} + \mathbf{F}_2 \cdot \delta \mathbf{r} + \mathbf{F}_3 \cdot \delta \mathbf{r} + \cdots = \Sigma \mathbf{F} \cdot \delta \mathbf{r}$$

위 식에서 $\Sigma \mathbf{F}$와 $\delta \mathbf{r}$을 각각 성분으로 표시하면 다음 식을 얻을 수 있다.

$$\delta U = \Sigma \mathbf{F} \cdot \delta \mathbf{r} = (\mathbf{i} \, \Sigma F_x + \mathbf{j} \, \Sigma F_y + \mathbf{k} \, \Sigma F_z) \cdot (\mathbf{i} \, \delta x + \mathbf{j} \, \delta y + \mathbf{k} \, \delta z)$$
$$= \Sigma F_x \, \delta x + \Sigma F_y \, \delta y + \Sigma F_z \, \delta z = 0$$

$\Sigma \mathbf{F} = 0$이므로 $\Sigma F_x = 0$, $\Sigma F_y = 0$, $\Sigma F_z = 0$이 되며 따라서 위 식의 값은 0이 된다. 따라서 식 $\delta U = 0$은 질점의 평형 조건에 대한 다른 표현식이 된다. 평형 위치에서 가상일이 0의 값을 갖는다는 조건은 필요충분조건이다. 그 이유는 3개의 서로 직교

그림 7.5

하는 좌표의 각 방향으로 취한 가상변위(δx, δy, δz)에 대하여 평형 조건을 적용할 때, 3개의 평형방정식($\Sigma F_x=0$, $\Sigma F_y=0$, $\Sigma F_z=0$)을 얻기 때문이다.

$\delta U=0$과 $\Sigma \mathbf{F}=0$이라는 두 식이 동일한 사실을 알려주므로 평형 위치에서 가상일이 0이라는 원리는 문제를 더 이상 단순화시킬 수 없다. 그러나 질점에 대한 가상일의 개념은 질점의 시스템에 대하여 적용되어 문제 해결을 단순화시킬 수 있다.

강체의 평형

우리는 단일 질점에 대한 가상일의 원리를 여러 개의 질점들이 서로 높은 강성으로 연결된 시스템(강체)에 대하여 쉽게 확장할 수 있다. 평형에 놓인 물체 내의 각 질점에 대한 가상일의 크기가 0이므로, 전체 강체에 대한 가상일도 0이 된다. 모든 내력은 크기가 같고 방향이 반대이며 동일직선상에 위치하므로, 어떤 움직임이 발생한 동안 이들 내력에 의한 순수한 일은 0이 된다. 따라서 물체 전체에 대하여 $\delta U=0$이라는 값을 구할 때는 외력에 의한 가상일만을 고려하면 된다.

질점의 경우와 마찬가지로, 평형에 놓인 1개 강체의 해석에서 가상일의 원리에 특별한 장점이 없다는 사실을 알게 되었다. 선형 또는 각운동에 의하여 정의되는 어떤 가정된 가상변위가 식 $\delta U=0$의 각 항에 나타나는데, 이들을 소거하면 힘이나 모멘트의 평형방정식 중 하나를 직접 사용하여 얻는 것과 같은 표현식을 얻게 된다.

이런 조건이 그림 7.6에 도시되어 있다. 이 그림에 보인 삼각형 판의 무게는 무시할 수 있으며, 좌측(점 O)은 핀으로, 그리고 우측은 롤러로 지지되어 있다. 주어진 힘 P가 작용할 때 롤러에서의 반력 R을 결정하고자 한다. 점 O를 중심으로 작은 가정된 회전 $\delta\theta$는 점 O에서의 핀 구속 조건과 일치하며 가상변위로 잡을 수 있다. 힘 P에 의한 일은 $-Pa\,\delta\theta$이며 R에 의한 일은 $+Rb\,\delta\theta$이다. 따라서 $\delta U=0$의 원리에서 다음 식을 얻게 된다.

$$-Pa\,\delta\theta + Rb\,\delta\theta = 0$$

위 식에서 $\delta\theta$를 소거하면 다음과 같다.

$$Pa - Rb = 0$$

위 식은 점 O에 대한 모멘트의 평형방정식과 동일하다. 따라서 1개의 강체에 대하여 가상일의 원리를 적용하여 얻을 수 있는 새로운 것은 없다. 그러나 다음에서 논의되는 것처럼, 이 원리는 서로 연결된 물체의 경우에는 확실한 장점을 가진다.

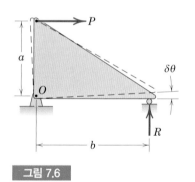

그림 7.6

여러 강체들로 구성된 이상적 강체계의 평형

여러 강체들이 서로 연결된 시스템의 평형에 대하여 가상일의 원리를 확장하여 보자. 여기서는 **이상적 강체계**(ideal system)에 국한하기로 한다. 이상적 강체계는, 2개 또는 그 이상의 강체가 서로 기계적으로 연결되어 있을 때, 강체들 사이의 연결부위는 인장 또는 수축을 통하여 에너지를 흡수할 수 없으며, 또한 마찰이 매우 작아서 무시될 수 있는 시스템을 의미한다.

　2개의 구성 부품 사이의 상대적인 운동이 가능하며 평형 위치가 물체에 가해진 외력 **P**와 **F**에 의하여 결정되는 이상적 강체계의 단순한 보기를 그림 7.7a에 나타내었다. 우리는 이와 같은 여러 구성 부품들이 서로 연결된 시스템에 작용하는 세 종류의 힘을 다음과 같이 분류할 수 있다.

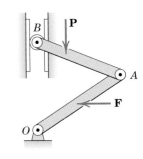

(a) 작용력

　(1) **작용력**(active force)은 가상변위 동안에 가상일을 할 수 있는 외력을 의미한다. 그림 7.7a에서 **P**와 **F**는 기계적 링크가 움직임에 따라서 일을 하기 때문에 작용력에 해당된다.

　(2) **반력**(reactive force)은 지지점에서 작용하는 힘들이다. 지지점에서는 힘의 방향으로 가상변위가 발생하지 않는다. 따라서 반력은 가상변위 동안에 일을 하지 않는다. 점 B에 위치한 롤러에서 수평 변위가 있을 수 없기 때문에, 가이드에 의하여 부재의 롤러에 가해진 힘 $\mathbf{F}_B$는 일을 할 수 없다(그림 7.7b). 점 O는 움직일 수 없기 때문에 지지점 O에 의하여 시스템에 가해진 힘 $\mathbf{F}_O$는 일을 할 수 없다.

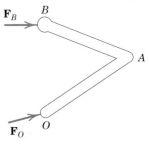

(b) 반력

　(3) **내력**(internal force)은 부재 사이의 연결부위에서 작용하는 힘들이다. 시스템 또는 그 구성 부품들의 상대적인 움직임 동안에 연결부위에서 내력에 의하여 행해진 순일은 0이 된다. 그림 7.7c에서 연결부위 A에서의 내력이 각각 $\mathbf{F}_A$와 $-\mathbf{F}_A$로 표시된 것처럼, 내력은 항상 크기가 같고 방향이 반대인 쌍으로 존재한다. 따라서 변위가 발생한 동안에 동일한 점에 위치한 한 내력($\mathbf{F}_A$)이 한 일과 다른 내력($-\mathbf{F}_A$)이 한 일이 서로 상쇄되기 때문이다.

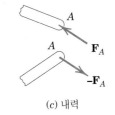

(c) 내력

그림 7.7

가상일의 원리

어떤 시스템의 움직임 동안에, 외력 중에서 작용력만이 일을 할 수 있는 유일한 힘이다. 따라서 가상일의 원리는 다음과 같이 서술될 수 있다.

> **평형에 놓인 이상적 강체계에서 구속조건과 일치하는 가상변위 동안에 작용력에 의하여 행해진 가상일은 0이다.**

여기서 구속이라 함은 지지점의 운동에 대한 제한을 뜻한다. 위에서 언급한 가상일의 원리를 수학적으로 표현하면 다음과 같다.

$$\delta U = 0 \qquad\qquad (7.3)$$

여기서 δU는 가상변위 동안에 모든 작용력에 의하여 시스템에 행해진 총가상일을 의미한다.

이제 우리는 가상일의 방법을 사용하는 장점을 볼 수 있게 되었다. 첫째, 힘과 모멘트의 합을 고려하여 평형을 사용하는 방법에서 사용되는 것처럼 작용력 사이의 관계를 세우기 위하여 이상적 강체계를 여러 구성 부재로 분리할 필요가 없게 된다. 둘째, 반력을 고려할 필요 없이 직접 작용력 사이의 관계를 결정할 수 있다. 이러한 장점들로 인하여, 주어진 하중을 받고 있는 시스템의 평형 위치를 결정하는 데 가상일의 방법은 매우 유용하게 사용될 수 있다. 이런 종류의 문제는, 평형 위치를 알고 있는 물체에 작용하는 힘들을 결정하는 문제와는 차이가 있다.

가상일의 방법은 앞서 언급한 목적에는 매우 유용하지만, 가상변위 동안에 내부 마찰력이 무시할 정도로 작은 일을 하는 경우에 한하여 적용된다. 따라서 만약 어떤 기계 시스템에서 내부 마찰력을 무시할 수 없다면, 내부 마찰력에 의하여 수행된 일을 포함하지 않은 채 가상일의 방법은 사용될 수 없다.

가상일의 방법을 사용할 때에는 고려하고 있는 시스템을 분리시키는 그림을 그려야 한다. 자유물체도에는 모든 힘들이 보여지지만, $\delta U = 0$인 식에는 반력이 들어가지 않으므로, 가상일의 방법에서 사용하는 그림에서는 단지 **작용력**만이 도시된다. 이와 같은 그림은 **작용력선도**(active-force diagram)라고 부른다. 그림 7.7a는 작용력선도에 해당된다.

자유도

어떤 기계 시스템의 **자유도**(degree of freedom) 수는, 그 시스템의 구성을 완전히 표현하는 데 필요한 독립적인 좌표의 수를 의미한다. 1 자유도 시스템의 세 가지 예를 그림 7.8a에 나타내었다. 1 자유도 시스템에서는, 시스템의 모든 곳에서의 위치를 나타내기 위해서는 단지 1개의 좌표만 필요하다. 좌표는 거리가 될 수도 있고 각이 될 수도 있다. 그림 7.8b에는 시스템의 구성을 결정하는 데 2개의 좌표가 필요한 2 자유도 시스템의 세 가지 보기를 나타내었다. 그림 7.8b의 세 번째 보기에서 더 많은 링크를 더하면 자유도 수는 계속 증가할 수 있다.

가상일의 원리 $\delta U = 0$은 자유도 수만큼 적용될 수 있다. 이때 다른 모든 좌푯값을 일정하게 유지하고 하나의 독립된 좌푯값만 변화시킨다. 이 장에서는 1 자유도 시스템만 고려하기로 한다.[*]

---

[*] 2 자유도 이상인 문제에 대한 풀이는 첫 번째 저자가 쓴 *Statics, 2nd Edition*, 1971 또는 *SI Version*, 1975의 7장을 살펴보아라.

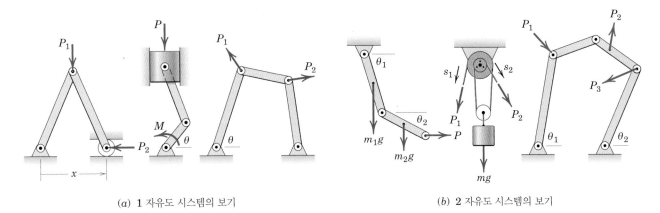

(a) 1 자유도 시스템의 보기

(b) 2 자유도 시스템의 보기

그림 7.8

마찰이 있는 시스템

어떤 기계 시스템에서 무시할 수 없을 정도의 미끄럼 마찰력이 존재할 때, 이 시스템을 **현실적 시스템**(real system)이라고 부른다. 현실적 시스템에서는 외부 작용력에 의하여 수행된 양(+)의 일의 일부가 시스템의 움직임 동안에 동적 마찰력에 의하여 발생한 열의 형태로 발산된다. 두 접촉하는 면들이 서로 미끄러질 때는 마찰력은 음(−)의 일을 수행하게 된다. 그 이유는 마찰력의 방향은 항상 그 힘이 작용하는 물체의 움직임과 반대이기 때문이다.

따라서 그림 7.9a에서 미끄럼 운동을 하는 벽돌에 작용하는 동적 마찰력 $\mu_k N$은 변위 x 동안에 $-\mu_k N x$ 크기의 일을 한다. 가상변위 δx 동안에 마찰력은 $-\mu_k N \delta x$와 같은 크기의 일을 한다. 한편 그림 7.9b에 도시된 구르는 바퀴에 작용하는 정적 마찰력은 만약 바퀴가 구르는 동안에 미끄러지지 않는다면 일을 하지 않는다.

그림 7.9c의 모멘트 M_f는 접촉하는 면 사이에 작용하는 마찰력 때문에 발생하며 핀으로 연결된 결합부위의 중심에 대하여 작용한다. 두 부재 사이의 상대적인 회전 동안에 M_f는 음의 일을 한다. 따라서 그림에 보여진 것처럼 각각 가상변위 $\delta\theta_1$과 $\delta\theta_2$를 갖는 두 부재 사이의 상대적 가상변위 $\delta\theta$ 동안에 행해진 음(−)의 일은 $-M_f\delta\theta_1 - M_f\delta\theta_2 = -M_f(\delta\theta_1 + \delta\theta_2)$ 또는 $-M_f\delta\theta$로 표현된다. 각각의 부재에서, M_f는 상대적인 회전운동의 반대 방향이다.

여러 부재가 서로 연결된 전체 시스템에서 각각의 부재들을 분리시키지 않고 전체 시스템의 해석이 가능한 것이 가상일 방법의 큰 장점이라고 앞서 언급하였다. 만약 시스템의 내부에 무시할 수 없을 정도의 동적 마찰이 존재한다면, 마찰력을 결정하기 위하여 시스템을 분할하는 것이 필요하다. 이러한 경우에는 가상일의 방법은 제한적으로 사용된다.

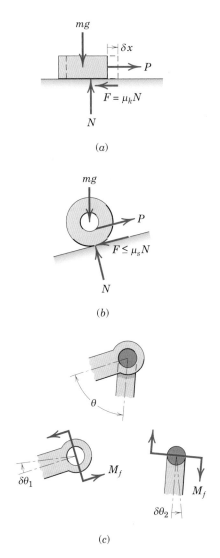

(a)

(b)

(c)

그림 7.9

기계효율

마찰 때문에 에너지 손실이 발생하므로, 기계가 외부에 수행한 일은 기계에 입력된 일보다 항상 작다. 이 두 가지 일들의 비율이 **기계효율**(mechanical efficiency) e이다. 따라서 기계효율은 다음 식으로 표현된다.

$$e = \frac{출력 \ 일}{입력 \ 일}$$

1개의 자유도를 갖고 균일한 방법으로 작동하는 단순한 기계의 기계효율은 가상변위 동안에 기계효율에 대한 위 식에서 분자와 분모에 들어가 있는 가상일을 구함으로써 결정할 수 있다.

그 하나의 보기로, 그림 7.10에 도시된 것처럼 경사면을 따라서 위쪽으로 움직이는 벽돌을 고려해보자. 그림에서의 가상변위 δs 동안에 벽돌을 올리기 위하여 외부에 수행해야 하는 일은 $mg \, \delta s \sin \theta$이다. 이때 입력 일은 $T \, \delta s = (mg \sin \theta + \mu_k mg \cos \theta) \, \delta s$이다. 따라서 경사면의 효율은 다음 식으로 표기된다.

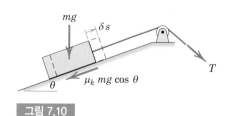

그림 7.10

$$e = \frac{mg \, \delta s \sin \theta}{mg(\sin \theta + \mu_k \cos \theta) \, \delta s} = \frac{1}{1 + \mu_k \cot \theta}$$

두 번째 보기로, 6.5절의 그림 6.6에 도시된 나사 잭(screw jack)을 고려해보자. 식 (6.3)을 이용하여 하중 W를 들어 올리는 데 필요한 모멘트 M을 구할 수 있다. 여기서 나사의 반지름은 r, 나선각은 α, 마찰각은 $\phi = \tan^{-1} \mu_k$이다. 나사의 작은 회전 $\delta\theta$ 동안에 입력 일은 $M \, \delta\theta = Wr \, \delta\theta \tan(\alpha + \phi)$이다. 하중을 들어올리는 데 필요한 외부 일은 $Wr \, \delta\theta \tan \alpha$이다. 따라서 나사의 효율은 다음 식처럼 표기된다.

$$e = \frac{Wr \, \delta\theta \tan \alpha}{Wr \, \delta\theta \tan(\alpha + \phi)} = \frac{\tan \alpha}{\tan(\alpha + \phi)}$$

마찰이 감소함에 따라 ϕ는 작아지고 효율은 1로 접근하게 된다.

예제 7.1

핀으로 연결된 2개의 균일한 봉들이 각각 질량 m과 길이 l을 가지며 그림에 도시된 것처럼 지지되고 하중을 받고 있다. 주어진 힘 P에 대하여 평형에서의 각도 θ를 결정하라.

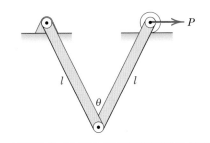

|풀이|　2개의 봉으로 구성된 시스템의 작용력선도를 그림에 나타내었다. 이 그림에는 각각의 봉의 무게 mg와 힘 P를 포함하였다. 시스템의 외부에 작용하는 다른 모든 힘들은 반력이며 가상변위 δx 동안에 일을 하지 않으므로 그림에 나타내지 않았다.

가상일의 원리에서는 구속조건과 일치하는 어떤 가상변위 동안에 외부 작용력에 의한 일이 0이 되어야 한다. 따라서 δx 동안에 가상일은 다음 식과 같이 된다.

$$[\delta U = 0] \qquad\qquad P\,\delta x + 2mg\,\delta h = 0 \quad ①$$

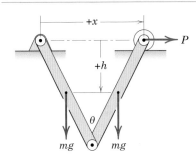

이제 변수 θ를 사용하여 이러한 2개의 가상변위(δx, δh)를 각각 표현하면,

$$x = 2l \sin \frac{\theta}{2} \ \text{이고} \qquad \delta x = l \cos \frac{\theta}{2}\,\delta\theta$$

마찬가지로,

$$h = \frac{l}{2}\cos\frac{\theta}{2} \ \text{이고} \qquad \delta h = -\frac{l}{4}\sin\frac{\theta}{2}\,\delta\theta \quad ②$$

이들을 가상일의 식에 대입하면 다음 식을 얻을 수 있다.

$$Pl\cos\frac{\theta}{2}\,\delta\theta - 2mg\,\frac{l}{4}\sin\frac{\theta}{2}\,\delta\theta = 0$$

위 식으로부터 다음 식을 얻을 수 있다.

$$\tan\frac{\theta}{2} = \frac{2P}{mg} \qquad \text{즉} \qquad \theta = 2\tan^{-1}\frac{2P}{mg} \qquad \blacksquare$$

힘과 모멘트의 합을 이용하여 위의 결과를 얻기 위해서는 전체 구조를 분해하여 각각의 부재에 작용하는 모든 힘들을 고려해야 한다. 가상일의 방법을 사용하면 훨씬 간단히 답을 구할 수 있다.

|도움말|

① 양(+)의 x방향을 우측으로 잡았기 때문에 δx의 방향도 우측일 때 양이며 이는 P의 방향과 일치하며, 가상일은 $P(+\delta x)$이다. 양(+)의 h방향을 아래쪽으로 잡았기 때문에 δh의 방향도 아래쪽일 때 양인데, 이는 mg의 방향과 일치하며, 가상일은 $mg(+\delta h)$이다. 다음 단계에서 δh를 $\delta\theta$로 표현할 때 δh는 음($-$)의 부호를 갖는다. 따라서 x와 θ에서의 증가와 함께 질량중심이 위로 움직임에 따라서 무게 mg가 음($-$)의 일을 수행한다는 물리적 관찰과 수학적 표현식은 잘 일치한다.

② dh와 dx를 구할 때 사용하는 미분 법칙과 동일한 방법을 사용하여 δh와 δx를 구할 수 있다.

예제 7.2

그림에서 나타낸 것처럼 핀으로 연결된 2개의 서로 평행한 링크 중 1개의 끝단에 우력 M 을 가하여 2개의 링크에 매달린 질량 m이 평형을 유지하고 있다. 링크들의 질량은 무시할 정도로 작으며 마찰은 존재한다고 가정한다. 주어진 M의 값에 대하여 수직선과 링크가 이루는 평형각도 θ에 대한 표현식을 결정하라. 가상일의 방법과 함께, 힘과 모멘트의 평형을 이용한 다른 방법으로 풀이를 구하는 방법을 고려해보라.

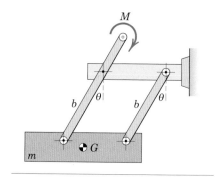

|풀이| 작용력선도에 무게 mg가 질량중심 G에 작용하고 우력 M이 링크의 끝단에 가해진 상태를 도시하였다. 각도 θ가 변화하는 동안에 시스템에 일을 하는 더 이상의 다른 외부 작용력과 작용모멘트는 없다.

질량중심 G의 수직 위치는 고정된 수평 기준선 아래쪽으로 거리 h만큼 떨어져 있으며 그 값은 $h = b \cos\theta + c$이다. 무게 mg 방향으로의 가상 움직임 δh 동안에 이루어진 일은,

$$+mg\,\delta h = mg\,\delta(b\cos\theta + c)$$
$$= mg(-b\sin\theta\,\delta\theta + 0)$$
$$= -mgb\sin\theta\,\delta\theta$$

위 식에서 음의 부호는 양의 값 $\delta\theta$에 대하여 음의 일이 수행되었음을 보여준다. ① 상수 c는 고정된 값으로 그 변화량이 있을 수 없으므로 위 식에서 사라지게 된다.

시계방향으로 양의 부호를 갖는 θ에 대하여, $\delta\theta$도 시계방향일 때 양의 부호를 갖는다. 따라서, 시계방향의 우력 M에 의하여 이루어진 일은 $+M\,\delta\theta$이다. 가상일의 방정식에 이를 대입하면 다음과 같다.

$$[\delta U = 0] \qquad\qquad M\,\delta\theta + mg\,\delta h = 0$$

위의 두 식을 이용하면, 다음과 같이 된다.

$$M\,\delta\theta = mgb\sin\theta\,\delta\theta$$
$$\theta = \sin^{-1}\frac{M}{mgb}$$

답

$\sin\theta$값이 1을 넘지 않기 때문에, 평형에서 M의 값은 mgb를 초과하지 않는다.

힘과 모멘트의 평형을 이용한 해법에 포함될 수 있는 것들을 생각해보면 이 문제에서 가상일을 이용한 해법의 장점이 명확해진다. 전자의 방법에서는, 3개의 움직이는 부재 모두에 대하여 별도의 자유물체도를 그려야 하고 핀 연결부에서의 내부반력 모두를 고려해야만 한다. 수평 기준선과 질량중심 사이의 거리 h가 최종 풀이의 식에서는 빠진다고 하더라도, 이러한 과정을 수행하기 위하여 중간 과정에 h를 식에 포함시켜야 한다. 따라서 이 문제에서 가상일의 방법을 사용할 때는 직접적으로 원인과 결과에만 관여하고 불필요한 물리량을 다룰 필요가 없게 된다.

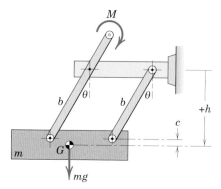

|도움말|

① 예제 7.1에서처럼 물리적 관찰과 수학적 표현식은 잘 일치한다. 또한 결과식에서의 대수학적 부호는 물리적인 변화와 일치한다.

예제 7.3

그림에서 도시된 대로 우력 M이 작용할 때 수평 위치에 놓인 링크 OA가 회전하지 않도록 하려고 한다. 이를 위하여 미끄럼 칼라(sliding collar)에 가해야 하는 힘 P를 구하라. 단, 움직이는 각 부재의 질량은 무시한다.

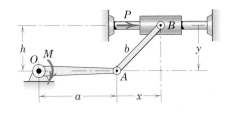

|**풀이**| 시스템의 작용력선도를 스케치하였다. 작용력선도에 나타나지 않은 다른 모든 힘들은 내력이거나 구속조건 때문에 일을 하지 못하는 반력들이다.

크랭크 OA에 시계방향으로의 작은 회전각을 가상변위로 주고 그 결과로 발생하는 M과 P에 의한 가상일을 결정하려고 한다. 그 회전각은 점 A를 크랭크의 수평 위치로부터 아래쪽으로 움직이게 하며 그 크기는 다음과 같다.

$$\delta y = a\,\delta\theta \quad \text{①}$$

위 식에서 $\delta\theta$는 라디안 단위를 갖는다.

링크 AB를 직각삼각형에서 길이가 일정한 빗변이라고 생각할 수 있다. 따라서 다음과 같은 식을 쓸 수 있다.

$$b^2 = x^2 + y^2$$

위 식에서 미분을 취하면 다음 식을 얻는다.

$$0 = 2x\,\delta x + 2y\,\delta y \quad \text{즉} \quad \delta x = -\frac{y}{x}\,\delta y \quad \text{②}$$

따라서

$$\delta x = -\frac{y}{x}\,a\,\delta\theta$$

이고, 가상일의 식은 다음과 같이 표기된다.

$$[\delta U = 0] \qquad M\,\delta\theta + P\,\delta x = 0 \qquad M\,\delta\theta + P\left(-\frac{y}{x}\,a\,\delta\theta\right) = 0 \quad \text{③}$$

$$P = \frac{Mx}{ya} = \frac{Mx}{ha}$$

가상일의 방법으로 작용력인 힘 P와 우력 M 사이의 직접적인 관계식이 만들어졌으며, 이 과정에서 그 관계와 무관한 다른 힘들이 포함되지 않는다는 것을 다시 한번 확인하였다. 힘과 모멘트의 평형식을 이용한 풀이에서는 초기에 모든 힘들을 고려한 후, 나중에 무관한 힘들을 제거하는 과정을 거쳐야 한다.

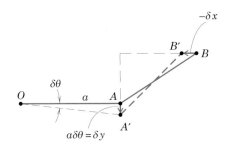

|**도움말**|

① 크랭크 OA가 수평 위치에 놓여 있지 않았다면 점 A의 변위 $\delta\theta$는 δy와 같지 않을 것이다.

② 길이 b는 일정하므로 $\delta b = 0$이다. 음($-$)의 부호는 δx와 δy의 부호가 서로 반대여야 함을 뜻한다.

③ 크랭크에서 반시계방향의 가상변위를 사용할 수도 있었다. 이 경우 모든 항들의 부호가 반대가 될 것이다.

연습문제

(문제에서 언급되지 않았다면 마찰에 의한 음의 일은 무시할 수 있다.)

기초문제

7/1 하중 P를 지지하기 위하여 아래 링크의 축에 필요한 모멘트 M을 θ의 함수로 나타내라. 단, 모든 부재의 자중은 무시한다.

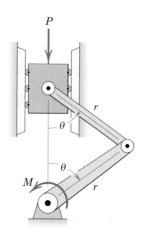

문제 7/1

7/2 프레임의 각 링크의 질량은 m이고 길이는 b이다. 왼쪽 링크에 가해진 수평력 P가 수직면에서 프레임의 평형 위치를 결정한다. 평형 각도 θ를 구하라.

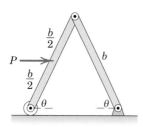

문제 7/2

7/3 힘 P가 주어질 때 평형이 되는 각도를 구하라. 단, 링크의 질량은 무시한다.

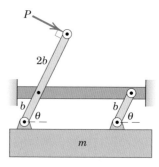

문제 7/3

7/4 두 링크 사이의 각도가 θ인 구조물의 평형에 필요한 우력 M을 구하라.

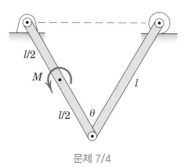

문제 7/4

7/5 발로 작동되는 리프트가 질량 m인 플랫폼을 들어 올리는 데 사용된다. 가해진 힘의 각도가 $10°$일 때 $80\ \text{kg}$의 하중을 지지하는 데 필요한 힘을 구하라.

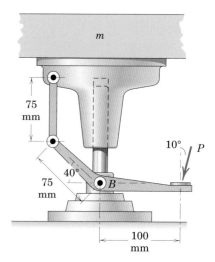

문제 7/5

7/6 아버 프레스는 랙과 피니언으로 구동되며 압력 맞춤과 같이 큰 힘이 필요한 곳에 사용된다. 피니언의 평균 반지름이 m이고 가한 힘이 P일 때 프레스가 만들 수 있는 힘 R을 구하라.

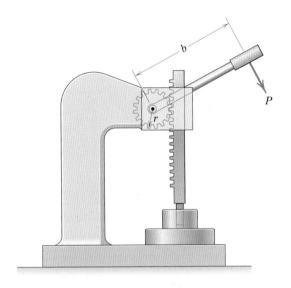

문제 7/6

7/7 토글 프레스의 상부 조(jaw)는 고정된 수직 칼럼을 따라 미끄러지며 마찰저항은 무시할 수 있다. 주어진 각도 θ에서 롤러 E에 압축력 R을 만들어내기 위해 요구되는 힘 F를 구하라.

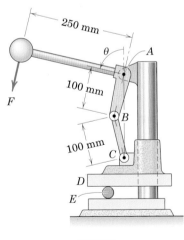

문제 7/7

7/8 질량이 m_0인 균일한 플랫폼이 길이가 b이고 질량이 m인 n개의 균일한 지지대에 의하여 지지되고 있다. 그림과 같이 우력 M이 플랫폼과 지지대를 잡아주어 평형을 유지시키고 있을 때 각도 θ를 구하라.

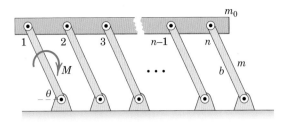

문제 7/8

7/9 링크 장치를 벌려서 하중 m을 들어 올리는 데 유압 실린더가 사용된다. 그림의 위치에서 실린더의 압축력 C를 구하라. 질량 m 이외의 모든 부품의 질량은 무시한다.

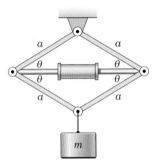

문제 7/9

7/10 스프링은 $\theta = 0°$일 때 늘어나지 않은 상태이며 스프링 상수는 k이다. 이 시스템을 각도 θ만큼 변형하도록 하는 데 필요한 힘 P를 구하라. 각 링크의 질량은 무시한다.

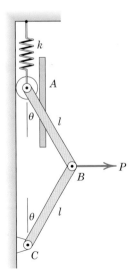

문제 7/10

7/11 그림과 같은 기어 트레인이 동력을 전달하여 수직 랙 D를 움직이는 데 사용된다. 입력 토크 M이 기어 A에 가해질 때 시스템이 평형을 이룰 힘 F의 크기를 구하라. 기어 C는 기어 B와 같은 축에서 한 몸이 되어 움직이고, 기어 A, B, C의 피치지름은 각각 d_A, d_B, d_C이다. 랙의 자중은 무시한다.

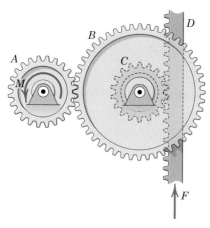

문제 7/11

심화문제

7/12 그림의 감속기는 기어비 40:1로 설계된다. 입력 토크는 $M_1 = 30$ N·m이고 출력 토크는 $M_2 = 1180$ N·m이다. 이 장치의 기계효율 e를 구하라.

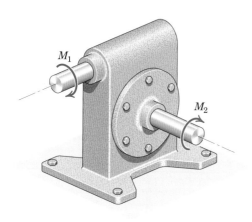

문제 7/12

7/13 평형상태에서 각도 θ를 유지하는 데 필요한 우력 M을 계산하라. 길이가 l인 균일한 막대의 질량은 m이고, 길이가 $2l$인 균일한 막대의 질량은 $2m$이다.

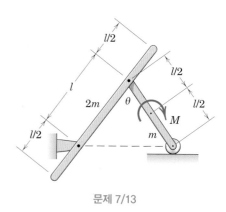

문제 7/13

7/14 문제 4/120의 메커니즘을 이 문제에서 다시 다룬다. B에 있는 비틀림 스프링은 막대 OB와 막대 BD가 수직위치로 겹쳐질 때 변형이 없는 상태이다. 막대를 $\theta = 60°$의 방향에 유지시키기 위한 힘이 F일 때 비틀림 스프링상수 k_T를 구하라. C에서 핀과 접촉되는 슬롯은 매끄럽고 막대의 자중은 무시한다. 그림에서 C에 있는 핀은 슬롯이 있는 막대의 중점에 위치한다.

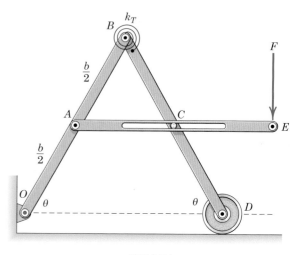

문제 7/14

7/15 그림과 같은 토글 프레스를 설계하고자 한다. 웜축 A가 n회전하면 웜휠 B가 1회전하면서 크랭크 BD를 움직인다. 움직이는 램의 질량은 m이고 모든 마찰은 무시한다. θ가 90°인 각도에 있을 때 압축력 C를 만드는 데 필요한 웜축의 토크

M을 구하라. ($\theta=90°$ 위치에서 램과 D점의 가상변위는 같다는 것에 주목하라.)

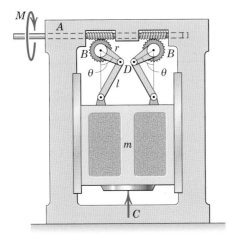

문제 7/15

7/16 그림과 같이 힘 P가 가해질 때 이 위치에서 슬라이더 크랭크가 움직이지 않기 위해 필요한 모멘트 M을 구하라.

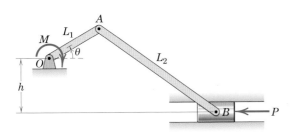

문제 7/16

7/17 $\theta=30°$ 위치에서 메커니즘을 유지하기 위하여 필요한 우력 M을 구하라. 디스크 C, 막대 OA, 막대 BC의 질량은 각각 m_0, m, $2m$이다.

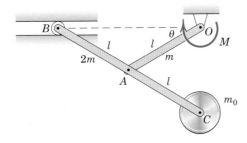

문제 7/17

7/18 리프팅 패드를 24 mm 올리기 위하여 핸들의 회전수가 12회 요구되는 스크루-잭의 설계를 테스트하고자 한다. 1.5 Mg 의 질량을 들어 올리기 위하여 $F=50$ N의 수직힘이 필요할 때 스크루의 효율을 구하라.

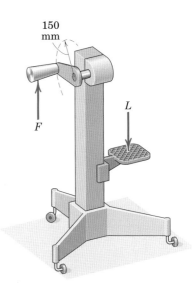

문제 7/18

7/19 문제 4/103에서 다룬 경사테이블을 다시 다루고자 한다. 질량 m인 균일한 상자가 그림과 같이 놓여 있다. 가상일의 방법을 사용하여 C와 D 사이에 있는 나선형 샤프트에 작용하는 힘을 질량 m과 각도 θ로 나타내라. $m=50$ kg, $b=180$ mm, 그리고 $\theta=15°$일 때의 값을 구하라.

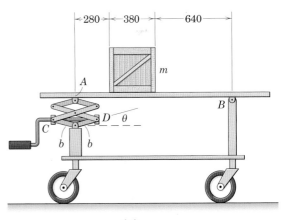

단위는 mm

문제 7/19

7/20 4개의 동일한 링크로 지지된 질량 m인 플랫폼을 들어 올리는 것은 유압실린더 AB와 AC에 의해 제어된다. 주어진 각 θ에서 플랫폼을 지지하는 데 요구되는 각 실린더에 걸리는 힘을 구하라.

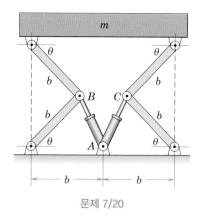

문제 7/20

7/21 질량이 m인 상자가 가벼운 플랫폼과 링크에 의해 지지되고 있는데 링크의 운동은 유압실린더 CD에 의해 제어된다. 주어진 각도 θ에서 평형을 유지하기 위하여 유압실린더가 주어야 할 힘 P를 구하라.

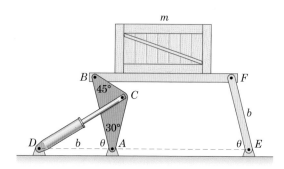

문제 7/21

7/22 휴대용 플랫폼이 C에서 연결된 2개의 유압실린더에 의해 들어 올려진다. 각 실린더의 압력과 피스톤 면적은 p와 A이다. 작업대를 지지하는 데 필요한 압력을 계산하고 이 압력이 θ에 무관함을 보여라. 플랫폼과 작업자 및 부속물의 총질량은 m이며 링크의 질량은 무시한다.

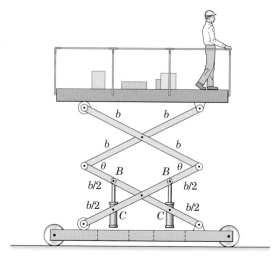

문제 7/22

7/23 우편용 저울의 주요 요소는 질량이 m_0인 부채꼴인데 점 O를 중심으로 회전하며 질량중심은 점 G이다. 접시와 수직링크 AB의 질량의 합은 m_1이고 점 B에서 부채꼴과 핀으로 연결되어 있다. 링크 AC는 링크 AB와 점 A에서 핀으로 연결되어 있으며, C점에서 고정체와 핀으로 연결되어 있다. 그림에서 $OBAC$는 평행사변형을 이루고 있으며 각도 GOB는 예각이다. $m=0$일 때 $\theta=\theta_0$라고 가정하고 질량 m과 각도 θ 사이의 관계식을 구하라.

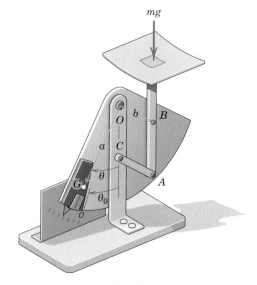

문제 7/23

7/24 그림과 같이 벽난로 집게의 조(jaw)에 가해진 힘 N을 구하라.

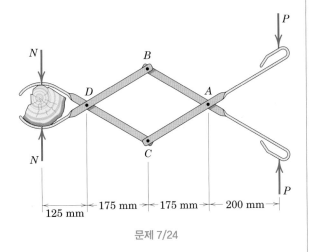

문제 7/24

7/25 그림과 같은 4절기구에 수평력 P가 가해진다. 외력에 비해 각 링크의 자중이 무시할 수 있을 정도로 작다면 그림과 같은 각도에서 평형을 유지하는 데 필요한 우력 M을 구하라. (간단히 말하면, 답을 θ, ϕ, ψ로 나타내라.)

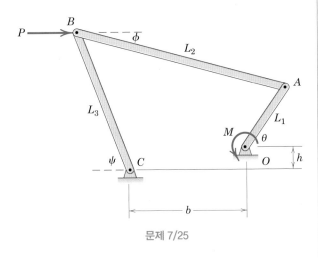

문제 7/25

7/26 질량이 m인 하중을 들어 올리는 것은 조인트 A와 B를 연결하는 스크루에 의해서 조절된다. 스크루를 1회전하면 AB 사이의 거리가 리드 L만큼 변화한다. 스크루의 나사산과 베어링에서의 마찰력을 극복하는 데 M_f의 모멘트가 요구된다면 하중을 올리기 위하여 스크루에 가해질 총모멘트 M을 구하라.

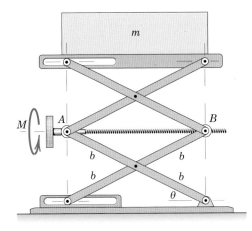

문제 7/26

7/27 자동차 호이스트의 유압실린더에 걸리는 압축력 C를 θ의 함수로 나타내라. 단, 자동차의 질량 m에 비해 호이스트의 질량은 무시한다.

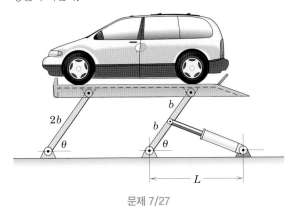

문제 7/27

7/28 클램프의 턱에 걸리는 힘 F를 조절 스크루에 가해진 토크 M의 함수로 나타내라. 스크루의 리드는 L이고 마찰은 무시한다.

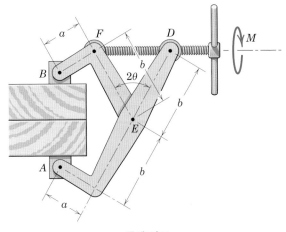

문제 7/28

7.4 위치에너지와 안정성

7.3절에서는 완전한 강체로 가정되는 여러 부재들로 구성된 기계 시스템의 평형 위치에 대하여 다루었다. 이제는 스프링과 같은 탄성 부재를 포함하는 기계 시스템을 다루도록 하겠다. 우선 평형의 안정성을 결정하는 데 유용한 위치에너지의 개념을 소개한다.

탄성 위치에너지

탄성 부재에 행해진 일은 **탄성 위치에너지**(elastic potential energy) V_e의 형태로 부재에 저장된다. 이 탄성 위치에너지는 부재가 압축 또는 인장으로부터 회복되는 동안에 다른 물체에 일을 하는 데 잠재적으로 사용될 수 있다.

힘 F에 의하여 압축되고 있는 스프링을 고려해보자(그림 7.11). 이 스프링이 선형 탄성이라고 가정한다. 이 가정은 힘 F가 변형 x와 직접적으로 비례관계에 있다는 것을 의미한다. 이 관계를 $F=kx$라고 표현하며, 여기서 k는 **스프링 상수**(spring constant) 또는 **스프링 강성**(stiffness of spring)이라고 한다. 변형 dx 동안에 힘 F가 스프링에 한 일은 $dU=F\,dx$이며, 따라서 압축 x에 대한 스프링의 탄성 위치에너지는 스프링에 행해진 전체 일과 같다.

$$V_e = \int_0^x F\,dx = \int_0^x kx\,dx$$

즉
$$V_e = \tfrac{1}{2}kx^2 \tag{7.4}$$

따라서 스프링의 위치에너지는, F-x 선도에서 0부터 x 구간의 삼각형의 면적과 같다.

스프링의 압축이 x_1에서 x_2로 증가하는 동안에, 스프링에 행해진 일은 탄성 위치에너지의 변화와 같다. 즉

$$\Delta V_e = \int_{x_1}^{x_2} kx\,dx = \tfrac{1}{2}k(x_2{}^2 - x_1{}^2)$$

위 식은 x_1부터 x_2까지의 사다리꼴 면적과 같다.

스프링의 가상변위 δx 동안에, 스프링에 행해진 가상일은 탄성 위치에너지에서의 가상 변화와 같다. 즉

$$\delta V_e = F\,\delta x = kx\,\delta x$$

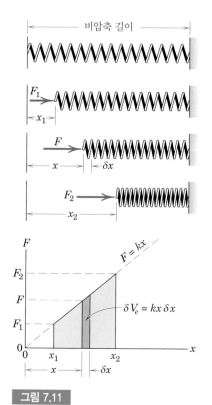

비압축 길이

그림 7.11

스프링의 압축량이 x_2에서 x_1으로 감소하는 동안에, 위치에너지의 **변화**(최종 단계에서의 위치에너지 값에서 최초 단계에서의 위치에너지 값을 뺀 값)는 음($-$)이다. 즉 δx가 음이면, δV_e 또한 음이다.

스프링이 압축이 아니라 인장을 받을 때 일과 에너지의 관계는 압축의 경우와 동일하다. 여기서 x는 압축이 아니라 인장을 나타낸다. 스프링에 인장을 가하면, 힘은 변위 방향으로 작용하고, 스프링에 양의 일을 수행하며 또한 스프링의 위치에너지를 증가시킨다.

스프링의 움직일 수 있는 끝단에 작용하는 힘은 그 끝단이 부착된 물체에 대하여 스프링이 작용하는 힘과 부호가 반대이다. 따라서 **물체에 행해진 일은 스프링의 위치에너지 변화와 반대의 부호를 갖는다.**

축과 같이 부재의 회전을 방해하는 비틀림 스프링도 역시 위치에너지를 저장하고 방출한다. **비틀림 강성**(torsional stiffness)은 라디안 단위를 갖는 비틀림 각도 당 비틀림 토크로 정의되며 상수 K로 표시한다. 만약 θ가 라디안 단위를 갖는 비틀림 각도라면, 저항 토크는 $M=k_T\theta$이다. 이때 위치에너지는 $V_e=\int_0^\theta k_T\theta \, d\theta$가 된다. 즉,

$$V_e = \frac{1}{2}k_T\theta^2 \tag{7.4a}$$

위 식은 선형 인장 스프링에 대한 표현식과 유사하다.

탄성 위치에너지의 단위는 일의 단위와 동일하며 SI 단위계에서는 줄(J)로, 미국통상단위계에서는 피트-파운드(ft-lb)로 표시된다.

중력 위치에너지

이전 절에서는 물체에 작용하는 중력 또는 무게가 하는 일을 다른 작용력이 하는 일과 동일하게 다루었다. 따라서 그림 7.12에 있는 물체의 위 방향 변위 δh에 대하여, 무게 $W=mg$는 음의 일 $\delta U = -mg\,\delta h$를 한다. 한편 h가 아래쪽으로 양의 부호를 가질 때, 만약에 물체가 아래 방향의 변위 δh를 가진다면 무게는 양의 일 $\delta U = +mg\,\delta h$를 한다.

이제는 중력에 의한 일을 물체의 위치에너지에서의 변화의 관점에서 표현할 수 있다. 이러한 방법은 총에너지(total energy)의 관점에서 기계 시스템을 묘사할 때 유용한 표현방법이 된다. 물체의 **중력 위치에너지**(gravitational potential energy) V_g는 위치에너지 값이 0으로 정의되는 임의의 기준 평면으로부터 고려하는 위치까지 물체를 이동하는 데 있어서 무게와 크기가 같고 방향이 반대인 힘에 의하여 물체에 행해진 일로 정의된다. 즉, 위치에너지는 무게가 한 일과 부호가 반대이다. 예를 들면 물체가 들어 올려지는 과정에서 행해진 일은 잠재적으로 이용 가능한

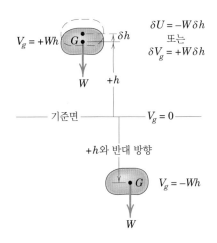

그림 7.12

에너지로 변환된다. 잠재적으로 이용 가능하다는 의미는 그 물체가 원래의 낮은 위치로 되돌아가면서 다른 물체에 일을 할 수 있다는 뜻이다. 만약에 그림 7.12에서 $h=0$에서 V_g의 값을 0으로 잡으면 기준면으로부터 높이 h인 곳에서 물체의 중력 위치에너지는

$$V_g = mgh \qquad (7.5)$$

와 같고, 만약 물체가 기준선으로부터 아래쪽으로 h만큼 떨어져 있다면, 중력 위치에너지는 $-mgh$이다.

위치에너지는 그 자체보다는 그 변화가 중요하며 우리가 기준 평면을 어디로 잡든지 그 변화는 동일하기 때문에, 위치에너지가 0이 되는 기준 평면은 임의로 선정될 수 있다. 또한 중력 위치에너지는, 특정한 높이 h에 도달하기까지 지나온 경로와 무관하다. 따라서 그림 7.13의 질량 m인 물체는, 도시된 세 경로에 대하여 Δh가 모두 동일하기 때문에 기준면 1로부터 기준면 2로 이동하는 동안에 선택하는 경로와 무관하게 모두 동일한 위치에너지의 변화를 가진다.

중력 위치에너지에서의 가상 변화는 간단히 다음과 같이 표기된다.

$$\delta V_g = mg \, \delta h$$

여기서 δh는 물체 질량중심의 위 방향의 가상변위이다. 만약에 질량중심이 아래 방향의 가상변위를 갖는다면, 그때는 δV_g가 음의 부호를 갖는다.

중력 위치에너지의 단위는 일이나 탄성 위치에너지의 단위와 동일하며, SI 단위계에서는 줄(J)이고 미국통상단위계에서는 피트-파운드(ft-lb)이다.

에너지방정식

선형 스프링의 움직일 수 있는 끝단이 고정된 물체에 대하여 그 선형 스프링이 하는 일은 스프링의 탄성 위치에너지에서의 변화와 부호가 반대임을 보았다. 또한 중력 또는 무게 mg에 의하여 한 일은 중력 위치에너지에서의 변화와 부호가 반대이다. 따라서 스프링을 가지고 있는 시스템이나 그 부재의 수직 위치에서의 변화가 있는 시스템에 대하여 가상일의 방정식을 적용할 때는 각각 스프링이 하는 일과 무게가 하는 일을 각각의 위치에너지의 변화의 음(−)으로 치환할 수 있다.

우리는 이러한 치환식을 사용하여 식 (7.3)에 있는 총가상일 δU에 대한 방정식을 스프링 힘과 중력이 아닌 모든 작용력에 의하여 이루어진 일 $\delta U'$와 스프링과 중력에 의하여 이루어진 일 $-(\delta V_e + \delta V_g)$의 합으로 표현할 수 있다. 따라서 식 (7.3)은 다음과 같이 된다.

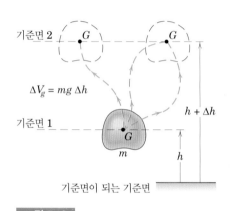

기준면 2

$\Delta V_g = mg \, \Delta h$

기준면 1

$h + \Delta h$

G
m

h

기준면이 되는 기준면

그림 7.13

$$\delta U' - (\delta V_e + \delta V_g) = 0 \qquad \text{즉} \qquad \delta U' = \delta V \qquad (7.6)$$

여기서 $V=V_e+V_g$는 시스템의 총위치에너지를 뜻한다. 이러한 식의 표현에 의하여 스프링은 시스템의 내부에 존재하는 것으로 간주되며, 스프링과 중력이 하는 일은 δV항에서 설명된다.

작용력선도

가상일의 방법에서는, 해석하려고 하는 시스템의 **작용력선도**(active-force diagram)를 그리는 것이 도움이 된다. 시스템의 경계는 시스템의 일부인 부재들과 시스템의 일부가 아닌 다른 물체들을 명확히 구분해야 한다. 시스템의 경계 **내부**에 탄성부재를 포함시킬 때, 탄성부재와 탄성부재가 연결된 움직이는 부재 사이에서의 상호작용력은 시스템의 **내부**에 존재한다. 따라서 V_e 항에 그 힘의 결과가 포함되므로 그 힘은 작용력선도에 나타낼 필요가 없다. 마찬가지로, 중력에 의한 일들도 V_g 항에서 설명이 되므로, 중력 또한 나타낼 필요가 없다.

　그림 7.14에서는 식 (7.3)과 (7.6)을 사용하는 차이점을 도시하였다. 단순화하기 위하여 그림 7.14a에서의 물체를 질점으로 간주하며, 가상변위가 매끄러운 경

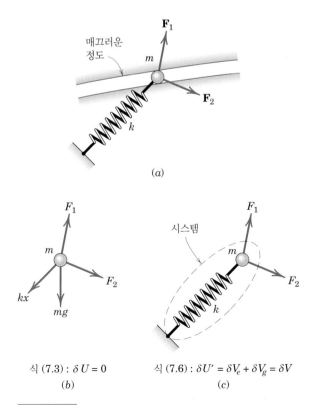

식 (7.3) : $\delta U = 0$　　　　식 (7.6) : $\delta U' = \delta V_e + \delta V_g = \delta V$
(b)　　　　　　　　　(c)

그림 7.14

로로를 따라서 발생한다고 가정하자. 이 질점은 가해진 힘 F_1과 F_2, 중력 mg, 스프링 힘 kx 및 수직 반력 등의 작용하에서 평형상태에 놓여 있다. 질점이 다른 시스템과 분리된 그림 7.14b에서는, 질점의 작용력선도에 도시된 모든 힘들의 가상일이 δU에 포함된다(마찰 없는 매끄러운 표면에 의하여 질점에 작용하는 수직 반력은 일을 하지 않으므로 그림 7.14b에 나타내지 않았다). 그림 7.14c에서는 스프링이 시스템의 내부에 포함되었으며, $\delta U'$은 힘 F_1과 F_2에 의한 가상일이다. 이들 외력 F_1과 F_2에 의한 가상일은 위치에너지 항에서 고려되지 않았다. 무게 mg에 의한 일은 δV_g 항에서 고려되었으며, 스프링 힘의 일은 δV_e 항에서 고려되었다.

가상일의 원리

따라서 탄성부재와 위치 변화를 일으키는 부재를 포함하는 기계 시스템에 대해서, 우리는 가상일의 원리를 다음과 같이 표현할 수 있다.

> **평형상태에 놓인 기계 시스템에 작용하는 (위치에너지 항들에서 고려되는 중력과 스프링 힘들을 제외한) 모든 외부의 작용력에 의한 가상일은 구속과 일치하는 어떤 가상 변위에 대하여 그 시스템에서의 탄성 및 중력 위치에너지 합에서의 변화와 같다.**

평형의 안정성

움직임과 함께 중력 및 탄성 위치에너지가 변화하며, 비보존력에 의한 일이 없는 어떤 기계 시스템을 고려해보자. 예제 7.6에서 다루어진 메커니즘은 이러한 기계 시스템의 보기이다. $\delta U'=0$일 때, 식 (7.6)은 다음과 같이 표기된다.

$$\delta(V_e + V_g) = 0 \quad \text{즉} \quad \delta V = 0 \tag{7.7}$$

총위치에너지 V가 정류값(stationary value)을 갖는 위치가 평형 위치라는 것을 위 식에서 알 수 있다. 위치에너지와 그 도함수들이 변수 x의 연속함수인 1 자유도 시스템에 대하여, 평형조건 $\delta V=0$은 수학적으로 식 (7.8)과 동일하다.

$$\frac{dV}{dx} = 0 \tag{7.8}$$

식 (7.8)은 총위치에너지의 1차 도함수 값이 0일 때, 그 기계 시스템은 평형에 놓여 있다는 것을 의미한다. 다자유도 시스템에서는, 평형에 놓여 있을 때 각각의 좌표에 대하여 V의 편도함수 값이 모두 0이 되어야 한다.[*]

---

[*] 2 자유도 시스템의 예는 첫 번째 저자가 쓴 *Statics, 2nd Edition, SI Version*, 1975의 7장 43절을 살펴보라.

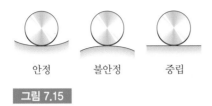

안정   불안정   중립

그림 7.15

식 (7.8)이 적용되는 세 가지 조건이 있다. 즉, 총위치에너지가 최소일 때[**안정적 평형**(stable equilibrium)], 최대일 때[**불안정적 평형**(unstable equilibrium)], 또는 일정할 때[**중립적 평형**(neutral equilibrium)]이다. 그림 7.15에 이러한 세 가지 조건들을 간단히 도시하였다. 롤러의 위치에너지는 안정적 위치, 불안정적 위치, 중립 위치에서 각각 최소, 최대, 일정하다.

기계 시스템의 안정성은 다음과 같이 표현될 수도 있다. 즉 안정적 위치로부터 벗어난 작은 변위는 위치에너지의 증가를 일으키며, 기계 시스템에서는 보다 낮은 에너지의 위치로 되돌아가려는 경향이 생기게 된다. 한편, 불안정적 위치로부터 벗어난 작은 변위는 위치에너지의 감소를 일으키며, 기계 시스템에서는 평형 위치로부터 벗어나려는 경향이 생기게 된다. 중립 위치의 경우, 어떤 방향으로의 작은 변위는 위치에너지의 변화에 영향을 미치지 않으며, 기계 시스템에서는 어떤 방향에서도 움직이려는 경향이 생기지 않는다.

어떤 함수와 그 도함수들이 모두 연속일 때, 그 함수가 최솟값을 갖는 곳에서 그 함수의 제2차 도함수는 양의 값을 갖게 되고, 그 함수가 최댓값을 갖는 곳에서 그 함수의 제2차 도함수는 음의 값을 갖게 된다. 따라서 1 자유도를 갖는 어떤 시스템의 평형과 안정성에 대한 수학적 조건은 다음과 같이 표현될 수 있다.

$$
\begin{aligned}
&\text{평형} & \frac{dV}{dx} &= 0 \\[6pt]
&\text{안정} & \frac{d^2V}{dx^2} &> 0 \\[6pt]
&\text{불안정} & \frac{d^2V}{dx^2} &< 0
\end{aligned}
\tag{7.9}
$$

평형 위치에서 위치에너지 V의 제2차 도함수 값이 0이 될 수도 있다. 이 경우에는 평형의 종류를 확인하기 위하여 더 고차 도함수의 부호를 검토하여야 한다. 그 값이 0이 아닌 가장 낮은 도함수의 차수가 짝수일 때, 그 도함수의 부호가 양이냐 아니면 음이냐에 따라서 평형이 안정적 또는 불안정적이 될 것이다. 만약에 그 도함수의 차수가 홀수일 때, 그 평형의 종류는 불안정적으로 분류되며 $V\text{-}x$의 그래프는 평형 위치에서 0의 기울기 값을 갖는 변곡점을 가지게 된다.

다자유도 시스템에 대한 안정성의 판정기준은 보다 복잡해진다. 예를 들어 2 자유도 시스템에서는 두 변수에 대한 테일러 급수 전개를 사용한다.

Tracey Whitefoot/Alamy Stock Photo

승강 작업대는 가상일 방법으로 쉽게 해석될 수 있는 구조물 형태의 예이다.

예제 7.4

질량이 10 kg인 실린더가 강성이 2 kN/m인 스프링에 의하여 매달려 있다. 이 시스템의 위치에너지 V를 도시하고, 평형 위치에서 V의 값이 최소임을 보여라.

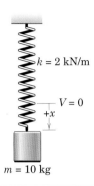

|풀이| (이 예제에서 평형 위치는 스프링 힘과 무게 mg의 값이 같을 때라는 것은 너무나 당연하다. 그러나 에너지의 관계를 간단히 예시하기 위하여 이러한 사실을 모르는 것으로 간주하고 이 예제를 풀도록 하겠다.) 스프링 길이의 변화가 없는 곳을 위치에너지 값이 0인 기준점으로 선정하자. ①

임의의 위치 x에서의 탄성 위치에너지의 값은 $V_e = \frac{1}{2}kx^2$이며 중력 위치에너지의 값은 $-mgx$이다. 따라서 총위치에너지의 값은 다음과 같다.

$$[V = V_e + V_g] \qquad\qquad V = \frac{1}{2}kx^2 - mgx$$

평형이 되기 위한 조건은 다음과 같다.

$$\left[\frac{dV}{dx} = 0\right] \qquad\qquad \frac{dV}{dx} = kx - mg = 0 \qquad x = mg/k$$

이 예제와 같이 단순한 경우에 평형이 안정적이라는 사실을 알고 있지만, 평형 위치에서 V의 제2차 도함수의 부호를 구하면 이것이 입증된다. $d^2V/dx^2 = k$가 양의 부호를 가지므로, 평형이 안정적임이 입증되었다.

주어진 수치들을 대입하면 줄(J) 단위를 갖는 위치에너지의 값은

$$V = \frac{1}{2}(2000)x^2 - 10(9.81)x$$

이고, 위 식에서 x의 평형 위치를 다음과 같이 구할 수 있다.

$$x = 10(9.81)/2000 = 0.0490 \text{ m} \qquad 즉 \qquad 49.0 \text{ mm} \quad \text{답}$$

x의 여러 값에서 V의 값을 계산하여 V-x 값을 그림처럼 도시하였다. V의 최솟값은 $x = 0.0490$ m에서 발생하며 이때 $dV/dx = 0$이고 $d^2V/dx^2 > 0$이다. ②

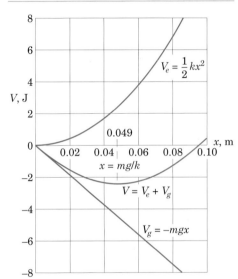

|도움말|

① 위치에너지 값이 0인 기준점의 위치는 달리 선정되어도 좋으나, 이 예제에서처럼 선정하면 계산이 간단해진다.

② V_e와 V_g에 대하여 각각 다른 기준점을 선택해도 좋다. 왜냐하면 기준점에 따라 결과가 달라지지 않기 때문이다. 이러한 기준점의 변화는 V_e와 V_g 각각의 곡선을 위나 아래로 이동시킬 뿐이며 V가 최소의 값을 갖는 위치를 변화시키지 않는다.

예제 7.5

각각 질량 m을 갖는 2개의 균일한 링크가 그림에 나타낸 것처럼 서로 연결되고 구속되어 있다. 질량을 무시할 정도로 가벼운 막대가 점 A에 연결되어 있으며 점 B에서 피벗된 칼라(pivoted collar)를 관통하고 있다. 수평방향의 힘 P의 작용과 함께 두 링크 사이의 각도 θ가 증가함에 따라서 점 A에 연결된 막대가 강성이 k인 스프링을 압축하고 있다. 만약에 $\theta = 0$인 위치에서 스프링의 압축량이 0이라면, 각도 θ에서 평형을 만드는 힘 P를 결정하라.

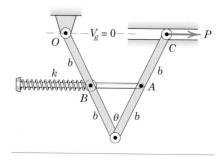

| **풀이** | 도시된 그림은 주어진 시스템의 작용력선도에 해당된다. 스프링의 압축량 x는 점 A가 점 B로부터 멀어진 거리와 같으며 그 값은 $x = 2b \sin \theta/2$이다. 따라서 스프링의 탄성 위치에너지는 다음과 같다.

$$[V_e = \tfrac{1}{2}kx^2] \qquad V_e = \tfrac{1}{2}k\left(2b \sin \frac{\theta}{2}\right)^2 = 2kb^2 \sin^2 \frac{\theta}{2}$$

편의상 지지점 O를 관통하는 위치를 중력 위치에너지가 0인 기준점으로 선정하면, V_g에 대한 식은 다음과 같이 된다.

$$[V_g = mgh] \qquad V_g = 2mg\left(-b \cos \frac{\theta}{2}\right)$$

점 O와 점 C 사이의 거리는 $4b \sin \theta/2$이며, 따라서 P에 의한 가상일은 다음과 같다.

$$\delta U' = P \, \delta\left(4b \sin \frac{\theta}{2}\right) = 2Pb \cos \frac{\theta}{2} \, \delta\theta$$

가상일의 식에서 다음을 얻게 된다.

$$[\delta U' = \delta V_e + \delta V_g]$$

$$2Pb \cos \frac{\theta}{2} \, \delta\theta = \delta\left(2kb^2 \sin^2 \frac{\theta}{2}\right) + \delta\left(-2mgb \cos \frac{\theta}{2}\right)$$

$$= 2kb^2 \sin \frac{\theta}{2} \cos \frac{\theta}{2} \, \delta\theta + mgb \sin \frac{\theta}{2} \, \delta\theta$$

위 식을 단순화하여 다음 식을 얻게 된다.

$$P = kb \sin \frac{\theta}{2} + \tfrac{1}{2}mg \tan \frac{\theta}{2}$$

힘 P가 주어질 때 평형이 되는 값 θ의 양함수 해를 구하기는 어렵다. 그러나 θ에 대한 두 항을 구하고, 그 합을 그래프로 나타낸 것이 P와 일치하도록 수치적 방법으로 컴퓨터를 이용하여 θ의 해를 구할 수 있다.

예제 7.6

질량이 m인 균일한 막대의 양쪽 끝이 각각 수평과 수직 가이드를 따라서 자유롭게 미끄러진다. 평형의 위치에서 안정조건을 검토하라. 단, $x=0$일 때, 강성이 k인 스프링의 변형량은 0이다.

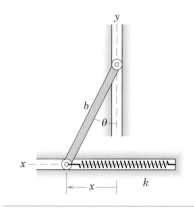

|풀이|　전체 시스템은 스프링과 막대로 구성되어 있다. 아무런 외력도 존재하기 않기 때문에, 주어진 그림은 작용력선도와 동일하다. ① x축을 중력 위치에너지가 0인 기준점으로 선택하였다. 변위가 발생한 위치에서 탄성 및 중력 위치에너지는

$$V_e = \tfrac{1}{2}kx^2 = \tfrac{1}{2}kb^2 \sin^2 \theta \text{ 이고} \qquad V_g = mg\,\frac{b}{2}\cos\theta$$

이고 총위치에너지는 다음과 같다.

$$V = V_e + V_g = \tfrac{1}{2}kb^2\sin^2\theta + \tfrac{1}{2}mgb\cos\theta$$

평형은 $dV/d\theta = 0$에서 발생한다. 따라서

$$\frac{dV}{d\theta} = kb^2\sin\theta\cos\theta - \tfrac{1}{2}mgb\sin\theta = (kb^2\cos\theta - \tfrac{1}{2}mgb)\sin\theta = 0$$

위 식에 대한 2개의 풀이는 다음 식으로 주어진다.

$$\sin\theta = 0 \text{ 이고} \qquad \cos\theta = \frac{mg}{2kb} \quad ②$$

위의 두 평형 위치에 대하여 V의 제2차 도함수의 부호를 검토하여 안정성을 결정할 수 있다. 제2차 도함수는 다음과 같다.

$$\frac{d^2V}{d\theta^2} = kb^2(\cos^2\theta - \sin^2\theta) - \tfrac{1}{2}mgb\cos\theta$$
$$= kb^2(2\cos^2\theta - 1) - \tfrac{1}{2}mgb\cos\theta$$

|풀이 I|　$\sin\theta = 0, \theta = 0$ 인 경우

$$\frac{d^2V}{d\theta^2} = kb^2(2 - 1) - \tfrac{1}{2}mgb = kb^2\left(1 - \frac{mg}{2kb}\right)$$
$$= k > mg/2b \text{ 일 때 양 (안정)}$$
$$= k < mg/2b \text{ 일 때 음 (불안정)}$$

따라서 만약 스프링의 강성이 충분히 크다면, 수직 위치에서 막대에 아무런 힘이 작용하지 않고 있더라도 막대는 수직 위치로 되돌아올 것이다. ③

|풀이 II|　$\cos\theta = \dfrac{mg}{2kb}, \theta = \cos^{-1}\dfrac{mg}{2kb}$ 인 경우

$$\frac{d^2V}{d\theta^2} = kb^2\left[2\left(\frac{mg}{2kb}\right)^2 - 1\right] - \tfrac{1}{2}mgb\left(\frac{mg}{2kb}\right) = kb^2\left[\left(\frac{mg}{2kb}\right)^2 - 1\right]$$

코사인 함수의 값은 1보다 작기 때문에, 이 답은 $k > mg/2b$ 경우로 국한된다. 이 경우에 V의 2차 도함수는 음의 값을 갖는다. 따라서 풀이 II에서의 평형은 안정적일 수 없다. ④ 만약 $k < mg/2b$라면, $0 < \theta < 90°$ 사이에서 스프링이 평형상태를 유지하기에 너무 약하기 때문에 풀이 II의 답을 얻을 수 없다.

|도움말|

① 외부의 작용력 없이는, $\delta U'$항은 없으며 $\delta V = 0$은 $dV/d\theta = 0$과 수학적으로 동치이다.

② $\sin\theta = 0$일 때 $\theta = 0$의 풀이가 존재함을 유의하라.

③ 안정성에 대한 수학적 해석 없이는 이러한 결과를 기대하기 힘들었을 것이다.

④ 안정성에 대한 수학적 해석을 하지 않고서는, $0 < \theta < 90°$ 구간에서 막대가 안정적 평형 위치에 도달할 수 있다는 그릇된 가정을 할 수도 있었을 것이다.

연습문제

(다음 문제에서 마찰에 의한 음의 일은 무시할 수 있다고 가정한다.)

기초문제

7/29 기계 시스템의 위치에너지가 $V = 6x^4 - 3x^2 + 5$로 주어지며 x는 1 자유도에서의 위치 좌표이다. 이 시스템이 평형이 되는 위치를 구하고, 각 평형 위치에서 시스템의 평형조건을 구하라.

7/30 A에서의 비틀림 스프링의 강성은 k_T이고, 막대 OA와 AB가 수직으로 겹쳐 있을 때 변형이 없는 상태이다. 두 막대의 질량은 m이다. $m = 1.25$ kg, $b = 750$ mm, $k_T = 1.8$ N·m/rad 일 때 시스템의 평형 위치를 $0 \leq \theta \leq 90°$ 범위에서 구하고, 각 평형 위치에서 시스템의 안정성을 구하라.

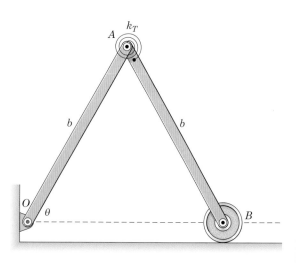

문제 7/30

7/31 그림의 메커니즘에서 $\theta = 0$일 때 스프링의 변형은 없는 상태이다. 평형 위치에서 θ를 구하고, θ의 값이 30°가 되기 위한 최소 스프링 강성 k를 구하라. 막대 DE는 칼라 C를 관통하여 자유로이 지나칠 수 있고, 질량 m인 실린더는 고정된 수직축을 자유로이 미끄러진다.

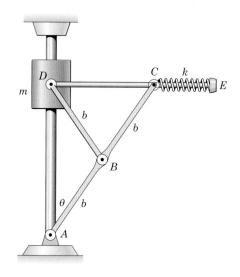

문제 7/31

7/32 질량이 m이고 길이가 L인 균일한 막대가 수직평면에서 2개의 스프링에 의해 지지되고 있다. 각 스프링의 강성은 k이고 수직 위치인 $\theta = 0$에서 δ만큼 압축되고 있다. $\theta = 0$에서 안정 평형을 갖기 위한 최소 강성 k를 구하라. 막대의 회전운동이 작을 때 수평방향으로만 움직인다고 가정한다.

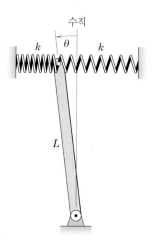

문제 7/32

7/33 두 개의 동일한 막대가 그림처럼 120° 각도로 용접되어 *O*에서 핀으로 연결된다. 지지하는 탭의 질량은 막대의 질량에 비해 작다. 그림과 같은 평형 위치에서 안정성을 검토하라.

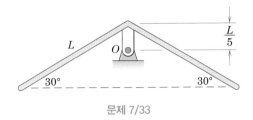

문제 7/33

7/34 질량이 *m*이고 길이가 *L*인 균일한 막대가 수평축 *O*에 핀으로 연결되어 회전이 된다. 이 축에 부착된 비틀림 스프링은 막대에 $M = k_T\theta$인 토크를 발생시키는데 k_T는 비틀림 강성이고 단위는 토크/라디안이며 θ는 라디안 단위의 각변위이다. $\theta = 0$ 위치의 평형이 안정하기 위한 *l*의 최댓값을 구하라.

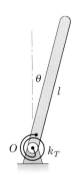

문제 7/34

7/35 질량 *M*이고 반지름이 *R*인 실린더가 반지름 3*R*인 원형표면 위를 미끄러지지 않고 구르고 있다. 실린더에는 질량이 *m*인 작은 질량이 붙어 있다. 주어진 평형 위치에서 이 실린더가 안정하다면 *M*과 *m*의 필요한 관계식을 구하라.

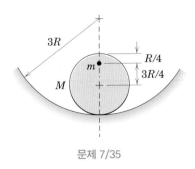

문제 7/35

7/36 상부 수평면의 *O*점을 중심으로 회전하는 균일한 재질의 60 kg 환기창의 단면이 그림에 나타나 있다. 이 창은 *A*점에서 조그만 풀리를 거쳐 스프링-하중 케이블로 제어되고 있다. 스프링의 강성은 160 N/m이고 $\theta = 0$일 때 변형이 없는 상태이다. 평형을 이룰 각도 θ를 구하라.

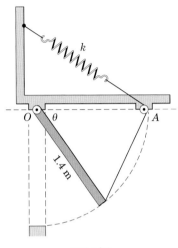

문제 7/36

7/37 반구(반지름이 *r*이고 밀도가 ρ_1)와 원뿔(밑면의 반지름이 *r*이고 높이가 *h*이고 밀도가 ρ_2)로 이루어진 물체가 수평면에 놓여 있다. 그림과 같은 위치에서 물체의 불안정성을 초래하지 않는 최대 높이 *h*를 구하라. 이 문제의 답을 다음 각각의 경우에 대하여 구하라.

(a) 반구와 원뿔이 같은 물체로 이루어진 경우
(b) 반구는 철강이고 원뿔은 알루미늄인 경우
(c) 반구는 알루미늄이고 원뿔은 철강인 경우

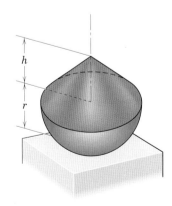

문제 7/37

심화문제

7/38 2개의 기어가 편심 질량 m을 갖고 있으며 수직평면에서 베어링에 의해 자유로이 회전하고 있다. 평형을 이룰 θ값을 구하고 각 위치에서의 평형의 형태를 나타내라.

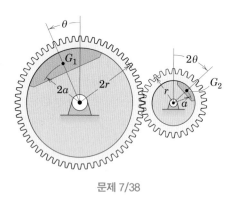

문제 7/38

7/39 절단수술을 받은 사람을 위한 인공다리 설계 시 중요한 요구사항 중 하나는 다리가 완전히 펴질 때 무릎에서의 좌굴을 방지하는 것이다. 첫 번째 근사방법은 공통 관절에 비틀림 스프링이 있는 2개의 가벼운 링크로 인공다리를 시뮬레이션 하는 것이다. 스프링은 관절의 굽힘각 β에 비례하여 $M = k_T\beta$ 인 토크를 발생시킨다. $\beta = 0$에서 무릎관절의 안정성을 보장하는 최소 강성 k_T를 구하라.

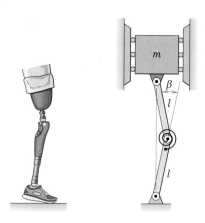

문제 7/39

7/40 손잡이가 스프링이 연결된 기어의 한쪽에 고정되어 있으며 이 기어는 고정 베어링에 장착되어 있다. 강성이 k인 스프링이 두 기어에 고정된 두 핀을 연결하고 있다. 핸들이 수직위치일 때 $\theta = 0$이고 스프링에 힘이 걸리지 않는다. 임의의 각 θ에서 평형을 유지할 힘 P를 구하라.

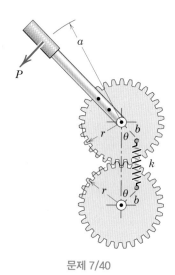

문제 7/40

7/41 역진자가 그림과 같은 수직위치에서 안정성을 가질 수 있는 질량 m의 최대 높이 h를 구하라. 각 스프링의 강성은 k이고 그림의 위치에서 똑같이 압축력을 받고 있다. 메커니즘의 나머지 부분의 질량은 무시한다.

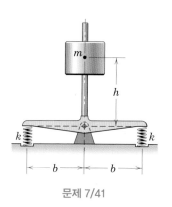

문제 7/41

7/42 그림과 같은 기구에서 막대 *AC*는 *B*에서 칼라 *B*를 통과하며 우력 *M*이 링크 *DE*에 가해질 때 스프링을 압축한다. 스프링의 강성은 *k*이고, θ＝0이 압축되지 않은 위치이다. 평형이 되는 각도 θ를 구하라. 각 부재의 질량은 무시할 수 있다.

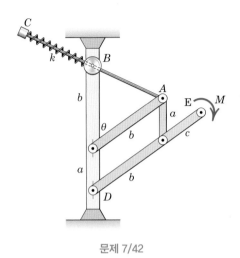

문제 7/42

7/43 비틀림 스프링의 한 끝이 *A*에서 벽에 단단히 고정되어 있고, 다른 한 끝은 *B*점에서 축과 연결되어 있다. 스프링의 비틀림 강성 k_T는 1라디안만큼 스프링을 회전시키는 데 필요한 토크이다. 스프링은 반지름 *r*인 드럼에 감긴 케이블에 매달린 중량 *mg*에 의한 모멘트를 견디고 있다. 스프링이 비틀림을 받지 않는 평형 위치 *h*를 구하라.

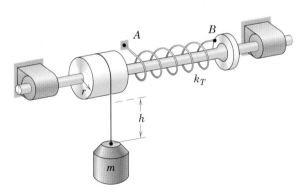

문제 7/43

7/44 그림에서 발로 밟아서 내리는 작은 산업용 리프트가 있다. 중심축의 양쪽에 2개씩 총 4개의 동일한 스프링이 붙어 있다. 각 쌍의 스프링의 강성은 2*k*이다. 페달에 걸리는 힘이 없는 θ＝0일 때 리프트가 하중 *L*을 지지하는 안정평형을 보장하는 *k*의 값을 구하라. 스프링은 초기에 똑같이 미리 압축이 되어 있으며 항상 수평방향으로 작동한다고 가정한다.

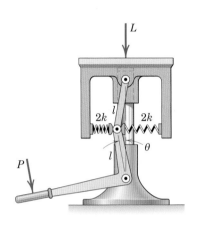

문제 7/44

7/45 각각의 질량이 *m*인 2개의 균일한 링크가 수직면에 놓여 있으며 그림과 같이 서로 연결되어 있다. 가는 막대 *AB*가 *B*점에서 롤러와 연결되어 있고 *A*점에서 칼라를 통과한다. θ＝$θ_0$ 위치는 롤러 *A*가 *C*점에서 정지하는 위치이며 이때 스프링의 압축변형이 없는 상태이다. 힘 *P*가 링크 *AE*에 수직으로 작용하면 각도 θ는 증가하고 스프링은 압축이 된다. $θ_0$보다 큰 임의의 각 θ에서 평형을 이룰 힘 *P*를 구하라.

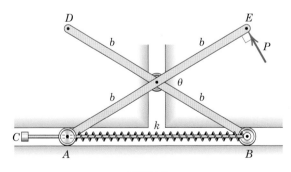

문제 7/45

7/46 균일한 링크 AB의 질량은 m이고, 왼쪽 끝 A는 고정된 수평 슬럿에서 자유로이 움직인다. 다른 끝 B는 수직 플런저에 핀으로 연결되어 B점이 하강하면 스프링이 압축된다. $\theta = 0$일 때 스프링은 변형이 없는 상태이다. 안정성을 보장할 평형각과 조건을 구하라.

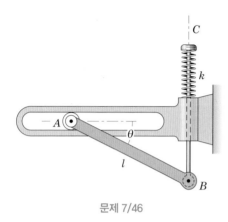

문제 7/46

7/47 균질한 반원통과 반원통 셸이 그림과 같은 위치를 유지할지 혹은 굴러 떨어질지 계산하여 예측하라.

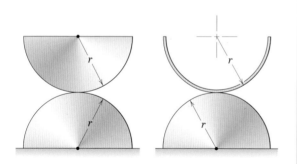

문제 7/47

▶ 7/48 그림과 같은 단면을 가진 균일한 차고문 AB의 질량은 m이고, 문의 양옆에 스프링에 의해 작동되는 기구가 장착되어 있다. OB의 질량은 무시할 수 있으며, 문의 위쪽 코너에는 롤러가 달려서 수평 방향으로 자유롭게 움직일 수 있다. 스프링이 늘어나기 전 길이는 $r - a$이므로 $\theta = \pi$인 가장 높은 위치에서 스프링이 받는 힘은 0이 된다. 문이 $\theta = 0$인 닫히는 위치에 도달할 때 문이 부드럽게 작동하는 것을 확인하기 위하여, 문이 이 위치에서의 각도 변화에 영향을 받지 않는 것이 바람직하다. 이러한 설계에 요구되는 스프링 상수 k를 구하라.

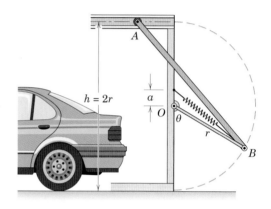

문제 7/48

▶7/49 질량이 m_0이고 질량중심이 G인 작업면이 스크루 메커니즘에 의해 기울어진다. 2중 나선형 스크루의 피치는 p(나사산 사이의 축방향 거리)이고 모터가 주는 토크 M에 의해 칼라 C의 수평 움직임을 제어한다. 스크루는 고정 베어링 A와 B에 의해 지지되어 있다. 균일한 보조막대 CD의 질량은 m이고 길이는 b이다. 작업면을 주어진 각도 θ로 기울이는 데 필요한 토크 M을 구하라. $d=b$이고 보조막대의 질량을 무시하여 결과를 간략화하라.

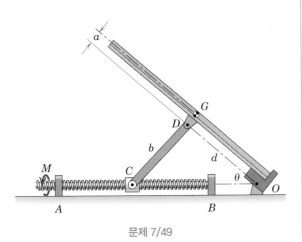

문제 7/49

▶7/50 작은 트럭에 더블 액슬 프론트 서스펜션이 쓰인다. 설계된 동작을 테스트할 때, 코일 스프링의 압축을 줄여주기 위하여 $h=350$ mm가 되도록 프레임 F를 잭으로 들어 올린다. 잭이 제거될 때 h 값을 구하라. 각 스프링의 강성은 120 kN/m이다. 하중 L은 12 kN이고 중심 프레임 F의 질량은 40 kg이다. 각 바퀴와 부속물의 질량은 각각 35 kg이고 질량중심은 수직중심축에서 680 mm이다.

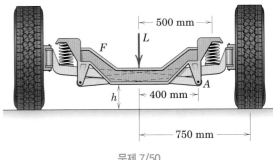

문제 7/50

7.5 이 장에 대한 복습

이 장에서는 가상일에 대한 원리를 전개하였다. 이 원리는 외력을 알고 있는 상태에서 어떤 물체나 서로 연결된 부재들로 구성된 어떤 시스템의 가능한 평형 위치를 결정하는 데 유용하다. 이 방법을 성공적으로 사용하기 위해서는, 우선 가상변위, 자유도 및 위치에너지의 개념을 이해해야 한다.

가상일의 방법

가해진 힘들의 작용하에서 어떤 물체 또는 서로 연결된 부재들로 구성된 시스템에서 여러 가지 평형 위치가 가능할 때, 우리는 가상일의 원리를 적용하여 평형 위치를 찾을 수 있다. 이러한 방법을 사용할 때 아래 사항들을 유념하라.

1. 평형 위치를 결정할 때 고려되어야 하는 유일한 힘들은, 물체나 시스템의 평형 위치로부터 벗어나는 미소한 가정된 움직임 동안에 일을 하는 힘들(작용력)이다.
2. 일을 하지 않는 외력(반력)은 고려할 필요 없다.
3. 이러한 이유로 가상변위 동안에 일을 하는 외력들만 다루는 작용력선도가 자유물체도보다 더욱 유용하다.

가상변위

가상변위는 직선 또는 각 위치에서의 1차 미분 변화이다. 이러한 변화는 실제로 일어나는 것이 아니라 가정된 움직임이므로 허구이다. 그러나 수학적으로는 실제 움직임에서의 미분 변화처럼 다루어진다. 미분 가상변위에서는 δ 기호를, 실제 움직임에서의 미분 변화에서는 d 기호를 사용한다.

구속 조건과 일치하는 가상 움직임 동안에 어떤 기계 시스템 부품들의 선형 또는 각 가상변위를 서로 관계짓는 일은 매우 힘들다. 이를 위하여,

1. 시스템의 평형 위치를 표현하는 기하학적 관계를 서술하라.
2. 미분 가상 움직임에 대한 식을 얻기 위하여 기하학적 관계를 미분함으로써 시스템의 구성품의 위치에서의 미분 변화를 구하라.

자유도

이 장에서는 부재들의 위치가 1개의 변수에 의하여 명시될 수 있는 기계 시스템만 다루었다(1 자유도 시스템). 2개 또는 그 이상의 자유도 시스템에서는, 자유도 수만큼의 가상일의 방정식을 적용할 수 있다. 이때는 다른 모든 변수의 값을 일정하게 한 상태에서 한 번에 1개의 변수만의 값이 변화하는 것을 허용한다.

위치에너지 방법

가상변위가 물체의 질량중심의 수직 위치를 변화시키거나 탄성 부재(스프링)의 길이를 변화시키는 평형 문제를 풀 때, 중력 및 탄성 위치에너지(V_g 및 V_e)의 개념이 유용하다. 이 방법을 적용하기 위하여,

1. 시스템의 가능한 위치를 명시하는 변수의 관점에서, 시스템의 총위치에너지 V의 식을 구하라.
2. 시스템의 평형 위치와 대응하는 안정성 조건을 구하기 위하여 V의 제1차 및 제2차 도함수를 검토하라.

복습문제

7/51 제어 메커니즘은 우력 M으로 돌리는 입력축 A와 작용력과 반대 방향으로 움직이는 출력 슬라이더 B로 구성된다. 이 메커니즘은 A를 한 바퀴 돌리면 B가 x 방향으로 60 mm 움직이도록, 즉 B의 선형운동이 A의 각운동과 비례되도록 설계된다. $M = 10$ N·m일 때 평형이 되기 위한 P를 구하라. 내부마찰은 무시하고 모든 기계요소는 이상적으로 연결된 강체라고 가정한다.

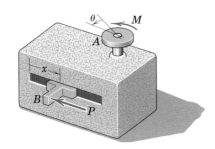

문제 7/51

7/52 가벼운 막대 OC가 O점을 중심으로 수직평면에서 흔들리고 있다. $\theta = 0$일 때 강성이 k인 스프링은 늘어나지 않은 상태이다. 막대의 끝에 수직력 P가 가해질 때 평형이 되는 각도를 구하라. 막대의 질량과 작은 풀리의 지름은 무시한다.

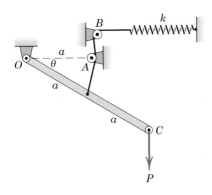

문제 7/52

7/53 높이가 h이고 질량이 m인 균일한 직사각형 블록이 반지름 r인 고정된 원형 표면에 수평으로 놓여 있다. 안정성을 유지할 h의 한곗값을 구하라.

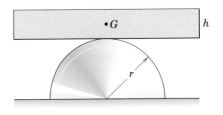

문제 7/53

7/54 발사 전에 로켓의 기초 플랜지를 플랫폼 받침대에 체결시키는 4개의 토글-작동 유지조립체 중 하나의 설계개략도가 나와 있다. 링크 CE가 유압실린더의 피스톤 왼쪽에 작용하는 20 MPa의 압력으로 인장력을 받는다면 A에서 미리 가해진 체결력 F를 계산하라. 피스톤의 면적은 10^4 mm²이다. 조립체의 무게가 어느 정도 있지만 체결력에 비해서 작으므로 여기서는 무시한다.

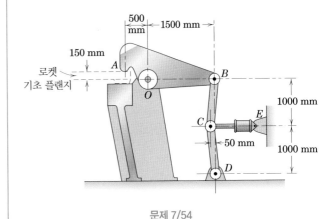

문제 7/54

7/55 직사각형 시트 메탈로 실린더 모양을 갖는 두 형상을 가공하여 수평면에 그림과 같이 놓았다. 그림 (a)의 가공물이 현 위치에서 안정할 최대 높이 h를 구하라. 그림 (b)의 가공물의 안정성은 h의 크기에 영향을 받지 않음을 증명하라.

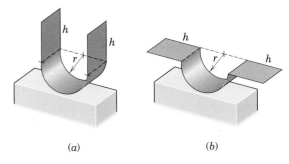

(a)   (b)

문제 7/55

7/56 상자가 미끄러지지 않도록 상자와 집게 손잡이 사이의 최소 마찰계수 μ_s를 가상일의 원리를 사용하여 구하라. $\theta=30°$인 경우에 대하여 풀어 보라.

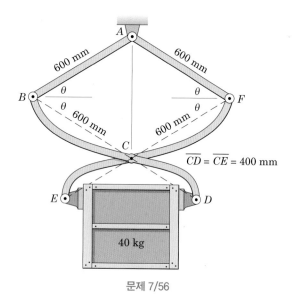

문제 7/56

7/57 10°의 경사면에 불균형한 바퀴가 평형을 이루는 θ 값들을 구하고, 각 위치에서 안정성을 구하라. 정적인 마찰력이 충분히 커서 바퀴는 미끄러지지 않는다. 질량 중심은 G이다.

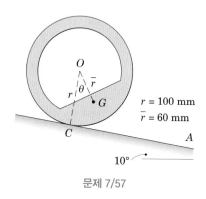

$r = 100$ mm
$\bar{r} = 60$ mm

문제 7/57

7/58 질량이 m이고 질량중심이 G인 균일한 직사각 판넬이 롤러에 의해 안내되어 움직이는데, 위쪽 롤러는 수평 트랙에, 아래쪽 롤러는 수직 트랙에 위치한다. 주어진 각 θ에서 평형을 유지하기 위하여 필요한 힘 P를 구하라. 이 힘은 판넬의 가운데 아래에서 판넬과 수직방향으로 작용한다. (힌트 : 수평과 수직 성분으로 나누어 P가 한 일을 얻는다.)

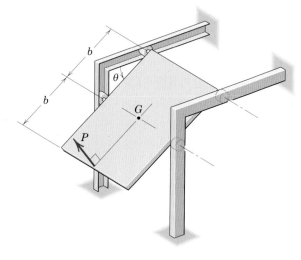

문제 7/58

7/59 문제 7/25의 4절 기구를 다시 다루고자 한다. 각 부재가 표시된 질량을 갖고, 힘 $P=0$일 때 주어진 각도에서 메커니즘을 평형상태로 유지하기 위하여 필요한 우력 M의 크기를 구하라. $m_1=0.9$ kg, $m_2=3.6$ kg, $m_3=3$ kg, $L_1=250$ mm, $L_2=1000$ mm, $L_3=800$ mm, $h=150$ mm, $b=450$ mm, $\theta=30°$일 때 결과를 계산하라.

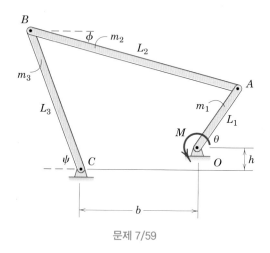

문제 7/59

7/60 질량이 m인 실린더가 3개의 가벼운 링크와 비선형 스프링에 의하여 각도 θ에서 평형상태에 있다. 링크 OA가 수직일 때 스프링의 압축은 없는 상태이고, 스프링의 위치에너지는 $V_e=k\delta^3$으로 주어지며, δ는 스프링의 변형량이고 k는 스프링의 강성이다. θ가 증가하면 A에 연결된 막대가 E에 위치한 칼라를 통과하여 미끄러지고 칼라와 막대의 끝부분 사이

에 위치한 스프링을 압축한다. $0 \leq \theta \leq 90°$ 범위에서 시스템이 평형을 이룰 θ의 값을 구하고, 그 위치에서 $k = 35$ N/m², $b = 600$ mm, 그리고 $m = 2$ kg일 때 시스템이 안정한지 불안정한지를 기술하라. 주어진 운동 범위에서 기계적인 간섭은 없다고 가정한다.

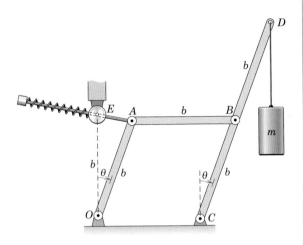

문제 7/60

▶ 7/61 다음 메커니즘에서 강성이 k인 스프링은 $\theta = 60°$일 때 압축이 안 된 상태이다. 또한 부속들의 질량은 두 실린더의 질량 합 m에 비해 무시할 수 있을 정도로 작다. 이 메커니즘은 암(arm)이 수직위치를 통과하여 흔들리도록 만들어졌다. 평형이 되는 θ 값을 구하고 이 위치에서 메커니즘의 안정성을 구하라. 마찰은 무시한다.

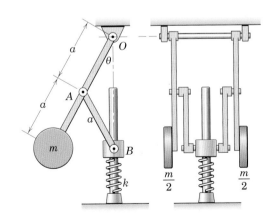

문제 7/61

*컴퓨터 응용문제

*7/62 가벼운 막대에 수직으로 60 N의 힘이 가해질 때 기구가 평형을 이루는 좌표 x를 구하라. 스프링의 강성은 1.6 kN/m이고, $x = 0$일 때 스프링은 늘어나지 않는 상태이다.

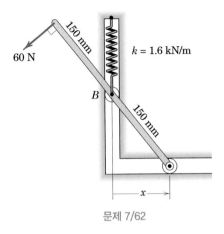

문제 7/62

*7/63 균일한 25 kg 트랩도어가 바닥모서리 O-O를 중심으로 회전할 수 있으며 2개의 스프링이 그림과 같이 부착되어 있다. 각 스프링상수 $k = 800$ N/m이고 $\theta = 90°$일 때 스프링의 변형은 없는 상태이다. O-O를 포함한 평면에서 $V_g = 0$으로 잡고, 위치에너지 $V = V_g + V_e$를 θ의 함수로 θ가 0°에서 90°까지 그려 보라.

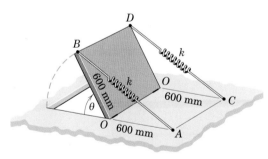

문제 7/63

*7/64 질량이 25 kg이고 질량중심이 G인 막대 OA가 O점에서 회전을 할 수 있으며 10 kg의 균형추의 구속을 받으며 흔들리고 있다. $\theta = 0$일 때 $V_g = 0$으로 잡고, 시스템의 전체 위치에너지를 표현하라. 그리고 θ가 0°에서 360°까지 변할 때 V_g를 θ의 함수로 표현하라. 그림으로 나타낸 결과로부터 평형 위치를 구하고 그 위치에서의 안정성을 구하라.

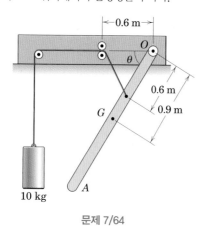

문제 7/64

*7/65 주어진 메커니즘에서 평형각 θ를 구하라. 스프링의 강성 k는 2 kN/m이고 200 mm일 때가 스프링의 변형이 없는 상태이다. 균일한 링크 AB와 CD의 질량은 각각 4.5 kg이고 부재 BD와 하중의 합은 45 kg이다. 움직임은 수직평면에서만 일어난다.

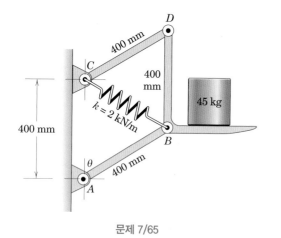

문제 7/65

*7/66 80 kg의 질량을 잠긴 위치(OB가 3° 위치인 OB'으로 움직임)로 들어 올리는 데 토글 메커니즘이 사용된다. 토글의 설계작용을 평가하기 위하여 토글을 작동하는 데 필요한 힘 P를 θ의 함수로 $\theta = 20$°에서 $\theta = -3$°까지 그려서 나타내라.

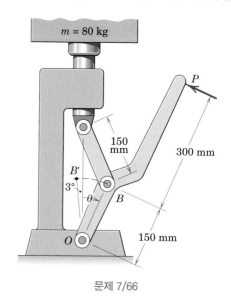

문제 7/66

면적 관성모멘트

이 장의 구성

A.1 서론
A.2 정의
A.3 조합면적
A.4 관성 상승모멘트와 축의 회전

A.1 서론

힘이 면적 표면에 연속적으로 분포되었을 때, 면적 내 혹은 면에 수직한 어떤 축에 대한 힘의 모멘트를 계산할 필요가 종종 있다. 힘(압력 혹은 응력)의 세기는 모멘트 축으로부터 힘의 작용선까지의 거리에 비례하는 경우가 자주 있다. 이때 면적요소에 작용하는 힘은 거리와 미소면적의 곱에 비례하고, 요소에 작용하는 힘에 의한 모멘트는 거리의 제곱과 미소면적의 곱에 비례한다. 그러므로 총모멘트는 $\int (거리)^2 \, d(면적)$형의 적분임을 알 수 있다. 이 적분을 **관성모멘트**(moment of inertia) 혹은 **면적 2차 모멘트**(second moment of area)라 한다. 이 적분은 면적의 기하학적인 함수이고 역학의 응용과정에서 자주 생긴다. 그러므로 어떤 항목에 있어서 그 특성들을 전개하고, 적분할 경우가 생겼을 때 바로 이용할 수 있도록 그 특성들을 정리해 놓으면 편리하다.

그림 A.1은 그 적분들의 물리적인 기원을 보여주고 있다. 그림 A.1a에서 표면적 $ABCD$는 세기가 축 AB로부터 거리 y에 비례하는 분포압력 p를 받고 있다. 이 경우는 평면에 작용하는 액체의 압력을 기술한 5장의 5.9절에서 취급하였다. 면적요소 dA에 작용하는 압력에 의한 AB축에 대한 모멘트는 $py \, dA = ky^2 \, dA$이다. 따라서 관성모멘트의 적분식은 총모멘트 $M = k \int y^2 \, dA$가 계산될 때 나타난다.

그림 A.1b에는 양단에 크기는 같고 방향이 반대인 우력에 의하여 굽혀진 단순 탄성보의 가로 단면에 작용하는 응력의 분포를 보여준다. 보의 어떤 단면에서도 힘 세기의 선형적인 분포 혹은 $\sigma = ky$로 주어지는 응력 σ가 존재한다. 응력은 축 $O\text{-}O$의 아래쪽에는 양(인장)이고, 그 축 위쪽에는 음(압축)이 된다. 축 $O\text{-}O$에 대

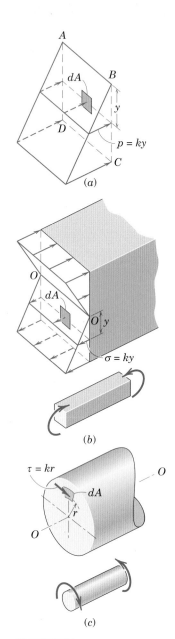

그림 A.1

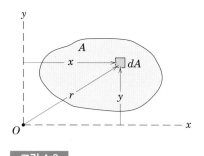

그림 A.2

한 미소모멘트는 $dM = y(\sigma \, dA) = ky^2 \, dA$임을 알 수 있다. 그러므로 총모멘트 $M = k\!\int y^2 \, dA$가 계산될 때 같은 적분식이 나타난다.

세 번째 예는 그림 A.1c로서 비틀림 모멘트를 받는 원형단면의 축을 보여준다. 재료의 탄성한도 내에서 그 모멘트는 축의 각 단면에서 중심으로부터 반지름거리 r에 비례하는 접선 혹은 전단응력 τ의 분포에 의하여 지지된다. 그러므로 $\tau = kr$이고, 중심축에 대한 총모멘트는 $M = \int r(\tau \, dA) = k\!\int r^2 \, dA$이다. 여기서의 적분은 면적이 모멘트 축에 평행한 대신에 수직이고, r은 직각좌표 대신에 반지름좌표라는 점이 앞의 두 예와 다르다.

앞의 예들에서 설명한 적분이 일반적으로 해당 축에 대한 면적의 **관성모멘트**라 불리지만 보다 적절한 말은 **면적 2차 모멘트**로서, 이는 1차 모멘트 $y \, dA$에 모멘트 거리 y를 곱하여 요소 dA에 대한 2차 모멘트를 얻기 때문이다. 용어 중에 나타나는 **관성**(inertia)이라는 말은 면적 2차 모멘트와 회전하는 물체의 경우 소위 관성력의 합모멘트에 대한 적분의 수학적인 형태 사이의 유사성 때문이다. 면적의 관성모멘트는 면적의 순수한 수학적 특성이고 그 자체의 물리적인 의미는 가지고 있지 않다.

A.2 정의

다음의 정의는 면적 관성모멘트의 해석에 기초가 되는 것이다.

직각 및 극관성모멘트

그림 A.2에서와 같이 x-y 평면상의 면적 A를 고찰하자. x와 y축에 대한 요소 dA의 관성모멘트는 정의에 의하여 각각 $dI_x = y^2 \, dA$와 $dI_y = x^2 \, dA$이다. 그러므로 각각의 축에 대한 A의 관성모멘트는

$$
\begin{aligned}
I_x &= \int y^2 \, dA \\[4pt]
I_y &= \int x^2 \, dA
\end{aligned}
\tag{A.1}
$$

이고, 전체 면적에 걸쳐 적분을 수행한다.

극점 $O(z$축)에 대한 dA의 관성모멘트는 유사한 정의에 의하여 $dI_z = r^2 \, dA$이다. O점에 대한 전체 면적의 관성모멘트는

$$
I_z = \int r^2 \, dA
\tag{A.2}
$$

이다. 식 (A.1)로 정의된 식을 **직각관성모멘트**라 하는 반면, 식 (A.2)는 **극관성모멘트**라 한다.[*] $x^2+y^2=r^2$이므로

$$I_z = I_x + I_y \qquad\qquad (A.3)$$

가 되는 것은 분명하다. 면적의 영역이 극좌표보다는 직각좌표로 기술하는 것이 보다 간단하다면, 극관성모멘트는 식 (A.3)을 이용하여 계산하는 것이 간편하다.

요소의 관성모멘트는 관성축으로부터 요소까지의 거리를 제곱한다. 따라서 음(−)의 좌표를 갖는 요소의 관성모멘트는 같은 크기의 양(+)의 좌표를 갖는 똑같은 요소의 관성모멘트와 그 크기가 같다. 결론적으로 임의의 축에 대한 관성모멘트는 항상 양(+)의 값을 갖는다. 이에 반하여 도심을 계산하는 면적 1차 모멘트는 양(+), 음(−) 또는 0의 값을 가질 수 있다.

면적 관성모멘트의 차원은 분명히 L^4이고, 여기서 L은 길이의 차원을 나타낸다. 따라서 면적 관성모멘트에 대한 SI 단위는 네제곱미터(m^4) 또는 네제곱밀리미터(mm^4)로 표현된다. 면적 관성모멘트에 대한 U.S. 단위는 네제곱피트(ft^4) 또는 네제곱인치($in.^4$)이다.

면적 관성모멘트의 계산에 사용할 좌표의 선택은 중요하다. 직각좌표계는 영역이 그 좌표계로 가장 쉽게 표현할 수 있는 형상에 대하여 사용되어야 한다. 극좌표계는 r과 θ로 쉽게 표현할 수 있는 영역문제를 일반적으로 간편하게 할 수 있다. 가능한 한 적분을 간단하게 할 수 있는 면적요소로 선택하는 것 또한 중요하다. 이와 같은 고찰은 도심계산에 관한 5장에서 기술하고 설명한 것과 아주 유사한 이치이다.

회전반지름

그림 A.3a에서와 같이 직각관성모멘트 I_x 및 I_y와 O점에 대한 극관성모멘트 I_z를 갖는 면적 A를 고려한다. 그림 A.3b와 같이 면적 A가 x축으로부터 거리 k_x만큼 떨어진 곳에 가늘고 긴 띠로 집약되어 있는 면적으로 생각한다. 정의에 의하여 x축에 대한 띠의 관성모멘트는 $k_x^2 A = I_x$이고 원래 면적의 것과 같을 것이다. 거리 k_x를 x축에 대한 면적의 **회전반지름**(radius of gyration)이라 한다. 그림 A.3c와 같이 y축에 평행한 좁은 띠에 면적이 집약되어 있다고 생각하면 y축에 대해서도 똑같은 관계를 쓸 수 있다. 또한, 그림 A.3d에서와 같이 면적이 반지름 k_z인 좁은 원환에 집약되어 있다면 극관성모멘트는 $k_z^2 A = I_z$로 나타낼 수 있다. 이를 종합하면 다음과 같이 쓸 수 있다.

[*] 면적 극관성모멘트는 역학문헌에서 기호 J로 표기하기도 한다.

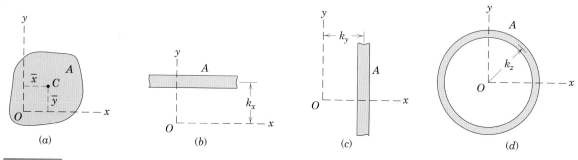

그림 A.3

$$I_x = k_x{}^2A \qquad\qquad k_x = \sqrt{I_x/A}$$
$$I_y = k_y{}^2A \qquad \text{즉} \qquad k_y = \sqrt{I_y/A} \qquad\qquad \text{(A.4)}$$
$$I_z = k_z{}^2A \qquad\qquad k_z = \sqrt{I_z/A}$$

따라서 회전반지름은 정의된 축으로부터 면적 분포에 대한 척도이다. 직각 또는 극관성모멘트는 회전반지름과 면적으로 표시할 수 있다.

식 (A.4)를 식 (A.3)에 대입하면

$$k_z{}^2 = k_x{}^2 + k_y{}^2 \qquad\qquad \text{(A.5)}$$

을 얻는다. 따라서 극좌표축에 대한 회전반지름의 제곱은 직각좌표계의 두 축에 대한 회전반지름 제곱의 합과 같다.

면적의 도심 C의 좌표와 회전반지름을 혼동해서는 안 된다. 예를 들어, 그림 A.3a에서 x축으로부터 도심까지의 거리 제곱은 $\bar{y}^2$이고, 이는 면적요소와 x축까지의 평균거리의 제곱이다. 반면에 $k_x{}^2$은 이들 거리 제곱의 평균이다. 관성모멘트는 $A\bar{y}^2$과 일치하지 않는데, 이는 평균의 제곱은 제곱의 평균보다 작기 때문이다.

축의 이동

도심을 지나지 않는 축에 대한 면적 관성모멘트는 이와 평행한 도심축에 대한 관성모멘트의 항으로 쉽게 나타낼 수 있다. 그림 A.4에서 x_0-y_0축은 면적의 도심 C를 지난다. 이제 도심축에 평행한 x-y축에 대한 면적 관성모멘트를 결정해보자. 정의에 의하여 x축에 대한 요소 dA의 관성모멘트는

$$dI_x = (y_0 + d_x)^2\, dA$$

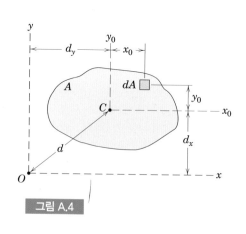

그림 A.4

이다. 전개하여 적분하면

$$I_x = \int y_0{}^2 \, dA + 2d_x \int y_0 \, dA + d_x{}^2 \int dA$$

를 얻는다. 첫 번째 적분식은 정의에 의하여 도심 x_0축에 대한 관성모멘트 $\bar{I}_x$임을 알 수 있다. 두 번째 적분식은 $\int y_0 \, dA = A\bar{y}_0$와 $\bar{y}_0$는 도심 x_0축상에서 자동으로 0 이기 때문에 0이다. 세 번째 항은 단순히 Ad_x^2이다. 따라서 I_x와 I_y도 마찬가지로

$$I_x = \bar{I}_x + Ad_x{}^2$$
$$I_y = \bar{I}_y + Ad_y{}^2$$

(A.6)

으로 된다. 식 (A.3)에 의하여 이들 두 식의 합은

$$I_z = \bar{I}_z + Ad^2$$

(A.6a)

으로 주어진다. 식 (A.6)과 (A.6a)를 **평행축정리**(parallel-axis theorem)라 한다. 여기서 특히 두 가지 점에 유의해야 한다. 첫째, 이동하는 축들 사이에는 **반드시 평행해야 하고** 둘째, 축의 하나는 **반드시 면적의 도심을 지나야 한다.**

도심을 지나지 않는 두 평행한 축 사이를 이동하려면 먼저 하나의 축을 평행한 도심축으로 이동시키고, 다음에 도심축으로부터 두 번째 축으로 이동시킨다.

평행축정리는 회전반지름에 대해서도 성립한다. k의 정의를 식 (A.6)에 대입하면 이동관계는

$$k^2 = \bar{k}^2 + d^2$$

(A.6b)

이 되며, 여기서 $\bar{k}$는 k가 적용되는 축에 평행한 도심축에 대한 회전반지름이고, d는 이들 두 축 사이의 거리이다. 축은 면적평면상에 있을 수도 있고, 수직일 수도 있다.

일반적인 평면도형에 대한 관성모멘트를 요약하여 부록 D의 표 D.3에 수록하였다.

예제 A.1

직사각형 면적의 관성모멘트를 도심을 지나는 x_0축과 y_0축, 도심 C점을 지나고 면에 수직한 z_0축, x축 그리고 O점을 지나는 수직한 z축에 대하여 구하라.

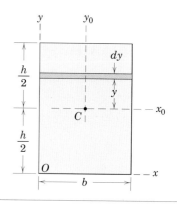

|**풀이**| x_0축에 대한 관성모멘트 $\bar{I}_x$를 계산하기 위하여 면적이 $b\,dy$인 수평띠를 선택하면 띠의 모든 요소들은 같은 y좌푯값을 갖는다. ① 따라서

$$[I_x = \int y^2\,dA] \qquad \bar{I}_x = \int_{-h/2}^{h/2} y^2 b\,dy = \frac{1}{12}bh^3 \qquad 답$$

이다. 기호들을 바꿈으로써 도심을 지나는 y_0축에 대한 관성모멘트는

$$\bar{I}_y = \frac{1}{12}hb^3 \qquad 답$$

이다. 도심에 대한 극관성모멘트는

$$[\bar{I}_z = \bar{I}_x + \bar{I}_y] \qquad \bar{I}_z = \frac{1}{12}(bh^3 + hb^3) = \frac{1}{12}A(b^2 + h^2) \qquad 답$$

이다. 평행축정리에 의하여 x축에 대한 관성모멘트는

$$[I_x = \bar{I}_x + Ad_x^2] \qquad I_x = \frac{1}{12}bh^3 + bh\left(\frac{h}{2}\right)^2 = \frac{1}{3}bh^3 = \frac{1}{3}Ah^2 \qquad 답$$

이다. 또한 평행축정리에 의해서 O점에 대한 극관성모멘트는 다음과 같이 된다.

$$[I_z = \bar{I}_z + Ad^2] \qquad I_z = \frac{1}{12}A(b^2 + h^2) + A\left[\left(\frac{b}{2}\right)^2 + \left(\frac{h}{2}\right)^2\right]$$

$$I_z = \frac{1}{3}A(b^2 + h^2) \qquad 답$$

|**도움말**|

① 2차 요소 $dA = dx\,dy$로 시작한다면 y를 상수로 놓고 x에 관해서 적분하면 단순히 b를 곱하는 것이 되고 애초에 선택한 $y^2b\,dy$가 된다.

예제 A.2

삼각형 면적의 관성모멘트를 밑변과 도심 및 꼭짓점을 지나는 수평한 축에 대하여 구하라.

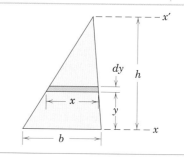

|**풀이**| 밑변에 평행한 면적 띠를 그림에서 보는 바와 같이 선정하면, 그 띠의 면적은 $dA = x\,dy = [(h-y)b/h]\,dy$이다. ① ② 정의에 의하여

$$[I_x = \int y^2\,dA] \qquad I_x = \int_0^h y^2 \frac{h-y}{h}b\,dy = b\left[\frac{y^3}{3} - \frac{y^4}{4h}\right]_0^h = \frac{bh^3}{12} \qquad 답$$

으로 된다. 평행축정리에 의하여 x축 위로 $h/3$의 거리에 있는 도심을 지나는 축에 대한 관성모멘트 $\bar{I}$는

$$[\bar{I} = I - Ad^2] \qquad \bar{I} = \frac{bh^3}{12} - \left(\frac{bh}{2}\right)\left(\frac{h}{3}\right)^2 = \frac{bh^3}{36} \qquad 답$$

이다. 도심축으로부터 꼭짓점을 지나는 x'축으로 이동하면 다음과 같다.

$$[I = \bar{I} + Ad^2] \qquad I_{x'} = \frac{bh^3}{36} + \left(\frac{bh}{2}\right)\left(\frac{2h}{3}\right)^2 = \frac{bh^3}{4} \qquad 답$$

|**도움말**|

① 여기서도 가장 단순한 요소를 선정하였다. 만약 요소를 $dA = dx\,dy$로 선택했다면, 먼저 x에 관하여 $y^2\,dx\,dy$를 적분해야 한다. 이는 $y^2x\,dy$로 되어 처음 선택했던 것과 같은 결과를 얻는다.

② x를 y항으로 바꾸어 나타내는 것은 닮은 삼각형 간의 비례관계를 고려하면 큰 어려움은 없다.

예제 A.3

원의 면적 관성모멘트를 수평한 지름축과 중심을 지나고 면에 수직한 축에 대하여 계산하고, 회전반지름을 구하라.

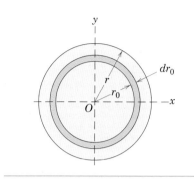

|풀이| 링의 모든 요소는 O점으로부터 등거리에 있으므로 O점을 지나고 면에 수직한 z축에 대한 관성모멘트를 계산하기 위하여 원환의 미소 면적요소를 사용한다. 이 요소의 면적은 $dA = 2\pi r_0 \, dr_0$이다. ① 따라서

$$[I_z = \int r^2 \, dA] \qquad I_z = \int_0^r r_0{}^2 (2\pi r_0 \, dr_0) = \frac{\pi r^4}{2} = \frac{1}{2} A r^2 \qquad \text{답}$$

이다. 극 회전반지름은

$$\left[k = \sqrt{\frac{I}{A}} \right] \qquad\qquad k_z = \frac{r}{\sqrt{2}} \qquad \text{답}$$

이다.

대칭성에 의하여 $I_x = I_y$이므로 식 (A.3)으로부터

$$[I_z = I_x + I_y] \qquad\qquad I_x = \frac{1}{2} I_z = \frac{\pi r^4}{4} = \frac{1}{4} A r^2 \qquad \text{답}$$

이다. 지름축에 대한 회전반지름은

$$\left[k = \sqrt{\frac{I}{A}} \right] \qquad\qquad k_x = \frac{r}{2} \qquad \text{답}$$

이다.

앞에서의 I_x 계산은 가장 간단한 방법이다. 이 결과는 아래쪽 그림에서 보는 바와 같이 면적요소 $dA = r_0 \, dr_0 \, d\theta$를 사용하여 직접 적분에 의해서도 구할 수 있다.

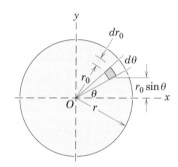

$$[I_x = \int y^2 \, dA] \qquad I_x = \int_0^{2\pi} \int_0^r (r_0 \sin \theta)^2 r_0 \, dr_0 \, d\theta$$

$$= \int_0^{2\pi} \frac{r^4 \sin^2 \theta}{4} \, d\theta$$

$$= \frac{r^4}{4} \frac{1}{2} \left[\theta - \frac{\sin 2\theta}{2} \right]_0^{2\pi} = \frac{\pi r^4}{4} \quad ② \qquad \text{답}$$

|도움말|

① 여기서는 극좌표를 사용하였다. 또한 앞에서와 같이 가장 단순하고 차수가 낮은 미소 원환요소를 선택하였다. 정의로부터 원환의 면적 관성모멘트는 면적 $2\pi r_0 \, dr_0$와 $r_0{}^2$의 곱이라는 것이 명백해졌다.

② 이 적분은 처음에 선택한 방법이지만, I_z 결과와 함께 식 (A.3)을 이용하는 것이 보다 간편하다.

예제 A.4

포물선 아래 면적의 관성모멘트를 x축에 대하여 구하라. (a) 수평 면적 띠와 (b) 수직 면적 띠를 사용하여 해석하라.

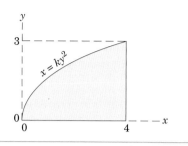

|**풀이**| 먼저 포물선의 식에 $x=4$와 $y=3$을 대입하여 상수 $k=4/9$를 얻는다.

(a) 수평띠 수평띠의 모든 부분은 x축으로부터 같은 거리에 있으므로 x축에 대한 띠의 관성모멘트는 $y^2\,dA$이고, $dA=(4-x)\,dy=4(1-y^2/9)\,dy$이다. y에 관하여 적분하면 다음과 같다.

$$[I_x = \int y^2\,dA] \qquad I_x = \int_0^3 4y^2\left(1 - \frac{y^2}{9}\right)dy = \frac{72}{5} = 14.4\ (\text{units})^4 \qquad ▣$$

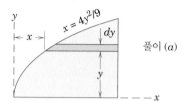

풀이 (a)

(b) 수직띠 여기서는 요소의 모든 부분이 x축으로부터의 거리가 다르므로 사각형 요소의 밑변에 대한 요소의 관성모멘트에 대한 정확한 식을 사용해야 하는데, 이는 예제 A.1로부터 $bh^3/3$이다. 폭 dx와 높이 y에 대한 식은

$$dI_x = \frac{1}{3}(dx)y^3$$

이 된다. x에 관하여 적분하려면 y를 x의 항으로 나타내야 하는데, $y = 3\sqrt{x}/2$이므로 이를 대입하여 적분하면 다음과 같다.

$$I_x = \frac{1}{3}\int_0^4 \left(\frac{3\sqrt{x}}{2}\right)^3 dx = \frac{72}{5} = 14.4\ (\text{units})^4 \quad ① \qquad ▣$$

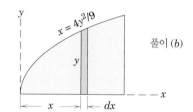

풀이 (b)

|**도움말**|

① 풀이 (a)와 (b) 사이의 선호도 차이는 조금 있다. 풀이 (b)는 밑변에 대한 직사각형 면적의 관성모멘트를 알고 있어야 한다.

예제 A.5

반원 면적의 x'축에 대한 관성모멘트를 구하라.

|**풀이**| 반원 면적의 x'축에 대한 관성모멘트는 같은 축에 대한 완전한 원형 면적 관성모멘트의 절반이다. 따라서 예제 A.3의 결과로부터

$$I_{x'} = \frac{1}{2}\frac{\pi r^4}{4} = \frac{20^4 \pi}{8} = 2\pi(10^4)\ \text{mm}^4$$

이다. 다음에 평행한 도심축 x_0에 대한 관성모멘트 $\bar{I}$를 얻는다. 평행축정리에 의하여 x'축을 거리 $\bar{r}=4r/(3\pi)=(4)(20)/(3\pi)=80/(3\pi)$ mm만큼 도심축까지 평형 이동시킨다. 그러므로 다음과 같다.

$$[\bar{I} = I - Ad^2] \qquad \bar{I} = 2(10^4)\pi - \left(\frac{20^2\pi}{2}\right)\left(\frac{80}{3\pi}\right)^2 = 1.755(10^4)\ \text{mm}^4$$

마지막으로, x_0 도심축을 x축으로 평행 이동시킨다. ① 따라서 다음이 된다.

$$[I = \bar{I} + Ad^2] \qquad I_x = 1.755(10^4) + \left(\frac{20^2\pi}{2}\right)\left(15 + \frac{80}{3\pi}\right)^2$$

$$= 1.755(10^4) + 34.7(10^4) = 36.4(10^4)\ \text{mm}^4 \qquad ▣$$

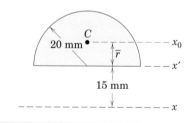

|**도움말**|

① 이 문제는 x'이나 x축이 면적의 도심 C를 지나지 않기 때문에 축이동을 두 번 해야 한다는 것을 알아야 한다. 만일 도심이 x'축상에 있는 완전한 원이라면 단 한 번의 이동만이 필요할 것이다.

예제 A.6

y축과 각각의 중심이 O와 A이고 반지름이 a인 두 원호로 둘러싸인 면적의 x축에 대한 관성모멘트를 계산하라.

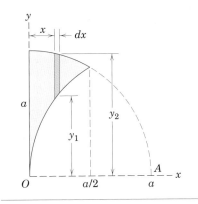

|풀이| 수직한 미소면적 띠를 선택함으로써 전체 면적을 나타내는 데 한 번의 적분으로 가능하다. 수평띠는 불연속으로 인하여 y에 대하여 두 번의 적분이 필요하다. x축에 대한 띠의 관성모멘트는 높이 y_2인 띠의 관성모멘트에서 높이 y_1인 띠의 관성모멘트를 뺀 것이다. 따라서 예제 A.1의 결과로부터

$$dI_x = \frac{1}{3}(y_2\,dx)y_2{}^2 - \frac{1}{3}(y_1\,dx)y_1{}^2 = \frac{1}{3}(y_2{}^3 - y_1{}^3)\,dx$$

와 같이 쓸 수 있다.

y_2와 y_1의 값은 두 곡선의 방정식 $x^2 + y_2^2 = a^2$과 $(x-a)^2 + y_1^2 = a^2$으로부터 $y_2 = \sqrt{a^2 - x^2}$과 $y_1 = \sqrt{a^2 - (x-a)^2}$ 값을 각각 얻는다. ① 따라서

$$I_x = \frac{1}{3}\int_0^{a/2}\left\{(a^2 - x^2)\sqrt{a^2 - x^2} - [a^2 - (x-a)^2]\sqrt{a^2 - (x-a)^2}\right\}\,dx$$

이다. 두 원 방정식의 연립해는 두 곡선의 x좌표 교차점으로 주어지며, 그 값은 $a/2$이다. 적분값은

$$\int_0^{a/2} a^2\sqrt{a^2 - x^2}\,dx = \frac{a^4}{4}\left(\frac{\sqrt{3}}{2} + \frac{\pi}{3}\right)$$

$$-\int_0^{a/2} x^2\sqrt{a^2 - x^2}\,dx = \frac{a^4}{16}\left(\frac{\sqrt{3}}{4} + \frac{\pi}{3}\right)$$

$$-\int_0^{a/2} a^2\sqrt{a^2 - (x-a)^2}\,dx = \frac{a^4}{4}\left(\frac{\sqrt{3}}{2} + \frac{2\pi}{3}\right)$$

$$\int_0^{a/2} (x-a)^2\sqrt{a^2 - (x-a)^2}\,dx = \frac{a^4}{8}\left(\frac{\sqrt{3}}{8} + \frac{\pi}{3}\right)$$

로 주어진다. 계수가 1/3이므로 적분값들을 합하면

$$I_x = \frac{a^4}{96}\left(9\sqrt{3} - 2\pi\right) = 0.0969a^4$$

으로 주어진다. 만일 2차 요소 $dA = dx\,dy$를 사용한다면 x축에 대한 요소의 관성모멘트는 $y^2dx\,dy$가 될 것이다. 수직한 띠에 대하여 x를 상수로 하여 y_1에서 y_2까지 적분하면

$$dI_x = \left[\int_{y_1}^{y_2} y^2\,dy\right]dx = \frac{1}{3}(y_2{}^3 - y_1{}^3)\,dx$$

가 되고, 이것은 직사각형에 대한 관성모멘트의 결과식으로부터 표현한 식이다.

|도움말|
① y_1과 y_2가 모두 x축 위쪽에 놓여 있기 때문에 여기서 양의 근을 선택하였다.

연습문제

기초문제

A/1 얇은 스트립의 x축에 대한 면적 관성모멘트가 $2.56(10^6)$ mm⁴일 때, 스트립의 면적을 근사적으로 구하라.

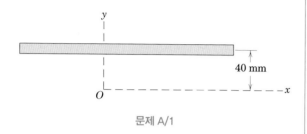

문제 A/1

A/2 그림의 직사각형 단면의 x축과 y축에 대한 질량 관성모멘트를 구하고, O점에 대한 극관성모멘트를 구하라.

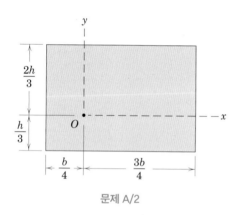

문제 A/2

A/3 직접 적분을 하여 삼각형 면적의 y축에 대한 관성모멘트를 구하라.

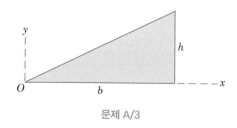

문제 A/3

A/4 음영 면적의 y축에 대한 관성모멘트를 구하라.

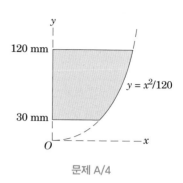

문제 A/4

A/5 반원의 A점과 B점에 대한 극관성모멘트를 구하라.

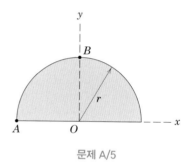

문제 A/5

A/6 사분원의 x축과 y축에 대한 관성모멘트를 구하고, O점에 대한 극회전반지름을 구하라.

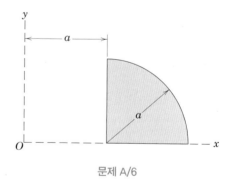

문제 A/6

A/7 음영 면적의 y축에 대한 관성모멘트를 구하라.

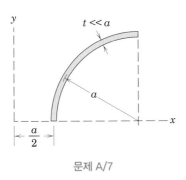

문제 A/7

심화문제

A/8 면적 A의 두 평행선 p축과 p'축에 대한 관성모멘트의 차이는 $15(10^6)$ mm^{4}이다. 도심이 C인 A의 면적을 구하라.

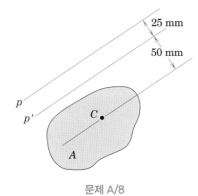

문제 A/8

A/9 얇은 반원 링의 x축과 y축에 대한 관성모멘트인 I_x와 I_y를 구하라. 또한, 도심 C에 대한 링의 극관성모멘트 I_C를 구하라.

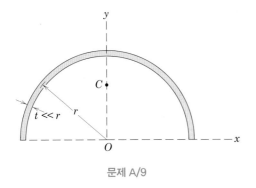

문제 A/9

A/10 음영 면적의 y축에 대한 관성모멘트를 구하라.

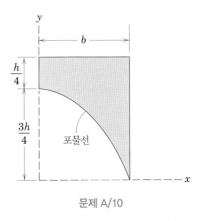

문제 A/10

A/11 위 문제에 대하여 음영 면적의 x축에 대한 관성모멘트를 구하라.

A/12 예제 A.1에서 유도하여 사용된 관계식을 사용하여 긴 직사각형 면적 A에 대해 직각관성모멘트 I_x와 I_y 그리고 극관성모멘트 I_O를 구하라. 단, t는 b에 비해 매우 작다.

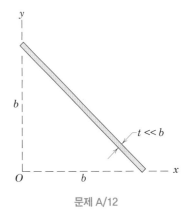

문제 A/12

A/13 직접 적분을 하여 삼각형 면적의 x축과 x'축에 대한 관성모멘트를 구하라.

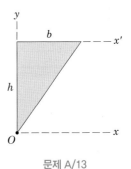

문제 A/13

A/14 부채꼴 면적의 x축과 y축에 대한 관성모멘트를 구하라. $\beta = 0$으로 놓고, 결과를 표 D.3과 비교하라.

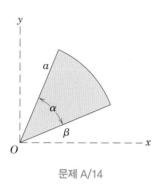

문제 A/14

A/15 직각삼각형의 빗변의 중점 A를 관통하는 극축에 대한 회전반지름을 구하라. (힌트 : 30×40 mm 직사각형의 결과를 이용하여 계산을 간략히 한다.)

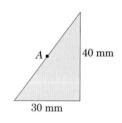

40 mm

A

30 mm

문제 A/15

A/16 직접 적분하여 사다리꼴의 x축과 y축에 대한 관성모멘트를 구하라. O점에 대한 극관성모멘트를 구하라.

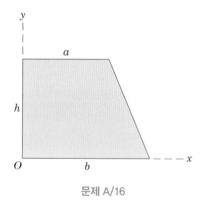

문제 A/16

A/17 한 변의 길이가 b인 정삼각형의 도심 C를 지나는 축에 대한 극회전반지름을 구하라.

문제 A/17

A/18 음영 면적의 x축에 대한 관성모멘트를 구하라.

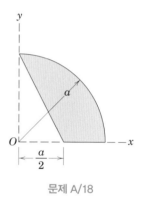

$\dfrac{a}{2}$

문제 A/18

A/19 음영 면적의 x축에 대한 관성모멘트를 구하라.

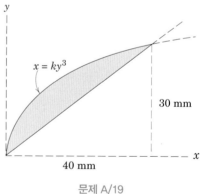

$x = ky^3$

30 mm

40 mm

문제 A/19

A/20 그림의 음영 면적의 x축과 y축에 대한 회전반지름과 O점에 대한 극회전반지름을 구하라.

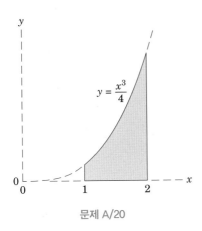

문제 A/20

A/21 음영 면적의 두 축에 대한 관성모멘트와 원점에 대한 극관성모멘트를 구하라.

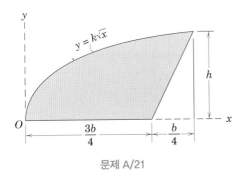

문제 A/21

A/22 타원 면적의 y축에 대한 관성모멘트와 O점에 대한 극회전반지름을 구하라.

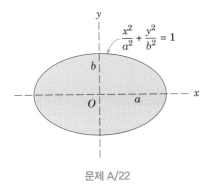

문제 A/22

A/23 정삼각형 밑변의 중심 M에 대한 극회전반지름을 구하라.

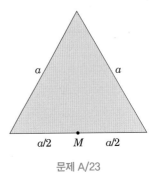

문제 A/23

A/24 음영 면적의 x축에 대한 관성모멘트를 구하라.

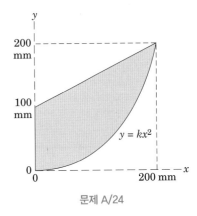

문제 A/24

A/25 음영 면적의 y축과 y'축에 대한 관성모멘트를 구하라.

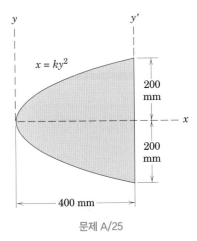

문제 A/25

A/26 적분을 하여 음영 면적의 x축에 대한 관성모멘트를 구하라. 계산을 할 때 먼저 수평방향으로 긴 미분요소를 사용하고, 나중에 수직방향의 긴 미분요소를 사용하라.

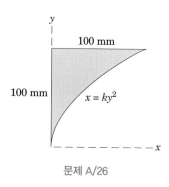

문제 A/26

A/27 그림과 같은 음영 면적의 x축에 대한 관성모멘트를 구하라.

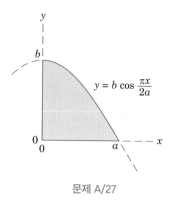

문제 A/27

A/28 음영 면적의 x축과 y축에 대한 관성모멘트와 O점에 대한 극 관성모멘트를 구하라.

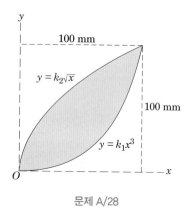

문제 A/28

A/29 음영 면적의 x축에 대한 관성모멘트를 다음의 미분요소를 사용하여 구하라.
(a) 수평방향 긴 면적 (b) 수직방향 긴 면적

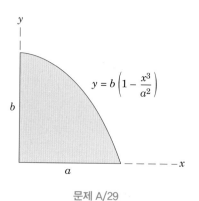

문제 A/29

A/30 이 단원의 방법을 사용하여 음영 면적의 x축과 y축에 대한 회전반지름과 O점에 대한 극회전반지름을 구하라.

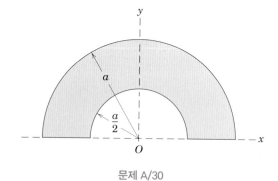

문제 A/30

A.3 조합면적

간단하고 계산이 가능한 몇 개의 기하학적 도형으로 이루어진 면적의 관성모멘트를 계산할 필요가 종종 있다. 관성모멘트는 거리의 제곱과 면적요소를 곱한 것을 적분하거나 합한 값이므로, 양(+) 면적의 관성모멘트는 항상 양(+)인 양임을 알 수 있다. 그러므로 어느 특정한 축에 대한 **조합면적**(composite area)의 관성모멘트는 단순히 같은 축에 대한 각 부분들의 관성모멘트의 합이다. 조합면적은 양(+)과 음(−)의 부분으로 구성되어 있다고 생각하는 것이 편할 때가 종종 있다. 이때 음(−)의 면적에 대한 관성모멘트는 음(−)의 양으로 취급한다.

조합면적이 여러 개의 많은 부분으로 이루어져 있을 때, 부분면적 A, 그 면적의 도심에 대한 관성모멘트 $\bar{I}$, 각 부분의 도심축으로부터 전체 면적의 관성모멘트를 계산하여야 할 축까지의 거리 d 및 그들의 곱 Ad^2에 관하여 각 부분에 대한 결과를 표로 작성하면 편리하다. 어떤 한 부분면적에 대하여 원하는 축에 대한 관성모멘트는 평행축정리에 의해서 $\bar{I}+Ad^2$이다. 따라서 구하고자 하는 전체 면적의 관성모멘트는 $I=\Sigma\bar{I}+\Sigma Ad^2$이 된다.

예를 들면, 그림 A.4와 같은 기호를 갖고 있는 x-y 평면상에 있는 면적에 대하여 표를 만들면 다음과 같다. 단, 그림 A.4에서 기호 I_{x_0}는 $\bar{I}_x$와 같고 $\bar{I}_{y_0}$는 $\bar{I}_y$와 서로 같다.

부분	면적, A	d_x	d_y	$Ad_x{}^2$	$Ad_y{}^2$	$\bar{I}_x$	$\bar{I}_y$
합	ΣA			$\Sigma Ad_x{}^2$	$\Sigma Ad_y{}^2$	$\Sigma\bar{I}_x$	$\Sigma\bar{I}_y$

그러면 4개 열의 합으로부터 x와 y축에 대한 조합면적의 관성모멘트는

$$I_x = \Sigma\bar{I}_x + \Sigma Ad_x{}^2$$
$$I_y = \Sigma\bar{I}_y + \Sigma Ad_y{}^2$$

이 된다.

주어진 축에 대한 조합면적의 각 부분의 관성모멘트는 더할 수 있지만, 그들의 회전반지름은 더할 수 없다. 문제의 축에 대한 조합면적의 회전반지름은 $k=\sqrt{I/A}$로 주어지며, 여기서 I는 전체 면적에 대한 관성모멘트이고 A는 조합도형의 전체 면적이다. 마찬가지로, 어떤 점을 지나고 면에 수직한 축에 대한 회전반지름은 $\sqrt{I_z/A}$와 같고, 여기서 $I_z=I_x+I_y$이며 I_x, I_y는 그 점을 지나는 x와 y축에 대한 관성모멘트이다.

예제 A.7

음영된 면적의 x와 y축에 대한 관성모멘트를 계산하라. 각 구성성분의 도심에 대한 면적 관성모멘트는 표 D.3에 있는 식을 직접 사용하라.

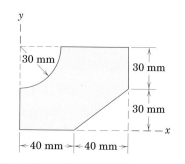

|풀이|　주어진 면적은 3개의 부분으로 나뉠 수 있으며 이들은 그림과 같이 직사각형(1), 4분원(2), 그리고 삼각형(3)이다. 이 중 둘은 음의 면적을 가진 구멍이다. 부분 (2)와 (3)에 대한 도심을 그림에 나타냈으며 도심의 위치는 표 D.3에서 구한다.

　아래의 표는 계산을 도와줄 것이다.

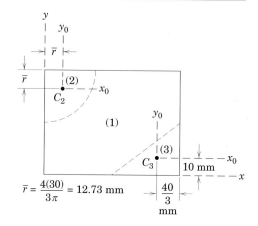

부분	A mm²	d_x mm	d_y mm	$Ad_x{}^2$ mm⁴	$Ad_y{}^2$ mm⁴	$\bar{I}_x$ mm⁴	$\bar{I}_y$ mm⁴
1	$80(60)$	30	40	$4.32(10^6)$	$7.68(10^6)$	$\dfrac{1}{12}(80)(60)^3$	$\dfrac{1}{12}(60)(80)^3$
2	$-\dfrac{1}{4}\pi(30)^2$	$(60-12.73)$	12.73	$-1.579(10^6)$	$-0.1146(10^6)$	$-\left(\dfrac{\pi}{16}-\dfrac{4}{9\pi}\right)30^4$	$-\left(\dfrac{\pi}{16}-\dfrac{4}{9\pi}\right)30^4$
3	$-\dfrac{1}{2}(40)(30)$	$\dfrac{30}{3}$	$\left(80-\dfrac{40}{3}\right)$	$-0.06(10^6)$	$-2.67(10^6)$	$-\dfrac{1}{36}40(30)^3$	$-\dfrac{1}{36}(30)(40)^3$
합	3490			$2.68(10^6)$	$4.90(10^6)$	$1.366(10^6)$	$2.46(10^6)$

$[I_x = \Sigma \bar{I}_x + \Sigma Ad_x{}^2]$　$I_x = 1.366(10^6) + 2.68(10^6) = 4.05(10^6) \text{ mm}^4$　🔲

$[I_y = \Sigma \bar{I}_y + \Sigma Ad_y{}^2]$　$I_y = 2.46(10^6) + 4.90(10^6) = 7.36(10^6) \text{ mm}^4$　🔲

　다른 방법에 의하여 푸는 방법이 다음 예제에 나와 있다. 예를 들어 부분 (1)과 (3)의 x축에 대한 면적 관성모멘트는 보통 표에 나와 있다. 위의 풀이가 부분 (1)과 (3)의 도심에 대한 관성모멘트를 가지고 시작하였지만, 다음의 예제에서는 밑변에 대한 관성모멘트가 직접 사용될 것이다.

예제 A.8

음영된 면적의 x축에 대한 관성모멘트와 회전반지름을 계산하라.

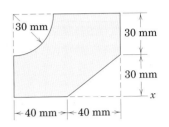

|풀이| 조합면적은 직사각형(1)의 양(+)의 면적과 4분원(2) 및 삼각형(3)의 음(−)의 면적으로 이루어져 있다. x축에 대한 사각형 면적의 관성모멘트는 예제 A.1(또는 표 D.3)로부터

$$I_x = \frac{1}{3}Ah^2 = \frac{1}{3}(80)(60)(60)^2 = 5.76(10^6) \text{ mm}^4$$

이다. 예제 A.3(또는 표 D.3)으로부터 밑변 x'축에 대한 음(−)인 4분원 면적의 관성모멘트는

$$I_{x'} = -\frac{1}{4}\left(\frac{\pi r^4}{4}\right) = -\frac{\pi}{16}(30)^4 = -0.1590(10^6) \text{ mm}^4$$

이다. 부분 (2)의 도심 관성모멘트를 얻기 위하여 평행축정리에 의해 이 결과를 거리 $\bar{r}$ $= 4r/(3\pi) = 4(30)/(3\pi) = 12.73$ mm만큼 이동시키면(또는 직접 표 D.3을 이용한다.)

$$[\bar{I} = I - Ad^2] \qquad \bar{I}_x = -0.1590(10^6) - \left[-\frac{\pi(30)^2}{4}(12.73)^2\right] \quad ①$$

$$= -0.0445(10^6) \text{ mm}^4$$

가 되고, x축에 대한 4분원의 관성모멘트는

$$[I = \bar{I} + Ad^2] \qquad I_x = -0.0445(10^6) + \left[-\frac{\pi(30)^2}{4}\right](60 - 12.73)^2 \quad ②$$

$$= -1.624(10^6) \text{ mm}^4$$

이다. 마지막으로, 음(−)인 삼각형 면적(3)의 그 밑변에 대한 관성모멘트는 예제 A.2(또는 표 D.3)로부터

$$I_x = -\frac{1}{12}bh^3 = -\frac{1}{12}(40)(30)^3 = -0.90(10^6) \text{ mm}^4$$

이다.

결과적으로, 복합면적의 x축에 대한 총관성모멘트는 다음과 같다.

$$I_x = 5.76(10^6) - 1.624(10^6) - 0.09(10^6) = 4.05(10^6) \text{ mm}^4 \quad ③ \quad \blacksquare$$

도형의 실제 면적은 $A = 60(80) - \frac{1}{4}\pi(30)^2 - \frac{1}{2}(40)(30) = 3490 \text{ mm}^2$이므로 x축에 대한 회전반지름은

$$k_x = \sqrt{I_x/A} = \sqrt{4.05(10^6)/3490} = 34.0 \text{ mm} \quad \blacksquare$$

이다.

|도움말|

① 4분원의 관성모멘트를 x축으로 이동시키기 전에 예제 A.5에서 한 것처럼 그것을 도심축 x_0로 이동시켜야 한다.

② 여기서는 부호를 잘 살펴보아야 한다. 면적이 음(−)이므로 $\bar{I}$와 A 모두가 음(−)이 된다.

③ 항상 다음과 같은 상식을 사용하라. 2개의 음(−)의 부호는 부분 (2)와 (3)이 직사각형의 면적 관성모멘트의 값을 줄일 것이라는 사실과 일치한다.

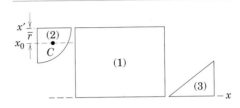

연습문제

기초문제

A/31 중앙에 원형 구멍이 없는 경우와 있는 경우 각각에 대하여 정사각형 면적의 x축에 대한 관성모멘트를 구하라.

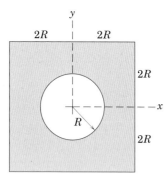

문제 A/31

A/32 중앙에 정사각형 구멍이 없는 경우와 있는 경우 각각에 대하여 원형 면적의 x축에 대한 관성모멘트를 구하라.

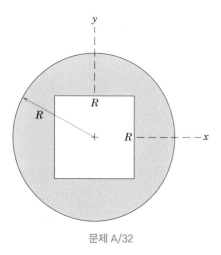

문제 A/32

A/33 앵글의 A점에 대한 극회전반지름을 구하라. 단, 앵글의 두 다리의 폭은 길이에 비해 아주 작다.

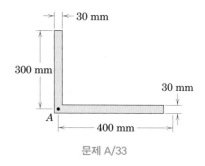

문제 A/33

A/34 이 단원에서 배운 방법을 이용하여 문제 A/30에서 다룬 음영 면적의 직각좌표와 원점에 대한 회전반지름을 구하라.

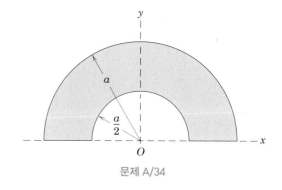

문제 A/34

A/35 밑변 b, 높이 h인 직사각형 평판에서 그림과 같이 직사각형 부분을 제거할 때 면적의 감소비율(%)과 면적 관성모멘트의 감소비율을 구하라.

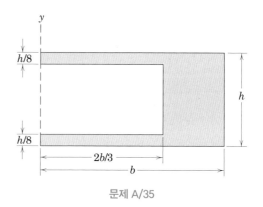

문제 A/35

A/36 I 빔의 단면이 그림에 나와 있다. 단면을 3개의 직사각형으로 근사하여 x축에 대한 관성모멘트가 핸드북에 주어지는 385(10⁶) mm⁴와 얼마나 가까운 값을 갖는지 구하라.

문제 A/36

A/37 음영 면적의 x축에 대한 관성모멘트를 구하라.

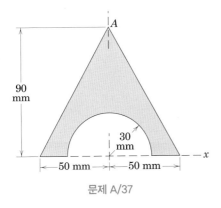

문제 A/37

A/38 변수 h는 직사각형 면적에서 제거되는 작은 직사각형의 밑면의 높이이다. 다음의 경우에 음영 면적의 x축에 대한 면적 관성모멘트를 구하라.

(a) $h = 1000$ mm (b) $h = 1500$ mm

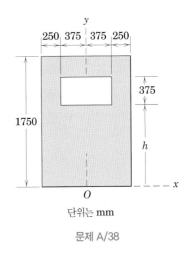

단위는 mm

문제 A/38

A/39 변수 h는 반원에서 제거되는 원의 중심의 높이이다. 다음의 경우에 음영 면적의 x축에 대한 면적 관성모멘트를 구하라.

(a) $h = 0$ (b) $h = R/2$

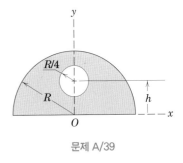

문제 A/39

A/40 음영 면적의 x축에 대한 관성모멘트를 구하라.

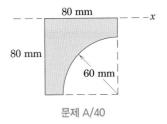

문제 A/40

A/41 빔 단면의 도심을 지나는 x_0축에 대한 관성모멘트를 구하라.

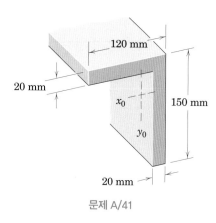

문제 A/41

심화문제

A/42 Z 단면의 도심을 지나는 x_0축과 y_0축에 대한 관성모멘트를 구하라.

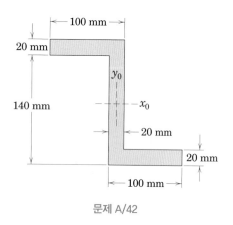

문제 A/42

A/43 음영 면적의 x축에 대한 관성모멘트를 두 가지 방법으로 구하라.

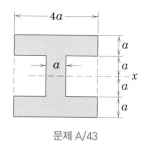

문제 A/43

A/44 밑변 50 mm이고 높이가 200 mm인 직사각형 단면을 가진 판자에 수도관이 지나가도록 지름 25 mm인 구멍이 뚫려 있다. 구멍의 위치 y가 0에서 87.5 mm까지 변화할 때 구멍이 없는 단면에 비해 구멍이 있는 단면의 관성모멘트 감소비율(%)을 구하라.

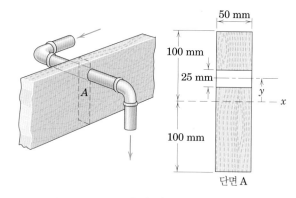

문제 A/44

A/45 음영 면적의 x축에 대한 관성모멘트를 구하라.

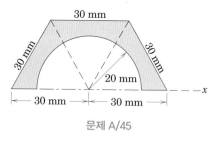

문제 A/45

A/46 음영 면적의 O점에 대한 극회전반지름을 구하라. 단, 각 요소의 폭은 길이에 비해 작다고 가정한다.

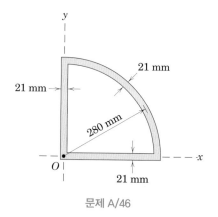

문제 A/46

A/47 한 변의 길이가 a인 정육각형 면적의 x축에 대한 관성모멘트 공식을 유도하라.

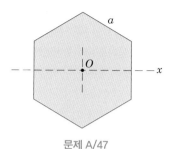

문제 A/47

A/48 이 단원에서 배운 방법을 이용하여 사다리꼴 면적의 x축과 y축에 대한 관성모멘트를 구하라.

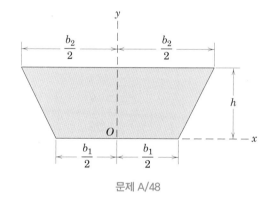

문제 A/48

A/49 그림과 같이 보강된 채널의 x축에 대한 관성모멘트를 구하라.

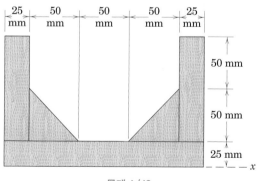

문제 A/49

A/50 직사각형 단면을 삼등분하여 (b)처럼 조립하였다. 조립한 단면의 중심축인 x축에 대한 관성모멘트를 구하라. $h=200$ mm이고 $b=60$ mm일 때 원래의 직사각형 단면에 비해 조립된 단면의 관성모멘트는 몇 % 증가하였는가?

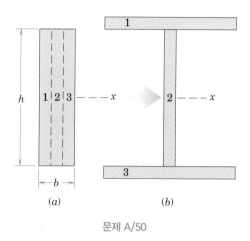

문제 A/50

A/51 그림과 같이 조립된 구조물 단면의 x축에 대한 면적 관성모멘트를 구하라.

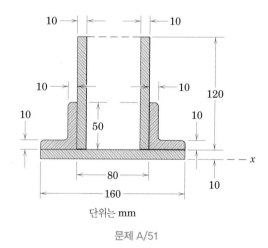

단위는 mm

문제 A/51

A/52 베어링 블록의 단면을 그림에 음영으로 나타내었다. 음영 면적의 밑변 a-a축에 대한 관성모멘트를 구하라.

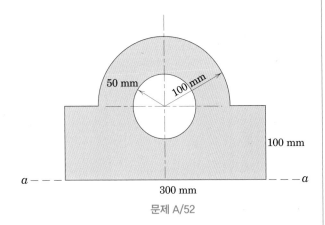

50 mm

100 mm

100 mm

a — — — — a

300 mm

문제 A/52

A/53 음영 면적의 도심 C에 대한 극회전반지름을 구하라.

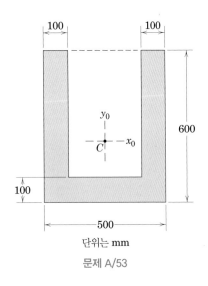

100

100

y_0

C — x_0

600

100

500

단위는 mm

문제 A/53

A/54 그림과 같이 속이 빈 원형단면의 둘이 같은 재질이고 사각형에 근사하는 단면을 가진 2개의 물체에 의해 전체 길이에 대한 보강이 되었다. y-z 평면에 대한 굽힘 강성이 정확히 두 배가 되는 적절한 길이 h를 구하라. (y-z 평면에 대한 강성은 x축에 대한 면적모멘트에 비례한다.) 단, 두 물체의 내부 경계는 직선으로 가정한다.

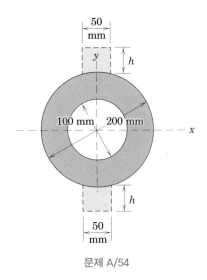

50 mm

y

h

100 mm   200 mm x

h

50 mm

문제 A/54

A.4 관성 상승모멘트와 축의 회전

이 절에서는 직각축에 대한 관성 상승모멘트를 정의하고 도심축과 도심을 지나지 않는 축에 대한 평행축정리를 전개한다. 그 밖에 관성모멘트와 관성 상승모멘트에 대한 축의 회전 효과를 논한다.

정의

비대칭 단면을 포함하는 문제와 회전된 축에 대한 관성모멘트의 계산에서 $dI_{xy} = xy\,dA$라는 식이 생기는데, 이는

$$I_{xy} = \int xy\,dA \tag{A.7}$$

와 같은 적분 형태를 갖는다. 여기서 x와 y는 면적요소 $dA = dx\,dy$의 좌표이다. I_{xy}량을 x-y축에 대한 면적 A의 **관성 상승모멘트**(product of inertia)라 한다. 양(+)의 면적에 대하여 항상 양(+)의 값을 갖는 관성모멘트와는 달리 관성 상승모멘트는 양(+), 음(−) 또는 0의 값을 가질 수 있다.

기준축 중의 하나가 그림 A.5의 x축과 같이 대칭축일 때 관성 상승모멘트는 항상 0이다. 대칭으로 놓여 있는 요소들로 인해 $x(-y)\,dA$항과 $x(+y)\,dA$항의 합은 서로 상쇄됨을 알 수 있다. 전체 면적은 이와 같이 요소들의 짝으로 이루어진 것으로 생각할 수 있기 때문에, 전체 면적에 대한 관성 상승모멘트는 0임을 알 수 있다.

축의 이동

정의에 의하여 그림 A.4에서 도심축의 좌표 x_0, y_0의 항으로 나타내는 x와 y축에 대한 면적 A의 관성 상승모멘트는

$$\begin{aligned}
I_{xy} &= \int (x_0 + d_y)(y_0 + d_x)\,dA \\
&= \int x_0 y_0\,dA + d_x \int x_0\,dA + d_y \int y_0\,dA + d_x d_y \int dA
\end{aligned}$$

이다. 첫 번째 적분식은 정의에 의하여 도심축에 대한 관성 상승모멘트인 $\bar{I}_{xy}$로 표기한다. 중앙의 두 적분식은 자신의 도심에 대한 면적 1차 모멘트가 0이어야 하므로 모두 0이다. 네 번째 항은 단순히 $d_x d_y A$의 값을 갖는다. 따라서 관성 상승모멘트에 대한 평행축정리는 다음과 같다.

$$I_{xy} = \bar{I}_{xy} + d_x d_y A \tag{A.8}$$

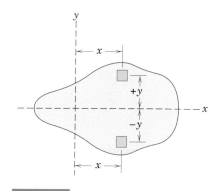

그림 A.5

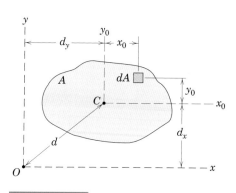

그림 A.4 (반복)

축의 회전

관성 상승모멘트는 경사진 축에 대한 면적 관성모멘트를 계산할 필요가 있을 때 유용하다. 이러한 고찰은 관성모멘트가 최대이거나 최소가 되는 축을 결정하는 중요한 문제를 직접 다룰 수 있게 한다.

그림 A.6에서 x'과 y'축에 대한 면적 관성모멘트는

$$I_{x'} = \int y'^2 \, dA = \int (y \cos \theta - x \sin \theta)^2 \, dA$$

$$I_{y'} = \int x'^2 \, dA = \int (y \sin \theta + x \cos \theta)^2 \, dA$$

이고, 여기서 x' 및 y'은 그림의 기하학적 관계로부터 등가식으로 바꾸었다.

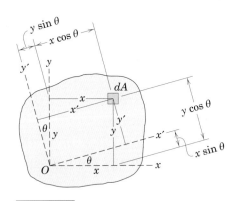

그림 A.6

삼각함수의 항등식

$$\sin^2 \theta = \frac{1 - \cos 2\theta}{2} \qquad \cos^2 \theta = \frac{1 + \cos 2\theta}{2}$$

와 I_x, I_y, I_{xy}에 대한 정의를 대입하고 전개하면 다음과 같이 주어진다.

$$I_{x'} = \frac{I_x + I_y}{2} + \frac{I_x - I_y}{2} \cos 2\theta - I_{xy} \sin 2\theta$$

$$I_{y'} = \frac{I_x + I_y}{2} - \frac{I_x - I_y}{2} \cos 2\theta + I_{xy} \sin 2\theta$$

$$(\text{A.9})$$

같은 방법으로 경사진 축에 대한 관성 상승모멘트는 다음과 같이 쓸 수 있다.

$$I_{x'y'} = \int x'y' \, dA = \int (y \sin \theta + x \cos \theta)(y \cos \theta - x \sin \theta) \, dA$$

삼각함수의 항등식

$$\sin \theta \cos \theta = \frac{1}{2} \sin 2\theta \qquad \cos^2 \theta - \sin^2 \theta = \cos 2\theta$$

와 I_x, I_y, I_{xy}에 대한 정의를 대입하고 전개하면 다음과 같이 주어진다.

$$I_{x'y'} = \frac{I_x - I_y}{2} \sin 2\theta + I_{xy} \cos 2\theta \tag{A.9a}$$

식 (A.9)를 더하면 $I_{x'} + I_{y'} = I_x + I_y = I_z$가 되고, 이는 O점에 대한 극관성모멘트인 식 (A.3)의 결과와 일치한다.

$I_{x'}$과 $I_{y'}$의 값이 최대 또는 최소가 되는 각은 θ에 대한 $I_{x'}$과 $I_{y'}$의 미분을 0으로 놓음으로써 결정할 수 있다. 따라서

$$\frac{dI_{x'}}{d\theta} = (I_y - I_x) \sin 2\theta - 2I_{xy} \cos 2\theta = 0$$

이다. 이 임계각을 α로 표기하면

$$\tan 2\alpha = \frac{2I_{xy}}{I_y - I_x} \tag{A.10}$$

로 주어진다. 식 (A.10)은 $\tan 2\alpha = \tan(2\alpha + \pi)$이므로 π만큼의 차이가 나는 2개의 2α 값이 주어진다. 결과적으로 α에 대한 2개의 해는 $\pi/2$만큼의 차이가 있다. 이들 중 하나의 값은 최대 관성모멘트의 축을 정의하고 다른 하나의 값은 최소 관성모멘트의 축을 정의한다. 그 두 직각축을 **관성의 주축**(principal axes of inertia)이라 한다.

식 (A.9a)에 2θ의 임곗값에 대한 식 (A.10)을 대입하면 관성의 주축에 대한 관성 상승모멘트는 0이 됨을 알 수 있다. 식 (A.10)으로부터 구한 $\sin 2\alpha$와 $\cos 2\alpha$를 식 (A.9)의 $\sin 2\theta$와 $\cos 2\theta$에 대입하면 주 관성모멘트는

$$\begin{aligned} I_{\max} &= \frac{I_x + I_y}{2} + \frac{1}{2}\sqrt{(I_x - I_y)^2 + 4I_{xy}^2} \\ I_{\min} &= \frac{I_x + I_y}{2} - \frac{1}{2}\sqrt{(I_x - I_y)^2 + 4I_{xy}^2} \end{aligned} \tag{A.11}$$

로 주어진다.

관성의 모어 원

식 (A.9), (A.9a), (A.10)과 (A.11)의 관계를 모어 원(Mohr's circle)이라고 하는 선도에 의해서 도식적으로 나타낼 수 있다. I_x, I_y와 I_{xy}의 주어진 값에 대하여 임의의 원하는 각도 θ에 대응되는 $I_{x'}$, $I_{y'}$과 $I_{x'y'}$의 값을 선도로부터 결정할 수 있다. 먼저 그림 A.7에서와 같이 관성모멘트의 척도로 수평한 축을, 관성 상승모멘트의 척도로 수직한 축을 선정한다. 다음에 좌표 (I_x, I_{xy})를 갖는 A점과 좌표 $(I_y, -I_{xy})$를 갖는 B점의 위치를 정한다.

이들 두 점을 지름의 양 끝으로 하는 원을 그린다. 반지름 OA와 수평한 축이 이루는 각은 2α이고, 이는 면적에서 주어진 x축과 최대 관성모멘트의 축이 이루는 각의 두 배이다. 선도상에서의 각과 면적에서의 각은 그림에서와 같이 둘 다 같은 방향으로 측정된다. 임의의 점 C의 좌표는 $(I_{x'}, I_{x'y'})$이고, 그에 대응되는 D점의 좌표는 $(I_{y'}, -I_{x'y'})$이다. 또한, OA와 OC 사이의 각은 2θ이고, 이는 x축과 x'축 사이 각의 두 배이다. 여기에서도 그림에서와 같이 같은 방향으로 양쪽의 각을 측정한다. 식 (A.9), (A.9a)와 (A.10)은 지금까지 서술한 내용과 일치함을 원의 삼각함수로부터 증명할 수 있다.

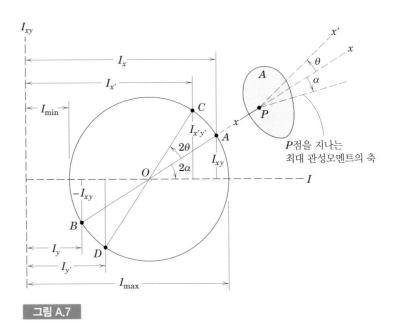

그림 A.7

예제 A.9

도심이 C인 직사각형 면적의 관성 상승모멘트를 변과 평행한 x-y축에 대하여 구하라.

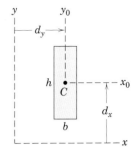

|풀이| x_0-y_0축에 대한 관성 상승모멘트는 대칭에 의하여 0이므로 평행축정리로부터 다음과 같다.

$$[I_{xy} = \bar{I}_{xy} + d_x d_y A] \qquad\qquad I_{xy} = d_x d_y bh \qquad\qquad ■$$

이 예제에서 d_x와 d_y는 모두 양(+)이다. 올바른 부호가 사용되어야 하므로 정의된 d_x와 d_y의 양(+) 방향과 일치하도록 유의해야 한다.

예제 A.10

포물선 아래쪽 면적의 x-y축에 대한 관성 상승모멘트를 구하라.

|풀이| $y=b$일 때 $x=a$의 관계를 대입하면 곡선의 식은 $x=ay^2/b^2$으로 된다.

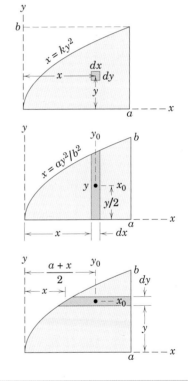

|풀이 I| 만약에 2차 면적요소 $dA=dx\,dy$로 시작하였다면, $dI_{xy}=xy\,dx\,dy$이다. 전체 면적에 대한 적분은 다음과 같다.

$$I_{xy} = \int_0^b \int_{ay^2/b^2}^a xy\,dx\,dy = \int_0^b \frac{1}{2}\left(a^2 - \frac{a^2 y^4}{b^4}\right) y\,dy = \frac{1}{6}a^2 b^2 \qquad ■$$

|풀이 II| 한편 1차 면적요소 띠를 선택하면 예제 A.9의 결과를 이용하여 한 번의 적분을 줄일 수 있다. 수직한 직사각형 면적요소 띠는 $dA=y\,dx$이고 중심축까지의 거리는 $d_x=y/2$와 $d_y=x$이므로 이 띠의 관성 상승모멘트는 $dI_{xy}=0+(\frac{1}{2}y)(x)(y\,dx)$이다. ① 따라서 관성 상승모멘트는 다음과 같다.

$$I_{xy} = \int_0^a \frac{y^2}{2} x\,dx = \int_0^a \frac{xb^2}{2a} x\,dx = \frac{b^2}{6a} x^3 \Big|_0^a = \frac{1}{6}a^2 b^2 \qquad ■$$

|도움말|

① 만약에 수평한 면적요소 띠를 선택하였다면 식은 $dI_{xy}=y\frac{1}{2}(a+x)[(a-x)\,dy]$로 주어진다. 물론 적분을 하면 풀이 I과 같은 결과를 얻는다.

예제 A.11

x-y축에 대한 반원 면적의 관성 상승모멘트를 구하라.

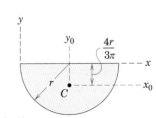

|풀이| 평행축정리 식 (A.8)을 이용하면 ①

$$[I_{xy} = \bar{I}_{xy} + d_x d_y A] \qquad I_{xy} = 0 + \left(-\frac{4r}{3\pi}\right)(r)\left(\frac{\pi r^2}{2}\right) = -\frac{2r^4}{3} \qquad ■$$

이다. 여기서 도심 C의 x와 y좌표는 각각 $d_y=+r$과 $d_x=-4r/(3\pi)$이다. y_0는 대칭축이므로 $\bar{I}_{xy}=0$이다.

|도움말|

① 평행축정리의 적절한 이용은 관성 상승모멘트를 계산할 때 많은 수고를 덜어준다.

예제 A.12

앵글 단면의 도심을 지나는 관성의 주축 방향을 구하고, 그에 대응하는 최대 및 최소 관성모멘트를 구하라.

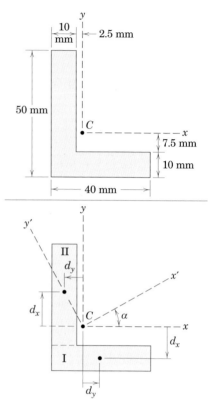

|**풀이**| 도심 C의 위치는 쉽게 계산할 수 있으며, 그 위치는 그림에 표시되어 있다.

관성 상승모멘트 x-y축에 평행한 도심축에 대한 각 직사각형의 관성 상승모멘트는 대칭에 의하여 0이다. 따라서 I부분의 x-y축에 대한 관성 상승모멘트는

$$[I_{xy} = \bar{I}_{xy} + d_x d_y A] \qquad I_{xy} = 0 + (-12.5)(+7.5)(400) = -3.75(10^4) \text{ mm}^4$$

이고, 여기서 $d_x = -(7.5+5) = -12.5$ mm이고 $d_y = +(20-10-2.5) = 7.5$ mm이다. 마찬가지로, II부분에 대하여도

$$[I_{xy} = \bar{I}_{xy} + d_x d_y A] \qquad I_{xy} = 0 + (12.5)(-7.5)(400) = -3.75(10^4) \text{ mm}^4$$

이고, 여기서 $d_x = +(20-7.5) = 12.5$ mm이고 $d_y = -(5+2.5) = -7.5$ mm이다. 전체 앵글 단면에 대해서는 다음과 같다.

$$I_{xy} = -3.75(10^4) - 3.75(10^4) = -7.5(10^4) \text{ mm}^4$$

관성모멘트 I부분에 대한 x와 y축에 대한 관성모멘트는

$$[I = \bar{I} + Ad^2] \qquad I_x = \frac{1}{12}(40)(10)^3 + (400)(12.5)^2 = 6.58(10^4) \text{ mm}^4$$
$$I_y = \frac{1}{12}(10)(40)^3 + (400)(7.5)^2 = 7.58(10^4) \text{ mm}^4$$

이고, 같은 축에 대한 II부분의 관성모멘트는

$$[I = \bar{I} + Ad^2] \qquad I_x = \frac{1}{12}(10)(40)^3 + (400)(12.5)^2 = 11.58(10^4) \text{ mm}^4$$
$$I_y = \frac{1}{12}(40)(10)^3 + (400)(7.5)^2 = 2.58(10^4) \text{ mm}^4$$

이다. 따라서 전체 단면에 대해서는 다음과 같다.

$$I_x = 6.58(10)^4 + 11.58(10)^4 = 18.17(10^4) \text{ mm}^4$$
$$I_y = 7.58(10^4) + 2.58(10^4) = 10.17(10^4) \text{ mm}^4$$

주축 관성의 주축 경사각은 식 (A.10)으로 주어지며 그 값은 다음과 같다.

$$\left[\tan 2\alpha = \frac{2I_{xy}}{I_y - I_x} \right] \qquad \tan 2\alpha = \frac{2(-7.50)}{10.17 - 18.17} = 1.875$$
$$2\alpha = 61.9° \qquad \alpha = 31.0° \qquad \blacksquare$$

이제 식 (A.9)에서 θ 대신에 α를 대입하여 주 관성모멘트를 계산하면, $I_{x'}$으로부터 I_{max}을, $I_{y'}$으로부터 I_{min}을 얻는다. 따라서 다음과 같다.

$$I_{max} = \left[\frac{18.17 + 10.17}{2} + \frac{18.17 - 10.17}{2}(0.471) + (7.50)(0.882) \right](10^4)$$
$$= 22.7(10^4) \text{ mm}^4 \qquad \blacksquare$$

$$I_{min} = \left[\frac{18.17 + 10.17}{2} - \frac{18.17 - 10.17}{2}(0.471) - (7.50)(0.882) \right](10^4)$$
$$= 5.67(10^4) \text{ mm}^4 \qquad \blacksquare$$

|**도움말**|

모어 원. 한편 I_{max}과 I_{min}을 구하는 식 (A.11)을 이용할 수도 있고, I_x, I_y와 I_{xy}의 계산된 값으로부터 모어 원을 그릴 수도 있다. 이들 값은 그림상에서 원지름의 양 끝인 A와 B점의 위치로 정해진다. 각 2α, I_{max}과 I_{min}은 보는 바와 같이 그림으로부터 구할 수 있다.

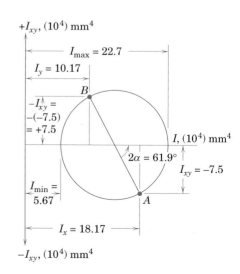

연습문제

기초문제

A/55 4개의 직사각형 면적 각각의 x-y축에 대한 관성 상승모멘트를 구하라.

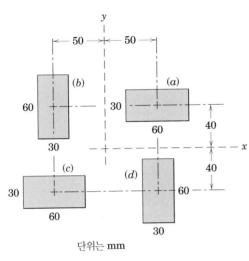

단위는 mm

문제 A/55

A/56 3개의 같은 크기의 구멍이 있는 직사각형 평판의 I_x, I_y, I_{xy}를 구하라.

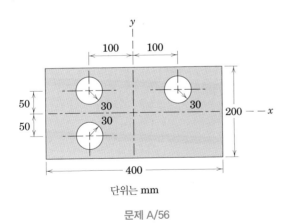

단위는 mm

문제 A/56

A/57 4개의 면적 각각의 x-y축에 대한 관성 상승모멘트를 구하라.

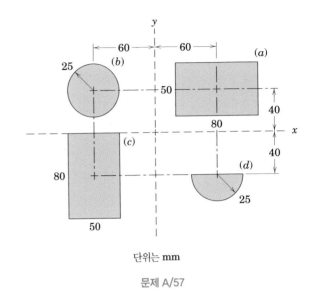

단위는 mm

문제 A/57

A/58 음영 면적의 x-y축에 대한 관성 상승모멘트를 구하라.

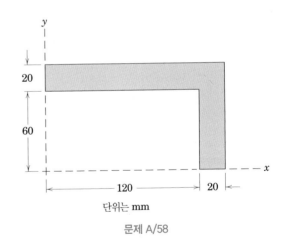

단위는 mm

문제 A/58

A/59 직사각형 면적의 x-y축에 대한 관성 상승모멘트를 구하라. 폭 b가 길이 L에 비해 작다고 가정하라.

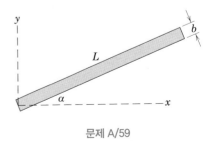

문제 A/59

A/60 음영 면적의 x-y축에 대한 관성 상승모멘트를 구하라. 폭 t는 12 mm이고, 그림의 치수는 스트립의 중심선에 대한 것이다.

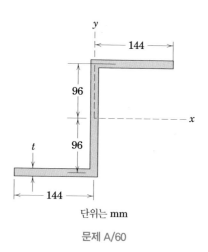

단위는 mm

문제 A/60

A/61 4분원 고리의 x-y축에 대한 관성 상승모멘트를 구하라.

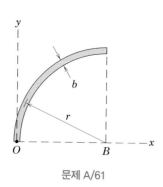

문제 A/61

심화문제

A/62 직각삼각형 면적의 x-y축에 대한 관성 상승모멘트를 유도하고, 도심을 지나는 x_0-y_0축에 대한 관성 상승모멘트를 구하라.

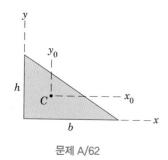

문제 A/62

A/63 음영 면적의 x-y축에 대한 관성 상승모멘트를 구하라.

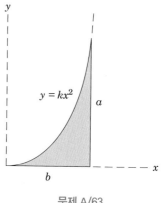

문제 A/63

A/64 안쪽이 제거된 부채꼴 면적의 x-y축에 대한 관성 상승모멘트를 구하라.

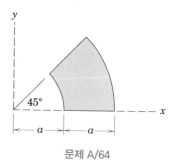

문제 A/64

A/65 반원 면적의 x-y축에 대한 관성 상승모멘트를 두 가지 방법으로 구하라.

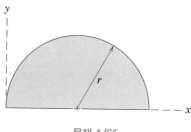

문제 A/65

A/66 직접 적분하여 음영 면적의 x-y축에 대한 관성 상승모멘트를 구하라. 또 다른 방법을 사용하여 구하라.

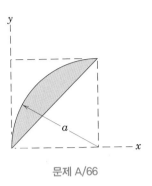

문제 A/66

A/67 사다리꼴 면적의 x-y축에 대한 관성 상승모멘트를 구하라.

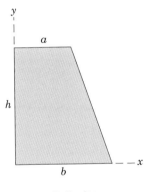

문제 A/67

A/68 S 모양의 원형 스트립의 x-y축에 대한 관성 상승모멘트를 구하라. 폭 t는 반지름 a에 비해 작다.

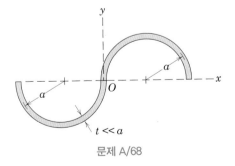

문제 A/68

A/69 정사각형 면적의 x'-y'축에 대한 관성모멘트와 관성 상승모멘트를 구하라.

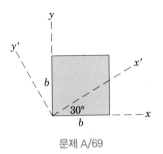

문제 A/69

A/70 정삼각형 면적의 x'-y'축에 대한 관성모멘트와 관성 상승모멘트를 구하라.

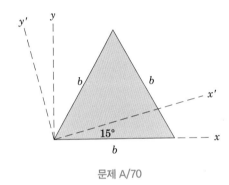

문제 A/70

A/71 4개의 정사각형 조합으로 이루어진 면적의 도심인 C를 지나가는 축에 대한 최대 및 최소 관성모멘트를 구하라. 최대 관성모멘트를 가지는 축은 x축을 반시계방향으로 몇 도 회전시켜야 되는지 그 각도 α를 구하라.

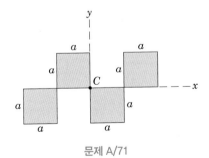

문제 A/71

A/72 사분원의 x'-y'축에 대한 관성모멘트와 관성 상승모멘트를 구하라.

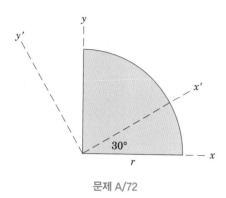

문제 A/72

A/73 음영 면적의 O점을 지나가는 축에 대한 최대 및 최소 관성모멘트를 구하고, 최소 관성모멘트를 가지는 각도 θ를 구하라.

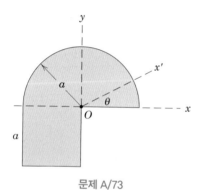

문제 A/73

A/74 그림과 같이 두 직사각형이 조합된 면적의 도심 C를 지나가는 축에 대한 최소 및 최대 관성모멘트를 구하라. x축으로부터 최대 관성모멘트를 가지는 축의 각도 α를 구하라.

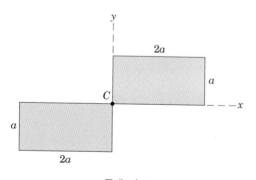

문제 A/74

A/75 직사각형 면적에 대하여 O점을 지나가는 주축의 각도 α를 구하라. 관성에 대한 모어 원을 그리고 I_{max}과 I_{min}을 나타내라.

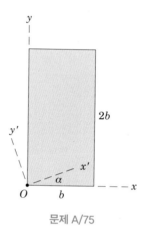

문제 A/75

A/76 삼각형의 O점을 지나가는 축에 대한 최대 관성모멘트를 구하고, 그때의 각도 α를 구하라. 또한 관성에 대한 모어 원을 그려 보라.

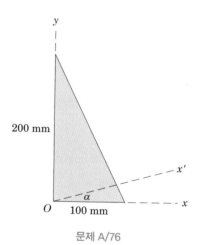

문제 A/76

A/77 앵글 면적의 A점을 지나가는 축에 대한 최대 및 최소 관성모멘트를 구하고, 최대 관성모멘트를 가지는 축이 x축과 이루는 각도 α를 구하라. 모서리에서의 라운딩과 필렛은 무시한다.

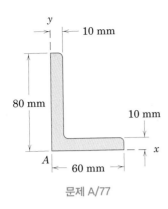

문제 A/77

*컴퓨터 응용문제

* A/78 음영 면적의 x'축에 대한 관성모멘트를 $0 \leq \theta \leq 90°$ 범위에서 구하여 도시하라. $I_{x'}$의 최솟값과 그때의 각도 θ를 구하라.

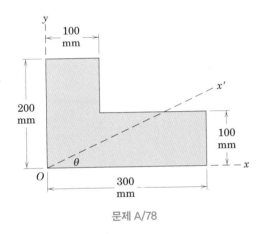

문제 A/78

* A/79 음영 면적의 x'축에 대한 관성모멘트를 $0 \leq \theta \leq 180°$ 범위에서 구하여 도시하라. $I_{x'}$의 최댓값과 최솟값을 구하고 그때의 각도 θ를 구하라.

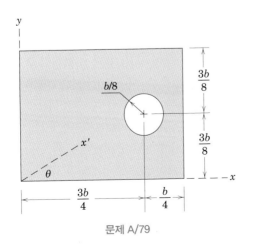

문제 A/79

* A/80 그림은 콘크리트 기둥의 단면이다. 단면의 $x'-y'$축에 대한 관성 상승모멘트 $I_{x'y'}$를 $0 \leq \theta \leq \pi/2$ 범위에서 구하여 도시하라. $I_{x'y'}=0$이 되는 각도 θ를 구하라. 이 정보는 굽힘에 대해 최소 저항을 갖는 평면을 구하기 위한 기둥 설계에서 중요하다. 문제 A/62의 결과를 사용하라.

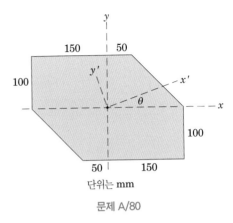

단위는 mm

문제 A/80

* A/81 음영 면적의 x'축에 대한 관성모멘트를 $0 \leq \theta \leq 180°$ 범위에서 θ의 함수로 도시하라. $I_{x'}$의 최댓값과 최솟값을 구하고 그때의 각도 θ를 구하라. 구한 결과를 식 (A.10)과 (A.11)을 사용하여 점검하라.

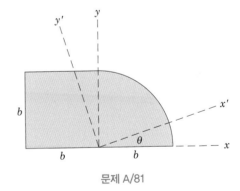

문제 A/81

* A/82 Z 단면의 x'축에 대한 관성모멘트를 $0 \le \theta \le 90°$ 범위에서 θ의 함수로 도시하라. $I_{x'}$의 최댓값과 그때의 각도 θ를 구하고, 이 결과를 식 (A.10)과 (A.11)을 사용하여 확인하라.

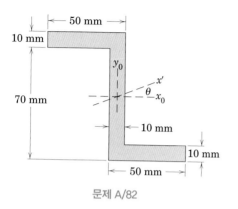

문제 A/82

* A/83 문제 A/68의 S 모양 면적에 대하여 x'축에 대한 관성모멘트를 $0 \le \theta \le 180°$ 범위에서 θ의 함수로 도시하라. $I_{x'}$의 최댓값과 최솟값을 구하고 그때의 각도 θ를 구하라.

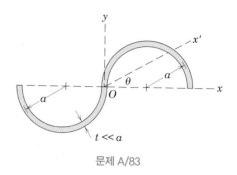

문제 A/83

질량 관성모멘트

질량 관성모멘트의 개념과 계산을 모두 충분하게 취급한 **제2권 동역학**의 부록 B를 참조하라. 이 양은 강체 동역학 분야에 있어서 중요한 부분이지만 **정역학**에서는 그렇지 않기 때문에 여기서는 독자들이 면적과 질량 관성모멘트의 기본적 차이만을 이해하면 되므로, 간단한 정의만을 이해하면 된다.

그림 B.1에서 보는 바와 같이 질량 m인 3차원 물체를 고려하자. $O\text{-}O$축에 대한 질량 관성모멘트 I는 다음과 같이 정의된다.

$$I = \int r^2\, dm$$

여기서 r은 $O\text{-}O$축으로부터 질량요소 dm까지의 수직거리이고, 적분은 물체 전체에 대해서 한다. 주어진 강체에 대한 질량 관성모멘트는 주어진 축에 대한 질량의 분포를 나타내는 척도이고, 그 축에 대하여 물체의 일정한 특성이다. 차원은 (질량)(길이)^{2}이고, SI 단위계에서는 $\text{kg} \cdot \text{m}^2$이며 미국통상단위계에서는 lb-ft-sec^2이니, 차원은 (길이)^{4}이고 SI 단위계에서는 m^4, 미국통상단위계에서는 ft^4이 되는 면적 관성모멘트와 대조해 보라.

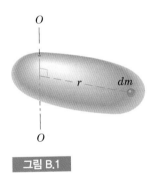

그림 B.1

간추린 수학공식

C.1 서론

부록 C에는 역학에서 자주 사용되는 기본적인 수학공식들을 요약해 놓았다. 증명은 생략하고 공식들만 나열하였다. 역학을 공부하는 학생은 이들 공식을 자주 사용하게 되기 때문에 익숙하지 않으면 불편할 것이다. 여기 수록되지 않은 것들도 때로는 필요하다.

독자가 수학을 복습하고 응용할 때에 역학은 실제 물체와 운동을 기술하는 응용과학임을 깊이 깨닫게 될 것이다. 그러므로 이론을 전개하고 문제를 공식화하고 해석하는 동안 응용되는 수학의 기하학적 및 물리적인 의미를 알고 있어야 한다.

C.2 평면 기하학

1. 교차하는 두 선이 다른 두 선에 각각 수직할 때, 두 선들에 의해 만들어진 교차각은 서로 같다.

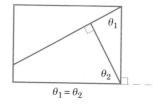

$$\theta_1 = \theta_2$$

2. 닮은꼴 삼각형

$$\frac{x}{b} = \frac{h - y}{h}$$

3. 삼각형

면적 $= \frac{1}{2}bh$

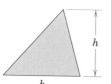

4. 원

원둘레 $= 2\pi r$

면적 $= \pi r^2$

호의 길이 $s = r\theta$

부채꼴 면적 $= \frac{1}{2}r^2\theta$

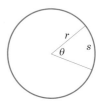

5. 반원에 내접하는 삼각형은 직각삼각형이다.

$$\theta_1 + \theta_2 = \pi/2$$

6. 삼각형의 꼭지각

$$\theta_1 + \theta_2 + \theta_3 = 180°$$
$$\theta_4 = \theta_1 + \theta_2$$

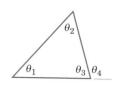

C.3 입체기하학

1. 구

체적 $= \frac{4}{3}\pi r^3$

표면적 $= 4\pi r^2$

2. 구형 쐐기

체적 $= \frac{2}{3}r^3\theta$

3. 직각원추

체적 $= \frac{1}{3}\pi r^2 h$

측면적 $= \pi r L$

$L = \sqrt{r^2 + h^2}$

4. 피라미드형 또는 원추

체적 $= \frac{1}{3}Bh$

여기서 B는 밑바닥의 면적
이다.

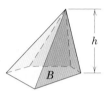

C.4 대수학

1. 이차방정식

$$ax^2 + bx + c = 0$$

$$x = \frac{-b \pm \sqrt{b^2 - 4ac}}{2a}, \ b^2 \geq 4ac \text{ 일 때 실근}$$

2. 대수

$$b^x = y, x = \log_b y$$

자연대수

$$b = e = 2.718\,282$$
$$e^x = y, x = \log_e y = \ln y$$

$$\log(ab) = \log a + \log b$$
$$\log(a/b) = \log a - \log b$$
$$\log(1/n) = -\log n$$
$$\log a^n = n \log a$$
$$\log 1 = 0$$
$$\log_{10} x = 0.4343 \ln x$$

3. 행렬식

2차 행렬식

$$\begin{vmatrix} a_1 & b_1 \\ a_2 & b_2 \end{vmatrix} = a_1 b_2 - a_2 b_1$$

3차 행렬식

$$\begin{vmatrix} a_1 & b_1 & c_1 \\ a_2 & b_2 & c_2 \\ a_3 & b_3 & c_3 \end{vmatrix} = \begin{array}{l} +a_1 b_2 c_3 + a_2 b_3 c_1 + a_3 b_1 c_2 \\ -a_3 b_2 c_1 - a_2 b_1 c_3 - a_1 b_3 c_2 \end{array}$$

4. 삼차방정식

$$x^3 = Ax + B$$

$p = A/3, q = B/2$ 라 하면

경우 I : $q^2 - p^3$ 음(서로 다른 세 실근)

$$\cos u = q/(p\sqrt{p}), 0 < u < 180°$$
$$x_1 = 2\sqrt{p} \cos(u/3)$$
$$x_2 = 2\sqrt{p} \cos(u/3 + 120°)$$
$$x_3 = 2\sqrt{p} \cos(u/3 + 240°)$$

경우 II : $q^2 - p^3$ 양(1개의 실근과 2개의 허근)

$$x_1 = (q + \sqrt{q^2 - p^3})^{1/3} + (q - \sqrt{q^2 - p^3})^{1/3}$$

경우 III : $q^2 - p^3 = 0$ (세 실근에 중근 있음)

$$x_1 = 2q^{1/3}, x_2 = x_3 = -q^{1/3}$$

일반 삼차방정식

$$x^3 + ax^2 + bx + c = 0$$

$x = x_0 - a/3$를 대입하면, $x_0{}^3 = Ax_0 + B$를 얻는다.
그래서 x_0 값을 구하기 위해 위와 같이 계산하면 된다.

C.5 벡터 연산

1. 직선

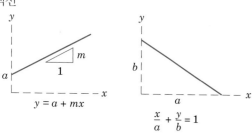

$$y = a + mx$$

$$\frac{x}{a} + \frac{y}{b} = 1$$

3. 포물선

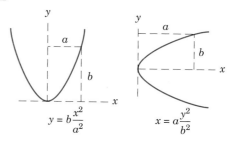

$$y = b\frac{x^2}{a^2}$$

$$x = a\frac{y^2}{b^2}$$

2. 원

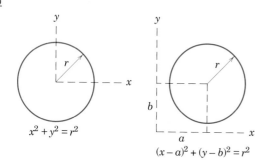

$$x^2 + y^2 = r^2$$

$$(x-a)^2 + (y-b)^2 = r^2$$

4. 타원

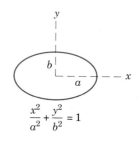

$$\frac{x^2}{a^2} + \frac{y^2}{b^2} = 1$$

5. 쌍곡선

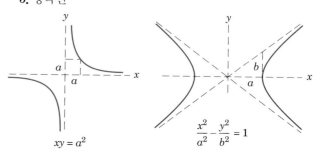

$$xy = a^2$$

$$\frac{x^2}{a^2} - \frac{y^2}{b^2} = 1$$

C.6 삼각함수

1. 정의

$$\sin\theta = a/c \quad \csc\theta = c/a$$
$$\cos\theta = b/c \quad \sec\theta = c/b$$
$$\tan\theta = a/b \quad \cot\theta = b/a$$

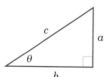

2. 각 상한에서의 부호

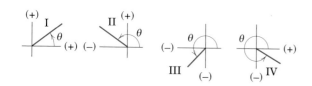

	I	II	III	IV
$\sin\theta$	+	+	−	−
$\cos\theta$	+	−	−	+
$\tan\theta$	+	−	+	−
$\csc\theta$	+	+	−	−
$\sec\theta$	+	−	−	+
$\cot\theta$	+	−	+	−

3. 기타 관계식

$\sin^2 \theta + \cos^2 \theta = 1$

$1 + \tan^2 \theta = \sec^2 \theta$

$1 + \cot^2 \theta = \csc^2 \theta$

$\sin \dfrac{\theta}{2} = \sqrt{\dfrac{1}{2}(1 - \cos \theta)}$

$\cos \dfrac{\theta}{2} = \sqrt{\dfrac{1}{2}(1 + \cos \theta)}$

$\sin 2\theta = 2 \sin \theta \cos \theta$

$\cos 2\theta = \cos^2 \theta - \sin^2 \theta$

$\sin (a \pm b) = \sin a \cos b \pm \cos a \sin b$

$\cos (a \pm b) = \cos a \cos b \mp \sin a \sin b$

4. 정현법칙

$\dfrac{a}{b} = \dfrac{\sin A}{\sin B}$

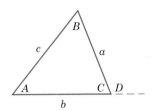

5. 여현법칙

$c^2 = a^2 + b^2 - 2ab \cos C$

$c^2 = a^2 + b^2 + 2ab \cos D$

C.7 벡터 연산

1. 표기법   벡터양은 볼드체로 표기하고 스칼라양은 가는 이탤릭체로 나타낸다. 따라서 벡터양 **V**는 스칼라 크기 V를 갖는다. 손으로 적을 때는 스칼라양과 구별하기 위해 $\underline{V}$나 $\vec{V}$와 같은 기호로 일관성 있게 나타내야 한다.

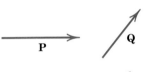

2. 덧셈

삼각형 덧셈 $\mathbf{P} + \mathbf{Q} = \mathbf{R}$

평행사변형 덧셈 $\mathbf{P} + \mathbf{Q} = \mathbf{R}$

교환법칙 $\mathbf{P} + \mathbf{Q} = \mathbf{Q} + \mathbf{P}$

결합법칙 $\mathbf{P} + (\mathbf{Q} + \mathbf{R}) = (\mathbf{P} + \mathbf{Q}) + \mathbf{R}$

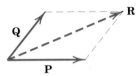

3. 뺄셈

$$\mathbf{P} - \mathbf{Q} = \mathbf{P} + (-\mathbf{Q})$$

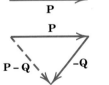

4. 단위벡터   i, j, k

$$\mathbf{V} = V_x \mathbf{i} + V_y \mathbf{j} + V_z \mathbf{k}$$

여기서 $|\mathbf{V}| = V = \sqrt{V_x^{\,2} + V_y^{\,2} + V_z^{\,2}}$ 이다.

5. 방향여현 l, m, n은 **V**와 x, y, z축이 이루는 각의 여현이다. 따라서

$$l = V_x/V \qquad m = V_y/V \qquad n = V_z/V$$

이므로

$$\mathbf{V} = V(l\mathbf{i} + m\mathbf{j} + n\mathbf{k})$$

이고, 다음과 같다.

$$l^2 + m^2 + n^2 = 1$$

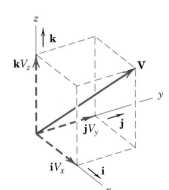

6. 내적 또는 스칼라적

$$\mathbf{P} \cdot \mathbf{Q} = PQ \cos \theta$$

이 곱셈은 $\mathbf{P}$의 크기에 $\mathbf{P}$방향의 $\mathbf{Q}$성분인 $Q \cos \theta$를 곱한 것 또는 $\mathbf{Q}$의 크기에 $\mathbf{Q}$방향의 $\mathbf{P}$성분인 $P \cos \theta$를 곱한 것으로 볼 수 있다.

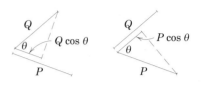

교환법칙 $\mathbf{P} \cdot \mathbf{Q} = \mathbf{Q} \cdot \mathbf{P}$

내적의 정의로부터

$$\mathbf{i} \cdot \mathbf{i} = \mathbf{j} \cdot \mathbf{j} = \mathbf{k} \cdot \mathbf{k} = 1$$

$$\mathbf{i} \cdot \mathbf{j} = \mathbf{j} \cdot \mathbf{i} = \mathbf{i} \cdot \mathbf{k} = \mathbf{k} \cdot \mathbf{i} = \mathbf{j} \cdot \mathbf{k} = \mathbf{k} \cdot \mathbf{j} = 0$$

$$\mathbf{P} \cdot \mathbf{Q} = (P_x \mathbf{i} + P_y \mathbf{j} + P_z \mathbf{k}) \cdot (Q_x \mathbf{i} + Q_y \mathbf{j} + Q_z \mathbf{k})$$
$$= P_x Q_x + P_y Q_y + P_z Q_z$$

$$\mathbf{P} \cdot \mathbf{P} = P_x{}^2 + P_y{}^2 + P_z{}^2$$

이다.

내적의 정의로부터 두 벡터 $\mathbf{P}$와 $\mathbf{Q}$의 내적이 0일 때, 즉 $\mathbf{P} \cdot \mathbf{Q} = 0$일 때 당연히 $\mathbf{P}$와 $\mathbf{Q}$는 수직이 된다.

두 벡터 $\mathbf{P}_1$과 $\mathbf{P}_2$ 사이의 각은 내적 $\mathbf{P}_1 \cdot \mathbf{P}_2 = P_1 P_2 \cos \theta$로부터

$$\cos \theta = \frac{\mathbf{P}_1 \cdot \mathbf{P}_2}{P_1 P_2} = \frac{P_{1_x} P_{2_x} + P_{1_y} P_{2_y} + P_{1_z} P_{2_z}}{P_1 P_2} = l_1 l_2 + m_1 m_2 + n_1 n_2$$

로 주어진다. 여기서 l, m, n은 각 벡터의 방향여현을 나타낸다. 두 벡터의 방향여현이 $l_1 l_2 + m_1 m_2 + n_1 n_2 = 0$의 관계를 갖고 있을 때, 두 벡터가 서로 수직임을 또한 알 수 있다.

분배법칙 $\mathbf{P} \cdot (\mathbf{Q} + \mathbf{R}) = \mathbf{P} \cdot \mathbf{Q} + \mathbf{P} \cdot \mathbf{R}$

7. 외적 또는 벡터적   두 벡터 $\mathbf{P}$와 $\mathbf{Q}$의 외적 $\mathbf{P} \times \mathbf{Q}$는 크기가

$$|\mathbf{P} \times \mathbf{Q}| = PQ \sin \theta$$

이고, 그림에서 보는 바와 같이 오른손 법칙을 따르는 벡터로 정의된다. 벡터의 순서를 역으로 하고 오른손 법칙을 이용하면 $\mathbf{Q} \times \mathbf{P} = -\mathbf{P} \times \mathbf{Q}$가 된다.

분배법칙 $\mathbf{P} \times (\mathbf{Q} + \mathbf{R}) = \mathbf{P} \times \mathbf{Q} + \mathbf{P} \times \mathbf{R}$

외적의 정의로부터 오른손 좌표계(right-handed coordinate system)를 이용하면, 다음과 같은 결과를 얻는다.

$$\mathbf{i} \times \mathbf{j} = \mathbf{k} \qquad \mathbf{j} \times \mathbf{k} = \mathbf{i} \qquad \mathbf{k} \times \mathbf{i} = \mathbf{j}$$
$$\mathbf{j} \times \mathbf{i} = -\mathbf{k} \qquad \mathbf{k} \times \mathbf{j} = -\mathbf{i} \qquad \mathbf{i} \times \mathbf{k} = -\mathbf{j}$$
$$\mathbf{i} \times \mathbf{i} = \mathbf{j} \times \mathbf{j} = \mathbf{k} \times \mathbf{k} = \mathbf{0}$$

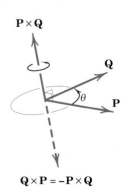

$$\mathbf{Q} \times \mathbf{P} = -\mathbf{P} \times \mathbf{Q}$$

이들 항등식과 분배법칙을 이용함으로써 벡터적을 다음과 같이 쓸 수 있다.

$$\mathbf{P} \times \mathbf{Q} = (P_x\mathbf{i} + P_y\mathbf{j} + P_z\mathbf{k}) \times (Q_x\mathbf{i} + Q_y\mathbf{j} + Q_z\mathbf{k})$$
$$= (P_yQ_z - P_zQ_y)\mathbf{i} + (P_zQ_x - P_xQ_z)\mathbf{j} + (P_xQ_y - P_yQ_x)\mathbf{k}$$

또한 외적은 행렬식으로도 표현할 수 있다.

$$\mathbf{P} \times \mathbf{Q} = \begin{vmatrix} \mathbf{i} & \mathbf{j} & \mathbf{k} \\ P_x & P_y & P_z \\ Q_x & Q_y & Q_z \end{vmatrix}$$

8. 기타 관계식   삼중 스칼라적(triple scalar product) $(\mathbf{P} \times \mathbf{Q}) \cdot \mathbf{R} = \mathbf{R} \cdot (\mathbf{P} \times \mathbf{Q})$. 벡터의 순서를 그대로 유지시키는 한 스칼라적 기호와 벡터적 기호를 서로 바꿀 수 있다. 벡터 $\mathbf{P}$는 스칼라양인 $\mathbf{Q} \cdot \mathbf{R}$과는 외적을 할 수 없기 때문에 $\mathbf{P} \times (\mathbf{Q} \cdot \mathbf{R})$는 의미가 없으며 괄호도 필요 없다. 따라서 이 식은 다음과 같이 쓸 수 있다.

$$\mathbf{P} \times \mathbf{Q} \cdot \mathbf{R} = \mathbf{P} \cdot \mathbf{Q} \times \mathbf{R}$$

삼중 스칼라적은 행렬식으로 전개할 수 있다.

$$\mathbf{P} \times \mathbf{Q} \cdot \mathbf{R} = \begin{vmatrix} P_x & P_y & P_z \\ Q_x & Q_y & Q_z \\ R_x & R_y & R_z \end{vmatrix}$$

삼중 벡터적(triple vector product) $(\mathbf{P} \times \mathbf{Q}) \times \mathbf{R} = -\mathbf{R} \times (\mathbf{P} \times \mathbf{Q}) = \mathbf{R} \times (\mathbf{Q} \times \mathbf{P})$. 이는 외적을 해야 할 벡터가 확인되지 않기 때문에 식 $\mathbf{P} \times \mathbf{Q} \times \mathbf{R}$은 애매하므로 여기서는 괄호를 반드시 사용해야 함을 주목해야 한다. 삼중 벡터적은

$$(\mathbf{P} \times \mathbf{Q}) \times \mathbf{R} = \mathbf{R} \cdot \mathbf{P}\mathbf{Q} - \mathbf{R} \cdot \mathbf{Q}\mathbf{P}$$

또는

$$\mathbf{P} \times (\mathbf{Q} \times \mathbf{R}) = \mathbf{P} \cdot \mathbf{R}\mathbf{Q} - \mathbf{P} \cdot \mathbf{Q}\mathbf{R}$$

과 같다. 예를 들면, 첫 번째 식의 첫 번째 항은 스칼라양인 내적 $\mathbf{R} \cdot \mathbf{P}$와 벡터 $\mathbf{Q}$와의 곱이다.

9. 벡터의 미분   스칼라에 대한 미분법칙을 그대로 따른다.

$$\frac{d\mathbf{P}}{dt} = \dot{\mathbf{P}} = \dot{P}_x\mathbf{i} + \dot{P}_y\mathbf{j} + \dot{P}_z\mathbf{k}$$

$$\frac{d(\mathbf{P}u)}{dt} = \mathbf{P}\dot{u} + \dot{\mathbf{P}}u$$

$$\frac{d(\mathbf{P} \cdot \mathbf{Q})}{dt} = \mathbf{P} \cdot \dot{\mathbf{Q}} + \dot{\mathbf{P}} \cdot \mathbf{Q}$$

$$\frac{d(\mathbf{P} \times \mathbf{Q})}{dt} = \mathbf{P} \times \dot{\mathbf{Q}} + \dot{\mathbf{P}} \times \mathbf{Q}$$

10. 벡터의 적분   만약 **V**가 x, y와 z의 함수이고 체적요소가 $d\tau = dx\,dy\,dz$라면, 전 체적에 대한 **V**의 적분은 각 성분에 대한 세 적분의 벡터합으로 쓸 수 있다. 따 라서 다음과 같다.

$$\int \mathbf{V}\,d\tau = \mathbf{i}\int V_x\,d\tau + \mathbf{j}\int V_y\,d\tau + \mathbf{k}\int V_z\,d\tau$$

C.8 급수

(급수 다음 대괄호 속의 식은 수렴의 범위를 가리킨다.)

$$(1 \pm x)^n = 1 \pm nx + \frac{n(n-1)}{2!}x^2 \pm \frac{n(n-1)(n-2)}{3!}x^3 + \cdots \quad [x^2 < 1]$$

$$\sin x = x - \frac{x^3}{3!} + \frac{x^5}{5!} - \frac{x^7}{7!} + \cdots \qquad\qquad [x^2 < \infty]$$

$$\cos x = 1 - \frac{x^2}{2!} + \frac{x^4}{4!} - \frac{x^6}{6!} + \cdots \qquad\qquad [x^2 < \infty]$$

$$\sinh x = \frac{e^x - e^{-x}}{2} = x + \frac{x^3}{3!} + \frac{x^5}{5!} + \frac{x^7}{7!} + \cdots \qquad [x^2 < \infty]$$

$$\cosh x = \frac{e^x + e^{-x}}{2} = 1 + \frac{x^2}{2!} + \frac{x^4}{4!} + \frac{x^6}{6!} + \cdots \qquad [x^2 < \infty]$$

$$f(x) = \frac{a_0}{2} + \sum_{n=1}^{\infty} a_n \cos \frac{n\pi x}{l} + \sum_{n=1}^{\infty} b_n \sin \frac{n\pi x}{l}$$

여기서 $a_n = \dfrac{1}{l}\displaystyle\int_{-l}^{l} f(x)\cos\frac{n\pi x}{l}\,dx,\qquad b_n = \dfrac{1}{l}\displaystyle\int_{-l}^{l} f(x)\sin\frac{n\pi x}{l}\,dx$

$$[-l < x < l\text{에 대한 Fourier 전개}]$$

C.9 미분

$$\frac{dx^n}{dx} = nx^{n-1}, \qquad \frac{d(uv)}{dx} = u\frac{dv}{dx} + v\frac{du}{dx}, \qquad \frac{d\left(\dfrac{u}{v}\right)}{dx} = \frac{v\dfrac{du}{dx} - u\dfrac{dv}{dx}}{v^2}$$

$$\lim_{\Delta x \to 0} \sin \Delta x = \sin dx = \tan dx = dx$$

$$\lim_{\Delta x \to 0} \cos \Delta x = \cos dx = 1$$

$$\frac{d\sin x}{dx} = \cos x, \qquad \frac{d\cos x}{dx} = -\sin x, \qquad \frac{d\tan x}{dx} = \sec^2 x$$

$$\frac{d\sinh x}{dx} = \cosh x, \qquad \frac{d\cosh x}{dx} = \sinh x, \qquad \frac{d\tanh x}{dx} = \operatorname{sech}^2 x$$

C.10 적분

$$\int x^n\, dx = \frac{x^{n+1}}{n+1}$$

$$\int \frac{dx}{x} = \ln x$$

$$\int \sqrt{a+bx}\, dx = \frac{2}{3b}\sqrt{(a+bx)^3}$$

$$\int x\sqrt{a+bx}\, dx = \frac{2}{15b^2}(3bx-2a)\sqrt{(a+bx)^3}$$

$$\int x^2\sqrt{a+bx}\, dx = \frac{2}{105b^3}(8a^2-12abx+15b^2x^2)\sqrt{(a+bx)^3}$$

$$\int \frac{dx}{\sqrt{a+bx}} = \frac{2\sqrt{a+bx}}{b}$$

$$\int \frac{\sqrt{a+x}}{\sqrt{b-x}}\, dx = -\sqrt{a+x}\,\sqrt{b-x} + (a+b)\sin^{-1}\sqrt{\frac{a+x}{a+b}}$$

$$\int \frac{x\, dx}{a+bx} = \frac{1}{b^2}[a+bx-a\ln(a+bx)]$$

$$\int \frac{x\, dx}{(a+bx)^n} = \frac{(a+bx)^{1-n}}{b^2}\left(\frac{a+bx}{2-n} - \frac{a}{1-n}\right)$$

$$\int \frac{dx}{a+bx^2} = \frac{1}{\sqrt{ab}}\tan^{-1}\frac{x\sqrt{ab}}{a} \quad \text{또는} \quad \frac{1}{\sqrt{-ab}}\tanh^{-1}\frac{x\sqrt{-ab}}{a}$$

$$\int \frac{x\, dx}{a+bx^2} = \frac{1}{2b}\ln(a+bx^2)$$

$$\int \sqrt{x^2\pm a^2}\, dx = \frac{1}{2}[x\sqrt{x^2\pm a^2}\pm a^2\ln(x+\sqrt{x^2\pm a^2})]$$

$$\int \sqrt{a^2-x^2}\, dx = \frac{1}{2}\left(x\sqrt{a^2-x^2} + a^2\sin^{-1}\frac{x}{a}\right)$$

$$\int x\sqrt{a^2-x^2}\, dx = -\frac{1}{3}\sqrt{(a^2-x^2)^3}$$

$$\int x^2\sqrt{a^2-x^2}\, dx = -\frac{x}{4}\sqrt{(a^2-x^2)^3} + \frac{a^2}{8}\left(x\sqrt{a^2-x^2} + a^2\sin^{-1}\frac{x}{a}\right)$$

$$\int x^3\sqrt{a^2-x^2}\, dx = -\frac{1}{5}(x^2+\frac{2}{3}a^2)\sqrt{(a^2-x^2)^3}$$

$$\int \frac{dx}{\sqrt{a + bx + cx^2}} = \frac{1}{\sqrt{c}} \ln \left(\sqrt{a + bx + cx^2} + x\sqrt{c} + \frac{b}{2\sqrt{c}} \right) \text{ 또는 } \frac{-1}{\sqrt{-c}} \sin^{-1} \left(\frac{b + 2cx}{\sqrt{b^2 - 4ac}} \right)$$

$$\int \frac{dx}{\sqrt{x^2 \pm a^2}} = \ln \left(x + \sqrt{x^2 \pm a^2} \right)$$

$$\int \frac{dx}{\sqrt{a^2 - x^2}} = \sin^{-1} \frac{x}{a}$$

$$\int \frac{x\,dx}{\sqrt{x^2 - a^2}} = \sqrt{x^2 - a^2}$$

$$\int \frac{x\,dx}{\sqrt{a^2 \pm x^2}} = \pm \sqrt{a^2 \pm x^2}$$

$$\int x\sqrt{x^2 \pm a^2}\,dx = \frac{1}{3}\sqrt{(x^2 \pm a^2)^3}$$

$$\int x^2\sqrt{x^2 \pm a^2}\,dx = \frac{x}{4}\sqrt{(x^2 \pm a^2)^3} \mp \frac{a^2}{8} x\sqrt{x^2 \pm a^2} - \frac{a^4}{8} \ln \left(x + \sqrt{x^2 \pm a^2} \right)$$

$$\int \sin x\,dx = -\cos x$$

$$\int \cos x\,dx = \sin x$$

$$\int \sec x\,dx = \frac{1}{2} \ln \frac{1 + \sin x}{1 - \sin x}$$

$$\int \sin^2 x\,dx = \frac{x}{2} - \frac{\sin 2x}{4}$$

$$\int \cos^2 x\,dx = \frac{x}{2} + \frac{\sin 2x}{4}$$

$$\int \sin x \cos x\,dx = \frac{\sin^2 x}{2}$$

$$\int \sinh x\,dx = \cosh x$$

$$\int \cosh x\,dx = \sinh x$$

$$\int \tanh x\,dx = \ln \cosh x$$

$$\int \ln x\,dx = x \ln x - x$$

$$\int e^{ax}\,dx = \frac{e^{ax}}{a}$$

$$\int xe^{ax}\,dx = \frac{e^{ax}}{a^2}(ax-1)$$

$$\int e^{ax}\sin px\,dx = \frac{e^{ax}(a\sin px - p\cos px)}{a^2+p^2}$$

$$\int e^{ax}\cos px\,dx = \frac{e^{ax}(a\cos px + p\sin px)}{a^2+p^2}$$

$$\int e^{ax}\sin^2 x\,dx = \frac{e^{ax}}{4+a^2}\left(a\sin^2 x - \sin 2x + \frac{2}{a}\right)$$

$$\int e^{ax}\cos^2 x\,dx = \frac{e^{ax}}{4+a^2}\left(a\cos^2 x + \sin 2x + \frac{2}{a}\right)$$

$$\int e^{ax}\sin x\cos x\,dx = \frac{e^{ax}}{4+a^2}\left(\frac{a}{2}\sin 2x - \cos 2x\right)$$

$$\int \sin^3 x\,dx = -\frac{\cos x}{3}(2+\sin^2 x)$$

$$\int \cos^3 x\,dx = \frac{\sin x}{3}(2+\cos^2 x)$$

$$\int \cos^5 x\,dx = \sin x - \frac{2}{3}\sin^3 x + \frac{1}{5}\sin^5 x$$

$$\int x\sin x\,dx = \sin x - x\cos x$$

$$\int x\cos x\,dx = \cos x + x\sin x$$

$$\int x^2\sin x\,dx = 2x\sin x - (x^2-2)\cos x$$

$$\int x^2\cos x\,dx = 2x\cos x + (x^2-2)\sin x$$

곡률 반지름 $\begin{cases} \rho_{xy} = \dfrac{\left[1+\left(\dfrac{dy}{dx}\right)^2\right]^{3/2}}{\dfrac{d^2y}{dx^2}} \\[3em] \rho_{r\theta} = \dfrac{\left[r^2+\left(\dfrac{dr}{d\theta}\right)^2\right]^{3/2}}{r^2+2\left(\dfrac{dr}{d\theta}\right)^2 - r\dfrac{d^2r}{d\theta^2}} \end{cases}$

C.11 해석하기 어려운 방정식에 대한 뉴턴의 해법

역학의 기본 원리들을 적용시키다 보면 흔히 해석할 수 없는(또는 해석이 잘 되지 않는) 대수식 또는 초월함수식으로 되는 경우가 많다. 이러한 경우에 뉴턴 해법과 같은 반복기법은 방정식의 근 또는 근을 추정할 수 있는 유용한 방법이다.

해석해야 할 식을 $f(x)=0$형으로 만들자. 다음 그림 a는 구하고자 하는 근 x_r의 부근에 있는 x에 대한 임의의 함수 $f(x)$를 나타낸 것이다. 근 x_r은 단지 함수가 x축과 교차하는 곳에서의 x값임을 가리킨다. 이 근의 대략적인 추정값 x_1(이것은 손으로 그래프를 그려서도 추정할 수 있다)을 알 수 있다고 가정하자. x_1이 함수 $f(x)$의

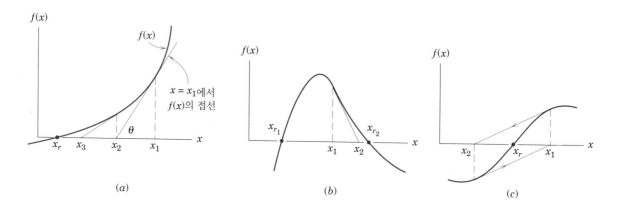

최댓값 또는 최솟값에 대응되는 것이 아니라면, x_1에서 $f(x)$의 접선을 연장하면 x_2에서 x축과 교차하며 근 x_r에 더 가까운 추정값을 얻는다. 그림의 기하학적인 형태로부터

$$\tan \theta = f'(x_1) = \frac{f(x_1)}{x_1 - x_2}$$

로 쓸 수 있고, 여기서 $f'(x_1)$은 x에 대한 $f(x)$의 1차 미분에서 $x=x_1$일 때 계산한 값이다. 위의 식을 x_2에 대해 풀면,

$$x_2 = x_1 - \frac{f(x_1)}{f'(x_1)}$$

이 된다. $-f(x_1)/f'(x_1)$항은 초기 추정값 x_1의 보정값이다. 일단 x_2가 계산되면, x_3 등을 구하는 과정을 반복한다.

따라서 위의 식을 일반화하면

$$x_{k+1} = x_k - \frac{f(x_k)}{f'(x_k)}$$

이고, 여기서

x_{k+1}은 구하고자 하는 근 x_r의 $(k+1)$번째 추정값

x_k는 구하고자 하는 근 x_r의 k번째 추정값

$f(x_k)$는 $x=x_k$에서의 함수 $f(x)$의 값

$f'(x_k)$는 $x=x_k$에서의 일차미분함수의 값이다.

이 식은 $f(x_{k+1})$이 0에 충분히 근접하고 $x_{k+1} \cong x_k$가 될 때까지 반복해서 적용하고, x_k, $f(x_k)$ 및 $f'(x_k)$의 부호조합이 어떠하든 항상 성립함을 증명하라.

몇 가지 주의 사항을 정리하면 다음과 같다.

1. 분명히 $f'(x_k)$는 0이 되어서도 0에 근접해서도 안 된다. 이것은 위에서 제한을 둔 것처럼 x_k가 정확히 또는 근사적으로 $f(x)$의 최댓값 또는 최솟값에 대응하는 값이 되어서는 안 된다는 의미이다. 만약 기울기 $f'(x_k)$가 0이라면, 곡선의 접선은 x축과 교차하지 않고, 기울기 $f'(x_k)$가 작으면 x_k의 보정값은 아주 커져서 x_{k+1}이 x_k보다 더욱 부정확한 추정값이 된다. 그렇기 때문에 경험이 있는 엔지니어들은 보통 보정항의 크기를 제한한다. 즉, $f(x_k)/f'(x_k)$의 절 댓값이 미리 설정된 최댓값보다 크면 그 최댓값을 이용한다.

2. 만약 방정식 $f(x)=0$의 근이 여러 개라면, 구하려는 근 x_r의 부근에서 추정을 시작해야만 연산이 그 근에 수렴한다. 그림 b는 초기 추정값 x_1이 x_{r_1}보다는 오히려 x_{r_2}에 수렴하는 상황을 나타내고 있다.

3. 예를 들어 어느 함수의 근이 변곡점이고, 그 함수가 변곡점을 중심으로 비대칭이라면, 근이 한편에서 다른 편으로 진동하는 경우가 일어날 수 있다. 보정값을 절반으로 줄여 사용하면 그림 c에 나타낸 이러한 진동 특성을 막을 수 있다.

예 : 초기 추정값 $x_1=5$로 시작하여 방정식 $e^x - 10 \cos x - 100 = 0$의 단근을 추정하자.

주어진 방정식에 뉴턴 해법을 적용시켜 구한 추정값을 요약정리하면 다음 표와 같다. 보정값 $-f(x_k)/f'(x_k)$의 절댓값이 10^{-6}보다 작을 때 반복계산을 중단한다.

k	x_k	$f(x_k)$	$f'(x_k)$	$x_{k+1} - x_k = -\dfrac{f(x_k)}{f'(x_k)}$
1	5.000 000	45.576 537	138.823 916	−0.328 305
2	4.671 695	7.285 610	96.887 065	−0.075 197
3	4.596 498	0.292 886	89.203 650	−0.003 283
4	4.593 215	0.000 527	88.882 536	−0.000 006
5	4.593 209	$-2(10^{-8})$	88.881 956	$2.25(10^{-10})$

C.12 수치적분의 간추린 해법

1. 면적 계산 그림 a에 나타낸 바와 같이 $x=a$에서 $x=b$까지 곡선 $y=f(x)$ 아래에 음영된 면적을 계산하는 문제를 고찰하는데, 해석적인 적분이 가능하지 않다고 가정한다. 함수는 실험적 측정값으로부터 표의 형식으로 하여 주어질 수 있거나 또는 해석적인 형식으로 해도 주어질 수 있다. 함수는 $a<x<b$ 구간 내에서 연속적으로 주어진다. 면적을 폭이 $\Delta x=(b-a)/n$인 n개의 수직한 띠로 나누고, $A=\int y\,dx$를 얻기 위해 모든 띠의 면적을 합한다. 면적 A_i인 대표적인 띠는 그림에서 좀 더 짙은 음영으로 보여준다. 3개의 유용한 수치적 근사식이 인용되었다. 각 경우에 있어서 띠의 수를 많게 하면 할수록 근삿값은 기하학적으로 좀 더 정확하게 된다. 일반적인 해법으로서 비교적 적은 수의 띠들로 시작할 수도 있는데, 면적 근삿값에서의 결과 변화가 요구하는 정밀도로 더 이상 개선되지 않을 때까지 수를 증가시키면 된다.

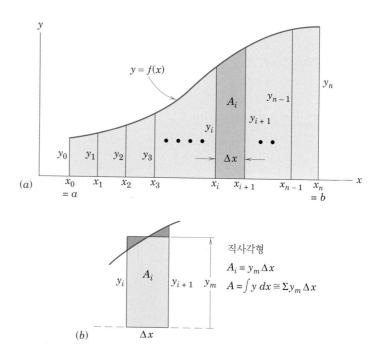

I. 직사각형(rectangular) [그림 b]. 띠의 면적들을 짙게 음영된 작은 면적들이 가능한 한 거의 같게 되도록 높이 y_m이 선택된 대표적인 띠에서 보여주는 바와 같이 직사각형으로 정하였다. 따라서 유효 높이의 합 Σy_m을 구하고 Δx를 곱한다. 함수가 해석적이라면 중간점 $x_i + \Delta x/2$에서의 함숫값과 같은 y_m의 값은 계산될 수 있고, 합산에 사용된다.

II. 사다리꼴(trapezoidal) [그림 c]. 그림에서 보는 바와 같이 띠의 면적을 사다리꼴로 정하였다. 면적 A_i는 평균 높이 $(y_i + y_{i+1})/2$와 Δx의 곱이다. 이 면적들을 더하면 표에서처럼 면적 근삿값이 주어진다. 그림에서 보여준 곡선에 대해서 근삿값은 분명히 본래의 면적보다 작을 것이고, 반대 곡선에 대한 근삿값은 큰 값을 가질 것이다.

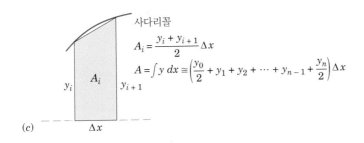

사다리꼴

$$A_i = \frac{y_i + y_{i+1}}{2} \Delta x$$

$$A = \int y \, dx \cong \left(\frac{y_0}{2} + y_1 + y_2 + \cdots + y_{n-1} + \frac{y_n}{2} \right) \Delta x$$

(c)

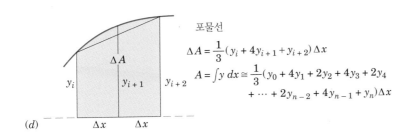

포물선

$$\Delta A = \frac{1}{3}(y_i + 4y_{i+1} + y_{i+2}) \Delta x$$

$$A = \int y \, dx \cong \frac{1}{3}(y_0 + 4y_1 + 2y_2 + 4y_3 + 2y_4 + \cdots + 2y_{n-2} + 4y_{n-1} + y_n) \Delta x$$

(d)

III. 포물선(parabolic) [그림 d]. 현과 곡선 사이의 면적(사다리꼴 해석에서는 무시됐다)은 y의 연속적인 3개 값에 의해서 정의된 점을 통과하는 포물선으로 함수를 근사시킴으로써 계산할 수 있다. 그 면적은 포물선의 기하학으로부터 계산할 수 있고, 두 띠로 된 사다리꼴 면적에 더해져서 인용한 바와 같이 한 쌍의 면적 ΔA로 주어진다. ΔA의 값들을 모두 더해 높은 표가 주어져 있는데, 이는 심프슨 (Simpson) 법칙으로 알려져 있다. 심프슨 법칙을 이용하려면 띠의 수는 반드시 짝수여야 한다.

예 : $x = 0$부터 $x = 2$까지 곡선 $y = x\sqrt{1 + x^2}$ 아래의 면적을 구하자(여기서는 해석적으로 적분할 수 있는 함수를 선택했으므로 3개의 근삿값을 완전해

$$A = \int_0^2 x \sqrt{1 + x^2}\, dx = \tfrac{1}{3}(1 + x^2)^{3/2}\big|_0^2 = \tfrac{1}{3}(5\sqrt{5} - 1) = 3.393\ 447$$과 비교할
수 있다).

분할 개수	면적 근삿값		
	직사각형	사다리꼴	포물선형
4	3.361 704	3.456 731	3.392 214
10	3.388 399	3.403 536	3.393 420
50	3.393 245	3.393 850	3.393 447
100	3.393 396	3.393 547	3.393 447
1000	3.393 446	3.393 448	3.393 447
2500	3.393 447	3.393 447	3.393 447

단 4개의 띠로만 해석한다 할지라도 가장 큰 오차율이 2 % 미만이라는 것을 알 수
있다.

2. 1차 상미분방정식의 적분 역학 기본원리의 응용은 종종 미분방정식으로 귀
착된다. 1차 미분방정식 $dy/dt = f(t)$를 고려하자. 함수 $f(t)$는 적분이 쉽지 않거
나 오직 표의 형식으로만 알 수 있는 함수이다. 그림에서 보는 바와 같이 오일러
(Euler) 적분으로 알려진 단순한 기울기투영법에 의해 수치적으로 적분할 수 있다.

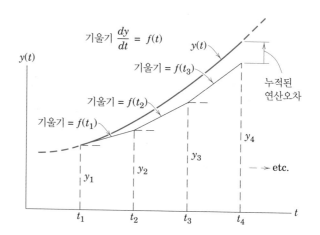

y_1값을 알고 있는 t_1에서 시작하여 기울기를 수평한 부분구간 또는 간격 $(t_2 - t_1)$
에 투영하면 $y_2 = y_1 + f(t_1)(t_2 - t_1)$로 됨을 알 수 있다. y_2를 알고 있는 t_2에서 이 과정
을 반복하고 구하고자 하는 t값에 도달할 때까지 계속한다. 그러면 일반식은

$$y_{k+1} = y_k + f(t_k)(t_{k+1} - t_k)$$

이다.

만약 t에 대해 y가 선형이라면, 즉 $f(t)$가 일정하다면, 이 방법은 완전하고 수치적으로 접근할 필요가 없다. 부분구간에 걸쳐 기울기의 변화는 오차를 발생시킨다. 그림에서 보는 바와 같이 추정값 y_2는 t_2에서 함수 $y(t)$의 참값보다 분명히 작다. 좀 더 정확한 적분기법(Runge-Kutta 법과 같은)은 부분구간의 기울기 변화를 계산에 포함시킨 것이기 때문에 좀 더 좋은 결과를 얻을 수 있다.

면적추정기법으로 해석적 함수들을 다룰 때, 경험상 부분구간 또는 간격의 크기를 선택하는 데 도움이 된다. 대체로, 비교적 큰 간격으로 시작하여 적분 결과에 해당하는 변화가 원하는 정밀도보다도 작아질 때까지 간격 크기를 점차로 감소시킨다. 하지만 너무 작은 간격은 수많은 컴퓨터 연산으로 인해 오차가 증가하는 결과를 가져올 수 있다. 이 같은 오차를 일반적으로 '반올림 오차(round-off error)'라 한다. 반면에 큰 간격으로 인해 발생되는 오차를 연산 오차라 한다.

예 : $t=0$일 때 $y=2$인 초기조건을 갖는 미분방정식 $dy/dt=5t$에 대해 $t=4$에 대한 y값을 구하자.

오일러(Euler) 적분기법을 이용하면 다음과 같은 결과를 얻는다.

분할 매수	구간 크기	$t=4$인 y	오차(%)
10	0.4	38	9.5
100	0.04	41.6	0.95
500	0.008	41.92	0.19
1000	0.004	41.96	0.10

이 단순한 예는 해석적으로 적분할 수 있다. 그 결과는 정확히 $y=42$이다.

유용한 표

표 D.1 물성값

밀도(kg/m^3)와 비중(lb/ft^3)

	kg/m^3	lb/ft^3		kg/m^3	lb/ft^3
공기*	1.2062	0.07530	납	11 370	710
알루미늄	2 690	168	수은	13 570	847
콘크리트(av.)	2 400	150	오일(av.)	900	56
구리	8 910	556	강철	7 830	489
흙(wet, av.)	1 760	110	티타늄	4 510	281
(dry, av.)	1 280	80	물(fresh)	1 000	62.4
유리	2 590	162	(salt)	1 030	64
금	19 300	1205	목재(soft pine)	480	30
얼음	900	56	(hard oak)	800	50
주철(cast)	7 210	450			

*20℃(68°F) 대기압에서

마찰계수

(다음 표의 계수는 일상적인 작업조건하에서의 표본적인 값을 나타낸다. 주어진 조건에 대한 실제 계수는 접촉표면의 본질에 따라 좌우될 것이다. 이 값들은 실제 적용에 있어서 청정도, 표면다듬질, 압력, 윤활, 그리고 속도 등의 상태에 따라 25%에서 100% 또는 그 이상의 변화를 예상할 수 있다.)

접촉표면	표본 마찰계수 값	
	정적, μ_s	동적, μ_k
강 대 강(건조)	0.6	0.4
강 대 강(윤활)	0.1	0.05
테프론 대 강	0.04	0.04
강 대 배빗메탈(건조)	0.4	0.3
강 대 배빗메탈(윤활)	0.1	0.07
황동 대 강(건조)	0.5	0.4
브레이크라이닝 대 주철	0.4	0.3
고무타이어 대 평탄한 포장도로(건조)	0.9	0.8
와이어로프 대 철제 풀리(건조)	0.2	0.15
삼 로프 대 금속	0.3	0.2
금속 대 얼음		0.02

표 D.2 태양계 상숫값

만유인력상수	$G = 6.673(10^{-11})\ \mathrm{m^3/(kg \cdot s^2)}$
	$= 3.439(10^{-8})\ \mathrm{ft^4/(lbf\text{-}s^4)}$
지구의 질량	$m_e = 5.976(10^{24})\ \mathrm{kg}$
	$= 4.095(10^{23})\ \mathrm{lbf\text{-}s^2/ft}$
지구의 회전주기(1항성일)	$= 23\ \mathrm{h}\ 56\ \mathrm{min}\ 4\ \mathrm{s}$
	$= 23.9344\ \mathrm{h}$
지구의 각속도	$\omega = 0.7292(10^{-4})\ \mathrm{rad/s}$
지구–태양선의 평균 각속도	$\omega' = 0.1991(10^{-6})\ \mathrm{rad/s}$
태양에 대한 지구 중심의 평균속도	$= 107\ 200\ \mathrm{km/h}$
	$= 66{,}610\ \mathrm{mi/h}$

물체	태양까지의 평균거리 km (mi)	궤도의 편심률 e	궤도의 주기 태양일	평균지름 km (mi)	지구에 대한 질량비	표면중력 가속도 m/s² (ft/s²)	탈출속도 km/s (mi/s)
태양	—	—	—	1 392 000 (865 000)	333 000	274 (898)	616 (383)
달	384 398[1] (238 854)[1]	0.055	27.32	3 476 (2 160)	0.0123	1.62 (5.32)	2.37 (1.47)
수성	57.3×10^6 (35.6×10^6)	0.206	87.97	5 000 (3 100)	0.054	3.47 (11.4)	4.17 (2.59)
금성	108×10^6 (67.2×10^6)	0.0068	224.70	12 400 (7 700)	0.815	8.44 (27.7)	10.24 (6.36)
지구	149.6×10^6 (92.96×10^6)	0.0167	365.26	12 742[2] (7 918)[2]	1.000	9.821[3] (32.22)[3]	11.18 (6.95)
화성	227.9×10^6 (141.6×10^6)	0.093	686.98	6 788 (4 218)	0.107	3.73 (12.3)	5.03 (3.13)
목성[4]	778×10^6 (483×10^6)	0.0489	4333	139 822 86 884	317.8	24.79 (81.3)	59.5 (36.8)

[1] 지구까지의 평균거리(중심에서 중심)

[2] 극지름 12,714 km(7,900 mi)와 적도지름 12,756 km(7,926 mi)를 갖는 회전타원체인 지구를 기준으로 한 동일한 체적을 갖는 구의 지름

[3] 회전하지 않는 구형 지구에 대한 위도 37.5°인 해면에서의 절댓값에 해당함

[4] 목성은 강체가 아님

표 D.3   평면도형의 성질

도형	도심	면적 관성모멘트
원호	$\bar{r} = \dfrac{r \sin \alpha}{\alpha}$	—
1/4원호와 반원호	$\bar{y} = \dfrac{2r}{\pi}$	—
원 면적	—	$I_x = I_y = \dfrac{\pi r^4}{4}$ $I_z = \dfrac{\pi r^4}{2}$
반원 면적	$\bar{y} = \dfrac{4r}{3\pi}$	$I_x = I_y = \dfrac{\pi r^4}{8}$ $\bar{I}_x = \left(\dfrac{\pi}{8} - \dfrac{8}{9\pi}\right) r^4$ $I_z = \dfrac{\pi r^4}{4}$
1/4원 면적	$\bar{x} = \bar{y} = \dfrac{4r}{3\pi}$	$I_x = I_y = \dfrac{\pi r^4}{16}$ $\bar{I}_x = \bar{I}_y = \left(\dfrac{\pi}{16} - \dfrac{4}{9\pi}\right) r^4$ $I_z = \dfrac{\pi r^4}{8}$
부채꼴 면적	$\bar{x} = \dfrac{2}{3}\dfrac{r \sin \alpha}{\alpha}$	$I_x = \dfrac{r^4}{4}\left(\alpha - \dfrac{1}{2}\sin 2\alpha\right)$ $I_y = \dfrac{r^4}{4}\left(\alpha + \dfrac{1}{2}\sin 2\alpha\right)$ $I_z = \dfrac{1}{2}r^4\alpha$

표 D.3 평면도형의 성질 (계속)

도형	도심	면적 관성모멘트
직사각형 면적	—	$I_x = \dfrac{bh^3}{3}$ $\overline{I}_x = \dfrac{bh^3}{12}$ $\overline{I}_z = \dfrac{bh}{12}(b^2 + h^2)$
삼각형 면적	$\overline{x} = \dfrac{a+b}{3}$ $\overline{y} = \dfrac{h}{3}$	$I_x = \dfrac{bh^3}{12}$ $\overline{I}_x = \dfrac{bh^3}{36}$ $I_{x_1} = \dfrac{bh^3}{4}$
1/4타원 면적	$\overline{x} = \dfrac{4a}{3\pi}$ $\overline{y} = \dfrac{4b}{3\pi}$	$I_x = \dfrac{\pi ab^3}{16}, \quad \overline{I}_x = \left(\dfrac{\pi}{16} - \dfrac{4}{9\pi}\right)ab^3$ $I_y = \dfrac{\pi a^3 b}{16}, \quad \overline{I}_y = \left(\dfrac{\pi}{16} - \dfrac{4}{9\pi}\right)a^3 b$ $I_z = \dfrac{\pi ab}{16}(a^2 + b^2)$
포물선 아래의 면적 $y = kx^2 = \dfrac{b}{a^2}x^2$ 면적 $A = \dfrac{ab}{3}$	$\overline{x} = \dfrac{3a}{4}$ $\overline{y} = \dfrac{3b}{10}$	$I_x = \dfrac{ab^3}{21}$ $I_y = \dfrac{a^3 b}{5}$ $I_z = ab\left(\dfrac{a^3}{5} + \dfrac{b^2}{21}\right)$
포물선 면적 $y = kx^2 = \dfrac{b}{a^2}x^2$ 면적 $A = \dfrac{2ab}{3}$	$\overline{x} = \dfrac{3a}{8}$ $\overline{y} = \dfrac{3b}{5}$	$I_x = \dfrac{2ab^3}{7}$ $I_y = \dfrac{2a^3 b}{15}$ $I_z = 2ab\left(\dfrac{a^2}{15} + \dfrac{b^2}{7}\right)$

표 D.4 균질한 입체의 성질 (m=그림에 나타난 물체의 질량)

물체	질량중심	질량 관성모멘트
원통 셸	—	$I_{xx} = \frac{1}{2}mr^2 + \frac{1}{12}ml^2$ $I_{x_1x_1} = \frac{1}{2}mr^2 + \frac{1}{3}ml^2$ $I_{zz} = mr^2$
반원통 셸	$\bar{x} = \frac{2r}{\pi}$	$I_{xx} = I_{yy}$ $= \frac{1}{2}mr^2 + \frac{1}{12}ml^2$ $I_{x_1x_1} = I_{y_1y_1}$ $= \frac{1}{2}mr^2 + \frac{1}{3}ml^2$ $I_{zz} = mr^2$ $\bar{I}_{zz} = \left(1 - \frac{4}{\pi^2}\right)mr^2$
원주	—	$I_{xx} = \frac{1}{4}mr^2 + \frac{1}{12}ml^2$ $I_{x_1x_1} = \frac{1}{4}mr^2 + \frac{1}{3}ml^2$ $I_{zz} = \frac{1}{2}mr^2$
반원주	$\bar{x} = \frac{4r}{3\pi}$	$I_{xx} = I_{yy}$ $= \frac{1}{4}mr^2 + \frac{1}{12}ml^2$ $I_{x_1x_1} = I_{y_1y_1}$ $= \frac{1}{4}mr^2 + \frac{1}{3}ml^2$ $I_{zz} = \frac{1}{2}mr^2$ $\bar{I}_{zz} = \left(\frac{1}{2} - \frac{16}{9\pi^2}\right)mr^2$
직육면체	—	$I_{xx} = \frac{1}{12}m(a^2 + l^2)$ $I_{yy} = \frac{1}{12}m(b^2 + l^2)$ $I_{zz} = \frac{1}{12}m(a^2 + b^2)$ $I_{y_1y_1} = \frac{1}{12}mb^2 + \frac{1}{3}ml^2$ $I_{y_2y_2} = \frac{1}{3}m(b^2 + l^2)$

표 D.4 **균질한 입체의 성질 (계속)** (m = 그림에 나타난 물체의 질량)

물체	질량중심	질량 관성모멘트
구형 셸	—	$I_{zz} = \frac{2}{3}mr^2$
반구형 셸	$\bar{x} = \frac{r}{2}$	$I_{xx} = I_{yy} = I_{zz} = \frac{2}{3}mr^2$ $\bar{I}_{yy} = \bar{I}_{zz} = \frac{5}{12}mr^2$
구	—	$I_{zz} = \frac{2}{5}mr^2$
반구	$\bar{x} = \frac{3r}{8}$	$I_{xx} = I_{yy} = I_{zz} = \frac{2}{5}mr^2$ $\bar{I}_{yy} = \bar{I}_{zz} = \frac{83}{320}mr^2$
균일한 막대	—	$I_{yy} = \frac{1}{12}ml^2$ $I_{y_1 y_1} = \frac{1}{3}ml^2$

표 D.4   균질한 입체의 성질 (계속) (m = 그림에 나타난 물체의 질량)

물체	질량중심	질량 관성모멘트
1/4원형 막대	$\bar{x} = \bar{y}$ $= \dfrac{2r}{\pi}$	$I_{xx} = I_{yy} = \dfrac{1}{2}mr^2$ $I_{zz} = mr^2$
타원주	—	$I_{xx} = \dfrac{1}{4}ma^2 + \dfrac{1}{12}ml^2$ $I_{yy} = \dfrac{1}{4}mb^2 + \dfrac{1}{12}ml^2$ $I_{zz} = \dfrac{1}{4}m(a^2 + b^2)$ $I_{y_1 y_1} = \dfrac{1}{4}mb^2 + \dfrac{1}{3}ml^2$
원추 셸	$\bar{z} = \dfrac{2h}{3}$	$I_{yy} = \dfrac{1}{4}mr^2 + \dfrac{1}{2}mh^2$ $I_{y_1 y_1} = \dfrac{1}{4}mr^2 + \dfrac{1}{6}mh^2$ $I_{zz} = \dfrac{1}{2}mr^2$ $\bar{I}_{yy} = \dfrac{1}{4}mr^2 + \dfrac{1}{18}mh^2$
반원추 셸	$\bar{x} = \dfrac{4r}{3\pi}$ $\bar{z} = \dfrac{2h}{3}$	$I_{xx} = I_{yy}$ $= \dfrac{1}{4}mr^2 + \dfrac{1}{2}mh^2$ $I_{x_1 x_1} = I_{y_1 y_1}$ $= \dfrac{1}{4}mr^2 + \dfrac{1}{6}mh^2$ $I_{zz} = \dfrac{1}{2}mr^2$ $\bar{I}_{zz} = \left(\dfrac{1}{2} - \dfrac{16}{9\pi^2}\right)mr^2$
원추	$\bar{z} = \dfrac{3h}{4}$	$I_{yy} = \dfrac{3}{20}mr^2 + \dfrac{3}{5}mh^2$ $I_{y_1 y_1} = \dfrac{3}{20}mr^2 + \dfrac{1}{10}mh^2$ $I_{zz} = \dfrac{3}{10}mr^2$ $\bar{I}_{yy} = \dfrac{3}{20}mr^2 + \dfrac{3}{80}mh^2$

표 D.4 균질한 입체의 성질 (계속) (m = 그림에 나타난 물체의 질량)

물체	질량중심	질량 관성모멘트
반원추	$\bar{x} = \dfrac{r}{\pi}$ $\bar{z} = \dfrac{3h}{4}$	$I_{xx} = I_{yy}$ $\quad = \dfrac{3}{20}mr^2 + \dfrac{3}{5}mh^2$ $I_{x_1x_1} = I_{y_1y_1}$ $\quad = \dfrac{3}{20}mr^2 + \dfrac{1}{10}mh^2$ $I_{zz} = \dfrac{3}{10}mr^2$ $\bar{I}_{zz} = \left(\dfrac{3}{10} - \dfrac{1}{\pi^2}\right)mr^2$
반타원체 $\dfrac{x^2}{a^2} + \dfrac{y^2}{b^2} + \dfrac{z^2}{c^2} = 1$	$\bar{z} = \dfrac{3c}{8}$	$I_{xx} = \dfrac{1}{5}m(b^2 + c^2)$ $I_{yy} = \dfrac{1}{5}m(a^2 + c^2)$ $I_{zz} = \dfrac{1}{5}m(a^2 + b^2)$ $\bar{I}_{xx} = \dfrac{1}{5}m\left(b^2 + \dfrac{19}{64}c^2\right)$ $\bar{I}_{yy} = \dfrac{1}{5}m\left(a^2 + \dfrac{19}{64}c^2\right)$
타원포물체 $\dfrac{x^2}{a^2} + \dfrac{y^2}{b^2} = \dfrac{z}{c}$	$\bar{z} = \dfrac{2c}{3}$	$I_{xx} = \dfrac{1}{6}mb^2 + \dfrac{1}{2}mc^2$ $I_{yy} = \dfrac{1}{6}ma^2 + \dfrac{1}{2}mc^2$ $I_{zz} = \dfrac{1}{6}m(a^2 + b^2)$ $\bar{I}_{xx} = \dfrac{1}{6}m\left(b^2 + \dfrac{1}{3}c^2\right)$ $\bar{I}_{yy} = \dfrac{1}{6}m\left(a^2 + \dfrac{1}{3}c^2\right)$
직사면체	$\bar{x} = \dfrac{a}{4}$ $\bar{y} = \dfrac{b}{4}$ $\bar{z} = \dfrac{c}{4}$	$I_{xx} = \dfrac{1}{10}m(b^2 + c^2)$ $I_{yy} = \dfrac{1}{10}m(a^2 + c^2)$ $I_{zz} = \dfrac{1}{10}m(a^2 + b^2)$ $\bar{I}_{xx} = \dfrac{3}{80}m(b^2 + c^2)$ $\bar{I}_{yy} = \dfrac{3}{80}m(a^2 + c^2)$ $\bar{I}_{zz} = \dfrac{3}{80}m(a^2 + b^2)$
반원환체	$\bar{x} = \dfrac{a^2 + 4R^2}{2\pi R}$	$I_{xx} = I_{yy} = \dfrac{1}{2}mR^2 + \dfrac{5}{8}ma^2$ $I_{zz} = mR^2 + \dfrac{3}{4}ma^2$

표 D.5   변환 계수; SI 단위

변환 계수 : 미국 통상단위에서 SI 단위로

바꿀 단위	바뀐 단위	곱할 값
(가속도)		
foot/second^2 (ft/sec^2)	meter/second^2 (m/s^2)	3.048×10^{-1}*
inch/second^2 (in./sec^2)	meter/second^2 (m/s^2)	2.54×10^{-2}*
(면적)		
foot^2 (ft^2)	meter^2 (m^2)	9.2903×10^{-2}
inch^2 (in.^{2})	meter^2 (m^2)	6.4516×10^{-4}*
(밀도)		
pound mass/inch^3 (lbm/in.^{3})	kilogram/meter^3 (kg/m^3)	2.7680×10^4
pound mass/foot^3 (lbm/ft^3)	kilogram/meter^3 (kg/m^3)	1.6018×10
(힘)		
kip (1000 lb)	newton (N)	4.4482×10^3
pound force (lb)	newton (N)	4.4482
(길이)		
foot (ft)	meter (m)	3.048×10^{-1}*
inch (in.)	meter (m)	2.54×10^{-2}*
mile (mi), (U.S. statute)	meter (m)	1.6093×10^3
mile (mi), (international nautical)	meter (m)	1.852×10^3*
(질량)		
pound mass (lbm)	kilogram (kg)	4.5359×10^{-1}
slug (lb-sec^2/ft)	kilogram (kg)	1.4594×10
ton (2000 lbm)	kilogram (kg)	9.0718×10^2
(힘모멘트)		
pound-foot (lb-ft)	newton-meter (N·m)	1.3558
pound-inch (lb-in.)	newton-meter (N·m)	$0.1129\ 8$
(면적 관성모멘트)		
inch^4	meter^4 (m^4)	41.623×10^{-8}
(질량 관성모멘트)		
pound-foot-second^2 (lb-ft-sec^2)	kilogram-meter^2 (kg·m^2)	1.3558
(선형운동량)		
pound-second (lb-sec)	kilogram-meter/second (kg·m/s)	4.4482
(각운동량)		
pound-foot-second (lb-ft-sec)	newton-meter-second (kg·m^2/s)	1.3558
(동력)		
foot-pound/minute (ft-lb/min)	watt (W)	2.2597×10^{-2}
horsepower (550 ft-lb/sec)	watt (W)	7.4570×10^2
(압력, 응력)		
atmosphere (std)(14.7 lb/in.^{2})	newton/meter^2 (N/m^2 or Pa)	1.0133×10^5
pound/foot^2 (lb/ft^2)	newton/meter^2 (N/m^2 or Pa)	4.7880×10
pound/inch^2 (lb/in.^{2} or psi)	newton/meter^2 (N/m^2 or Pa)	6.8948×10^3
(스프링 상수)		
pound/inch (lb/in.)	newton/meter (N/m)	1.7513×10^2
(속도)		
foot/second (ft/sec)	meter/second (m/s)	3.048×10^{-1}*
knot (nautical mi/hr)	meter/second (m/s)	5.1444×10^{-1}
mile/hour (mi/hr)	meter/second (m/s)	4.4704×10^{-1}*
mile/hour (mi/hr)	kilometer/hour (km/h)	1.6093
(부피)		
foot^3 (ft^3)	meter^3 (m^3)	2.8317×10^{-2}
inch^3 (in.^{3})	meter^3 (m^3)	1.6387×10^{-5}
(일, 에너지)		
British thermal unit (BTU)	joule (J)	1.0551×10^3
foot-pound force (ft-lb)	joule (J)	1.3558
kilowatt-hour (kw-h)	joule (J)	3.60×10^6*

*정확한 값

표 D.5 변환 계수; SI 단위 (계속)

역학에 사용되는 SI 단위

양	단위	SI 기호
(기본 단위)		
길이	meter*	m
질량	kilogram	kg
시간	second	s
(유도 단위)		
선형가속도	meter/second^2	m/s^2
각가속도	radian/second^2	rad/s^2
면적	meter^2	m^2
밀도	kilogram/meter^3	kg/m^3
힘	newton	N (= kg·m/s^2)
주파수	hertz	Hz (= 1/s)
선형충격량	newton-second	N·s
각충격량	newton-meter-second	N·m·s
힘모멘트	newton-meter	N·m
면적 관성모멘트	meter^4	m^4
질량 관성모멘트	kilogram-meter^2	kg·m^2
선형운동량	kilogram-meter/second	kg·m/s (= N·s)
각운동량	kilogram-meter^2/second	kg·m^2/s (= N·m·s)
동력	watt	W (= J/s = N·m/s)
압력, 응력	pascal	Pa (= N/m^2)
면적 관성 상승모멘트	meter^4	m^4
질량 관성 상승모멘트	kilogram-meter^2	kg·m^2
스프링 상수	newton/meter	N/m
속도 linear	meter/second	m/s
각속도	radian/second	rad/s
부피	meter^3	m^3
일, 에너지	joule	J (= N·m)
(추가 단위)		
거리(항해)	nautical mile	(= 1.852 km)
질량	ton (metric)	t (= 1000 kg)
평면각	degrees (decimal)	°
평면각	radian	—
속력	knot	(1.852 km/h)
시간	day	d
시간	hour	h
시간	minute	min

*metre 로 쓰기도 함.

SI 단위 접두사

증배율		접두사	기호
1 000 000 000 000	= 10^{12}	tera	T
1 000 000 000	= 10^9	giga	G
1 000 000	= 10^6	mega	M
1 000	= 10^3	kilo	k
100	= 10^2	hecto	h
10	= 10	deka	da
0.1	= 10^{-1}	deci	d
0.01	= 10^{-2}	centi	c
0.001	= 10^{-3}	milli	m
0.000 001	= 10^{-6}	micro	μ
0.000 000 001	= 10^{-9}	nano	n
0.000 000 000 001	= 10^{-12}	pico	p

미터법을 쓰는 몇 가지 규칙

1.

(a) 일반적으로 0.1에서 1000 사이의 숫자를 유지하며 접두사를 사용하라.

(b) 접두사 중 hecto, deka, deci 및 centi 는 다른 것을 쓰기에 어색한 면적이나 부피를 제외하고는 일반적으로 사용을 피해야 한다.

(c) 분자에만 단위의 조합을 사용한다. 유일한 예외는 기본 단위 kg이다. (예: kN/m를 사용하고 N/mm을 사용하지 않으며, J/kg를 사용하고 mJ/g을 사용하지 않는다.)

(d) 접두사를 거듭 사용하지 않는다. (예: kMN을 사용하지 말고 GN을 사용한다.)

2. 단위 표기

(a) 단위를 곱할 때에는 도트(dot)를 사용한다. (예: Nm을 사용하지 말고 N·m을 사용한다.)

(b) 모호한 두 개의 사선 사용을 피한다. (예: N/m/m을 사용하지 말고 N/m^{2}을 사용한다.)

(c) 지수는 전체 단위에 적용된다. [예: mm^{2}은 (mm)^{2}를 의미한다.]

3. 숫자 그룹핑

소수점에서 양쪽 방향으로 세 숫자를 묶어서 숫자들을 분리할 때 콤마보다는 빈칸을 사용하라. (예: 4 607 321.048 72) 네 자리 숫자인 경우 빈칸은 생략해도 좋다. (예: 4296 또는 0.0476)

정답

제1장

1/1 $\theta_x = 36.9°, \theta_y = 126.9°, \mathbf{n} = -0.8\mathbf{i} - 0.6\mathbf{j}$

1/2 $V = 16.51$ units, $\theta_x = 83.0°$

1/3 $V' = 14.67$ units, $\theta_x = 162.6°$

1/4 $\theta_x = 42.0°, \theta_y = 68.2°, \theta_z = 123.9°$

1/5 $m = 93.2$ slugs, $m = 1361$ kg

1/6 $W = 773$ N, $W = 173.8$ lb

1/7 $W = 556$ N, $m = 3.88$ slugs, $m = 56.7$ kg

1/8 $A + B = 10.10, A - B = 7.24, AB = 12.39, \dfrac{A}{B} = 6.07$

1/9 $F = 1.984(10^{20})$ N, $4.46(10^{19})$ lb

1/10 $\mathbf{F} = (-2.85\mathbf{i} - 1.427\mathbf{j})10^{-9}$ N

1/11   Exact: $E = 1.275(10^{-4})$

      Approximate: $E = 1.276(10^{-4})$

1/12   SI: $\text{kg} \cdot \text{m}^2/\text{s}^2$

      U.S.: lb-ft

제2장

2/1 $\mathbf{F} = 460\mathbf{i} - 386\mathbf{j}$ N, $F_x = 460$ N, $F_y = -386$ N

2/2 $\mathbf{F} = -346\mathbf{i} + 200\mathbf{j}$ N, $F_x = -346$ N

      $F_y = 200$ N, $\mathbf{F}_x = -346\mathbf{i}$ N, $\mathbf{F}_y = 200\mathbf{j}$ N

2/3 $\mathbf{F} = -6\mathbf{i} - 2.5\mathbf{j}$ kN

2/4 $F_x = 30$ kN, $F_y = 16$ kN

2/5 $F_x = -F \sin \beta, F_y = -F \cos \beta$

      $F_n = F \sin (\alpha + \beta), F_t = F \cos (\alpha + \beta)$

2/6 $\theta = 49.9°, R = 1077$ N

2/7 $\mathbf{R} = 675\mathbf{i} + 303\mathbf{j}$ N, $R = 740$ N, $\theta_x = 24.2°$

2/8 $F_x = 133.3$ N, $F = 347$ N

2/9 $F_x = -27.5$ kN, $F_y = -58.9$ kN

      $F_n = -41.8$ kN, $F_t = -49.8$ kN

2/10 $R = 3.61$ kN, $\theta = 206°$

2/11 $T = 5.83$ kN, $R = 9.25$ kN

2/12 $\mathbf{R} = 600\mathbf{i} + 346\mathbf{j}$ N, $R = 693$ N

2/13 $F_x = -752$ N, $F_y = 274$ N

      $F_n = -514$ N, $F_t = -613$ N

2/14 $F_1 = 1.165$ kN, $\theta = 2.11°$, or

      $F_1 = 3.78$ kN, $\theta = 57.9°$

2/15 $T_x = \dfrac{T(1 + \cos \theta)}{\sqrt{3 + 2 \cos \theta - 2 \sin \theta}}$

      $T_y = \dfrac{T(\sin \theta - 1)}{\sqrt{3 + 2 \cos \theta - 2 \sin \theta}}$

2/16 $T_n = 66.7$ N, $T_t = 74.5$ N

2/17 $R = 201$ N, $\theta = 84.3°$

2/18 $\mathbf{R} = 88.8\mathbf{i} + 245\mathbf{j}$ N

2/19 $F_a = 0.567$ kN, $F_b = 2.10$ kN

      $P_a = 1.915$ kN, $P_b = 2.46$ kN

2/20 $R_a = 1170$ N, $R_b = 622$ N, $P_a = 693$ N

2/21 $F_a = 1.935$ kN, $F_b = 2.39$ kN

      $P_a = 3.63$ kN, $P_b = 3.76$ kN

2/22 $F = 424$ N, $\theta = 17.95°$ or $-48.0°$

2/23 $P = 2.15$ kN, $T = 3.20$ kN

2/24 $\theta = 51.3°, \beta = 18.19°$

2/25 $R = 8110$ N

2/26 $AB: P_t = 63.6$ N, $P_n = 63.6$ N

      $BC: P_t = -77.9$ N, $P_n = 45.0$ N

2/27 $M_O = 2.68$ kN·m CCW, $\mathbf{M}_O = 2.68\mathbf{k}$ kN·m

      $(x, y) = (-1.3, 0), (0, 0.78)$ m

2/28 $M_O = \dfrac{Fbh}{\sqrt{h^2 + b^2}}$ CW

2/29 $M_A = 606$ N·m CW, $M_O = 356$ N·m CW

2/30 $M_O = 46.4$ N·m CW

2/31 $M_O = 123.8$ N·m CCW, $M_B = 166.5$ N·m CW

      $d = 688$ mm left of O

2/32 $M_O = 5.64$ N·m CW

2/33 $M_O = 84.0$ N·m CW

2/34 $M_O = 23.7$ N·m CW

2/35 $M_B = 48$ N·m CW, $M_A = 81.9$ N·m CW

2/36 $F = 167.6$ N

2/37 $M_C = 18.75$ N·m CW, $\theta = 51.3°$

2/38 $M_O = 128.6$ N·m CCW

2/39 $M_B = 2200$ N·m CW, $M_O = 5680$ N·m CW

2/40 $M_O = 191.0$ N·m CCW

2/41 $T = 8.65$ kN

2/42 $\theta = \tan^{-1}\left(\dfrac{h}{b}\right)$

2/43 $\mathbf{M}_O = 39.9\mathbf{k}$ kN·m

2/44 $M_O = 14.25$ N·m CW, $T = 285$ N

2/45 $M_A = 74.8$ N·m CCW

2/46 $M_O = 0.902$ kN·m CW

2/47 $M_O = 41.5$ N·m CW, $\alpha = 33.6°$

$(M_O)_{\max} = 41.6$ N·m CW

2/48 $M_O = 71.1$ N·m CCW, $M_C = 259$ N·m CCW

2/49 $T_1 = 4.21T, P = 5.79T$

*2/50 $M_{\max} = 16.25$ N·m at $\theta = 62.1°$

2/51 $M_O = M_A = 160$ N·m CW

2/52 $M = 14$ N·m CW

2/53 $M_O = M_C = M_D = 10\,610$ N·m CCW

2/54 $\mathbf{R} = 6\mathbf{j}$ kN at $x = 66.7$ mm

2/55 (a) $F = 12$ kN at $30°$ above horizontal

$M_O = 24$ kN·m CW

(b) $F = 12$ kN at $30°$ above horizontal

$M_B = 76.0$ kN·m CW

2/56 $F = 16.18$ N

2/57 $F = 3.33$ kN

2/58 $F = 8$ kN at $60°$ CW below horizontal

$M_O = 19.48$ kN·m CW

2/59 $P = 51.4$ kN

2/60 $F = 3500$ N

2/61 (a) $F = 425$ N at $120°$ CW below horizontal

$M_B = 1114$ N·m CCW

(b) $F_C = 2230$ N at $120°$ CW below horizontal

$F_D = 1803$ N at $60°$ CCW above horizontal

2/62 (a) $\mathbf{T} = 267\mathbf{i} - 733\mathbf{j}$ N, $\mathbf{M}_B = 178.1\mathbf{k}$ N·m

(b) $\mathbf{T} = 267\mathbf{i} - 733\mathbf{j}$ N, $\mathbf{M}_O = 271\mathbf{k}$ N·m

2/63 $M_B = 648$ N·m CW

2/64 $F = 520$ N at $115°$ CCW above horizontal

$M_O = 374$ N·m CW

2/65 $M = 21.7$ N·m CCW

2/66 $y = -40.3$ mm

2/67 $F_A = 5.70$ kN down, $F_B = 4.70$ kN down

2/68 F at $67.5°$ CCW above horizontal

$M_O = 0.462FR$ CCW

2/69 $R = 12.85$ kN, $\theta_x = 38.9°$

2/70 $F = 19.17$ kN, $\theta = 20.1°$

2/71 $\mathbf{R} = 7.52\mathbf{i} + 2.74\mathbf{j}$ kN, $M_O = 22.1$ kN·m CCW

$y = 0.364x - 2.94$ (m)

2/72 (a) $\mathbf{R} = -2F\mathbf{j}, \mathbf{M}_O = \mathbf{0}$

(b) $\mathbf{R} = \mathbf{0}, \mathbf{M}_O = Fd\mathbf{k}$

(c) $\mathbf{R} = -F\mathbf{i} + F\mathbf{j}, \mathbf{M}_O = \mathbf{0}$

2/73 (a) $\mathbf{R} = 2F\mathbf{i}, M_O = Fd$ CCW

$y = \dfrac{-d}{2}$

(b) $\mathbf{R} = -2F\mathbf{i}, M_O = \dfrac{3Fd}{2}$ CCW

$y = \dfrac{3d}{4}$

(c) $\mathbf{R} = -F\mathbf{i} + \sqrt{3}\,F\mathbf{j}, M_O = \dfrac{Fd}{2}$ CCW

$y = \dfrac{d}{2}$

2/74 $h = 0.9$ m

2/75 $R = 81$ kN down, $M_O = 170.1$ kN·m CW

2/76 $M = 148.0$ N·m CCW

2/77 $T_2 = 732$ N

2/78 $\mathbf{R} = 200\mathbf{i} + 8\mathbf{j}$ N, $x = 1.625$ m (off pipe)

2/79 (a) $\mathbf{R} = 878\mathbf{i} + 338\mathbf{j}$ N, $M_O = 177.1$ N·m CW

(b) $x = -524$ mm (left of O)

$y = 202$ mm (above O)

2/80 $P = 238$ N, No

2/81 $\mathbf{R} = 1440\mathbf{i} + 144.5\mathbf{j}$ N

$(x, y) = (2.62, 0)$ m and $(0, -1.052)$ m

2/82 $R = 270$ kN left, $d = 4$ m below O

2/83 $(x, y) = (1.637, 0)$ m and $(0, -0.997)$ m

2/84 $\mathbf{R} = 346\mathbf{i} - 2200\mathbf{j}$ N

$M_A = 11\,000$ N·m CW

$x = 5$ m

2/85 $y = 1.103x - 6.49$ (m)

$(x, y) = (5.88, 0)$ m and $(0, -6.49)$ m

2/86 $(x, y) = (0, -550)$ mm

2/87 $\mathbf{R} = 412\mathbf{i} - 766\mathbf{j}$ N

$(x, y) = (7.83, 0)$ mm and $(0, 14.55)$ mm

2/88 $F_C = F_D = 6.42$ N, $F_B = 98.9$ N

2/89 $\mathbf{F} = 18.86\mathbf{i} - 23.6\mathbf{j} + 51.9\mathbf{k}$ N, $\theta_y = 113.1°$

2/90 $\mathbf{F} = -5.69\mathbf{i} + 4.06\mathbf{j} + 9.75\mathbf{k}$ kN

2/91 $\mathbf{F} = -1.843\mathbf{i} + 2.63\mathbf{j} + 3.83\mathbf{k}$ kN

$F_{OA} = -0.280$ kN

$\mathbf{F}_{OA} = -0.243\mathbf{i} - 0.1401\mathbf{j}$ kN

2/92 $\mathbf{F} = 900 \left(\dfrac{1}{3} \mathbf{i} - \dfrac{2}{3} \mathbf{j} - \dfrac{2}{3} \mathbf{k} \right)$ N

$F_x = 300$ N, $F_y = -600$ N, $F_z = -600$ N

2/93 $\mathbf{n}_{AB} = 0.488\mathbf{i} + 0.372\mathbf{j} - 0.790\mathbf{k}$

$T_x = 6.83$ kN, $T_y = 5.20$ kN, $T_z = -11.06$ kN

2/94 $\mathbf{T} = 0.876\mathbf{i} + 0.438\mathbf{j} - 2.19\mathbf{k}$ kN

$T_{AC} = 2.06$ kN

2/95 $\theta_x = 79.0°$, $\theta_y = 61.5°$, $\theta_z = 149.1°$

2/96 $\mathbf{T}_A = 221\mathbf{i} - 212\mathbf{j} + 294\mathbf{k}$ N

$\mathbf{T}_B = -221\mathbf{i} + 212\mathbf{j} - 294\mathbf{k}$ N

2/97 $F_{CD} = \dfrac{(b^2 - a^2)F}{\sqrt{a^2 + b^2}\,\sqrt{a^2 + b^2 + c^2}}$

2/98 $T_{CO} = 2.41$ kN

2/99 $T_{CD} = 46.0$ N

2/100 $\theta = 54.9°$

2/101 $F_{OC} = 184.0$ N

2/102 $d = \dfrac{b}{2}$: $F_{BD} = -0.286F$

$d = \dfrac{5b}{2}$: $F_{BD} = 0.630F$

2/103 $F_{OB} = -1.830$ kN

2/104 $T_{BC} = 251$ N

▸ 2/105 $\mathbf{F} = \dfrac{F}{\sqrt{5 - 4\sin\phi}}[(2\sin\phi - 1)(\cos\theta\mathbf{i} + \sin\theta\mathbf{j})$

$+ 2\cos\phi\mathbf{k}]$

▸ 2/106 $F_x = \dfrac{2acF}{\sqrt{a^2 + b^2}\sqrt{a^2 + b^2 + 4c^2}}$

$F_y = \dfrac{2bcF}{\sqrt{a^2 + b^2}\sqrt{a^2 + b^2 + 4c^2}}$

$F_z = F\sqrt{\dfrac{a^2 + b^2}{a^2 + b^2 + 4c^2}}$

2/107 $\mathbf{M}_1 = -cF_1\mathbf{j}$, $\mathbf{M}_2 = F_2(c\mathbf{j} - b\mathbf{k})$, $\mathbf{M}_3 = -bF_3\mathbf{k}$

2/108 $\mathbf{M}_A = F(b\mathbf{i} + a\mathbf{j})$

2/109 $\mathbf{M}_A = Fa\mathbf{k}$

$\mathbf{M}_{OB} = -\dfrac{Fac}{a^2 + b^2}(a\mathbf{i} + b\mathbf{j})$

2/110 $\mathbf{M}_O = -216\mathbf{i} - 374\mathbf{j} + 748\mathbf{k}$ N·mm

2/111 $\mathbf{M} = (-60\mathbf{i} + 40\mathbf{j})10^3$ N·m

2/112 $\mathbf{M} = 51.8\mathbf{j} - 193.2\mathbf{k}$ N·m

2/113 $M_O = 2.81$ kN·m

2/114 $\mathbf{M}_O = -11.21\mathbf{i} - 5.61\mathbf{k}$ kN·m

2/115 $\mathbf{M} = 75\mathbf{i} + 22.5\mathbf{j}$ N·m

2/116 $\mathbf{R} = 6.83\mathbf{i} + 5.20\mathbf{j} - 11.06\mathbf{k}$ kN

$\mathbf{M}_O = -237\mathbf{i} + 191.9\mathbf{j} - 55.9\mathbf{k}$ kN·m

2/117 $M_O = 348$ N·m

2/118 $\mathbf{M}_O = 480\mathbf{i} + 2400\mathbf{k}$ N·m

2/119 $(M_O)_x = 1275$ N·m

2/120 $\mathbf{M}_O = -192.6\mathbf{i} - 27.5\mathbf{j}$ N·m, $M_O = 194.6$ N·m

2/121 $\mathbf{M} = -5\mathbf{i} + 4\mathbf{k}$ N·m

2/122 $\mathbf{F}\begin{cases} \mathbf{M}_A = \dfrac{Fb}{\sqrt{5}}(-3\mathbf{j} + 6\mathbf{k}) \\[2mm] \mathbf{M}_B = \dfrac{Fb}{\sqrt{5}}(2\mathbf{i} - 3\mathbf{j} + 6\mathbf{k}) \end{cases}$

$2\mathbf{F}\begin{cases} \mathbf{M}_A = -4Fb\mathbf{k} \\ \mathbf{M}_B = -2Fb(\mathbf{j} + 2\mathbf{k}) \end{cases}$

2/123 $\mathbf{M} = 3400\mathbf{i} - 51\,000\mathbf{j} - 51\,000\mathbf{k}$ N·m

2/124 $\mathbf{M}_O = -48.6\mathbf{j} - 9.49\mathbf{k}$ N·m, $d = 74.5$ mm

2/125 $M_{O_x} = 31.1$ N·m, $(M_{O_x})_W = -31.1$ N·m

Zero

2/126 $F_2 = 282$ N

2/127 $\mathbf{M}_A = -375\mathbf{i} + 325\mathbf{j}$ N·mm

$\mathbf{M}_{AB} = -281\mathbf{i} - 162.4\mathbf{k}$ N·mm

2/128 $\mathbf{M}_O = -260\mathbf{i} + 328\mathbf{j} + 88\mathbf{k}$ N·m

2/129 $\mathbf{F} = \dfrac{F}{\sqrt{5}}(\cos\theta\mathbf{i} + \sin\theta\mathbf{j} - 2\mathbf{k})$

$\mathbf{M}_O = \dfrac{Fh}{\sqrt{5}}(\cos\theta\mathbf{j} - \sin\theta\mathbf{i})$

*2/130 $|(M_O)_x|_{\max} = 0.398kR^2$ at $\theta = 277°$

$|(M_O)_y|_{\max} = 1.509kR^2$ at $\theta = 348°$

$|(M_O)_z|_{\max} = 2.26kR^2$ at $\theta = 348°$

$|M_O|_{\max} = 2.72kR^2$ at $\theta = 347°$

2/131 $F_3 = 10.82$ kN, $\theta = 33.7°$, $R = 10.49$ kN

2/132 $\mathbf{R} = -600\mathbf{k}$ N, $\mathbf{M}_O = -216\mathbf{i} + 216\mathbf{j}$ N·m, $\mathbf{R} \perp \mathbf{M}_O$

2/133 $\mathbf{R} = F\left[\dfrac{1}{2}\mathbf{j} + \left(\dfrac{\sqrt{3}}{2} - 1\right)\mathbf{k}\right]$

$\mathbf{M}_O = Fb\left[\left(1 + \dfrac{\sqrt{3}}{2}\right)\mathbf{i} + (2 - \sqrt{3})\mathbf{j} + \mathbf{k}\right]$, $\mathbf{R} \perp \mathbf{M}_O$

2/134 $\mathbf{R} = -8\mathbf{i}$ kN, $\mathbf{M}_G = 48\mathbf{j} + 820\mathbf{k}$ kN·m

2/135 $(x, y) = (22.2, -53.3)$ mm

2/136 $\mathbf{R} = 120\mathbf{i} - 180\mathbf{j} - 100\mathbf{k}$ N

$\mathbf{M}_O = 100\mathbf{j} + 50\mathbf{k}$ N·m

2/137 $\mathbf{R} = -266\mathbf{j} + 1085\mathbf{k}$ N

$\mathbf{M}_O = -48.9\mathbf{j} - 114.5\mathbf{k}$ N·m

2/138 $(x, y, z) = (-1.844, 0, 4.78)$ m

2/139 $\mathbf{R} = 792\mathbf{i} + 1182\mathbf{j}$ N

$\mathbf{M}_O = 260\mathbf{i} - 504\mathbf{j} + 28.6\mathbf{k}$ N·m

2/140 $y = -4$ m, $z = 2.33$ m

2/141 $M = 0.873$ N·m (positive wrench)

$(x, y, z) = (50, 61.9, 30.5)$ mm

2/142 $\mathbf{R} = 175\mathbf{k}$ N, $\mathbf{M}_O = 82.4\mathbf{i} - 38.9\mathbf{j}$ N·m

$x = 222$ mm, $y = 471$ mm

2/143 $x = 98.7$ mm, $y = 1584$ mm

2/144 $\mathbf{R} = -90\mathbf{j} - 180\mathbf{k}$ N

$\mathbf{M}_O = -6.3\mathbf{i} - 36\mathbf{j}$ N·m

$(x, y) = (-160, 35)$ mm

2/145 $\mathbf{R} = 100\mathbf{i} - 240\mathbf{j} - 173.2\mathbf{k}$ N

$\mathbf{M}_O = 115.3\mathbf{i} - 83.0\mathbf{j} + 25\mathbf{k}$ N·m

2/146 $\mathbf{M} = -\dfrac{Ta}{2}(\mathbf{i} + \mathbf{j}), y = 0, z = \dfrac{7a}{2}$

2/147 $\mathbf{T} = 7.72\mathbf{i} + 4.63\mathbf{j}$ kN

2/148 $\mathbf{M}_1 = -cF_1\mathbf{i}, \mathbf{M}_2 = F_2(c\mathbf{i} - a\mathbf{k})$

$\mathbf{M}_3 = -aF_3\mathbf{k}$

2/149 $F = 1200$ N

2/150 $M_O = 1.314$ N·m CCW

$(M_O)_W = 2.90$ N·m CW

2/151 $\mathbf{M}_A = \dfrac{Pb}{5}(-3\mathbf{i} + 4\mathbf{j} - 7\mathbf{k})$

2/152 $\mathbf{M} = -320\mathbf{i} - 80\mathbf{j}$ N·m, $\cos \theta_x = -0.970$

2/153 $x = 266$ mm

2/154 $M_O = 189.6$ N·m CCW

2/155 $\mathbf{R} = -376\mathbf{i} + 136.8\mathbf{j} + 693\mathbf{k}$ N

$\mathbf{M}_O = 161.1\mathbf{i} - 165.1\mathbf{j} + 120\mathbf{k}$ N·m

2/156 $\mathbf{M} = 108.0\mathbf{i} - 840\mathbf{k}$ N·m

2/157   (a) $\mathbf{T}_{AB} = -2.05\mathbf{i} - 1.432\mathbf{j} - 1.663\mathbf{k}$ kN

(b) $\mathbf{M}_O = 7.63\mathbf{i} - 10.90\mathbf{j}$ kN·m

$(M_O)_x = 7.63$ kN·m, $(M_O)_y = -10.90$ kN·m

$(M_O)_z = 0$

(c) $T_{AO} = 2.69$ kN

2/158 $R = 10.93$ kN, $M = 38.9$ kN·m

*2/159 $T = 409$ N, $\theta = 21.7°$

*2/160 $n = \dfrac{\sqrt{2}\,\dfrac{s}{d} + 1}{\sqrt{5}\,\sqrt{\left(\dfrac{s}{d}\right)^2 + 5 - 2\sqrt{2}\,\dfrac{s}{d}}}$

*2/161 $M_O = 1845 \cos \theta + 975 \cos (60° - \theta)$ N·m

$(M_O)_{max} = 2480$ N·m at $\theta = 19.90°$

*2/162 $\mathbf{M}_O = \dfrac{1350 \sin (\theta + 60°)}{\sqrt{45 + 36 \cos (\theta + 60°)}}\,\mathbf{k}$ N·m

$(M_O)_{max} = 225$ N·m at $\theta = 60°$

*2/163   (a) $R_{max} = 181.2$ N at $\theta = 211°$

(b) $R_{min} = 150.6$ N at $\theta = 31.3°$

*2/164   (a) $R_{max} = 206$ N at $\theta = 211°$ and $\phi = 17.27°$

(b) $R_{min} = 35.9$ N at $\theta = 31.3°$ and $\phi = -17.27°$

*2/165

$$T = \frac{12.5\left(\theta + \dfrac{\pi}{4}\right)\sqrt{d^2 + 80d \cos\left(\theta + \dfrac{\pi}{4}\right) - 3200 \sin\left(\theta + \dfrac{\pi}{4}\right) + 3200}}{d \sin\left(\theta + \dfrac{\pi}{4}\right) + 40 \cos\left(\theta + \dfrac{\pi}{4}\right)}$$

*2/166 $M = \dfrac{90 \cos \theta(\sqrt{0.34 + 0.3 \sin \theta} - 0.65)}{\sqrt{0.34 + 0.3 \sin \theta}}$ N·m

제3장

3/1 $N_A = 566$ N, $N_B = 283$ N

3/2 $N_f = 2820$ N, $N_r = 4050$ N

3/3 $N_A = 58.9$ N, $N_B = 117.7$ N

3/4 $A_y = 2850$ N, $B_y = 3720$ N

3/5 $P = 1759$ N

3/6 $N_A = N_B = 327$ N

3/7 $A_x = -1285$ N, $A_y = 2960$ N, $E_x = 3290$ N

$P_{max} = 1732$ N

3/8 $T = 577$ N

3/9 $L = 153.5$ mm

3/10 $O_x = 1500$ N, $O_y = 6100$ N

$M_O = 7560$ N·m CCW

3/11 $W = 648$ N

3/12 $N_A = 4.91$ kN up, $N_B = 1.962$ kN down

3/13 $m_B = 31.7$ kg

3/14 $A_x = 32.0$ N right, $A_y = 24.5$ N up

$B_x = 32.0$ N left, $M_C = 2.45$ N·m CW

3/15 $T_1 = 245$ N

3/16 $T = 850$ N, $N_A = 1472$ N

3/17   (a) $P = 5.59$ N, (b) $P = 5.83$ N

3/18   (a) $P = 6.00$ N, (b) $P = 6.25$ N

3/19 $m = 1509$ kg, $x = 1052$ mm

3/20 $P = 44.9$ N

3/21 $N_A = 219$ N, $N_B = 544$ N

3/22 $O = 313$ N

3/23 $M = \dfrac{mgL \sin \theta}{4}$ CW

3/24 $T = 160$ N

3/25 $\theta = 18.43°$

3/26 $M = 47.8$ N·m CCW

3/27 $B = 0.1615W, O = 0.1774W$

3/28 $T = 150.2$ N, $\overline{CD} = 1568$ mm

3/29 $N_A = N_B = 12.42$ kN

3/30 $D_x = L, D_y = 1.033L, A_y = 1.967L$

3/31 $m_L = 244$ kg

3/32 $\quad \theta = \sin^{-1}\left[\dfrac{r}{b}\left(1 + \dfrac{m}{m_0}\right)\sin\alpha\right]$

3/33 $\quad T_{40°} = 0.342mg$

3/34 $\quad T = 800$ N, $A = 755$ N

3/35 $\quad P = 166.7$ N, $T_2 = 1917$ N

3/36 $\quad F = 1832$ N

3/37 $\quad M = 9.6$ kN$\cdot$m CCW

3/38 $\quad F = 753$ N, $E = 644$ N

3/39 $\quad P = 45.5$ N, $R = 691$ N

3/40 $\quad T = 0.1176kL + 0.366mg$

3/41 $\quad M = 55.5$ N$\cdot$m, $F = 157.5$ N

3/42 $\quad C = 2980$ N, $p = 781$ KPa

*3/43 $\quad \theta = 9.40°$ and $103.7°$

3/44 $\quad P = 200$ N, $A = 2870$ N, $B = 3070$ N

3/45 $\quad n_A = -32.6\%$, $n_B = 2.28\%$

3/46 $\quad O = 3.93$ kN

3/47 $\quad P = 26.3$ N

3/48 $\quad C = \dfrac{mg}{2}\left(\sqrt{3} + \dfrac{2}{\pi}\right)$, $F_A = 1.550mg$

3/49 $\quad F = 803$ N

3/50 $\quad M = 49.9\sin\theta$ N$\cdot$mm CW

▸3/51 $\quad (a)\ S = 0.669W$, $C = 0.770W$

$\qquad (b)\ S = 2.20W$, $C = 2.53W$

*3/52 $\quad |M|_{\min} = 0$ at $\theta = 138.0°$

$\qquad |M|_{\max} = 14.72$ N$\cdot$m at $\theta = 74.5°$

3/53 $\quad T_A = T_B = 44.1$ N, $T_C = 58.9$ N

3/54 $\quad T_1 = 1177$ N, $T_2 = 1974$ N

3/55 $\quad T_{AB} = 569$ N, $T_{AC} = 376$ N, $T_{AD} = 467$ N

3/56 $\quad P = 60.4$ N, $A_z = 128.9$ N, $B_z = 204$ N

3/57 $\quad O = 1472$ N, $M = 12.18$ kN$\cdot$m

3/58 $\quad N_A = 263$ N, $N_B = 75.5$ N, $N_C = 260$ N

3/59 $\quad T_1 = 4.90$ kN

3/60 $\quad$ Jacking at C: $N_A = 2350$ N

$\qquad N_B = 5490$ N, $N_C = 7850$ N

$\qquad$ Jacking at D: $N_A = 3140$ N

$\qquad N_B = 4710$ N, $N_D = 7850$ N

3/61 $\quad T_{AD} = 0.267mg$, $T_{BE} = 0.267mg$, $T_{CF} = \dfrac{mg}{2}$

3/62 $\quad R = \dfrac{mg}{\sqrt{7}}$

3/63 $\quad A = 224$ N, $B = 129.6$ N, $C = 259$ N

3/64 $\quad P = 1584$ N, $R = 755$ N

3/65 $\quad O_x = 1962$ N, $O_y = 0$, $O_z = 6540$ N

$\qquad T_{AC} = 4810$ N, $T_{BD} = 2770$ N, $T_{BE} = 654$ N

3/66 $\quad B = 190.2$ N

3/67 $\quad \theta = 9.49°$, $\overline{X} = 118.0$ mm

3/68 $\quad A_x = 102.2$ N, $A_y = -81.8$ N, $A_z = 163.5$ N

$\qquad B_y = 327$ N, $B_z = 163.5$ N, $T = 156.0$ N

3/69 $\quad O_x = 0$, $O_y = \rho gh(a + b + c)$, $O_z = 0$

$\qquad M_x = \rho gbh\left(\dfrac{b}{2} + c\right)$, $M_y = 0$

$\qquad M_z = \dfrac{\rho gh}{2}(ab + ac + c^2)$

3/70 $\quad O_x = -1363$ N, $O_y = -913$ N, $O_z = 4710$ N

$\qquad M_x = 4380$ N$\cdot$m, $M_y = -5040$ N$\cdot$m, $M_z = 0$

$\qquad \theta = 41.0°$

3/71 $\quad F_{AC} = F_{CB} = 240$ N tension

$\qquad F_{CD} = 1046$ N compression

3/72 $\quad R = 1.796$ kN, $M = 0.451$ kN$\cdot$m

3/73 $\quad F = 140.5$ N, $A_n = 80.6$ N, $B_n = 95.4$ N

3/74 $\quad F_S = 3950$ N, $F_A = 437$ N, $F_B = 2450$ N

3/75 $\quad A = 167.9$ N, $B = 117.1$ N

3/76 $\quad \Delta N_A = 1000$ N, $\Delta N_B = \Delta N_C = -500$ N

3/77 $\quad A_x = 0$, $A_y = 613$ N, $A_z = 490$ N

$\qquad B_x = -490$ N, $B_y = 613$ N, $B_z = -490$ N

$\qquad T = 1645$ N

3/78 $\quad O_x = 224$ N, $O_y = 386$ N, $O_z = 1090$ N

$\qquad M_x = -310$ N$\cdot$m, $M_y = -313$ N$\cdot$m

$\qquad M_z = 174.5$ N$\cdot$m

3/79 $\quad P_{\min} = 18$ N, $B = 30.8$ N, $C = 29.7$ N

$\qquad$ If $P = \dfrac{P_{\min}}{2}$: $D = 13.5$ N

3/80 $\quad P = 0.206$ N, $A_y = 0.275$ N, $B_y = -0.0760$ N

3/81 $\quad T_1 = 0.347$ kN, $T_2 = 0.431$ kN, $R = 0.0631$ kN

$\qquad C = 0.768$ kN

▸3/82 $\quad T = 277$ N, $B = 169.9$ N

▸3/83 $\quad O = 144.9$ N, $T = 471$ N

*3/84 $\quad M_{\max} = 2.24$ N$\cdot$m at $\theta = 108.6°$

$\qquad C = 19.62$ N at $\theta = 180°$

3/85 $\quad L = 1.676$ kN

3/86 $\quad R = 566$ N

3/87 $\quad N_A = \sqrt{3}g\left(\dfrac{m}{2} - \dfrac{m_1}{3}\right)$, $(a)\ m_1 = 0.634m$

$\qquad (b)\ m_1 = \dfrac{3m}{2}$

3/88 $N_A = N_B = N_C = 117.7$ N

3/89 $P = 351$ N

3/90 $T = 10.62$ N

3/91 $N_A = 785$ N down, $N_B = 635$ N up

3/92 $R = 6330$ N, $M = 38.1$ kN·m

3/93 $\theta = \tan^{-1}\left(\dfrac{\pi m_1}{2 m_2}\right)$

3/94 $D = 7.60$ kN

3/95 $b = 207$ mm

3/96 $\bar{x} = 199.2$ mm

3/97 $P = \dfrac{mg\sqrt{2rh - h^2}}{r - h}$

3/98 $T_A = 147.2$ N, $T_B = 245$ N, $T_C = 196.2$ N

3/99 $B = 2.36$ kN

3/100 $A = 183.9$ N, $B = 424$ N

3/101 $A = 610$ N, $B = 656$ N

*3/102 $T = \dfrac{mg}{\cos\theta}\left[\dfrac{\sqrt{3}}{2}\cos\theta - \dfrac{\sqrt{2}}{4}\cos(\theta + 15°)\right]$

*3/103 $\alpha = 14.44°$, $\beta = 3.57°$, $\gamma = 18.16°$

       $T_{AB} = 2600$ N, $T_{BC} = 2520$ N, $T_{CD} = 2640$ N

*3/104 $T_B = 700$ N at $\theta = 90°$

*3/105 $T = 0$ at $\theta = 1.488°$

*3/106 $T_{45°} = 5.23$ N, $T_{90°} = 8.22$ N

*3/107 $T = 495$ N at $\theta = 15°$

*3/108 $T = \dfrac{51.1\cos\theta - 38.3\sin\theta}{\cos\theta}\sqrt{425 - 384\sin\theta}$ N

제4장

4/1 $AB = 1.2$ kN C, $AC = 1.039$ kN T, $BC = 2.08$ kN C

4/2 $AB = 3400$ N T, $AC = 981$ N T, $BC = 1962$ N C

4/3 $AB = 3000$ N T, $AC = 4240$ N C, $AD = 3000$ N C

     $BC = 6000$ N T, $CD = 4240$ N T

4/4 $BE = 0$, $BD = 5.66$ kN C

4/5 $AB = 2950$ N C, $AD = 4170$ N T

     $BC = 7070$ N C, $BD = 3950$ N C

     $CD = 5000$ N T

4/6 $BE = 2.10$ kN T, $CE = 2.74$ kN C

4/7 $AB = 22.6$ kN T, $AE = DE = 19.20$ kN C

     $BC = 66.0$ kN T, $BD = 49.8$ kN C

     $BE = 18$ kN T, $CD = 19.14$ kN T

4/8 $AB = 14.42$ kN T, $AC = 2.07$ kN C

     $BC = 6.45$ kN T, $BD = 12.89$ kN C

4/9 $AB = DE = 96.0$ kN C, $AH = EF = 75$ kN T

     $BC = CD = 75$ kN C, $BH = CG = DF = 60$ kN T

     $CF = CH = 48.0$ kN C, $FG = GH = 112.5$ kN T

4/10 $m = 1030$ kg

4/11 $AB = BC = \dfrac{L}{2}T$, $BD = 0$

4/12 $EF = 15.46$ kN C, $DE = 18.43$ kN T

     $DF = 17.47$ kN C, $CD = 10.90$ kN T

     $FG = 29.1$ kN C

4/13 $BI = CH = 16.97$ kN T, $BJ = 0$

     $CI = 12$ kN C, $DG = 25.5$ kN C

     $DH = EG = 18$ kN T

4/14 $BC = 3.46$ kN C, $BG = 1.528$ kN T

4/15 $AB = BC = 5.66$ kN T, $AE = CD = 11.33$ kN C

     $BD = BE = 4.53$ kN T, $DE = 7.93$ kN C

4/16 $(a)\, AB = 0$, $BC = L\,T$, $AD = 0$

     $CD = \dfrac{3L}{4}C$, $AC = \dfrac{5L}{4}T$

     $(b)\, AB = AD = BC = 0$, $AC = \dfrac{5L}{4}T$

     $CD = \dfrac{3L}{4}C$

4/17 $BI = 2.50$ kN T, $CI = 2.12$ kN T

     $HI = 2.69$ kN T

4/18 $BC = 1.5$ kN T, $BE = 2.80$ kN T

4/19 $AB = DE = \dfrac{7L}{2}C$, $CG = L\,C$

4/20 $AB = BC = CD = DE = 3.35$ kN C

     $AH = EF = 3$ kN T, $BH = DF = 1$ kN C

     $CF = CH = 1.414$ kN T, $CG = 0$

     $FG = GH = 2$ kN T

4/21 $AB = DE = 3.35$ kN C

     $AH = EF = FG = GH = 3$ kN T

     $BC = CD = 2.24$ kN C, $BG = DG = 1.118$ kN C

     $BH = DF = 0$, $CG = 1$ kN T

4/22 $AB = 1.782L\,T$, $AG = FG = 2.33L\,C$

     $BC = CD = 2.29L\,T$, $BF = 1.255L\,C$

     $BG = 0.347L\,C$, $CF = DE = 0$

     $DF = 2.59L\,T$, $EF = 4.94L\,C$

4/23 $EH = 1.238L\,T$, $EI = 1.426L\,C$

4/24 $GI = 272$ kN T, $GJ = 78.5$ kN C

4/25 $(a)\, AB = AD = BD = 0$, $AC = \dfrac{5L}{3}T$, $BC = L\,C$

     $CD = \dfrac{4L}{3}C$

     $(b)\, AB = AD = BC = BD = 0$, $AC = \dfrac{5L}{3}T$

     $CD = \dfrac{4L}{3}C$

▸4/26 $CG = 0$

4/27 $CG = 56.6$ kN T

4/28 $AE = 5.67$ kN T

4/29 $BC = 60$ kN T, $CG = 84.9$ kN T

4/30 $CG = 0, GH = L\ T$

4/31 $BE = 5.59\ \text{kN}\ T$

4/32 $BE = 0.809L\ T$

4/33 $DE = 24\ \text{kN}\ T, DL = 33.9\ \text{kN}\ C$

4/34 $BC = 21\ \text{kN}\ T, BE = 8.41\ \text{kN}\ T$
      $EF = 29.5\ \text{kN}\ C$

4/35 $BC = CG = \dfrac{L}{3}\ T$

4/36 $BC = 600\ \text{N}\ T, FG = 600\ \text{N}\ C$

4/37 $BF = 10.62\ \text{kN}\ C$

4/38 $BC = 3.00\ \text{kN}\ C, CI = 5.00\ \text{kN}\ T$
      $CJ = 16.22\ \text{kN}\ C, HI = 10.50\ \text{kN}\ T$

4/39 $CD = 0.562L\ C, CJ = 1.562L\ T, DJ = 1.250L\ C$

4/40 $AB = 3.78\ \text{kN}\ C$

4/41 $FN = GM = 84.8\ \text{kN}\ T,\ MN = 20\ \text{kN}\ T$

4/42 $BE = 0.787L\ T$

4/43 $BF = 1.255L\ C$

4/44 $CB = 56.2\ \text{kN}\ C, CG = 13.87\ \text{kN}\ T$
      $FG = 19.62\ \text{kN}\ T$

4/45 $GK = 2.13L\ T$

4/46 $DE = 297\ \text{kN}\ C, EI = 26.4\ \text{kN}\ T$
      $FI = 205\ \text{kN}\ T, HI = 75.9\ \text{kN}\ T$

4/47 $CG = 0$

▸ 4/48 $DK = 5\ \text{kN}\ T$

▸ 4/49 $EJ = 3.61\ \text{kN}\ C, EK = 22.4\ \text{kN}\ C$
      $ER = FI = 0, FJ = 7.81\ \text{kN}\ T$

▸ 4/50 $DG = 0.569L\ C$

4/51 $BC = BD = CD = 0.278\ \text{kN}\ T$

4/52 $AB = 4.46\ \text{kN}\ C, AC = 1.521\ \text{kN}\ C$
      $AD = 1.194\ \text{kN}\ T$

4/53 $CF = 1.936L\ T$

4/54 $CD = 2.4L\ T$

4/55 $F = 3.72\ \text{kN}\ C$

4/56 $AF = \dfrac{\sqrt{13}P}{3\sqrt{2}}\ T, CB = CD = CF = 0, D_x = -\dfrac{P}{3\sqrt{2}}$

4/57 $AE = BF = 0, BE = 1.202L\ C, CE = 1.244L\ T$

4/58 $BD = 2.00L\ C$

4/59 $AD = 0.625L\ C, DG = 2.5L\ C$

4/60 $BE = 2.36\ \text{kN}\ C$

4/61 $BC = \dfrac{\sqrt{2}L}{4}\ T, CD = 0, CE = \dfrac{\sqrt{3}L}{2}\ C$

▸ 4/62 $EF = \dfrac{P}{\sqrt{3}}\ C, EG = \dfrac{P}{\sqrt{6}}\ T$

4/63 $B = D = 1013\ \text{N}, A = 512\ \text{N}$

4/64 $CD = 57.7\ \text{N at}\ \measuredangle 60°$

4/65 $M = 300\ \text{N}\cdot\text{m}, A_x = 346\ \text{N}$

4/66 Member AC: $C = 0.293P$ left
      $A_x = 0.293P$ right, $A_y = P$ up
      Member BC: Symmetric to AC

4/67 $A = 6860\ \text{N}$

4/68 $A = 26.8\ \text{kN}, B = 37.7\ \text{kN}, C = 25.5\ \text{kN}$

4/69 $(a)\ A = 6F, O = 7F$
      $(b)\ B = 1.2F, O = 2.2F$

4/70 $B = 202\ \text{N}$

4/71 $C = 6470\ \text{N}$

4/72 $D = 58.5\ \text{N}$

4/73 $N = 360\ \text{N}, O = 400\ \text{N}$

4/74 $BC = 375\ \text{N}\ C, D = 425\ \text{N}$

4/75 $C = 0.477P$

4/76 $F = 30.3\ \text{kN}$

4/77 $EF = 100\ \text{N}\ T, F = 300\ \text{N}$

4/78 $F = 125.3P$

4/79 $P = 217\ \text{N}$

4/80 $N_E = N_F = 166.4\ \text{N}$

4/81 $R = 7.00\ \text{kN}$

4/82 $A = 315\ \text{kN}$

4/83 $N = 13.19P$

4/84 $N = 0.629P$

4/85 $A = 0.626\ \text{kN}$

4/86 $G = 1324\ \text{N}$

4/87 $R = 79.4\ \text{kN}$

4/88 $C = 510\ \text{N}, p = 321\ \text{kPa}$

4/89 $F_{AB} = 8.09\ \text{kN}\ T$

4/90 $M = 706\ \text{N}\cdot\text{m CCW}$

4/91 $AB = 37\ \text{kN}\ C, EF = 0$

4/92 $A = 999\ \text{N}, F = 314\ \text{N up}$

4/93 $AB = 15.87\ \text{kN}\ C$

4/94 $AB = 5310\ \text{N}\ C, C = 4670\ \text{N}$

4/95 $P = 2050\ \text{N}$

4/96 $F_{AB} = 32.9\ \text{kN}\ C$

4/97 $AB = 142.8\ \text{kN}\ C$

4/98 $CD = 127.8\ \text{kN}\ C$

4/99 $E = 2.18P$

4/100 $A = 173.5\ \text{kN}, D = 87.4\ \text{kN}$

4/101 $A_n = B_n = 3.08\ \text{kN}, C = 5.46\ \text{kN}$

4/102 $A = 833\ \text{N}, R = 966\ \text{N}$

4/103 $CD = 2340\ \text{N}\ T, E = 2340\ \text{N}$

4/104 $A = 4550$ N, $B = 4410$ N
$C = D = 1898$ N, $E = F = 5920$ N

4/105 $A = 1.748$ kN

4/106 $C = 235$ N

4/107 $AB = 84.1$ kN C, $O = 81.4$ kN

4/108 $CE = 36.5$ kN C

4/109 $P = 1351$ N, $E = 300$ N

4/110 $A_x = 0.833$ kN, $A_y = 5.25$ kN
$A_z = -12.50$ kN

4/111 $AB = DE = 67.6$ kN C, $AF = EF = 56.2$ kN T
$BC = CD = 45.1$ kN C, $CF = 25$ kN T
$BF = DF = 22.5$ kN C

4/112 $CF = 26.8$ kN T, $CH = 101.8$ kN C

4/113 $A_x = B_x = C_x = 0$, $A_y = -\dfrac{M}{R}$, $B_y = C_y = \dfrac{M}{R}$

4/114 $L = 105$ kN

4/115 $P = 3170$ N T, $C = 2750$ N

4/116 $BG = \dfrac{4L}{3\sqrt{3}}\ T$, $BG = \dfrac{2L}{3\sqrt{3}}\ T$

4/117 $M = 153.3$ N·m CCW

4/118 $AH = 4.5$ kN T, $CD = 4.74$ kN C, $CH = 0$

4/119 $m = 3710$ kg

4/120 $k_T = \dfrac{3bF}{8\pi}$

4/121 $DM = 0.785L$ C, $DN = 0.574L$ C

4/122 $AB = 294$ kN C, $p = 26.0$ MPa

▶4/123 $BE = 1.275$ kN T

▶4/124 $FJ = 0$, $GJ = 70.8$ kN C

▶4/125 $AB = \dfrac{\sqrt{2}L}{4}\ C$, $AD = \dfrac{\sqrt{2}L}{8}\ C$

*4/126 $p_{\max} = 3.24$ MPa at $\theta = 11.10°$

*4/127 $R_{\max} = 94.0$ kN at $\theta = 45°$

*4/128 $(DE)_{\max} = 3580$ N at $\theta = 0$
$(DE)_{\min} = 0$ at $\theta = 65.9°$

*4/129 $(BC)_{\max} = 2800$ N at $\theta = 5°$

*4/130 $M = 32.2$ N·m CCW at $\theta = 45°$

*4/131 $\theta = 0$: $R = 75$ kN, $AB = 211$ kN T
$C_x = 85.4$ kN
$R_{\min} = 49.4$ kN at $\theta = 23.2°$

제5장

5/1 Horizontal coordinate $= 5.67$
Vertical coordinate $= 3.67$

5/2 $\bar{x} = 0$, $\bar{y} = 110.3$ mm

5/3 $\bar{x} = \bar{y} = -76.4$ mm, $\bar{z} = -180$ mm

5/4 $\bar{x} = -50.9$ mm, $\bar{y} = 120$ mm, $\bar{z} = 69.1$ mm

5/5 $\bar{x} = \dfrac{a+b}{3}$

5/6 $\bar{y} = \dfrac{\pi a}{8}$

5/7 $\bar{x} = -0.214a$, $\bar{y} = 0.799a$

5/8 $\bar{x} = \dfrac{a^2 + b^2 + ab}{3(a+b)}$, $\bar{y} = \dfrac{h(2a+b)}{3(a+b)}$

5/9 $\bar{z} = \dfrac{2h}{3}$

5/10 $\bar{x} = 1.549$, $\bar{y} = 0.756$

5/11 $\bar{y} = \dfrac{13h}{20}$

5/12 $\bar{x} = \dfrac{3b}{5}$, $\bar{y} = \dfrac{3a}{8}$

5/13 $\bar{x} = \dfrac{3b}{10}$, $\bar{y} = \dfrac{3a}{4}$

5/14 $\bar{y} = \dfrac{b}{2}$

5/15 $\bar{x} = 0.505a$

5/16 $\bar{y} = \dfrac{11b}{10}$

5/17 $\bar{z} = \dfrac{3h}{4}$

5/18 $\bar{x} = \bar{y} = \dfrac{b}{4}$, $\bar{z} = \dfrac{h}{4}$

5/19 $\bar{x} = 0.777a$, $\bar{y} = 0.223a$

5/20 $\bar{x} = \dfrac{12a}{25}$, $\bar{y} = \dfrac{3a}{7}$

5/21 $\bar{x} = \dfrac{3b}{5}$, $\bar{y} = \dfrac{3h}{8}$

5/22 $\bar{x} = \dfrac{57b}{91}$, $\bar{y} = \dfrac{5h}{13}$

5/23 $\bar{x} = \dfrac{a}{\pi - 1}$, $\bar{y} = \dfrac{7b}{6(\pi - 1)}$

5/24 $\bar{x} = 0.223a$, $\bar{y} = 0.777a$

5/25 $\bar{x} = 0.695r$, $\bar{y} = 0.1963r$

5/26 $\bar{x} = \dfrac{24}{25}$, $\bar{y} = \dfrac{6}{7}$

5/27 $\bar{y} = \dfrac{14\sqrt{2}a}{9\pi}$

5/28 $\bar{z} = \dfrac{2a}{3}$

5/29 $h = \dfrac{R}{4} : \bar{x} = \dfrac{25R}{48}$

      $h = 0 : \bar{x} = \dfrac{3R}{8}$

5/30 $\bar{z} = \dfrac{3a}{16}$

5/31 $\bar{x} = \bar{y} = \dfrac{8a}{7\pi}, \bar{z} = \dfrac{5b}{16}$

5/32 $\bar{y} = \dfrac{3h}{8}$

▸ 5/33 $\bar{y} = 81.8$ mm

▸ 5/34 $\bar{y} = \dfrac{\frac{2}{3}(a^2 - h^2)^{3/2}}{a^2 \left(\frac{\pi}{2} - \sin^{-1} \frac{h}{a} \right) - h\sqrt{a^2 - h^2}}$

▸ 5/35 $\bar{x} = \bar{y} = \left(\dfrac{4}{\pi} - \dfrac{3}{4} \right)a, \bar{z} = \dfrac{a}{4}$

▸ 5/36 $\bar{x} = \bar{y} = 0.242a$

▸ 5/37 $\bar{x} = 1.583R$

▸ 5/38 $\bar{x} = \dfrac{45R}{112}$

5/39 $\bar{X} = 233$ mm, $\bar{Y} = 333$ mm

5/40 $\bar{H} = 44.3$ mm

5/41 $\bar{X} = 132.1$ mm, $\bar{Y} = 75.8$ mm

5/42 $\bar{Y} = 133.9$ mm

5/43 $\bar{X} = 45.6$ mm, $\bar{Y} = 31.4$ mm

5/44 $\bar{X} = \bar{Y} = 103.6$ mm

5/45 $\bar{Y} = 36.2$ mm

5/46 $\bar{X} = \dfrac{3b}{10}, \bar{Y} = \dfrac{4b}{5}, \bar{Z} = \dfrac{3b}{10}$

5/47 $\bar{Y} = \dfrac{4h^3 - 2\sqrt{3}a^3}{6h^2 - \sqrt{3}\pi a^2}$

5/48 $\bar{Y} = 63.9$ mm

5/49 $\bar{X} = 88.7$ mm, $\bar{Y} = 37.5$ mm

5/50 $\bar{X} = 4.02b, \bar{Y} = 1.588b$

5/51 $\theta = 40.6°$

5/52 $\bar{X} = \dfrac{3a}{6 + \pi}, \bar{Y} = -\dfrac{2a}{6 + \pi}, \bar{Z} = \dfrac{\pi a}{6 + \pi}$

5/53 $\bar{Z} = 70$ mm

5/54 $\bar{X} = 63.1$ mm, $\bar{Y} = 211$ mm, $\bar{Z} = 128.5$ mm

5/55 $\bar{X} = -25$ mm, $\bar{Y} = 23.0$ mm, $\bar{Z} = 15$ mm

5/56 $\bar{X} = 44.7$ mm, $\bar{Z} = 38.5$ mm

5/57 $\bar{Z} = 0.642R$

5/58 $h = 0.416r$

5/59 $\bar{X} = 0.1975$ m

5/60 $\bar{X} = \bar{Y} = 0.312b, \bar{Z} = 0$

5/61 $\bar{H} = 42.9$ mm

5/62 $\bar{X} = \bar{Y} = 61.8$ mm, $\bar{Z} = 16.59$ mm

▸ 5/63 $\bar{X} = -73.2$ mm, $\bar{Y} = 139.3$ mm, $\bar{Z} = 35.9$ mm

▸ 5/64 $\bar{X} = -0.509L, \bar{Y} = 0.0443R, \bar{Z} = -0.01834R$

5/65 $A = 10\ 300$ mm^2, $V = 24\ 700$ mm^3

5/66 $S = 2\sqrt{2}\pi a^2$

5/67 $V = \dfrac{\pi a^3}{3}$

5/68 $V = 2.83(10^5)$ mm^3

5/69 $V = \dfrac{\pi a^3}{12}(3\pi - 2)$

5/70 $V = 4.35(10^6)$ mm^3

5/71 $A = 90\ 000$ mm^2

5/72 25.5 liters

5/73 $A = 1.686(10^4)$ mm^2, $V = 13.95(10^4)$ mm^3

5/74 $m = 0.293$ kg

5/75 $A = 166.0b^2, V = 102.9b^3$

5/76 $A = 497(10^3)$ mm^2, $V = 14.92(10^6)$ mm^3

5/77 $A = \pi a^2(\pi - 2)$

5/78 $A = 4\pi r(R\alpha - r \sin \alpha)$

5/79 $W = 42.7$ N

5/80 $A = 105\ 800$ mm^2, $V = 1.775(10^6)$ mm^3

5/81 $A = 4.62$ m^2

5/82 $V = \dfrac{\pi r^2}{8} \left[(4 - \pi)a + \dfrac{10 - 3\pi}{3}r \right]$

5/83 $m = 1.126(10^6)$ Mg

5/84 $W = 608$ kN

5/85 $R_A = 2.4$ kN up, $M_A = 14.4$ kN·m CCW

5/86 $R_A = 66.7$ N up, $R_B = 1033$ N

5/87 $R_A = 2230$ N up, $R_B = 2170$ N up

5/88 $A_x = 0, A_y = 2.71$ kN, $B_y = 3.41$ kN

5/89 $R_A = 6$ kN up, $M_A = 3$ kN·m CW

5/90 $A_x = 0, A_y = 8$ kN, $M_A = 21$ kN·m CCW

5/91 $R_A = 39.8$ kN down, $R_B = 111.8$ kN up

5/92 $R_A = \dfrac{2w_0 l}{\pi}$ up, $M_A = \dfrac{w_0 l^2}{\pi}$ CCW

5/93 $A_x = 0, A_y = \dfrac{2w_0 l}{9}$ up, $B_y = \dfrac{5w_0 l}{18}$ up

5/94 $R_A = 14.29$ kN down, $R_A = 14.29$ kN up

5/95 $R_A = \dfrac{2w_0 b}{3}$ up, $M_A = \dfrac{14w_0 b^2}{15}$ CW

5/96 $R_A = 7.41$ kN up, $M_A = 20.8$ kN·m CCW

5/97 $F = 10.36$ kN, $A = 18.29$ kN

5/98 $B_x = 4$ kN right, $B_y = 1.111$ kN up

      $A_y = 5.56$ kN up

5/99 $R_A = 2400$ N up, $R_B = 4200$ N up

5/100 $R_A = R_B = 7$ kN up

5/101 $R_A = 34.8$ kN up, $M_A = 192.1$ kN·m CCW

5/102 $R_A = 9.22$ kN up, $R_B = 18.78$ kN up

▸5/103 $C_A = V_A = pr$, $M_A = pr^2$ CCW

▸5/104 $R_A = 43.1$ kN up, $R_B = 74.4$ kN up

5/105 $V = \dfrac{P}{3}$, $M = \dfrac{Pl}{6}$

5/106 $M = -\dfrac{Pl}{2}$ at $x = \dfrac{l}{2}$

5/107 $M = -120$ N·m

5/108 $|M_B| = M_{max} = 2200$ N·m

5/109 $V = -400$ N, $M = 3400$ N·m

5/110 $V = 0.15$ kN, $M = 0.15$ kN·m

5/111 $V = 3.25$ kN, $M = -9.5$ kN·m

5/112 $V = 1.6$ kN, $M = 7.47$ kN·m

5/113 $M_{max} = \dfrac{5Pl}{16}$ at $x = \dfrac{3l}{4}$

5/114 $M_A = -\dfrac{w_0 l^2}{3}$

5/115 $V_C = -10.67$ kN, $M_C = 33.5$ kN·m

5/116 $V_{max} = 32$ kN at A

        $M_{max} = 78.2$ kN·m 11.66 m right of A

5/117 $b = 1.5$ m

5/118 $V_B = 6.86$ kN, $M_B = 22.8$ kN·m, $b = 7.65$ m

5/119 $M_{max} = 13.23$ kN·m 11 m right of A

5/120 $b = 1.526$ m

5/121 $M_{max} = \dfrac{w_0 l^2}{12}$ at midbeam

5/122 $M_B = -Fh$

5/123 $M_B = -0.40$ kN·m, $x = 0.2$ m

5/124   At $x = 2$ m: $V = 5.33$ kN, $M = -7.5$ kN·m

        At $x = 4$ m: $V = 1.481$ kN, $M = -0.685$ kN·m

5/125   At $x = 6$ m: $V = -600$ N, $M = 4800$ N·m

        $M_{max} = 5620$ N·m at $x = 4.25$ m

5/126   At $x = 6$ m: $V = -1400$ N, $M = 0$

        $M_{max} = 2800$ N·m at $x = 7$ m

5/127 $M_{max}^+ = 17.52$ kN·m at $x = 3.85$ m

        $M_{max}^- = -21$ kN·m at $x = 10$ m

5/128 $M_{max} = 19.01$ kN·m at $x = 3.18$ m

5/129 $h = 20.4$ mm

5/130 $T_0 = 81$ N at C, $T_{max} = 231$ N at A and B

5/131 $h = 101.9$ m

5/132 $C = 549$ kN

5/133 $T_0 = 199.1(10^3)$ kN, $C = 159.3(10^3)$ kN

5/134 $m' = 652$ kg/m

*5/135 $T_A = 4900$ N, $T_B = 6520$ N

5/136 $m = 270$ kg, $\overline{AC} = 79.1$ m

*5/137 $\overline{AC} = 79.6$ m

5/138 $\rho = 61.4$ kg/m, $T_0 = 3630$ N, $s = 9.92$ m

*5/139 $T_A = 6990$ N, $T_B = 6210$ N, $s = 31.2$ m

*5/140 $T_C = 945$ N, $L = 6.90$ m

*5/141 $h = 92.2$ m, $L = 11.77$ N, $D = 1.568$ N

*5/142   Catenary: $T_0 = 1801$ N; Parabolic: $T_0 = 1766$ N

5/143 $l = 13.07$ m

*5/144 $\mu = 19.02$ N/m, $m_1 = 17.06$ kg, $h = 2.90$ m

*5/145 $L = 8.71$ m, $T_A = 1559$ N

*5/146 $h = 18.53$ m

5/147 $H = 89.7$ m

*5/148 $T_h = 3.36$ N, $T_v = 0.756$ N, $h = 3.36$ m

*5/149 $T_A = 27.4$ kN, $T_B = 33.3$ kN, $s = 64.2$ m

*5/150   1210 N

*5/151   When $h = 2$ m, $T_0 = 2410$ N, $T_A = 2470$ N

        $T_B = 2730$ N

*5/152 $\theta_A = 12.64°$, $L = 13.06$ m, $T_B = 229$ N

*5/153 $\delta = 0.724$ m

*5/154 $\rho = 13.44$ kg/m

5/155 $N = 8.56$ N down, 9.81 N

5/156   Oak in water: $r = 0.8$

        Steel in mercury: $r = 0.577$

5/157 $d = 0.919h$

5/158 $V = 5.71$ m^3

5/159 $d = 478$ mm

5/160 $w = 9810$ N/m

5/161 $R = 13.46$ MN

5/162 $T = 26.7$ N

5/163   CCW couple tends to make $\theta = 0$

        CW couple tends to make $\theta = 180°$

5/164 $\sigma = 10.74$ kPa, $P = 1.687$ kN

5/165 $\sigma = 26.4$ MPa

5/166 $m = 14\,290$ kg, $R_A = 232$ kN

5/167 $T = 89.9$ kN

5/168 $T = 403$ N, $h = 1.164$ m

5/169 $M = 195.2$ kN·m

5/170 $R = 1377$ N, $x = 323$ mm

5/171 $\rho_s = \rho_l \left(\dfrac{h}{2r}\right)^2 \left(3 - \dfrac{h}{r}\right)$

5/172 $p = 7.49$ MPa

5/173 $h = 24.1$ m

5/174 $Q = \dfrac{\pi r p_0}{2}$

5/175 $R = 9.54$ GN

5/176 $b = 28.1$ m

5/177 $d = 0.300$ m

▶5/178　$F_x = F_y = \dfrac{\rho g r^2}{12} [3\pi h + (3\pi - 4)r]$

$F_z = \dfrac{\rho g \pi r^2}{12} (3h + r)$

▶5/179　$R = 1121$ kN, $\bar{h} = 5.11$ m

▶5/180　$\overline{GM} = 0.530$ m

5/181　$\overline{X} = 166.2$ mm, $\overline{Y} = 78.2$ mm

5/182　$\bar{x} = \dfrac{23b}{25}, \bar{y} = \dfrac{2b}{5}$

5/183　$\bar{y} = 0.339a$

5/184　$\bar{z} = 131.0$ mm

5/185　$\overline{X} = 176.7$ mm, $\overline{Y} = 105$ mm

5/186　$A = \dfrac{\pi a^2}{2} (\pi - 1)$

5/187　$\overline{X} = 38.3$ mm, $\overline{Y} = 64.6$ mm, $\overline{Z} = 208$ mm

5/188　$M = \dfrac{4}{35} p_0 b h^2$

5/189　$P = 348$ kN

5/190　$\overline{H} = 228$ mm

5/191　$M_{max}^+ = 6.08$ kN·m at $x = 2.67$ m

$M_{max}^- = -12.79$ kN·m at $x = 20.7$ m

5/192　$\bar{x} = \bar{y} = \bar{z} = \dfrac{4r}{3\pi}$

5/193　$R_A = 7.20$ MN right

$M_A = 1296$ MN·m CW

▶5/194　$V = 4.65$ MN, $M = 369$ MN·m

5/195　$\bar{h} = \dfrac{11H}{28}$

5/196　$R_A = 5.70$ kN up, $R_B = 16.62$ kN up

5/197　$s = 1231$ m

5/198　$h = 5.55$ m

*5/199　$V_{max} = 6.84$ kN at $x = 0$

$M_{max} = 9.80$ kN·m at $x = 2.89$ m

*5/200　$\theta = 46.8°$

*5/201　$\theta = 33.1°$

*5/202　$\overline{X}_{max} = 322$ mm at $x = 322$ mm

*5/203　$h = 39.8$ m

*5/204　$y_B = 3.98$ m at $x = 393$ m

$T_A = 175\,800$ N, $T_B = 169\,900$ N

*5/205　$d = 197.7$ m, horizontal thruster, $T_h = 10$ N

$T_v = 1.984$ N

제6장

6/1　$F = 400$ N left

6/2　$F = 379$ N left

6/3　(a) $F = 94.8$ N up incline

(b) $F = 61.0$ N down incline

(c) $F = 77.7$ N down incline

(d) $P = 239$ N

6/4　$\theta = 4.57°$

6/5　$\mu_s = 0.0801$

6/6　$\mu_s = 0.0959, F = 0.0883mg, P = 0.1766mg$

6/7　$\mu_s = 0.1763$

6/8　(a) Both blocks remain stationary

(b) Both blocks slide right together

(c) A slides relative to stationary B

6/9　$\mu_k = 0.732$

6/10　$P = 775$ N

6/11　(a) $F = 193.2$ N up

(b) $F = 191.4$ N up

6/12　$M = 76.3$ N·m

6/13　$3.05 \leq m \leq 31.7$ kg

6/14　$\theta = 31.1°, \mu_s = 0.603$

6/15　$\mu_s = 0.321$

6/16　Tips first if $a < \mu b$

6/17　$x = 3.25$ m

6/18　$\mu_s = 0.25: \theta = 61.8°$

$\mu_s = 0.50: \theta = 40.9°$

6/19　$0.1199m_1 \leq m_2 \leq 1.364m_1$

6/20　$y = \dfrac{b}{2\mu_s}$

6/21　$\mu = 0.268$

6/22　$\mu_s = 0.577$

6/23　$\mu_s = 0.408, s = 126.2$ mm

6/24　$P = 1089$ N

6/25　$P = 932$ N

6/26　$P = 796$ N

6/27　(a) $M = 23.2$ N·m, (b) $M = 24.6$ N·m

6/28　(a) $P = 44.7$ N, (b) $P = 30.8$ N

6/29　$M = 2.94$ N·m

6/30　(a) Slips between A and B

(b) Slips between A and the ground

6/31　$s = 2.55$ m

6/32　$\mu_s = 0.365$

6/33　$\theta = 20.7°$

6/34　$\theta = \tan^{-1}\left(\mu \dfrac{a+b}{a}\right)$

6/35　$\mu_s = 0.212$

6/36 $\theta = 8.98°$, $\mu_s = 0.1581$

6/37 $x = \dfrac{a - b\mu_s}{2\mu_s}$

6/38 $\theta = \sin^{-1}\left(\dfrac{\pi\mu_s}{2 - \pi\mu_s}\right)$, $\mu_{90°} = 0.318$

6/39   37.2 N $\measuredangle 149.8°$

6/40 $\theta = 6.29°$

6/41 $P = \dfrac{M}{rl}\left(\dfrac{b}{\mu_s} - e\right)$

6/42 $\mu_s = 0.0824$, $F = 40.2$ N

6/43 $k = 20.8(10^3)$ N/m

6/44 $\theta = 58.7°$

6/45 $\alpha = 22.6°$

6/46 $\mu_s = 0.1763$

6/47 $\mu_s = 0.0262$

6/48 $P = 709$ N

6/49 $P' = 582$ N

6/50 $\mu_s = 0.3$, $F_A = 1294$ N

6/51 $M = 3.05$ N·m

6/52   (a) $M = 348$ N·m, (b) $M = 253$ N·m

6/53   (a) $F = 8.52$ N, (b) $F = 3.56$ N

6/54 $P = 4.53$ kN

6/55 $P' = 3.51$ kN

6/56 $P = 114.7$ N

6/57 $P = 333$ N

6/58 $P = 105.1$ N

6/59 $M = 6.52$ N·m, $M' = 1.253$ N·m

6/60   (a) $P = 485$ N, (b) $P = 681$ N

6/61   (a) $P' = 63.3$ N left, (b) $P' = 132.9$ N right

6/62 $P = 442$ N

6/63 $M = 7.30$ N·m

6/64   (a) $P = 78.6$ N, (b) $P = 39.6$ N

6/65 $\mu = 0.271$

6/66 $\mu = 0.1947$, $r_f = 3.82$ mm

6/67 $M = 12$ N·m, $\mu = 0.30$

6/68 $T = 4020$ N, $T_0 = 3830$ N

6/69 $T = 3830$ N, $T_0 = 4020$ N

6/70 $\mu = 0.609$

6/71   (a) $P = 245$ N, (b) $P = 259$ N

6/72 $P = 232$ N, No

6/73   (a) $M = 1747$ N·m, (b) $M = 1519$ N·m

6/74 $T = 258$ N

6/75 $T = 233$ N

6/76 $M = \dfrac{\mu P R}{2}$

6/77 $M = \mu L \dfrac{r_o - r_i}{\ln(r_o/r_i)}$

6/78 $M = \dfrac{4\mu P}{3} \dfrac{R_o{}^3 - R_i{}^3}{R_o{}^2 - R_i{}^2}$

6/79 $M = \dfrac{5\mu L a}{8}$

6/80 $\mu = 0.208$

6/81 $M = 335$ N·m

▸6/82 $M = \dfrac{\mu L}{3 \sin\frac{\alpha}{2}} \dfrac{d_2{}^3 - d_1{}^3}{d_2{}^2 - d_1{}^2}$

6/83 $\mu = 0.221$

6/84   (a) $P = 1007$ N, (b) $P = 152.9$ N

6/85 $T = 2.11$ kN

6/86   (a) $\mu = 0.620$

       (b) $P' = 3.44$ kN

6/87 $m = 258$ kg

6/88 $P = 185.8$ N

6/89 $P = 10.02$ N

6/90 $T = 8.10$ kN

6/91 $P = 3.30$ kN

6/92 $\mu = 0.634$

6/93 $P = 135.1$ N

6/94 $\mu_s = 0.396$

6/95 $T = mge^{\mu\pi}$

*6/96 $y = 0$: $\dfrac{T}{mg} = 6.59$, $y \longrightarrow$ large: $\dfrac{T}{mg} \longrightarrow e^{\mu_B \pi}$

6/97 $P = 160.3$ N

6/98 $\mu = 0.800$

6/99 $\dfrac{W_2}{W_1} = 0.1247$

6/100 $M = 183.4$ N·m

6/101 $0.0979m_1 \leq m_2 \leq 2.26m_1$

6/102 $h = 27.8$ mm

6/103 $T_2 = T_1 e^{\mu\beta/\sin\frac{\alpha}{2}}$, $n = 3.33$

▸6/104 $\mu_s = 0.431$

6/105   (a) $T_{\min} = 94.3$ N, $T_{\max} = 298$ N

       (b) $F = 46.2$ N up the incline

6/106   (a) $T = 717$ N, (b) $T = 1343$ N

6/107 $P = 3.89$ kN

6/108   Rotational slippage occurs first at $P = 0.232mg$

6/109 $F = 481$ N

6/110 Friction will prevent slipping

6/111 $\mu = 1.732$ (not possible)

6/112 $(a)\ M = 24.1\ \text{N·m},\ (b)\ M = 13.22\ \text{N·m}$

6/113 $\theta_{max} = 1.947°,\ P = 1.001\ \text{N}$

6/114 $(a)\ 0.304 \leq m \leq 13.17\ \text{kg}$

$\quad\quad (b)\ 0.1183 \leq m \leq 33.8\ \text{kg}$

6/115 $M = 0.500\ \text{N·m},\ M' = 0.302\ \text{N·m}$

6/116 $m = 31.6\ \text{kg}$

6/117 $(a)\ C = 1364\ \text{N},\ (b)\ F = 341\ \text{N},\ (c)\ P' = 13.64\ \text{N}$

6/118 $P = 25.3\ \text{N}$

6/119 $\mu_{min} = 0.787,\ M = 3.00\ \text{kN·m}$

*6/120 $P_{min} = 468\ \text{N}$ at $x = 2.89\ \text{m}$

*6/121 $P_{max} = 0.857mg$ at $\theta_{max} = 42.0°$

*6/122 $\theta = 21.5°$

*6/123 $\theta = 5.80°$

*6/124 $P = 483\ \text{N}$

*6/125 $P_{max} = 2430\ \text{N}$ at $\theta = 26.6°$

*6/126 $\mu = 0.420$

*6/127 $\theta = 18.00°$

제7장

7/1 $M = 2Pr \sin \theta$

7/2 $\theta = \tan^{-1}\left(\dfrac{2mg}{3P}\right)$

7/3 $\theta = \cos^{-1}\left(\dfrac{2P}{mg}\right)$

7/4 $M = mgl \sin \dfrac{\theta}{2}$

7/5 $P = 458\ \text{N}$

7/6 $R = \dfrac{Pb}{r}$

7/7 $F = 0.8R \cos \theta$

7/8 $\theta = \cos^{-1}\left[\dfrac{2M}{bg(2m_0 + nm)}\right]$

7/9 $C = mg \cot \theta$

7/10 $P = 4kl(\tan \theta - \sin \theta)$

7/11 $F = \dfrac{2d_B}{d_A d_C}M$

7/12 $e = 0.983$

7/13 $M = \dfrac{3mgl}{2} \sin \dfrac{\theta}{2}$

7/14 $k_T = \dfrac{3Fb}{8\pi}$

7/15 $M = \dfrac{r}{n}(C - mg)$

7/16 $M = PL_1 (\sin \theta + \tan \phi \cos \theta)$,

$\quad\quad$ where $\phi = \sin^{-1}\left(\dfrac{h + L_1 \sin \theta}{L_2}\right)$

7/17 $M = \left(\dfrac{5m}{4} + m_0\right)gl\sqrt{3}$

7/18 $e = 0.625$

7/19 $CD = 2340\ \text{N}\ T$

7/20 $P = mg\,\dfrac{\cos \theta}{\cos \dfrac{\theta}{2}}$

7/21 $P = \dfrac{1.366mg \cos \theta}{\sin (\theta + 30°)}\sqrt{1.536 - 1.464 \cos (\theta + 30°)}$

7/22 $p = \dfrac{2mg}{A}$

7/23 $m = \dfrac{a}{b}m_0(\tan \theta - \tan \theta_0)$

7/24 $N = 1.6P$

7/25 $M = PL_1 \sin \psi\ \csc (\psi - \phi) \sin (\theta + \phi)$

7/26 $M = M_f + \dfrac{mgL}{\pi}\cot \theta$

7/27 $C = 2mg \sqrt{1 + \left(\dfrac{b}{L}\right)^2 - 2\dfrac{b}{L}\cos \theta}\ \cot \theta$

7/28 $F = \dfrac{2\pi M}{L\left(\tan \theta + \dfrac{a}{b}\right)}$

7/29 $x = 0$: unstable; $x = \dfrac{1}{2}$: stable

$\quad\quad x = -\dfrac{1}{2}$: stable

7/30 $\theta = 22.3°$: stable; $\theta = 90°$: unstable

7/31 $\theta = \cos^{-1}\left(\dfrac{mg}{2kb}\right),\ k_{min} = \dfrac{mg}{b\sqrt{3}}$

7/32 $k_{min} = \dfrac{mg}{4L}$

7/33 stable

7/34 $l < \dfrac{2k_T}{mg}$

7/35 $M > \dfrac{m}{2}$

7/36 $\theta = 52.7°$

7/37 $(a)\ \rho_1 = \rho_2: h = \sqrt{3}r$

$\quad\quad (b)\ \rho_1 = \rho_{\text{steel}}, \rho_2 = \rho_{\text{aluminum}}: h = 2.96r$

$\quad\quad (c)\ \rho_1 = \rho_{\text{aluminum}}, \rho_2 = \rho_{\text{steel}}: h = 1.015r$

7/38 $\theta = 0$ and $180°$: unstable

$\quad\quad \theta = 120°$ and $240°$: stable

7/39 $(k_T)_{min} = \dfrac{mgl}{2}$

7/40 $P = \dfrac{4kb^2}{a} \sin \theta\,(1 - \cos \theta)$

7/41 $h < \dfrac{2kb^2}{mg}$

7/42 $\theta = \sin^{-1} \dfrac{M}{kb^2}$

7/43 $h = \dfrac{mgr^2}{k_T}$

7/44 $k > \dfrac{L}{2l}$

7/45 $P = \dfrac{4mg \cos \dfrac{\theta}{2} + 4kb \left(2 \cos \dfrac{\theta_0}{2} \sin \dfrac{\theta}{2} - \sin \theta \right)}{3 + \cos \theta}$

7/46 $\theta = \sin^{-1} \left(\dfrac{mg}{2kl} \right), k > \dfrac{mg}{2l}$

7/47   Semicylinder: unstable
        Half-cylindrical shell: stable

▸7/48 $k = \dfrac{mg(r + a)}{8a^2}$

▸7/49   For $m = 0$ and $d = b$: $M = \dfrac{m_0 gp(b \cot \theta - a)}{2\pi b}$

▸7/50 $h = 265$ mm

7/51 $P = 1047$ N

7/52 $\theta = \tan^{-1} \left(\dfrac{2P}{ka} \right)$

7/53   stable if $h < 2r$

7/54 $F = 6$ MN

7/55   (a) $h_{\max} = r\sqrt{2}$

        (b) $\dfrac{dV}{d\theta} = 2\rho r^2 \sin \theta$ (independent of h)

7/56 $\mu_s = 0.1443$

7/57 $\theta = -6.82°$: stable; $\theta = 207°$: unstable

7/58 $P = \dfrac{mg \cos \theta}{1 + \cos^2 \theta}$

7/59 $M = 2.33$ N·m CCW

7/60 $\theta = 0$: unstable; $\theta = 62.5°$: stable

▸7/61 $\theta = 0$: stable if $k < \dfrac{mg}{a}$

        $\theta = \cos^{-1} \left[\dfrac{1}{2} \left(1 + \dfrac{mg}{ka} \right) \right]$: stable if $k > \dfrac{mg}{a}$

*7/62 $x = 130.3$ mm

*7/63 $\theta = 24.8°$: unstable

*7/64 $\theta = 78.0°$: stable; $\theta = 260°$: unstable

*7/65 $\theta = 79.0°$

*7/66 $P = 523 \sin \theta$ N

부록 A

A/1 $A = 1600$ mm^2

A/2 $I_x = \dfrac{bh^3}{9}, I_y = \dfrac{7b^3h}{48}, I_O = bh \left(\dfrac{h^2}{9} + \dfrac{7b^2}{48} \right)$

A/3 $I_y = \dfrac{hb^3}{4}$

A/4 $I_y = 26.8(10^6)$ mm^4

A/5 $I_A = \dfrac{3\pi r^4}{4}, I_B = r^4 \left(\dfrac{3\pi}{4} - \dfrac{4}{3} \right)$

A/6 $I_x = 0.1963a^4, I_y = 1.648a^4$

      $k_O = 1.533a$

A/7 $I_y = \left(\dfrac{11\pi}{8} - 3 \right) ta^3$

A/8 $A = 4800$ mm^2

A/9 $I_x = I_y = \dfrac{\pi r^3 t}{2}, I_C = \pi r^3 t \left(1 - \dfrac{4}{\pi^2} \right)$

A/10 $I_y = \dfrac{7b^3h}{30}$

A/11 $I_x = 0.269bh^3$

A/12 $I_x = I_y = \dfrac{Ab^2}{3}, I_O = \dfrac{2Ab^2}{3}$

A/13 $I_x = \dfrac{bh^3}{4}, I_{x'} = \dfrac{bh^3}{12}$

A/14 $I_x = \dfrac{a^4}{8} \left[\alpha - \dfrac{1}{2} \sin 2(\alpha + \beta) + \dfrac{1}{2} \sin 2\beta \right]$

       $I_y = \dfrac{a^4}{8} \left[\alpha + \dfrac{1}{2} \sin 2(\alpha + \beta) - \dfrac{1}{2} \sin 2\beta \right]$

A/15 $k_A = 14.43$ mm

A/16 $I_x = h^3 \left(\dfrac{a}{4} + \dfrac{b}{12} \right), I_y = \dfrac{h}{12} (a^3 + a^2 b + ab^2 + b^3)$

       $I_O = \dfrac{h}{12} [h^2(3a + b) + a^3 + a^2 b + ab^2 + b^3]$

A/17 $\bar{k} = \dfrac{b}{2\sqrt{3}}$

A/18 $I_x = \dfrac{a^4}{8} \left(\dfrac{\pi}{2} - \dfrac{1}{3} \right)$

A/19 $I_x = 9(10^4)$ mm^4

A/20 $k_x = 0.754, k_y = 1.673, k_z = 1.835$

A/21 $I_x = 0.1125bh^3, I_y = 0.1802hb^3$

       $I_O = bh(0.1125h^2 + 0.1802b^2)$

A/22 $I_y = \dfrac{\pi a^3 b}{4}, k_O = \dfrac{\sqrt{a^2 + b^2}}{2}$

A/23 $k_M = \dfrac{a}{\sqrt{6}}$

A/24 $I_x = 1.738(10^8)$ mm^4

A/25 $I_y = 73.1(10^8)$ mm$^4, I_{y'} = 39.0(10^8)$ mm^4

A/26 $I_x = 20(10^6)$ mm^4

A/27 $I_x = \dfrac{4ab^3}{9\pi}$

A/28 $I_x = 10^7$ mm$^4, I_y = 11.90(10^6)$ mm^4

       $I_O = 21.9(10^6)$ mm^4

A/29 $I_x = \dfrac{16ab^3}{105}$

A/30 $\quad k_x = k_y = \dfrac{\sqrt{5}a}{4}, k_O = \dfrac{\sqrt{10}a}{4}$

A/31 $\quad 3.68\%$

A/32 $\quad$ Without hole: $I_y = 0.785R^4$

$\qquad$ With hole: $I_y = 0.702R^4$

A/33 $\quad k_A = 208$ mm

A/34 $\quad k_x = k_y = \dfrac{\sqrt{5}a}{4}, k_z = \dfrac{\sqrt{10}a}{4}$

A/35 $\quad$ Area: 50%; Inertia: 22.2%

A/36 $\quad \bar{I}_x = 3.90(10^8)$ mm^4

A/37 $\quad I_x = 5.76(10^6)$ mm^4

A/38 $\quad (a)\ I_x = 1.833$ m^4, $(b)\ I_x = 1.737$ m^4

A/39 $\quad (a)\ I_x = 0.391R^4$, $(b)\ I_x = 0.341R^4$

A/40 $\quad I_x = 4.53(10^6)$ mm^4

A/41 $\quad \bar{I}_x = 10.76(10^6)$ mm^4

A/42 $\quad \bar{I}_x = 22.6(10^6)$ mm^4, $\bar{I}_y = 9.81(10^6)$ mm^4

A/43 $\quad I_x = \dfrac{58a^4}{3}$

A/44 $\quad n = 0.1953 + 0.00375y^2$ (%)

$\qquad y = 50$ mm: $n = 9.57\%$

A/45 $\quad I_x = 15.64(10^4)$ mm^4

A/46 $\quad k_O = 222$ mm

A/47 $\quad I_x = \dfrac{5\sqrt{3}a^4}{16}$

A/48 $\quad I_x = h^3\left(\dfrac{b_1}{12} + \dfrac{b_2}{4}\right), I_y = \dfrac{h}{48}\ (b_1{}^3 + b_1{}^2 b_2 + b_1 b_2{}^2 + b_2{}^3)$

A/49 $\quad I_x = 38.0(10^6)$ mm^4

A/50 $\quad I_x = \dfrac{bh}{9}\left(\dfrac{7h^2}{4} + \dfrac{2b^2}{9} + bh\right), n = 176.0\%$

A/51 $\quad I_x = 16.27(10^6)$ mm^4

A/52 $\quad I_{a-a} = 346(10^6)$ mm^4

A/53 $\quad k_C = 261$ mm

A/54 $\quad h = 47.5$ mm

A/55 $\quad (a)\ I_{xy} = 360(10^4)$ mm^4, $(b)\ I_{xy} = -360(10^4)$ mm^4

$\qquad (c)\ I_{xy} = 360(10^4)$ mm^4 $(d)\ I_{xy} = -360(10^4)$ mm^4

A/56 $\quad I_x = 2.44(10^8)$ mm^4, $I_y = 9.80(10^8)$ mm^4

$\qquad I_{xy} = -14.14(10^6)$ mm^4

A/57 $\quad (a)\ I_{xy} = 9.60(10^6)$ mm^4, $(b)\ I_{xy} = -4.71(10^6)$ mm^4

$\qquad (c)\ I_{xy} = 9.60(10^6)$ mm^4 $(d)\ I_{xy} = -2.98(10^6)$ mm^4

A/58 $\quad I_{xy} = 18.40(10^6)$ mm^4

A/59 $\quad I_{xy} = \dfrac{1}{6}bL^3 \sin 2\alpha$

A/60 $\quad I_{xy} = 23.8(10^6)$ mm^4

A/61 $\quad I_{xy} = \dfrac{br^3}{2}$

A/62 $\quad I_{xy} = \dfrac{b^2 h^2}{24}, I_{x_0 y_0} = -\dfrac{b^2 h^2}{72}$

A/63 $\quad I_{xy} = \dfrac{a^2 b^2}{12}$

A/64 $\quad I_{xy} = \dfrac{15a^4}{16}$

A/65 $\quad I_{xy} = \dfrac{2r^4}{3}$

A/66 $\quad I_{xy} = \dfrac{a^4}{12}$

A/67 $\quad I_{xy} = \dfrac{h^2}{24}\ (3a^2 + 2ab + b^2)$

A/68 $\quad I_{xy} = 4a^3 t$

A/69 $\quad I_{x'} = 0.1168b^4, I_{y'} = 0.550b^4, I_{x'y'} = 0.1250b^4$

A/70 $\quad I_{x'} = 0.0277b^4, I_{y'} = 0.1527b^4, I_{x'y'} = 0.0361b^4$

A/71 $\quad I_{\max} = 5.57a^4, I_{\min} = 1.097a^4, \alpha = 103.3°$

A/72 $\quad I_{x'} = \dfrac{r^4}{16}\ (\pi - \sqrt{3}), I_{y'} = \dfrac{r^4}{16}\ (\pi + \sqrt{3}), I_{x'y'} = \dfrac{r^4}{16}$

A/73 $\quad I_{\max} = 0.976a^4, I_{\min} = 0.476a^4, \alpha = 45°$

A/74 $\quad I_{\max} = 6.16a^4, I_{\min} = 0.505a^4, \alpha = 112.5°$

A/75 $\quad I_{\max} = 3.08b^4, I_{\min} = 0.252b^4, \alpha = -22.5°$

A/76 $\quad I_{\max} = 71.7(10^6)$ mm^4, $\alpha = -16.85°$

A/77 $\quad I_{\max} = 1.782(10^6)$ mm^4, $I_{\min} = 0.684(10^6)$ mm^4

$\qquad \alpha = -13.40°$

*A/78 $\quad I_{\min} = 2.09(10^8)$ mm^4 at $\theta = 22.5°$

*A/79 $\quad I_{\max} = 0.312b^4$ at $\theta = 125.4°$

$\qquad I_{\min} = 0.0435b^4$ at $\theta = 35.4°$

*A/80 $\quad I_{x'y'} = (-0.792 \sin 2\theta - 0.75 \cos 2\theta)10^8$ mm^4

$\qquad I_{x'y'} = 0$ at $\theta = 68.3°$

*A/81 $\quad I_{\max} = 0.655b^4$ at $\theta = 45°$

$\qquad I_{\min} = 0.405b^4$ at $\theta = 135°$

*A/82 $\quad I_{\max} = 1.820(10^6)$ mm^4 at $\theta = 30.1°$

*A/83 $\quad I_{\max} = 11.37a^3 t$ at $\theta = 115.9°$

$\qquad I_{\min} = 1.197a^3 t$ at $\theta = 25.9°$

찾아보기

ㄱ

가상변위 360
가상일 360, 363
가상일의 방법 357
가상일의 원리 363, 380
강체 2, 159
건마찰 304
격점법 160, 205
경계조건 268
경심 287
경심높이 287
계기압력 281
고정벡터 20
고차항의 제거 219
공기정역학 280
공점력 21
관성 398
관성모멘트 397, 398
구름저항 342
구속 116
극관성모멘트 398, 399
근사방법 232
급수 438
기계 188
기계효율 366

ㄴ

나사 324
내력 363
내부마찰 304
내부효과 20, 255
내적 잉여상태 161
뉴턴 법칙 5

ㄷ

다중하중 188
단면법 172, 205

단순 입체트러스 181
단순트러스 159
단순 평면트러스 162
단위벡터 23
단일강체 188
대수학 433
도심 217, 233, 267
동마찰 307
동마찰각 308
동마찰계수 307
동마찰원추 308
두힘 부재 114
등가우력 46
등가힘-우력계 108
등각사영 22

ㄹ

렌치 85

ㅁ

마찰계수 448
마찰력 303
면적 218
면적 관성모멘트 398
면적분포 214
면적 1차 모멘트 218
면적 2차 모멘트 397, 398
모멘트 34
모멘트 원리 55, 215
모멘트 팔 34
모멘트-팔 법칙 71
모멘트합 216
물성값 448, 456, 457
미끄럼벡터 20, 73
미분 438
미분요소의 모멘트 219

ㅂ

반력 363
반올림 오차 447
반작용력 21
방향여현 63
벡터 2
벡터내적 64
벡터성분 22, 23
벡터양 19, 360
벡터 연산 434, 435
벡터외적 35
벡터의 합 22
벡터적 436
변위 358
보 249
부력 286
부력의 원리 286
부심 287
부정정 159
부정정보 249
부정형 체적 233
분포력 20
분포하중 250
불안정적 평형 381
비공점력 56
비중량 214
비틀림 강성 377
비틀림모멘트 255

ㅅ

삼각함수 434
삼각형 법칙 24
삼중 벡터적 437
삼중 스칼라적 437
선 217
선분포 214
스칼라 2

스칼라성분 23
스칼라양 358, 360
스칼라적 436
스프링 강성 376
스프링 상수 376
쌍곡선함수 271
쐐기 323

ㅇ

안정적 평형 381
압력 214
압력중심 282
액체 281
에너지방정식 378
여현법칙 435
역학계 102
연속성 219
오른손법칙 34
오른손 좌표계 72, 436
외부효과 20, 249
외적 436
외적 잉여상태 161
요소의 도심좌표 219
요소의 차수 219
우력 45, 188
원판마찰 334
위치에너지 376
유연한 벨트 341
유연한 케이블 266
유체마찰 304
유체압력 280
유체정역학 280
응력 214
이상적 강체계 363
이항전개 269
일 357
입체 기하학 433
입체트러스 181
잉여 159

ㅈ

자립구속 323
자유도 364
자유물체도 102
자유벡터 45, 73
작용력 21, 363, 364
작용력선도 364, 379
작용-반작용의 원리 188
작용선 20
저널 베어링 333
적분 439
전단력 255
전단력 선도 256
전달성 원리 20, 102
접촉력 20
정마찰 306
정마찰각 308
정마찰계수 306
정마찰원추 308
정사영성분 22
정수압 284
정정 157
정정보 249
정현법칙 435
조립된 강체 188
좌표계의 선정 219
중력 위치에너지 377
중력중심 215, 217
중립적 평형 381
직각관성모멘트 399
직각성분 22
직교정사영 22
질량 관성모멘트 431, viii
질량중심 215, 217
질점 2
집중력 20, 213

ㅊ

체력 20
체적 218
체적분포 214

축에 대한 모멘트 72
축하중부재 159

ㅌ

탄성 위치에너지 376
태양계 상숫값 449
토크 34
트러스 159

ㅍ

파스칼 214
파푸스 정리 242
평면 기하학 432
평면트러스 159
평행사변형 법칙 22
평행축정리 401
평형 54, 361
평형방정식 101
포물형 케이블 268
포물형 호 268
프레임 188

ㅎ

합력 21, 54
합모멘트 216
현수선 270
현수형 케이블 270
현실적 시스템 365
회전반지름 399
휨모멘트 255
휨모멘트 선도 256
힘계 19, 54, 113
힘다각형 54
힘-우력계 46

기타

3중스칼라곱 72
Coulomb 마찰 304
Varignon 정리 35

【 저자 소개 】

J. L. Meriam

예일대학교에서 학사, 석사 및 박사학위를 받았으며, Pratt and Whitney Aircraft와 General Electric Company에서 산업체 경험도 쌓았다. 그는 캘리포니아-버클리대학교의 교수, 듀크대학교의 공대학장, 캘리포니아폴리테크닉주립대학교의 교수, 그리고 캘리포니아주립대학교(산타바바라 캠퍼스)에서 교환교수를 역임하고, 1990년에 정년퇴임하였다.

L. G. Kraige

공업역학 시리즈의 공동저자이며 1980년대 초반 이후부터 역학교육에 탁월한 기여를 해왔다. 버지니아대학교 항공공학 관련 논문으로 학사, 석사 및 박사학위를 받았으며, 현재 버지니아폴리테크닉주립대학교에서 Engineering Science and Mechanics과의 교수로 근무하고 있다.

J. N. Bolton

버지니아폴리테크닉주립대학교 기계공학과에서 학사, 석사 및 박사학위를 받았으며, 블루필드주립대학 기계과에 재직하고 있다. 관심 분야는 6자유도를 갖는 로터의 자동 균형에 대한 것이다. 2010년에 학생들이 선출하는 Sporn Teaching Award를 수상하였고, 2014년에는 블루필드주립대학에서 주는 우수 교수상을 받았다. 이 책에서 Bolton 박사는 응용력을 적용할 수 있는 부분을 추가하였다.

【 역자 소개 】 (가나다순)

권진회	경상국립대학교 항공우주및소프트웨어공학부 교수
김문생	부산대학교 기계공학부 명예교수
김재도	인하대학교 기계공학과 명예교수
김형종	강원대학교 기계의용공학전공 교수
이부윤	계명대학교 기계공학전공 교수
장준호	계명대학교 토목공학과 교수
정광영	공주대학교 기계자동차공학부 교수